谨以此纪念

中国科学院南京地质古生物研究所

成立 **70** 周年

（1951 – 2021）

Ⅷ Index of Generic Names of Mesozoic Megafossil Plants from China (1865—2005)

中国中生代植物大化石属名索引（1865—2005）

吴向午 / 编著

科学技术部科技基础性工作专项
(2013FY113000) 资助

中国科学技术大学出版社

内 容 简 介

本书是"中国植物大化石记录(1865—2005)"丛书的一个分册,由内容基本相同的中、英文两部分组成,共收录1865—2005年间正式发表的中国中生代植物大化石属名622个(其中依据中国标本建立的新属名167个,含有化石种的现生属名77个,从国外引进的化石属名378个)。书中对每一个属的属名(含汉译名)、属的创建者、创建年代、异名表、模式种、分类位置以及最早归入此属的中国中生代植物的资料做了系统编录;对依据中国标本建立的属、种名的模式标本及标本的存放单位等信息也做了编撰。各部分附有属、种名索引及存放模式标本的单位名称,书末附有参考文献。

本书在广泛查阅国内外古植物学文献和系统采集数据的基础上编写而成,是一份资料收集较齐全、查阅较方便的文献,可供国内外古植物学、生命科学和地球科学的科研、教育及数据库等有关人员参阅。

图书在版编目(CIP)数据

中国中生代植物大化石属名索引:1865—2005:汉英对照/吴向午编著. —合肥:中国科学技术大学出版社,2022.6

(中国植物大化石记录:1865—2005)

ISBN 978-7-312-05332-0

Ⅰ. 中… Ⅱ. 吴… Ⅲ. 中生代-植物化石-目录索引-中国-1865-2005-汉、英 Ⅳ. Q914.2

中国版本图书馆 CIP 数据核字(2021)第 207397 号

中国中生代植物大化石属名索引(1865—2005)

ZHONGGUO ZHONGSHENGDAI ZHIWU DA HUASHI SHUMING SUOYIN (1865—2005)

出版	中国科学技术大学出版社
	安徽省合肥市金寨路96号
	http://press.ustc.edu.cn
	https://zgkxjsdxcbs.tmall.com
印刷	合肥华苑印刷包装有限公司
发行	中国科学技术大学出版社
开本	787 mm×1092 mm　1/16
印张	39
插页	2
字数	1258 千
版次	2022 年 6 月第 1 版
印次	2022 年 6 月第 1 次印刷
定价	358.00 元

总序

古生物学作为一门研究地质时期生物化石的学科,历来十分重视和依赖化石的记录,古植物学作为古生物学的一个分支,亦是如此。对古植物化石名称的收录和编纂,早在19世纪就已经开始了。在K. M. von Sternberg于1820年开始在古植物研究中采用林奈双名法不久后,F. Unger就注意收集和整理植物化石的分类单元名称,并于1845年和1850年分别出版了 *Synopsis Plantarum Fossilium* 和 *Genera et Species Plantarium Fossilium* 两部著作,对古植物学科的发展起了历史性的作用。在这以后,多国古植物学家和相关的机构相继编著了古植物化石记录的相关著作,其中影响较大的先后有:由大英博物馆主持,A. C. Seward等著名学者在19世纪末20世纪初编著的该馆地质分部收藏的标本目录;荷兰W. J. Jongmans和他的后继者S. J. Dijkstra等用多年时间编著的 *Fossilium Catalogus II : Plantae*;英国W. B. Harland等和M. J. Benton先后主编的 *The Fossil Record (Volume 1)* 和 *The Fossil Record (Volume 2)*;美国地质调查所出版的由H. N. Andrews Jr.及其继任者A. D. Watt和A. M. Blazer等编著的 *Index of Generic Names of Fossil Plants*,以及后来由隶属于国际生物科学联合会的国际植物分类学会和美国史密森研究院以这一索引作为基础建立的"Index Nominum Genericorum (ING)"电子版数据库等。这些记录尽管详略不一,但各有特色,都早已成为各国古植物学工作者的共同资源,是他们进行科学研究十分有用的工具。至于地区性、断代的化石记录和单位库存标本的编目等更是不胜枚举:早年F. H. Knowlton和L. F. Ward以及后来的R. S. La Motte等对北美白垩纪和第三纪植物化石的记录,S. Ash编写的美国西部晚三叠世植物化石名录,荷兰M. Boersma和L. M. Broekmeyer所编的石炭纪、二叠纪和侏罗纪大化石索引,R. N. Lakhanpal等编写的印度植物化石目录,S. V. Meyen的植物化石编录以及V. A. Vachrameev的有关苏联中生代孢子植物和裸子植物的索引等。这些资料也都对古植物学成果的交流和学科的发展起到了积极的作用。从上述目录和索引不难看出,编著者分布在一些古植物学比较发达、有关研究论著和专业人员众多的国家或地区。显然，目录和索引的编纂，是学科发展到一定阶段的需要和必然的产物，因而代表了这些国家或地区古植物学研究的学术水平和学科发展的程度。

虽然我国地域广大，植物化石资源十分丰富，但古植物学的发展较晚，直到20世纪50年代以后，才逐渐有较多的人员从事研究和出版论著。随着改革开放的深化，国家对科学日益重视，从20世纪80年代开始，我国古植物学各个方面都发展到了一个新的阶段。研究水平不断提高，研究成果日益增多，不仅迎合了国内有关科研、教学和生产部门的需求，也越来越多地得到了国际同行的重视和引用。一些具有我国特色的研究材料和成果已成为国际同行开展相关研究的重要参考资料。在这样的背景下，我国也开始了植物化石记录的收集和整理工作，同时和国际古植物学协会开展的"Plant Fossil Record (PFR)"项目相互配合，编撰有关著作并筹建了自己的数据库。吴向午研究员在这方面是我国起步最早、做得最多的。早在1993年，他就发表了文章《中国中、新生代大植物化石新属索引(1865—1990)》，出版了专著《中国中生代大植物化石属名记录(1865—1990)》。2006年，他又整理发表了1990年以后的属名记录。刘裕生等(1996)则编制了《中国新生代植物大化石目录》。这些都对学科的交流起到了有益的作用。

由于古植物学内容丰富、资料繁多，要对其进行全面、综合和详细的记录，显然是不可能在短时间内完成的。经过多年的艰苦奋斗，现终能根据资料收集的情况，将中国植物化石记录按照银杏植物、真蕨植物、苏铁植物、松柏植物、被子植物等门类，结合地质时代分别编纂出版。与此同时，还要将收集和编录的资料数据化，不断地充实已经初步建立起来的"中国古生物和地层学专业数据库"和"地球生物多样性数据库(GBDB)"。

"中国植物大化石记录(1865—2005)"丛书的编纂和出版是我国古植物学科发展的一件大事，无疑将为学科的进一步发展提供良好的基础信息，同时也有利于国际交流和信息的综合利用。作为一个长期从事古植物学研究的工作者，我热切期盼该丛书的出版。

前言

在我国,对植物化石的研究有着悠久的历史。最早的文献记载,可追溯到北宋学者沈括(1031—1095)编著的《梦溪笔谈》。在该书第21卷中,详细记述了陕西延州永宁关(今陕西省延安市延川县延水关)的"竹笋"化石[据邓龙华(1976)考辨,可能为似木贼或新芦木髓模]。此文也对古地理、古气候等问题做了阐述。

和现代植物一样,对植物化石的认识、命名和研究离不开双名法。双名法系瑞典探险家和植物学家 Carl von Linné 于 1753 年在其巨著《植物种志》(*Species Plantarum*)中创立的用于现代植物的命名法。捷克矿物学家和古植物学家 K. M. von Sternberg 在 1820 年开始发表其系列著作《史前植物群》(*Flora der Vorwelt*)时率先把双名法用于化石植物,确定了化石植物名称合格发表的起始点(McNeill et al., 2006)。因此收录于本丛书的现生属、种名以 1753 年后(包括 1753 年)创立的为准,化石属、种名则采用 1820 年后(包括 1820 年)创立的名称。用双名法命名中国的植物化石是从美国史密森研究院(Smithsonian Institute)的 J. S. Newberry [1865(1867)]撰写的《中国含煤地层植物化石的描述》(*Description of Fossil Plants from the Chinese Coal-bearing Rocks*)一文开始的,本丛书对数据的采集时限也以这篇文章的发表时间作为起始点。

我国幅员辽阔,各地质时代地层发育齐全,蕴藏着丰富的植物化石资源。新中国成立后,特别是改革开放以来,随着国家建设的需要,尤其是地质勘探、找矿事业以及相关科学研究工作的不断深入,我国古植物学的研究发展到了一个新的阶段,积累了大量的古植物学资料。据不完全统计,1865(1867)—2000 年间正式发表的中国古植物大化石文献有 2000 多篇[周志炎、吴向午(主编),2002];1865(1867)—1990 年间发表的用于中国中生代植物大化石的属名有 525 个(吴向午,1993a);至 1993 年止,用于中国新生代植物大化石的属名有 281 个(刘裕生等,1996);至 2000 年,根据中国中、新生代植物大化石建立的属名有 154 个(吴向午,1993b,2006)。但这些化石资料零散地刊载于浩瀚的国内外文献之中,使古植物学工作者的查找、统计和引用极为不便,而且有许多文献仅以中文或其他文字发表,不利于国内外同行的引用与交流。

为了便于检索、引用和增进学术交流,编者从 20 世纪 80 年代开始，在广泛查阅文献和系统采集数据的基础上，把这些分散的资料做了系统编录，并进行了系列出版。如先后出版了《中国中生代大植物化石属名记录(1865–1990)》(吴向午，1993a)、《中国中、新生代大植物化石新属索引(1865–1990)》(吴向午，1993b)和《中国中、新生代大植物化石新属记录(1991–2000)》(吴向午，2006)。这些著作仅涉及属名记录，未收录种名信息，因此编写一部包括属、种名记录的中国植物大化石记录显得非常必要。本丛书主要编录 1865–2005 年间正式发表的中国中生代植物大化石信息。由于篇幅较大，我们按苔藓植物、石松植物、有节植物、真蕨植物、苏铁植物、银杏植物、松柏植物、被子植物等门类分别编写和出版。

本丛书以种和属为编写的基本单位。科、目等不立专门的记录条目，仅在属的"分类位置"栏中注明。为了便于读者全面地了解植物大化石的有关资料，对模式种(模式标本)并非产自中国的属(种)，我们也尽可能做了收录。

属的记录：按拉丁文属名的词序排列。记述内容包括属(属名)的创建者、创建年代、异名表、模式种[现生属不要求，但在"模式种"栏以"(现生属)"形式注明]及分类位置等。

种的记录：在每一个属中首先列出模式种，然后按种名的拉丁文词序排列。记录种(种名)的创建者、创建年代等信息。某些附有"aff.""Cf.""cf.""ex gr.""?"等符号的种名，作为一个独立的分类单元记述，排列在没有此种符号的种名之后。每个属内的未定种(sp.)排列在该属的最后。如果一个属内包含两个或两个以上未定种，则将这些未定种罗列在该属的未定多种(spp.)的名称之下，以发表年代先后为序排列。

种内的每一条记录(或每一块中国标本的记录)均以正式发表的为准；仅有名单，既未描述又未提供图像的，一般不做记录。所记录的内容包括发表年代、作者(或鉴定者)的姓名，文献页码、图版、插图、器官名称，产地、时代、层位等。已发表的同一种内的多个记录(或标本)，以文献发表年代先后为序排列；年代相同的则按作者的姓名拼音升序排列。如果同一作者同一年内发表了两篇或两篇以上文献，则在年代后加"a""b"等以示区别。

在属名或种名前标有"△"者，表示此属名或种名是根据中国标本建立的分类单元。凡涉及模式标本信息的记录，均根据原文做了尽可能详细的记述。

为了全面客观地反映我国古植物学研究的基本面貌，本丛书一律按原始文献收录所有属、种和标本的数据，一般不做删舍，不做修改，也不做评论，但尽可能全面地引证和记录后来发表的不同见解和修订意见，尤其对于那些存在较大问题的，包括某些不合格发表的属、种名等做了注释。

《国际植物命名法规》(《维也纳法规》)第36.3条规定:自1996年1月1日起,植物(包括孢粉型)化石名称的合格发表,要求提供拉丁文或英文的特征集要和描述。如果仅用中文发表,属不合格发表[McNeill et al.,2006;周志炎,2007;周志炎、梅盛吴(编译),1996,《古植物学简讯》第38期]。为便于读者查证,本记录在收录根据中国标本建立的分类单元时,从1996年起注明原文的发表语种。

为了增进和扩大学术交流,促使国际学术界更好地了解我国古植物学研究现状,所有属、种的记录均分为内容基本相同的中文和英文两个部分。参考文献用英文(或其他西文)列出,其中原文未提供英文(或其他西文)题目的,参考周志炎、吴向午(2002)主编的《中国古植物学(大化石)文献目录(1865－2000)》的翻译格式。

"中国植物大化石记录(1865－2005)"丛书的出版,不仅是古植物学科积累和发展的需要,而且将为进一步了解中国不同类群植物化石在地史时期的多样性演化与辐射以及相关研究提供参考,同时对促进国内外学者在古植物学方面的学术交流也会有诸多益处。

对植物大化石属名记录的编写,国际上早在19世纪50年代就开始了。其中包括美国地质调查所出版,由 Andrews H N(1955,1970),Blazer A M(1975)和 Watt A D(1982)分别编著的《化石植物属名索引》(*Index of Generic Names of Fossil Plants*)(1820－1950,1820－1965,1966－1973,1974－1978),以及国际生物科学联合会的国际植物分类学会(IAPT)和史密森研究所后来在此基础上编制建立的"Index Nominum Genericorum (ING)"电子版数据库等,都已成为各国古植物学工作者的共同资源和进行科学研究十分有用的工具。这些文献对中国资料常有涉及,但很不齐全,远远不能反映出我国古植物学的研究现状。为了学科的发展和实际使用的需要,也有必要收集、整理和编写能反映我国古植物学研究现状的属名记录及筹建相关数据库。1993年,编者曾编写出版了《中国中生代大植物化石属名记录(1865－1990)》和《中国中、新生代大植物化石新属索引(1865－1990)》。本书以上述文献为基础,依据本丛书的规范格式,收集、整理和编写1865－2005年间中国中生代植物大化石属名索引。

本书是"中国植物大化石记录(1865－2005)"丛书的一个分册,共记录1865－2005年间正式发表的中国中生代植物大化石属名622个(其中依据中国标本建立的新属名167个,含有化石种的现生属名77个,从国外引进的化石属名378个)。书中对每一个属的属名(含汉译名)、属的创建者、创建年代、异名表、模式种[现生属不要求,但在"模式种"栏以"(现生属)"形式注明]、分类位置以及最早归入此属的中国中生代植物的资料做了系统编录;对依据中国标本建立的属、种名的模式标本及标本的存放单位等信息也做了编撰。分散保存的化石花粉不属于当前记录的范畴，故未做收录。本记录在文献收录和数据采集中存在不足、错误和遗漏，请读者多提宝贵意见。

本项工作得到了国家科学技术部科技基础性工作专项(2013FY113000)及国家基础研究发展计划项目(2012CB822003，2006CB700401)、国家自然科学基金项目(No. 41272010)、现代古生物学和地层学国家重点实验室项目(No. 103115)、中国科学院知识创新工程重要方向性项目(ZKZCX2-YW-154)、信息化建设专项(INF105-SDB-1-42)，以及中国科学院科技创新交叉团队项目等的联合资助。

本书在编写过程中得到了中国科学院南京地质古生物研究所古植物学与孢粉学研究室有关专家和同行的关心与支持，尤其是周志炎院士给予了多方面帮助和鼓励并撰写了总序；南京地质古生物研究所图书馆冯曼和褚存英等协助借阅图书文献。本书的顺利编写和出版与詹仁斌所长、王军所长以及现代古生物学和地层学国家重点实验室戎嘉余院士、袁训来主任的关心和帮助是分不开的。编者在此一并致以衷心的感谢。

编　者

目　录

总序 | i

前言 | iii

系统记录 | 1

附录 | 227

　　附录 1　属种名索引 | 227
　　附录 2　存放模式标本的单位名称 | 270

GENERAL FOREWORD | 275

INTRODUCTION | 277

SYSTEMATIC RECORDS | 281

APPENDIXES | 530

　　Appendix 1　Index of Generic and Specific Names | 530
　　Appendix 2　Table of Institutions that House the Type Specimens | 573

REFERENCES | 575

系 统 记 录

△华脉蕨属 Genus *Abropteris* Lee et Tsao,1976
1976　李佩娟、曹正尧,见李佩娟等,100 页。
模式种:*Abropteris virginiensis* (Fontaine) Lee et Tsao,1976
分类位置:真蕨纲紫萁科(Osmundaceae,Filicopsida)

△弗吉尼亚华脉蕨 *Abropteris virginiensis* (Fontaine) Lee et Tsao,1976
1883　*Lonchopteris virginiensis* Fontaine,53 页,图版 28,图 1,2;图版 29,图 1－4;蕨叶;美国弗吉尼亚;晚三叠世。
1976　李佩娟、曹正尧,见李佩娟等,100 页;蕨叶;美国弗吉尼亚;晚三叠世。

△永仁华脉蕨 *Abropteris yongrenensis* Lee et Tsao,1976
1976　李佩娟、曹正尧,见李佩娟等,102 页,图版 12,图 1－3;图版 13,图 6,10,11;插图 3-1;裸羽片;登记号:PB5215－PB5217,PB5220－PB5222;正模:PB5215(图版 12,图 1);标本保存在中国科学院南京地质古生物研究所;四川渡口摩沙河;晚三叠世纳拉箐组大荞地段。

△刺蕨属 Genus *Acanthopteris* Sze,1931
1931　斯行健,53 页。
模式种:*Acanthopteris gothani* Sze,1931
分类位置:真蕨纲蚌壳蕨科(Dicksoniaceae,Filicopsida)

△高腾刺蕨 *Acanthopteris gothani* Sze,1931
1931　斯行健,53 页,图版 7,图 2－4;蕨叶;辽宁阜新孙家沟;早侏罗世(Lias)。

△似槭树属 Genus *Acerites* Pan,1983 (nom. nud.)
1983　*Acerites* Pan,潘广,1520 页。(中文)
1984　*Acerites* Pan,潘广,959 页。(英文)
模式种:(没有种名)
分类位置:"原始被子植物类群"("primitive angiosperms")

似槭树(sp. indet.) *Acerites* sp. indet.
(注:原文仅有属名,没有种名)
1983　*Acerites* sp. indet.,潘广,1520 页;华北燕辽地区东段(45°58′N,120°21′E);中侏罗世海

1984　　*Acerites* sp. indet.,潘广,959页；华北燕辽地区东段(45°58′N,120°21′E)；中侏罗世海房沟组。(英文)

尖囊蕨属 Genus *Acitheca* Schimper,1879

1879(1879－1890)　　Schimper,见 Schimper 和 Schenk,91 页。

模式种:*Acitheca polymorpha*（Brongniart）Schimper,1879

分类位置:真蕨纲合囊蕨科(Marattiaceae,Filicopsida)

多型尖囊蕨 *Acitheca polymorpha*（Brongniart）Schimper,1879

1879(1879－1890)　　Schimper,见 Schimper 和 Schenk,91 页,图 66(9－12)；生殖羽片；英国；晚石炭世。

中国中生代植物归入此属的最早记录:

△青海尖囊蕨 *Acitheca qinghaiensis* He,1983

1983　　何元良,见杨遵仪等,186页,图版 28,图 4－10；蕨叶(生殖叶)；采集号:75YP$_{vi}$F9-2；登记号:Y1605－Y1620；青海刚察伊克乌兰公社；晚三叠世默勒群阿塔寺组上段。(注:原文未指定模式标本)

△似乌头属 Genus *Aconititis* Pan,1983（nom. nud.）

1983　　*Aconititis* Pan,潘广,1520 页。(中文)

1984　　*Aconititis* Pan,潘广,959 页。(英文)

模式种:(没有种名)

分类位置:"原始被子植物类群"("primitive angiosperms")

似乌头(sp. indet.) *Aconititis* sp. indet.

(注:原文仅有属名,没有种名)

1983　　*Aconititis* sp. indet.,潘广,1520 页；华北燕辽地区东段(45°58′N,120°21′E)；中侏罗世海房沟组。(中文)

1984　　*Aconititis* sp. indet.,潘广,959 页；华北燕辽地区东段(45°58′N,120°21′E)；中侏罗世海房沟组。(英文)

卤叶蕨属 Genus *Acrostichopteris* Fontaine,1889

1889　　Fontaine,107 页。

模式种:*Acrostichopteris longipennis* Fontaine,1889

分类位置:真蕨纲(Filicopsida)

长羽片卤叶蕨 *Acrostichopteris longipennis* Fontaine,1889

1889　　Fontaine,107 页,图版 170,图 10；图版 171,图 5,7；营养蕨叶；美国马里兰州巴尔的摩；

早白垩世波托马克群。

中国中生代植物归入此属的最早记录：
△拜拉型？卤叶蕨 *Acrostichopteris*？ *baierioides* Chang,1980
1980　张志诚,见张武等,252 页,图版 162,图 6;蕨叶;登记号:D187;吉林延吉铜佛寺;早白垩世铜佛寺组。

△奇叶属 Genus *Acthephyllum* Duan et Chen,1982
1982　段淑英、陈晔,510 页。
模式种:*Acthephyllum kaixianense* Duan et Chen,1982
分类位置:分类位置不明的裸子植物(Gymnospermae incertae sedis)

△开县奇叶 *Acthephyllum kaixianense* Duan et Chen,1982
1982　段淑英、陈晔,510 页,图版 11,图 1—5;蕨叶;登记号:No.7173—No.7176,No.7219;正模:No.7219(图版 11,图 3);四川开县桐树坝;晚三叠世须家河组。

似铁线蕨属 Genus *Adiantopteris* Vassilevskajia,1963
1963　Vassilevskajia,586 页。
模式种:*Adiantopteris sewardii* (Yabe) Vassilevskajia,1963
分类位置:真蕨纲铁线蕨科(Adiantaceae,Filicopsida)

中国中生代植物归入此属的最早记录：
秀厄德似铁线蕨 *Adiantopteris sewardii* (Yabe) Vassilevskajia,1963
1905　*Adiantites sewardii* Yabe,39 页,图版 1,图 1—8;蕨叶;朝鲜;晚侏罗世—早白垩世。
1963　Vassilevskajia,586 页。
1982b 郑少林、张武,304 页,图版 8,图 5—9;蕨叶;黑龙江鸡西滴道暖泉;晚侏罗世滴道组。

△希米德特似铁线蕨 *Adiantopteris schmidtianus* (Heer) Zheng et Zhang,1982
1876　*Adiantite schmidtianus* Heer,36 页,图版 2,图 12,13;蕨叶;伊尔库茨克盆地;侏罗纪。
1876　*Adiantite schmidtianus* Heer,93 页,图版 21,图 7;蕨叶;黑龙江上游;晚侏罗世。
1982b 郑少林、张武,304 页,图版 7,图 11—13;蕨叶;黑龙江密山园宝山;晚侏罗世云山组。

似铁线蕨(未定种) *Adiantopteris* sp.
1982b *Adiantopteris* sp.,郑少林、张武,305 页,图版 8,图 10,11;蕨叶;黑龙江双鸭山宝山;早白垩世城子河组。

铁线蕨属 Genus *Adiantum* Linné,1875
模式种:(现生属)
分类位置:真蕨纲铁线蕨科(Adiantaceae,Filicopsida)

中国中生代植物归入此属的最早记录：
△斯氏铁线蕨 Adiantum szechenyi Schenk,1885
1885　Schenk,168(6)页,图版13(1),图6;蕨叶;四川广元;晚三叠世晚期—早侏罗世。[注：此标本后改定为 Sphenopteris sp.（斯行健、李星学等,1963）]

奇叶杉属 Genus Aethophyllum Brongniart,1828
1828　Brongniart,455页。
模式种：Aethophyllum stipulare Brongniart,1828
分类位置：松柏纲？或分类位置不明（Coniferopsida? or incertae sedis）

有柄奇叶杉 Aethophyllum stipulare Brongniart,1828
1828　Brongniart,455页,图版28,图1;法国;三叠纪。

中国中生代植物归入此属的最早记录：
奇叶杉？（未定种）Aethophyllum? sp.
1979　Aethophyllum? sp.,周志炎、厉宝贤,453页,图版2,图16;枝叶;海南琼海九曲江塔岭村、上车村、海洋村;早三叠世岭文群（九曲江组）。

△奇羊齿属 Genus Aetheopteris Chen G X et Meng,1984
1984　陈公信、孟繁松,见陈公信,587页。
模式种：Aetheopteris rigida Chen G X et Meng,1984
分类位置：分类位置不明的裸子植物（Gymnospermae incertae sedis）

△坚直奇羊齿 Aetheopteris rigida Chen G X et Meng,1984
1984　陈公信、孟繁松,见陈公信,587页,图版261,图3,4;图版262,图3;插图133;蕨叶;登记号:EP685;正模:EP685(图版262,图3);标本保存在湖北省地质局;副模:图版261,图3,4;标本保存在宜昌地质矿产研究所;湖北荆门分水岭;晚三叠世九里岗组。

△准爱河羊齿属 Genus Aipteridium Li et Yao,1983
1983　李星学、姚兆奇,322页。
模式种：Aipteridium pinnatum（Sixtel）Li et Yao,1983
分类位置：种子蕨纲（Pteridospermopsida）

中国中生代植物归入此属的最早记录：
△羽状准爱河羊齿 Aipteridium pinnatum（Sixtel）Li et Yao,1983
1961　Aipteris pinnatum Sixtel,153页,图版3;南费尔干纳;晚三叠世。
1983　李星学、姚兆奇,322页。(注：原文仅有种名)
1991　姚兆奇、王喜富,50页,图版1,图3-5;图版2,图1-3;插图1-3;陕西宜君焦坪;晚三叠世中期延长群上部。

△直罗准爱河羊齿 *Aipteridium zhiluoense* Wang,1991

1991　姚兆奇、王喜富,50,55页,图版1,图1,2;蕨叶;登记号:PB15532;正模:PB15532(图版1,图1);标本保存在中国科学院南京地质古生物研究所;陕西黄陵直罗;晚三叠世中期延长群上部。

准爱河羊齿(未定多种) *Aipteridium* spp.

1991　*Aipteridium* spp.,姚兆奇、王喜富,50页,图版1,图3—5;图版2,图1—3;插图1—3;陕西宜君焦坪;晚三叠世中期延长群上部。

爱河羊齿属 Genus *Aipteris* Zalessky,1939

1939　Zalessky,348页。
模式种:*Aipteris speciosa* Zalessky,1939
分类位置:种子蕨纲(Pteridospermopsida)

灿烂爱河羊齿 *Aipteris speciosa* Zalessky,1939

1939　Zalessky,348页,图27;蕨叶;俄罗斯;二叠纪。

中国中生代植物归入此属的最早记录:

△五字湾爱河羊齿 *Aipteris wuziwanensis* Chow et Huang,1976 (non Huang et Chow,1980)

1976　周惠琴、黄枝高,见周惠琴等,208页,图版113,图2;图版114,图3B;图版118,图4;蕨叶;内蒙古准格尔旗五字湾;中三叠世二马营组上部。(注:原文未指定模式标本)

△五字湾爱河羊齿 *Aipteris wuziwanensis* Huang et Chow,1980 (non Chow et Huang,1976)

(注:此种名为 *Aipteris wuziwanensis* Chow et Huang,1976的晚出同名)

1980　黄枝高、周惠琴,89页,图版3,图6;图版5,图2—3a;蕨叶;登记号:OP3008,OP3009,OP3103;内蒙古准格尔旗五字湾;中三叠世二马营组上部。[注:① 原文未指定模式标本;② 此标本后改定为 *Scytophyllum wuziwanensis* (Huang et Zhou)(李星学等,1995)]

八角枫属 Genus *Alangium* Lamarck,1783

模式种:(现生属)
分类位置:双子叶植物纲八角枫科(Alangiaceae,Dicotyledoneae)

中国中生代植物归入此属的最早记录:

△费家街八角枫 *Alangium feijiajieense* Chang,1980

1980　张志诚,334页,图版208,图1,12;叶;标本号:D625,D626;黑龙江尚志费家街;晚白垩世孙吴组。(注:原文未指定模式标本)

阿尔贝杉属 Genus *Albertia* Schimper,1837

1837　Schimper,13 页。

模式种:*Albertia latifolia* Schimper,1837

分类位置:松柏纲杉科(Taxodiaceae,Coniferopsida)

中国中生代植物归入此属的最早记录:

偏叶阿尔贝杉 *Albertia latifolia* Schimper,1837

1837　Schimper,13 页。

1844　Schimper,Mougeot,17 页,图版 22;法国阿尔萨斯;三叠纪。

1979　周志炎、厉宝贤,449 页,图版 1,图 12,12a,13,13a;枝叶;海南琼海九曲江新华村;早三叠世岭文群(九曲江组)。

椭圆阿尔贝杉 *Albertia elliptica* Schimper,1844

1844　Schimper,Mougeot,18 页,图版 3,4;法国阿尔萨斯;三叠纪。

1979　周志炎、厉宝贤,450 页,图版 1,图 11,11a;枝叶;海南琼海九曲江新华村;早三叠世岭文群(九曲江组)。

裸籽属 Genus *Allicospermum* Harris,1935

1935　Harris,121 页。

模式种:*Allicospermum* Harris,1935

分类位置:裸子植物或银杏类(Gymnosperm or Ginkgopsida)

光滑裸籽 *Allicospermum xystum* Harris,1935

1935　Harris,121 页,图版 9,图 1—10,13,18;插图 46;裸子植物种子和角质层;东格陵兰斯科斯比湾;早侏罗世(*Thaumatopteris* 层)。

中国中生代植物归入此属的最早记录:

?光滑裸籽 ?*Allicospermum xystum* Harris,1935

1986　叶美娜等,88 页,图版 53,图 7,7a;种子;四川达县斌郎;早侏罗世珍珠冲组。

△异麻黄属 Genus *Alloephedra* Tao et Yang,2003(中文和英文发表)

2003　陶君容、杨永,209,212 页。

模式种:*Alloephedra xingxuei* Tao et Yang,2003

分类位置:买麻藤目麻黄科(Ephedraceae,Gnetales)

△星学异麻黄 *Alloephedra xingxuei* Tao et Yang,2003(中文和英文发表)

2003　陶君容、杨永,209,212 页,图版 1,2;草本状小灌木,带雌球花的枝;标本号:No. 54018a,No. 54018b;模式标本:No. 54018a,No. 54018b(图版 1,图 1);标本保存在中国科学院植物研究所;吉林延边地区;早白垩世大拉子组。

△奇异木属 Genus *Allophyton* Wu,1982

1982a 吴向午,53 页。

模式种：*Allophyton dengqenensis* Wu,1982

分类位置：真蕨纲？(Filicopsida?)

△丁青奇异木 *Allophyton dengqenensis* Wu,1982

1982a 吴向午,53 页,图版 6,图 1;图版 7,图 1,2;茎干;采集号：RN0038,RN0040,RN0045;登记号：PB7263—PB7265;正模：PB7263(图版 6,图 1);标本保存在中国科学院南京地质古生物研究所;西藏丁青八达松多;中生代含煤地层(晚三叠世？)。

似桤属 Genus *Alnites* Hisinger,1837 (non Deane,1902)

1837 Hisinger,112 页。

模式种：*Alnites friesii* (Nillson) Hisinger,1837

分类位置：双子叶植物纲桦木科(Betulaceae,Dicotyledoneae)

弗利斯似桤 *Alnites friesii* (Nillson) Hisinger,1837

1837 Hisinger,112 页,图版 34,图 8。

中国中生代植物归入此属的最早记录：

杰氏似桤 *Alnites jelisejevii* (Krysht.) Ablajiv,1974

1974 Ablajiv,113 页,图版 19,图 2—4;叶;苏联东锡特阿林;晚白垩世。

1986a,b 陶君容、熊宪政,126 页,图版 10,图 3;叶;黑龙江嘉荫地区;晚白垩世乌云组。

似桤属 Genus *Alnites* Deane,1902 (non Hisinger,1837)

1902 Deane,63 页。

模式种：*Alnites latifolia* Deane,1902

分类位置：双子叶植物纲桦木科(Betulaceae,Dicotyledoneae)

宽叶似桤 *Alnites latifolia* Deane,1902

1902 Deane,63 页,图版 15,图 4;叶;澳大利亚新南威尔士;第三纪。

桤属 Genus *Alnus* Linné

模式种：(现生属)

分类位置：双子叶植物纲桦木科(Betulaceae,Dicotyledoneae)

中国中生代植物归入此属的最早记录：

△原始髯毛桤 *Alnus protobarbata* Tao,1986

1986a,b 陶君容,见陶君容和熊宪政,126 页,图版 10,图 4;叶;标本号：No. 52523;黑龙江嘉荫地区；晚白垩世乌云组。

安杜鲁普蕨属 Genus *Amdrupia* Harris,1932

1932 Harris,29页。

模式种：*Amdrupia stenodonta* Harris,1932

分类位置：分类位置不明的裸子植物（Gymnospermae incertae sedis）

中国中生代植物归入此属的最早记录：

狭形安杜鲁普蕨 *Amdrupia stenodonta* Harris,1932

1932 Harris,29页,图版3,图4；叶；东格陵兰；晚三叠世（*Lepidopteris*层）。

1952 *Amdrupiopsis sphenopteroides* Sze et Lee,斯行健、李星学,6,24页,图版3,图7-7b；插图1；蕨叶；四川威远矮山子；早侏罗世。

1954 徐仁,67页,图版57,图3,4；叶；四川威远矮山子；早侏罗世。〔注：此标本后改定为*Amdrupia sphenopteroides*（Sze et Lee）Lee（斯行健、李星学等,1963）〕

△拟安杜鲁普蕨属 Genus *Amdrupiopsis* Sze et Lee,1952

1952 斯行健、李星学,6,24页。

模式种：*Amdrupiopsis sphenopteroides* Sze et Lee,1952

分类位置：分类位置不明的裸子植物（Gymnospermae incertae sedis）

△楔羊齿型拟安杜鲁普蕨 *Amdrupiopsis sphenopteroides* Sze et Lee,1952

1952 斯行健、李星学,6,24页,图版3,图7-7b；插图1；蕨叶；标本保存在中国科学院南京地质古生物研究所；四川威远矮山子；早侏罗世。〔注：此标本后改定为*Amdrupia stenodonta* Harris（徐仁,1954）和*Amdrupia sphenopteroides*（Sze et Lee）Lee（斯行健、李星学等,1963）〕

△花穗杉果属 Genus *Amentostrobus* Pan,1983（nom. nud.）

1983 潘广,1520页。（中文）

1984 潘广,958页。（英文）

模式种：（仅有属名）

分类位置：松柏纲（Coniferopsida）

花穗杉果（sp. indet.） *Amentostrobus* sp. indet.

（注：原文仅有属名,没有种名）

1983 *Amentostrobus* sp. indet. ,潘广,1520页；中国燕辽地区东段（东经120°21′E,北纬40°58′N）。（中文）

1984 *Amentostrobus* sp. indet. ,潘广,958页；中国燕辽地区东段（东经120°21′E,北纬40°58′N）。（英文）

棕榈叶属 Genus *Amesoneuron* Goeppert, 1852

1852 Goeppert, 264 页。

模式种: *Amesoneuron noeggerathiae* Goeppert, 1852

分类位置: 单子叶植物纲棕榈科(Plamae, Monocotyledoneae)

瓢叶棕榈叶 *Amesoneuron noeggerathiae* Goeppert, 1852

1852 Goeppert, 264 页, 图版 33, 图 3a; 叶; 德国; 早第三纪。

中国中生代植物归入此属的最早记录:

棕榈叶(未定种) *Amesoneuron* sp.

1990 *Amesoneuron* sp., 周志炎等, 419, 425 页, 图版 1, 图 4; 图版 2, 图 1, 1a, 1b; 图版 3, 图 3, 4; 叶; 香港坪洲岛; 早白垩世晚期(阿尔必期)。

拟安马特杉属 Genus *Ammatopsis* Zalessky, 1937

1937 Zalessky, 78 页。

模式种: *Ammatopsis mira* Zalessky, 1937

分类位置: 松柏纲(Coniferopsida)

奇异拟安马特杉 *Ammatopsis mira* Zalessky, 1937

1937 Zalessky, 78 页, 图 44; 枝叶; 俄罗斯; 二叠纪。

中国中生代植物归入此属的最早记录:

奇异拟安马特杉(比较属种) Cf. *Ammatopsis mira* Zalessky

1992a 孟繁松, 181 页, 图版 7, 图 1-3; 枝叶; 海南琼海九曲江文山上村; 早三叠世岭文组。

蛇葡萄属 Genus *Ampelopsis* Michaux, 1803

模式种: (现生属)

分类位置: 双子叶植物纲葡萄科(Vitaceae, Dicotyledoneae)

中国中生代植物归入此属的最早记录:

槭叶蛇葡萄 *Ampelopsis acerifolia* (Newberry) Brown, 1962

1868 *Populus acerifolia* Newberry, 65 页; 北美达科他联合堡; 第三纪(Lignite Tertiary beds)。

1898 *Populus acerifolia* Newberry, 37 页, 图版 28, 图 5-8; 叶; 美国蒙大拿州黄石河岸; 第三纪(始新世?)。

1962 Brown, 78 页, 图版 51, 图 1-18; 图版 52, 图 1-8, 10; 图版 59, 图 6, 11; 图版 66, 图 7; 叶; 美国落基山脉和大草原; 古新世。

1986a, b 陶君容、熊宪政, 128 页, 图版 14, 图 1-5; 图版 16, 图 2; 叶; 黑龙江嘉荫地区; 晚白亚世乌云组。

△疑麻黄属 Genus *Amphiephedra* Miki,1964
1964　Miki,19,21页。
模式种:*Amphiephedra rhamnoides* Miki,1964
分类位置:买麻藤纲麻黄科(Ephedraceae,Gnetopsida)

△鼠李型疑麻黄 *Amphiephedra rhamnoides* Miki,1964
1964　Miki,19,21页,图版1,图F;带叶枝;辽宁凌源;晚侏罗世狼鳍鱼层。

雄球果属 Genus *Androstrobus* Schimper,1870
1870　Schimper,199页。
模式种:*Androstrobus zamioides* Schimper,1870
分类位置:苏铁纲苏铁目(Cycadales,Cycadopsida)

查米亚型雄球果 *Androstrobus zamioides* Schimper,1870
1870　Schimper,199页,图版72,图1-3;苏铁类雄性球果;法国;侏罗纪(Bathonian)。

中国中生代植物归入此属的最早记录:
△塔状雄球果 *Androstrobus pagiodiformis* Hsu et Hu,1979
1979　徐仁、胡雨帆,见徐仁等,50页,图版45,图2,2a;苏铁类雄性球果;标本号:No.874A;标本保存在中国科学院植物研究所;四川宝鼎;晚三叠世大荞地组中部。

准莲座蕨属 Genus *Angiopteridium* Schimper,1869
1869(1869-1874)　Schimper,603页。
模式种:*Angiopteridium muensteri*(Goeppert)Schimper,1869
分类位置:真蕨纲合囊蕨科(Marattiaceae,Filicopsida)

敏斯特准莲座蕨 *Angiopteridium muensteri*(Goeppert)Schimper,1869
1869(1869-1874)　Schimper,603页,图版35,图1-6;蕨叶;德国巴伐利亚拜罗伊特和班贝克;晚三叠世(Rhaetic)。

坚实准莲座蕨 *Angiopteridium infarctum* Feistmantel,1881
1881　Feistmantel,93页,图版34,图4-5;蕨叶;西孟加拉;二叠纪(Barakar Stage)。

中国中生代植物归入此属的最早记录:
坚实准莲座蕨(比较种) *Angiopteridium* cf. *infarctum* Feistmantel
1906　Yokoyama,13,16页,图版1,图1-7;图版2,图2;蕨叶;云南宣威倘塘和水塘铺;三叠纪。[注:此标本后改定为 *Protoblechnum contractum* Chow(MS),地层时代为晚二叠世(龙潭组)(斯行健、李星学等,1963)]

莲座蕨属 Genus *Angiopteris* Hoffmann,1796
模式种:(现生属)
分类位置:真蕨纲莲座蕨科(Angiopteridaceae,Filicopsida)

中国中生代植物归入此属的最早记录:
△李希霍芬莲座蕨 *Angiopteris richthofeni* Schenk,1883
1883　Schenk,260页,图版53,图3,4;蕨叶;湖北秭归;侏罗纪。[注:此标本后改定为 *Taeniopteris richthofeni*(Schenk)Sze(斯行健、李星学等,1963)]

△窄叶属 Genus *Angustiphyllum* Huang,1983
1983　黄其胜,33页。
模式种:*Angustiphyllum yaobuense* Huang,1983
分类位置:种子蕨纲(Pteridospermopsida)

△腰埠窄叶 *Angustiphyllum yaobuense* Huang,1983
1983　黄其胜,33页,图版4,图1—7;叶;登记号:Ahe8132,Ahe8134—Ahe8138,Ahe8140;正模:Ahe8132,Ahe8134(图版4,图1,2);标本保存在武汉地质学院古生物教研室;安徽怀宁拉犁尖;早侏罗世象山群下部。

脊囊属 Genus *Annalepis* Fliche,1910
1910　Fliche,272页。
模式种:*Annalepis zeilleri* Fliche,1910
分类位置:石松纲鳞木目(Lepidodendrales,Lycopsida)

中国中生代植物归入此属的最早记录:
蔡耶脊囊 *Annalepis zeilleri* Fliche,1910
1910　Fliche,272页,图版27,图3—5;孢子叶;法国孚日;三叠纪。
1979　叶美娜,75页,图版1,图1,1a;插图1;孢子叶;湖北利川瓦窑坡;中三叠世巴东组中段。

脊囊(未定种) *Annalepis* sp.
1979　*Annalepis* sp.(sp. nov.),叶美娜,76页,图版2,图1,1a;孢子叶;湖北利川瓦窑坡;中三叠世巴东组中段。

轮叶属 Genus *Annularia* Sternbterg,1822
1822　Sternbterg,32页。
模式种:*Annularia spinulosa* Sternbterg,1822
分类位置:楔叶纲(Sphenopsida)

细刺轮叶 *Annularia spinulosa* Sternbterg, 1822
1822(1820—1838)　Sternbterg, 32 页, 图版 19, 图 4; 带叶的茎; 石炭纪。

中国中生代植物归入此属的最早记录:
短镰轮叶 *Annularia shirakii* Kawasaki, 1927
1927　Kawasaki, 9 页, 图版 14, 图 76, 76a; 带叶的茎; 朝鲜平安南道德川郡; 二叠纪—三叠纪平安系高坊山统。
1980　赵修祜等, 95 页, 图版 2, 图 10; 带叶的茎; 云南富源庆云; 早三叠世"卡以头层"。

拟轮叶属　Genus *Annulariopsis* Zeiller, 1903
1902—1903　Zeiller, 132 页。
模式种: *Annulariopsis inopinata* Zeiller, 1903
分类位置: 楔叶纲木贼目 (Equisetales, Sphenopsida)

东京拟轮叶 *Annulariopsis inopinata* Zeiller, 1903
1902—1903　Zeiller, 132 页, 图版 35, 图 2—7; 营养枝; 越南东京; 晚三叠世。

中国中生代植物归入此属的最早记录:
△中国? 拟轮叶 *Annulariopsis*? *sinensis* (Ngo) Lee, 1963
1956　*Hexaphyllum sinense* Ngo, 敖振宽, 25 页, 图版 1, 图 2; 图版 6, 图 1, 2; 插图 3; 轮叶; 广东广州小坪; 晚三叠世小坪煤系。
1963　李星学, 见斯行健、李星学等, 39 页, 图版 10, 图 5, 6; 图版 11, 图 10; 轮叶; 广东广州小坪; 晚三叠世晚期小坪组。

拟轮叶? (未定种) *Annulariopsis*? sp.
1963　*Annulariopsis*? sp., 斯行健、李星学等, 39 页, 图版 11, 图 9 左; 轮叶; 新疆准噶尔盆地克拉玛依; 晚三叠世延长群上部。

异形羊齿属　Genus *Anomopteris* Brongniart, 1828
1828　Brongniart, 69, 190 页。
模式种: *Anomopteris mougeotii* Brongniart, 1828
分类位置: 真蕨纲? (Filicopsida?)

穆氏异形羊齿 *Anomopteris mougeotii* Brongniart, 1828
1828　Brongniart, 69, 190 页; 蕨类营养叶; 法国孚日; 三叠纪。
1831(1928—1938)　Brongniart, 258 页, 图版 79—81; 蕨类营养叶; 法国孚日; 三叠纪。

中国中生代植物归入此属的最早记录:
穆氏异形羊齿(比较属种) Cf. *Anomopteris mougeotii* Brongniart
1978　王立新等, 图版 4, 图 1, 2; 蕨叶; 山西平遥上庄; 早三叠世。(注: 原文仅有图版)

异形羊齿?(未定种) *Anomopteris*? sp.

1986b *Anomopteris*? sp.,郑少林、张武,178 页,图版 4,图 1—4;蕨叶;辽宁西部喀左杨树沟;早三叠世红砬组。

异羽叶属 Genus *Anomozamites* Schimper,1870

1870(1869—1874)　Schimper,140 页。

模式种:*Anomozamites inconstans* Schimper,1870

分类位置:苏铁纲本内苏铁目(Bennettiales,Cycadopsida)

变异异羽叶 *Anomozamites inconstans* (Goeppert) Schimper,1870

1843(1841—1846)　*Pterophyllum inconstans* Goeppert,136 页;苏铁类叶部化石;德国巴伐利亚;晚三叠世(Rhaetic)。

1867(1865b—1867)　*Pterophyllum inconstans* Goeppert,Schenk,171 页,图版 37,图 5—9;苏铁类叶部化石;德国巴伐利亚;晚三叠世(Rhaetic)。

1870(1869—1874)　Schimper,140 页。

中国中生代植物归入此属的最早记录:

异羽叶(未定多种) *Anomozamites* spp.

1883　*Anomozamites* sp.,Schenk,246 页,图版 46,图 6a;羽叶;内蒙古土木路;侏罗纪。

1883　*Anomozamites* sp.,Schenk,258 页,图版 51,图 8;羽叶;四川广元;侏罗纪。

石花属 Genus *Antholites* ex Yokoyama,1906

[注:此属名最初由 Yokoyama(1906,19 页)引用,未指明属名的创建者和创建年代,可能为 *Antholithes* Brongniart,1822 或 *Antholithus* Linné,1786 的拼写错误(斯行健、李星学等,1963,362 页)]

1906　Yokoyama,19 页。

1963　斯行健、李星学等,362 页。

中国中生代植物归入此属的最早记录:

△中国石花 *Antholites chinensis* Yokoyama,1906

1906　Yokoyama,19 页,图版 2,图 4;果穗;松柏类或银杏类;四川彭县青岗林;早侏罗世[注:此标本后被斯行健、李星学等(1963,362 页)改定为疑问的化石]

石花属 Genus *Antholithes* Brongniart,1822

1822　Brongniart,320 页。

模式种:*Antholithes liliacea* Brongniart,1822

分类位置:不明或银杏类或银杏类?(plantae incertae sedis or Ginkgophytes or Ginkgophytes?)

百合石花 *Antholithes liliacea* Brongniart,1822
1822 Brongniart,320 页,图版 14,图 7;"菁朵"状的印痕标本;亲缘关系不明。

石花属 Genus *Antholithus* Linné,1786,emend Zhang et Zheng,1987
1987 张武、郑少林,309 页。
选型种:*Antholithus wettsteinii* Krässer,1943(张武、郑少林,1987,309 页)
分类位置:不明或银杏类或银杏类?(plantae incertae sedis or Ginkgophytes or Ginkgophytes?)

魏氏石花 *Antholithus wettsteinii* Krässer,1943
1943 Krässer,76 页,图版 10,图 11,12;图版 11,图 6,7;图版 13,图 1－7;插图 8;奥地利伦兹;晚三叠世。

中国中生代植物归入此属的最早记录:
△富隆山石花 *Antholithus fulongshanensis* Zhang et Zheng,1987
1987 张武、郑少林,310 页,图版 17,图 6;图版 30,图 1,1a,1b;插图 36;雄性花穗;登记号:SG110145;标本保存在沈阳地质矿产研究所;辽宁南票富隆山盘道沟;中侏罗世海房沟组。

△杨树沟石花 *Antholithus yangshugouensis* Zhang et Zheng,1987
1987 张武、郑少林,311 页,图版 24,图 7;图版 30,图 3,3a,3b;插图 37;雄性花穗;登记号:SG110156;标本保存在沈阳地质矿产研究所;辽宁喀左杨树沟;早侏罗世北票组。

大网羽叶属 Genus *Anthrophyopsis* Nathorst,1878
1878 Nathorst,43 页。
模式种:*Anthrophyopsis nilssoni* Nathorst,1878
分类位置:苏铁纲苏铁目(Cycadales,Cycadopsida)

尼尔桑大网羽叶 *Anthrophyopsis nilssoni* Nathorst,1878
1878 Nathorst,43 页,图版 7,图 5;图版 8,图 6;羽叶碎片;瑞典;晚三叠世(Rhaetic)。

中国中生代植物归入此属的最早记录:
△李氏大网羽叶 *Anthrophyopsis leeana* (Sze) Florin,1933
1931 *Macroglossopteris leeiana* Sze,斯行健,5 页,图版 3,图 1;图版 4,图 1;蕨叶;江西萍乡;早侏罗世(Lias)。
1933 Florin,55 页。

变态叶属 Genus *Aphlebia* Presl,1838
1838(1820－1838) Presl,见 Sternberg,112 页。
模式种:*Aphlebia acuta* (Germa et Kaulfuss) Presl,1838

分类位置:不明(plantae incertae sedis)

急尖变态叶 *Aphlebia acuta* (Germa et Kaulfuss) Presl,1838
1831 *Fucoides acutus* Germa et Kaulfuss,230 页,图版 66,图 7;叶;德国;石炭纪。
1838(1820—1838) Presl,见 Sternberg,112 页;德国;石炭纪。

中国中生代植物归入此属的最早记录:
△异形变态叶 *Aphlebia dissimilis* Meng,1991
1991 孟繁松,72 页,图版 2,图 1—2a;叶;登记号:P87001,P87002;正模:P87001(图版 2,图 1);标本保存在宜昌地质矿产研究所;湖北南漳东巩;晚三叠世九里岗组。

变态叶(未定种) *Aphlebia* sp.
1991 *Aphlebia* sp.,孟繁松,73 页,图版 2,图 3,3a;叶;湖北南漳东巩陈家湾;晚三叠世九里岗组。

楤木属 Genus *Aralia* Linné,1753
模式种:(现生属)
分类位置:双子叶植物纲五加科(Araliaceae,Dicotyledoneae)

中国中生代植物归入此属的最早记录:
△坚强楤木 *Aralia firma* Guo,1975
1975 郭双兴,420 页,图版 3,图 10;叶;采集号:F401;登记号:PB5016;正型:PB5016(图版 3,图 10);标本保存在中国科学院南京地质古生物研究所;西藏昂仁加拉共巴东;晚白垩世日喀则群。

楤木叶属 Genus *Araliaephyllum* Fontaine,1889
1889 Fontaine,317 页。
模式种:*Araliaephyllum obtusilobum* Fontaine,1889
分类位置:双子叶植物纲五加科(Araliaceae,Dicotyledoneae)

中国中生代植物归入此属的最早记录:
钝裂片楤木叶 *Araliaephyllum obtusilobum* Fontaine,1889
1889 Fontaine,317 页,图版 163,图 1,4;图版 164,图 3;叶;美国弗吉尼亚;早白垩世波托马克群。
1995a 李星学,图版 143,图 4;叶;吉林龙井智新;早白垩世大拉子组。(中文)
1995b 李星学,图版 143,图 4;叶;吉林龙井智新;早白垩世大拉子组。(英文)

南洋杉属 Genus *Araucaria* Juss.
模式种:(现生属)

分类位置:松柏纲南洋杉科(Araucariaceae,Coniferopsida)

中国中生代植物归入此属的最早记录:
△早熟南洋杉 *Araucaria prodromus* Schenk,1883
1883　Schenk,262 页,图版 53,图 8;营养枝;湖北秭归;侏罗纪。[注:此标本后改定为 *Pagiophyllum* sp.(斯行健、李星学等,1963)]

南洋杉型木属 Genus *Araucarioxylon* Kraus,1870

1870(1869—1874)　Kraus,见 Schimper,381 页。
模式种:*Araucarioxylon carbonceum*(Witham)Kraus,1870
分类位置:松柏纲(木化石)[Coniferopsida(wood)]

石炭南洋杉型木 *Araucarioxylon carbonceum*(Witham)Kraus,1870
1833　*Pinites carbonceus* Witham,73 页,图版 11,图 6—9;木化石;英国;石炭纪。
1870(1869—1874)　Kraus,见 Schimper,381 页。

中国中生代植物归入此属的最早记录:
△热河南洋杉型木 *Araucarioxylon jeholense* Ogura,1944
[注:此种名后改定为 *Protosciadopityoxylon jeholense*(Ogura)Zhang et Zheng(张武等,2000b)]
1944　Ogura,347 页,图版 3,图 D—F,K,L;木化石;辽宁北票煤矿;晚三叠世—早侏罗世(? 瑞替克—里阿斯期)台吉系(Taichi Series)。

似南洋杉属 Genus *Araucarites* Presl,1838

1838(1820—1838)　Presl,见 Sternberg,204 页。
模式种:*Araucarites goepperti* Presl,1838
分类位置:松柏纲南洋杉科(Araucariaceae,Coniferopsida)

葛伯特似南洋杉 *Araucarites goepperti* Presl,1838
1838(1820—1838)　Presl,见 Sternberg,204 页,图版 39,图 4;球果;奥地利;第三纪(?)。

中国中生代植物归入此属的最早记录:
似南洋杉(未定多种) *Araucarites* spp.
1923　*Araucarites* sp.,周赞衡,82,140 页;枝叶;山东莱阳南务村;早白垩世莱阳系。[注:① 原文仅有种名;② 此标本后改定为 *Pagiophyllum* sp.(斯行健、李星学等,1963)]
1980　*Araucarites* sp.,黄枝高、周惠琴,109 页,图版 3,图 8;果鳞;陕西吴堡张家塄;中三叠世二马营组上部。

△古果属 Genus *Archaefructus* Sun,Dilcher,Zheng et Zhou,1998(英文发表)

1998　孙革、Dilcher D L、郑少林、周浙昆,1692 页。

模式种:*Archaefructus liaoningensis* Sun,Dilcher,Zheng et Zhou,1998

分类位置:双子叶植物纲(Dicotyledoneae)

△辽宁古果 *Archaefructus liaoningensis* Sun,Dilcher,Zheng et Zhou,1998(英文发表)
1998 孙革、Dilcher D L、郑少林、周浙昆,1692页,图2A－2C;被子植物果枝和角质层;标本号:SZ0916;正模:SZ0916(图2A);辽西北票上园黄半吉沟;晚侏罗世义县组下部尖山沟层。(注:原文未注明模式标本的保存单位)

△始木兰属 Genus *Archimagnolia* Tao et Zhang,1992
1992 陶君容、张川波,423,424页。

模式种:*Archimagnolia rostrato-stylosa* Tao et Zhang,1992

分类位置:双子叶植物纲(Dicotyledoneae)

△喙柱始木兰 *Archimagnolia rostrato-stylosa* Tao et Zhang,1992
1992 陶君容、张川波,423,424页,图版1,图1－6;着生雌蕊的花托;标本号:No.503882;正模:No.503882(图版1,图1－6);标本保存在中国科学院植物研究所;吉林延边;早白垩世大拉子组。

北极拜拉属 Genus *Arctobaiera* Florin,1936
1936 Florin,119页。

模式种:*Arctobaiera flettii* Florin,1936

分类位置:茨康目(Czekanowskiales)

弗里特北极拜拉 *Arctobaiera flettii* Florin,1936
1936 Florin,119页,图版26－31;图版32,图1－6;叶及角质层;法兰士·约瑟兰地群岛;侏罗纪。

中国中生代植物归入此属的最早记录:
△仁保北极拜拉 *Arctobaiera renbaoi* Zhou et Zhang,1996(英文发表)
1996 周志炎、章伯乐,362页,图版1,图1－6;图版2,图1－8;插图1,2;长枝、短枝、叶、角质层;登记号:PB17449,PB17451－PB17454;正模:PB17451(图版1,图3);副模:PB17452(图版1,图6);标本保存在中国科学院南京地质古生物研究所;河南义马;中侏罗世义马组中部。

北极蕨属 Genus *Arctopteris* Samylina,1964
1964 Samylina,51页。

模式种:*Arctopteris kolymensis* Samylina,1964

分类位置:真蕨纲凤尾蕨科(Pteridaceae,Filicopsida)

库累马北极蕨 *Arctopteris kolymensis* Samylina, 1964
1964　Samylina, 51 页, 图版 3, 图 5—8; 图版 4, 图 1, 2; 插图 4; 蕨叶; 苏联东北部; 早白垩世。

中国中生代植物归入此属的最早记录:
钝羽北极蕨 *Arctopteris obtuspinnata* Samylina, 1976
1976　Samylina, 33 页, 图版 10, 图 1, 2; 图版 12, 图 5; 蕨叶; 西伯利亚; 早白垩世。
1979　王自强、王璞, 图版 1, 图 10—13; 蕨叶; 北京西山坨里土洞; 早白垩世坨里砾岩组。(注:原文仅有图版)

稀脉北极蕨 *Arctopteris rarinervis* Samylina, 1964
1964　Samylina, 53 页, 图版 4, 图 3—5; 图版 13, 图 5b; 蕨叶; 库累马河流域; 早白垩世。
1978　杨学林等, 图版 2, 图 6; 蕨叶; 吉林蛟河盆地杉松剖面; 早白垩世磨石砬子组。(注:原文仅有图版)
1980　张武等, 249 页, 图版 161, 图 5; 图版 162, 图 3—5; 插图 183; 营养叶和实羽片; 吉林蛟河; 早白垩世磨石砬子组; 黑龙江鸡西城子河; 早白垩世城子河组。

△华网蕨属 Genus *Areolatophyllum* Li et He, 1979
1979　李佩娟、何元良, 见何元良等, 137 页。
模式种: *Areolatophyllum qinghaiense* Li et He, 1979
分类位置: 真蕨纲双扇蕨科(Dipteridaceae, Filicopsida)

△青海华网蕨 *Areolatophyllum qinghaiense* Li et He, 1979
1979　李佩娟、何元良, 见何元良等, 137 页, 图版 62, 图 1, 1a, 2, 2a; 蕨叶; 采集号: 58-7a-12; 登记号: PB6327, PB6328; 正模: PB6328(图版 62, 图 1, 1a); 副模: PB6327(图版 62, 图 2, 2a); 标本保存在中国科学院南京地质古生物研究所; 青海都兰八宝山; 晚三叠世八宝山群。

阿措勒叶属 Genus *Arthollia* Golovneva et Herman, 1988
1988　Golovneva, Herman, 1456 页。
模式种: *Arthollia pacifica* Golovneva et Herman, 1988
分类位置: 双子叶植物纲(Dicotyledoneae)

太平洋阿措勒叶 *Arthollia pacifica* Golovneva et Herman, 1988
1988　Golovneva, Herman, 1456 页; 苏联东北部; 晚白垩世。

中国中生代植物归入此属的最早记录:
△中国阿措勒叶 *Arthollia sinenis* Guo, 2000 (英文发表)
2000　郭双兴, 236 页, 图版 3, 图 4, 7, 10; 图版 4, 图 10, 17; 图版 5, 图 3; 图版 7, 图 4, 8, 10, 12; 图版 8, 图 13; 叶; 登记号: PB18654—PB18663; 正型: PB18659(图版 5, 图 3), PB18660(图版 7, 图 4); 标本保存在中国科学院南京地质古生物研究所; 吉林珲春; 晚白垩世珲春组。

△亚洲叶属 Genus *Asiatifolium* Sun,Guo et Zheng,1992

1992　孙革、郭双兴、郑少林,见孙革等,546页。(中文)

1993　孙革、郭双兴、郑少林,见孙革等,253页。(英文)

模式种:*Asiatifolium elegans* Sun,Guo et Zheng,1992

分类位置:双子叶植物纲(Dicotyledoneae)

△雅致亚洲叶 *Asiatifolium elegans* Sun,Guo et Zheng,1992

1992　孙革、郭双兴、郑少林,见孙革等,546页,图版1,图1—3;叶;登记号:PB16766, PB16767;正模:PB16766(图版1,图1);标本保存在中国科学院南京地质古生物研究所;黑龙江鸡西城子河;早白垩世城子河组上部。(中文)

1993　孙革、郭双兴、郑少林,见孙革等,253页,图版1,图1—3;叶;登记号:PB16766, PB16767;正模:PB16766(图版1,图1);标本保存在中国科学院南京地质古生物研究所;黑龙江鸡西城子河;早白垩世城子河组上部。(英文)

盾形叶属 Genus *Aspidiophyllum* Lesquereus,1876

1876　Lesquereus,361页。

模式种:*Aspidiophyllum trilobatum* Lesquereus,1876

分类位置:双子叶植物纲(Dicotyledoneae)

三裂盾形叶 *Aspidiophyllum trilobatum* Lesquereus,1876

1876　Lesquereus,361页,图版2,图1,2;叶;美国堪萨斯哈克堡南部;白垩纪。

中国中生代植物归入此属的最早记录:

盾形叶(未定种) *Aspidiophyllum* sp.

1981　*Aspidiophyllum* sp.,张志诚,157页,图版1,图3;叶;黑龙江牡丹江;早白垩世"猴石沟组"。

铁角蕨属 Genus *Asplenium* Linné,1753

模式种:(现生属)

分类位置:真蕨纲铁角蕨科(Aspleniaceae,Filicopsida)

中国中生代植物归入此属的最早记录:

微尖铁角蕨 *Asplenium argutula* Heer,1876

1876　Heer,41,96页,图版3,图7;图版19,图1—4;蕨叶;伊尔库茨克盆地;侏罗纪;阿穆尔河上游;晚侏罗世(?)。

1883　Schenk,246页,图版46,图2—4;图版47,图1,2;蕨叶;内蒙古土木路;侏罗纪。[注:此标本后改定为 *Cladophlebis argutula* (Heer) Fontaine(斯行健、李星学等,1963)]

彼德鲁欣铁角蕨 *Asplenium petruschinense* Heer,1878

1878　Heer,3 页,图版 1,图 1;蕨叶;伊尔库茨克盆地;侏罗纪。
1883　Schenk,259 页,图版 53,图 2;蕨叶;湖北秭归;侏罗纪。[注:此标本后改定为 *Cladophlebis* sp.(斯行健、李星学等,1963)]

怀特铁角蕨 *Asplenium whitbiense* (Brongniart) Heer,1876

1828—1838　*Pecopteris whitbiensis* Brongniart,321 页,图版 109,图 2,4;蕨叶;西欧;侏罗纪。
1876　Heer,38 页,图版 1,图 1c;图版 3,图 1—5;蕨叶;伊尔库茨克盆地;侏罗纪;94 页,图版 16,图 8;图版 20,图 1,6;图版 21,图 3,4;图版 22,图 4a,9c;蕨叶;布列亚河(阿穆尔河上游);晚侏罗世。
1883　Schenk,246 页,图版 46,图 4,6,7;图版 47,图 3—5;图版 48,图 1—4;图版 49,图 4a,6b;蕨叶;内蒙古土木路;侏罗纪。[注:此标本后改定为 *Cladophlebis* sp.(斯行健、李星学等,1963)]
1883　Schenk,253 页,图版 52,图 1—3;蕨叶;北京西山;侏罗纪。[注:此标本后改定为 *Cladophlebis* sp.(斯行健、李星学等,1963)]

星囊蕨属 Genus *Asterotheca* Presl,1845

1845　Presl,见 Corda,89 页。

模式种:*Asterotheca sternbergii* (Goeppert) Presl,1845

分类位置:真蕨纲星囊蕨科(Asterothecaceae,Filicopsida)

司腾伯星囊蕨 *Asterotheca sternbergii* (Goeppert) Presl,1845

1836　*Asterocarpus sternbergii* Goeppert,188 页,图版 6,图 1—4;生殖叶;石炭纪。
1845　Presl,见 Corda,89 页。

中国中生代植物归入此属的最早记录:

△斯氏? 星囊蕨 *Asterotheca? szeiana* (P'an) Sze,Lee et al.,1963

1936　*Cladophlebis szeiana* P'an,潘钟祥,18 页,图版 6,图 1—3;图版 8,图 3—7;蕨叶;陕西绥德叶家坪、延长怀林坪;晚三叠世延长层。
1956a　*Cladophlebis* (*Asterothaca*?) *szeiana* P'an,斯行健,33,140 页,图版 16,图 1—4;图版 17,图 1—5;图版 21,图 6;裸羽片和实羽片;陕西宜君四郎庙炭河沟,绥德叶家坪、怀林坪,延长七里村;甘肃华亭剑沟河、砚河口;晚三叠世延长层。
1963　斯行健、李星学等,59 页,图版 15,图 3;图版 17,图 3—5;实羽片和裸羽片;陕西宜君、延长、绥德,甘肃华亭;晚三叠世延长群。

斯氏? 星囊蕨(枝脉蕨) *Asterotheca? (Cladophlebis) szeiana* (P'an) Sze,Lee et al.

1963　李星学等,128 页,图版 100,图 1,2;营养羽片和生殖羽片;中国西北地区;晚三叠世。

似密叶杉属 Genus *Athrotaxites* Unger,1849

1849　Unger,346 页。

模式种：*Athrotaxites lycopodioides* Unger,1849

分类位置：松柏纲杉科（Taxodiaceae,Coniferopsida）

石松型似密叶杉 *Athrotaxites lycopodioides* Unger,1849
1849　Unger,346 页,图版 5,图 1,2；枝叶和球果；德国巴伐利亚；侏罗纪。

中国中生代植物归入此属的最早记录：
贝氏似密叶杉 *Athrotaxites berryi* Bell,1956
1956　Bell,115 页,图版 58,图 5；图版 60,图 5；图版 61,图 5；图版 62,图 2,3；图版 63,图 1；图版 64,图 1－5；图版 65,图 7；加拿大；早白垩世。
1982　郑少林、张武,324 页,图版 23,图 13；图版 24,图 5,6；枝叶和雌球果；黑龙江宝清、虎林；晚侏罗世朝阳屯组；黑龙江双鸭山岭西；早白垩世城子河组。

拟密叶杉属　Genus *Athrotaxopsis* Fontane,1889
1889　Fontane,240 页。

模式种：*Athrotaxopsis grandis* Fontane,1889

分类位置：松柏纲杉科（Taxodiaceae,Coniferopsida）

大拟密叶杉 *Athrotaxopsis grandis* Fontane,1889
1889　Fontane,240 页,图版 114,116,135；营养枝和球果；美国弗吉尼亚；早白垩世波托马克群。

中国中生代植物归入此属的最早记录：
拟密叶杉？（未定种） *Athrotaxopsis*? sp.
1988　*Athrotaxopsis*? sp.,陈芬等,80 页,图版 49,图 4,4a；枝叶；辽宁阜新海州矿；早白垩世阜新组。[注：此标本后改定为 *Athrotaxites masgnifolius*（Chen et Meng）Chen et Deng（陈芬、邓胜徽,2000）]

蹄盖蕨属　Genus *Athyrium* Roth,1799
模式种：（现生属）

分类位置：真蕨纲蹄盖蕨科（Athyriaceae,Filicopsida）

中国中生代植物归入此属的最早记录：
△白垩蹄盖蕨 *Athyrium cretaceum* Chen et Meng,1988
1988　陈芬、孟祥营,见陈芬等,42,146 页,图版 13,图 5－9；图版 14,图 1－11；插图 14b；蕨叶和孢子囊群；标本号：Fx071－Fx075；标本保存在武汉地质学院北京研究生部；辽宁阜新新丘矿；早白垩世阜新组。（注：原文未指定模式标本）

△阜新蹄盖蕨 *Athyrium fuxinense* Chen et Meng,1988
1988　陈芬、孟祥营,见陈芬等,43,147 页,图版 14,图 12,13；图版 15,图 1－5；插图 14a；蕨叶、营养羽片、生殖羽片、孢子囊和原位孢子；标本号：Fx076－Fx078；标本保存在武汉

地质学院北京研究生部;辽宁阜新海州矿;早白垩世阜新组中间段。(注:原文未指定模式标本)

拜拉属 Genus *Baiera* Braun,1843

1843(1839—1843)　Braun,见 Muenster,20页。

模式种:*Baiera dichotoma* Braun,见 Münster,1843

分类位置:银杏目(Ginkgoales)

中国中生代植物归入此属的最早记录:

两裂拜拉 *Baiera dichotoma* Braun,1843

1843(1839—1843)　Braun,见 Münster,20页,图版12,图1—5;叶部;德国巴伐利亚;晚三叠世。

1874　*Bayera dichotoma* Braun,Brongniart,408页;扇形叶;陕西丁家沟;侏罗纪。[注:① 原文仅有种名;② 属名原文误拼为 *Bayera*,此标本后改定为 *Baiera* sp.(斯行健、李星学等,1963,240页)]

狭叶拜拉 *Baiera angustiloba* Heer,1878

1878a　Heer,24页,图版7,图2;叶;勒拿河流域;早白垩世。

1883b　Schenk,256页,图版53,图1;叶;山西大同;侏罗纪。[此标本后改定为 *Baiera gracilis* (Bean MS) Bunbury(斯行健、李星学等,1963,233页)]

△白果叶属 Genus *Baiguophyllum* Duan,1987

1987　段淑英,52页。

模式种:*Baiguophyllum lijianum* Duan,1987

分类位置:茨康目(Czekanowkiales)

△利剑白果叶 *Baiguophyllum lijianum* Duan,1987

1987　段淑英,52页,图版16,图4,4a;图版17,图1;插图14;长、短枝及叶;标本号:S-PA-86-680(1),S-PA-86-680(2);正模:S-PA-86-680(2)(图版17,图1);标本保存在瑞典自然历史博物馆古植物室(瑞典斯德哥尔摩);北京西山斋堂;中侏罗世门头沟煤系。

贝西亚果属 Genus *Baisia* Krassilov,1982

1982　Krassilov,见 Krassilov 和 Bugdaeva,281页。

模式种:*Baisia hirsuta* Krassilov,1982

分类位置:单子叶植物纲(Monocotyledoneae)

硬毛贝西亚果 *Baisia hirsuta* Krassilov,1982

1982　Krassilov,见 Krassilov 和 Bugdaeva,281页,图版1—8;繁殖器官;贝加尔湖地区维季姆河(Vitim River);早白垩世。

中国中生代植物归入此属的最早记录：
贝西亚果(未定种) *Baisia* sp.
1984 *Baisia* sp.，王自强，297页，图版150，图12；繁殖器官；河北围场；早白垩世九佛堂组。

羊蹄甲属 Genus *Bauhinia* Linné
模式种：(现生属)
分类位置：双子叶植物纲豆科(Leguminosae,Dicotyledoneae)

中国中生代植物归入此属的最早记录：
△雅致羊蹄甲 *Bauhinia gracilis* Tao,1986
1986a,b 陶君容，见陶君容和熊宪政，127页，图版13，图6；叶；标本号：No.52439；黑龙江嘉荫地区；晚白垩世乌云组。

拜拉属 Genus *Bayera* ex Brongniart,1874
(注：此属名见于Brongniart,1874,408页,系*Baiera*之异名)
1874 Brongniart,408页。

中国中生代植物归入此属的最早记录：
两裂拜拉 *Bayera dichotoma* Braun ex Brongniart,1874
1874 Brongniart,408页；扇形叶；陕西丁家沟；侏罗纪。[注：① 原文仅有种名；② 此标本后改定为*Baiera* sp.(斯行健、李星学等,1963,240页)]

宾尼亚球果属 Genus *Beania* Carruthers,1869
1869 Carruthers,98页。
模式种：*Beania gracilis* Carruthers,1896
分类位置：苏铁纲苏铁目(Cycadales,Cycadopsida)

纤细宾尼亚球果 *Beania gracilis* Carruthers,1869
1869 Carruthers,98页,图版4；雌性球果；英国约克郡；中侏罗世。

中国中生代植物归入此属的最早记录：
△密山宾尼亚球果 *Beania mishanensis* Zheng et Zhang,1982
1982b 郑少林、张武，314页，图版16，图1-7；插图11；球果；登记号：HYG001-HYG007；标本保存在沈阳地质矿产研究所；黑龙江密山过关山；晚侏罗世云山组。(注：原文未指定模式标本)

△北票果属 Genus *Beipiaoa* Dilcher,Sun et Zheng,2001 (英文发表)
2001 Dilcher D L、孙革、郑少林，见孙革等，25,151页。

模式种：*Beipiaoa spinosa* Dilcher,Sun et Zheng,2001

分类位置：被子植物门？（Angiospermae?）

△强刺北票果 *Beipiaoa spinosa* Dilcher,Sun et Zheng,2001（英文发表）

2001　Dilcher D L、孙革、郑少林，见孙革等，26,152 页，图版 5，图 1－4,5(?);图版 33,图 11－19;插图 4.7G;果实;登记号：PB18959－PB18962,PB18966－PB18967,ZY3004－ZY3006;正模：PB18959(图版 5,图 1);辽宁北票上园黄半吉沟;晚侏罗世尖山沟组。（注：原文未注明模式标本的保存单位）

△小北票果 *Beipiaoa parva* Dilcher,Sun et Zheng,2001（英文发表）

1999　*Trapa*? sp.，吴舜卿,22 页，图版 16,图 1－2a,6(?),6a(?),8(?);果实;辽西北票上园黄半吉沟;晚侏罗世义县组下部尖山沟层。

2001　Dilcher D L、孙革、郑少林，见孙革等，25,151 页，图版 5,图 7;图版 33,图 1－8,21;插图 4.7A;果实;登记号：PB18953,ZY3001－ZY3003;正模：PB18953(图版 5,图 7);辽宁北票上园黄半吉沟;晚侏罗世尖山沟组。（注：原文未注明模式标本的保存单位）

△圆形北票果 *Beipiaoa rotunda* Dilcher,Sun et Zheng,2001（英文发表）

2001　Dilcher D L、孙革、郑少林，见孙革等，25,151 页，图版 5,图 8,6(?);图版 33,图 10,9(?);插图 4.7B;果实;登记号：PB18958,ZY3001－ZY3003;正模：PB18958(图版 5,图 8);辽宁北票上园黄半吉沟;晚侏罗世尖山沟组。（注：原文未注明模式标本的保存单位）

△本内缘蕨属 Genus *Bennetdicotis* Pan,1983（nom. nud.）

1983　潘广,1520 页。（中文）

1984　潘广,958 页。（英文）

模式种：（没有种名）

分类位置："半被子植物类群"（"hemiangiosperms"）

本内缘蕨（sp. indet.）*Bennetdicotis* sp. indet.

（注：原文仅有属名，没有种名）

1983　*Bennetdicotis* sp. indet.，潘广,1520 页;华北燕辽地区东段(45°58′N,120°21′E);中侏罗世海房沟组。（中文）

1984　*Bennetdicotis* sp. indet.，潘广,958 页;华北燕辽地区东段(45°58′N,120°21′E);中侏罗世海房沟组。（英文）

本内苏铁果属 Genus *Bennetticarpus* Harris,1932

1932　Harris,101 页。

模式种：*Bennetticarpus oxylepidus* Harris,1932

分类位置：苏铁纲本内苏铁目(Bennettiales,Cycadopsida)

尖鳞本内苏铁果 *Bennetticarpus oxylepidus* Harris,1932

1932　Harris,101 页，图版 14,图 1－6,11;本内苏铁果实;东格陵兰斯科斯比湾;晚三叠世

(*Lepidopteris* 层)。

中国中生代植物归入此属的最早记录：
△长珠孔本内苏铁果 Bennetticarpus longmicropylus Hsu,1948
1948　徐仁,62 页,图版 1,图 8;图版 2,图 9－15;插图 3,4;胚珠和胚珠的角质层;湖南醴陵;晚三叠世。

△卵圆本内苏铁果 Bennetticarpus ovoides Hsu,1948
1948　徐仁,59 页,图版 1,图 1－7;插图 1,2;种子和种子的角质层;湖南醴陵;晚三叠世。

△本溪羊齿属 Genus Benxipteris Zhang et Zheng,1980
1980　张武、郑少林,见张武等,263 页。
模式种：*Benxipteris acuta* Zhang et Zheng,1980[注:此属创建时同时报道 4 种。原文未指定模式种,吴向午(1993)将列在第一的种 *Benxipteris acuta* Zhang et Zheng 选作本属的代表种]
分类位置:种子蕨纲(Pteridospermopsida)

△尖叶本溪羊齿 Benxipteris acuta Zhang et Zheng,1980
1980　张武、郑少林,见张武等,263 页,图版 108,图 1－13;插图 193;营养蕨叶和生殖器官;登记号:D323－D335;标本保存在沈阳地质矿产研究所;辽宁本溪林家崴子;中三叠世林家组。(注:原文未指定模式标本)

△密脉本溪羊齿 Benxipteris densinervis Zhang et Zheng,1980
1980　张武、郑少林,见张武等,264 页,图版 107,图 3－6;插图 194;营养蕨叶和生殖器官;登记号:D319－D322;标本保存在沈阳地质矿产研究所;辽宁本溪林家崴子;中三叠世林家组。(注:原文未指定模式标本)

△裂缺本溪羊齿 Benxipteris partita Zhang et Zheng,1980
1980　张武、郑少林,见张武等,265 页,图版 107,图 7－9;图版 109,图 6,7;蕨叶;登记号:D344－D346,D336,D337;标本保存在沈阳地质矿产研究所;辽宁本溪林家崴子;中三叠世林家组。(注:原文未指定模式标本)

△多态本溪羊齿 Benxipteris polymorpha Zhang et Zheng,1980
1980　张武、郑少林,见张武等,265 页,图版 109,图 1－5;蕨叶;登记号:D338－D342;标本保存在沈阳地质矿产研究所;辽宁本溪林家崴子;中三叠世林家组。(注:原文未指定模式标本)

伯恩第属 Genus Bernettia Gothan,1914
1914　Gothan,58 页。
模式种：*Bernettia inopinata* Gothan,1914
分类位置:苏铁目？(Cycadales?)

意外伯恩第 *Bernettia inopinata* Gothan,1914

1914　　Gothan,58 页,图版 27,图 1—4;图版 34,图 3;苏铁类(?)雄穗;德国纽伦堡;晚三叠世(Rhaetic)。

中国中生代植物归入此属的最早记录:
蜂窝状伯恩第 *Bernettia phialophora* Harris,1935

1935　　Harris,140 页,图版 22;图版 23,图 1,2,8—10,12—14;苏铁目雄穗;东格陵兰斯科斯比湾;早侏罗世(*Thaumatopteris* 层)。

2000　　姚华舟等,图版 3,图 6,7;雄性孢子穗;四川新龙雄龙西乡瓦日;晚三叠世喇嘛垭组。(注:原文仅有图版)

贝尔瑙蕨属 Genus *Bernouillia* Heer ex Seward,1910

[注:此属的含义与 *Bernoullia* Heer,1876 相同,但多了 1 个字母"i"。此属名的引用可追溯到 20 世纪初(Seward,1910)。此后,Hirmer(1927),Jongmans(1958),Boureau 等(1975)也沿用此属名。顾道源(1984,138 页)、王自强(1984,235 页)同时在中国引用此属名,替代 *Bernoullia* 和 *Symopteris* Hsu,1979]

1876　　*Bernoullia* Heer,88 页。

1910　　Seward,410 页。

模式种:*Bernouillia helvetica* Heer ex Seward,1910

分类位置:真蕨纲合囊蕨科(Marattiaceae,Filicopsida)

瑞士贝尔瑙蕨 *Bernouillia helvetica* Heer ex Seward,1910

1876　　*Bernoullia helvetica* Heer,Heer,88 页,图版 38,图 1—6;蕨叶;瑞士;三叠纪。

1910　　Seward,410 页。

中国中生代植物归入此属的最早记录:
△蔡耶贝尔瑙蕨 *Bernouillia zeilleri* P'an ex Wang,1984

1936　　*Bernoullia zeilleri* P'an,潘钟祥,26 页,图版 9,图 6,7;图版 11,图 3,3a,4,4a;图版 14,图 5,6,6a;裸羽片和实羽片;陕西延川清涧镇;晚三叠世延长层中部。

1984　　顾道源,138 页,图版 71,图 3;裸羽片和实羽片;新疆吉木萨尔大龙口;中—晚三叠世克拉玛依组。

1984　　王自强,236 页,图版 121,图 1,2;蕨叶;山西吉县;中—晚三叠世延长群。

贝尔瑙蕨属 Genus *Bernoullia* Heer,1876

[注:此属名曾更名为 *Bernouillia*(Seward,1910)和 *Symopteris* Hsu(徐仁等,1979)]

1876　　Heer,88 页。

模式种:*Bernoullia helvetica* Heer,1876

分类位置:真蕨纲合囊蕨科(Marattiaceae,Filicopsida)

瑞士贝尔瑙蕨 *Bernoullia helvetica* Heer,1876

1876　　Heer,88 页,图版 38,图 1—6;蕨叶;瑞士;三叠纪。

中国中生代植物归入此属的最早记录:
△蔡耶贝尔瑙蕨 *Bernoullia zeilleri* P'an,1936
1936 潘钟祥,26页,图版9,图6,7;图版11,图3,3a,4,4a;图版14,图5,6,6a;裸羽片和实羽片;陕西延川清涧镇;晚三叠世延长层中部。

桦木属 Genus *Betula* Linné,1753
[注:或译成桦属(陶君容、熊宪政,1986a,b)]
模式种:(现生属)
分类位置:双子叶植物纲桦木科(Betulaceae,Dicotyledoneae)

中国中生代植物归入此属的最早记录:
古老桦木 *Betula prisca* Ett.
1986a,b 陶君容、熊宪政,126页,图版6,图4;图版10,图2;叶;黑龙江嘉荫地区;晚白垩世乌云组。

萨哈林桦木 *Betula sachalinensis* Heer,1878
1986a,b 陶君容、熊宪政,126页,图版8,图2-4;叶;黑龙江嘉荫地区;晚白垩世乌云组。

桦木叶属 Genus *Betuliphyllum* Dusén,1899
1899 Dusén,102页。
模式种:*Betuliphyllum patagonicum* Dusén,1899
分类位置:双子叶植物纲桦木科(Betulaceae,Dicotyledoneae)

巴塔哥尼亚桦木叶 *Betuliphyllum patagonicum* Dusén,1899
1899 Dusén,102页,图版10,图15,16;叶;智利普塔阿里纳斯;渐新世。

中国中生代植物归入此属的最早记录:
△**珲春桦木叶 *Betuliphyllum hunchunensis* Guo,2000**(英文发表)
2000 郭双兴,232页,图版2,图5,11;图版4,图3-6,9,13;图版7,图6;图版8,图11,12;叶;登记号:PB18621-PB118627;正型:PB18627(图版7,图6);标本保存在中国科学院南京地质古生物研究所;吉林珲春;晚白垩世珲春组。

第聂伯果属 Genus *Borysthenia* Stanislavsky,1976
1976 Stanislavsky,77页。
模式种:*Borysthenia fasciculata* Stanislavsky,1976
分类位置:松柏纲(Coniferopsida)

束状第聂伯果 *Borysthenia fasciculata* Stanislavsky,1976
1976 Stanislavsky,77页,图版36,图5-7;图版43,图1-4;图版44,45;图版46,图1-8;

图版47,图1－3;插图33－36;繁殖器官;乌克兰顿巴斯;晚三叠世。

中国中生代植物归入此属的最早记录:
△丰富第聂伯果 *Borysthenia opulenta* Zhang et Zheng,1984
1984　张武、郑少林,389页,图版3,图10,10a,11;插图6;果穗;登记号:Ch6-3-4;标本保存在沈阳地质矿产研究所;辽宁朝阳石门沟;晚三叠世老虎沟组。(注:原文未指定模式标本)

△鲍斯木属 Genus *Boseoxylon* Zheng et Zhang,2005(中文和英文发表)
2005　郑少林、张武,见郑少林等,209,212页。
模式种:*Boseoxylon andrewii* (Bose et Sah) Zheng et Zhang,2005
分类位置:苏铁类(Cycadophytes)

△安德鲁斯鲍斯木 *Boseoxylon andrewii* (Bose et Sah) Zheng et Zhang,2005(中文和英文发表)
1954　*Sahnioxylon andrewii* Bose et Sah,4页,图版2,图11－18;苏铁类木化石;印度拉杰马哈尔;侏罗纪。
2005　郑少林、张武,见郑少林等,209,212页;印度拉杰马哈尔;侏罗纪。

△似阴地蕨属 Genus *Botrychites* Wu S,1999(中文发表)
1999　吴舜卿,13页。(中文)
模式种:*Botrychites reheensis* Wu S,1999
分类位置:真蕨纲阴地蕨科?(Botrychiaceae?,Filicopsida)

△热河似阴地蕨 *Botrychites reheensis* Wu S,1999(中文发表)
1999a　吴舜卿,13页,图版4,图8－10A,10a;图版6,图1－3a;营养叶和生殖叶;采集号:AEO-65,AEO-66,AEO-117,AEO-119,AEO-233a,AEO-233;登记号:PB18248－PB18253;正模:PB18257(图版6,图2);标本保存在中国科学院南京地质古生物研究所;中国辽宁北票上园黄半吉沟;晚侏罗世义县组下部尖山沟层。

短木属 Genus *Brachyoxylon* Hollick et Jeffrey,1909
1909　Hollick,Jeffrey,54页。
模式种:*Brachyoxylon notabile* Hollick et Jeffrey,1909
分类位置:松柏纲南洋杉科(Araucarian,Coniferopsida)

斑点短木 *Brachyoxylon notabile* Hollick et Jeffrey,1909
1909　Hollick,Jeffrey,54页,图版13,14;木化石;美国纽约附近;白垩纪。

中国中生代植物归入此属的最早记录：

△萨尼短木 *Brachyoxylon sahnii* Hsu,1950（nom. nud.）

1950　徐仁,35 页;木化石;山东即墨马鞍山;中生代。[注:此标本后改定为 *Dadoxylon* (*Araucarioxylon*) cf. *japonicum* Shimakura(徐仁,1953)]

短叶杉属 Genus *Brachyphyllum* Brongnirat,1828

1828　Brongnirat,109 页。
模式种:*Brachyphyllum mamillare* Brongnirat,1828
分类位置:松柏纲松柏目(Coniferales,Coniferopsida)

马咪勒短叶杉 *Brachyphyllum mamillare* Brongnirat,1828

1828　Brongnirat,109 页;营养枝叶;英国;侏罗纪。

中国中生代植物归入此属的最早记录：

△大短叶杉 *Brachyphyllum magnum* Chow,1923

1923　周赞衡,81,137 页,图版 1,图 1;枝叶;山东莱阳南务村;早白垩世莱阳系。[注:此标本后改定为 *Brachyphyllum obesum* Heer(斯行健、李星学等,1963)]

△密枝短叶杉 *Brachyphyllum multiramosum* Chow,1923

1923　周赞衡,81,138 页,图版 2,图 1,2;枝叶;山东莱阳南务村;早白垩世莱阳系。[注:此标本后改定为 *Brachyphyllum obesum* Heer(斯行健、李星学等,1963)]

巴克兰茎属 Genus *Bucklandia* Presl,1825

1825(1820—1838)　Presl,见 Sternberg,33 页。
模式种:*Bucklandia anomala* (Stokes et Webb) Presl,1825
分类位置:本内苏铁目或苏铁纲(Bennettiales or Cycadopsida)

异型巴克兰茎 *Bucklandia anomala* (Stokes et Webb) Presl,1825

1824　*Cladraria anomala* Stokes et Webb,423 页;苏铁类茎干;英国萨塞克斯;早白垩世(Wealden)。
1825(1820—1838)　Presl,见 Sternberg,33 页;苏铁类茎干;英国萨塞克斯;早白垩世(Wealden)。

中国中生代植物归入此属的最早记录：

△极小巴克兰茎 *Bucklandia minima* Ye et Peng,1986

1986　叶美娜、彭时江,见叶美娜等,65 页,图版 33,图 10,10a;图版 34,图 2;苏铁类或本内苏铁类的茎干;标本保存在四川省煤田地质公司一三七队;四川达县斌郎;晚三叠世须家河组 7 段。(注:原文未指定模式标本)

巴克兰茎(未定种) *Bucklandia* sp.

1986　*Bucklandia* sp.,叶美娜等,66 页,图版 34,图 5,5b;苏铁类或本内苏铁类的茎干;四川达县斌郎;晚三叠世须家河组7段。

芦木属 Genus *Calamites* Suckow,1784（non Schlotheim,1820,nec Brongniart,1828）

［注:此属名 *Calamites* Suckow(1784)为1820年前的保留名称,常为中国学者引用(见吴向午,1993a)］

1974　中国科学院南京地质古生物研究所、北京植物研究所《中国古生代植物》编写组,48页。

模式种:

分类位置:楔叶纲木贼目(Equisetales,Sphenopsida)

中国中生代植物归入此属的最早记录:

△山西芦木 *Calamites shanxiensis*（Wang）Wang Z et Wang L,1990

1984　*Neocalamites shanxiensis* Wang,王自强,233页,图版110,图17;图版111,图2;图版112,图7;茎干;山西榆社、兴县;早—中三叠世二马营组、刘家沟组;中—晚三叠世延长群。

1990a　王自强、王立新,115页,图版1,图1—7;图版2,图5,6;图版4,图1—5;图版5,图9—11;插图4a—4g;茎干;山西石楼、榆社、和顺;早三叠世和尚沟组。

1990b　王自强、王立新,306页,图版3,图1—8;茎干;山西沁县漫水、平遥盘陀,榆社石门口,宁武陈家畔沟;中三叠世二马营组底部和延长群下部。

芦木属 Genus *Calamites* Schlotheim,1820（non Brongniart,1828,nec Suckow,1784）

1820　Schlotheim,398页。

模式种:*Calamites cannaeformis* Schlotheim,1820

分类位置:楔叶纲木贼目(Equisetales,Sphenopsida)

管状芦木 *Calamites cannaeformis* Schlotheim,1820

1820　Schlotheim,398页,图版20,图1;髓膜;德国萨克森;晚石炭世。

芦木属 Genus *Calamites* Brongniart,1828（non Schlotheim,1820,nec Suckow,1784）

［注:此属名为 *Calamites* Schlotheim,1820 的晚出同名(吴向午,1993a)］

1828　Brongniart,121页。

模式种:*Calamites radiatus* Brongniart,1828

分类位置:楔叶纲木贼目(Equisetales,Sphenopsida)

辐射芦木 *Calamites radiatus* Brongniart,1828

1828　Brongniart,121页。

心籽属 Genus *Cardiocarpus* Brongniart,1881

1881　Brongniart,20页。

模式种：*Cardiocarpus drupaceus* Brongniart, 1881
分类位置：裸子植物门（Gymnospermae）

核果状心籽 *Cardiocarpus drupaceus* Brongniart, 1881
1881　Brongniart, 20页, 图版 A, 图 1, 2; 繁殖器官; 英国; 石炭纪。

中国中生代植物归入此属的最早记录：
心籽（未定种）*Cardiocarpus* sp.
1984　*Cardiocarpus* sp., 王自强, 297页, 图版 108, 图 11; 种子; 山西榆社; 早三叠世和尚沟组。

石果属 Genus *Carpites* Schimper, 1874
1874　Schimper, 421页。
模式种：*Carpites pruniformis*（Heer）Schimper, 1874
分类位置：不明（incertae sedis）

核果状石果 *Carpites pruniformis* (Heer) Schimper, 1874
1859　*Carpolithes pruniformis* Heer, 139页, 图版 141, 图 18—30; 种子; 瑞士; 中新世。
1874（1869—1874）　Schimper, 421页; 种子; 瑞士; 中新世。

中国中生代植物归入此属的最早记录：
石果（未定种）*Carpites* sp.
1984　*Carpites* sp., 郭双兴, 88页, 图版 1, 图 4b, 6; 种子; 黑龙江杜尔伯达; 晚白垩世青山口组上部。

石籽属 Genus *Carpolithes* Schlothcim, 1820
1917　Seward, 364, 497页。
1920　Nathorst, 16页。
1963　斯行健、李星学等, 311页。
模式种：[注：模式种不明（Seward, 1917; 斯行健、李星学等, 1963）]
分类位置：分类位置不明的古生代和中生代的种子化石（for seeds and supposed seeds from almost every geological horizon that cannot be assigned to a natural plant Group）

中国中生代植物归入此属的最早记录：
石籽（未定多种）*Carpolithes* spp.
1885　*Carpolithes*, Schenk, 176(14)页, 图版 13(1), 图 13a, 13b; 种子; 陕西商县; 侏罗纪。
1885　*Carpolithes*, Schenk, 176(14)页, 图版 14(2), 图 5b; 种子; 四川雅安之南黄泥堡; 侏罗纪。

石籽属 Genus *Carpolithus* Wallerius,1747

1917　Seward,364,497 页。
1920　Nathorst,16 页。
1963　斯行健、李星学等,311 页。

模式种:[注:模式种不明(Seward,1917;斯行健、李星学等,1963)]
分类位置:分类位置不明的古生代和中生代的种子化石(for seeds and supposed seeds from almost every geological horizon that cannot be assigned to a natural plant Group)

中国中生代植物归入此属的最早记录:

石籽(未定种) *Carpolithus* sp.

1925　*Carpolithus* sp.,Teilhard de Chardin,Fritel,539 页;陕西榆林油坊头(You-fang-teou);侏罗纪。(注:原文仅有种名)

决明属 Genus *Cassia* Linné,1753

模式种:(现生属)
分类位置:双子叶植物纲豆科(Leguminosae,Dicotyledoneae)

弗耶特决明 *Cassia fayettensis* Berry,1916

1916　Berry,232 页,图版 49,图 5-8;叶;北美;始新世。

中国中生代植物归入此属的最早记录:

弗耶特决明(比较种) *Cassia* cf. *fayettensis* Berry

1982　耿国仓、陶君容,119 页,图版 1,图 16;叶;西藏日喀则东嘎;晚白垩世—始新世秋乌组。

小叶决明 *Cassia marshalensis* Berry,1916

1916　Berry,232 页,图版 50,图 6,7;叶;北美;始新世。
1982　耿国仓、陶君容,119 页,图版 6,图 6;叶;西藏噶尔门士;晚白垩世—始新世门士组。

板栗属 Genus *Castannea* Mill

模式种:(现生属)
分类位置:双子叶植物纲壳斗科(Fagaceae,Dicotyledoneae)

中国中生代植物归入此属的最早记录:

△汤原板栗 *Castannea tangyuaensis* Zheng et Zhang,1990

1990　郑少林、张武,见张莹等,241 页,图版 2,图 1-3;插图 3;叶;标本号:TOW0011-TOW0013;标本保存在大庆油田科学研究设计院地质试验室;黑龙江汤原;晚白垩世富饶组。(注:原文未指定模式标本)

△似木麻黄属 Genus *Casuarinites* Pan,1983（nom. nud.）

1983　潘广,1520 页。（中文）
1984　潘广,959 页。（英文）
模式种：(没有种名)
分类位置："原始被子植物类群"（"primitive angiosperms"）

似木麻黄（sp. indet.）*Casuarinites* sp. indet.
（注：原文仅有属名,没有种名）

1983　*Casuarinites* sp. indet.,潘广,1520 页；华北燕辽地区东段（45°58′N,120°21′E）；中侏罗世海房沟组。（中文）
1984　*Casuarinites* sp. indet.,潘广,959 页；华北燕辽地区东段（45°58′N,120°21′E）；中侏罗世海房沟组。（英文）

茎干蕨属 Genus *Caulopteris* Lindley et Hutton,1832

1832(1831—1837)　Lindley,Hutton,121 页。
模式种：*Caulopteris primaeva* Lindley et Hutton,1832
分类位置：真蕨纲（Filicopsida）

初生茎干蕨 *Caulopteris primaeva* Lindley et Hutton,1832

1832(1831—1837)　Lindley,Hutton,121 页,图版 42；树蕨茎干印痕；英国巴思拉德斯托克；晚石炭世。

中国中生代植物归入此属的最早记录：

△纳拉箐茎干蕨 *Caulopteris nalajingensis* Yang,1978

1978　杨贤河,496 页,图版 172,图 7,8；插图 109；蕨类树干印痕；标本号：Sp0071；正模：Sp0071(图版 172,图 7)；标本保存在成都地质矿产研究所；四川渡口摩沙河；晚三叠世大荞地组。

雪松型木属 Genus *Cedroxylon* Kraus,1870

1870(1869—1874)　Kraus,见 Schimper,370 页。
模式种：*Cedroxylon withami* Kraus,1870
分类位置：松柏纲（木化石）[Coniferopsida (fossil wood)]

怀氏雪松型木 *Cedroxylon withami* Kraus,1870

1832(1831—1837)　*Peuce withami* Lindley et Hutton,73 页,图版 23,24；英国；石炭纪。
1870(1869—1874)　Kraus,见 Schimper,370 页；英国；石炭纪。

中国中生代植物归入此属的最早记录:
△金沙雪松型木 *Cedroxylon jinshaense* (Zheng et Zhang) He,1995
1982　*Protopodocarpoxylon jinshaense* Zheng et Zhang,郑少林、张武,331页,图版30,图1—12;木化石;黑龙江密山;晚侏罗世云山组。
1995　何德长,12(中文),16(英文)页,图版11,图1—1e;丝炭化石;内蒙古扎鲁特旗霍林河煤田;晚侏罗世霍林河组14煤层;内蒙古鄂温克旗伊敏煤矿;早白垩世伊敏组16煤层。

南蛇藤叶属 Genus *Celastrophyllum* Goeppert,1854
1854　Goeppert,52页。
模式种:*Celastrophyllum attenuatum* Goeppert,1854
分类位置:双子叶植物纲卫矛科(Celastraceae,Dicotyledoneae)

狭叶南蛇藤叶 *Celastrophyllum attenuatum* Goeppert,1854
1853　Goeppert,435页。(裸名)
1854　Goeppert,52页,图版14,图89;叶;印度尼西亚爪哇;第三纪。

中国中生代植物归入此属的最早记录:
南蛇藤叶?(未定种) *Celastrophyllum*? sp.
1983　*Celastrophyllum*? sp.,郑少林、张武,92页,图版8,图12,13;插图17;叶;黑龙江勃利盆地;晚白垩世东山组。

南蛇藤属 Genus *Celastrus* Linné,1753
模式种:(现生属)
分类位置:双子叶植物纲卫矛科(Celastraceae,Dicotyledoneae)

中国中生代植物归入此属的最早记录:
小叶南蛇藤 *Celastrus minor* Berry,1916
1916　Berry,266页,图版61,图3,4;叶;北美;始新世。
1982　耿国仓、陶君容,121页,图版1,图23;叶;西藏昂仁吉松;晚白垩世—始新世秋乌组。

拟粗榧属 Genus *Cephalotaxopsis* Fontaine,1889
1889　Fontane,236页。
模式种:*Cephalotaxopsis magnifolia* Fontaine,1889
分类位置:松柏纲杉科(Taxodiaceae,Coniferopsida)

大叶拟粗榧 *Cephalotaxopsis magnifolia* Fontaine,1889
1889　Fontane,236页,图版104—108;枝叶;美国弗吉尼亚;早白垩世波托马克群。

中国中生代植物归入此属的最早记录：
△亚洲拟粗榧 *Cephalotaxopsis asiatica* HBDYS,1976
1976　华北地质科学研究所五室,167页,图版1;图版2,图1—11;插图1—3;枝叶;标本号：D5-4613,D5-4631,D5-4512,D5-4522,D5-4509,D5-4511;D5-4518,D5-4528,D5-4581,D5-4541,D5-4616,D5-4532,D5-4618,D5-4553,D5-4511,D5-4611,D5-4517,D5-4588,D5-4627,D5-4537;标本保存在华北地质科学研究所;内蒙古卓资旗下营庙坡底;早白垩世。(原文未指定模式标本)

拟粗榧(未定种) *Cephalotaxopsis* sp.
1976　*Cephalotaxopsis* sp.,华北地质科学研究所五室,170页,图版2,图12—22;插图4;枝叶和角质层;内蒙古卓资旗下营庙坡底;早白垩世。

金鱼藻属 Genus *Ceratophyllum* Linné,1753
模式种：(现生属)
分类位置：双子叶植物纲金鱼藻科(Ceratophyllaceae,Dicotyledoneae)

中国中生代植物归入此属的最早记录：
△吉林金鱼藻 *Ceratophyllum jilinense* Gao,2000(英文发表)
2000　郭双兴,233页,图版2,图3,4,10,12;叶;登记号：PB18628,PB118629;正型：PB18628(图版2,图3);标本保存在中国科学院南京地质古生物研究所;吉林珲春;晚白垩世珲春组。

连香树属 Genus *Cercidiphyllum* Siebold et Zucarini,1846
模式种：(现生属)
分类位置：双子叶植物纲连香树科(Cercidiphyllaceae,Dicotyledoneae)

中国中生代植物归入此属的最早记录：
椭圆连香树 *Cercidiphyllum elliptcum* (Newberry) Browm,1939
1868　*Populus elliptcum* Newberry,16页;北美内布拉斯加;早白垩世(Lower Cretaceous Sadstone)。
1898　*Populus elliptcum* Newberry,43页,图版3,图1,2;叶;北美内布拉斯加;白垩纪(Dakota group)。
1939　Brown,491页,图版52,图1—17。
1975　郭双兴,417页,图版2,图2,5;叶;西藏日喀则恰布林;晚白垩世日喀则群。

△朝阳序属 Genus *Chaoyangia* Duan,1998(1997)(中文和英文发表)
1997　段淑英,519页。(中文)
1998　段淑英,15页。(英文)

模式种：*Chaoyangia liangii* Duan，1998

分类位置：被子叶植物门（angiosperm）[注：此属后改归于买麻藤类（Chlamydopsida）或买麻藤目（Gnetales）（郭双兴、吴向午，2000；吴舜卿，1999）]

△梁氏朝阳序 *Chaoyangia liangii* Duan，1998（1997）（中文和英文发表）

1997 段淑英，519页，图1—4；雌性生殖器官；正模：9341（图1，图2）；辽宁朝阳地区；晚侏罗世义县组。（中文）（注：原文未注明模式标本的保存单位）

1998 段淑英，15页，图1—4；雌性生殖器官；正模：9341（图1，图2）；辽宁朝阳地区；晚侏罗世义县组。（英文）（注：原文未注明模式标本的保存单位）

△城子河叶属 Genus *Chengzihella* Guo et Sun，1992

1992 郭双兴、孙革，见孙革等，546页。（中文）
1993 郭双兴、孙革，见孙革等，254页。（英文）

模式种：*Chengzihella obovata* Guo et Sun，1992

分类位置：双子叶植物纲（Dicotyledoneae）

△倒卵城子河叶 *Chengzihella obovata* Guo et Sun，1992

1992 郭双兴、孙革，见孙革等，546页，图版1，图4—9；叶部化石；登记号：PB16768—PB16772；正模：PB16768（图版1，图4）；标本保存在中国科学院南京地质古生物研究所；黑龙江鸡西城子河；早白垩世城子河组上部。（中文）

1993 郭双兴、孙革，见孙革等，254页，图版1，图4—9；叶部化石；登记号：PB16768—PB16772；正模：PB16768（图版1，图4）；标本保存在中国科学院南京地质古生物研究所；黑龙江鸡西城子河；早白垩世城子河组上部。（英文）

△小蛟河蕨属 Genus *Chiaohoella* Li et Ye，1980

1978 *Chiaohoella* Lee et Yeh，见杨学林等，图版3，图2—4。（裸名）
1980 李星学、叶美娜，7页。

模式种：*Chiaohoella mirabilis* Li et Ye，1980

分类位置：真蕨纲铁线蕨科（Adiantaceae，Filicopsida）

△奇异小蛟河蕨 *Chiaohoella mirabilis* Li et Ye，1980

1978 *Chiaohoella mirabilis* Lee et Yeh，见杨学林等，图版3，图2—4；蕨叶；吉林蛟河盆地杉松剖面；早白垩世磨石砬子组。（裸名）

1980 李星学、叶美娜，7页，图版2，图7；图版4，图1—3；蕨叶；登记号：PB8970，PB4606，PB4608；正模PB4606（图版4，图1）；标本保存在中国科学院南京地质古生物研究所；吉林蛟河杉松；早白垩世中—晚期杉松组。

△新查米叶型小蛟河蕨 *Chiaohoella neozamioide* Li et Ye，1980

1980 李星学、叶美娜，8页，图版3，图1；蕨叶；登记号：PB8971；正模：PB8971（图版3，图1）；标本保存在中国科学院南京地质古生物研究所；吉林蛟河杉松；早白垩世中—晚期杉松组。

△吉林羽叶属 Genus *Chilinia* Li et Ye, 1980

1980　李星学、叶美娜,7页。

模式种:*Chilinia ctenioides* Li et Ye,1980

分类位置:苏铁纲苏铁目(Cycadales,Cycadopsida)

△篦羽叶型吉林羽叶 *Chilinia ctenioides* Li et Ye, 1980

1980　李星学、叶美娜,7页,图版2,图1—6;羽叶和角质层;登记号:PB8966—PB8969;正模:PB8966(图版2,图1);标本保存在中国科学院南京地质古生物研究所;吉林蛟河杉松;早白垩世中—晚期杉松组。

△雅致吉林羽叶 *Chilinia elegans* Zhang, 1980

1980　张武等,240页,图版1,图1—5a;图版2,图1;羽叶和角质层;标本号:P6-10,P6-11;标本保存在沈阳地质矿产研究所;辽宁阜新海州矿;早白垩世阜新组。(注:原文未指定模式标本)

△健壮吉林羽叶 *Chilinia robusta* Zhang, 1980

1980　张武等,240页,图版2,图2—7;插图1;羽叶和角质层;标本号:P6-12;标本保存在沈阳地质矿产研究所;辽宁阜新海州矿;早白垩世阜新组。

掌状蕨属 Genus *Chiropteris* Kurr, 1858

1858　Kurr,见Bronn,143页。

模式种:*Chiropteris digitata* Kurr,1858

分类位置:真蕨纲(Filicopsida)

指状掌状蕨 *Chiropteris digitata* Kurr, 1858

1858　Kurr,见Bronn,143页,图版12;叶;欧洲(Lettenkohlen-Sandstein);晚三叠世。

中国中生代植物归入此属的最早记录:

?掌状蕨(未定种) ?*Chiropteris* sp.

1935　?*Chiropteris* sp.,Toyam,Ôishi,64页,图版3,图3A;蕨叶;黑龙江呼伦贝尔盟扎赉诺尔(Chalai-Nor of Hsing-An,Manchoukuo);中侏罗世。[注:此标本后改定为?*Ctenis uwatokoi* Toyam et Ôishi(斯行健、李星学等,1963)]

△细毛蕨属 Genus *Ciliatopteris* Wu X W, 1979

1979　吴向午,见何元良等,139页。

模式种:*Ciliatopteris pecotinata* Wu X W,1979

分类位置:真蕨纲蚌壳蕨科?(Dicksoniaceae?,Filicopsida)

△栉齿细毛蕨 *Ciliatopteris pecotinata* Wu X W, 1979

1979　吴向午,见何元良等,139页,图版63,图3—6;插图9;裸羽片和实羽片;采集号:002,

003；登记号：PB6339—PB6342；正模：PB6340（图版63，图4）；副模1：PB6339（图版63，图4）；副模2：PB6342（图版63，图6）；标本保存在中国科学院南京地质古生物研究所；青海刚察海德尔；早—中侏罗世木里群江仓组。

樟树属 Genus *Cinnamomum* Boehmer, 1760
模式种：（现生属）
分类位置：双子叶植物纲樟科（Lauraceae, Dicotyledoneae）

中国中生代植物归入此属的最早记录：

西方樟树 *Cinnamomum hesperium* Knowlton
1979　郭双兴，图版1，图3—5；叶；广西邕宁那楼公社那晓村；晚白垩世把里组。（注：原文仅有图版）

纽伯利樟树 *Cinnamomum newberryi* Berry
1979　郭双兴，图版1，图10；叶；广西邕宁那楼公社那晓村；晚白垩世把里组。（注：原文仅有图版）

似白粉藤属 Genus *Cissites* Debey, 1866
1866　Debey，见 Capellini 和 Heer，11页。
模式种：*Cissites aceroides* Debey, 1866
分类位置：双子叶植物纲（Dicotyledoneae）

槭树型似白粉藤 *Cissites aceroides* Debey, 1866
1866　Debey，见 Capellini 和 Heer，11页，图版2，图5。

中国中生代植物归入此属的最早记录：

似白粉藤（未定种） *Cissites* sp.
1980　*Cissites* sp.，李星学、叶美娜，图版3，图6；叶；吉林蛟河杉松；早白垩世磨石砬子组。[注：① 原文仅有图版；② 此标本后改定为 *Vitiphyllum* sp.（李星学等，1986）]

似白粉藤？（未定种） *Cissites*? sp.
1978　*Cissites*? sp.，杨学林等，图版2，图7；叶；吉林蛟河杉松；早白垩世磨石砬子组。[注：① 原文仅有图版；② 此标本后改定为 *Vitiphyllum* sp.（李星学等，1986）]

白粉藤属 Genus *Cissus* Linné
模式种：（现生属）
分类位置：双子叶植物纲葡萄科（Vitaceae, Dicotyledoneae）

中国中生代植物归入此属的最早记录：

边缘白粉藤 *Cissus marginata* (Lesquereux) Brown, 1962
1873　*Viburnum marginata* Lesquereux，395页。

1878 *Viburnum marginata* Lesquereux,223 页,图版 37,图 11;图版 38,图 1—4。(注:不包括图 5,图 5 是 *Ficus planicostata* Lesquereux 的小叶)
1962 Brown,79 页,图版 53,图 1—6;图版 54,图 1—4;图版 55,图 4,6,7;叶;美国落基山脉和大草原;古新世。
1986a,b 陶君容、熊宪政,129 页,图版 5,图 6;叶;黑龙江嘉荫地区;晚白垩世乌云组。

△准枝脉蕨属 Genus *Cladophlebidium* Sze,1931

1931 斯行健,4 页。
模式种:*Cladophlebidium wongi* Sze,1931
分类位置:真蕨纲(Filicopsida)

△翁氏准枝脉蕨 *Cladophlebidium wongi* Sze,1931

1931 斯行健,4 页,图版 2,图 4;蕨叶;江西萍乡;早侏罗世(Lias)。

枝脉蕨属 Genus *Cladophlebis* Brongniart,1849

1849 Brongniart,107 页。
模式种:*Cladophlebis albertsii* (Dunker) Brongniart,1849
分类位置:真蕨纲(Filicopsida)

阿尔培茨枝脉蕨 *Cladophlebis albertsii* (Dunker) Brongniart,1894

1846 *Neuropteris albertsii* Dunker,8 页,图版 7,图 6;蕨叶;德国;早白垩世(Wealden)。
1849 Brongniart,107 页。

中国中生代植物归入此属的最早记录:

罗氏枝脉蕨(托第蕨) *Cladophlebis* (*Todea*) *roessertii* Presl ex Zeiller,1903

1820—1838 *Alethopteris roessertii* Presl,见 Sternberg,145 页,图版 33,图 14a,14b;西欧;三叠纪。
1902—1903 Zeiller,38 页,图版 11,图 1—3;图版 3,图 1—3;蕨叶;越南鸿基;晚三叠世。
1902—1903 Zeiller,291 页,图版 54,图 1,2;蕨叶;云南太平场;晚三叠世。[注:此标本后改定为 *Todites goeppertianus* (Muenster) Krasser(斯行健、李星学等,1963)]

克拉松穗属 Genus *Classostrobus* Alvin,Spicer et Watson,1978

1978 Alvin,Spicer,Watson,850 页。
模式种:*Classostrobus rishra* (Barnard) Alvin,Spicer et Watson,1978
分类位置:松柏纲掌鳞杉科(Cheirolepidiaceae,Coniferopsida)

小克拉松穗 *Classostrobus rishra* (Barnard) Alvin,Spicer et Watson,1978

1968 *Masculostrobus rishra* Barnard,168 页,图版 1,图 1,2,5,7,8;插图 1A—1E,2B,2C,2J;雄穗和原位孢子;伊朗艾尔博茨山;中侏罗世。

1978　Alvin,Spicer,Watson,850页。

中国中生代植物归入此属的最早记录：
△**华夏克拉松穗 Classostrobus cathayanus** Zhou,1983
1983a　周志炎,805页,图版79,图3—7;图版80,图1—7;插图4A,4B;雄穗和原位孢子;登记号:PB10237;正模:PB10237(图版80,图4);标本保存在中国科学院南京地质古生物研究所;江苏南京栖霞;早白垩世葛村组。

格子蕨属 Genus Clathropteris Brongniart,1828
1828　Brongniart,62页。
模式种:Clathropteris meniscioides Brongniart,1828
分类位置:真蕨纲蕨科(Dipteridaceae,Filicopsida)

新月蕨型格子蕨 Clathropteris meniscioides Brongniart,1828
1825　Filicites meniscioides Brongniart,200页,图版11,12;营养叶;瑞典斯堪尼亚;早侏罗世(Lias?)。
1828　Brongniart,62页。

中国中生代植物归入此属的最早记录：
格子蕨(未定种) Clathropteris sp.
1883　Clathropteris sp.,Schenk,250页,图版51,图1;蕨叶;内蒙古土木路;侏罗纪。[注:此标本后改定为 Clathropteris pekingensis Lee et Shen(斯行健、李星学等,1963)]

△**似铁线莲叶属 Genus Clematites** ex Tao et Zhang,1990,emend Wu,1993
[注:此属名为陶君容、张川波(1990)首次使用,但未注明是新属名(吴向午,1993a)]
1990　陶君容、张川波,221,226页。
1993a　吴向午,12,217页。
模式种:Clematites lanceolatus Tao et Zhang,1990
分类位置:双子叶植物毛茛科?(Ranunculaceae?,Dicotyledoneae)

△**披针似铁线莲叶 Clematites lanceolatus** Tao et Zhang,1990,emend Wu,1993
1990　陶君容、张川波,221,226页,图版1,图9;插图4;叶;标本号:K_1d_{41-9};标本保存在中国科学院植物研究所;吉林延吉;早白垩世大拉子组。
1993a　吴向午,12,217页。

蕉羊齿属 Genus Compsopteris Zalessky,1934
1934　Zalessky,264页。
模式种:Compsopteris adzvensis Zalessky,1934
分类位置:种子蕨纲(Pteridospermopsida)

阿兹蕉羊齿 *Compsopteris adzvensis* Zalessky,1934
1934 Zalessky,264 页,图 38,39;蕨叶状化石;俄罗斯伯朝拉盆地;二叠纪。

中国中生代植物归入此属的最早记录:
△粗脉蕉羊齿 *Compsopteris crassinervis* Yang,1978
1978 杨贤河,503 页,图版 174,图 1;蕨叶;标本号:Sp0085;正模:Sp0085(图版 174,图 1);标本保存在成都地质矿产研究所;四川渡口摩沙河;晚三叠世大荞地组。

△阔叶蕉羊齿 *Compsopteris platyphylla* Yang,1978
1978 杨贤河,503 页,图版 174,图 4;图版 175,图 1;蕨叶;标本号:Sp0088;正模:Sp0088(图版 174,图 4);标本保存在成都地质矿产研究所;四川渡口摩沙河;晚三叠世大荞地组。

△细脉蕉羊齿 *Compsopteris tenuinervis* Yang,1978
1978 杨贤河,503 页,图版 174,图 2,3;蕨叶;标本号:Sp0086,Sp0087;合模:Sp008(图版 174,图 2),Sp0087(图版 174,图 3);标本保存在成都地质矿产研究所;四川渡口摩沙河;晚三叠世大荞地组。[注:依据《国际植物命名法规》(《维也纳法规》)第 37.2 条,1958 年起,模式标本只能是 1 块标本]

△中华蕉羊齿 *Compsopteris zhonghuaensis* Yang,1978
1978 杨贤河,502 页,图版 174,图 5;蕨叶;标本号:Sp0081;正模:Sp0081(图版 174,图 5);标本保存在成都地质矿产研究所;四川渡口摩沙河;晚三叠世大荞地组。

似松柏属 Genus *Coniferites* Unger,1839
1839 Unger,13 页。
模式种:*Coniferites lignitum* Unger,1839
分类位置:松柏纲(Coniferopsida)

木质似松柏 *Coniferites lignitum* Unger,1839
1839 Unger,13 页;奥地利施蒂里亚;中新世。

中国中生代植物归入此属的最早记录:
马尔卡似松柏 *Coniferites marchaensis* Vachrameev,1965
1965 Vachrameev,见 Lebedev,126 页,图版 31,图 2;图版 35,图 1;图版 36,图 1;阿穆尔河和勒拿河盆地;晚侏罗世。
1988 孙革、商平,图版 4,图 4;枝叶;内蒙古东部霍林河煤田;晚侏罗世—早白垩世。(注:原文仅有图版)

松柏茎属 Genus *Coniferocaulon* Fliche,1900
1900 Fliche,16 页。
模式种:*Coniferocaulon colymbaeforme* Fliche,1900
分类位置:松柏纲(Coniferopsida)

鸟形松柏茎 *Coniferocaulon colymbeaeforme* Fliche,1900
1900   Fliche,16 页,图 1－3;茎;法国孚日;白垩纪。

中国中生代植物归入此属的最早记录:
拉杰马哈尔松柏茎 *Coniferocaulon rajmahalense* Gupta,1954
1954   Gupta,22 页,图版 3,图 15,16;印度拉杰马哈尔山;晚侏罗世杰马哈尔阶(Rajmahal Stage)。

1993   周志炎、吴一民,124 页,图版 1,图 12,13;茎;西藏南部定日地区普那县;早白垩世普那组。

松柏茎?(未定种) *Coniferocaulon*? sp.
1993   *Coniferocaulon*? sp.,周志炎、吴一民,124 页,图版 1,图 14;茎;西藏南部定日地区普那县;早白垩世普那组。

锥叶蕨属 Genus *Coniopteris* Brongniart,1849
1849   Brongniart,105 页。

模式种:*Coniopteris murrayana* Brongniart,1849

分类位置:真蕨纲蚌壳蕨科(Dicksoniaceae,Filicopsida)

默氏锥叶蕨 *Coniopteris murrayana* Brongniart,1849
1835(1828－1838)   *Pecopteris murrayana* Brongniart,358 页,图版 126,图 1－4;裸羽片;英国约克郡;中侏罗世。

1849   Brongniart,105 页。

中国中生代植物归入此属的最早记录:
膜蕨型锥叶蕨 *Coniopteris hymenophylloides* (Brongniart) Seward,1900
1829(1828－1838)   *Sphenopteris hymenophylloides* Brongniart,189 页,图版 56,图 4;营养羽片;英国约克郡;中侏罗世。

1900   Seward,99 页,图版 16,图 4－6;图版 17,图 3,6－8;图版 20,图 1,2;图版 21,图 1－4;蕨叶;西欧;侏罗纪。

1906   Yokoyama,24,26 页,图版 6,图 3;图版 7,图 1－5;蕨叶;山东潍县坊子;河北宣化老东仓(鸡鸣山北);侏罗纪。

△稍亮锥叶蕨 *Coniopteris nitidula* Yokoyama,1906
1906   Yokoyama,35 页,图版 12,图 4,4a;蕨叶;四川昭化石罐子;侏罗纪。[注:此种后改定为 *Sphenopteris nitidula* (Yokoyama) Ôishi (Ôishi,1940)]

似球果属 Genus *Conites* Sternberg,1823
1823(1820－1838)   Sternberg,39 页。

模式种:*Conites bucklandi* Sternberg,1823

分类位置:不明或松柏类?(plantae incertae sedis or Coniferales?)

布氏似球果 *Conites bucklandi* Sternberg,1823
1823(1820－1838)　Sternberg,39 页,图版 30。

中国中生代植物归入此属的最早记录：
△石人沟似球果 *Conites shihjenkouensis* Yabe et Ôishi,1933
1933　Yabe,Ôishi,233(39)页,图版 35(6),图 8,8a,8b;球果;辽宁西丰石人沟;侏罗纪。

似球果（未定种）*Conites* sp.
1933　*Conites* sp.,潘钟祥,537 页,图版 1,图 13;球果;河北房山西中店;早白垩世。

似榛属　Genus *Corylites* Gardner J S,1887
1887　Gardner J S,290 页。
模式种:*Corylites macquarrii* Gardner J S,1887
分类位置:双子叶植物纲榛科(Corylaceae,Dicotyledoneae)

麦氏似榛 *Corylites macquarrii* Gardner J S,1887
1887　Gardner J S,290 页,图版 15,图 3;叶;苏格兰;中新世。

中国中生代植物归入此属的最早记录：
福氏似榛 *Corylites fosteri*（Ward）Bell,1949
1886　*Corylus rostrata* Ward,551 页,图版 39,图 1－4。
1887　*Corylus rostrata* Ward,29 页,图版 13,图 1－4。
1889　*Corylus rostrata fosteri* Newberry,63 页,图版 32,图 1－3。
1949　Bell,53 页,图版 33,图 1－5,7;叶;加拿大阿尔伯达西部;古新世(Paskapoo Formation)。
1986a,b　陶君容、熊宪政,127 页,图版 8,图 6;叶;黑龙江嘉荫地区;晚白垩世乌云组。

榛叶属　Genus *Corylopsiphyllum* Koch,1963
1963　Koch,50 页。
模式种:*Corylopsiphyllum groenlandicum* Koch,1963
分类位置:双子叶植物纲金缕梅科(Hamamelidaceae,Dicotyledoneae)

格陵兰榛叶 *Corylopsiphyllum groenlandicum* Koch,1963
1963　Koch,50 页,图版 20,图 2;图版 21,22;叶;格陵兰西北部努格苏阿格半岛;早古新世。

中国中生代植物归入此属的最早记录：
△吉林榛叶 *Corylopsiphyllum jilinense* Gao,2000（英文发表）
2000　郭双兴,234 页,图版 4,图 7,19;叶;登记号:PB18634,PB18635;正型:PB18635(图版 4,图 19);标本保存在中国科学院南京地质古生物研究所;吉林珲春;晚白垩世珲春组。

榛属　Genus *Corylus* Linné,1753
模式种:(现生属)

分类位置:双子叶植物纲榛科(Corylaceae,Dicotyledoneae)

中国中生代植物归入此属的最早记录:

肯奈榛 *Corylus kenaiana* Hollick
1980　张志诚,323页,图版204,图6;叶;黑龙江尚志费家街;晚白垩世孙吴组。

克里木属 Genus *Credneria* Zenker,1833
1833　Zenker,17页。
模式种:*Credneria integerrima* Zenker,1833
分类位置:双子叶植物纲(Dicotyledoneae)

完整克里木 *Credneria integerrima* Zenker,1833
1833　Zenker,17页,图版2,图F;叶;德国布兰肯堡;晚白垩世。

中国中生代植物归入此属的最早记录:

不规则克里木 *Credneria inordinata* Hollick,1930
1930　Hollick,86页,图版56,图3;图版57,图2,3;叶;美国阿拉斯加;晚白垩世Kaltag组。
1986a,b　陶君容、熊宪政,129页,图版5,图7;图版6,图9;叶;黑龙江嘉荫地区;晚白垩世乌云组。

悬羽羊齿属 Genus *Crematopteris* Schimper et Mougeot,1844
1844　Schimper,Mougeot,74页。
模式种:*Crematopteris typica* Schimper et Mougeot,1844
分类位置:种子蕨纲(Pteridospermopsida)

标准悬羽羊齿 *Crematopteris typica* Schimper et Mougeot,1844
1844　Schimper,Mougeot,74页,图版35;羽叶;法国阿尔萨斯;三叠纪。

中国中生代植物归入此属的最早记录:

△短羽片悬羽羊齿 *Crematopteris brevipinnata* Wang,1984
1984　王自强,252页,图版110,图9—12;蕨叶;登记号:P0011a,P0012,P0013,P0116;合模:P0116(图版110,图9),P0013(图版110,图11);标本保存在中国科学院南京地质古生物研究所;山西交城;早三叠世刘家沟组。[注:依据《国际植物命名法规》《维也纳法规》第37.2条,1958年起,模式标本只能是1块标本]

△旋卷悬羽羊齿 *Crematopteris ciricinalis* Wang,1984
1984　王自强,253页,图版110,图1—8;羽叶;登记号:P0010,P0014—P0016,P0035,P0036;合模:P0014(图版110,图3),P0010(图版110,图8);标本保存在中国科学院南京地质古生物研究所;山西交城、榆社;早三叠世刘家沟组和和尚沟组。[注:依据《国际植物命名法规》《维也纳法规》第37.2条,1958年起,模式标本只能是1块标本]

柳杉属 Genus *Cryptomeria* Don D,1847
模式种:(现生属)
分类位置:松柏纲杉科(Taxodiaceae,Coniferopsida)

中国中生代植物归入此属的最早记录:
长叶柳杉 *Cryptomeria fortunei* Hooibrenk ex Otto et Dietr.
(注:此种为现代种)
1982　谭琳、朱家楠,150页,图版37,图1－3;枝叶,球果;内蒙古固阳小三分子村东;早白垩世固阳组。

篦羽叶属 Genus *Ctenis* Lindley et Hutton,1834
1834(1831－1837)　Lindley,Hutton,63页。
模式种:*Ctenis falcata* Lindley et Hutton,1834
分类位置:苏铁纲苏铁目(Cycadales,Cycadopsida)

镰形篦羽叶 *Ctenis falcata* Lindley et Hutton,1834
1834(1831－1837)　Lindley,Hutton,63页,图版103;羽叶;英国约克郡;中侏罗世。

中国中生代植物归入此属的最早记录:
△金原篦羽叶 *Ctenis kaneharai* Yokoyama,1906
1906　Yokoyama,29页,图版9,图1,1a;羽叶;辽宁凤城赛马集碾子沟;侏罗纪。

篦羽叶(未定种) *Ctenis* sp.
1906　*Ctenis* sp.,Yokoyama,25页,图版6,图1a;羽叶;山东潍县坊子;侏罗纪。

梳羽叶属 Genus *Ctenophyllum* Schimper,1870
1870(1869－1874)　Schimper,143页。
模式种:*Ctenophyllum braunianum*(Goeppert)Schimper,1870
分类位置:苏铁纲苏铁目(Cycadales,Cycadopsida)

布劳恩梳羽叶 *Ctenophyllum braunianum* (Goeppert) Schimper,1870
1844　*Pterophyllum braunianum* Goeppert,134页。
1870(1869－1874)　Schimper,143页;羽叶;西里西亚拜罗伊特;晚三叠世(Rhaetic)。

中国中生代植物归入此属的最早记录:
△下延梳羽叶 *Ctenophyllum decurrens* Feng,1977
1977　冯少南等,232页,图版84,图4,5;羽叶;标本号:P25247,P25248;合模:P25247(图版84,图4),P25248(图版84,图5);标本保存在湖北地质科学研究所;湖北南漳东巩;晚三叠世香溪群下煤组。[注:依据《国际植物命名法规》(《维也纳法规》)第37.2条,1958

年起,模式标本只能是1块标本]

篦羽羊齿属 Genus *Ctenopteris* Saporta,1872

1872(1872－1873)　Saporta,355页。
模式种:*Ctenopteris cycadea* (Berger) Saporta,1872
分类位置:种子蕨纲? (Pteridospermopsida?)

苏铁篦羽羊齿 *Ctenopteris cycadea* (Berger) Saporta,1872

1832　*Odontopteris cycadea* Berger,23页,图版3,图2,3;羽叶;欧洲;晚三叠世。
1872(1872－1873)　Saporta,355页,图版40,图2－5;图版41,图1,2;羽叶;法国摩泽尔;侏罗纪。

中国中生代植物归入此属的最早记录:

沙兰篦羽羊齿 *Ctenopteris sarranii* Zeiller,1903

[注:此种后改定为 *Ctenozamites sarranii* Zeiller(斯行健、李星学等,1963)]
1902－1903　Zeiller,53页,图版6;图版7,图1;图版8,图1,2;羽叶;越南鸿基;晚三叠世。
1902－1903　Zeiller,292页,图版54,图3,4;羽叶;云南太平场;晚三叠世。[注:此标本后改定为 *Ctenozamites sarranii* Zeiller(斯行健、李星学等,1963)]

枝羽叶属 Genus *Ctenozamites* Nathorst,1886

1886　Nathorst,122页。
模式种:*Ctenozamites cycadea* (Berger) Nathorst,1886
分类位置:种子蕨纲? 或苏铁纲? (Pteridospermopsida? or Cycadopsida?)

苏铁枝羽叶 *Ctenozamites cycadea* (Berger) Nathorst,1886

1832　*Odontopteris cycadea* Berger,23页,图版3,图2,3;羽叶;欧洲;晚三叠世。
1886　Nathorst,122页;羽叶;法国摩泽尔;侏罗纪。

中国中生代植物归入此属的最早记录:

沙兰枝羽叶 *Ctenozamites sarrani* (Zeiller) ex Sze,Lee et al.,1963

[注:此种名 *Ctenozamites sarrani* 由斯行健、李星学等引用(1963)]
1903　*Ctenopteris sarrani* Zeiller,53页,图版6;图版7,图1;图版8,图1,2;羽叶;越南鸿基;晚三叠世。
1963　*Ctenozamites sarrani* Zeiller,斯行健、李星学等,198页,图版58,图1;图版59,图2,3;羽叶;陕西宜君四郎庙炭河沟;晚三叠世延长群;云南太平场;晚三叠世一平浪群。

枝羽叶? (未定多种) *Ctenozamites*? spp.

1963　*Ctenozamites*? sp.1,斯行健、李星学等,199页,图版59,图6;羽叶;四川会理白果湾老厂和新厂;晚三叠世。
1963　*Ctenozamites*? sp.2,斯行健、李星学等,199页,图版59,图4;羽叶;四川会理石窝铺;晚三叠世。

1963 *Ctenozamites*? sp.3,斯行健、李星学等,199页,图版58,图4;图版60,图7;羽叶;湖北南漳陈家湾;早侏罗世香溪群。

苦戈维里叶属 Genus *Culgoweria* Florin,1936
1936 Florin,133页。
模式种:*Culgoweria mirobilis* Florin,1936
分类位置:茨康目(Czekanowkiales)

奇异苦戈维里叶 *Culgoweria mirobilis* Florin,1936
1936 Florin,133页,图33,图3－12;图版34;图版35,图1,2;叶及角质层;法兰士·约瑟兰地群岛;侏罗纪。

中国中生代植物归入此属的最早记录:
△西湾苦戈维里叶 *Culgoweria xiwanensis* Zhou,1984
1984 周志炎,46页,图版28,图9－9c;图版29,图1－3;叶及角质层;登记号:PB8931;正模:PB8931(图版28,图9);标本保存在中国科学院南京地质古生物研究所;广西西湾;早侏罗世西湾组。

杉木属 Genus *Cunninhamia* R. Br.
模式种:(现生属)
分类位置:松柏纲杉科(Taxodiaceae,Coniferopsida)

中国中生代植物归入此属的最早记录:
△亚洲杉木 *Cunninhamia asiatica* (Krassilov) Meng,Chen et Deng,1988
1967 *Elatides asiatica* Krassilov,200页,图版74,图1－3;图版75,图1－7;图版76,图1－3;插图28a－28r;枝叶和角质层;苏联远东南滨海区;早白垩世。
1988 孟祥营、陈芬、邓胜徽,650页,图版2,图1－5;图版3,图1－5;枝叶、球果和角质层;辽宁阜新盆地和铁法盆地;早白垩世阜新组和小明安碑组。

柏型枝属 Genus *Cupressinocladus* Seward,1919
1919 Seward,307页。
模式种:*Cupressinocladus salicornoides* (Unger) Seward,1919
分类位置:松柏纲柏科(Cupressaceae,Coniferopsida)

柳型柏型枝 *Cupressinocladus salicornoides* (Unger) Seward,1919
1847 *Thuites salicornoides* Unger,11页,图版2;枝叶;克罗埃西亚;第三系。
1919 Seward,307页,图752;枝叶;克罗埃西亚;第三系。

中国中生代植物归入此属的最早记录:

△雅致柏型枝 *Cupressinocladus elegans* (Chow) Chow,1963

1923　*Sphenolepis elegans* Chow,周赞衡,81,139页,图版1,图8;枝叶;山东莱阳南务村;早白垩世莱阳系。

1945　Cf. *Sphenolepidium elegans* (Chow) Sze,斯行健,51页,图8－10;叶枝;福建永安;白垩纪板头系。

1954　*Sphenolepidium elegans* (Chow) Sze,徐仁,65页,图版55,图8;枝叶;山东莱阳;早白垩世莱阳组。

1963　周志炎,见斯行健、李星学等,285页,图版92,图1,2;图版94,图13;带叶枝;山东莱阳;早白垩世莱阳组;福建永安;早白垩世板头组。

△细小柏型枝 *Cupressinocladus gracilis* (Sze) Chow,1963

1945　*Pagiophyllum gracile* Sze,斯行健,51页,图13,18;枝叶;福建永安;白垩纪板头系。

1963　周志炎,见斯行健、李星学等,285页,图版91,图1－2a;带叶枝;福建永安;晚侏罗世—早白垩世板头组。

柏型木属 Genus *Cupressinoxylon* Goeppert,1850

1850　Goeppert,202页。

模式种:*Cupressinoxylon subaequale* Goeppert,1850

分类位置:松柏纲柏科(Cupressaceae,Coniferopsida)

亚等形柏型木 *Cupressinoxylon subaequale* Goeppert,1850

1850　Goeppert,202页,图版27,图1－5;木化石;西欧;第三纪。

中国中生代植物归入此属的最早记录:

柏型木(未定种) *Cupressinoxylon* sp.

1931　*Cupressinoxylon* sp.,Kubart,363页,图版2,图8－13;木化石;云南六合街(东经101°,北纬25°);晚白垩世或第三纪。

柏木属 Genus *Cupressus* Linné,1737

模式种:(现生属)

分类位置:松柏纲柏科(Cupressaceae,Coniferopsida)

中国中生代植物归入此属的最早记录:

?柏木(未定种) ?*Cupressus* sp.

1982　?*Cupressus* sp.,谭琳、朱家楠,152页,图版40,图3,4;营养枝条;内蒙古固阳小三分子村东;早白垩世固阳组。

桫椤属 Genus *Cyathea* Smith,1793
模式种:(现生属)
分类位置:真蕨纲桫椤科(Cyatheaceae,Filicopsida)

中国中生代植物归入此属的最早记录:
△鄂尔多斯桫椤 *Cyathea ordosica* Chu,1963
1963 朱家枬,274,278页,图版1-3;插图1;蕨叶、营养羽片和生殖羽片;模式标本:P0110(图版1,图1);标本保存在中国科学院植物研究所;内蒙古鄂尔多斯市罕台川罕台窑煤矿;侏罗纪。

△苏铁缘蕨属 Genus *Cycadicotis* Pan (MS) ex Li,1983
1983 潘广,1520页。(中文)(裸名)
1983 潘广,见李杰儒,22页。
1984 潘广,958页。(英文)(裸名)
模式种:*Cycadicotis nissonervis* Pan (MS) ex Li,1983[注:① 原文仅有属名,没有种名(或模式种名);② 后指定 *Cycadicotis nissonervis* Pan (MS) ex Li,1983 为此属的模式种(李杰儒,1983)]
分类位置:"半被子植物类群"中华缘蕨科(Sinodicotiaceae,"hemiangiosperms")(潘广,1983,1984)或苏铁类(Cycadophytes)(李杰儒,1983)

△蕉羽叶脉苏铁缘蕨 *Cycadicotis nissonervis* Pan (MS) ex Li,1983
1983 潘广,见李杰儒,22页,图版2,图3;叶和雌性生殖器官;标本号:Jp1h2-30;标本保存在辽宁省地质矿产局区域地质调查队;辽宁南票后富隆山盘道沟;中侏罗世海房沟组3段。

苏铁缘蕨(sp. indet.) *Cycadicotis* sp. indet.
(注:原文仅有属名,没有种名)
1983 *Cycadicotis* sp. indet.,潘广,1520页;华北燕辽地区东段(45°58′N,120°21′E);中侏罗世海房沟组。(中文)
1984 *Cycadicotis* sp. indet.,潘广,958页;华北燕辽地区东段(45°58′N,120°21′E);中侏罗世海房沟组。(英文)

似苏铁属 Genus *Cycadites* Sternberg,1825 (non Buckland,1836)
1825(1820-1838) Sternberg,Tentmen,XXXii页。
模式种:*Cycadites nilssoni* Sternberg,1825
分类位置:苏铁纲苏铁目(Cycadales,Cycadopsida)

尼尔桑似苏铁 *Cycadites nilssoni* Sternberg,1825
1825(1820-1838) Sternberg,Tentmen,XXXii页,图版47;羽叶;瑞典;白垩纪。

中国中生代植物归入此属的最早记录：
△东北似苏铁 Cycadites manchurensis Ôishi, 1935
1935   Ôishi, 85页, 图版 6, 图 4, 4a, 4b, 5, 6; 插图 3; 羽叶和角质层; 黑龙江东宁煤田; 晚侏罗世或早白垩世。[注: 此标本后改定为 Pseudocycas manchurensis (Ôishi) Hsu (徐仁, 1954)]

似苏铁属 Genus Cycadites Buckland, 1836 (non Sternberg, 1825)
[注: 此属名为 Cycadites Sternberg, 1825 的晚出同名 (吴向午, 1993a)]
1836   Buckland, 497页。
模式种: Cycadites megalophyllas Buckland, 1836
分类位置: 苏铁纲苏铁目 (Cycadales, Cycadopsida)

大叶似苏铁 Cycadites megalophyllas Buckland, 1836
1836   Buckland, 497页, 图版 60; 苏铁类茎干化石; 英国波特兰岛。

准苏铁杉果属 Genus Cycadocarpidium Nathorst, 1886
1886   Nathorst, 91页。
模式种: Cycadocarpidium erdmanni Nathorst, 1886
分类位置: 松柏纲苏铁杉目 (Podozamitales, Coniferopsida)

中国中生代植物归入此属的最早记录：
爱德曼准苏铁杉果 Cycadocarpidium erdmanni Nathorst, 1886
1886   Nathorst, 91页, 图版 26, 图 15—20; 大孢子叶; 瑞典; 晚三叠世 (Rhaetic)。
1933a   斯行健, 22页, 图版 2, 图 10, 11; 苞鳞; 四川宜宾; 晚三叠世—早侏罗世。

苏铁鳞片属 Genus Cycadolepis Saporta, 1873
1873 (1873e—1875a)   Saporta, 201页。
模式种: Cycadolepis villosa Saporta, 1873
分类位置: 苏铁纲苏铁目 (Cycadales, Cycadopsida)

长毛苏铁鳞片 Cycadolepis villosa Saporta, 1873
1873 (1873e—1875a)   Saporta, 201页, 图版 114, 图 4; 苏铁鳞片 (?); 法国; 侏罗纪。

中国中生代植物归入此属的最早记录：
褶皱苏铁鳞片 Cycadolepis corrugata Zeiller, 1903
1902—1903   Zeiller, 200页, 图版 44, 图 1; 图版 50, 图 1—4; 苏铁鳞片; 越南鸿基; 晚三叠世。
1933c   斯行健, 23页, 图版 4, 图 10, 11; 苏铁鳞片; 四川宜宾 (叙府); 晚三叠世晚期—早侏罗世。

△苏铁鳞叶属 Genus *Cycadolepophyllum* Yang,1978

1978　杨贤河,510 页。
模式种:*Cycadolepophyllum minor* Yang,1978
分类位置:苏铁纲本内苏铁目(Bennettiales,Cycadopsida)

△较小苏铁鳞叶 *Cycadolepophyllum minor* Yang,1978

1978　杨贤河,510 页,图版 163,图 11;图版 175,图 4;羽叶;标本号:Sp0041;正模:Sp0041(图版 163,图 11);标本保存在成都地质矿产研究所;四川长宁双河;晚三叠世须家河组。

△等形苏铁鳞叶 *Cycadolepophyllum aequale* Yang,1978

1942　*Pterophyllum aequale* (Brongniart) Nathorst,斯行健,189 页,图版 1,图 1-4;羽叶;广东乐昌;晚三叠世－早侏罗世。
1978　杨贤河,510 页;羽叶;广东乐昌;晚三叠世。

苏铁掌苞属 Genus *Cycadospadix* Schimper,1870

1870(1869-1874)　Schimper,207 页。
模式种:*Cycadospadix hennocquei* (Pomel) Schimper,1870
分类位置:苏铁纲本内苏铁目(Bennettiales,Cycadopsida)

何氏苏铁掌苞 *Cycadospadix hennocquei* (Pomel) Schimper,1870

1870(1869-1874)　Schimper,207 页,图版 72;苏铁类大孢子叶;法国摩泽尔;早侏罗世(Lias)。

中国中生代植物归入此属的最早记录:

△帚苏铁掌苞 *Cycadospadix scopulina* Zhou,1984

1984　周志炎,41 页,图版 18,图 5;插图 8;苏铁大孢子叶;登记号:PB8918;正模:PB8918(图版 18,图 5);标本保存在中国科学院南京地质古生物研究所;湖南祁阳河埠塘;早侏罗世观音滩组排家冲段顶部。

轮松属 Genus *Cyclopitys* Schmalhausen,1879

[注:此属名已废弃,模式种改定为 *Pityophyllum nordenskioeldi* Heer(斯行健、李星学等,1963)]
1879　Schmalhausen,41 页。
模式种:*Cyclopitys nordenskioeldi* (Heer) Schmalhausen,1879
分类位置:松柏纲松科(Pinaceae,Coniferopsida)

中国中生代植物归入此属的最早记录:

诺氏轮松 *Cyclopitys nordenskioeldi* (Heer) Schmalhausen,1879

1876　*Pinus nordenskioeldi* Heer,Heer,45 页,图版 9,图 1-6;斯匹次卑尔根;晚侏罗世。
1879　Schmalhausen,41 页,图版 1,图 4b;图版 2,图 1c;图版 5,图 2d,3b,6b,10;营养枝叶;俄

罗斯；二叠纪。
1903　Potonie,120页,图1左,2右,3右；叶；新疆天山吐拉溪（Turatschi）和哈密西北间；侏罗纪。[注：此标本后改定为 *Pityophyllum longifolium* (Nathorst) Moeller (斯行健、李星学等,1963)]

圆异叶属 Genus *Cyclopteris* Brongniart,1830

1830(1828—1838)　Brongniart,216页。
模式种：*Cyclopteris reniformis* Brongniart,1830
分类位置：种子蕨纲?（Pteridospermopsida?）

肾形圆异叶 *Cyclopteris reniformis* Brongniart,1830

1830(1828—1838)　Brongniart,216页,图版61,图1；叶；欧洲；石炭纪。

中国中生代植物归入此属的最早记录：
圆异叶（未定种）*Cyclopteris* sp.

1987　*Cyclopteris* sp.,何德长,78页,图版7,图6；叶；浙江云和梅源砻铺村；早侏罗世晚期砻铺组5层。

青钱柳属 Genus *Cycrocarya* I'Ijiskaja

模式种：（现生属）
分类位置：双子叶植物纲胡桃科（Juglandaceae,Dicotyledoneae）

中国中生代植物归入此属的最早记录：
△大翅青钱柳 *Cycrocarya macroptera* Tao,1986

1986a,b　陶君容,见陶君容、熊宪政,127页,图版10,图5；翅果；标本号：No.52433；黑龙江嘉荫地区；晚白垩世乌云组。

连蕨属 Genus *Cynepteris* Ash,1969

1969　Ash,D31页。
模式种：*Cynepteris lasiophora* Ash,1969
分类位置：真蕨纲连蕨科（Cynepteridaceae,Filicopsida）

中国中生代植物归入此属的最早记录：
具毛连蕨 *Cynepteris lasiophora* Ash,1969

1969　Ash,D31页,图版2,图1—5；图版3,图1—7；插图15,16；蕨叶；美国新墨西哥州；晚三叠世。
1986　叶美娜等,25页,图版50,图7b；图版56,图2,2a；裸羽片；四川宣汉七里峡平硐；晚三叠世须家河组7段。

准柏属 Genus *Cyparissidium* Heer,1874

1874　Heer,74页。

模式种:*Cyparissidium gracile* Heer,1874

分类位置:松柏纲落羽松科(Taxodiaceae,Coniferopsida)

细小准柏 *Cyparissidium gracile* Heer,1874

1874　Heer,74页,图版17,图5b,5c;图版19—21;球果和枝叶;丹麦格陵兰;早白垩世。

中国中生代植物归入此属的最早记录:

?准柏(未定种)?*Cyparissidium* sp.

1933　?*Cyparissidium* sp.,潘钟祥,535页,图版1,图6,6a,7;枝叶;河北房山西中店;早白垩世。[注:此标本后改定为 *Cyparissidium*? sp.(斯行健、李星学等,1963)]

似莎草属 Genus *Cyperacites* Schimper,1870

1870(1869—1874)　Schimper,413页。

模式种:*Cyperacites dubius*(Heer)Schimper,1870

分类位置:单子叶植物纲莎草科(Cyparaceae,Monocotyledoneae)

可疑似莎草 *Cyperacites dubius*(Heer)Schimper,1870

1855　*Cyperites dubius* Heer,75页,图版27,图8;瑞士厄辛根;第三纪(Tertiary)。

1870(1869—1874)　Schimper,413页。

中国中生代植物归入此属的最早记录:

似莎草(未定种) *Cyperacites* sp.

1975　*Cyperacites* sp.,郭双兴,413页,图版3,图6;叶;西藏萨迦北山;晚白垩世日喀则群。

茨康叶属 Genus *Czekanowskia* Heer,1876

1876　Heer,68页。

模式种:*Czekanowskia setacea* Heer,1876

分类位置:茨康目(Czekanowkiales)

刚毛茨康叶 *Czekanowskia setacea* Heer,1876

1876　Heer,68页,图版5,图1—7;图版6,图1—6;图版10,图11;图版12,图5b;图版13,图10,10c;叶;俄罗斯伊尔库茨克盆地乌斯季巴列伊;侏罗纪。

中国中生代植物归入此属的最早记录:

坚直茨康叶 *Czekanowskia rigida* Heer,1876

1876　Heer,70页,图版5,图8—11;图版6,图7;图版10,图2a;图版20,图3d;图版21,图6e,8;叶;俄罗斯伊尔库茨克盆地乌斯季巴列伊;侏罗纪。

1883b Schenk,251,262页,图版50,图7;图版54,图2a;叶;北京西山八大处,湖北秭归;侏罗纪。

茨康叶(瓦氏叶亚属) Subgenus *Czekanowskia* (*Vachrameevia*) Kiritchkova et Samylina, 1991

1991　Kirtchkova,Samylina,91页。

模式种:*Czekanowskia* (*Vachrameevia*) *australis* Kiritchkova et Samylina,1991

分类位置:茨康目(Czekanowkiales)

澳大利亚茨康叶(瓦氏叶) *Czekanowskia* (*Vachrameevia*) *australis* Kiritchkova et Samylina, 1991

1991　Kiritchkova,Samylina,91页,图版2,图19;图版6,图8;图版15,图2-4;图版42;叶和角质层;哈萨克斯坦南部;早-中侏罗世。

中国中生代植物归入此属的最早记录:

茨康叶(瓦氏叶)(未定种) *Czekanowskia* (*Vachrameevia*) sp.

2002　*Czekanowskia* (*Vachrameevia*) sp.,吴向午等,167页,图版11,图1B;图版17,图1-3;叶及角质层;内蒙古阿拉善右旗长山;中侏罗世宁远堡组下段。

台座木属 Genus *Dadoxylon* Endlicher, 1847

1847　Endlicher,298页。

模式种:*Dadoxylon withami* (Lindley et Hutton) Endlicher,1847

分类位置:松柏纲(木化石)[Coniferopsida (wood)]

怀氏台座木 *Dadoxylon withami* (Lindley et Hutton) Endlicher, 1847

1831-1837　*Pinites withami* Lindley et Hutton,9页,图版2;木化石;苏格兰克雷格利斯;晚石炭世。

1847　Endlicher,298页;木化石;苏格兰克雷格利斯;晚石炭世。

日本台座木(南洋杉型木) *Dadoxylon* (*Araucarioxylon*) *japonicus* Shimakura, 1935

1935　Shimakura,268页,图版12,图1-6;插图1;木化石;日本;晚侏罗世-早白垩世。

中国中生代植物归入此属的最早记录:

日本台座木(南洋杉型木)(比较种) *Dadoxylon* (*Araucarioxylon*) cf. *japonicus* Shimakura

1953　徐仁,80页,图版1,图1-5;插图1-4;木化石;山东即墨马鞍山;晚侏罗世-早白垩世。[注:此标本后改定为 *Dadoxylon* (*Araucarioxylon*) *japonicus* Shimakura(斯行健、李星学等,1963)]

拟丹尼蕨属 Genus *Danaeopsis* Heer, 1864

1864　Heer,见 Schenk,303页。

模式种:*Danaeopsis marantacea* Heer,1864

分类位置:真蕨纲莲座蕨科(Angiopteridaceae,Filicopsida)

枯萎拟丹尼蕨 *Danaeopsis marantacea* Heer,1864
1864 Heer,见 Schenk,303 页,图版 48,图 1;晚三叠世。

中国中生代植物归入此属的最早记录:
休兹拟丹尼蕨 *Danaeopsis hughesi* Feistmantel,1882
1882 Feistmantel,25 页,图版 4,图 1;图版 5,图 1,2;图版 6,图 1,2;图版 7,图 1,2;图版 8,图 1—5;图版 9,图 4;图版 10,图 1;图版 17,图 1;蕨叶;印度中央邦沙多尔地区;晚三叠世(Parsora Stage)。[注:此种后改定为 *Protoblechnum hughesi* (Feistmantel) Halle(Halle,1927b)或 *Dicroidium hughesi* (Feistmantel) Gothan (Lele,1962)]
1901 Krasser,145 页,图版 2,图 4;蕨叶;陕西三十里铺;晚三叠世。[注:此标本后改定为 ? *Protoblechnum hughesi* (Feistmantel) Halle(斯行健、李星学等,1963)]

△大同叶属 Genus *Datongophyllum* Wang,1984
1984 王自强,281 页。
模式种:*Datongophyllum longipetiolatum* Wang,1984
分类位置:分类位置未定的银杏目植物(Ginkgoales incertae sedis)

△长柄大同叶 *Datongophyllum longipetiolatum* Wang,1984
1984 王自强,281 页,图版 130,图 5—13;带叶的营养枝和生殖枝;登记号:P0174,P0175(合模),P0176,P0177(合模),P0182,P0179,P0180(合模);标本保存在中国科学院南京地质古生物研究所;山西怀仁;早侏罗世永定庄组。[注:依据《国际植物命名法规》(《维也纳法规》)第 37.2 条,模式标本只能是 1 块标本]

大同叶(未定种) *Datongophyllum* sp.
1984 *Datongophyllum* sp.,王自强,282 页,图版 130,图 14;叶;山西怀仁;早侏罗世永定庄组。

骨碎补属 Genus *Davallia* Smith,1793
模式种:(现生属)
分类位置:真蕨纲骨碎补科(Davalliaceae,Filicopsida)

中国中生代植物归入此属的最早记录:
△泥河子骨碎补 *Davallia niehhutzuensis* Tutida,1940
1940 Tutida,751 页;插图 1—4;生殖羽片和囊群;登记号:No.60957;模式标本:No.60957(插图 1);标本保存在日本仙台东北帝国大学理学部地质学古生物学教室;辽宁凌源泥河子;早白垩世狼鳍鱼层。[注:此标本后改定为 *Davallia*? *niehhutzuensis* Tutida(斯行健、李星学等,1963)]

德贝木属 Genus *Debeya* Miquel,1853

1853 Miquel,6页。

模式种:*Debeya serrata* Miquel,1853

分类位置:双子叶植物纲桑科(Moraceae,Dicotyledoneae)

锯齿德贝木 *Debeya serrata* Miquel,1853

1853 Miquel,6页,图版1,图1;叶;比利时库德附近;晚白垩世(Senonian)。

中国中生代植物归入此属的最早记录:
第氏德贝木 *Debeya tikhonovichii* (Kryshtofovich) Krassilov,1973

1973 Krassilov,108页,图版21,图26—34。

1986a,b 陶君容、熊宪政,131页,图版6,图8;叶;黑龙江嘉荫地区;晚白垩世乌云组。

三角鳞属 Genus *Deltolepis* Harris,1942

1942 Harris,573页。

模式种:*Deltolepis credipota* Harris,1942

分类位置:苏铁纲苏铁目(Cycadales,Cycadopsida)

圆洞三角鳞 *Deltolepis credipota* Harris,1942

1942 Harris,573页,图3,4;鳞片和角质层;英国约克郡凯顿湾;中侏罗世。

中国中生代植物归入此属的最早记录:
△较长?三角鳞 *Deltolepis? longior* Wu,1988

1988 吴向午,见李佩娟等,80页,图版64,图6;图版66,图6,7;鳞片;采集号:80DP$_1$F$_{28}$;登记号:PB13515—PB13517;正模:PB13515(图版64,图6);标本保存在中国科学院南京地质古生物研究所;青海大柴旦大煤沟;早侏罗世甜水沟组 *Ephedrites* 层。

△牙羊齿属 Genus *Dentopteris* Huang,1992

1992 黄其胜,179页。

模式种:*Dentopteris stenophylla* Huang,1992

分类位置:分类位置不明的裸子植物(Gymnospermae incertae sedis)

△窄叶牙羊齿 *Dentopteris stenophylla* Huang,1992

1992 黄其胜,179页,图版18,图1,1a;蕨叶;登记号:SD87001;标本保存在中国地质大学(武汉)古生物教研室;四川达县铁山;晚三叠世须家河组7段。

△宽叶牙羊齿 *Dentopteris platyphylla* Huang,1992

1992 黄其胜,179页,图版19,图3,5,7;图版20,图13;蕨叶;采集号:SD5;登记号:SD87003—SD87005;正模:SD87003(图版19,图7);标本保存在中国地质大学(武汉)古生物教研室;四川达县铁山;晚三叠世须家河组3段。

带状叶属 Genus *Desmiophyllum* Lesquereux,1878
1878　Lesquereux,333 页。

模式种:*Desmiophyllum gracile* Lesquereux,1878

分类位置:分类位置不明的裸子植物(Gymnospermae incertae sedis)

纤细带状叶 *Desmiophyllum gracile* Lesquereux,1878
1878　Lesquereux,333 页;美国宾夕法尼亚州;石炭纪(Pennsylvanian)。
1879　Lesquereux,图版 82,图 1。

中国中生代植物归入此属的最早记录:
带状叶(未定多种) *Desmiophyllum* spp.
1933a　*Desmiophyllum* sp.,斯行健,71 页,图版 10,图 3;单叶;甘肃武威北达板;早侏罗世。
1933d　*Desmiophyllum* sp.,斯行健,51 页;单叶;福建长汀马兰岭;早侏罗世。(注:原文仅有种名)

山菅兰属 Genus *Dianella* Lamé,1786
模式种:(现生属)

分类位置:单子叶植物纲百合科(Liliaceae,Monocotyledoneae)

中国中生代植物归入此属的最早记录:
△长叶山菅兰 *Dianella longifolia* Tao,1982
1982　陶君容,见耿国仓、陶君容,121 页,图版 10,图 2,3;叶;标本号:51877A;西藏日喀则东嘎;晚白垩世—始新世秋乌组。

蚌壳蕨属 Genus *Dicksonia* L'Heriter,1877
模式种:(现生属)

分类位置:真蕨纲蚌壳蕨科(Dicksoniaceae,Filicopsida)

中国中生代植物归入此属的最早记录:
△革质蚌壳蕨 *Dicksonia coriacea* Schenk,1883
1883　Schenk,254 页,图版 52,图 4,7;营养羽片和生殖羽片;北京西山;侏罗纪。[注:此标本后改定为 ?*Coniopteris hymenophylloides* (Brongniart) Seward(斯行健、李星学等,1963)]

蚌壳蕨(未定种) *Dicksonia* sp.
1883　*Dicksonia* sp.,Schenk,255 页;插图 2;生殖羽片;山西大同煤田;侏罗纪。[注:此标本后改定为 *Coniopteris tatungensis* Sze(斯行健、李星学等,1963)]

双子叶属 Genus *Dicotylophyllum* Saporta,1894（non Bandulska,1923）
1894　Saporta,147 页。
模式种:*Dicotylophyllum cerciforme* Saporta,1894
分类位置:双子叶植物纲(Dicotyledoneae)

尾状双子叶 *Dicotylophyllum cerciforme* Saporta,1894
1894　Saporta,147 页,图版 26,图 14;叶;葡萄牙;白垩纪。

中国中生代植物归入此属的最早记录:
双子叶(未定种) *Dicotylophyllum* sp.
1975　*Dicotylophyllum* sp.,郭双兴,421 页,图版 3,图 5;叶;西藏萨迦北山;晚白垩世日喀则群。

双子叶属 Genus *Dicotylophyllum* Bandulska,1923（non Saporta,1894）
［注:此属名为 *Dicotylophyllum* Saporta,1894 的晚出同名（吴向午,1993）］
1923　Bandulska,244 页。
模式种:*Dicotylophyllum stopesii* Bandulska,1923
分类位:双子叶植物纲(Dicotyledoneae)

斯氏双子叶 *Dicotylophyllum stopesii* Bandulska,1923
1923　Bandulska,244 页,图版 20,图 1－4;叶;英国博恩默思;始新世。

二叉羊齿属 Genus *Dicrodium* Gothan,1912
1912　Gothan,78 页。
模式种:*Dicrodium odonpteroides* Gothan,1912
分类位置:种子蕨纲?（Pteridospermopsida?）

齿羊齿型二叉羊齿 *Dicrodium odonpteroides* Gothan,1912
1912　Gothan,78 页,图版 16,图 5;营养叶;南非;晚三叠世(Rhaetic)。

中国中生代植物归入此属的最早记录:
△变形二叉羊齿 *Dicrodium allophyllum* Zhang et Zheng,1983
1983　张武、郑少林,见张武等,78 页,图版 3,图 1,2,插图 9;蕨叶;标本号:LMP20158-1,LMP20158-2;标本保存在沈阳地质矿产研究所;辽宁本溪林家崴子;中三叠世林家组。（注:原文未指定模式标本）

网叶蕨属 Genus *Dictyophyllum* Lindley et Hutton,1834
1834(1831－1837)　Lindley,Hutton,65 页。

模式种：*Dictyophyllum rugosum* Lindley et Hutton,1834

分类位置：真蕨纲双扇蕨科(Dipteridaceae,Filicopsida)

皱纹网叶蕨 *Dictyophyllum rugosum* Lindley et Hutton,1834

1834(1831－1837)　Lindley,Hutton,65页,图版104;蕨叶;英国约克郡;中侏罗世晚期。

中国中生代植物归入此属的最早记录：

那托斯特网叶蕨 *Dictyophyllum nathorsti* Zeiller,1903

1902－1903　Zeiller,109页,图版23,图1;图版24,图1;图版25,图1－6;图版27,图1;图版28,图3;蕨叶;越南鸿基;晚三叠世。

1902－1903　Zeiller,298页,图版56,图3;蕨叶;云南太平场;晚三叠世。

网羽叶属 Genus *Dictyozamites* Medlicott et Blanford,1879

1879　Medlicott,Blanford,142页。

模式种：*Dictyozamites falcata* (Morris) Medlicott et Blanford,1879

分类位置：苏铁纲本内苏铁目(Bennettiales,Cycadopsida)

镰形网羽叶 *Dictyozamites falcata* (Morris) Medlicott et Blanford,1879

1863　*Dictyopteris falcata* Morris,见Oldham和Morris,38页,图版24,图1,1a;羽叶;印度;侏罗纪。

1879　Medlicott,Blanford,142页,图版8,图6;羽叶;印度;侏罗纪。

中国中生代植物归入此属的最早记录：

△湖南网羽叶 *Dictyozamites hunanensis* Wu,1968

1968　吴舜卿,见《湘赣地区中生代含煤地层化石手册》,61页,图版17,图1－3a;插图19;羽叶;标本保存在中国科学院南京地质古生物研究所;湖南浏阳澄潭江;晚三叠世安源组紫家冲段。(注：原文未指定模式标本)

似狄翁叶属 Genus *Dioonites* Miquel,1851

1851　Miquel,211页。

模式种：*Dioonites feneonis* (Brongniart) Miquel,1851

分类位置：苏铁纲(Cycadopsida)

窗状似狄翁叶 *Dioonites feneonis* (Brongniart) Miquel,1851

1828　*Zamites feneonis* Brongniart,99页;羽叶;西欧;侏罗纪。

1851　Miquel,211页;羽叶;西欧;侏罗纪。

中国中生代植物归入此属的最早记录：

布朗尼阿似狄翁叶 *Dioonites brongniarti* (Mant.) Seward,1895

1895　Seward,47页;羽叶;英国;早白垩世(Wealden)。

1906　Yokoyama,33页,图版11,图1,2;羽叶;辽宁昌图沙河子;侏罗纪。[注:此标本后改定

为 *Nilssonia sinensis* Yabe et Ôishi（见 Yabe 和 Ôishi,1933；也见斯行健、李星学等,1963）]

柿属 Genus *Diospyros* Linné,1753
模式种：（现生属）
分类位置：双子叶植物纲柿树科（Ebenaceae,Dicotyledoneae）

中国中生代植物归入此属的最早记录：

圆叶柿 *Diospyros rotundifolia* Lesquereux,1874
1874　Lesquereux,89 页,图版 30,图 1；叶；美国；晚白垩世。
1984　郭双兴,88 页,图版 1,图 8；叶；黑龙江杜尔伯达；晚白垩世青山口组上部。

双囊蕨属 Genus *Disorus* Vakhrameev,1962
1962　Vakhrameev,Doludenko,59 页。
模式种：*Disorus nimakanensis* Vakhrameev,1962
分类位置：真蕨纲蚌壳蕨科（Dicksoniaceae,Filicopsida）

尼马康双囊蕨 *Disorus nimakanensis* Vakhrameev,1962
1962　Vakhrameev,Doludenko,59 页,图版 9,图 3,4；图版 10,图 1－4；裸羽片和实羽片；东西伯利亚布列亚河盆地；晚侏罗世—早白垩世。

中国中生代植物归入此属的最早记录：

△最小双囊蕨 *Disorus minimus* Zhang,1998（中文发表）
1998　张泓等,274 页,图版 16,图 1,2；插图 A-1；生殖叶；采集号：YD-1；登记号：MP94079；正模：MP94079（图版 16,图 1）；标本保存在煤炭科学研究总院西安分院；甘肃永登仁寿山；侏罗纪。

带叶属 Genus *Doratophyllum* Harris,1932
1932　Harris,36 页。
模式种：*Doratophyllum astartensis* Harris,1932
分类位置：苏铁纲（Cycadopsida）

阿斯塔脱带叶 *Doratophyllum astartensis* Harris,1932
1932　Harris,36 页,图版 2,3；羽叶和角质层；东格陵兰斯科斯比湾；晚三叠世（*Lepidopteris* 层）。

中国中生代植物归入此属的最早记录：

△美丽带叶 *Doratophyllum decoratum* Lee,1964
1964　李佩娟,135,175 页,图版 16,图 1,1a,3,5－8；插图 9；单叶和角质层；采集号：Y06,

Y07;登记号:PB2835;标本保存在中国科学院南京地质古生物研究所;四川广元须家河;晚三叠世须家河组。

△须家河带叶 *Doratophyllum hsuchiahoense* Lee,1964
1964 李佩娟,137,176页,图版16,图2,2a,4;插图10;单叶和角质层;采集号:G18,BA325-(5);登记号:PB2835;标本保存在中国科学院南京地质古生物研究所;四川广元须家河(杨家崖);晚三叠世须家河组。

△龙蕨属 Genus *Dracopteris* Deng,1994
1994 邓胜徽,18页。
模式种:*Dracopteris liaoningensis* Deng,1994
分类位置:真蕨纲(Filicopsida)

△辽宁龙蕨 *Dracopteris liaoningensis* Deng,1994
1994 邓胜徽,18页,图版1,图1—8;图版2,图1—15;图版3,图1—9;图版4,图1—9;插图2;蕨叶、生殖羽片、囊群和孢子;标本号:Fxt5-086—Fxt5-090,TDMe622;正模:Fxt5-087(图版1,图6);辽宁阜新盆地和铁法盆地;早白垩世阜新组和小明安碑组。

镰鳞果属 Genus *Drepanolepis* Nathorst,1897
1897 Nathorst,21页。
模式种:*Drepanolepis angustior* Nathorst,1897
分类位置:不明(incertae sedis)

狭形镰鳞果 *Drepanolepis angustior* Nathorst,1897
1897 Nathorst,21页,图版1,图16,17;果鳞;斯匹次卑尔根;中侏罗世。

中国中生代植物归入此属的最早记录:
△美丽镰鳞果 *Drepanolepis formosa* Zhang,1998(中文发表)
1998 张泓等,80页,图版50,图1;图版51,图1,2;图版53,图2;果穗;标本号:Wga,MP-93979,MP-93980;标本保存在煤炭科学研究总院西安分院;青海德令哈旺尕秀;中侏罗世石门组;甘肃兰州窑街;中侏罗世窑街组。(注:原文未指定模式标本)

镰刀羽叶属 Genus *Drepanozamites* Harris,1932
1932 Harris,83页。
模式种:*Drepanozamites nilssoni* (Nathorst) Harris,1932
分类位置:苏铁纲(Cycadopsida)

尼尔桑镰刀羽叶 *Drepanozamites nilssoni* (Nathorst) Harris,1932
1878 *Otozamites nilssoni* Nathorst,26页;瑞典;晚三叠世。
1878 *Adiantites nilssoni* Nathorst,53页,图版3,图11;瑞典;晚三叠世。

1932   Harris,83页,图版7;图版8,图1,12;插图44,45;叶和角质层;东格陵兰斯科斯比湾;晚三叠世(*Lepidopteris*层)。

中国中生代植物归入此属的最早记录:
尼尔桑镰刀羽叶(比较种) *Drepanozamites* cf. *nilssoni* (Nathorst) Harris
1956c   斯行健,图版2,图8;羽叶;甘肃固原沕水峡;晚三叠世延长层。(注:原文仅有图版)

△潘氏?镰刀羽叶 *Drepanozamites*? *p'anii* Sze,1956
1956a   斯行健,45,150页,图版40,图1,1a,2;羽叶;登记号:PB2445,PB2446;标本保存在中国科学院南京地质古生物研究所;陕西宜君四郎庙炭河沟;晚三叠世延长层上部。

槲叶属 Genus *Dryophyllum* Debey,1865
1865   Debey,见Saporta,46页。
模式种:*Dryophyllum subcretaceum* Debey,1865
分类位置:双子叶植物纲(Dicotyledoneae)

中国中生代植物归入此属的最早记录:
亚镰槲叶 *Dryophyllum subcretaceum* Debey,1865
1865   Debey,见Saporta,46页;叶;法国塞扎讷;始新世。
1868   Saporta,347页,图版26,图1—3;叶;法国塞扎讷;始新世。
1984   郭双兴,86页,图版1,图1,1a;叶;黑龙江杜尔伯达;晚白垩世青山口组上部。

鳞毛蕨属 Genus *Dryopteris*
模式种:(现生属)
分类位置:真蕨纲水龙骨科(Polipodiaceae,Filicopsida)

中国中生代植物归入此属的最早记录:
△中国鳞毛蕨 *Dryopteris sinensis* Lee et Yeh (MS) ex Wang Z et Wang P,1979
(注:此种名可能为 *Dryopterites sinensis* Li et Ye 之误)
1979   王自强、王璞,图版1,图14;实羽片;北京西山丰台西中店土洞;早白垩世芦尚坟组。(裸名)

似鳞毛蕨属 Genus *Dryopterites* Berry,1911
1911   Berry,216页。
模式种:*Dryopterites macrocarpa* Berry,1911
分类位置:真蕨纲水龙骨科(Polipodiaceae,Filicopsida)

细囊似鳞毛蕨 *Dryopterites macrocarpa* Berry,1911
1889   *Aspidium macrocarpum* Fontaine,103页,图版17,图2;营养叶;美国弗吉尼亚;早白垩

世(Patuxent Frmatin)。

1911　Berry,216页;营养叶;美国弗吉尼亚;早白垩世(Patuxent Frmatin)。

中国中生代植物归入此属的最早记录:
△雅致似鳞毛蕨 *Dryopterites elegans* Lee et Yeh (MS) ex Zhang et al.,1980
〔注:此种后改定为 *Eogymnocarpium sinense* Li,Ye et Zhou(李星学等,1986)〕
1980　张武等,247页,图版160,图1—4;插图182;营养叶和实羽片;吉林蛟河及黑龙江鸡东哈达公社;早白垩世磨石砬子组和穆棱组。(裸名)

△中国似鳞毛蕨 *Dryopterites sinensis* Li et Ye,1980
〔注:此种后改定为 *Eogymnocarpium sinense* Li,Ye et Zhou(李星学等,1986)〕
1978　*Dryopterites sinensis* Lee et Yeh,见杨学林等,图版2,图3,4;图版3,图7;蕨叶;吉林蛟河盆地杉松剖面;早白垩世磨石砬子组。(裸名)
1979　*Dryopteris sinensis* Lee et Yeh,王自强、王璞,图版1,图14;实羽片;北京西山丰台西中店土洞;早白垩世芦尚坟组。(裸名)
1980　李星学、叶美娜,6页,图版1,图1—5;生殖羽片;登记号:PB4600,PB4612,PB8963,PB8964a,PB8964b;正模PB4612(图版1,图2);标本保存在中国科学院南京地质古生物研究所;吉林蛟河杉松;早白垩世中—晚期杉松组。〔注:此标本后改定为 *Eogymnocarpium sinense* (Lee et Yeh) Li,Ye et Zhu(李星学等,1986)〕

△渡口叶属 Genus *Dukouphyllum* Yang,1978
1978　杨贤河,525页。
模式种:*Dukouphyllum noeggerathioides* Yang,1978
分类位置:苏铁纲(Cycadopsida)〔注:杨贤河(1982)后把此属归于楔拜拉科(Sphenobaieraceae)银杏目(Ginkgoales)〕

△诺格拉齐蕨型渡口叶 *Dukouphyllum noeggerathioides* Yang,1978
1978　杨贤河,525页,图版186,图1—3;图版175,图3;叶;标本号:Sp0134—Sp0137;合模:Sp0134—Sp0137;标本保存在成都地质矿产研究所;四川渡口摩沙河;晚三叠世大荞地组。〔注:依据《国际植物命名法规》(《维也纳法规》)第37.2条,1958年起,模式标本只能是1块标本〕

△渡口痕木属 Genus *Dukouphyton* Yang,1978
1978　杨贤河,518页。
模式种:*Dukouphyton minor* Yang,1978
分类位置:苏铁纲本内苏铁目(Bennettiales,Cycadopsida)

△较小渡口痕木 *Dukouphyton minor* Yang,1978
1978　杨贤河,518页,图版160,图2;羽叶;标本号:Sp0021;正模:Sp0021(图版160,图2);标本保存在成都地质矿产研究所;四川渡口摩沙河;晚三叠世大荞地组。

爱博拉契蕨属 Genus *Eboracia* Thomas,1911

1911　Thomas,387 页。

模式种:*Eboracia lobifolia*（Phillips）Thomas,1911

分类位置:真蕨纲蚌壳蕨科（Dicksoniaceae,Filicopsida）

中国中生代植物归入此属的最早记录:

裂叶爱博拉契蕨 *Eboracia lobifolia*（Phillips）Thomas,1911

1829　*Neuropteris lobifolia* Phillips,148 页,图版 8,图 13;营养叶;英国约克郡;中侏罗世。

1849　*Cladophlebis lobifolia*（Phillips）Brongniart,105 页;英国约克郡;中侏罗世。

1911　Thomas,387 页及插图;实羽片;英国约克郡;中侏罗世。

1911　Seward,13,41 页,图版 2,图 20,20A—26B;图版 7,图 73;蕨叶;新疆准噶尔盆地（Diam River and Ak-djar）;早侏罗世—中侏罗世。

△拟爱博拉契蕨属 Genus *Eboraciopsis* Yang,1978

1978　杨贤河,495 页。

模式种:*Eboraciopsis trilobifolia* Yang,1978

分类位置:真蕨纲（Filicopsida）

△三裂叶拟爱博拉契蕨 *Eboraciopsis trilobifolia* Yang,1978

1978　杨贤河,495 页,图版 163,图 6;图版 175,图 5;蕨叶;标本号:Sp0036;正模:Sp0036（图版 163,图 6）;标本保存在成都地质矿产研究所;四川渡口太平场;晚三叠世大荞地组。

似枞属 Genus *Elatides* Heer,1876

1876　Heer,77 页。

模式种:*Elatides ovalis* Heer,1876

分类位置:松柏纲杉科（Taxodiaceae,Coniferopsida）

卵形似枞 *Elatides ovalis* Heer,1876

1876　Heer,77 页,图版 14,图 2;枝叶和球果;伊尔库茨克盆地巴利河口;晚侏罗世。

中国中生代植物归入此属的最早记录:

△中国似枞 *Elatides chinensis* Schenk,1883

1883　Schenk,249 页,图版 49,图 6a;枝叶;内蒙古土木路（114°2′E,40°57′N）;侏罗纪。[注:此标本后改定为 ?*Elatocladus manchurica*（Yokoyama）Yabe（斯行健、李星学等,1963）]

△圆柱似枞 *Elatides cylindrica* Schenk,1883

1883　Schenk,252 页,图版 50,图 8;果穗;北京八大处;侏罗纪。[注:此标本后改定为 *Strobilites* sp.（斯行健、李星学等,1963）]

似枞(未定种) *Elatides* sp.

1883 *Elatides* sp.,Schenk,255页,图版52,图9;枝;北京西山斋堂;侏罗纪。〔注:此标本后改定为*Elatocladus* sp.(斯行健、李星学等,1963)〕

枞型枝属 Genus *Elatocladus* Halle,1913

1913 Halle,84页。

模式种:*Elatocladus heterophylla* Halle,1913

分类位置:松柏纲(Coniferopsida)

异叶枞型枝 *Elatocladus heterophylla* Halle,1913

1913 Halle,84页,图版8,图12—14,17—25;松柏类营养枝;南极洲(Hope Bay,Graham Lang,Antarctica);侏罗纪。

中国中生代植物归入此属的最早记录:

△满洲枞型枝 *Elatocladus manchurica*(Yokoyama)Yabe,1922

1906 *Palissya manchurica* Yokoyama,Yokoyama,32页,图版8,图2,2a;枝叶;辽宁赛马集碾子沟;侏罗纪。

1908 *Palissya manchurica* Yokoyama,Yabe,7页,图版1,图1;枝叶;吉林陶家屯;侏罗纪。

1922 Yabe,28页,图版4,图9;枝叶;吉林陶家屯;侏罗纪。

△始水松属 Genus *Eoglyptostrobus* Miki,1964

1964 Miki,14,21页。

模式种:*Eoglyptostrobus sabioides* Miki,1964

分类位置:松柏纲松柏目(Coniferales,Coniferopsida)

△清风藤型始水松 *Eoglyptostrobus sabioides* Miki,1964

1964 Miki,14,21页,图版1,图E;带叶枝;辽宁凌源;晚侏罗世狼鳍鱼层。

△始团扇蕨属 Genus *Eogonocormus* Deng,1995(non Deng,1997)

1995b 邓胜徽,14,108页。

模式种:*Eogonocormus cretaceum* Deng,1995

分类位置:真蕨纲膜蕨科(Hymenophyllaceae,Filicopsida)

△白垩始团扇蕨 *Eogonocormus cretaceum* Deng,1995(non Deng,1997)

1995b 邓胜徽,14,108页,图版3,图1,2;图版4,图1,2,6—8;图版5,图1—6;插图4;营养叶和生殖叶;标本号:H17-431;标本保存在石油勘探开发科学研究院;内蒙古霍林河盆地;早白垩世霍林河组。

△线形始团扇蕨 *Eogonocormus linearifolium*(Deng)Deng,1995

1993 *Hymenophyllites linearifolius* Deng,邓胜徽,256页,图版1,图5—7;插图d—f;蕨叶

和生殖羽片；内蒙古霍林河盆地；早白垩世霍林河组。
1995b 邓胜徽,17,108页,图版3,图3,4；营养叶和生殖叶；标本号：H14-509,H14-510；标本保存在石油勘探开发科学研究院；内蒙古霍林河盆地；早白垩世霍林河组。

△始团扇蕨属 Genus *Eogonocormus* Deng,1997（non Deng,1995）(英文发表)
（注：此属名为 *Eogonocormus* Deng,1995 的晚出同名）
1997　邓胜徽,60页。
模式种：*Eogonocormus cretaceum* Deng,1997
分类位置：真蕨纲膜蕨科（Hymenophyllaceae,Filicopsida）

△白垩始团扇蕨 *Eogonocormus cretaceum* Deng,1997（non Deng,1995）(英文发表)
（注：此种名为白垩始团扇蕨 *Eogonocormus cretaceum* Deng,1995 的晚出同名）
1997　邓胜徽,60页,图2-5；营养叶和生殖叶；标本号：H17-431；正模：H17-431（图3a）；标本保存在石油勘探开发科学研究院；内蒙古霍林河盆地；早白垩世霍林河组。

△始羽蕨属 Genus *Eogymnocarpium* Li,Ye et Zhou,1986
1986　李星学、叶美娜、周志炎,14页。
模式种：*Eogymnocarpium sinense*（Li et Ye）Li,Ye et Zhou,1986
分类位置：真蕨纲蹄盖蕨科（Athyriaceae,Filicopsida）

△中国始羽蕨 *Eogymnocarpium sinense*（Li et Ye）Li,Ye et Zhou,1986
1978　*Dryopterites sinense* Lee et Yeh,见杨学林等,图版2,图3,4；图版3,图7；蕨叶；吉林蛟河盆地杉松剖面；早白垩世磨石砬子组。（裸名）
1980　*Dryopterites sinense* Li et Ye,李星学、叶美娜,6页,图版1,图1-5；生殖羽片；吉林蛟河杉松；早白垩世中-晚期杉松组。
1986　李星学、叶美娜、周志炎,14页,图版12；图版13；图版14,图1-6；图版15,图5-7a；图版16,图3；图版40,图4；图版45,图1-3；插图4A,4B；生殖蕨叶；吉林蛟河杉松（127°15′E,43°30′N）；早白垩世蛟河群。

似麻黄属 Genus *Ephedrites* Goeppert et Berendt,1845
1845　Goeppert,Berendt,见 Berendt,105页。
1891　Saporta,22页。
模式种：*Ephedrites johnianus* Goeppert et Berendt,1845［注：此模式种被 Goeppert(1853)归于 *Ephedra*,以后又被 Conwentz(1886)归于被子植物桑寄生科（Loranthacea）］
候选模式种：*Ephedrites antiquus* Heer emend Saporta,1891
分类位置：买麻藤纲麻黄目麻黄科（Ephedraceae, Ephedrales, Gnetinae）［盖子植物纲（Chlamydosperminae）］

约氏似麻黄 *Ephedrites johnianus* Goeppert et Berendt,1845
1845　Goeppert,Berendt,见 Berendt,105页,图版4,图8-10；图版5,图1；德国北部；中新世。

古似麻黄 *Ephedrites antiquus* Heer,1876,emend Saporta,1891
1876　Heer,83 页,图版 14,图 7,24—32;图版 15,图 1a,1b;茎和种子;东西伯利亚;侏罗纪。
1891　Saporta,22 页;东西伯利亚;侏罗纪。

中国中生代植物归入此属的最早记录:
△明显似麻黄 *Ephedrites exhibens* Wu,He et Mei,1986
1986　吴向午、何元良、梅盛吴,16,20 页,图版 1,图 3A,3B(?);图版 2,图 1A,1a,2,3;插图 3;枝、雌球花和种子;采集号:80DP$_1$F28-16-4,80DP$_1$F28;登记号:PB11358—PB11361;合模:PB11360(图版 2,图 1A,1a),PB11358(图版 1,图 3A),PB11361(图版 2,图 22);标本保存在中国科学院南京地质古生物研究所;青海柴达木盆地大柴旦小煤沟;早侏罗世小煤沟组。[注:依据《国际植物命名法规》(《维也纳法规》)第 37.2 条,1958 年起,模式标本只能是 1 块标本]

△中国似麻黄 *Ephedrites sinensis* Wu,He et Mei,1986
1986　吴向午、何元良、梅盛吴,15,20 页,图版 1,图 1,1a,1b,2A;插图 2;枝、雌球花和种子;采集号:80DP$_1$F28-19-2,80DP$_1$F28-31-2;登记号:PB11356,PB11357;合模:PB11356(图版 1,图 1,1a),PB11357(图版 1,图 2A);标本保存在中国科学院南京地质古生物研究所;青海柴达木盆地大柴旦小煤沟;早侏罗世小煤沟组。[注:依据《国际植物命名法规》(《维也纳法规》)第 37.2 条,1958 年起,模式标本只能是 1 块标本]

似麻黄(未定种) *Ephedrites* sp.
1986　*Ephedrites* sp.,吴向午等,18 页,图版 1,图 4—7;图版 2,图 4—8;插图 4;种子;青海柴达木盆地大柴旦小煤沟;早侏罗世小煤沟组。

似木贼属 Genus *Equisetites* Sternberg,1833
1833(1820—1838)　Sternberg,43 页。
模式种:*Equisetites münsteri* Sternberg,1833
分类位置:楔叶纲木贼目(Equisetales,Sphenopsida)

敏斯特似木贼 *Equisetites münsteri* Sternberg,1833
1833(1820—1838)　Sternberg,43 页,图版 16,图 1—5;木贼类茎叶和顶生的孢子囊穗;德国;晚三叠世(Keuper)。

中国中生代植物归入此属的最早记录:
费尔干似木贼 *Equisetites ferganensis* Seward,1907
1907　Seward,18 页,图版 2,图 23—31;图版 3;中亚;侏罗纪。
1911　Seward,6,35 页,图版 1,图 1—10a;茎干;新疆准噶尔盆地佳木河(Diam River);早侏罗世—中侏罗世。

似木贼穗属 Genus *Equisetostachys* Jongmans,1927(nom. nud.)
1927　Jongmans,48 页。

模式种：*Equisetostachys* sp.

分类位置：楔叶纲木贼目（Equisetales，Sphenopsida）

似木贼穗（未定种） *Equisetostachys* sp. ，Jongmans，1927（nom. nud.）

1927　*Equisetostachys* sp. ，Jongmans，48 页。

中国中生代植物归入此属的最早记录：

似木贼穗？（未定种） *Equisetostachys*? sp.

1976　*Equisetostachys*? sp. ，李佩娟等，93 页，图版 2，图 10，10a；木贼类孢子囊穗；云南祥云蚂蝗阱；晚三叠世祥云组花果山段。

木贼属 Genus *Equisetum* Linné，1753

模式种：（现生属）

分类位置：楔叶纲木贼目（Equisetales，Sphenopsida）

中国中生代植物归入此属的最早记录：

木贼（未定种） *Equisetum* sp.

1885　*Equisetum* sp. ，Schenk，175（13）页，图版 13（1），图 10，11；茎干；四川黄泥堡（Hoa-ni-pu）；早侏罗世（?）。[注：此标本后改定为 *Equisetites*? sp.（斯行健、李星学等，1963）]

△似画眉草属 Genus *Eragrosites* Cao et Wu S Q，1998（1997）（中文和英文发表）

[注：此属模式种后改定为 *Ephedrites chenii*（Cao et Wu S Q）Guo et Wu X W（郭双兴、吴向午，2000）或改归于买麻藤目（Gnetales），定名为 *Liaoxia chenii*（Cao et Wu S Q）Wu S Q（吴舜卿，1999）]

1997　曹正尧、吴舜卿，见曹正尧等，1765 页。（中文）
1998　曹正尧、吴舜卿，见曹正尧等，231 页。（英文）

模式种：*Eragrosites changii* Cao et Wu S Q，1998（1997）

分类位置：单子叶植物纲禾本科（Gramineae，Monocotyledoneae）

△常氏似画眉草 *Eragrosites changii* Cao et Wu S Q，1998（1997）（中文和英文发表）

1997　曹正尧、吴舜卿，见曹正尧等，1765 页，图版 2，图 1－3；插图 1；草本植物和花枝；登记号：PB17801，PB17802；正模：PB17803（图版 2，图 2）；标本保存在中国科学院南京地质古生物研究所；辽西北票上园炒米店附近；晚侏罗世义县组下部尖山沟层。（中文）
1998　曹正尧、吴舜卿，见曹正尧等，231 页，图版 2，图 1－3；插图 1；草本植物和花枝；登记号：PB17801，PB17802；正模：PB17803（图版 2，图 2）；标本保存在中国科学院南京地质古生物研究所；辽西北票上园炒米店附近；晚侏罗世义县组下部尖山沟层。（英文）

伊仑尼亚属 Genus *Erenia* Krassilov，1982

1982　Krassilov，33 页。

模式种:*Erenia stenoptera* Krassilov,1982

分类位置:被子叶植物门(Angiosperm)

中国中生代植物归入此属的最早记录:

狭叶伊仑尼亚 *Erenia stenoptera* Krassilov,1982

1982　Krassilov,33页,图版18,图238,239;果实;蒙古;早白垩世。

1999　吴舜卿,22页,图版16,图5,5a;果实;辽西北票上园黄半吉沟;晚侏罗世义县组下部尖山沟层。

桨叶属 Genus *Eretmophyllum* Thomas,1914

1914　Thomas,259页。

模式种:*Eretmophyllum pubescens* Thomas,1914

分类位置:银杏目(Ginkgoales)

毛点桨叶 *Eretmophyllum pubescens* Thomas,1914

1914　Thomas,259页,图版6;叶;英国约克郡代顿湾;侏罗纪(Gristhorpe Zone)。

中国中生代植物归入此属的最早记录:

桨叶?(未定种) *Eretmophyllum*? sp.

1986　*Eretmophyllum*? sp.,叶美娜等,70页,图版47,图6;叶;四川达县白腊坪;晚三叠世须家河组7段。

爱斯特拉属 Genus *Estherella* Boersma et Visscher,1969

1969　Boersma,Visscher,58页。

模式种:*Estherella gracilis* Boersma et Visscher,1969

分类位置:不明(plantae incertae sedis)

细小爱斯特拉 *Estherella gracilis* Boersma et Visscher,1969

1969　Boersma,Visscher,58页,图版1,图1;图版2,图2;插图1,2;二叉植物;法国南部;晚二叠世。

中国中生代植物归入此属的最早记录:

△纤细爱斯特拉 *Estherella delicatula* Wang Z et Wang L,1990

1990a　王自强、王立新,137页,图版17,图16-18;草本植物和根;标本号:Z17-485,Z17-496,Z17-497;合模:Z17-485(图版17,图17),Z17-496(图版17,图18),Z17-497(图版17,图16);标本保存在中国科学院南京地质古生物研究所;山西榆社屯村;早三叠世和尚沟组底部。[注:依据《国际植物命名法规》(《维也纳法规》)第37.2条,1958年起,模式标本只能是1块标本]

桉属 Genus *Eucalyptus* L'Hertier,1788

模式种:(现生属)

分类位置:双子叶植物纲桃金娘科(Myrtaceae,Dicotyledoneae)

中国中生代植物归入此属的最早记录:

桉(未定种) *Eucalyptus* sp.

1975 *Eucalyptus* sp.,郭双兴,419页,图版2,图3;叶;西藏日喀则恰布林;晚白垩世日喀则群。

△似杜仲属 Genus *Eucommioites* ex Tao et Zhang,1992

[注:此属名为陶君容、张川波(1992)首次使用,见于 *Eucommioites orientalis* Tao et Zhang,1992,但未注明是新属名]

1992 陶君容、张川波,423,425页。

模式种:*Eucommioites orientalis* Tao et Zhang,1992

分类位置:双子叶植物纲(Dicotyledoneae)

△东方似杜仲 *Eucommioites orientalis* Tao et Zhang,1992

1992 陶君容、张川波,423,425页,图版1,图7-9;翅果;标本号:503883;正模:503883(图版1,图7-9);标本保存在中国科学院植物研究所;吉林延边;早白垩世大拉子组。

宽叶属 Genus *Euryphyllum* Feistmantel,1879

1879 Feistmantel,26页。

模式种:*Euryphyllum whittianum* Feistmantel,1879

分类位置:种子蕨纲(Pteridospermopsida)

怀特宽叶 *Euryphyllum whittianum* Feistmantel,1879

1879 Feistmantel,26页,图版21,图1,1a;叶;印度;二叠纪(Karharbari beds, Lower Gondwana)。

中国中生代植物归入此属的最早记录:

宽叶?(未定种) *Euryphyllum*? sp.

1990a *Euryphyllum*? sp.,王自强、王立新,130页,图版21,图3;叶;山西榆社屯村;早三叠世和尚沟组底部。

费尔干杉属 Genus *Ferganiella* Prynada (MS) ex Neuburg,1936

1936 Neuburg,151页。

模式种:*Ferganiella urjachaica* Neuburg,1936

分类位置:松柏纲苏铁杉目(Podozamitales,Coniferopsida)

乌梁海费尔干杉 *Ferganiella urjachaica* Neuburg,1936
1936 Neuburg,151页,图版4,图5,5a;叶;图瓦地区;中侏罗世。

中国中生代植物归入此属的最早记录:
△苏铁杉型费尔干杉 *Ferganiella podozamioides* Lih,1974
1974a 历宝贤,见李佩娟等,362页,图版193,图4—9;叶;登记号:PB4851—PB4853,PB4870;标本保存在中国科学院南京地质古生物研究所;四川峨眉荷叶湾;晚三叠世须家河组;四川会理白果湾;晚三叠世白果湾组。(注:原文未指定模式标本)

费尔干木属 Genus *Ferganodendron* Dobruskina,1974
1974 Dobruskina,119页。
模式种:*Ferganodendron sauktangensis* (Sixtel) Dobruskina,1974
分类位置:石松纲鳞木科(Lepidodendraceae,Lycopsida)

塞克坦费尔干木 *Ferganodendron sauktangensis* (Sixtel) Dobruskina,1974
1962 *Sigillaria sauktangensis* Sixtel,302页,图版4,图1—6;插图3,4;茎干;南费尔干;三叠纪。
1974 Dobruskina,119页,图版10,图1—7;茎干;南费尔干;三叠纪。

中国中生代植物归入此属的最早记录:
?费尔干木(未定种) ?*Ferganodendron* sp.
1984 ?*Ferganodendron* sp.,王自强,227页,图版113,图9;茎干;山西永和;中—晚三叠世延长群。

榕叶属 Genus *Ficophyllum* Fontaine,1889
1889 Fontaine,291页。
模式种:*Ficophyllum crassinerve* Fontaine,1889
分类位置:双子叶植物纲桑科(Moraceae,Dicotyledoneae)

粗脉榕叶 *Ficophyllum crassinerve* Fontaine,1889
1889 Fontaine,291页,图版144—148;叶;美国弗吉尼亚弗雷德利克斯堡(Fredericksburg);早白垩世波托马克群。

中国中生代植物归入此属的最早记录:
榕叶(未定种) *Ficophyllum* sp.
1990 *Ficophyllum* sp.,陶君容、张川波,227页,图版2,图3;叶;吉林延吉;早白垩世大拉子组。

榕属 Genus *Ficus* Linné, 1753

模式种：(现生属)

分类位置：双子叶植物纲桑科(Moraceae, Dicotyledoneae)

中国中生代植物归入此属的最早记录：

瑞香榕 *Ficus daphnogenoides* (Heer) Berry, 1905

1866 *Proteoides daphnogenoides* Heer, 17页, 图版4, 图9, 10; 叶; 美国; 晚白垩世。
1905 Berry, 327页, 图版21。
1975 郭双兴, 416页, 图版2, 图1, 6; 叶; 西藏日喀则扎西林; 晚白垩世日喀则群。

△羊齿缘蕨属 Genus *Filicidicotis* Pan, 1983 (nom. nud.)

1983 潘广, 1520页。(中文)
1984 潘广, 958页。(英文)

模式种：(没有种名)

分类位置："半被子植物类群"("hemiangiosperms")

羊齿缘蕨 (sp. indet.) *Filicidicotis* sp. indet.

(注：原文仅有属名，没有种名)

1983 *Filicidicotis* sp. indet., 潘广, 1520页; 华北燕辽地区东段(45°58′N, 120°21′E); 中侏罗世海房沟组。(中文)
1984 *Filicidicotis* sp. indet., 潘广, 958页; 华北燕辽地区东段(45°58′N, 120°21′E); 中侏罗世海房沟组。(英文)

△似茎状地衣属 Genus *Foliosites* Ren, 1989

(注：此属原归于地衣植物门，但有人认为有属于苔藓植物门的可能(吴向午、厉宝贤, 1992, 272页)

1989 任守勤, 见任守勤和陈芬, 634, 639页。

模式种：*Foliosites formosus* Ren, 1989

分类位置：地衣植物门？或苔藓植物门？(Lichenes? or Bryophytes?)

△美丽似茎状地衣 *Foliosites formosus* Ren, 1989

1989 任守勤, 见任守勤和陈芬, 634, 639页, 图版1, 图1-4; 插图1; 叶状体; 登记号：HW043, HW044, HWS012; 正模：HW043(图版1, 图1); 标本保存在中国地质大学(北京); 内蒙古海拉尔五九煤盆地; 早白垩世大磨拐河组。

拟节柏属 Genus *Frenelopsis* Schenk, 1869

1869 Schenk, 13页。

模式种：*Frenelopsis hohenggeri* (Ettingshausen) Schenk,1869

分类位置：松柏纲掌鳞杉科(Cheirolepidiaceae,Coniferopsida)

霍氏拟节柏 *Frenelopsis hohenggeri* (Ettingshausen) Schenk,1869

1852　*Thuites hohenggeri* Ettingshausen,26页,图版1,图6,7；捷克斯洛伐克；早白垩世。

1869　Schenk,13页,图版4,图5—7；图版5,图1,2；图版6,图1—6；图版7,图1；松柏类营养枝；捷克斯洛伐克；早白垩世。

中国中生代植物归入此属的最早记录：

△雅致拟节柏 *Frenelopsis elegans* Chow et Tsao,1977

1977　周志炎、曹正尧,175页,图版4,图8—11；插图5；枝叶和角质层；登记号：PB6271；正型：PB6271(图版4,图8)；标本保存在中国科学院南京地质古生物研究所；吉林延吉智新(大拉子)；早白垩世大拉子组。

少枝拟节柏 *Frenelopsis parceramosa* Fontaine,1889

1889　Fontaine,218页,图版111,图1—5；枝叶；美国弗吉尼亚；早白垩世。

1977　冯少南等,243页,图版98,图2,3；枝；湖南衡阳凤仙坳；早白垩世。

多枝拟节柏 *Frenelopsis ramosissima* Fontaine,1889

1889　Fontaine,215页,图版95—99；图版100,图1—3；图版101,图1；枝叶；美国弗吉尼亚；早白垩世波托马克群。

1977　冯少南等,243页,图版98,图1；枝叶；广东海丰汤湖；早白垩世。

恒河羊齿属 Genus *Gangamopteris* McCoy,1875

1875(1874—1876)　McCoy,11页。

模式种：*Gangamopteris angostifolia* McCoy,1875

分类位置：种子蕨纲(Pteridospermopsida)

狭叶恒河羊齿 *Gangamopteris angostifolia* McCoy,1875

1875(1874—1876)　McCoy,11页,图版12,图1；图版13,图2；蕨叶,具网脉；澳大利亚新南威尔士；二叠纪。

中国中生代植物归入此属的最早记录：

△沁水恒河羊齿 *Gangamopteris qinshuiensis* Wang Z et Wang L,1990

1990a　王自强、王立新,128页,图版19,图1—3；蕨叶；标本号：Z16-212,Z16-214a,Z16-214b；正模：Z16-214a(图版19,图2,2a)；标本保存在中国科学院南京地质古生物研究所；山西榆社屯村；早三叠世和尚沟组底部。

△屯村? 恒河羊齿 *Gangamopteris? tuncunensis* Wang Z et Wang L,1990

1990a　王自强、王立新,128页,图版19,图4；图版20,图1,2；蕨叶；标本号：Z05a-185,Z05a-190；合模：Z05a-190(图版20,图1),Z05a-185(图版20,图2,2a)；标本保存在中国科学院南京地质古生物研究所；山西榆社屯村；早三叠世和尚沟组底部。［注：依据《国际植物命名法规》(《维也纳法规》)第37.2条,1958年起,模式标本只能是1块标本］

△甘肃芦木属 Genus *Gansuphyllites* Xu et Shen,1982

1982　徐福祥、沈光隆,见刘子进,118 页。

模式种:*Gansuphyllites multivervis* Xu et Shen,1982

分类位置:楔叶纲木贼目(Equisetales,Sphenopsida)

△多脉甘肃芦木 *Gansuphyllites multivervis* Xu et Shen,1982

1982　徐福祥、沈光隆,见刘子进,118 页,图版 58,图 5;茎和轮生叶;标本号:LP00013-3;甘肃武都大岭沟;中侏罗世龙家沟组上部。

盖涅茨杉属 Genus *Geinitzia* Endlicher,1847

1847　Endlicher,280 页。

模式种:*Geinitzia cretacea* Endlicher,1847

分类位置:松柏纲(Coniferopsida)

白垩盖涅茨杉 *Geinitzia cretacea* Endlicher,1847

1842(1839－1842)　*Sedites rabenhorstii* Geinitz,97 页,图版 24,图 5;不育枝;德国萨克森;早白垩世。

1847　Endlicher,280 页。

中国中生代植物归入此属的最早记录:

盖涅茨杉(未定多种) *Geinitzia* spp.

1990　*Geinitzia* sp.1,刘明谓,207 页;枝叶;山东莱阳黄崖底;早白垩世莱阳组 3 段。(注:原文仅有种名)

1990　*Geinitzia* sp.2,刘明谓,207 页;枝叶;山东莱阳黄崖底;早白垩世莱阳组 3 段。(注:原文仅有种名)

1990　*Geinitzia* sp.3,刘明谓,207 页;枝叶;山东莱阳黄崖底;早白垩世莱阳组 3 段。(注:原文仅有种名)

△双生叶属 Genus *Geminofoliolum* Zeng,Shen et Fan,1995

1995　曾勇、沈树忠、范炳恒,49,76 页。

模式种:*Geminofoliolum gracilis* Zeng,Shen et Fan,1995

分类位置:楔叶纲芦木科(Calamariaceae,Sphenopsida)

△纤细双生叶 *Geminofoliolum gracilis* Zeng,Shen et Fan,1995

1995　曾勇、沈树忠、范炳恒,49,76 页,图版 7,图 1,2;插图 9;茎干;采集号:No.117144,No.117146;登记号:YM94031,YM94032;正模:YM94032(图版 7,图 2);副模:YM94031(图版 7,图 1);标本保存在中国矿业大学地质系;河南义马;中侏罗世义马组。

△大羽羊齿属 Genus *Gigantopteris* Schenk,1883

1883 Schenk,238 页。

模式种:*Gigantopteris nicotianaefolia* Schenk,1883

分类位置:种子蕨纲大羽羊齿类(Gigantopterids,Pteridospermopsida)

△烟叶大羽羊齿 *Gigantopteris nicotianaefolia* Schenk,1883

1883 Schenk,238 页,图版 32,图 6－8;图版 33,图 1－3;图版 35,图 6;蕨叶;湖南耒阳泥巴口(耒巴口);晚二叠世龙潭组。

中国中生代植物归入此属的最早记录:

齿状大羽羊齿 *Gigantopteris dentata* Yabe,1904

1904 Yabe,159 页。

1917 Koiwai,见 Yabe,71 页,图版 15,图 2－9;图版 16,图 5,6;蕨叶;亚洲;二叠纪。

1920 Yabe 和 Hayasaka,图版 6,图 6,7;蕨叶;福建龙岩、安溪;早三叠世。(注:原文仅有图版)

大羽羊齿(未定种) *Gigantopteris* sp.

1920 *Gigantopteris* sp.,Yabe,Hayasaka,图版 6,图 9;蕨叶;福建安溪;早三叠世。(注:原文仅有图版)

银杏属 Genus *Ginkgo* Linné,1735

模式种:*Ginkgo biloba* Linné(现代属名和种名),1735

分类位置:银杏目(Ginkgoales)

中国中生代植物归入此属的最早记录:

胡顿银杏 *Ginkgo huttoni* (Sternberg) Heer,1876

1833 *Cyclopteris huttoni* Sternberg,66 页;英国;中侏罗世。

1876 Heer,59 页,图版 5,图 1b;图版 8,图 4;图版 10,图 8;叶;俄罗斯伊尔库茨克;侏罗纪。

1901 Krasser,150 页,图版 4,图 3,4;叶;新疆哈密至吐鲁番之间三道岭西南;侏罗纪。

施密特银杏 *Ginkgo schmidtiana* Heer,1876

1876 Heer,60 页,图版 13,图 1,2;图版 7,图 5;叶;俄罗斯伊尔库茨克;侏罗纪。

1901 Krasser,151 页,图版 4,图 5;叶;新疆哈密至吐鲁番之间三道岭西南;侏罗纪。

银杏(未定种) *Ginkgo* sp.

1901 *Ginkgo* sp. [cf. *G. huttoni* (Sternb.) Heer],Krasser,148 页;叶;新疆东天山库鲁克塔格山南麓;侏罗纪。

准银杏属 Genus *Ginkgodium* Yokoyama,1889

1889 Yokoyama,57 页。

模式种：*Ginkgodium nathorsti* Yokoyama，1889

分类位置：银杏目（Ginkoales）

中国中生代植物归入此属的最早记录：

那氏准银杏 *Ginkgodium nathorsti* Yokoyama，1889

1889　Yokoyama，57页，图版2，图4；图版3，图7；图版8，图9，图1—10；叶；日本（Shimamura，Yangedani）；侏罗纪。

1978　杨贤河，528页，图版189，图6，7b；叶；四川江油厚坝白庙；早侏罗世白田坝组。

准银杏属 Genus *Ginkgoidium* Yokoyama ex Harris，1935

［注：此属名由Harris（1935，6，49页）引用，可能为*Ginkgodium*拼写之误］

1935　Harris，6，49页。

中国中生代植物归入此属的最早记录：

△桨叶型准银杏 *Ginkgoidium eretmophylloidium* Huang et Zhou，1980

1980　黄枝高、周惠琴，105页，图版39，图5；图版46，图3—5；图版48，图6，7；登记号：OP3060—OP3062，OP3064；叶及角质层；陕西神木二十墩；晚三叠世延长组中上部。（注：原文未指定模式标本）

△长叶准银杏 *Ginkgoidium longifolium* Huang et Zhou，1980

1980　黄枝高、周惠琴，105页，图版36，图3；图版37，图6；图版45，图2；图版46，图1，2，8；图版47，图1—8；叶及角质层；登记号：OP3065—OP3068，OP3106—OP3108；陕西神木二十墩；晚三叠世延长组中上部。（注：原文未指定模式标本）

△截形准银杏 *Ginkgoidium truncatum* Huang et Zhou，1980

1980　黄枝高、周惠琴，106页，图版35，图4；图版45，图5；图版46，图6，7；图版48，图5；叶及角质层；登记号：OP3069—OP3072；陕西神木二十墩；晚三叠世延长组中上部。（注：原文未指定模式标本）

似银杏属 Genus *Ginkgoites* Seward，1919

1919　Seward，12页。

模式种：*Ginkgoites obovatus*（Nathorst）Seward，1919

分类位置：银杏目（Ginkgoales）

椭圆似银杏 *Ginkgoites obovatus*（Nathorst）Seward，1919

1886　*Ginkgo obovata* Nathorst，93页，图版29，图5；叶；瑞典斯堪尼亚；晚三叠世。

1919　Seward，12页，图632A；叶；瑞典斯堪尼亚；晚三叠世。

中国中生代植物归入此属的最早记录：

△奥勃鲁契夫似银杏 *Ginkgoites obrutschewi*（Seward）Seward，1919

1911　*Ginkgo obrutschewi* Seward，46页，图版3，图41；图版4，图42，43；图版5，图59—61，

64;图版 6,图 71;图版 7,图 74,76;叶及角质层;新疆准噶尔盆地佳木河(Diam River);早、中侏罗世。

1919　Seward,26 页;插图 642A,642B;叶及角质层;新疆准噶尔盆地佳木河(Diam River);侏罗纪。

似银杏枝属　Genus *Ginkgoitocladus* Krassilov,1972

1972　Krassilov,38 页。

模式种:*Ginkgoitocladus burejensis* Krassilov,1972

分类位置:银杏纲(Ginkgopsida)

布列英似银杏枝　*Ginkgoitocladus burejensis* Krassilov,1972

1972　Krassilov,38 页,图版 6,图 1－4,8－10;长、短枝;苏联布列英盆地;早白垩世。

中国中生代植物归入此属的最早记录:

布列英似银杏枝(比较种) *Ginkgoitocladus* cf. *burejensis* Krassilov

2003　杨小菊,569 页,图版 3,图 6,7,13;长、短枝;黑龙江东部鸡西;早白垩世穆棱组。[注:这些标本后又改定为 *Ginkgoitocladus* sp.(杨小菊,2004,744 页)]

银杏型木属　Genus *Ginkgoxylon* Khudajberdyev,1962

1962　Khudajberdyev,424 页。

模式种:*Ginkgoxylon asiaemediae* Khudajberdyev,1962

分类位置:银杏目(Ginkgoales)

中亚银杏型木　*Ginkgoxylon asiaemediae* Khudajberdyev,1962

1962　Khudajberdyev,424 页,图版 1;木材;乌兹别克斯坦克孜勒库姆西南地区;晚白垩世。

中国中生代植物归入此属的最早记录:

△中国银杏型木　*Ginkgoxylon chinense* Zhang et Zheng,2000(英文发表)

2000　张武、郑少林,见张武等,221 页,图版 1,图 1－9;图版 2,图 1－3,5;木化石;标本号:No. LFW01;正模:No. LFW01;标本保存在沈阳地质矿产研究所;辽宁义县白塔子沟;早白垩世沙海组。

似里白属　Genus *Gleichenites* Seward,1926

1926　Seward,76 页。

模式种:*Gleichenites porsildi* Seward,1926

分类位置:真蕨纲里白科(Gleicheniaceae,Filicopsida)

濮氏似里白　*Gleichenites porsildi* Seward,1926

1926　Seward,76 页,图版 6,图 18,19,24,27,29－31;图版 12,图 122,124;格陵兰乌佩尼维岛(Angiarsuit,Upernivik Island);白垩纪。

中国中生代植物归入此属的最早记录：

日本似里白 *Gleichenites nipponensis* Ôishi,1940

1940　Ôishi,202 页,图版 3,图 2,3,3a;蕨叶;日本石川、福井;早白垩世(Tetori Series)。

1941　Ôishi,169 页,图版 37(2),图 1,2,2a;蕨叶;吉林汪清罗子沟;早白垩世。

格伦罗斯杉属 Genus *Glenrosa* Watson et Fisher,1984

1984　Watson,Fisher,219 页。

模式种:*Glenrosa texensis* (Fontiane) Watson et Fisher,1984

分类位置:松柏纲(Coniferopsida)

得克萨斯格伦罗斯杉 *Glenrosa texensis* (Fontiane) Watson et Fisher,1984

1893　*Brachyphyllum texensis* Fontiane,269 页,图版 38,图 5;图版 39,图 1,1a;美国得克萨斯;早白垩世格伦罗斯组。

1984　Watson,Fisher,219 页,图版 64;插图 1,2,4A;枝叶和角质层;美国得克萨斯;早白垩世格伦罗斯组。

中国中生代植物归入此属的最早记录：

△南京格伦罗斯杉 *Glenrosa nanjingensis* Zhou,Thévenart,Balale,Guignart,2000(英文发表)

2000　周志炎等,562 页,图版 1－3;插图 1,2;枝叶和叶角质层;登记号:PB17455－PB17463,PB18133－PB18135;正模:PB17456(图版 1,图 3);标本保存在中国科学院南京地质古生物研究所;江苏南京栖霞;早白垩世葛村组。

舌叶属 Genus *Glossophyllum* Kräusel,1943

1943　Kräusel,61 页。

模式种:*Glossophyllum florini* Kräusel,1943

分类位置:银杏植物(Ginkgophytes)

傅兰林舌叶 *Glossophyllum florini* Kräusel,1943

1943　Kräusel,61 页,图版 2,图 9－11;图版 3,图 6－10;叶;奥地利伦兹;晚三叠世。

中国中生代植物归入此属的最早记录：

△陕西? 舌叶 *Glossophyllum? shensiense* Sze,1956

1900　Cordaitaceen Blätter *Noeggerathiopsis hislopi*,Krasser,7 页,图版 2,图 1,2;叶;陕西;晚三叠世延长群。

1936　? *Noeggerathiopsis hislopi*,潘钟祥,31 页,图版 13,图 1－3;叶;陕西;晚三叠世延长群(T_3)。

1956a　斯行健,48,153 页,图版 38,图 4,4a;图版 48,图 1－3;图版 49,图 1－6;图版 50,图 3;图版 53,图 7b;图版 55,图 5;叶和短枝;登记号:PB2455－PB2468;标本保存在中国科学院南京地质古生物研究所;陕西宜君、延长、绥德;晚三叠世延长层。

1956b 斯行健,285,289 页,图版 1,图 1;叶;甘肃固原李庄里;晚三叠世延长群。

舌羊齿属 Genus *Glossopteris* Brongniart,1822
1822　Brongniart,54 页。
模式种:*Glossopteris browniana* Brongniart,1828
分类位置:种子蕨纲(Pteridospermopsida)

布朗舌羊齿 *Glossopteris browniana* Brongniart,1822
1822　Brongniart,54 页;印度;二叠纪。
1828a-1838　Brongniart,222 页;印度;二叠纪。

中国中生代植物归入此属的最早记录:
狭叶舌羊齿 *Glossopteris angustifolia* Brongniart,1830
1830　Brongniart,224 页,图版 63,图 1;西孟加拉;晚二叠世(Raniganj Stage)。
1902-1903　Zeiller,297 页,图版 56,图 2,2a;蕨叶;云南太平场;晚三叠世。[注:此标本后改定为 *Sagenopteris*? sp.(斯行健、李星学等,1963)]

印度舌羊齿 *Glossopteris indica* Schimper,1869
1869　Schimper,645 页;印度拉杰马哈尔山;二叠纪。
1902-1903　Zeiller,296 页,图版 56,图 1,1a;蕨叶;云南太平场;晚三叠世。[注:此标本后改定为 *Sagenopteris*? sp.(斯行健、李星学等,1963)]

舌鳞叶属 Genus *Glossotheca* Surange et Maheshwari,1970
1970　Surange,Maheshwari,180 页。
模式种:*Glossotheca utakalensis* Surange et Maheshwari,1970
分类位置:种子蕨纲(Pteridospermopsida)

乌太卡尔舌鳞叶 *Glossotheca utakalensis* Surange et Maheshwari,1970
1970　Surange,Maheshwari,180 页,图版 40,图 1-5;图版 41,图 6-12;插图 1-4;雄性繁殖器官;印度奥里萨邦;晚二叠世。

中国中生代植物归入此属的最早记录:
△匙舌鳞叶 *Glossotheca cochlearis* Wang Z et Wang L,1990
1990a 王自强、王立新,130 页,图版 21,图 4;生殖鳞叶;标本号:Z16-222a;正模:Z13-222a(图版 21,图 4);标本保存在中国科学院南京地质古生物研究所;山西榆社屯村;早三叠世和尚沟组底部。

△楔舌鳞叶 *Glossotheca cuneiformis* Wang Z et Wang L,1990
1990a 王自强、王立新,130 页,图版 21,图 1;生殖鳞叶;标本号:Z13-223;正模:Z13-223(图版 21,图 1);标本保存在中国科学院南京地质古生物研究所;山西榆社屯村;早三叠世和尚沟组底部。

△具柄舌鳞叶 *Glossotheca petiolata* Wang Z et Wang L,1990
1990a 王自强、王立新,129 页,图版 21,图 2;舌鳞叶;标本号:Z16-566;正模:Z16-566(图版 21,图 2);标本保存在中国科学院南京地质古生物研究所;山西榆社屯村;早三叠世和尚沟组底部。

舌似查米亚属 Genus *Glossozamites* Schimper,1870
1870(1869－1874) Schimper,163 页。
模式种:*Glossozamites oblongifolius*(Kurr)Schimper,1870
分类位置:苏铁类(Cycadophytes)

长叶舌似查米亚 *Glossozamites oblongifolius* (Kurr) Schimper,1870
1870(1869－1874) Schimper,163 页,图版 71;苏铁类叶;德国符腾堡;早侏罗世(Lias)。

中国中生代植物归入此属的最早记录:
△尖头似查米亚 *Glossozamites acuminatus* Yokoyama,1906
1906 Yokoyama,38 页,图版 12,图 5b,7;羽叶;四川合州沙溪庙;侏罗纪。[注:此标本后改定为 *Zamites*? sp.(斯行健、李星学等,1963)]

△霍氏舌似查米亚 *Glossozamites hohenggeri* (Schenk) Yokoyama,1906
1869 *Podozamites hohenggeri* Schenk,Schenk,9 页,图版 2,图 3－6。
1906 Yokoyama,36,37 页,图版 12,图 1,1a,5a,6(?);羽叶;四川昭化石罐子;四川合州沙溪庙;侏罗纪。[注:此标本后改定为 *Zamites hohenggeri*(Schenk)Li(斯行健、李星学等,1963)]

雕鳞杉属 Genus *Glyptolepis* Schimper,1870
1870(1869－1874) Schimper,244 页。
模式种:*Glyptolepis keuperiana* Schimper,1870
分类位置:松柏纲(Coniferopsida)

考依普雕鳞杉 *Glyptolepis keuperiana* Schimper,1870
1870(1869－1874) Schimper,244 页,图版 76,图 1;枝叶;德国汉堡附近;晚三叠世(Keuper)。

中国中生代植物归入此属的最早记录:
雕鳞杉(未定种) *Glyptolepis* sp.
1976 *Glyptolepis* sp.,李佩娟等,133 页,图版 46,图 9－11a;枝叶;云南剑川石钟山;晚三叠世剑川组。

水松型木属 Genus *Glyptostroboxylon* Conwentz,1885
1885 Conwentz,445 页。

模式种:*Glyptostroboxylon goepperti* Conwentz,1885

分类位置:松柏纲(Coniferopsida)

葛伯特水松型木 *Glyptostroboxylon goepperti* Conwentz,1885
1885 Conwentz,445 页;松柏类木化石;阿根廷;渐新世。

中国中生代植物归入此属的最早记录:

△西大坡水松型木 *Glyptostroboxylon xidapoense* Zheng et Zhang,1982
1982 郑少林、张武,329 页,图版 26,图 1—9;木化石;薄片号:126;标本保存在沈阳地质矿产研究所;黑龙江鸡西西大坡;早白垩世穆棱组。

水松属 Genus *Glyptostrobus* Endl.,1847
模式种:(现生属)

分类位置:松柏纲杉科(Taxodiaceae,Coniferopsida)

中国中生代植物归入此属的最早记录:

欧洲水松 *Glyptostrobus europaeus* (Brongniart) Heer
1855 Heer,51 页,图版 19;图版 20,图 1。
1979 郭双兴、李浩敏,552 页,图版 1,图 1,1a,1b,2,3;枝叶和球果;吉林珲春;晚白垩世珲春组。

葛伯特蕨属 Genus *Goeppertella* Ôishi et Yamasita,1936
1936 Ôishi,Yamasita,147 页。

模式种:*Goeppertella microloba* (Schenk) Ôishi et Yamasita,1936

分类位置:真蕨纲双扇蕨科葛伯特蕨亚科(Goeppertillideae,Dipteridaceae,Filicopsida)[注:此属曾被杨贤河(1978)归于太平场蕨科(Taipingchangellceae)]

小裂片葛伯特蕨 *Goeppertella microloba* (Schenk) Ôishi et Yamasita,1936
1865b—1867 *Woodwardites microloba* Schenk,67 页,图版 13,图 11—13;蕨叶;德国弗兰科尼亚;晚三叠世。
1936 Ôishi,Yamasita,147 页;蕨叶;德国弗兰科尼亚;晚三叠世。

中国中生代植物归入此属的最早记录:

葛伯特蕨(未定种) *Goeppertella* sp.
1956 *Goeppertella* sp.(? nov. sp.),敖振宽,22 页,图版 1,图 1;图版 3,图 6;图版 4,图 1;插图 2;蕨叶;广东广州小坪;晚三叠世小坪煤系。

棍穗属 Genus *Gomphostrobus* Marion,1890
1890 Marion,894 页。

模式种：*Gomphostrobus heterophylla* Marion, 1890 [注：此属最早附图描述的种是 *Gomphostrobus bifidus* (Geinitz) Zeiller et Potonie, 见 Potonie, 1900, 620 页, 图 387]

分类位置：松柏纲？(Coniferopsida?)

异叶棍穗 *Gomphostrobus heterophylla* Marion, 1890

1890　Marion, 894 页；南洋杉似枝叶；法国洛代夫；二叠纪。(裸名)

中国中生代植物归入此属的最早记录：

分裂棍穗 *Gomphostrobus bifidus* (Geinitz) Zeiller et Potonie, 1900

1900　Zeiller, Potonie, 见 Potonie, 620 页, 图 387。

1947—1948　Mathews, 241 页, 图 5；生殖器官；北京西山；二叠纪(?)、三叠纪(?) 双泉群。

屈囊蕨属 Genus *Gonatosorus* Raciborski, 1894

1894　Raciborski, 174 页。

模式种：*Gonatosorus nathorsti* Raciborski, 1894

分类位置：真蕨纲蚌壳蕨科 (Dicksoniaceae, Filicopsida)

那氏屈囊蕨 *Gonatosorus nathorsti* Raciborski, 1894

1894　Raciborski, 174 页, 图版 9, 图 5—15；图版 10, 图 1；营养叶和生殖叶；西欧；侏罗纪。

凯托娃屈囊蕨 *Gonatosorus ketova* Vachrameev, 1958

1958　Vachrameev, 98 页, 图版 15, 图 1, 2；图版 19, 图 2—5；营养叶和生殖叶；勒拿河流域；早白垩世。

中国中生代植物归入此属的最早记录：

凯托娃屈囊蕨（比较属种）Cf. *Gonatosorus ketova* Vachrameev

1980　张武等, 244 页, 图版 155, 图 1, 2；图版 157, 图 5, 6；插图 181；蕨叶；黑龙江鸡东哈达公社；早白垩世穆棱组。

禾草叶属 Genus *Graminophyllum* Conwentz, 1886

1886　Conwentz, 15 页。

模式种：*Graminophyllum succineum* Conwentz, 1886

分类位置：单子叶植物纲禾本科 (Graminae, Monocotyledoneae)

琥珀禾草叶 *Graminophyllum succineum* Conwentz, 1886

1886　Conwentz, 15 页, 图版 1, 图 18—24；叶；德国普鲁士西部；第三纪。

中国中生代植物归入此属的最早记录：

禾草叶（未定种）*Graminophyllum* sp.

1979　*Graminophyllum* sp., 郭双兴、李浩敏, 557 页, 图版 3, 图 8；叶；吉林珲春；晚白垩世珲春组。

棋盘木属 Genus *Grammaephloios* Harris,1935

1935　Harris,152 页。

模式种:*Grammaephloios icthya* Harris,1935

分类位置:石松目(Lycopodiales)

中国中生代植物归入此属的最早记录:

鱼鳞状棋盘木 *Grammaephloios ichya* Harris,1935

1935　Harris,152 页,图版 23,25,27,28;叶枝;东格陵兰斯科斯比湾;早侏罗世(*Thaumatopteris* 层)。

1986　叶美娜等,13 页,图版 1,图 1,1a;茎干;四川铁山金窝、达县雷音铺;早侏罗世珍珠冲组。

△广西叶属 Genus *Guangxiophyllum* Feng,1977

1977　冯少南等,247 页。

模式种:*Guangxiophyllum shangsiense* Feng,1977

分类位置:分类位置不明的裸子植物(Gymnospermae incertae sedis)

△上思广西叶 *Guangxiophyllum shangsiense* Feng,1977

1977　冯少南等,247 页,图版 95,图 1;羽叶;标本号:P25281;正模:P25281(图版 95,图 1);标本保存在湖北地质科学研究所;广西上思那汤汪门;晚三叠世。

古尔万果属 Genus *Gurvanella* Krassilov,1982

1982　Krassilov,31 页。

模式种:*Gurvanella dictyoptera* Krassilov,1982

分类位置:被子植物(Angiosperms)[注:此属后被孙革等(2001)改归于买麻藤纲(Gnetales)]

网翅古尔万果 *Gurvanella dictyoptera* Krassilov,1982,emend Sun,Zheng et Dilcher,2001(中文和英文发表)

1982　Krassilov,31 页,图版 18,图 229－237;插图 10A;种子;蒙古古尔万-艾林山地区;早白垩世。

2001　孙革等,108,207 页。

中国中生代植物归入此属的最早记录:

△优美古尔万果 *Gurvanella exquisites* Sun,Zheng et Dilcher,2001(中文和英文发表)

2001　孙革、郑少林、Dilcher D L,见孙革等,108,207 页,图版 24,图 7,8;图版 25,图 5;图版 65,图 2－11;具翅种子;登记号:PB19176－PB19181,PB19183,ZY3031;正模:PB19176(图版 24,图 8);标本保存在中国科学院南京地质古生物研究所;辽宁西部;晚侏罗世尖山沟组。

△似雨蕨属 Genus *Gymnogrammitites* Sun et Zheng, 2001（中文和英文发表）

2001　孙革、郑少林，见孙革等，75,185 页。

模式种：*Gymnogrammitites ruffordioides* Sun et Zheng, 2001

分类位置：真蕨纲（Filicopsida）

△鲁福德似雨蕨 *Gymnogrammitites ruffordioides* Sun et Zheng, 2001（中文和英文发表）

2001　孙革、郑少林，见孙革等，75,185 页，图版 7, 图 6；图版 9, 图 1,2；图版 40, 图 5－8；蕨叶；标本号：PB19020, PB19020A（正、反模）；正模：PB19020（图版 7, 图 6）；标本保存在中国科学院南京地质古生物研究所；辽宁北票上园黄半吉沟；晚侏罗世尖山沟组。

△哈勒角籽属 Genus *Hallea* Mathews, 1947－1948

1947－1948　Mathews, 241 页。

模式种：*Hallea pekinensis* Mathews, 1947－1948

分类位置：不明（incertae sedis）

△北京哈勒角籽 *Hallea pekinensis* Mathews, 1947－1948

1947－1948　Mathews, 241 页，图 4；种子；北京西山；二叠纪（?）、三叠纪（?）双泉群。

哈瑞士羊齿属 Genus *Harrisiothecium* Lundblad, 1961

1961　Lundblad, 23 页。

模式种：*Harrisiothecium marsilioides*（Harris）Lundblad, 1961

分类位置：种子蕨纲（Pteridospermopsida）

苹型哈瑞士羊齿 *Harrisiothecium marsilioides*（Harris）Lundblad, 1961

1932　*Hydropteridium marsilioides* Harris, 122 页，图版 9；图版 10, 图 3－8；图版 11, 图 1, 2,15；插图 52；雄性生殖器官；东格陵兰斯科斯比湾；晚三叠世（*Lepidopteris* 层）。

1950　*Harrisia marsilioides*（Harris）Lundblad, 71 页。

1961　Lundblad, 23 页。

中国中生代植物归入此属的最早记录：

哈瑞士羊齿？（未定种）*Harrisiothecium*? sp.

1986a　*Harrisiothecium*? sp., 陈其奭，451 页，图版 218, 图 16；浙江衢县茶园里；晚三叠世茶园里组。

哈兹叶属 Genus *Hartzia* Harris, 1935（non Nikitin, 1965）

1935　Harris, 42 页。

模式种：*Hartzia tenuis*（Harris）Harris, 1935

分类位置：茨康目（Czekanowskiales）

细弱哈兹叶 *Hartzia tenuis* (Harris) Harris, 1935

1926 *Phoenicopsis tenuis* Harris, 106 页, 图版 3, 图 6, 7; 图版 4, 图 5, 6; 图版 10, 图 5; 插图 26A—26E; 叶及角质层; 东格陵兰斯科斯比湾; 晚三叠世（*Lepidopteris* 层）。

1935 Harris, 42 页; 插图 20; 叶; 东格陵兰斯科斯比湾; 晚三叠世（*Lepidopteris* 层）。

中国中生代植物归入此属的最早记录：

细弱哈兹叶（比较属种） Cf. *Hartzia tenuis* (Harris) Harris

1982 张武, 190 页, 图版 2, 图 9, 10; 叶; 辽宁凌源; 晚三叠世老虎沟组。

哈兹籽属 Genus *Hartzia* Nikitin, 1965（non Harris, 1935）

[注: 此属名为 *Hartzia* Harris(1935)的晚出同名（见本丛书第Ⅳ分册, 吴向午, 1993a）]

1965 Nikitin, 86 页。

模式种: *Hartzia rosenkjari* (Hartz) Nikitin, 1965

分类位置: 双子叶植物纲山茱萸科（Cornaceae, Dicotyledoneae）

洛氏哈兹籽 *Hartzia rosenkjari* (Hartz) Nikitin, 1965

1965 Nikitin, 86 页, 图版 16, 图 4—6, 8; 种子化石; 西西伯利亚托木斯克; 早中新世。

荷叶蕨属 Genus *Hausmannia* Dunker, 1846

1846 Dunker, 12 页。

模式种: *Hausmannia dichotoma* Dunker, 1846

分类位置: 真蕨纲双扇蕨科（Dipteridaceae, Filicopsida）

二歧荷叶蕨 *Hausmannia dichotoma* Dunker, 1846

1846 Dunker, 12 页, 图版 5, 图 1; 图版 6, 图 12; 蕨叶; 德国比肯堡附近; 早白垩世（Wealden）。

中国中生代植物归入此属的最早记录：

△李氏荷叶蕨 *Hausmannia leeiana* Sze, 1933

1933d 斯行健, 7 页, 图版 2, 图 8, 9; 蕨叶; 山西大同; 早侏罗世。[注: 此标本后改定为 *Hausmannia* (*Protorhipis*) *leeiana* Sze（斯行健、李星学等, 1963）]

乌苏里荷叶蕨 *Hausmannia ussuriensis* Kryshtofovich, 1923

1923 Kryshtofovich, 295 页, 图 4b; 蕨叶; 南滨海; 晚三叠世。

乌苏里荷叶蕨（比较种） *Hausmannia* cf. *ussuriensis* Kryshtofovich

1933a 斯行健, 67 页, 图版 9, 图 1—6; 蕨叶; 甘肃武威千里沟顶; 早侏罗世。[注: 此标本后改定为 *Hausmannia* (*Protorhipis*) *ussuriensis* Kryshtofovich（斯行健、李星学等, 1963）]

荷叶蕨属（原始扇状蕨亚属） Subgenus *Hausmannia* (*Protorhipis*) Ôishi et Yamasita, 1936

1936 Ôishi, Yamasita, 163 页。

模式种：*Hausmannia*（*Protorhipis*）*buchii* Andrae ex Ôishi et Yamasita,1936

分类位置：真蕨纲双扇蕨科（Dipteridaceae,Filicopsida）

布氏荷叶蕨（原始扇状蕨）*Hausmannia*（*Protorhipis*）*buchii* Andrae ex Ôishi et Yamasita,1936

1855　*Protorhipis buchii* Andrae,36 页,图版 8,图 1;蕨叶;奥地利（Steierdrf,Austria）;早侏罗世（Lias）。

1936　Ôishi,Yamasita,161 页。

中国中生代植物归入此属的最早记录：

△李氏荷叶蕨（原始扇状蕨）*Hausmannia*（*Protorhipis*）*leeiana* Sze ex Ôishi et Yamasita,1936

1933d　*Hausmannia leeiana* Sze,斯行健,7 页,图版 2,图 8,9;蕨叶;山西大同;早侏罗世。

1936　Ôishi,Yamasita,163 页。

1963　斯行健、李星学等,88 页,图版 27,图 2,2a;图版 28,图 2;蕨叶;山西大同;中侏罗世大同群;北京门头沟;中侏罗世门头沟群;辽宁;早、中侏罗世。

乌苏里荷叶蕨（原始扇状蕨）*Hausmannia*（*Protorhipis*）*ussuriensis* Kryshtofovich ex Sze,Lee et al.,1963

1923　*Hausmannia ussuriensis* Kryshtofovich,Kryshtofovich,295 页,图 4b;蕨叶;南滨海;晚三叠世。

1963　斯行健、李星学等,89 页,图版 26,图 3,4;图版 28,图 1;蕨叶;甘肃武威千里沟顶;早、中侏罗世。

哈定蕨属 Genus *Haydenia* Seward,1912

1912　Seward,14 页。

模式种：*Haydenia thyrsopteroides* Seward,1912

分类位置：真蕨纲桫椤科?（Cyatheaceae?,Filicopsida）

伞序蕨型哈定蕨 *Haydenia thyrsopteroides* Seward,1912

1912　Seward,14 页,图版 2,图 26,29;实羽片;阿富汗（Ishpushta,Afgannistan）;侏罗纪。

中国中生代植物归入此属的最早记录：

?伞序蕨型哈定蕨 ? *Haydenia thyrsopteroides* Seward

1931　斯行健,64 页;实羽片;内蒙古萨拉齐羊圪埮（Yan-Kan-Tan）;早侏罗世（Lias）。（注:原文仅有种名）

黑龙江羽叶属 Genus *Heilungia* Prynada,1956

1956　Prynada,见 Kiparianova 等,234 页。

模式种：*Heilungia amurensis*（Novopokrovsky）Prynada,1956

分类位置：苏铁纲苏铁目（Cycadales,Cycadopsida）

中国中生代植物归入此属的最早记录：

阿穆尔黑龙江羽叶 *Heilungia amurensis*（Novopokrovsky）Prynada,1956

1912　*Pseudoctenis amurensis* Novopokrovsky,10 页,图版 1,图 2,3b;羽叶碎片;布列亚盆地基尔河;早白垩世。

1956　Prynada,见 Kiparianova 等,234 页,图版 41,图 1;羽叶碎片;布列亚盆地基尔河;早白垩世。

1980　张武等,278 页,图版 178,图 1,2;图版 179,图 5;羽叶;内蒙古呼伦贝尔盟扎赉诺尔;晚侏罗世兴安岭群。

似苔属 Genus *Hepaticites* Walton,1925

1925　Walton,565 页。

模式种:*Hepaticites kidstoni* Walton,1925

分类位置:苔纲(Hepaticae)

启兹顿似苔 *Hepaticites kidstoni* Walton,1925

1925　Walton,565 页,图版 13,图 1—4;叶状体;英国;晚石炭世。

中国中生代植物归入此属的最早记录：

△极小似苔 *Hepaticites minutus* Zhang et Zheng,1983

1983　张武、郑少林,见张武等,71 页,图版 1,图 1,12;插图 2;叶状体;标本号:LMP2001-1;标本保存在沈阳地质矿产研究所;辽宁本溪林家崴子;中三叠世林家组。

△六叶属 Genus *Hexaphyllum* Ngo,1956

1956　敖振宽,25 页。

模式种:*Hexaphyllum sinense* Ngo,1956

分类位置:不明或木贼目?(plantae incertae sedis or Equisetales?)

△中国六叶 *Hexaphyllum sinense* Ngo,1956

1956　敖振宽,25 页,图版 1,图 2;图版 6,图 1,2;插图 3;轮叶;标本号:A4;登记号:0015;标本保存在中南矿冶学院地质系古生物地史教研组;广东广州小坪;晚三叠世小坪煤系。〔注:此标本后改定为 *Annulariopsis? sinensis*（Ngo）Lee(斯行健、李星学等,1963)〕

里白属 Genus *Hicropteris* Presl

模式种:(现生属)

分类位置:真蕨纲里白科(Gleicheniaceae,Filicopsida)

中国中生代植物归入此属的最早记录：

△三叠里白 *Hicropteris triassica* Duan et Chen,1979

1979a　段淑英、陈晔,见陈晔等,60 页,图版 1,图 1,2a,1b,2;插图 2;营养叶和生殖叶;标本号:

No. 6920, No. 6937, No. 6938, No. 6845, No. 6849, No. 7017, No. 7021, No. 7026；合模 1：No. 6937（图版 1，图 1）；合模 2：No. 7017（图版 1，图 2）；标本保存在中国科学院植物研究所古植物研究室；四川盐边红泥煤田；晚三叠世大荞地组。［注：依据《国际植物命名法规》《维也纳法规》第 37.2 条，1958 年起，模式标本只能是 1 块标本］

希默尔杉属 Genus *Hirmerella* Hörhammer, 1933, emend Jung, 1968

［注：原名为 *Hirmeriella*，后经 Jung(1968) 修订为 *Hirmerella*］

1933　*Hirmeriella* Hörhammer, 29 页。
1968　Jung, 80 页。

模式种：*Hirmerella rhatoliassica* Hörhammer, 1933, emend Jung, 1968

分类位置：松柏纲希默尔杉科（Hirmerellaceae, Coniferopsida）

瑞替里阿斯希默尔杉 *Hirmerella rhatoliassica* Hörhammer, 1933, emend Jung, 1968

1933　*Hirmeriella rhatoliassica* Hörhammer, 29 页，图版 5—7；球果；法国；晚三叠世（Rhaetic）。
1968　Jung, 80 页。

敏斯特希默尔杉 *Hirmerella muensteri* (Schenk) Jung, 1968

1867　*Brachyphyllum muesteri* Schenk, 187 页，图版 43，图 1—12；弗兰哥尼亚；晚三叠世—早侏罗世（Keuper—Lias）。
1968　Jung, 80 页，图版 15—19；插图 6, 7, 10；枝叶；瑞士；晚三叠世。

中国中生代植物归入此属的最早记录：

敏斯特希默尔杉（比较属种）Cf. *Hirmerella muensteri* (Schenk) Jung

1982a　吴向午，57 页，图版 8，图 2, 2a；图版 9，图 3, 3a, 4, 4A, 4a, 4b；枝叶；西藏安多土门；晚三叠世土门格拉组。
1982b　吴向午，99 页，图版 18，图 5, 5a；图版 19，图 4B；枝叶；西藏昌都希雄煤田；晚三叠世巴贡组。

△湘潭希默尔杉 *Hirmerella xiangtanensis* Zhang, 1982

1982　张采繁，538 页，图版 352，图 9, 9a；图版 357，图 4—6；枝叶和叶角质层；标本号：HP490；正模：HP490（图版 352，图 9）；标本保存在湖南省地质博物馆；湖南湘潭杨家桥；早侏罗世石康组。

△香溪叶属 Genus *Hsiangchiphyllum* Sze, 1949

1949　斯行健，28 页。

模式种：*Hsiangchiphyllum trinerve* Sze, 1949

分类位置：苏铁纲（Cycadopsida）

△三脉香溪叶 *Hsiangchiphyllum trinerve* Sze, 1949

1949　斯行健，28 页，图版 7，图 6；图版 8，图 1；羽叶；湖北秭归香溪；早侏罗世香溪煤系。

△湖北叶属 Genus *Hubeiophyllum* Feng,1977

1977 冯少南等,247 页。

模式种:*Hubeiophyllum cuneifolium* Feng,1977

分类位置:分类位置不明的裸子植物(Gymnospermae incertae sedis)

△楔形湖北叶 *Hubeiophyllum cuneifolium* Feng,1977

1977 冯少南等,247 页,图版 100,图 1—4;叶;标本号:P25298—P25301;合模:P25298—P25301(图版 100,图 1—4);标本保存在湖北地质科学研究所;湖北远安铁炉湾;晚三叠世香溪群下煤组。[注:依据《国际植物命名法规》(《维也纳法规》)第 37.2 条,1958 年起,模式标本只能是 1 块标本]

△狭细湖北叶 *Hubeiophyllum angustum* Feng,1977

1977 冯少南等,247 页,图版 100,图 5—7;叶;标本号:P25302—P25304;合模:P25302—P25304(图版 100,图 5—7);标本保存在湖北地质科学研究所;湖北远安铁炉湾;晚三叠世香溪群下煤组。[注:依据《国际植物命名法规》(《维也纳法规》)第 37.2 条,1958 年起,模式标本只能是 1 块标本]

△湖南木贼属 Genus *Hunanoequisetum* Zhang,1986

1986 张采繁,191 页。

模式种:*Hunanoequisetum liuyangense* Zhang,1986

分类位置:楔叶纲木贼目(Equisetales,Sphenopsida)

△浏阳湖南木贼 *Hunanoequisetum liuyangense* Zhang,1986

1986 张采繁,191 页,图版 4,图 4—4a,5;插图 1;木贼类茎干;登记号:PH472,PH473;正模:PH472(图版 4,图 4);标本保存在湖南省地质博物馆;湖南浏阳跃龙;早侏罗世跃龙组。

似膜蕨属 Genus *Hymenophyllites* Goeppert,1836

1836 Goeppert,252 页。

模式种:*Hymenophyllites quercifolius* Goeppert,1836

分类位置:真蕨纲膜蕨科(Hymenophyllacae,Filicopsida)

槲叶似膜蕨 *Hymenophyllites quercifolius* Goeppert,1836

1836 Goeppert,252 页,图版 14,图 1,2;蕨类营养叶;西里西亚;石炭纪。

中国中生代植物归入此属的最早记录:

△娇嫩似膜蕨 *Hymenophyllites tenellus* Newberry,1867

1867(1865) Newberry,122 页,图版 9,图 5;蕨叶;北京西山斋堂;侏罗纪。[注:此标本后改定为 *Coniopteris hymenophylloides* Brongniart(斯行健、李星学等,1963)]

奇脉羊齿属 Genus *Hyrcanopteris* Kryshtofovich et Prynada,1933

1933　Kryshtofovich,Prynada,10 页。
模式种:*Hyrcanopteris sevanensis* Kryshtofovich et Prynada,1933
分类位置:种子蕨纲(Pteridospermopsida)

谢万奇脉羊齿 *Hyrcanopteris sevanensis* Kryshtofovich et Prynada,1933

1933　Kryshtofovich,Prynada,10 页,图版 1,图 3 — 5;蕨叶;亚美尼亚;晚三叠世。

中国中生代植物归入此属的最早记录:

奇脉羊齿(未定种) *Hyrcanopteris* sp.

1968　*Hyrcanopteris* sp.,《湘赣地区中生代含煤地层化石手册》,53 页,图版 9,图 1;图版 10,图 2;插图 17;蕨叶;广东乐昌葫芦口;晚三叠世中生代含煤组 2 段。

△似八角属 Genus *Illicites* Pan,1983 (nom. nud.)

1983　潘广,1520 页。(中文)
1984　潘广,959 页。(英文)
模式种:(没有种名)
分类位置:"原始被子植物类群"("primitive angiosperms")

似八角(sp. indet.) *Illicites* sp. indet.

(注:原文仅有属名,没有种名)

1983　*Illicites* sp. indet.,潘广,1520 页;华北燕辽地区东段(45°58′N,120°21′E);中侏罗世海房沟组。(中文)
1984　*Illicites* sp. indet.,潘广,959 页;华北燕辽地区东段(45°58′N,120°21′E);中侏罗世海房沟组。(英文)

水韭属 Genus *Isoetes* Linné,1753

模式种:(现生属)
分类位置:石松纲水韭目(Isoetales,Lycoposida)

中国中生代植物归入此属的最早记录:

△二马营水韭 *Isoetes ermayingensis* Wang Z,1991

1990b　王自强、王立新,305 页;山西沁县漫水、峪里,武乡司庄,平遥盘陀;陕西吴堡张家塌;中三叠世二马营组底部。(nom. nud.)
1991　王自强,13 页,图版 1,图 1 — 6,8 — 15;图版 6,7;图版 9,图 1 — 3,10 — 14;图版 10;插图 7a,7b;孢子叶和孢子囊;合模:叶尖(No. 8711-6),叶柄(No. 8502-29),叶舌(No. 8502-22),孢子(No. 8313-33,8502-21,8711-8),孢子叶(No. 8313-a,8313-27),大孢子(No. 8502-21,8711-8);标本保存在中国科学院南京地质古生物研究所;陕西吴堡,中

三叠世二马营组底部。[注:依据《国际植物命名法规》(《维也纳法规》)第 37.2 条,1958 年起,模式标本只能是 1 块标本]

似水韭属 Genus *Isoetites* Muenster,1842
1842(1839—1843)　Muenster,107 页。
模式种:*Isoetites crociformis* Muenster,1842
分类位置:石松纲水韭目(Isoetales,Lycoposida)

交叉似水韭 *Isoetites crociformis* Muenster,1842
1842(1839—1843)　Muenster,107 页,图版 4,图 4;德国巴伐利亚;侏罗纪。

中国中生代植物归入此属的最早记录:
△箭头似水韭 *Isoetites sagittatus* Wang Z et Wang L,1990
1990a　王自强、王立新,112 页,图版 14,图 1—6;插图 3;植物体和孢子囊穗;标本号:Iso14-1—Iso14-7;合模:Iso14-1(图版 14,图 1),Iso14-4(图版 14,图 4),Iso14-7(图版 14,图 2);标本保存在中国科学院南京地质古生物研究所;山西蒲县阳庄;早三叠世和尚沟组下段。[注:依据《国际植物命名法规》(《维也纳法规》)第 37.2 条,1958 年起,模式标本只能是 1 块标本]

槲寄生穗属 Genus *Ixostrobus* Raciborski,1891
1891b　Raciborski,356(12)页。
模式种:*Ixostrobus siemiradzkii* Raciborski,1891
分类位置:茨康目?(Czekanowsiales?)

斯密拉兹基槲寄生穗 *Ixostrobus siemiradzkii* (Raciborski) Raciborski,1891
1891a　*Taxites siemiradzkii* Raciborski,315(24)页,图版 5,图 7;小孢子穗;波兰;晚三叠世。
1891b　Raciborski,356(12)页,图版 2,图 5—8,20b;小孢子穗;波兰;晚三叠世。

中国中生代植物归入此属的最早记录:
△美丽槲寄生穗 *Ixostrobus magnificus* Wu,1980
1980　吴舜卿等,114 页,图版 33,图 2,3;小孢子穗;标本 2 块;登记号:PB6902,PB6903;正模:PB6903(图版 33,图 3);标本保存在中国科学院南京地质古生物研究所;湖北兴山大峡口;早—中侏罗世香溪组。

雅库蒂羽叶属 Genus *Jacutiella* Samylina,1956
1956　Samylina,1336 页。
模式种:*Jacutiella amurensis* Samylina,1956
分类位置:苏铁纲(Cycadopsida)

阿穆尔雅库蒂羽叶 *Jacutiella amurensis*（Novopokrovsky）Samylina,1956

1912 *Taeniopteris amurensis* Novopokrovsky,6 页,图版 1,图 4;图版 2,图 5;羽叶;阿穆尔河流域;早白垩世。

1956 Samylina,1336 页,图版 1,图 2—5;羽叶;阿尔丹河流域;早白垩世。

中国中生代植物归入此属的最早记录：

△细齿雅库蒂羽叶 *Jacutiella denticulata* Zheng et Zhang,1982

1982a 郑少林、张武,165 页,图版 2,图 4,4a;羽叶;登记号:EH-15531-1-5;标本保存在沈阳地质矿产研究所;辽宁北票常河营子大板沟;中侏罗世蓝旗组。

雅库蒂蕨属 Genus *Jacutopteris* Vasilevskja,1960

1960 Vasilevskja,64 页。

模式种:*Jacutopteris lenaensis* Vasilevskja,1960

分类位置:真蕨纲(Filicopsida)

勒拿雅库蒂蕨 *Jacutopteris lenaensis* Vasilevskja,1960

1960 Vasilevskja,64 页,图版 1,图 1—10;图版 2,图 8;插图 1;蕨叶;苏联勒拿河下游;早白垩世。

中国中生代植物归入此属的最早记录：

△后老庙雅库蒂蕨 *Jacutopteris houlaomiaoensis* Xu,1975

1975 徐福祥,105 页,图版 5,图 1,1a,2,3,3a;蕨叶和生殖羽片;甘肃天水后老庙炭和里;早、中侏罗世炭和里组。（注:原文未指定模式标本）

△天水雅库蒂蕨 *Jacutopteris tianshuiensis* Xu,1975

1975 徐福祥,104 页,图版 4,图 2,3,3a,4,4a;蕨叶和生殖羽片;甘肃天水后老庙干柴沟和田家山;早、中侏罗世炭和里组。（注:原文未指定模式标本）

△耶氏蕨属 Genus *Jaenschea* Mathews,1947—1948

1947—1948 Mathews,239 页。

模式种:*Jaenschea sinensis* Mathews,1947—1948

分类位置:真蕨纲紫萁科?(Osmundaceae?,Filicopsida)

△中国耶氏蕨 *Jaenschea sinensis* Mathews,1947—1948

1947—1948 Mathews,239 页,图 2;实羽片;北京西山;二叠纪(?)或三叠纪(?)双泉群。

△江西叶属 Genus *Jiangxifolium* Zhou,1988

1988 周贤定,126 页。

模式种:*Jiangxifolium mucronatum* Zhou,1988

分类位置:真蕨纲(Filicopsida)

△短尖头江西叶 *Jiangxifolium mucronatum* Zhou,1988
1988　周贤定,126 页,图版 1,图 1,2,5,6;插图 1;蕨叶;登记号:No. 1348,No. 1862,No. 2228,No. 2867;正模:No. 2228(图版 1,图 1);标本保存在江西省 195 地质队;江西丰城攸洛;晚三叠世安源组。

△细齿江西叶 *Jiangxifolium denticulatum* Zhou,1988
1988　周贤定,127 页,图版 1,图 3,4;蕨叶;登记号:No. 2135,2867;正模:No. 2135(图版 1,图 3);标本保存在江西省 195 地质队;江西丰城攸洛;晚三叠世安源组。

△荆门叶属 Genus *Jingmenophyllum* Feng,1977
1977　冯少南等,250 页。

模式种:*Jingmenophyllum xiheense* Feng,1977

分类位置:分类位置不明的裸子植物(Gymnospermae incertae sedis)

△西河荆门叶 *Jingmenophyllum xiheense* Feng,1977
1977　冯少南等,250 页,图版 94,图 9;羽叶;标本号:P25280;正模:P25280(图版 94,图 9);标本保存在湖北地质科学研究所;湖北荆门西河;晚三叠世香溪群下煤组。[注:此标本后改定为 *Compsopteris xiheensis* (Feng) Zhu,Hu et Meng(朱家楠等,1984)]

△鸡西叶属 Genus *Jixia* Guo et Sun,1992
1992　郭双兴、孙革,见孙革等,547 页。(中文)

1993　郭双兴、孙革,见孙革等,254 页。(英文)

模式种:*Jixia pinnatipartita* Guo et Sun,1992

分类位置:双子叶植物纲(Dicotyledoneae)

△羽裂鸡西叶 *Jixia pinnatipartita* Guo et Sun,1992
1992　郭双兴、孙革,见孙革等,547 页,图版 1,图 10-12;图版 2,图 7;叶部化石;登记号:PB16773-PB16775,PB16773A;正模:PB16774(图版 1,图 10);标本保存在中国科学院南京地质古生物研究所;黑龙江鸡西城子河;早白垩世城子河组上部。(中文)

1993　郭双兴、孙革,见孙革等,254 页,图版 1,图 10-12;图版 2,图 7;叶部化石;登记号:PB16773-PB16775,PB16773A;正模:PB16774(图版 1,图 10);标本保存在中国科学院南京地质古生物研究所;黑龙江鸡西城子河;早白垩世城子河组上部。(英文)

似胡桃属 Genus *Juglandites* (Brongniart) Sternberg,1825
1825(1820-1838)　Sternberg,xj 页。

模式种:*Juglandites nuxtaurinensis* (Brongniart) Sternberg,1825

分类位置:双子叶植物纲杨柳科(Juglanddaceae,Dicotyledoneae)

纽克斯塔林似胡桃 *Juglandites nuxtaurinensis* (Brongniart) Sternberg,1825

1822 *Juglans nuxtaurinensis* Brongniart,323页,图版6,图6;意大利都灵;中新世。
1825(1820—1838) Sternberg,xj页。

中国中生代植物归入此属的最早记录:

深波似胡桃 *Juglandites sinuatus* Lesquereux,1892

1892 Lesquereux,71页,图版35,图9—11;叶;美国;晚白垩世Dakota组。
1975 郭双兴,415页,图版2,图6,6a,7;叶;西藏日喀则扎西林;晚白垩世日喀则群。

△侏罗缘蕨属 Genus *Juradicotis* Pan,1983 (nom. nud.)

1983 潘广,1520页。(中文)
1984 潘广,958页。(英文)
模式种:(没有种名)
分类位置:"半被子植物类群"("hemiangiosperms")

侏罗缘蕨(sp. indet.) *Juradicotis* sp. indet.

(注:原文仅有属名,没有种名)

1983 *Juradicotis* sp. indet.,潘广,1520页;华北燕辽地区东段(45°58′N,120°21′E);中侏罗世海房沟组。(中文)
1984 *Juradicotis* sp. indet.,潘广,958页;华北燕辽地区东段(45°58′N,120°21′E);中侏罗世海房沟组。(英文)

△侏罗木兰属 Genus *Juramagnolia* Pan,1983 (nom. nud.)

1983 潘广,1520页。(中文)
1984 潘广,959页。(英文)
模式种:(没有种名)
分类位置:"原始被子植物类群"("primitive angiosperms")

侏罗木兰(sp. indet.) *Juramagnolia* sp. indet.

(注:原文仅有属名,没有种名)

1983 *Juramagnolia* sp. indet.,潘广,1520页;华北燕辽地区东段(45°58′N,120°21′E);中侏罗世海房沟组。(中文)
1984 *Juramagnolia* sp. indet.,潘广,959页;华北燕辽地区东段(45°58′N,120°21′E);中侏罗世海房沟组。(英文)

△似南五味子属 Genus *Kadsurrites* Pan,1983 (nom. nud.)

1983 潘广,1520页。(中文)
1984 潘广,959页。(英文)

模式种：(没有种名)

分类位置："原始被子植物类群"("primitive angiosperms")

似南五味子(sp. indet.) *Kadsurrites* sp. indet.
(注：原文仅有属名，没有种名)
1983 *Kadsurrites* sp. indet.，潘广，1520页；华北燕辽地区东段(45°58′N，120°21′E)；中侏罗世海房沟组。(中文)
1984 *Kadsurrites* sp. indet.，潘广，959页；华北燕辽地区东段(45°58′N，120°21′E)；中侏罗世海房沟组。(英文)

卡肯果属 Genus *Karkenia* Archangelsky，1965
1965 Archangelsky，132页。
模式种：*Karkenia incurva* Archangelsky，1965
分类位置：银杏目(Ginkgoales)

内弯卡肯果 *Karkenia incurva* Archangelsky，1965
1965 Archangelsky，132页，图版1，图10；图版2，图11，14，16，18；图版5，图29－32；插图13－19；具有种子结构的枝叶；阿根廷圣克鲁斯；早白垩世。

中国中生代植物归入此属的最早记录：

△河南卡肯果 *Karkenia henanensis* Zhou，Zhang，Wang et Guignard，2002(英文发表)
2002 周志炎、章伯乐、王永栋、Guignard G，95页，图版1，图1－4；图版2－4；正模：PB19235(图版1，图1，4)；副模：PB19236－PB19239；标本保存在中国科学院南京地质古生物研究所；河南义马；中侏罗世义马组。

克鲁克蕨属 Genus *Klukia* Raciborski，1890
1890 Raciborski，6页。
模式种：*Klukia exilis* (Phillips) Raciborski，1890
分类位置：真蕨纲海金沙科(Schizaeaceae，Filicopsida)

瘦直克鲁克蕨 *Klukia exilis* (Phillips) Raciborski，1890
1829 *Pecopteris exilis* Phillips，148页，图版8，图16；蕨叶；英国约克郡；中侏罗世。
1890 Raciborski，6页，图版1，图16－19；蕨叶；英国约克郡；中侏罗世。

布朗克鲁克蕨 *Klukia browniana* (Dunker) Zeiller，1914
1846 *Pecopteris browniana* Dunker，5页，图版8，图7；蕨叶；西欧；早白垩世。
1894 *Cladophlebis browniana* (Dunker) Seward，99页，图版7，图4；西欧；早白垩世。
1914 Zeiller，7页，图版21，图1；插图A－C。
1956 Maegdefrau，267页。

中国中生代植物归入此属的最早记录：
布朗克鲁克蕨（比较属种） Cf. *Klukia browniana* (Dunker) Zeiller
1963　斯行健、李星学等,68页,图版21,图5—6a；蕨叶；浙江寿昌东村白水岭；晚侏罗世—早白垩世（威尔登期）建德群。

△**似克鲁克蕨属 Genus *Klukiopsis* Deng et Wang,2000**（中文和英文发表）
1999　邓胜徽、王士俊,552页。（中文）
2000　邓胜徽、王士俊,356页。（英文）
模式种：*Klukiopsis jurassica* Deng et Wang,2000
分类位置：真蕨纲海金沙科（Schzaeaceae,Filicopsida）

△**侏罗似克鲁克蕨 *Klukiopsis jurassica* Deng et Wang,2000**（中文和英文发表）
1999　邓胜徽、王士俊,552页,图1(a)—1(f)；蕨叶、生殖羽片、孢子囊和孢子；标本号：YM98-303；正模：YM98-303[图1(a)]；河南义马；中侏罗世。（注：原文未注明标本的保存单位）（中文）
2000　邓胜徽、王士俊,356页,图1(a)—1(f)；蕨叶、生殖羽片、孢子囊和孢子；标本号：YM98-303；正模：YM98-303[图1(a)]；河南义马；中侏罗世。（注：原文未注明标本的保存单位）（英文）

△**宽甸叶属 Genus *Kuandiania* Zheng et Zhang,1980**
1980　郑少林、张武,见张武等,279页。
模式种：*Kuandiania crassicaulis* Zheng et Zhang,1980
分类位置：苏铁纲（Cycadopsida）

△**粗茎宽甸叶 *Kuandiania crassicaulis* Zheng et Zhang,1980**
1980　郑少林、张武,见张武等,279页,图版144,图5；羽叶；登记号：D423；辽宁本溪宽甸；中侏罗世转山子组。

杯囊蕨属 Genus *Kylikipteris* Harris,1961
1961　Harris,166页。
模式种：*Kylikipteris argula* (Lindley et Hutton) Harris,1961
分类位置：真蕨纲蚌壳蕨科（Dicksoniaceae,Filicopsida）

微尖杯囊蕨 *Kylikipteris argula* (Lindley et Hutton) Harris,1961
1834　*Neuropteris argula* Lindley et Hutton,67页,图105；裸羽片；英国约克郡；中侏罗纪。
1961　Harris,166页；插图59—61；营养叶和生殖叶；英国约克郡；中侏罗纪。

中国中生代植物归入此属的最早记录：
△简单杯囊蕨 *Kylikipteris simplex* Duan et Chen,1979
1979a 段淑英、陈晔,见陈晔等,60 页,图版 1,图 3,4,4a;营养叶和生殖叶;标本号:No.7015, No.7028 — No.7032;合模:N.7028(图版 1,图 3),No.7029(图版 1,图 4);标本保存在中国科学院植物研究所古植物研究室;四川盐边红泥煤田;晚三叠世大菁地组。[注:依据《国际植物命名法规》(《维也纳法规》)第 37.2 条,1958 年起,模式标本只能是 1 块标本]

拉谷蕨属 Genus *Laccopteris* Presl,1838
1838(1820 — 1838)   Presl,见 Sternberg,115 页。

模式种:*Laccopteris elegans* Presl,1838

分类位置:真蕨纲马通蕨科(Matoniaceae,Filicopsida)

雅致拉谷蕨 *Laccopteris elegans* Presl,1838
1838(1820 — 1838)   Presl,见 Sternberg,115 页,图版 32,图 8,8a;实羽片;德国巴伐利亚;晚三叠世(Keuper)。

中国中生代植物归入此属的最早记录：
水龙骨型拉谷蕨 *Laccopteris polypodioides* (Brongniart) Seward,1899
1828   *Phlebopteris polypodioides* Brongniart,57 页;英国约克郡;中侏罗世。(nom. nud.)
1836   *Phlebopteris polypodioides* Brongniart,372 页,图版 83,图 1,1A;生殖羽片;英国约克郡;中侏罗世。
1899   Seward,197 页;插图 9B;生殖羽片;英国约克郡;中侏罗世。
1906   Krasser,593 页,图版 1,图 12;营养叶;吉林火石岭;侏罗纪。[注:此标本后改定为 ? *Phlebopteris* cf. *polypodioides* Brongniart(斯行健、李星学等,1963)]

拟落叶松属 Genus *Laricopsis* Fontaine,1889
1889   Fontaine,233 页。

模式种:*Laricopsis logifolia* Fontaine,1889

分类位置:松柏纲(Coniferopsida)

中国中生代植物归入此属的最早记录：
长叶拟落叶松 *Laricopsis logifolia* Fontaine,1889
1889   Fontaine,233 页,图版 102,103,165,168;松柏植物小枝;美国弗吉尼亚;早白垩世波托马克群。
1941   Stockmans,Mathieu,56 页,图版 4,图 5;小枝;山西大同;侏罗纪。[注:此标本后改定为 *Radicites* sp.(斯行健、李星学,1963)]

桂叶属 Genus *Laurophyllum* Goeppart, 1854

1854 Goeppart, 45 页。

模式种: *Laurophyllum beilschiedioides* Goeppart, 1854

分类位置: 双子叶植物纲樟科(Lauraceae, Dicotyledoneae)

琼楠型桂叶 *Laurophyllum beilschiedioides* Goeppart, 1854

1854 Goeppart, 45 页, 图版 10, 图 65a; 图版 11, 图 66, 68; 叶; 印度尼西亚爪哇; 始新世。

中国中生代植物归入此属的最早记录:

桂叶(未定种) *Laurophyllum* sp.

1975 *Laurophyllum* sp., 郭双兴, 418 页, 图版 3, 图 8, 9; 叶; 西藏日喀则扎西林; 晚白垩世日喀则群。

似豆属 Genus *Leguminosites* Bowerbank, 1840

1840 Bowerbank, 125 页。

模式种: *Leguminosites subovatus* Bowerbank, 1840

分类位置: 双子叶植物纲豆科(Leguminosae, Dicotyledoneae)

亚旦形似豆 *Leguminosites subovatus* Bowerbank, 1840

1840 Bowerbank, 125 页, 图版 17, 图 1, 2; 种子; 英国; 始新世。

中国中生代植物归入此属的最早记录:

似豆(未定种) *Leguminosites* sp.

1975 *Leguminosites* sp., 郭双兴, 418 页, 图版 3, 图 1, 3; 叶; 西藏日喀则扎西林; 晚白垩世日喀则群。

鳞羊齿属 Genus *Lepidopteris* Schimper, 1869

1869(1869—1874) Schimper, 572 页。

模式种: *Lepidopteris stuttgartiensis* (Jaeger) Schimper, 1869

分类位置: 种子蕨纲盾生种子科(Pelaspermaceae, Pteridospermopsida)

司图加鳞羊齿 *Lepidopteris stuttgartiensis* (Jaeger) Schimper, 1869

1827 *Aspidioides stuttgartiensis* Jaeger, 32, 38 页, 图版 8, 图 1; 蕨叶状化石; 德国司图加特; 晚三叠世(Keuper)。

1869(1869—1874) Schimper, 572 页, 图版 34; 蕨叶状化石; 德国司图加特; 晚三叠世(Keuper)。

中国中生代植物归入此属的最早记录:

奥托鳞羊齿 *Lepidopteris ottonis* (Goeppert) Schimper, 1869

1832 *Alethopteris ottonis* Goeppert, 303 页, 图版 37, 图 3, 4; 蕨叶状化石; 波兰; 晚三叠世。

1869(1869—1874)　　Schimper,574页。
1933c　斯行健,8页,图版3,图2—9;蕨叶和角质层;贵州贵阳三桥;晚三叠世。

薄果穗属 Genus *Leptostrobus* Heer,1876
1876　Heer,72页。
模式种:*Leptostrobus laxiflora* Heer,1876
分类位置:茨康目(Czekanowskiales)

疏花薄果穗 *Leptostrobus laxiflora* Heer,1876
1876　Heer,72页,图版13,图10—13;图版15,图9b;果穗;俄罗斯伊尔库茨克盆地;侏罗纪。

中国中生代植物归入此属的最早记录:
疏花薄果穗(比较属种) Cf. *Leptostrobus laxiflora* Heer
1941　Stockmans,Mathieu,54页,图版5,图2,2a;果穗;山西大同;侏罗纪。

勒桑茎属 Genus *Lesangeana* (Mougeot) Fliche,1906
1906　Fliche,164页。
模式种:*Lesangeana voltzii*(Schimper)Fliche,1906(注:最早引证的模式种为 *Lesangeana hasseltii* Mougeot,1851,346页,裸名)
分类位置:真蕨纲?(Filicopsida?)

伏氏勒桑茎 *Lesangeana voltzii* (Schimper) Fliche,1906
1906　Fliche,164页,图版13,图3;根状茎;法国孚日;三叠纪。

中国中生代植物归入此属的最早记录:
△沁县勒桑茎 *Lesangeana qinxianensis* Wang Z et Wang L,1990
1990b　王自强、王立新,307页,图版5,图4,5;根状茎;标本号:No.8409-30,No.8409-31;正模:No.8409-30(图版5,图4);标本保存在中国科学院南京地质古生物研究所;山西武乡司庄;中三叠世二马营组底部。

孚日勒桑茎 *Lesangeana vogesiaca* (Schimper) Fliche,1906
1869　*Chelepteris vogesiaca* Schimper,702页,图版51,图1,3;根状茎;法国孚日;三叠纪。
1906　Fliche,163页。
1984　*Caulopteris vogesiaca* Schimper et Mougeot,王自强,252页,图版115,图1,2;根状茎;山西永和;中一晚三叠世延长群。
1990b　*Lesangeana vogesiaca*(Schimper et Mougeot)Mougeot,王自强、王立新,308页,图版5,图3,6,7;根状茎;山西武乡司庄;中三叠世二马营组底部。

列斯里叶属 Genus *Lesleya* Lesquereus,1880
1880　Lesquereus,143页。

模式种：*Lesleya grandis* Lesquereus,1880

分类位置：种子蕨纲(Pteridospermopsida)

谷粒列斯里叶 *Lesleya grandis* Lesquereus,1880

1880　Lesquereus,143 页,图版 25,图 1－3;舌羊齿状营养叶;美国宾夕法尼亚(Pennsylvania,USA);晚石炭世(Base of Chester limestone,Pennsylivanian)。

中国中生代植物归入此属的最早记录：

△三叠列斯里叶 *Lesleya triassica* Chen et Duan,1979

1979c　陈晔、段淑英,见陈晔等,271 页,图版 3,图 3;舌羊齿状营养叶;标本号：No.7023;标本保存在中国科学院植物研究所古植物研究室;四川盐边红泥煤田;晚三叠世大荞地组。

劳达尔特属 Genus *Leuthardtia* Kräusel et Schaarschmidt,1966

1966　Kräusel,Schaarschmidt,26 页。

模式种：*Leuthardtia ovalis* Kräusel et Schaarschmidt,1966

分类位置：苏铁纲本内苏铁目(Bennettiales,Cycadopsida)

中国中生代植物归入此属的最早记录：

卵形劳达尔特 *Leuthardtia ovalis* Kräusel et Schaarschmidt,1966

1966　Kräusel,Schaarschmidt,26 页,图版 8;雄性繁殖器官;瑞士;晚三叠世。

1990　孟繁松,图版 1,图 9;雄性繁殖器官;海南琼海九曲江文山上村、文山下村;早三叠世岭文组。(注：原文仅有图版)

1992b　孟繁松,179 页,图版 8,图 10－12;雄性繁殖器官;海南琼海九曲江文山上村、文山下村;早三叠世岭文组。

△拉萨木属 Genus *Lhassoxylon* Vozenin-Serra et Pons,1990

1990　Voznin-Serra,Pons,110 页。

模式种：*Lhassoxylon aptianum* Vozenin-Serra et Pons,1990

分类位置：松柏纲?(Coniferopsida?)

△阿普特拉萨木 *Lhassoxylon aptianum* Vozenin-Serra et Pons,1990

1990　Voznin-Serra,Pons,110 页,图版 1,图 1－7;图版 2,图 1－8;图版 3,图 1－7;图版 4,图 1－3;插图 2,3;木化石;采集号：X/2 Pj/2(J. J. Jaeger 采集);登记号：n°10468;模式标本：n°10468;标本保存在巴黎居里夫人大学古植物和孢粉实验室;西藏林周附近(Lamba);早白垩世(Aptian)。

△连山草属 Genus *Lianshanus* Pan,1983(nom. nud.)

1983　潘广,1520 页。(中文)

1984　潘广,959 页。(英文)

模式种:(没有种名)

分类位置:"原始被子植物类群"("primitive angiosperms")

连山草(sp. indet.) *Lianshanus* sp. indet.

(注:原文仅有属名,没有种名)

1983　　*Lianshanus* sp. indet.,潘广,1520 页;华北燕辽地区东段(45°58′N,120°21′E);中侏罗世海房沟组。(中文)

1984　　*Lianshanus* sp. indet.,潘广,959 页;华北燕辽地区东段(45°58′N,120°21′E);中侏罗世海房沟组。(英文)

△辽宁缘蕨属 Genus *Liaoningdicotis* Pan,1983 (nom. nud.)

1983　　潘广,1520 页。(中文)
1984　　潘广,958 页。(英文)

模式种:(没有种名)

分类位置:"半被子植物类群"("hemiangiosperms")

辽宁缘蕨(sp. indet.) *Liaoningdicotis* sp. indet.

(注:原文仅有属名,没有种名)

1983　　*Liaoningdicotis* sp. indet.,潘广,1520 页;华北燕辽地区东段(45°58′N,120°21′E);中侏罗世海房沟组。(中文)

1984　　*Liaoningdicotis* sp. indet.,潘广,958 页;华北燕辽地区东段(45°58′N,120°21′E);中侏罗世海房沟组。(英文)

△辽宁枝属 Genus *Liaoningocladus* Sun,Zheng et Mei,2000 (英文发表)

2000　　孙革、郑少林、梅盛吴,见孙革等,202 页。

模式种:*Liaoningocladus boii* Sun,Zheng et Mei,2000

分类位置:松柏类(Conifers)

△薄氏辽宁枝 *Liaoningocladus boii* Sun,Zheng et Mei,2000 (英文发表)

2000　　孙革、郑少林、梅盛吴,见孙革等,202 页,图版 1,图 1-5;图版 2,图 1-7;图版 3,图 1-5;图版 4,图 1-5;长短枝、叶和角质层;正模:YB001(图版 1,图 1);标本保存在中国科学院南京地质古生物研究所;辽宁北票;晚侏罗世义县组上部。

△辽西草属 Genus *Liaoxia* Cao et Wu S Q,1998 (1997) (中文和英文发表)

〔注:此属模式种后被郭双兴、吴向午(2000)改归于买麻藤类(Chlamydopsida)或买麻藤目(Gnetales)的 *Ephedrites* 属,定名为 *Ephedrites chenii* (Cao et Wu S Q) Guo et Wu X W;被吴舜卿(1999)改归于买麻藤目(Gnetales)〕

1997　　曹正尧、吴舜卿,见曹正尧等,1765 页。(中文)
1998　　曹正尧、吴舜卿,见曹正尧等,231 页。(英文)

模式种：*Liaoxia chenii* Cao et Wu S Q,1998(1997)

分类位置：单子叶植物纲莎草科（Cyperaceae,Monocotyledoneae）

△陈氏辽西草 *Liaoxia chenii* Cao et Wu S Q,1998(1997)（中文和英文发表）

1997　曹正尧、吴舜卿，见曹正尧等,1765页,图版1,图1,2,2a,2b,2c；草本植物和花枝；登记号：PB17800,PB17801；正模：PB17800（图版I,图1）；标本保存在中国科学院南京地质古生物研究所；辽西北票上园炒米店附近；晚侏罗世义县组下部尖山沟层。（中文）

1998　曹正尧、吴舜卿，见曹正尧等,231页,图版1,图1,2,2a,2b,2c；草本植物和花枝；登记号：PB17800,PB17801；正模：PB17800（图版I,图1）；标本保存在中国科学院南京地质古生物研究所；辽西北票上园炒米店附近；晚侏罗世义县组下部尖山沟层。（英文）

△似百合属 Genus *Lilites* Wu S Q,1999（中文发表）

［注：此属模式种后被孙革、郑少林改归于松柏类的 *Podocarpites* 属,定名为 *Podocarpites reheensis*（Wu S Q） Sun et Zheng（孙革等,2001,100,202页）］

1999　吴舜卿,23页。

模式种：*Lilites reheensis* Wu S Q,1999

分类位置：单子叶植物纲百合科（Liliaceae,Monocotyledoneae）

△热河似百合 *Lilites reheensis* Wu S Q,1999（中文发表）

1999　吴舜卿,23页,图版18,图1,1a,2,4,5,7,7a,8A；枝叶和果实；采集号：AEO-11,AEO-134,AEO-158,AEO-219,AEO-245,AEO-246；登记号：PB18327－PB18332；合模1：PB18327（图版18,图1），合模2：PB18330（图版18,图5）；标本保存在中国科学院南京地质古生物研究所；辽西北票上园黄半吉沟；晚侏罗世义县组下部尖山沟层。［注：依据《国际植物命名法规》（《维也纳法规》）第37.2条,1958年起,模式标本只能是1块标本］

林德勒枝属 Genus *Lindleycladus* Harris,1979

1979　Harris,146页。

模式种：*Lindleycladus lanceolatus*（Lindley et Hutton） Harris,1979

分类位置：松柏纲（Coniferopsida）

中国中生代植物归入此属的最早记录：

披针林德勒枝 *Lindleycladus lanceolatus*（Lindley et Hutton） Harris,1979

1836　*Zamites lanceolatus* Lindley et Hutton,图版194；枝叶；英国约克郡；中侏罗世。

1843　*Podozmites lanceolatus*（Lindley et Hutton） Braun,36页；枝叶；英国约克郡；中侏罗世。

1979　Harris,146页；插图67,68；枝叶；英国约克郡；中侏罗世。

1984　厉宝贤等,143页,图版4,图12,13；枝叶；山西大同永定庄华严寺和七峰山大石头沟；早侏罗世永定庄组。

1984　王自强,292页,图版139,图9；图版173,图10－12；枝叶；河北下花园；中侏罗世门头沟组。

披针林德勒枝（比较属种）Cf. *Lindleycladus lanceolatus*（Lindley et Hutton）Harris
1984a 曹正尧,14页,图版2,图7(?);图版5,图3;叶枝;黑龙江密山裴德;中侏罗世裴德组。

△**灵乡叶属 Genus *Lingxiangphyllum* Meng,1981**
1981 孟繁松,100页。
模式种:*Lingxiangphyllum princeps* Meng,1981
分类位置:不明(plantae incertae sedis)

△**首要灵乡叶 *Lingxiangphyllum princeps* Meng,1981**
1981 孟繁松,100页,图版1,图12,13;插图1;叶;登记号:CHP7901,CHP7902;正模:CHP7901(图版1,图12);标本保存在宜昌地质矿产研究所;湖北大冶灵乡长坪湖;早白垩世灵乡群。

瓣轮叶属 Genus *Lobatannularia* Kawasaki,1927
1927(1927—1934) Kawasaki,12页。
模式种:*Lobatannularia inequifolia*（Tokunaga）Kawasaki,1927
分类位置:楔叶纲木贼目(Equisetales,Sphenopsida)

不等叶瓣轮叶 *Lobatannularia inequifolia*（Tokunaga）Kawasaki,1927
1927(1927—1934) Kawasaki,12页,图版4,图13—15;图版5,图16—22;图版9,图38;图版14,图74,75;朝鲜(Congson,Korea);二叠纪—石炭纪(Jido Series)。

中国中生代植物归入此属的最早记录:
平安瓣轮叶（比较种）*Lobatannularia* cf. *heianensis*（Kodaira）Kawasaki
1980 张武等,231页,图版104,图4—6;营养枝叶;辽宁本溪林家崴子;中三叠世林家组。

瓣轮叶（未定种）*Lobatannularia* sp.
1980 *Lobatannularia* sp.,赵修祜等,71页;云南富源庆云;早三叠世"卡以头层"。

△**拟瓣轮叶属 Genus *Lobatannulariopsis* Yang,1978**
1978 杨贤河,472页。
模式种:*Lobatannulariopsis yunnanensis* Yang,1978
分类位置:楔叶纲木贼目(Equisetales,Sphenopsida)

△**云南拟瓣轮叶 *Lobatannulariopsis yunnanensis* Yang,1978**
1978 杨贤河,472页,图版158,图6;枝叶;标本号:Sp0009;正模:Sp0009(图版158,图6);标本保存在成都地质矿产研究所;云南广通一平浪;晚三叠世干海子组。

裂叶蕨属 Genus *Lobifolia* Rasskazova et Lebedev, 1968

1968　Rasskazova, Lebedev, 63 页。

模式种: *Lobifolia novopokovskii* (Prynada) Rasskazova et Lebedev, 1968

分类位置: 真蕨纲(Filicopsida)

中国中生代植物归入此属的最早记录:

新包氏裂叶蕨 *Lobifolia novopokovskii* (Prynada) Rasskazova et Lebedev, 1968

1961　*Cladophlebis novopokovskii* Prynada, 见 Vachrameev 和 Doludenko, 68 页, 图版 19, 图 1—4; 蕨叶; 黑龙江布列亚河流域; 早白垩世。

1968　Rasskazova, Lebedev, 63 页, 图版 1, 图 1—3; 蕨叶; 黑龙江布列亚河流域; 早白垩世。

1988　陈芬等, 52 页, 图版 18, 图 1, 2; 蕨叶; 辽宁阜新海州矿和艾友矿; 早白垩世阜新组孙家湾段。

厚边羊齿属 Genus *Lomatopteris* Schimper, 1869

1869(1869—1874)　Schimper, 472 页。

模式种: *Lomatopteris jurensis* (Kurr) Schimper, 1869

分类位置: 种子蕨纲(Pteridospermopsida)

侏罗厚边羊齿 *Lomatopteris jurensis* (Kurr) Schimper, 1869

1869(1869—1874)　Schimper, 472 页, 图版 45, 图 2—5; 蕨叶; 德国符腾堡努斯普林根; 晚石炭世。

中国中生代植物归入此属的最早记录:

△资兴厚边羊齿 *Lomatopteris zixingensis* Tuen (MS) ex Zhang, 1982

1982　张采繁, 526 页, 图版 339, 图 1, 2; 蕨叶; 湖南资兴三都同日垅; 早侏罗世唐垅组。

△龙井叶属 Genus *Longjingia* Sun et Zheng, 2000 (MS)

2000　孙革、郑少林, 见孙革等, 图版 4, 图 5, 6。

模式种: *Longjingia gracilifolia* Sun et Zheng, 2000 (MS)

分类位置: 双子叶植物纲(Dicotyledoneae)

△细叶龙井叶 *Longjingia gracilifolia* Sun et Zheng, 2000 (MS)

2000　孙革、郑少林, 见孙革等, 图版 4, 图 5, 6; 叶; 吉林龙井智新(大拉子); 早白垩世大拉子组。

△吕蕨属 Genus *Luereticopteris* Hsu et Chu C N, 1974

1974　徐仁、朱家楠, 见徐仁等, 270 页。

模式种：*Luereticopteris megaphylla* Hsu et Chu C N,1974

分类位置：真蕨纲(Filicopsida)

△大叶吕蕨 *Luereticopteris megaphylla* Hsu et Chu C N,1974
1974 　徐仁、朱家柟，见徐仁等,270页,图版2,图5—11;图版3,图2,3;插图2;蕨叶;标本号:No. 742a—No. 742c,No. 2515;合模:No. 742a—No. 742c,No. 2515(图版2,图5—11;图版3,图2,3);标本保存在中国科学院植物研究所;云南永仁花山;晚三叠世大荞地组中部。[注：依据《国际植物命名法规》(《维也纳法规》)第37.2条,1958年起,模式标本只能是1块标本]

似石松属 Genus *Lycopodites* Brongniart,1822
1822 　Brongniart,231页。

模式种：*Lycopodites taxiformis* Brongniart,1822

分类位置：石松纲石松目(Lycopodiales,Lycoposida)

紫杉形似石松 *Lycopodites taxiformis* Brongniart,1822
1822 　Brongniart,231页,图版13,图1。[注：Seward(1910,76页)认为此模式种属松柏类]

中国中生代植物归入此属的最早记录：

威氏似石松 *Lycopodites williamsoni* Brongniart,1828
[注：此种后归于*Elatides*(斯行健、李星学等,1963)]

1828 　Brongniart,83页。

1874 　Brongniart,408页;陕西丁家沟;侏罗纪。(注：原文仅有种名)

镰形似石松 *Lycopodites falcatus* Lindley et Hutton,1833
1833(1831—1837) 　Lindley,Hutton,171页,图版61,带叶枝;英国约克郡;中侏罗世。

1979 　何元良等,131页,图版56,图2,2a;茎和枝;青海大柴旦绿草山;中侏罗世大煤沟组。

石松穗属 Genus *Lycostrobus* Nathorst,1908
1908 　Nathorst,8页。

模式种：*Lycostrobus scottii* Nathorst,1908

分类位置：石松纲石松目(Lycopodiales,Lycoposida)

斯苛脱石松穗 *Lycostrobus scottii* Nathorst,1908
1908 　Nathorst,8页,图1;石松植物孢子囊穗;瑞典南部;晚三叠世。

中国中生代植物归入此属的最早记录：

△具柄石松穗 *Lycostrobus petiolatus* Wang Z et Wang L,1990
1990b 　王自强、王立新,306页,图版1,图1;图版2,图1—14;图版10,图4;插图2;孢子囊穗;标本号:No. 7501;正模:No. 7501(图版1,图1);标本保存在中国科学院南京地质古生物研究所;山西武乡司庄;中三叠世二马营组底部。

马克林托叶属 Genus *Macclintockia* Heer,1866

1866　Heer,277 页。
1868　Heer,115 页。
模式种:*Macclintockia dentata* Heer,1866
分类位置:双子叶植物纲山龙眼科(Protiaceae,Dicotyledoneae)

齿状马克林托叶 *Macclintockia dentata* Heer,1866

1866　Heer,277 页。
1868　Heer,115 页,图版 15,图 3,4;叶;格陵兰岛(Atanekerdluk);中新世。

中国中生代植物归入此属的最早记录:

三脉马克林托叶(比较种) *Macclintockia* cf. *trinervis* Heer

1984　张志诚,121 页,图版 2,图 10,13,14;图版 5,图 5;叶;黑龙江嘉荫地区太平林场;晚白垩世太平林场组。

△大舌羊齿属 Genus *Macroglossopteris* Sze,1931

1931　斯行健,5 页。
模式种:*Macroglossopteris leeiana* Sze,1931
分类位置:种子蕨纲(Pteridospermopsida)

△李氏大舌羊齿 *Macroglossopteris leeiana* Sze,1931

1931　斯行健,5 页,图版 3,图 1;图版 4,图 1;蕨叶;江西萍乡;早侏罗世(Lias)。[注:此属模式种后改定为 *Anthrophyopsis leeiana* (Sze) Florin (Florin,1933)]

大芦孢穗属 Genus *Macrostachya* Schimper,1869

1869(1869－1874)　Schimper,333 页。
模式种:*Macrostachya infundibuliformis* Schimper,1869
分类位置:楔叶纲(Sphenopsida)

漏斗状大芦孢穗 *Macrostachya infundibuliformis* Schimper,1869

1869(1869－1874)　Schimper,333 页,图版 23,图 15－17;有节类孢子囊穗;德国萨克森;石炭纪。

中国中生代植物归入此属的最早记录:

△纤细大芦孢穗 *Macrostachya gracilis* Wang Z et Wang L,1989 (non Wang Z et Wang L,1990)

1989　王自强、王立新,32 页,图版 5,图 15;有节类孢子囊穗;标本号:Z08-201;正模:Z08-201(图版 5,图 15);标本保存在中国科学院南京地质古生物研究所;山东聊城;早三叠世刘家沟组上部。

△纤细大芦孢穗 *Macrostachya gracilis* Wang Z et Wang L,1990 (non Wang Z et Wang L,1989)

(注:此种名为 *Macrostachya gracilis* Wang Z et Wang L,1989 的晚出同名)

1990a 王自强、王立新,116 页,图版 2,图 2,3;插图 4i－4j;孢子囊穗;标本号:Iso20-6;正模:Iso20-6(图版 2,图 2);标本保存在中国科学院南京地质古生物研究所;山西和顺京上;早三叠世和尚沟组中下段。

大叶带羊齿属 Genus *Macrotaeniopteris* Schimper,1869

1869(1869－1874) Schimper,610 页。

模式种:*Macrotaeniopteris major* (Lindley et Hutton) Schimper,1869

分类位置:分类位置不明的裸子植物(Gymnospermae incertae sedis)

大大叶带羊齿 *Macrotaeniopteris major* (Lindley et Hutton) Schimper,1869

1833(1831－1837) *Taeniopteris major* Lindley et Hutton,31 页,图版 92;蕨叶;英国约克郡格利索普湾;中侏罗世。

1869(1869－1874) Schimper,610 页;蕨叶;英国约克郡;中侏罗世。

中国中生代植物归入此属的最早记录:

△李希霍芬大叶带羊齿 *Macrotaeniopteris richthofeni* Schenk,1883

1883 Schenk,257 页,图版 51,图 4,6;蕨叶;四川广元;侏罗纪。[注:此标本后改定为 *Taeniopteris rishthofeni* (Schenk) Sze(斯行健、李星学等,1963)]

袖套杉属 Genus *Manica* Watson,1974

1974 Watson,428 页。

模式种:*Manica parceramosa* (Fontaine) Watson,1974

分类位置:松柏纲掌鳞杉科(Cheirolepidiaceae,Coniferopsida)

中国中生代植物归入此属的最早记录:

希枝袖套杉 *Manica parceramosa* (Fontaine) Watson,1974

1889 *Frenilopsis parceramosa* Fontaine,218 页,图版 111,112,158;枝叶;美国弗吉尼亚;早白垩世。

1974 Watson,428 页;美国弗吉尼亚;早白垩世。

1982 张采繁,538 页,图版 347,图 12;图版 356,图 1,1a,10;枝叶;湖南衡阳凤仙坳、芷江燕子岩;早白垩世。

△袖套杉(长岭杉亚属) Subgenus *Manica* (*Chanlingia*) Chow et Tsao,1977

1977 周志炎、曹正尧,172 页。

模式种:*Manica* (*Chanlingia*) *tholistoma* Chow et Tsao,1977

分类位置:松柏纲伏脂杉科希默杉亚科(Cheirolepidiaceae,Coniferopsida)

△穹孔袖套杉(长岭杉) *Manica* (*Chanlingia*) *tholistoma* Chow et Tsao,1977

[注:此种后改定为 *Pseudofrenelopsis tholistoma* (Chow er Tsao) Cao,1989]

1977　周志炎、曹正尧,172 页,图版 2,图 16,17;图版 5,图 1—10;插图 4;枝叶和角质层;登记号:PB6265,PB6272;正型:PB6272(图版 5,图 1,2);标本保存在中国科学院南京地质古生物研究所;吉林长岭孙文屯;早白垩世青山口组;吉林扶余五家屯;早白垩世泉头组;浙江兰溪沈店;晚白垩世衢江群。

△袖套杉(袖套杉亚属) Subgenus *Manica* (*Manica*) Chow et Tsao,1977

1977　周志炎、曹正尧,169 页。

亚属模式种:*Manica* (*Manica*) *parceramosa* (Fontaine) Chow et Tsao,1977

分类位置:松柏纲伏脂杉科希默杉亚科(Cheirolepidiaceae,Coniferopsida)

△希枝袖套杉(袖套杉) *Manica* (*Manica*) *parceramosa* (Fontaine) Chow et Tsao,1977

1889　*Frenilopsis parceramosa* Fontaine,218 页,图版 111,112,158;枝叶;美国弗吉尼亚;早白垩世。

1977　周志炎、曹正尧,169 页。

△大拉子袖套杉(袖套杉) *Manica* (*Manica*) *dalatzensis* Chow et Tsao,1977

[注:此种后改定为 *Pseudofrenelopsis dalatzensis* (Chow et Tsao) Cao ex Zhou(周志炎,1995)]

1977　周志炎、曹正尧,171 页,图版 3,图 5—11;图版 4,图 13;插图 3;枝叶和角质层;登记号:PB6267,PB6268;正型:PB6267(图版 3,图 5);标本保存在中国科学院南京地质古生物研究所;吉林延吉智新(大拉子);早白垩世大拉子组。

△窝穴袖套杉(袖套杉) *Manica* (*Manica*) *foveolata* Chow et Tsao,1977

[注:此种后改定为 *Pseudofrenelopsis foveolata* (Chow et Tsao)(曹正尧,1989),*Pseudofrenelopsis papillosa* (Chow et Tsao) Cao ex Zhou(周志炎,1995)]

1977　周志炎、曹正尧,171 页,图版 4,图 1—7,14;枝叶和角质层;登记号:PB6269,PB6270;正型:PB6269(图版 4,图 1,2);标本保存在中国科学院南京地质古生物研究所;宁夏固原蒿店、西吉牵羊河;早白垩世六盘山群。

△乳突袖套杉(袖套杉) *Manica* (*Manica*) *papillosa* Chow et Tsao,1977

[注:此种后改定为 *Pseudofrenelopsis papillosa* (Chow et Tsao) Cao ex Zhou(周志炎,1995)]

1977　周志炎、曹正尧,169 页,图版 2,图 15;图版 3,图 1—4;图版 4,图 12;插图 2;枝叶、角质层和球果;登记号:PB6264,PB6266;正型:PB6266(图版 4,图 1);标本保存在中国科学院南京地质古生物研究所;浙江新昌苏秦;早白垩世馆头组;宁夏固原青石咀;早白垩世六盘山群。

合囊蕨属 Genus *Marattia* Swartz,1788

模式种:(现生属)

分类位置:真蕨纲合囊蕨科(Marattiaceae,Filicopsida)

中国中生代植物归入此属的最早记录：

亚洲合囊蕨 *Marattia asiatica* (Kawasaki) Harris, 1961

1939 *Marattiopsis asiatica* Kawasaki, 50 页；越南东京、日本和朝鲜；晚三叠世。
1961 Harris, 75 页。
1976 李佩娟等, 95 页, 图版 4, 图 8－11, 13；裸羽片和实羽片；云南禄丰一平浪；晚三叠世一平浪组干海子段。

霍尔合囊蕨 *Marattia hoerensis* (Schimper) Harris, 1961

1869 *Angiopteridium hoerensis* Schimper, 604 页, 图版 38, 图 7；瑞士；早侏罗世。
1874 *Marattiopsis hoerensis* Schimper, 514 页。
1961 Harris, 75 页。
1976 张志诚, 184 页, 图版 86, 图 8－10；图版 87, 图 1, 1a；裸羽片和实羽片；内蒙古乌拉特前旗十一分子西；早一中侏罗世石拐群。

敏斯特合囊蕨 *Marattia muensteri* (Goeppert) Raciborski, 1891

1841－1846 *Taeniopteris muensteri* Goeppert, 51 页, 图版 4, 图 1－3；蕨叶；早侏罗世。
1891 Raciborski, 6 页, 图版 2, 图 1－5；蕨叶；波兰；晚三叠世。
1974 胡雨帆等, 图版 2, 图 2a；蕨叶；四川雅安观化煤矿；晚三叠世。（注：原文仅有图版）

拟合囊蕨属 Genus *Marattiopsis* Schimper, 1874

1874(1869－1874) Schimper, 514 页。
模式种：*Marattiopsis muensteri* (Goeppert) Schimper, 1874
分类位置：真蕨纲合囊蕨科（Marattiaceae, Filicopsida）

中国中生代植物归入此属的最早记录：

敏斯特拟合囊蕨 *Marattiopsis muensteri* (Goeppert) Schimper, 1874

1841－1846 *Taeniopteris muensteri* Goeppert, 51 页, 图版 4, 图 1。
1869 *Angiopteridium muensteri* (Goeppert) Schimper, 603 页, 图版 38, 图 1－6；蕨叶；德国巴伐利亚；晚三叠世（Rhaetic）。
1874(1869－1874) Schimper, 514 页。
1949 斯行健, 7 页, 图版 3, 图 3－5；图版 4, 图 4；图版 12, 图 3；生殖叶；湖北秭归香溪、曹家窑；早侏罗世香溪煤系。[注：此标本后改定为 *Marattiopsis hoerensis* (Schimper) Schimper(斯行健、李星学等, 1963)]

古地钱属 Genus *Marchantiolites* Lundblad, 1954

1954 Lundblad, 393 页。
模式种：*Marchantiolites porosus* Lundblad, 1954
分类位置：苔纲地钱目（Marchantiales, Hepaticae）

多孔古地钱 *Marchantiolites porosus* Lundblad, 1954

1954 Lundblad, 393 页, 图版 3, 图 9－11；图版 4, 图 1－7；叶状体；瑞典；早侏罗世（Lias）。

中国中生代植物归入此属的最早记录：
布莱尔莫古地钱 Marchantiolites blairmorensis (Berry) Brown et Robison
1988　陈芬等,31页,图版3,图1;叶状体;辽宁阜新新丘露天煤矿;早白垩世阜新组。

似地钱属 Genus Marchantites Brongniart,1849
1849　Brongniart,61页。
模式种:Marchantites sesannensis Brongniart,1849
分类位置:苔纲地钱目(Marchantiales,Hepaticae)

塞桑似地钱 Marchantites sesannensis Brongniart,1849
1849　Brongniart,61页。(注:此种描述和图版见Watelet,1866)
1866　Watelet,40页,图版11,图6;法国巴黎盆地;始新世。

中国中生代植物归入此属的最早记录：
△桃山似地钱 Marchantites taoshanensis Zheng et Zhang,1982
1982　郑少林、张武,293页,图版1,图1a,1aa—1ad;插图1;叶状体;登记号:HCB002;标本保存在沈阳地质矿产研究所;黑龙江七台河桃山;早白垩世城子河组。

马斯克松属 Genus Marskea Florin,1958
1958　Florin,301页。
模式种:Marskea thomasiana Florin,1958
分类位置:松柏纲(Coniferopsida)

托马斯马斯克松 Marskea thomasiana Florin,1958
1958　Florin,301页,图版22,图1—6;图版23,图1—7;图版24,图1—6;英国约克郡;侏罗纪下三角洲系。

中国中生代植物归入此属的最早记录：
马斯克松(未定多种) Marskea spp.
1988　Marskea sp.1,陈芬等,89页,图版55,图4—8;插图21;叶和角质层;辽宁阜新海州矿;早白垩世阜新组。
1988　Marskea sp.2,陈芬等,89页,图版56,图1—6;插图22;叶和角质层;辽宁阜新海州矿和新丘矿;早白垩世阜新组。

雄球穗属 Genus Masculostrobus Seward,1911
1911　Seward,686页。
模式种:Masculostrobus zeilleri Seward,1911
分类位置:松柏纲(Coniferopsida)

蔡氏雄球穗 *Masculostrobus zeilleri* Seward, 1911
1911　Seward, 686 页, 图 11; 雄性果穗; 苏格兰索色兰; 侏罗纪。

中国中生代植物归入此属的最早记录:
△伸长? 雄球穗 *Masculostrobus? prolatus* Zhou et Li, 1979
1979　周志炎、厉宝贤, 454 页, 图版 2, 图 24; 雄性果穗; 登记号: PB7621; 标本保存在中国科学院南京地质古生物研究所; 海南琼海九曲江新华村; 早三叠世岭文群(九曲江组)。

准马通蕨属 Genus *Matonidium* Schenk, 1871
1871　Schenk, 220 页。
模式种: *Matonidium goeppertii* (Ettingshausen) Schenk, 1871
分类位置: 真蕨纲马通蕨科(Matoniaceae, Filicopsida)

中国中生代植物归入此属的最早记录:
葛伯特准马通蕨 *Matonidium goeppertii* (Ettingshausen) Schenk, 1871
1852　*Alethopteris goeppertii* Ettingshausen, 16 页, 图版 5, 图 1—7; 蕨叶; 德国; 早白垩世。
1871　Schenk, 220 页, 图版 27, 图 5; 图版 28, 图 1a—1d, 2; 图版 30, 图 3; 蕨叶; 德国; 早白垩世(Wealden)。
1983a　郑少林、张武, 78 页, 图版 1, 图 12—20; 插图 6; 营养羽片和生殖羽片; 黑龙江密山大巴山; 早白垩世东山组。

△中间苏铁属 Genus *Mediocycas* Li et Zheng, 2005 (中文和英文发表)
2005　李楠、郑少林, 见李楠等, 425, 433 页。
模式种: *Mediocycas kazuoensis* Li et Zheng, 2005
分类位置: 苏铁纲苏铁目(Cycadales, Cycadopsida)

△喀左中间苏铁 *Mediocycas kazuoensis* Li et Zheng, 2005 (中文和英文发表)
1986b　Problematicum 1, 郑少林、张武, 175, 181 页, 图版 1, 图 10, 11; 种子; 辽宁西部喀左杨树沟; 早三叠世红砬组。
1986b　*Carpolithus?* sp., 郑少林、张武, 14 页, 图版 3, 图 11—14; 种子; 辽宁西部喀左杨树沟; 早三叠世红砬组。
2005　李楠、郑少林, 见李楠等, 425, 433 页, 插图 3A—3F, 5E; 大孢子叶; 标本号: SG110280—SG110283(正、反印痕), SG11026—SG11028; 正模: SG110280—SG110283(插图 3A); 副模: SG110280—SG110283(插图 3B); 标本保存在沈阳地质矿产研究所; 辽宁西部喀左杨树沟; 早三叠世红砬组。

△膜质叶属 Genus *Membranifolia* Sun et Zheng, 2001 (中文和英文发表)
2001　孙革、郑少林, 见孙革等, 108, 208 页。

模式种：*Membranifolia admirabilis* Sun et Zheng,2001

分类位置：不明(plantae incertae sedis)

△奇异膜质叶 *Membranifolia admirabilis* Sun et Zheng,2001(中文和英文发表)
2001　孙革、郑少林,见孙革等,108,208 页,图版 26,图 1,2；图版 67,图 3-6；膜质叶；标本号：PB19184,PB19185,PB19187,PB19196；正模：PB19184(图版 26,图 1)；标本保存在中国科学院南京地质古生物研究所；辽宁凌源；晚侏罗世尖山沟组。

似蝙蝠葛属 Genus *Menispermites* Lesquereux,1874
1874　Lesquereux,94 页。

模式种：*Menispermites obtsiloba* Lesquereux,1874

分类位置：双子叶植物纲(Dicotyledoneae)

中国中生代植物归入此属的最早记录：

钝叶似蝙蝠葛 *Menispermites obtsiloba* Lesquereux,1874
1874　Lesquereux,94 页,图版 25,图 1,2；图版 26,图 3；叶；美国内布拉斯加；白垩纪。

1986a,b　陶君容、熊宪政,123 页,图版 9；图版 15,图 1；叶；黑龙江嘉荫地区；晚白垩世乌云组。

久慈似蝙蝠葛 *Menispermites kujiensis* Tanai,1979
1979　Tanai,107 页,图版 11,图 3；图版 12,图 1,2；插图 4-6；叶；日本久慈；晚白垩世(Sawayama Formation)。

1986a,b　陶君容、熊宪政,123 页,图版 13,图 1；叶；黑龙江嘉荫地区；晚白垩世乌云组。

△变态鳞木属 Genus *Metalepidodendron* Shen (MS) ex Wang X F,1984
1984　沈光隆,见王喜富,297 页。

模式种：*Metalepidodendron sinensis* Shen (MS) ex Wang X F,1984

分类位置：石松纲石松目(Lycopodiales,Lycoposida)

△中国变态鳞木 *Metalepidodendron sinensis* Shen (MS) ex Wang X F,1984
1984　沈光隆,见王喜富,297 页。

△下板城变态鳞木 *Metalepidodendron xiabanchengensis* Wang X F et Cui,1984
1984　王喜富,297 页,图版 175,图 8-11；茎干；登记号：HB-57,HB-58；河北承德下板城；早三叠世和尚沟组上部。(注：原文未指定模式标本)

水杉属 Genus *Metasequoia* Miki,1941 (fossil species),Hu et Cheng,1948 (living species)
1941　Miki,262 页。

1948　胡先骕、郑万钧,153 页。

模式种：*Metasequoia disticha* Miki,1941 (fossil species)；*Metasequoia glyptostroboides* Hu et

Cheng,1948（living species）

分类位置：松柏纲杉科（Taxodiaceae,Coniferopsida）

△水松型水杉 *Metasequoia glyptostroboides* Hu et Cheng,1948
1948　胡先骕、郑万钧,153页；插图1,2；四川万县磨刀溪；现生种。

二列水杉 *Metasequoia disticha* Miki,1941
1876　*Sequoia disticha* Heer,63页,图版12,图2a；图版13,图9－11；小枝和球果；北半球；白垩纪—第三纪。
1941　Miki,262页,图版5,图A－Ca；插图8,A－G；小枝和球果；北半球；白垩纪—第三纪。

中国中生代植物归入此属的最早记录：

楔形水杉 *Metasequoia cuneata*（Newberry）Chaney,1951
1863　*Taxodium cuneatum* Newberry,517页。
1893　*Sequoia cuneata*（Newberry）Newberry,18页,图版14,图3,4a。
1951　Chaney,229页,图版11,图1－6；枝叶；北美西部；晚白垩世。
1979　郭双兴、李浩敏,553页,图版1,图4；枝叶；吉林珲春；晚白垩世珲春组。

△似叉苔属 Genus *Metzgerites* Wu et Li,1992
1992　吴向午、厉宝贤,268,276页。

模式种：*Metzgerites yuxinanensis* Wu et Li,1992

分类位置：苔纲（Hepaticae）

△蔚县似叉苔 *Metzgerites yuxinanensis* Wu et Li,1992
1992　吴向午、厉宝贤,268,276页,图版3,图3－5a；图版6,图1,2；插图6；叶状体；采集号：ADN41-01,ADN41-02；登记号：PB15480－PB15483；正模：PB15481（图版3,图4）；标本保存在中国科学院南京地质古生物研究所；河北蔚县涌泉庄附近；中侏罗世乔儿涧组。

△明显似叉苔 *Metzgerites exhibens* Wu et Li,1992
1992　吴向午、厉宝贤,269,277页,图版1,图4,4a；插图7；叶状体；采集号：ADN41-06；登记号：PB15465,PB15466；正模：PB15465（图版1,图1）；标本保存在中国科学院南京地质古生物研究所；河北蔚县涌泉庄附近；中侏罗世乔儿涧组。

米勒尔茎属 Genus *Millerocaulis* Erasmus et Tidwell,1986
1986　Erasmus,Tidwell,见 Tidwell,402页。

模式种：*Millerocaulis dunlopii*（Kidston et Gwynne-Vaughn）Erasmus ex Tidwell,1986

分类位置：真蕨纲紫萁科（Osmundaceae,Filicopsida）

顿氏米勒尔茎 *Millerocaulis dunlopii*（Kidston et Gwynne-Vaughn）Erasmus et Tidwell,1986
1907　*Osmundites dunlopii* Kidston et Gwynne-Vaughn,759,766页,图版1－3,图1－16；图

版6,图3。

1967 *Osmundacaulis dunlopii* (Kidston et Gwynne-Vaughn) Miller,146页。

1986 Erasmus,Tidwell,见 Tidwell,402页。

中国中生代植物归入此属的最早记录：

△辽宁米勒尔茎 *Millerocaulis liaoningensis* Zhang et Zheng,1991

1991 张武、郑少林,717,726页,图版1,图1,2;图版2,图1－5;图版3,图1－5;图版4,图1－7;图版5,图1－6;插图3,4;矿化根茎化石;采集号:H1;登记号:SG11084;正模:SG11084(图版5,图6);标本保存在地质矿产部地质博物馆;辽宁阜新;中侏罗世蓝旗组。

△奇异羊齿属 Genus *Mirabopteris* Mi et Liu,1993

1993 米家榕、刘茂强,见米家榕等,102页。

模式种:*Mirabopteris hunjiangensis*(Mi et Liu) Mi et Liu,1993

分类位置:种子蕨纲(Pteridospermopsida)

△浑江奇异羊齿 *Mirabopteris hunjiangensis* (Mi et Liu) Mi et Liu,1993

1977 *Paradoxopteris hunjiangensis* Mi et Liu,米家榕、刘茂强,见长春地质学院勘探系等调查组,8页,图版3,图1;插图1;蕨叶;登记号:X-008;长春地质学院地史古生物教研室;吉林浑江石人北山;晚三叠世"北山组"。

1993 米家榕、刘茂强,见米家榕等,102页,图版18,图3;图版53,图1,2,6;插图21;蕨叶和角质层;吉林浑江石人北山;晚三叠世北山组(小河口组)。

△奇脉叶属 Genus *Mironeura* Zhou,1978

1978 周统顺,114页。

模式种:*Mironeura dakengensis* Zhou,1978

分类位置:苏铁纲蕉羽叶目或苏铁目(Nilssoniales or Cycadales,Cycadopsida)

△大坑奇脉叶 *Mironeura dakengensis* Zhou,1978

1978 周统顺,114页,图版25,图1,2,2a;插图4;蕨叶;采集号:WFT$_3$W$_1$1-9;登记号:FKP135;标本保存在地质科学研究院地质矿产所;福建漳平大坑(文宾山);晚三叠世文宾山组下段。

△间羽叶属 Genus *Mixophylum* Meng,1983

1983 孟繁松,228页。

模式种:*Mixophylum simplex* Meng,1983

分类位置:不明(plantae incertae sedis)

△简单间羽叶 *Mixophylum simplex* Meng,1983

1983 孟繁松,228页,图版3,图1;匙叶;登记号:D76018;正模:D76018(图版3,图1);标本保存在宜昌地质矿产研究所;湖北南漳东巩;晚三叠世九里岗组。

△间羽蕨属 Genus *Mixopteris* Hsu et Chu C N,1974

1974 徐仁、朱家柟,见徐仁等,271页。

模式种:*Mixopteris intercalaris* Hsu et Chu C N,1974

分类位置:真蕨纲?(Filicopsida?)

△插入间羽蕨 *Mixopteris intercalaris* Hsu et Chu C N,1974

1974 徐仁、朱家柟,见徐仁等,271页,图版3,图4—7;插图4;蕨叶;编号:N.2610;标本保存在中国科学院植物研究所;云南永仁纳拉菁;晚三叠世大荞地组底部。

△似提灯藓属 Genus *Mnioites* Wu X W,Wu X Y et Wang,2000(英文发表)

2000 吴向午、吴秀元、王永栋,170页。

模式种:*Mnioites brachyphylloides* Wu X W,Wu X Y,Wang,2000

分类位置:真藓类(Bryiidae)

△短叶杉型似提灯藓 *Mnioites brachyphylloides* Wu X W,Wu X Y et Wang,2000(英文发表)

2000 吴向午、吴秀元、王永栋,170页,图版2,图5;图版3,图1—2d;茎叶体;采集号:92-T-61;登记号:PB17797—PB17799;正模:PB17798(图版3,图1—1c);副模:PB17797(图版3,图2—2d),PB17797(图版2,图5);标本保存在中国科学院南京地质古生物研究所;新疆克拉玛依吐孜阿克内沟;中侏罗世西山窑组。

单子叶属 Genus *Monocotylophyllum* Reid et Chandler,1926

1926 Reid,Chandler,见Reid,Chandler和Groves,87页。

模式种:*Monocotylophyllum* sp.,Reid et Chandler,1926

分类位置:单子叶植物纲(Monocotyledoneae)

单子叶(未定种) *Monocotylophyllum* sp.

1926 *Monocotylophyllum* sp.,Reid,Chandler,见Reid,Chandler和Groves,87页,图版5,图12;叶;英国威地岛;渐新世。

中国中生代植物归入此属的最早记录:

单子叶(未定种) *Monocotylophyllum* sp.

1984 *Monocotylophyllum* sp.,郭双兴,89页,图版1,图4a;叶;黑龙江杜尔伯达;晚白垩世青山口组上部。

似藓属 Genus *Muscites* Brongniart,1828

1828 Brongniart,93页。

模式种：*Muscites tournalii* Brongniart，1828

分类位置：藓纲（Musci）

图氏似藓 *Muscites tournalii* Brongniart，1828

1828　Brongniart，93页，图版10，图1，2；法国纳博讷；第四纪。

中国中生代植物归入此属的最早记录：

△南天门似藓 *Muscites nantimenensis* Wang，1984

1984　*Muscites nantimensis* Wang，王自强，227页，图版147，图8，9；拟茎叶体；标本2块；登记号：P0378，P0379；正模：P0379（图版147，图9）；标本保存在中国科学院南京地质古生物研究所；河北张家口；早白垩世青石砬组。[注：原文种名 *nantimensis* 可能为 *nantimenensis*（南天门）的笔误]

芭蕉叶属 Genus *Musophyllum* Goeppert，1854

1854　Goeppert，39页。

模式种：*Musophyllum truncatum* Goeppert，1854

分类位置：双子叶植物纲芭蕉科（Musaceae，Dicotyledoneae）

截形芭蕉叶 *Musophyllum truncatum* Goeppert，1854

1853　Goeppert，434页。（裸名）

1854　Goeppert，39页，图版7，图47；叶；印度尼西亚爪哇；始新世。

中国中生代植物归入此属的最早记录：

芭蕉叶（未定种） *Musophyllum* sp.

2000　*Musophyllum* sp.，郭双兴，239页，图版6，图7；叶；吉林珲春；晚白垩世珲春组。

桃金娘叶属 Genus *Myrtophyllum* Heer，1869

1869　Heer，22页。

模式种：*Myrtophyllum geinitzi* Heer，1869

分类位置：双子叶植物纲科（Myrtaceae，Dicotyledoneae）

盖尼茨桃金娘叶 *Myrtophyllum geinitzi* Heer，1869

1869　Heer，22页，图版11，图3，4；叶；捷克斯洛伐克摩拉维亚；晚白垩世。

中国中生代植物归入此属的最早记录：

平子桃金娘叶 *Myrtophyllum penzhinense* Herman，1987

1987　Herman，99页，图版10，图1－3；插图2；叶；捷克斯洛伐克摩拉维亚；晚白垩世。

2000　郭双兴，238页，图版2，图1，2，5；叶；吉林珲春；晚白垩世珲春组。

长门果穗属 Genus *Nagatostrobus* Kon'no，1962

1962　Kon'no，10页。

模式种：*Nagatostrobus naitoi* Kon'no,1962

分类位置：松柏纲(Coniferopsida)

内藤长门果穗 **Nagatostrobus naitoi** Kon'no,1962
1962 Kon'no,10页,图版5;图版6,图3-9;雄性果穗;日本山口地区;晚三叠世(Momonoki Formation)。

中国中生代植物归入此属的最早记录:
线形长门果穗 **Nagatostrobus linearis** Kon'no,1962
1962 Kon'no,12页,图版4,图1-7;插图5A;雄性果穗;日本山口地区;晚三叠世(Momonoki Formation)。
1980 吴水波等,图版2,图4;雄性果穗;吉林东部托盘地区;晚三叠世三仙岭组。(注:原文仅有图版)

拟竹柏属 Genus *Nageiopsis* Fontaine,1889
1889 Fontaine,195页。

模式种：*Nageiopsis longifolia* Fontaine,1889

分类位置：松柏纲罗汉松科(Podocarpaceae,Coniferopsida)

长叶拟竹柏 **Nageiopsis longifolia** Fontaine,1889
1889 Fontaine,195页,图版75,图1;图版76,图2-6;图版77,图1,2;图版78,图1-5;营养枝叶;美国弗吉尼亚;早白垩世波托马克群。

中国中生代植物归入此属的最早记录:
狭叶拟竹柏 **Nageiopsis angustifolia** Fontaine,1889
1889 Fontaine,202页,图版86,图8,9;图版87,图2-6;图版88,图1,3,4,6-8;营养枝叶;美国弗吉尼亚;早白垩世波托马克群。
1982 谭琳、朱家楠,154页,图版40,图6-8;营养小枝;内蒙古乌拉特前旗;早白垩世李三沟组。

△南票叶属 Genus *Nanpiaophyllum* Zhang et Zheng,1984
1984 张武、郑少林,389页。

模式种：*Nanpiaophyllum cordatum* Zhang et Zheng,1984

分类位置：不明(plantae incertae sedis)

△心形南票叶 **Nanpiaophyllum cordatum** Zhang et Zheng,1984
1984 张武、郑少林,389页,图版3,图4-9;插图8;蕨叶;登记号:J005-1-J005-6;标本保存在沈阳地质矿产研究所;辽宁西部南票沙锅屯;晚三叠世老虎沟组。(注:原文未指定模式标本)

△南漳叶属 Genus *Nanzhangophyllum* Chen,1977

1977　陈公信,见冯少南等,246 页。

模式种:*Nanzhangophyllum donggongense* Chen,1977

分类位置:分类位置不明的裸子植物(Gymnospermae incertae sedis)

△东巩南漳叶 *Nanzhangophyllum donggongense* Chen,1977

1977　陈公信,见冯少南等,246 页,图版 99,图 6,7;插图 82;叶;标本号:P5014,P5015;合模:P5014(图版 99,图 6),P5015(图版 99,图 7);标本保存在湖北省地质局;湖北南漳东巩大道场;晚三叠世香溪群下煤组。[注:依据《国际植物命名法规》《维也纳法规》)第 37.2 条,1958 年起,模式标本只能是 1 块标本]

那氏蕨属 Genus *Nathorstia* Heer,1880

1880　Heer,7 页。

模式种:*Nathorstia angustifolia* Heer,1880

分类位置:真蕨纲(Filicopsida)

狭叶那氏蕨 *Nathorstia angustifolia* Heer,1880

1880　Heer,7 页,图版 1,图 1-6;实小羽片;格陵兰;早白垩世。

中国中生代植物归入此属的最早记录:

栉形那氏蕨 *Nathorstia pectinnata* (Goeppert) Krassilov,1967

1845　*Reussia pectinnata* Goeppert,Goeppert,见 Murchisn,Verneuil 和 Keyserling,502 页,图版 9,图 6;俄罗斯莫斯科;白垩纪。

1967　Krassilov,110 页,图版 10,图 1;图版 11,图 1-5;图版 12,图 1-3;插图 14;蕨叶;南滨海;早白垩世。

1983　张志诚、熊宪政,55 页,图版 2,图 4,8;裸羽片和实羽片;黑龙江东宁盆地;早白垩世东宁组。

香南属 Genus *Nectandra* Roland

模式种:(现生属)

分类位置:双子叶植物纲樟科(Lauraceae,Dicotyledoneae)

中国中生代植物归入此属的最早记录:

△广西香南 *Nectandra guangxiensis* Guo,1979

1979　郭双兴,228 页,图版 1,图 6,15;叶;采集号:KY5;登记号:PB6917;正模:PB6917(图版 1,图 6);标本保存在中国科学院南京地质古生物研究所;广西邕宁那楼公社那晓村;晚白垩世把里组。

细脉香南 *Nectandra prolifica* Berry
1979   郭双兴,图版 1,图 12,13;叶;广西邕宁那楼公社那晓村;晚白垩世把里组。

△新轮叶属 Genus *Neoannularia* Wang,1977
1977   王喜富,186 页。
模式种:*Neoannularia shanxiensis* Wang,1977
分类位置:楔叶纲木贼目(Equisetales,Sphenopsida)

△陕西新轮叶 *Neoannularia shanxiensis* Wang,1977
1977   王喜富,186 页,图版 1,图 1—9;带轮叶枝;采集号:JP672001—JP672009;登记号: 76003—76011;陕西宜君焦坪;晚三叠世延长群上部。(注:原文未指定模式标本)

△川滇新轮叶 *Neoannularia chuandianensis* Wang,1977
1977   王喜富,187 页,图版 1,图 10;插图 1;带轮叶枝;采集号:DK70502;登记号:76002;四川 渡口摩沙河;晚三叠世大青组。

新芦木属 Genus *Neocalamites* Halle,1908
1908   Halle,6 页。
模式种:*Neocalamites hoerensis* (Schimper) Halle,1908
分类位置:楔叶纲木贼目(Equisetales,Sphenopsida)

霍尔新芦木 *Neocalamites hoerensis* (Schimper) Halle,1908
1869—1874 *Schizoneura hoerensis* Schimper,283 页。
1908   Halle,6 页,图版 1,2;茎;瑞典郝尔半堡;早侏罗世。

中国中生代植物归入此属的最早记录:
卡勒莱新芦木 *Neocalamites carrerei* (Zeiller) Halle,1908
1903   *Schizoneura carrerei* Zeiller,Zeiller,137 页,图版 36,图 1,2;图版 37,图 1;图版 38,图 1—8;茎;越南北部;晚三叠世。
1908   Halle,6 页。
1920   Yabe,Hayasaka,14 页,图版 1,图 2,3;图版 5,图 8;茎干;四川江北龙王洞炭田;早三叠世。

新芦木穗属 Genus *Neocalamostachys* Kon'no,1962,emend Bureau,1964
[注:此属名由 Kon'no(1962)引用,但仅有属名。种名 *Neocalamostachys pedunculatus* 由 Bureau(1964)引用]
1962   Kon'no,26 页。
模式种:*Neocalamostachys pedunculatus* (Kon'no) Bureau,1964
分类位置:楔叶纲木贼目(Equisetales,Sphenopsida)

总花梗新芦木穗 *Neocalamostachys pedunculatus* (Kon'no) Bureau, 1964

1962 *Eguisetostachys* (*Neocalamites*?) *pedunculatus* Kon'no,26 页,图版 10,图 1－9,14;图版 9,图 5,6;插图 2A,B,C,D;木贼类果穗;日本(34°12′16″N,131°10′2″E);晚三叠世(Middle Carnic)。

1964 Bureau,237 页;插图 211;木贼类果穗;日本(34°12′16″N,131°10′2″E);晚三叠世(Middle Carnic)。

中国中生代植物归入此属的最早记录:

新芦木穗?(未定种) *Neocalamostachys*? sp.

1984 *Neocalamostachys*? sp.,王自强,233 页,图版 111,图 6,7;孢子囊穗;山西石楼;中－晚三叠世延长群。

△新孢穗属 Genus *Neostachya* Wang,1977

1977 王喜富,188 页。

模式种:*Neostachya shanxiensis* Wang,1977

分类位置:楔叶纲木贼目(Equisetales Sphenopsida)

△陕西新孢穗 *Neostachya shanxiensis* Wang,1977

1977 王喜富,188 页,图版 2,图 1－10;有节类生殖枝;采集号:JP672010－JP672017;登记号:76012－76019;陕西宜君焦坪;晚三叠世延长群上部。(注:原文未指定模式标本)

新查米亚属 Genus *Neozamites* Vachrameev,1962

1962 Vachrameev,124 页。

模式种:*Neozamites verchojanensis* Vachrameev,1962

分类位置:苏铁纲本内苏铁目(Bennettiales,Cycadopsida)

维尔霍扬新查米亚 *Neozamites verchojanensis* Vachrameev,1962

1962 Vachrameev,124 页,图版 12,图 1－5;羽叶;勒拿河流域;早白垩世。

中国中生代植物归入此属的最早记录:

列氏新查米亚 *Neozamites lebedevii* Vachrameev,1962

1962 Vachrameev,125 页,图版 13,图 1－3,5－8;羽叶;苏联雅库特;早白垩世。

1976 张志诚,193 页,图版 95,图 2－4;羽叶;内蒙古四子王旗后白银不浪;早白垩世后白银不浪组。

准脉羊齿属 Genus *Neuropteridium* Schimper,1879

1879(1879－1890) Schimper,Schenk,117 页。

模式种:*Neuropteridium grandifolium* Schimper,1879

分类位置:种子蕨纲(Pteridospermopsida)

大准脉羊齿 *Neuropteridium grandifolium* Schimper,1879

1879(1879－1890)　Schimper,Schenk,117 页,图 90;脉羊齿型叶;中欧;早三叠世。

中国中生代植物归入此属的最早记录:

△缘边准脉羊齿 *Neuropteridium margninatum* Zhou et Li,1979

1979　周志炎、厉宝贤,446 页,图版 1,图 7－10;带种子的蕨叶;登记号:PB7587－PB7590;正模:PB7589(图版 1,图 9);标本保存在中国科学院南京地质古生物研究所;海南琼海九曲江上车村、新华村;早三叠世岭文群(九曲江组)。

蕉羽叶属 Genus *Nilssonia* Brongniart,1825

1825　Brongniart,218 页。

模式种:*Nilssonia brevis* Brongniart,1825

分类位置:苏铁纲蕉羽叶目或苏铁目(Nilssoniales or Cycadales,Cycadopsida)

短叶蕉羽叶 *Nilssonia brevis* Brongniart,1825

1825　Brongniart,218 页,图版 12,图 4,5;羽叶;瑞典霍尔;晚三叠世(Rhaetic)。

中国中生代植物归入此属的最早记录:

装饰蕉羽叶 *Nilssonia compta* (Phillips) Bronn,1848

1829　*Cycadites comptus* Phillips,248 页,图版 7,图 20;羽叶;英国约克郡;中侏罗世。

1848　Bronn,812 页;羽叶;英国约克郡;中侏罗世。

1883　Schenk,247 页,图版 53,图 2b;羽叶;湖北秭归;侏罗纪。[注:此标本后改定为 *Pterophyllum aequale* (Brongniart) Nathorst(斯行健、李星学等,1963)或 *Tyrmia nathorsti* (Schenk) Ye(吴舜卿等,1980)]

蕉带羽叶属 Genus *Nilssoniopteris* Nathorst,1909

1909　Nathorst,29 页。

模式种:*Nilssoniopteris tenuinervis* Nathorst,1909

分类位置:苏铁纲本内苏铁目(Bennettiales Cycadopsida)

弱脉蕉带羽叶 *Nilssoniopteris tenuinervis* Nathorst,1909

1862　*Taeniopteris tenuinervis* Braun,50 页,图版 13,图 1－3;叶;德国;晚三叠世。

1909　Nathorst,29 页,图版 6,图 23－25;图版 7,图 21;叶;英国约克郡;中侏罗世。

中国中生代植物归入此属的最早记录:

狭叶蕉带羽叶 *Nilssoniopteris vittata* (Brongniart) Florin,1933

1828　*Taeniopteris vittata* Brongniart,62 页;英国约克郡;中侏罗世。

1831(1828－1838)　*Taeniopteris vittata* Brongniart,263 页,图版 82,图 1－4;叶;英国约克郡;中侏罗世。

1933　Florin,4,15 页;英国约克郡;中侏罗世。

1949　斯行健,23 页,图版 4,图 3a;叶;湖北当阳白石岗;早－晚侏罗世。[注:此标本后改定为 Cf. *Nilssoniopteris vittata*（Brongniart）Florin（斯行健、李星学等，1963）]

匙叶属 Genus *Noeggerathiopsis* Feismantel,1879

1879　Feismantel,23 页。

模式种：*Noeggerathiopsis hislopi*（Bunbery）Feismantel,1879

分类位置：科达纲（Cordaitopsida）

中国中生代植物归入此属的最早记录：

希氏匙叶 *Noeggerathiopsis hislopi*（Bunbery）Feismantel,1879

1879　Feismantel,23 页,图版 19,图 1—6;图版 20,图 1;印度;二叠纪（Karharbari beds,Lower Gondwana）。

1901　Krasser,7 页,图版 2,图 2,3;叶部化石;陕西;中生代。[注：此标本后改定为 *Glossophyllum? shensiense* Sze（斯行健,1956a）]

落登斯基果属 Genus *Nordenskioldia* Heer,1870

1870　Heer,65 页。

模式种：*Nordenskioldia borealis* Heer,1870

分类位置：双子叶植物纲? 椴树科（Filiaceae?,Dicotyledoneae）

北方落登斯基果 *Nordenskioldia borealis* Heer,1870

1870　Heer,65 页,图版 7,图 1—13;果实;斯匹次卑尔根;中新世。

中国中生代植物归入此属的最早记录：

北方落登斯基果（比较种）*Nordenskioldia* cf. *borealis* Heer,1870

1984　张志诚,127 页,图版 7,图 1;果实;黑龙江嘉荫地区;晚白垩世太平林场组。

△那琳壳斗属 Genus *Norinia* Halle,1927

1927b　Halle,218 页。

模式种：*Norinia cucullata* Halle,1927

分类位置：分类位置不明的裸子植物（Gymnospermae incertae sedis）

△僧帽状那琳壳斗 *Norinia cucullata* Halle,1927

1927b　Halle,218 页,图版 56,图 8—12;壳斗状器官;山西中部（Chen-chia-yu,central Shansi）;晚二叠世上石盒子组（Upper Shihhotse Series）。

中国中生代植物归入此属的最早记录：

那琳壳斗（未定种）*Norinia* sp.

2000　*Norinia* sp.,孟繁松等,62 页,图版 16,图 3;壳斗状器官;重庆奉节大窝塘;中三叠世巴东组 2 段。

似睡莲属 Genus *Nymphaeites* Sternberg,1825

1825(1822—1838)　Sternberg,xxxⅸ页。

模式种:*Nymphaeites arethusae*(Brongniart) Sternberg,1825

分类位置:双子叶植物纲睡莲科(Nymphaeaceae,Dicotyledoneae)

泉女兰似睡莲 *Nymphaeites arethusae*(Brongniart) Sternberg,1825

1822　*Nymphaea arethusae* Brongniart,332页,图版6,图9;叶;法国巴黎;第三纪。

1825(1822—1838)　Sternberg,xxxⅸ页。

中国中生代植物归入此属的最早记录:

布朗似睡莲 *Nymphaeites browni* Dorf,1942

1942　Dorf,142页,图版10,图9;叶;美国落基山脉;晚白垩世。

1986a,b　陶君容、熊宪政,123页,图版8,图5;叶;黑龙江嘉荫地区;晚白垩世乌云组。

△似齿囊蕨属 Genus *Odontosorites* Kobayashi et Yosida,1944

1944　Kobayashi,Yosida,267,269页。

模式种:*Odontosorites heerianus*(Yokoyama) Kobayashi et Yosida,1944

分类位置:真蕨纲(Filicopsida)

△诲尔似齿囊蕨 *Odontosorites heerianus*(Yokoyama) Kobayashi et Yosida,1944

1899　*Adiatites heerianus* Yokoyama,28页,图版12,图1,1a,1b,2;日本;早白垩世(Tetori Series)。

1944　Kobayashi,Yosida,267,269页,图版28,图6,7;插图a—c;实羽片和裸羽片;黑龙江黑河附近(Rykusin);侏罗纪。[注:此标本后改定为? *Coniopteris burejensis*(Zalessky) Seward(斯行健、李星学等,1963)]

准条蕨属 Genus *Oleandridium* Schimper,1869

1869(1869—1874)　Schimper,607页。

模式种:*Oleandridium vittatum*(Brongniart) Schimper,1869

分类位置:本内苏铁目?(Bennettiales?)[注:此模式种被认为是 *Williamsoniella* 的营养器官(Thomas H H,1915)]

狭叶准条蕨 *Oleandridium vittatum*(Brongniart) Schimper,1869

1831?(1828—1838)　*Taniopteris vittatum* Brongniart,263页,图版82,图1—4;蕨叶;英国约克郡;中侏罗世。[注:此标本后改定为 *Nilssoniopteris vittata*(Brongniart) Florin(Florin,1933)]

1869(1869—1874)　Schimper,607页。

中国中生代植物归入此属的最早记录：
△宽膜准条蕨 *Oleandridium eurychoron* Schenk,1883
1883　Schenk,258 页,图版 51,图 5;蕨叶;四川广元;侏罗纪。[注:此标本后改定为 *Taeniopteris rishthofeni*（Schenk）Sze(斯行健、李星学等,1963)]

拟金粉蕨属 **Genus *Onychiopsis*** Yokoyama,1889
1889　Yokoyama,27 页。
模式种:*Onychiopsis elongata* Yokoyama,1889
分类位置:真蕨纲水龙骨科(Polypodiaceae, Filicopsida)

伸长拟金粉蕨 ***Onychiopsis elongata*** (Geyler) Yokoyama,1889
1877　*Thyrsopteris elongata* Geyler,224 页,图版 30,图 5;图版 31,图 4,5;蕨叶;日本;侏罗纪。
1889　Yokoyama,27 页,图版 2,图 1-3;图版 3,图 6d;图版 12,图 9,10;蕨叶;日本;侏罗纪。

中国中生代植物归入此属的最早记录：
松叶兰型拟金粉蕨 ***Onychiopsis psilotoides*** (Stokes et Webb) Ward,1905
1824　*Hymenpteris psilotoides* Stokes et Webb,424 页,图版 46,图 7;图版 47,图 2;蕨叶;英国;早白垩世。
1905　Ward,155 页,图版 39,图 3-6;图版 3,图 4;图版 113,图 1;北美;早白垩世。
1933　潘钟祥,534 页,图版 1,图 1-5;蕨叶;河北房山小院和坨里;早白垩世。

△似兰属 **Genus *Orchidites*** Wu S Q,1999(中文发表)
1999　吴舜卿,23 页。
模式种:*Orchidites linearifolius* Wu S Q,1999(注:原文未指定模式种)
分类位置:单子叶植物纲兰科(Orchidaceae, Monocotyledoneae)

△线叶似兰 ***Orchidites linearifolius*** Wu S Q,1999(中文发表)
1999　吴舜卿,23 页,图版 16,图 7;图版 17,图 1-3;营养枝;采集号:AEO-29,AEO-104,AEO-123;登记号:PB18321,PB18324,PB18325;标本保存在中国科学院南京地质古生物研究所;辽西北票上园黄半吉沟;晚侏罗世义县组下部尖山沟层。(注:原文未指定模式标本)

△披针叶似兰 ***Orchidites lancifolius*** Wu S Q,1999(中文发表)
1999　吴舜卿,23 页,图版 17,图 4,4a;草本和枝叶;采集号:AEO196;登记号:PB18326;标本保存在中国科学院南京地质古生物研究所;辽西北票上园黄半吉沟;晚侏罗世义县组下部尖山沟层。

紫萁属 Genus *Osmunda* Linné,1753

模式种:(现生属)

分类位置:真蕨纲紫萁科(Osmundaceae,Filicopsida)

中国中生代植物归入此属的最早记录:
△佳木紫萁 *Osmunda diamensis* (Seward) Krassilov,1978
1911　*Raphaelia diamensis* Seward,15,44页,图版2,图28,28a,29,29a;蕨叶;新疆准噶尔盆地佳木河;中侏罗世。
1978　Krassilov,19页,图版5,图44－52;图版6,图53－59;裸羽片和实羽片;布列英盆地;晚侏罗世。
1984　王自强,237页,图版133,图7－9;蕨叶;山西大同,中侏罗世大同组;河北下花园;中侏罗世门头沟组。

紫萁座莲属 Genus *Osmundacaulis* Miller,1967
1967　Miller,146页。

模式种:*Osmundacaulis skidegatensis* (Penhallow) Miller,1967

分类位置:真蕨纲紫萁科(Osmundaceae,Filicopsida)

斯开特紫萁座莲 *Osmundacaulis skidegatensis* (Penhallow) Miller,1967
1902　*Osmundites skidegatensis* Penhallow,根状茎;加拿大;早白垩世。
1967　Miller,146页。

中国中生代植物归入此属的最早记录:
△河北紫萁座莲 *Osmundacaulis hebeiensis* Wang,1983
1983b　王自强,93页,图版1－4;插图3－6;根状茎基座;正模:Z30-1,包括001,002和007;标本保存在中国科学院南京地质古生物研究所;河北下花园煤田;中侏罗世玉带山组。

拟紫萁属 Genus *Osmundopsis* Harris,1931
1931　Harris,136页。

模式种:*Osmundopsis sturii* (Raciborski) Harris,1931

分类位置:真蕨纲紫萁科(Osmundaceae,Filicopsida)

司都尔拟紫萁 *Osmundopsis sturii* (Raciborski) Harris,1931
1890　*Osmuda sturii* Raciborski,2页,图版1,图1－5;实羽片;波兰克拉科夫;侏罗纪。
1931　Harris,136页;实羽片;波兰克拉科夫;侏罗纪。

中国中生代植物归入此属的最早记录:
距羽拟紫萁 *Osmundopsis plectrophora* Harris,1931
1931　Harris,49页,图版12,图2,4－10;插图15;插图16;营养叶和生殖叶;东格陵兰斯科斯比湾;早侏罗世 Thaumatopteris 层。

1977　冯少南等,205 页,图版 75,图 8;营养叶;广东乐昌狗牙洞;晚三叠世小坪组。

耳羽叶属 Genus *Otozamites* Braun,1843

1843(1839－1843)　　Braun,见 Muenster,36 页。

模式种:*Otozamites obtusus*(Lingley et Hutton)Brongniart,1849[注:此模式种由 Brongniart（1849,104 页)指定]

分类位置:苏铁纲本内苏铁目(Bennettiales,Cycadopsida)

钝耳羽叶 *Otozamites obtusus*(Lingley et Hutton)Brongniart,1849

1834(1831－1837)　　*Otopteriss obtusus* Lingley et Hutton,129 页,图版 128;羽叶;英国;侏罗纪。

1849　Brongniart,104 页;英国;侏罗纪。

中国中生代植物归入此属的最早记录:

耳羽叶(未定种) *Otozamites* sp.

1931　*Otozamites* sp.,斯行健,40 页,图版 3,图 4;羽叶;江苏南京栖霞山;早侏罗世(Lias)。

尾果穗属 Genus *Ourostrobus* Harris,1935

1935　Harris,116 页。

模式种:*Ourostrobus nathorsti* Harris,1935

分类位置:裸子植物(Gymnospermae)

那氏尾果穗 *Ourostrobus nathorsti* Harris,1935

1935　Harris,116 页,图版 23,图 3,6,7,11;图版 27,图 11;带种子的果穗;东格陵兰;早侏罗世 Thaumatopteris 层。

中国中生代植物归入此属的最早记录:

那氏尾果穗(比较属种) Cf. *Ourostrobus nathorsti* Harris

1986　叶美娜等,87 页,图版 53,图 1,1a;果穗;四川达县雷音铺;晚三叠世须家河组 7 段。

酢浆草属 Genus *Oxalis*

模式种:(现生属)

分类位置:双子叶植物纲酢浆草科(Oxalidaceae,Dicotyledoneae)

中国中生代植物归入此属的最早记录:

△嘉荫酢浆草 *Oxalis jiayinensis* Feng,Liu,Song et Ma,1999(英文发表)

1999　冯广平、刘长江、宋书银、马清温,265 页,图版 1,图 1－11;种子;模式标本;CBP9400（图版 1,图 1);标本保存在中国植物研究所中国植物历史自然博物馆;黑龙江嘉荫永安村;晚白垩世永安村组。

厚羊齿属 Genus *Pachypteris* Brongniart,1829
1828　Brongniart,50,198页。(裸名)
1829(1828—1838)　Brongniart,167页。
模式种:*Pachypteris lanceolata* Brongniart,1829
分类位置:种子蕨纲兜生种子蕨科(Corystospermaceae,Pteridospermopsida)

披针厚羊齿 *Pachypteris lanceolata* Brongniart,1829
1828　Brongniart,50,198页。(裸名)
1829(1828—1838)　Brongniart,167页,图版45,图1;蕨叶;英国;中侏罗世。

中国中生代植物归入此属的最早记录:
△中国厚羊齿 *Pachypteris chinensis* Hsu et Hu,1974
1974　徐仁、胡雨帆,见徐仁等,272,图版4,图1,2;蕨叶;编号:No. 2500d;标本保存在中国科学院植物研究所;云南永仁纳拉箐;晚三叠世大荞地组中上部。[注:此标本后改定为 *Ctenopteris chinensis*(Hsu et Hu)Hsu(徐仁等,1975)和 *Ctenozamites chinensis*(Hsu et Hu)Hsu(徐仁等,1979)]

坚叶杉属 Genus *Pagiophyllum* Heer,1881
1881　Heer,11页。
模式种:*Pagiophyllum circincum*(Saporta)Heer,1881
分类位置:松柏纲(Coniferous)

圆形坚叶杉 *Pagiophyllum circincum*(Saporta)Heer,1881
1881　Heer,11页,图版10,图6;枝叶;葡萄牙;侏罗纪。

中国中生代植物归入此属的最早记录:
坚叶杉(未定种) *Pagiophyllum* sp.
1923　*Pagiophyllum* sp.,周赞衡,82,139页,图版1,图7;枝叶;山东莱阳南务村;早白垩世莱阳系。[此标本后归于 *Cupressinocladus elegans*(Chow)Chow(斯行健、李星学等,1963)]

古柏属 Genus *Palaeocyparis* Saporta,1872
1872　Saporta,1056页。
模式种:*Palaeocyparis expansus*(Sternberg)Saporta,1872
分类位置:松柏纲(Coniferopsida)

扩张古柏 *Palaeocyparis expansus*(Sternberg)Saporta,1872
1823(1820—1838)　*Thuites expansus* Sternberg,39页,图版38;松柏类枝叶;英国;侏罗纪。

1872　Saporta,1056 页。

弯曲古柏 *Palaeocyparis flexuosa* Saporta,1894
1894　Saporta,109 页,图版 19,图 19,20;图版 20,图 1-5;枝叶;南 Sebastiao;中生代。

中国中生代植物归入此属的最早记录:
弯曲古柏(比较种) *Palaeocyparis* cf. *flexuosa* Saporta
1923　周赞衡,82,140 页,图版 2,图 4;枝叶;山东莱阳南务村;早白垩世莱阳系。[此标本后归于 *Cupressinocladus elegans*（Chow）Chow(斯行健、李星学等,1963)]

古维他叶属 Genus *Palaeovittaria* Feistmantel,1876
1876　Feistmantel,368 页。
模式种:*Palaeovittaria kurzii* Feistmantel,1876
分类位置:种子蕨纲?（Pteridospermopsida?)

库兹古维他叶 *Palaeovittaria kurzii* Feistmantel,1876
1876　Feistmantel,368 页,图版 19,图 3,4;蕨叶;印度;二叠纪（Damuda Series,Gondwana System)。

中国中生代植物归入此属的最早记录:
△山西古维他叶 *Palaeovittaria shanxiensis* Wang Z et Wang L,1990
1990a　王自强、王立新,131 页,图版 21,图 6-8;蕨叶;标本号:Z16-411,Z16-418,Z16-568;正模:Z16-568(图版 21,图 8);标本保存在中国科学院南京地质古生物研究所;山西榆社屯村;早三叠世和尚沟组底部。

帕利宾蕨属 Genus *Palibiniopteris* Prynada,1956
1956　Prynada,222 页。
模式种:*Palibiniopteris inaequipinnata* Prynada,1956
分类位置:真蕨纲凤尾蕨科（Pteridaceae,Filicopsida)

中国中生代植物归入此属的最早记录:
不等叶帕利宾蕨 *Palibiniopteris inaequipinnata* Prynada,1956
1956　Prynada,222 页,图版 39,图 1-4;裸羽片;俄罗斯南滨海;早白垩世。
1980　张武等,249 页,图版 162,图 2;图版 163,图 3;营养叶;吉林蛟河杉松;早白垩世磨石砬子组。

帕里西亚杉属 Genus *Palissya* Endlicher,1847
1847　Endlicher,306 页。
模式种:*Palissya brunii* Endlicher,1847

分类位置:松柏纲(Coniferopsida)

布劳恩帕里西亚杉 *Palissya brunii* Endlicher,1847

1843(1839—1843)　*Cunninghamites sphenolepis* Braun,24页,图版13,图19,20;西欧;晚三叠世—早侏罗世。

1847　Endlicher,306页;西欧;晚三叠世—早侏罗世。

中国中生代植物归入此属的最早记录:

帕里西亚杉(未定种) *Palissya* sp.

1874　*Palissya* sp.,Brongiart,408页;陕西丁家沟;侏罗纪。[注:① 此标本后改定为 *Elatocladus* sp.(斯行健、李星学等,1963);② 原文仅有种名]

马甲子属 Genus *Paliurus* Tourn. et Mill.

模式种:(现生属)

分类位置:双子叶植物纲鼠李科(Rhamnaceae,Dicotyledoneae)

中国中生代植物归入此属的最早记录:

△中华马甲子 *Paliurus jurassinicus* Pan,1990

1990a　潘广,2页,图版1,图1,1a,1b;插图1a,1b;果核;标本号:LSJ0743(A,B);主模:LSJ0743(A,B)(图版1,图1);华北燕辽地区东段(45°58′N,120°21′E);中侏罗世。(中文)

1990b　潘广,63页,图版1,图1,1a,1b;插图1a,1b;果核;标本号:LSJ0743(A,B);主模:LSJ0743(A,B)(图版1,图1);华北燕辽地区东段(45°58′N,120°21′E);中侏罗世。(英文)

帕里西亚杉属 Genus *Palyssia* ex Yokoyama,1906

(注:此属名见于 Yokoyama,1906,32页和 Yabe,1908,7页,系 *Palissya* 之异名)

1906　Yokoyama,32页。

中国中生代植物归入此属的最早记录:

△满洲帕里西亚杉 *Palyssia manchurica* Yokoyama,1906

1906　Yokoyama,32页,图版8,图2,2a;枝叶;辽宁赛马集碾子沟;侏罗纪。[注:此标本后改定为 *Elatocladus manchurica* (Yokoyama) Yabe (Yokoyama,1922)]

△潘广叶属 Genus *Pankuangia* Kimura,Ohana,Zhao et Geng,1994

1994　Kimura T、Ohana T、赵立明、耿宝印,256页。

模式种:*Pankuangia haifanggouensis* Kimura,Ohana,Zhao et Geng,1994

分类位置:苏铁纲苏铁目(Cycadales,Cycadopsida)

△海房沟潘广叶 *Pankuangia haifanggouensis* Kimura,Ohana,Zhao et Geng,1994

1994　Kimura T、Ohana T、赵立明、耿宝印,257页,图2—4,8;叶部化石;苏铁类;标本号:

LJS-8690,LJS-8555,LJS-8554,LJS-8807,LJS-L0407A[潘广定名为 *Juradicotis elrecta* Pan (MS)];正模:LJS-8690(图 2A);标本保存在中国科学院植物研究所;辽宁锦西(40°58′N,120°21′E);中侏罗世海房沟组。[注:这些标本后改定为 *Anomozamites haifanggouensis* (Kimura,Ohana,Zhao et Geng) Zheng et Zhang(郑少林等,2003)]

△蝶叶属 Genus *Papilionifolium* Cao,1999(中文和英文发表)
1999　曹正尧,102,160 页。
模式种:*Papilionifolium hsui* Cao,1999
分类位置:不明(plantae incertae sedis)

△徐氏蝶叶 *Papilionifolium hsui* Cao,1999(中文和英文发表)
1999　曹正尧,102,160 页,图版 21,图 12-15;插图 35;茎和叶;采集号:Zh301;登记号:PB14467-PB14470;正模:PB14469(图版 21,图 14);标本保存在中国科学院南京地质古生物研究所;浙江文成孔龙;早白垩世馆头组。

△副球果属 Genus *Paraconites* Hu,1984 (nom. nud.)
1984　胡雨帆,571 页。
模式种:*Paraconites longifolius* Hu,1984
分类位置:松柏纲杉科(Taxodiaceae,Coniferopsida)

△伸长副球果 *Paraconites longifolius* Hu,1984 (nom. nud.)
1984　胡雨帆,571 页;松柏类球果;山西大同煤峪口;早侏罗世永定庄组。

副苏铁属 Genus *Paracycas* Harris,1964
1964　Harris,65 页。
模式种:*Paracycas cteis* Harris,1964
分类位置:苏铁纲苏铁目(Cycadales,Cycadopsida)

梳子副苏铁 *Paracycas cteis* (Harris) Harris,1964
1952　*Cycadite cteis* Harris,614 页;插图 1,2;叶和角质层;英国约克郡;中侏罗世。
1964　Harris,67 页;插图 29;叶和角质层;英国约克郡;中侏罗世。

中国中生代植物归入此属的最早记录:
△劲直? 梳子副苏铁 *Paracycas? rigida* Zhou,1984
1984　周志炎,21 页,图版 9,图 2,3;羽叶;登记号:PB8863,PB8864;正模:PB8863(图版 9,图 2);标本保存在中国科学院南京地质古生物研究所;湖南祁阳河埠塘、衡南洲市;早侏罗世观音滩组排家冲段。

△奇异羊齿属 Genus *Paradoxopteris* Mi et Liu,1977 (non Hirmer,1927)

[注:此属名为埃及晚白垩世 *Paradoxopteris* Hirmer,1927 的晚出同名（吴向午,1993a,1993b）,后改名为 *Mirabopteris* (Mi et Liu) Mi et Liu(米家榕等,1993)]

1977　米家榕、刘茂强,见长春地质学院勘探系等,8 页。

模式种:*Paradoxopteris hunjiangensis* Mi et Liu,1977

分类位置:种子蕨纲(Pteridospermopsida)

△浑江奇异羊齿 *Paradoxopteris hunjiangensis* Mi et Liu,1977

1977　米家榕、刘茂强,见长春地质学院勘探系等,8 页,图版 3,图 1;插图 1;蕨叶;标本号:X-08;标本保存在长春地质学院勘探系;吉林浑江石人镇;晚三叠世小河口组。[注:此种后改定为 *Mirabopteris hunjiangensis* (Mi et Liu) Mi et Liu(米家榕等,1993)]

奇异蕨属 Genus *Paradoxopteris* Hirmer,1927 (non Mi et Liu,1977)

1927　Hirmer,609 页。

模式种:*Paradoxopteris strommeri* Hirmer,1927

分类位置:真蕨纲(Filicopsida)

司氏奇异蕨 *Paradoxopteris strommeri* Hirmer,1927

1927　Hirmer,609 页,图 733－736;蕨叶;埃及;晚白垩世(Cenomanian)。

△副镰羽叶属 Genus *Paradrepanozamites* Chen,1977

1977　陈公信,见冯少南等,236 页。

模式种:*Paradrepanozamites dadaochangensis* Chen,1977

分类位置:苏铁纲(Cycadopsida)

△大道场副镰羽叶 *Paradrepanozamites dadaochangensis* Chen,1977

1977　陈公信,见冯少南等,236 页,图版 99,图 1,2;插图 81;羽叶;标本号:P5107,P25269;合模:P5107(图版 99,图 1),标本保存在湖北省地质局;P25269(图版 99,图 2),标本保存在湖北地质科学研究所;湖北南漳东巩;晚三叠世香溪群下煤组。[注:依据《国际植物命名法规》(《维也纳法规》)第 37.2 条,1958 年起,模式标本只能是 1 块标本]

△拟斯托加枝属 Genus *Parastorgaardis* Zeng,Shen et Fan,1995

1995　曾勇、沈树忠、范炳恒,67 页。

模式种:*Parastorgaardis mentoukouensis* Zeng,Shen et Fan,1995

分类位置:松柏纲杉科(Taxodiaceae,Coniferopsida)

△门头沟拟斯托加枝 *Parastorgaardis mentoukouensis* (Stockmans et Mathieu) Zeng, Shen et Fan, 1995

1941 *Podocarpites mentoukouensis* Stockmans et Mathieu, Stockmans, Mathieu, 53 页, 图版 7, 图 5, 6; 枝叶; 北京门头沟; 侏罗纪。

1995 曾勇、沈树忠、范炳恒, 67 页, 图版 20, 图 3; 图版 23, 图 1; 图版 29, 图 6-8; 枝叶和角质层; 河南义马; 中侏罗世义马组下含煤段。

副落羽杉属 Genus *Parataxodium* Arnold et Lowther, 1955

1955 Arnold, Lowther, 522 页。

模式种: *Parataxodium wigginsii* Arnold et Lowther, 1955

分类位置: 松柏纲杉科 (Taxodiaceae, Coniferopsida)

魏更斯副落羽杉 *Parataxodium wigginsii* Arnold et Lowther, 1955

1955 Arnold, Lowther, 522 页, 图 1-12; 带叶枝和球果; 美国阿拉斯加北部; 白垩纪。

中国中生代植物归入此属的最早记录:

雅库特副落羽杉 *Parataxodium jacutensis* Vachrameev, 1958

1958 Vachrameev, 121 页, 图版 30, 图 4, 5; 维尔霍扬斯克拗陷; 早白垩世。

1982a 杨学林、孙礼文, 594 页, 图版 3, 图 4, 5; 带叶枝; 松辽盆地东南部沙河子; 晚侏罗世沙河子组。

泡桐属 Genus *Paulownia* Sieb. Et Zucc., 1835

模式种: (现生属)

分类位置: 双子叶植物纲玄参科 (Scrophulariaceae, Dicotyledoneae)

中国中生代植物归入此属的最早记录:

△尚志? 泡桐 *Paulownia? shangzhiensis* Zhang, 1980

1980 张志诚, 338 页, 图版 210, 图 5; 叶; 登记号: D630; 标本保存在沈阳地质矿产研究所; 黑龙江尚志费家街; 晚白垩世孙吴组。

△雅蕨属 Genus *Pavoniopteris* Li et He, 1986

1986 李佩娟、何元良, 279 页。

模式种: *Pavoniopteris matonioides* Li et He, 1986

分类位置: 真蕨纲 (Filicopsida)

△马通蕨型雅蕨 *Pavoniopteris matonioides* Li et He, 1986

1986 李佩娟、何元良, 279 页, 图版 2, 图 1; 图版 3, 图 3, 4; 图版 4, 图 1-1d; 插图 1, 2; 营养蕨叶和生殖蕨叶; 采集号: 79PIVF22-3; 登记号: PB10866, PB10869 - PB10871; 正模: PB10871 (图版 4, 图 1-1d); 标本保存在中国科学院南京地质古生物研究所; 青海都兰八宝山；晚三叠世八宝山群下岩组。

栉羊齿属 Genus *Pecopteris* Sternberg,1825

1825(1820－1838)　Sternberg,Ⅶ页。

模式种：*Pecopteris pennaeformis* (Brongniart) Sternberg,1825

分类位置：真蕨纲(Filicopsida)

羽状栉羊齿 *Pecopteris pennaeformis* (Brongniart) Sternberg,1825

1822　*Filicites pennaeformis* Brongniart,233页,图版2,图3；蕨叶；石炭纪。

1825(1820－1838)　Sternberg,Ⅶ页。

怀特栉羊齿 *Pecopteris whitbiensis* Brongniart,1828

〔注：此种后改定为 *Todites williamsoni* (Brongniart) Seward (Seward,1900)〕

1828a　Brongniart,57页。

1828b　Brongniart,324页,图版110,图1,2；蕨叶；英国；侏罗纪。

中国中生代植物归入此属的最早记录：

怀特栉羊齿? *Pecopteris whitbiensis*? Brongniart

1867(1865)　Newberry,122页,图版9,图6；蕨叶；北京西山；侏罗纪。〔注：此标本后改定为 ? *Todites williamsoni* (Brongniart) Seward(斯行健、李星学等,1963)〕

盾籽属 Genus *Peltaspermum* Harris,1937

1937　Harris,39页。

模式种：*Peltaspermum rotula* Harris,1937

分类位置：种子蕨纲盾籽种子蕨科(Peltaspermaceae,Pteridospermopsida)

圆形盾籽 *Peltaspermum rotula* Harris,1937

1932　*Lepidopteris ottoni* (Goeppert) Schimper,Harris,58页,图版6,图3－6等；繁殖器官；东格陵兰斯科斯比湾；晚三叠世(*Lepidopteris*层)。

1937　Harris,39页；东格陵兰斯科斯比湾；晚三叠世(*Lepidopteris*层)。

中国中生代植物归入此属的最早记录：

?盾籽(未定种) ?*Peltaspermum* sp.

1984　?*Peltaspermum* sp.,王自强,255页,图版121,图3－5；繁殖器官；山西石楼；中三叠世二马营组。

△雅观木属 Genus *Perisemoxylon* He et Zhang,1993

1993　何德长、张秀仪,262,264页。

模式种：*Perisemoxylon bispirale* He et Zhang,1993

分类位置:苏铁纲苏铁目(Cycadales,Cycadopsida)

△双螺纹雅观木 *Perisemoxylon bispirale* He et Zhang,1993
1993 何德长、张秀仪,262,264 页,图版 1,图 1,2;图版 2,图 5;图版 4,图 3;丝炭化石;采集号:No. 9001,No. 9002;登记号:S006,S007;正模:S006(图版 1,图 1);副模:S007(图版 1,图 2);标本保存在煤炭科学研究总院西安分院;河南义马;中侏罗世。

雅观木(未定种) *Perisemoxylon* sp.
1993 *Perisemoxylon* sp.,何德长、张秀仪,263 页,图版 2,图 1－4;丝炭化石;河南义马;中侏罗世。

异脉蕨属 Genus *Phlebopteris* Brongniart,1836
1836(1828a－1838) Brongniart,372 页。
模式种:*Phlebopteris polypodioides* Brongniart,1836
分类位置:真蕨纲马通蕨科(Matoniaceae,Filicopsida)

中国中生代植物归入此属的最早记录:
水龙骨异脉蕨 *Phlebopteris polypodioides* Brongniart,1836
1836(1828a－1838) Brongniart,372 页,图版 83,图 1;蕨叶;英国士嘉堡;侏罗纪。
1950 Ôishi,48 页;吉林九台火石岭;晚侏罗世(密山统)。(注:原文仅有种名)

水龙骨异脉蕨(比较种) *Phlebopteris* cf. *polypodioides* Brongniart
1949 *Laccopteris* cf. *polypodioides* Brongniart,斯行健,5 页,图版 13,图 1,2;蕨叶;湖北秭归贾家店;早侏罗世香溪系。
1954 徐仁,50 页,图版 41,图 7;实羽片;湖北秭归贾家店;早侏罗世香溪煤系。

拟刺葵属 Genus *Phoenicopsis* Heer,1876
1876 Heer,51 页。
模式种:*Phoenicopsis angustifolia* Heer,1876
分类位置:茨康目(Czekanowskiales)

狭叶拟刺葵 *Phoenicopsis angustifolia* Heer,1876
1876 Heer,51 页,图版 1,图 1d;图版 2,图 3b;113 页,图版 31,图 7,8;叶;俄罗斯伊尔库茨克阿穆尔河上游;侏罗纪。

中国中生代植物归入此属的最早记录:
拟刺葵(未定种) *Phoenicopsis* sp.
1885 *Phoenicopsis* sp.,Schenk,176(14)页,图版 14(2),图 5a;叶;四川(Hoa-ni-pu);侏罗纪。

拟刺葵(苦戈维尔叶亚属) Subgenus *Phoenicopsis* (*Culgoweria*) (Florin) Samylina,1972
1936 *Culgoweria* Florin,133 页。

1972 Samylina,48 页。

模式种:*Phoenicopsis*(*Culgoweria*) *mirabilis* (Florin) Samylina,1972

分类位置:茨康目(Czekanowskiales)

奇异拟刺葵(苦戈维尔叶) *Phoenicopsis*(*Culgoweria*) *mirabilis* (Florin) Samylina,1972

1936 *Culgoweria mirabilis* Florin,133 页,图版 33,图 3-12;图版 34;图版 35,图 1,2;叶及角质层;法兰士·约瑟兰地群岛;侏罗纪。

1972 Samylina,48 页。

中国中生代植物归入此亚属的最早记录:

△霍林河拟刺葵(苦戈维尔叶) *Phoenicopsis*(*Culgoweria*) *huolinheiana* Sun,1987

1987 孙革,678,687 页,图版 3,图 1-9;插图 6;叶及角质层;采集号:H16a-50,H1-101;登记号:PB14012,PB14013;正模:PB14012(图版 3,图 1);副模:PB14013(图版 3,图 2);标本保存在中国科学院南京地质古生物研究所;内蒙古哲里木盟扎鲁特旗珠斯化镇(霍林河);晚侏罗世-早白垩世霍木河组。

△珠斯花拟刺葵(苦戈维尔叶) *Phoenicopsis*(*Culgoweria*) *jus'huaensis* Sun,1987

1987 孙革,677,686 页,图版 2,图 1-7;插图 5;叶及角质层;采集号:H11-133;登记号:PB14011;正模:PB14011(图版 2,图 1);标本保存在中国科学院南京地质古生物研究所;内蒙古哲里木盟扎鲁特旗珠斯化镇(霍林河);晚侏罗世-早白垩世霍林河组。

拟刺葵(拟刺葵亚属) Subgenus *Phoenicopsis*(*Phoenicosis*) Samylina,1972

1876 *Phoenicopsis* Heer,51 页。

1972 Samylina,28 页。

模式种:*Phoenicopsis*(*Phoenicosis*) *angustifolia* (Heer) Samylina,1972

分类位置:茨康目(Czekanowskiales)

狭叶拟刺葵(拟刺葵) *Phoenicopsis*(*Phoenicosis*) *angustifolia* (Heer) Samylina,1972

1876 *Phoenicopsis angustifolia* Heer,Heer,51 页,图版 1,图 1d;图版 2,图 3,b;113 页,图版 31,图 7,8;叶;俄罗斯伊尔库茨克;侏罗纪。

1972 Samylina,28 页,图版 42,图 1-5;图版 42,图 1-6;图版 43,图 1-5;图版 44,图 1-7;图版 45,图 1,2;图版 46,图 1-3;叶及角质层;俄罗斯伊尔库茨克;侏罗纪。

中国中生代植物归入此亚属的最早记录:

拟刺葵(拟刺葵?)(未定种) *Phoenicopsis*(*Phoenicosis*?) sp.

1992 *Phoenicopsis*(*Phoenicosis*?) sp.,曹正尧,241 页,图版 6,图 6-9;叶及角质层;黑龙江东部双鸭山;早白垩世城子河组 3 段。

△拟刺葵(斯蒂芬叶亚属) Subgenus *Phoenicopsis*(*Stephenophyllum*) (Florin) ex Li et al., 1988

[注:此亚属名最早由李佩娟等(1988)应用,但未指明为新名]

1936 *Stephenophyllum* Florin,82 页。

1988 李佩娟等,106 页。

模式种：*Phoenicopsis*（*Stephenophyllum*）*solmis*（Seward）[注：*Stephenophyllum solmsi*（Seward）Flori 是 *Stephenophyllum* 属的模式种（Florin,1936）]

分类位置：茨康目（Czekanowskiales）

索氏拟刺葵（斯蒂芬叶）*Phoenicopsis*（*Stephenophyllum*）*solmis*（Seward）

1919 *Desmiophyllum solmsi* Seward,71 页,图 662;叶;法兰士·约瑟兰群岛;侏罗纪。

1936 *Stephenophyllum solmis*（Seward）Florin,82 页,图版 11,图 7－10;图版 12－16;插图 3,4;叶及角质层;法兰士·约瑟兰地群岛;侏罗纪。

△美形拟刺葵（斯蒂芬叶）*Phoenicopsis*（*Stephenophyllum*）*decorata* Li,1988

1988 李佩娟等,106 页,图版 68,图 5B;图版 79,图 4,4a;图版 120,图 1－6;叶及角质层;采集号:80LFu;登记号:PB13630,PB13631;正模:PB13631（图版 79,图 4,4a）;标本保存在中国科学院南京地质古生物研究所;青海绿草山绿草沟;中侏罗世石门沟组 *Nilssonia* 层。

△厄尼塞捷拟刺葵（斯蒂芬叶）*Phoenicopsis*（*Stephenophyllum*）*enissejensis*（Samylina）ex Li et al. ,1988

[注:此种名最早由李佩娟等（1988）应用,但未指明为新名]

1972 *Phoenicopsis*（*Phoenicopsis*）*enissejensis* Samylina,63 页,图版 2,图 1,2;图版 3,图 1－4;图版 4,图 1－5;叶及角质层;西伯利亚;中侏罗世。

1988 李佩娟等,106 页,图版 85,图 2,2a;图版 86,图 1;图版 87,图 1;图版 121,图 1－6;叶及角质层;青海绿草山绿草沟;中侏罗世石门沟组 *Nilssonia* 层。

△特别拟刺葵（斯蒂芬叶）*Phoenicopsis*（*Stephenophyllum*）*mira* Li,1988

1988 李佩娟等,107 页,图版 80,图 2－4a;图版 81,图 2;图版 122,图 5,6;图版 123,图 1－4;图版 136,图 5;图版 138,图 4;叶及角质层;采集号:80DP$_1$F$_{89}$,80DJ$_{2d}$Fu;登记号:PB13635－PB13637;正模:PB13635（图版 81,图 5）;标本保存在中国科学院南京地质古生物研究所;青海柴达木盆地大煤沟;中侏罗世饮马沟组 *Coniopteris murrayana* 层和大煤沟组 *Tyrmia-Sphenobaiera* 层。

△塔什克斯拟刺葵（斯蒂芬叶）*Phoenicopsis*（*Stephenophyllum*）*taschkessiensis*（Krasser）ex Li et al. ,1988

[注:此种名最早由李佩娟等（1988）应用,但未指明为新名]

1901 *Phoenicopsis taschkessiensis* Krasser,150 页,图版 4,图 2;图版 3,图 4t;叶;新疆哈密至吐鲁番之间的三道岭西南;侏罗纪。

1988 李佩娟等,3 页。

塔什克斯拟刺葵（斯蒂芬叶）（比较种）*Phoenicopsis*（*Stephenophyllum*）cf. *taschkessiensis*（Krasser）ex Li et al.

1979 *Stephenophyllum solmsi*（Seward）Florin,何元良等,153 页,图版 75,图 5－7;插图 10;叶及角质层;青海大柴旦大煤沟;中侏罗世大煤沟组。

1988 李佩娟等,3 页。

拟刺葵（温德瓦狄叶亚属）Subgenus *Phoenicopsis*（*Windwardia*）（Florin）Samylina,1972

1936 *Windwardia* Florin,91 页。

1972 Samylina,48 页。

模式种：*Phoenicopsis* (*Windwardia*) *crookalii* (Florin) Samylina 1972

分类位置：茨康目(Czekanowskiales)

克罗卡利拟刺葵(温德瓦狄叶) *Phoenicopsis* (*Windwardia*) *crookalii* (Florin) Samylina,1972

1936 *Windwardia crookalii* Florin,91 页,图版 17－20；图版 21,图 1－10；叶；法兰士·约瑟兰地群岛；侏罗纪。

1972 Samylina,48 页。

中国中生代植物归入此亚属的最早记录：

△**吉林拟刺葵(温德瓦狄叶) *Phoenicopsis* (*Windwardia*) *jilinensis* Sun,1987**

1987 孙革,675,685 页,图版 1,图 1－7；图版 4,图 1－3；叶及角质层；采集号：2199-1,2199-2；登记号：PB14010；正模：PB14010(图版 1,图 2)；标本保存在中国科学院南京地质古生物研究所；吉林辉南张家屯；晚侏罗世苏密沟组。

△**贼木属 Genus *Phoroxylon* Sze,1951**

1951b 斯行健,443,451 页。

模式种：*Phoroxylon scalariforme* Sze,1951

分类位置：本内苏铁目(Bennetittales)

△**梯纹状贼木 *Phoroxylon scalariforme* Sze,1951**

1951b 斯行健,443,451 页,图版 5,图 2,3；图版 6,图 1－4；图版 7,图 1－4；插图 3A－3E；木化石；黑龙江鸡西城子河；晚白垩世。

柊叶属 Genus *Phrynium* Loefl.,1788

模式种：(现生属)

分类位置：单子叶植物纲竹芋科(Marantaceae,Monocotyledoneae)

中国中生代植物归入此属的最早记录：

△**西藏柊叶 *Phrynium tibeticum* Geng,1982**

1982 耿国仓,见耿国仓、陶君容,121 页,图版 9,图 5；图版 10,图 1；叶；标本号：51874,51881a,51881b,51904；西藏日喀则东嘎；晚白垩世－始新世秋乌组；西藏噶尔门士；晚白垩世－始新世门士组。(注：原文未指定模式标本)

石叶属 Genus *Phyllites* Brongniart,1822

1822 Brongniart,237 页。

模式种：*Phyllites populina* Brongniart,1820

分类位置：双子叶植物纲(Dicotyledoneae)

白杨石叶 *Phyllites populina* Brongniart, 1822

1822 Brongniart, 237 页, 图版 14, 图 4; 叶; 瑞士厄半根; 中新世。

中国中生代植物归入此属的最早记录:

石叶(未定多种) *Phyllites* spp.

1978 *Phyllites* sp., 杨学林等, 图版 2, 图 8; 叶; 吉林蛟河杉松; 早白垩世磨石砬子组。(注: 原文仅有图版)

1980 *Phyllites* sp., 李星学、叶美娜, 图版 5, 图 6; 叶; 吉林蛟河杉松; 早白垩世磨石砬子组。(注: 原文仅有图版)

1986 *Phyllites* sp., 李星学等, 43 页, 图版 44, 图 2; 叶; 吉林蛟河杉松; 早白垩世磨石砬子组。

拟叶枝杉属 Genus *Phyllocladopsis* Fontaine, 1889

1889 Fontaine, 204 页。

模式种: *Phyllocladopsis heterophylla* Fontaine, 1889

分类位置: 松柏纲罗汉松科 (Podocarpaceae, Coniferopsida)

异叶拟叶枝杉 *Phyllocladopsis heterophylla* Fontaine, 1889

1889 Fontaine, 204 页, 图版 84, 图 5; 图版 167, 图 4; 营养枝; 美国弗吉尼亚; 早白垩世波托马克群。

中国中生代植物归入此属的最早记录:

异叶拟叶枝杉(比较种) *Phyllocladopsis* cf. *heterophylla* Fontaine

1955 *Phyllocladopsis* cf. *heterophylla* Fontaine (? sp. nov.), 斯行健, 125, 128 页, 图版 1, 图 1, 1a; 叶枝; 山西大同永定庄; 早侏罗世。

叶枝杉型木属 Genus *Phyllocladoxylon* Gothan, 1905

1905 Gothan, 272 页。

模式种: *Phyllocladoxylon muelleri* (Schenk) Gothan, 1905

分类位置: 松柏纲(木化石) [Coniferopsida (wood)]

霍尔叶枝杉型木 *Phyllocladoxylon muelleri* (Schenk) Gothan, 1905

1879 — 1890 *Phyllocladus muelleri* Schenk, Schenk, 见 Zittel, 873 页, 图 424。

1905 Gothan, 272 页。

象牙叶枝杉型木 *Phyllocladoxylon eboracense* (Holden) Kräusel, 1949

1913 *Paraphyllocladoxylon eboracense* Holden, 536 页, 图版 39, 图 7 — 9; 木化石; 英国约克郡; 中侏罗世。

1949 Kräusel, 155 页。

中国中生代植物归入此属的最早记录:

象牙叶枝杉型木(比较种) *Phyllocladoxylon* cf. *eboracense* (Holden) Krausel

1935 — 1936 Shimakura, 285(19) 页, 图版 16(5), 图 7; 图版 18(7), 图 1 — 3; 插图 6; 木化石;

吉林火石岭；中侏罗世。

叶枝杉型木?（未定种） *Phyllocladoxylon*? sp.
1935－1936 *Phyllocladoxylon*? sp.，Shimakura，287（21）页，图版 18（7），图 7，8；插图 7；木化石；吉林火石岭；中侏罗世。

杯叶属 Genus *Phyllotheca* Brongniart，1828
1828 Brongniart，150 页。
模式种：*Phyllotheca australis* Brongniart，1828
分类位置：楔叶纲杯叶科（Phyllothecaceae，Sphenopsida）

澳洲杯叶 *Phyllotheca australis* Brongniart，1828
1828 Brongniart，150 页；茎干；澳大利亚霍克伯利河；石炭纪－二叠纪。
1878 Feistmantel，83 页，图版 6，图 3；图版 7，图 1，2；图版 15，图 1，2。

中国中生代植物归入此属的最早记录：

杯叶?（未定种） *Phyllotheca*? sp.
1885 *Phyllotheca*? sp.，Schenk，171（9）页，图版 13（1），图 7－9；图版 14（2），图 3a，6b，8a；图版 15（3），图 4a，5；茎干；四川广元；晚三叠世－早侏罗世。

云杉属 Genus *Picea* Dietr.，1842
模式种：（现生属）
分类位置：松柏纲杉科（Taxodiaceae，Coniferopsida）

中国中生代植物归入此属的最早记录：

？长叶云杉 ？*Picea smithiana*（Wall.）Boiss
1982 谭琳、朱家楠，149 页，图版 36，图 5；营养小枝；内蒙古固阳小三分子村东；早白垩世固阳组。

云杉（未定种） *Picea* sp.
1982 *Picea* sp.，谭琳、朱家楠，149 页，图版 36，图 6；球果；内蒙古固阳小三分子村东；早白垩世固阳组。

云杉型木属 Genus *Piceoxylon* Gothan，1906
1906 Gothan，见 Henry Potonié，1 页。
模式种：*Piceoxylon pseudotsugae* Gothan，1906
分类位置：松柏纲杉科（Taxodiaceae，Coniferopsida）

假铁杉云杉型木 *Piceoxylon pseudotsugae* Gothan，1906
1906 Gothan，见 Henry Potonié，1 页，图 1；松柏类木化石；美国加利福尼亚，第三纪。

中国中生代植物归入此属的最早记录：
△满州云杉型木 *Piceoxylon manchuricum* Sze,1951
1951b 斯行健,443,447 页,图版 2,图 1;图版 3,图 1－4;图版 4,图 1－4;图版 5,图 1;插图 2A－2E;木材化石;黑龙江鸡西城子河;晚白垩世。

似松属 Genus *Pinites* Lindley et Hutton,1831
1831(1831－1837) Lindley,Hutton,1 页。
模式种:*Pinites brandlingi* Lindley et Hutton,1831
分类位置:松柏纲松科(Pinaceae,Coniferopsida)

勃氏似松 *Pinites brandlingi* Lindley et Hutton,1831
1831(1831－1837) Lindley,Hutton,1 页,图版 1;英国纽卡斯尔附近;石炭纪。

中国中生代植物归入此属的最早记录：
△库布克似松 *Pinites kubukensis* Seward,1911
［注:此种后改定为 *Pityocladus kukbukensis* Seward(Seward,1919)］
1911 Seward,26,54 页,图版 4,图 47－51,51A;图版 5,图 65;长枝、短枝和叶;新疆准噶尔盆地库布克河(Kubuk River);早一中侏罗世。

松木属 Genus *Pinoxylon* Knowlton,1900
1900 Knowlton,420 页。
模式种:*Pinoxylon dacotense* Knowlton,1900
分类位置:松柏纲松科(Pinaceae,Coniferopsida)

达科他松木 *Pinoxylon dacotense* Knowlton,1900
［注:① 此种名曾拼为 *Pinoxylon dakotense* Knowlton(Shimakura,1937－1938);② 此种后改定为 *Protopiceoxylon dacotense* (Knowlton) Sze(斯行健、李星学等,1963)］
1900 Knowlton,见 Ward,420 页,图版 179;木化石;美国南达科他州(South Dakota);侏罗纪。

中国中生代植物归入此属的最早记录：
△矢部松木 *Pinoxylon yabei* Shimakura,1936
1935－1936 Shimakura,289(23)页,图版 19(8),图 1－8;插图 8,9;木化石;吉林火石岭;中侏罗世。［注:此种后改定为 *Protopiceoxylon yabei* (Shimakura) Sze(斯行健、李星学等,1963)］

松属 Genus *Pinus* Linné,1753
模式种:(现生属)
分类位置:松柏纲松科(Pinaceae,Coniferopsida)

中国中生代植物归入此属的最早记录：
诺氏松 *Pinus nordenskioeldi* Heer,1876
1876　Heer,76 页,图版 4,图 4c;叶;俄罗斯伊尔库茨克盆地乌斯基巴列伊;侏罗纪。

1908　Yabe,7 页,图版 2,图 2;叶;吉林陶家屯;侏罗纪。[注:此标本后改定为 *Pityophullum nordenskioeldi* Heer(斯行健、李星学等,1963)]

拟松属 Genus *Pityites* Seward,1919
1919　Seward,373 页。

模式种:*Pityites solmsi* Seward,1919

分类位置:松柏纲松科(Pinaceae,Coniferopsida)

索氏拟松 *Pityites solmsi* Seward,1919
1919　Seward,373 页,图 772,773;松柏类枝和球果;英国萨塞克斯;早白垩世(Wealden)。

中国中生代植物归入此属的最早记录：
△岩井拟松 *Pityites iwaiana* Ôishi,1941
1941　Ôishi,173 页,图版 38(3),图 3,3a;松柏类营养枝;吉林汪清罗子沟;早白垩世罗子沟系下部。[注:此种曾改定为 *Pityocladus iwaianus* (Ôishi) Chow(斯行健、李星学等,1963)和 *Elatocladus iwaianus* (Ôishi) Li,Ye et Zhou(李星学等,1986)]

松型枝属 Genus *Pityocladus* Seward,1919
1919　Seward,378 页。

模式种:*Pityocladus longifolius* (Nathorst) Seward,1919

分类位置:松柏纲松科(Pinaceae,Coniferopsida)

长叶松型枝 *Pityocladus longifolius* (Nathorst) Seward,1919
1897　*Taxites longifolius* Nathorst,50 页;枝叶;瑞典斯堪尼亚;晚三叠世(Rhaetic)。

1919　Seward,378 页,图 775,776;枝叶;瑞典斯堪尼亚;晚三叠世(Rhaetic)。

中国中生代植物归入此属的最早记录：
△库布克松型枝 *Pityocladus kobukensis* (Seward) Seward,1919
1911　*Pinites kobukensis* Seward,Seward,26,54 页,图版 4,图 47－51,51A;图版 5,图 65;长枝、短枝和叶;新疆准噶尔盆地库布克河(Kubuk River);早－中侏罗世。

1919　Seward,379 页,图 777;长枝、短枝和叶;新疆准噶尔盆地库布克河(Kubuk River);早－中侏罗世。

松型果鳞属 Genus *Pityolepis* Nathorst,1897
1897　Nathorst,64 页。

模式种:*Pityolepis tsugaeformis* Nathorst,1897

分类位置：松柏纲松科（Pinaceae, Coniferopsida）

铁杉形松型果鳞 *Pityolepis tsugaeformis* Nathorst, 1897

1897　Nathorst, 64 页, 图版 5, 图 42—45；果鳞；斯匹次卑尔根；早白垩世。

中国中生代植物归入此属的最早记录：
△卵圆松型果鳞 *Pityolepis ovatus* Toyama et Ôishi, 1935

1935　Toyama, Ôishi, 73 页, 图版 4, 图 9, 10；果鳞(?)；内蒙古呼伦贝尔盟扎赉诺尔；侏罗纪。

松型叶属 Genus *Pityophyllum* Nathorst, 1899

1899　Nathorst, 19 页。

模式种：*Pityophyllum staratschini* Nathorst, 1899

分类位置：松柏纲松科（Pinaceae, Coniferopsida）

史氏松型叶 *Pityophyllum staratschini* Nathorst, 1899

1899　Nathorst, 19 页, 图版 2, 图 24, 25；叶；法兰士·约瑟兰地群岛；侏罗纪。

中国中生代植物归入此属的最早记录：
松型叶（未定种）*Pityophyllum* sp.

1911　*Pityophyllum* sp. cf. *P. staratschini* (Heer), Seward, 25, 53 页, 图版 4, 图 52, 52A；叶；新疆准噶尔盆地（Diam River）；早、中侏罗世。[注：此标本后改定为 *Pityophyllum longifolium* (Nathorst) Moeller (斯行健、李星学等, 1963)]

松型子属 Genus *Pityospermum* Nathorst, 1899

1899　Nathorst, 17 页。

模式种：*Pityospermum maakanum* Nathorst, 1899

分类位置：松柏纲松科（Pinaceae, Coniferopsida）

马肯松型子 *Pityospermum maakanum* (Heer) Nathorst, 1899

1876　*Pinus maakana* Heer, 76 页, 图版 14, 图 1；种子；俄罗斯伊尔库茨克盆地；侏罗纪。

1899　Nathorst, 17 页, 图版 2, 图 15；种子；法兰士·约瑟兰地群岛；晚侏罗世。

中国中生代植物归入此属的最早记录：
松型子（未定种）*Pityospermum* sp.

1933c　*Pityospermum* sp., 斯行健, 72 页, 图版 10, 图 7, 8；翅籽；甘肃武威北达板；早、中侏罗世。

松型果属 Genus *Pityostrobus* (Nathorst) Dutt, 1916

1916　Dutt, 529 页。

模式种：*Pityostrobus macrocephalus* (Lindley and Hutton) Dutt, 1916 (注：原引证为 *Pityostro-*

bus sp. Nathorst,1899,17页,图版2,图9,10)

分类位置:松柏纲松科(Pinaceae,Coniferopsida)

粗榧型松型果 *Pityostrobus macrocephalus* (Lindley and Hutton) Dutt,1916
1835(1831—1837)　　*Zamia macrocephalus* Lindley and Hutton,127页,图版125;球果;英国;早始新世。
1916　　Dutt,529页,图版15;球果;英国;早始新世。

中国中生代植物归入此属的最早记录:
△远藤隆次松型果 *Pityostrobus endo-riujii* Toyama et Ôishi,1935
1935　　Toyama,Ôishi,72页,图版4,图6,7;球果;内蒙古呼伦贝尔盟扎赉诺尔;侏罗纪。

松型木属 Genus *Pityoxylon* Kraus,1870
1870(1869—1874)　　Kraus,见Schimper,378页。
1963　　斯行健、李星学等,331页。

模式种:*Pityoxylon sandbergerii* Kraus,1870

分类位置:松柏纲松杉目(Pinaceae,Coniferopsida)

桑德伯格松型木 *Pityoxylon sandbergerii* Kraus,1870
1870(1869—1874)　　Kraus,见Schimper,378页,图版79,图8;木化石;德国巴伐利亚;晚三叠世(Keuper)。
1993a　　吴向午,119页。

普拉榆属 Genus *Planera* J F Gmel.
模式种:(现生属)

分类位置:双子叶植物纲榆科(Ulmaceae,Dicotyledoneae)

中国中生代植物归入此属的最早记录:
小叶普拉榆(比较种) *Planera* cf. *microphylla* Newberry
1986a,b　　陶君容、熊宪政,125页,图版5,图5;叶;黑龙江嘉荫地区;晚白垩世乌云组。

悬铃木叶属 Genus *Platanophyllum* Fontaine,1889
1889　　Fontaine,316页。

模式种:*Platanophyllum crossinerve* Fontaine,1889

分类位置:双子叶植物纲悬铃木科(Platanaceae,Dicotyledoneae)

叉脉悬铃木叶 *Platanophyllum crossinerve* Fontaine,1889
1889　　Fontaine,316页,图版158,图5;叶;美国弗吉尼亚波托马克;早白垩世波托马克群。

中国中生代植物归入此属的最早记录：
悬铃木叶（未定种） *Platanophyllum* **sp.**
1980　*Platanophyllum* sp.,陶君容、孙湘君,76 页,图版 2,图 1;叶;黑龙江林甸;早白垩世泉头组。

悬铃木属 Genus *Platanus* Linné,1753
模式种:(现生属)
分类位置:双子叶植物纲悬铃木科(Platanaceae,Dicotyledoneae)

中国中生代植物归入此属的最早记录：
楔形悬铃木 *Platanus cuneifolia* **Bronn**
1952　Vachrameev,205 页,图版 16,图 6;图版 17,图 1－5;图版 18,图 1;图版 19,1－3;图版 20,图 4;插图 44－46。
1976　*Platanus cuneifolia*(Bronn)Vachrameev,张志诚,202 页,图版 104,图 11;叶;内蒙古苏尼特左旗;晚白垩世二连达布苏组。

肋木属 Genus *Pleuromeia* Corda,1852
1852　Corda,见 Germar,184 页。
模式种:*Pleuromeia sternbergi*(Muenster)Corda,1852
分类位置:石松纲肋木科(Pleuromeiaceae,Lycopsida)

斯氏肋木 *Pleuromeia sternbergi* (Muenster) **Corda,1852**
1839　*Sigillaria sternbergi* Muenster,47 页,图版 3,图 10;德国萨克森马格德堡;三叠纪(Bunter Sandstein)。
1852　Corda,见 Germar,184 页;德国萨克森马格德堡;三叠纪(Bunter Sandstein)。(注:此属名原文拼写为 *Pleuromeya*)

中国中生代植物归入此属的最早记录：
△**五字湾肋木** *Pleuromeia wuziwanensis* **Chow et Huang,1976**（non Huang et Chow,1980）
1976　周惠琴、黄枝高,见周惠琴等,205 页,图版 106,图 5,6;茎干;内蒙古准格尔旗五字湾;中三叠世二马营组。(注:原文未指定模式标本)

△**五字湾肋木** *Pleuromeia wuziwanensis* **Huang et Chow,1980**（non Chow et Huang,1976）
(注:此种名为 *Pleuromeia wuziwanensis* Chow et Huang,1976 的晚出同名)
1980　黄枝高、周惠琴,65 页,图版 1,图 1－4;插图 1,2;茎干;登记号:OP3004－OP3007;陕西铜川何家坊;中三叠世晚期二马营组上部。(注:原文未指定模式标本)

似罗汉松属 Genus *Podocarpites* Andrae,1855
［注:孙革等(2001)译为似竹柏(似罗汉松)属］

1855　Andrae,45 页。
模式种：*Podocarpites acicularis* Andrae,1855
分类位置：松柏纲罗汉松科（Pinaceae,Coniferopsida）

尖头似罗汉松 *Podocarpite aciculariss* Andrae,1855
1855　Andrae,45 页,图版 10,图 5;叶;匈牙利;侏罗纪。

中国中生代植物归入此属的最早记录：
△门头沟似罗汉松 *Podocarpites mentoukouensis* Stockmans et Mathieu,1941
1941　Stockmans,Mathieu,53 页,图版 7,图 5,6;枝叶;北京门头沟;侏罗纪。〔注：此标本后改名为"*Podocarpites*" *mentoukouensis* Stockmans et Mathieu（斯行健、李星学等,1963）〕

罗汉松型木属 Genus *Podocarpoxylon* Gothan,1904
1904　Gothan,见 Gagel,272 页。
模式种：*Podocarpoxylon juniperoides* Gothan,1904
分类位置：松柏纲（木化石）[Coniferopsida（wood）]

桧型罗汉松型木 *Podocarpoxylon juniperoides* Gothan,1904
1904　Gothan,见 Gagel,272 页;木化石;普鲁士埃尔姆斯霍恩;更新世。

中国中生代植物归入此属的最早记录：
△陆均松型罗汉松型木 *Podocarpoxylon dacrydioides* Cui,1995
1995　崔金钟,637 页,图版 1,图 1—5;木化石;内蒙古霍林河煤田;早白垩世霍林河组。（注：原文未指定模式标本的存放地点）
1995　李承森、崔金钟,108 页（包括图）;木化石;内蒙古;早白垩世。

罗汉松型木（未定多种）*Podocarpoxylon* spp.
1995　*Podocarpoxylon* sp.,何德长,16（中文）,20（英文）页,图版 13,图 2;图版 16,图 1—1c;丝炭化石;内蒙古鄂温克旗伊敏煤矿;早白垩世伊敏组 16 煤层。
1995　*Podocarpoxylon* sp.,崔金钟,638 页,图版 1,图 6—8;图版 2,图 1;木化石;内蒙古霍林河煤田;早白垩世霍林河组。

罗汉松属 Genus *Podocarpus* L'Heriter,1807
模式种：（现生属）
分类位置：松柏纲松科（Pinaceae,Coniferopsida）

查加扬罗汉松 *Podocarpus tsagajanicus* Krassilov,1976
1976　Krassilov,43 页,图版 3,图 1—8;枝叶;布列亚盆地;白垩纪。

中国中生代植物归入此属的最早记录：

查加扬罗汉松（比较属种） Cf. *Podocarpus tsagajanicus* Krassilov

1984　张志诚,120 页,图版 1,图 12;叶;黑龙江嘉荫太平林场;晚白垩世太平林场组。

苏铁杉属 Genus *Podozamites* (Brongniart) Braun,1843

1843(1839—1843)　Braun,见 Münster,28 页。

模式种:*Podozamites distans* (Presl) Braun,1843

分类位置:松柏纲苏铁杉目(Podozamitales,Coniferopsida)

间离苏铁杉 *Podozamites distans* (Presl) Braun,1843

1838(1820—1838)　*Zamites distans* Presl,见 Sternber,196 页,图版 26,图 3;枝叶;德国巴伐利亚;晚三叠世—早侏罗世。

1843(1839—1843)　Braun,见 Münster,28 页。

中国中生代植物归入此属的最早记录：

△**恩蒙斯苏铁杉 *Podozamites emmonsii* Newberry,1867**

1867(1865)　Newberry,121 页,图版 9,图 2;叶;湖北秭归;三叠纪或侏罗纪。[注:此标本后改定为？*Podozamites lanceolatus* (L et H) Braun(斯行健、李星学等,1963)]

披针苏铁杉 *Podozamites lanceolatus* (L et H) Braun,1843

1836　*Zamites lanceolatus* Lindley et Hutton,图版 194;英国;中侏罗世。

1843(1839—1843)　Braun,见 Münster,33 页。

1867(1865)　Newberry,121 页,图版 7,图 1;叶;湖北秭归;三叠纪或侏罗纪。

△**似远志属 Genus *Polygatites* Pan,1983**（nom. nud.）

1983　潘广,1520 页。(中文)

1984　潘广,959 页。(英文)

模式种:(没有种名)

分类位置:"原始被子植物类群"("primitive angiosperms")

似远志(sp. indet.) *Polygatites* sp. indet.

(注:原文仅有属名,没有种名)

1983　*Polygatites* sp. indet.,潘广,1520 页;华北燕辽地区东段(45°58′N,120°21′E);中侏罗世海房沟组。(中文)

1984　*Polygatites* sp. indet.,潘广,959 页;华北燕辽地区东段(45°58′N,120°21′E);中侏罗世海房沟组。(英文)

似蓼属 Genus *Polygonites* Saporta,1865（non Wu S Q,1999）
1865　Saporta,92 页。
模式种：*Polygonites ulmaceus* Saporta,1865
分类位置：单子叶植物纲蓼科（Polygonaceae,Monocotyledoneae）

榆科似蓼 *Polygonites ulmaceus* Saporta,1865
1865　Saporta,92 页,图版 3,图 14;翅籽;法国;第三纪。

△似蓼属 Genus *Polygonites* Wu S Q,1999（non Saporta,1865）（中文发表）
（注：此属名为 *Polygonites* Saporta,1865 的晚出同名）
1999　吴舜卿,23 页。（中文）
模式种：*Polygonites polyclonus* Wu S Q,1999（注：原文未指定模式种,本文暂把原文列在第一的种作为模式种编录）
分类位置：单子叶植物纲蓼科（Polygonaceae,Monocotyledoneae）

△多小枝似蓼 *Polygonites polyclonus* Wu S Q,1999（中文发表）
1999　吴舜卿,23 页,图版 16,图 4,4a;图版 19,图 1,1a,3A－4a;茎和营养枝;采集号:AEO-169,AEO-170,AEO-171,AEO-211;登记号:PB18319,PB18335－PB18337;正模:PB18337(图版Ⅸ,图 4);标本保存在中国科学院南京地质古生物研究所;辽西北票上园黄半吉沟;晚侏罗世义县组下部尖山沟层。

△扁平似蓼 *Polygonites planus* Wu S Q,1999（中文发表）
1999　吴舜卿,24 页,图版 19,图 2;营养枝;采集号:AEO-122;登记号:PB18338;正模:PB18338;标本保存在中国科学院南京地质古生物研究所;辽西北票上园黄半吉沟;晚侏罗世义县组下部尖山沟层。

似水龙骨属 Genus *Polypodites* Goeppert,1836
1836　Goeppert,341 页。
模式种：*Polypodites mantelli*（Brongniart）Goeppert,1836
分类位置：真蕨纲水龙骨科（Polypodiaceae,Filicopsida）

曼脱尔似水龙骨 *Polypodites mantelli*（Brongniart）Goeppert,1836
1835(1831－1837)　*Lonchopteris mantelli* Brongniart,见 Lindley 和 Hutton,59 页,图版 171;蕨叶(?);英国旺兹福德;早白垩世。
1836　Goeppert,341 页。

中国中生代植物归入此属的最早记录：
多囊群似水龙骨 *Polypodites polysorus* Prynada,1967
1967　Prynada,见 Krassilov,129 页,图版 24,图 1－8;图版 25,图 1－3;蕨叶;南滨海;早白

垩世。
1980　张武等,248页,图版161,图6,7;图版162,图1,1a;营养叶和实羽片;吉林蛟河;早白垩世磨石砬子组;黑龙江鸡西;早白垩世城子河组。

似杨属 Genus *Populites* Goeppert,1852（non Viviani,1833）

(注:此属为 *Populites* Viviani,1833 的晚出同名)
1852　Goeppert,276页。
模式种:*Populites platyphyllus* Goeppert,1852
分类位置:双子叶植物纲杨柳科(Salicaceae,Dicotyledoneae)

宽叶似杨 *Populites platyphyllus* Goeppert,1852
1852　Goeppert,276页,图版35,图5;叶;西利西亚(Stroppen);第三纪。

中国中生代植物归入此属的最早记录:
争论似杨 *Populites litigiosus*（Heer）Lesquereux,1892
1892　Lesquereux,47页,图版7,图7;叶;美国;晚白垩世 Dakota 组。

争论似杨(比较种) *Populites* cf. *litigiosus*（Heer）Lesquereux
1979　郭双兴、李浩敏,553页,图版1,图5;叶;吉林珲春;晚白垩世珲春组。[注:此标本后改定为 *Populites litigiosus*（Heer）Lesquereux(郭双兴,2000)]

似杨属 Genus *Populites* Viviani,1833（non Goeppert,1852）
1833　Viviani,133页。
模式种:*Populites phaetonis* Viviani,1833
分类位置:双子叶植物纲杨柳科(Salicaceae,Dicotyledoneae)

蝴蝶状似杨 *Populites phaetonis* Viviani,1833
1833　Viviani,133页,图版10,图2(?);叶;意大利帕维亚;第三纪。

杨属 Genus *Populus* Linné,1753
模式种:(现生属)
分类位置:双子叶植物纲杨柳科(Salicaceae,Dicotyledoneae)

中国中生代植物归入此属的最早记录:
宽叶杨 *Populus latior* Al. Braun,1837
1837　Al. Braun,512页。
1975　郭双兴,413页,图版1,图2,3,3a;叶;西藏日喀则恰布林;晚白垩世日喀则群。

杨(未定种) *Populus* sp.
1975　*Populus* sp.,郭双兴,414页,图版1,图4,5;叶;西藏日喀则恰布林;晚白垩世日喀则群。

眼子菜属 Genus *Potamogeton* Linné,1753
模式种:(现生属)
分类位置:单子叶植物纲眼子菜科(Potamogetonaceae,Monocotyledoneae)

中国中生代植物归入此属的最早记录:
△热河眼子菜 *Potamogeton jeholensis* Yabe et Endo,1935
1935　Yabe,Endo,274 页,图 1,2,5;枝叶;河北凌源(热河);早白垩世狼鳍鱼层。[注:此标本后改定为 *Potamogeton? jeholensis* Yabe et Endo(斯行健、李星学等,1963)和 *Ranunculus jeholensis*（Yabe et Endo）Miki（Miki,1964)]

眼子菜(未定种) *Potamogeton* sp.
1935　*Potamogeton* sp.,Yabe,Endo,276 页,图 3,4;枝叶;河北凌源(热河);早白垩世狼鳍鱼层。[注:此标本后改定为 *Potamogeton?* sp.(斯行健、李星学等,1963)]

毛籽属 Genus *Problematospermum* Turutanova-Ketova,1930
1930　Turutanova-Ketova,160 页。
模式种:*Problematospermum ovale* Turutanova-Ketova,1930
分类位置:不明或松柏类(incertae sedis or Coniferous)

中国中生代植物归入此属的最早记录:
卵形毛籽 *Problematospermum ovale* Turutanova-Ketova,1930
1930　Turutanova-Ketova,160 页,图版 4,图 30,30a;种子;哈萨克斯坦卡拉套地区;晚侏罗世。
2001　孙革等,110,209 页,图版 25,图 3,4;图版 66,图 3－11;种子;辽宁西部;晚侏罗世尖山沟组。

△北票毛籽 *Problematospermum beipiaoense* Sun et Zheng,2001(中文和英文发表)
2001　孙革、郑少林,见孙革等,109,208 页,图版 25,图 1,2;图版 66,图 1,2;图版 75,图 1－6;种子和角质层;登记号:PB19188;正模:PB19188(图版 25,图 1);标本保存在中国科学院南京地质古生物研究所;辽宁西部;晚侏罗世尖山沟组。

原始鸟毛蕨属 Genus *Protoblechnum* Lesquereux,1880
1880　Lesquereux,188 页。
模式种:*Protoblechnum holdeni*（Andrews）Lesquereux,1880
分类位置:种子蕨纲盔形种子蕨科(Corystospermaceae,Pteridospermopsida)

霍定原始鸟毛蕨 *Protoblechnum holdeni*（Andrews）Lesquereux,1880
1875　*Alethopteris holdeni* Andrews,420 页,图版 51,图 1,2;蕨叶状化石;美国俄亥俄州;石

1880　Lesquereux,188 页;蕨叶状化石;美国俄亥俄州;石炭纪。

休兹原始乌毛蕨 *Protoblechnum hughesi* (Feistmental) Halle,1927

1882　*Danaeopsis hughesi* Feistmantel,Feistmantel,25 页,图版 4,图 1;图版 5,图 1,2;图版 6,图 1,2;图版 7,图 1,2;图版 8,图 1－5;图版 9,图 4;图版 10,图 1;图版 17,图 1;蕨叶;印度;晚三叠世(Parsora Stage)。

1927b　Halle,134 页。

中国中生代植物归入此属的最早记录:

?休兹原始乌毛蕨 ?*Protoblechnum hughesi* (Feistmental) Halle

1956a　斯行健,41,148 页,图版 46,图 1－6;图版 9,图 2－5;图版 10,图 1,2;图版 12,图 7;蕨叶;陕西安定窑坪、宜君四郎庙炭河沟、绥德叶家坪、三十里铺、高家庵;晚三叠世延长层。

1956b　斯行健,462,470 页,图版 2,图 4;蕨叶;新疆准噶尔盆地克拉玛依;晚三叠世晚期延长层上部。

原始雪松型木属 Genus *Protocedroxylon* Gothan,1910

1910　Gothan,27 页。

模式种:*Protocedroxylon araucarioides* Gothan,1910

分类位置:松柏纲(木化石)[Coniferopsida (fossil wood)]

中国中生代植物归入此属的最早记录:

南洋杉型原始雪松型木 *Protocedroxylon araucarioides* Gothan,1910

1910　Gothan,27 页,图版 5,图 3－5,7;图版 6,图 1;木化石;斯匹次卑尔根群岛;晚侏罗世。

1937－1938　Shimakura,15 页,图版 3,图 7－10;插图 4;木化石;辽宁朝阳(Tiao-wo-kou,Chao-yang-ssu-hui,Kwanto-syu);早白垩世(?)。

原始柏型木属 Genus *Protocupressinoxylon* Eckhold,1922

1922　Eckhold,491 页。

模式种:*Protocupressinoxylon cupressoides* (Holden) Eckhold,1922

分类位置:松柏纲(Coniferopsida)

柏木型原始柏型木 *Protocupressinoxylon cupressoides* (Holden) Eckhold,1922

1913　*Paracupressinoxylon cupressoides* Holden,538 页,图版 39,图 15,16;英国约克郡;中侏罗世。

1922　Eckhold,491 页;木化石;英国约克郡;中侏罗世。

中国中生代植物归入此属的最早记录:

△密山原始柏型木 *Protocupressinoxylon mishaniense* Zheng et Zhang,1982

1982　郑少林、张武,330 页,图版 28,图 1－11;木化石;薄片号:HP2-2;标本保存在沈阳地质矿产研究所;黑龙江密山金沙;晚侏罗世云山组;黑龙江宝清珠山;早白垩世城子河组—穆棱组。

△原始水松型木属 Genus *Protoglyptostroboxylon* He,1995

1995　何德长,8(中文),10(英文)页。

模式种:*Protoglyptostroboxylon giganteum* He,1995

分类位置:松柏纲(丝炭化石)[Coniferopsida (fusainized wood)]

△巨大原始水松型木 *Protoglyptostroboxylon giganteum* He,1995

1995　何德长,8(中文),10(英文)页,图版5,图2—2c;图版6,图1—1e,2;图版8,图1—1d;丝炭化石;标本号:No. 91363,No. 91370;模式标本:No. 91363;标本保存在煤炭科学研究总院西安分院;内蒙古鄂温克旗伊敏煤矿;早白垩世伊敏组16煤层。

原始叶枝杉型木属 Genus *Protophyllocladoxylon* Kräusel,1939

1939　Kräusel,16页。

模式种:*Protophyllocladoxylon leuchsi* Kräusel,1939

分类位置:松柏纲松柏目(Coniferales,Coniferopsida)

洛伊希斯原始叶枝杉型木 *Protophyllocladoxylon leuchsi* Kräusel,1939

1939　Kräusel,16页,图版3,图3;图版4,图1—5;裸子植物木化石;埃及;晚白垩世。

中国中生代植物归入此属的最早记录:

△斯氏原始叶枝杉型木 *Protophyllocladoxylon szei* Wang,1991

1991b　王士俊,66,69页,图版1,图1—8;木化石;广东乐昌关春;晚三叠世艮口群。

元叶属 Genus *Protophyllum* Lesquereux,1874

[注:或译成原始叶属(陶君容、熊宪政,1986a,b)]

1874　Lesquereux,101页。

模式种:*Protophyllum sternbergii* Lesquereux,1874

分类位置:双子叶植物纲(Dicotyledoneae)

司腾伯元叶 *Protophyllum sternbergii* Lesquereux,1874

1874　Lesquereux,101页,图版16;图版17,图2;叶;美国内布拉斯加;白垩纪。

中国中生代植物归入此属的最早记录:

△心形元叶 *Protophyllum cordifolium* Guo et Li,1979

1979　郭双兴、李浩敏,555页,图版3,图6,7;图版4,图3,4,6,7;叶;采集号:Ⅱ-40,Ⅱ-37,Ⅱ-53a,Ⅱ-24,Ⅱ-16;登记号:PB7455—PB7460;正型:PB7455(图版4,图4);副型:PB7456—PB7460(图版3,图6,7;图版4,图3,6,7);标本保存在中国科学院南京地质古生物研究所;吉林珲春;晚白垩世珲春组。[注:此标本后改定为 *Protophyllum multinerve* Lesquereux(郭双兴,2000)]

海旦元叶 *Protophyllum haydenii* Lesquereux,1874
1874 Lesquereux,106 页,图版 17,图 3;叶;美国内布拉斯加;白垩纪。
1979 郭双兴、李浩敏,555 页,图版 2,图 3;叶;吉林珲春;晚白垩世珲春组。

△小元叶 *Protophyllum microphyllum* Guo et Li,1979
1979 郭双兴、李浩敏,555 页,图版 2,图 7,8;图版 3,图 5;图版 4,图 8;叶;采集号:Ⅱ-54b, Ⅱ-39,Ⅱ-58,Ⅱ-61;登记号:PB7464-PB7467;正型:PB7464(图版 3,图 5);副型:PB7465-PB7467(图版 2,图 7,8;图版 4,图 8);标本保存在中国科学院南京地质古生物研究所;吉林珲春;晚白垩世珲春组。[注:此标本后改定为 *Protophyllum multinerve* Lesquereux(郭双兴,2000)]

多脉元叶 *Protophyllum multinerve* Lesquereux,1874
1874 Lesquereux,105 页,图版 18,图 1;叶;美国内布拉斯加;白垩纪。
1979 郭双兴、李浩敏,554 页,图版 2,图 1,2;叶;吉林珲春;晚白垩世珲春组。

△卵形元叶 *Protophyllum ovatifolium* Guo et Li,1979 (non Tao,1986)
1979 郭双兴、李浩敏,556 页,图版 4,图 9,10;叶;采集号:Ⅱ-30,Ⅱ-78;登记号:PB7468, PB7469;正型:PB7468(图版 4,图 9);副型:PB7469(图版 4,图 10);标本保存在中国科学院南京地质古生物研究所;吉林珲春;晚白垩世珲春组。[注:此标本后改定为 *Protophyllum multinerve* Lesquereux(郭双兴,2000)]

△卵形元叶 *Protophyllum ovatifolium* Tao,1986 (non Guo et Li,1979)
(注:此种名为 *Protophyllum ovatifolium* Guo et Li,1979 的晚出同名)
1986a,b 陶君容,见陶君容、熊宪政,124 页,图版 13,图 2,3;叶;标本号:No. 52163a, No. 52566;黑龙江嘉荫地区;晚白垩世乌云组。(注:原文未指定模式标本)

△肾形元叶 *Protophyllum renifolium* Guo et Li,1979
1979 郭双兴、李浩敏,556 页,图版 4,图 1,2;叶;采集号:Ⅱ-76,Ⅱ-12;登记号:PB7470, PB7471;正型:PB7470(图版 4,图 1);副型:PB7471(图版 4,图 2);标本保存在中国科学院南京地质古生物研究所;吉林珲春;晚白垩世珲春组。[注:此标本后改定为 *Protophyllum multinerve* Lesquereux(郭双兴,2000)]

△圆形元叶 *Protophyllum rotundum* Guo et Li,1979
1979 郭双兴、李浩敏,556 页,图版 2,图 4-6;叶;采集号:Ⅱ-47,Ⅱ-44,Ⅱ-46;登记号: PB7472-PB7474;正型:PB7473,PB7474(图版 2,图 4);副型:PB7471(图版 2,图 3, 4);标本保存在中国科学院南京地质古生物研究所;吉林珲春;晚白垩世珲春组。[注:此标本后改定为 *Protophyllum multinerve* Lesquereux(郭双兴,2000)]

原始云杉型木属 Genus *Protopiceoxylon* Gothan,1907
1907 Gothan,32 页。
模式种:*Protopiceoxylon extinctum* Gothan,1907
分类位置:松柏纲松柏目(Coniferales,Coniferopsida)

中国中生代植物归入此属的最早记录：
绝灭原始云杉型木 *Protopiceoxylon extinctum* Gothan,1907
1907　Gothan,32 页,图版 1,图 2—5;插图 16,17;松柏类木化石;查理士王地区;第三纪。
1945a　Mathews,Ho,27 页;插图 1—8;木化石;河北涿鹿夏家沟;晚侏罗世。

原始罗汉松型木属 Genus *Protopodocarpoxylon* Eckhold,1922
1922　Eckhold,491 页。
模式种:*Protopodocarpoxylon blevillense* (Lignier) Eckhold,1922
分类位置:松柏纲松柏目(Coniferales,Coniferopsida)

勃雷维尔原始罗汉松型木 *Protopodocarpoxylon blevillense* (Lignier) Eckhold,1922
1907　*Cedroxylon blevillense* Lignier,267 页,图版 18,图 15—17;图版 21,图 66;图版 22,图 72;松柏类木化石;法国;早白垩世(Gault)。
1922　Eckhold,491 页;松柏类木化石;法国;早白垩世(Gault)。

中国中生代植物归入此属的最早记录：
△装饰原始罗汉松型木 *Protopodocarpoxylon arnatum* Zheng et Zhang,1982
1982　郑少林、张武,331 页,图版 29,图 1—10;木化石;薄片号:192;标本保存在沈阳地质矿产研究所;黑龙江密山金沙;早白垩世桦山群。

△金沙原始罗汉松型木 *Protopodocarpoxylon jinshaense* Zheng et Zhang,1982
[注:此种后改定为 *Cedroxylon jinshaense* (Zheng et Zhang) He(何德长,1995)]
1982　郑少林、张武,331 页,图版 30,图 1—12;木化石;薄片号:金 2;标本保存在沈阳地质矿产研究所;黑龙江密山;晚侏罗世云山组。

△原始金松型木属 Genus *Protosciadopityoxylon* Zhang,Zheng et Ding,1999(英文发表)
1999　张武、郑少林、丁秋红,1314 页。
模式种:*Protosciadopityoxylon liaoningensis* Zhang,Zheng et Ding,1999
分类位置:松柏纲杉科(木化石)[Taxodiaceae,Coniferopsida (fossil wood)]

△辽宁原始金松型木 *Protosciadopityoxylon liaoningense* Zhang,Zheng et Ding,1999(英文发表)
1999　张武、郑少林、丁秋红,1314 页,图版 1—3;插图 2;木化石;标本号:Sha.30;模式标本:Sha.30(图版 1—3);标本保存在沈阳地质矿产研究所;辽宁义县毕家沟;早白垩世沙海组。

原始落羽杉型木属 Genus *Prototaxodioxylon* Vogellehner,1968
1968　Vogellehner,132,133 页。
模式种:*Prototaxodioxylon choubertii* Vogellehner,1968

分类位置：松柏纲原始落羽杉科(Protopinaceae,Coniferopsida)

孔氏原始落羽杉型木 *Prototaxodioxylon choubertii* Vogellehner,1968

1968　Vogellehner,132,133页；木化石；北非摩洛哥(Morocco,northern Africa)；侏罗纪和白垩纪(?)。

中国中生代植物归入此属的最早记录：

罗曼原始落羽杉型木 *Prototaxodioxylon romanense* Philippe,1994

1994　Philippe,70页；插图3A－3F；法国；侏罗纪。
2004　王五力等,59页,图版19,图1－4；木化石；辽宁北票巴图营子；晚侏罗世土城子组。

假篦羽叶属 Genus *Pseudoctenis* Seward,1911

1911　Seward,692页。

模式种：*Pseudoctenis eathiensis* (Richards) Seward,1911

分类位置：苏铁纲苏铁目(Cycadales,Cycadopsida)

伊兹假篦羽叶 *Pseudoctenis eathiensis* (Richards) Seward,1911

1911　Seward,692页,图版4,图62,67；图版7,图11,12；图版8,图32；羽叶碎片；苏格兰；侏罗纪。

粗脉假篦蕉羽叶 *Pseudoctenis crassinervis* Seward,1911

1911　Seward,691页,图版4,图69；羽叶；色什兰都(Southland)；侏罗纪。

中国中生代植物归入此属的最早记录：

粗脉假篦蕉羽叶(比较种) *Pseudoctenis* cf. *crassinervis* Seward

1931　斯行健,59页,图版5,图5,6；羽叶；辽宁阜新孙家沟；早侏罗世(Lias)。

假苏铁属 Genus *Pseudocycas* Nathorst,1907

1907　Nathorst,4页。

模式种：*Pseudocycas insignis* Nathorst,1907

分类位置：苏铁纲本内苏铁目(Bennettiales,Cycadopsida)

特殊假苏铁 *Pseudocycas insignis* Nathorst,1907

1907　Nathorst,4页,图版1,图1－5；图版2,图1－9；图版3,图1；羽叶；瑞典；早侏罗世(Lias)。

中国中生代植物归入此属的最早记录：

△满洲假苏铁 *Pseudocycas manchurensis* (Ôishi) Hsu,1954

1935　*Cycadites manchurensis* Ôishi,85页,图版6,图4,4a,4b,5,6；插图3；羽叶和角质层；黑龙江东宁煤田；晚侏罗世或早白垩世。
1954　徐仁,60页,图版48,图4,5；羽叶；黑龙江东宁；晚侏罗世。

假丹尼蕨属 Genus *Pseudodanaeopsis* Fontaine,1883

1883　Fontaine,59 页。

模式种:*Pseudodanaeopsis seticulata* Fontaine,1883

分类位置:真蕨纲? 或种子蕨纲? (Filicopsida? or Pteridospermopsida?)

刚毛状假丹尼蕨 *Pseudodanaeopsis seticulata* Fontaine,1883

1883　Fontaine,59 页,图版 30,图 1—4;蕨叶;美国弗吉尼亚;三叠纪。

中国中生代植物归入此属的最早记录:

△中国假丹尼蕨 *Pseudodanaeopsis sinensis* Li et He,1979

1979　李佩娟、何元良,见何元良等,147 页,图版 69,图 2—3a;蕨叶;采集号:XIF038;登记号:PB6371,PB6372;标本保存在中国科学院南京地质古生物研究所;青海都兰超木超河上游;晚三叠世八宝山群。(注:原文未指定模式标本)

假拟节柏属 Genus *Pseudofrenelopsis* Nthorst,1893

1893　Nathorst,见 Felix 和 Nathorst,52 页。

模式种:*Pseudofrenelopsis felixi* Nthorst,1893

分类位置:松柏纲掌鳞杉科(Cheirolepidiaceae,Coniferopsida)

费尔克斯假拟节柏 *Pseudofrenelopsis felixi* Nthorst,1893

1893　Nathorst,见 Felix and Nathorst,52 页,图 6—9;墨西哥;早白垩世(Neocomian)。

中国中生代植物归入此属的最早记录:

少枝假拟节柏 *Pseudofrenelopsis parceramosa* (Fontaine) Watson,1977

1889　*Frenilopsis parceramosa* Fontaine,218 页,图版 111,图 1—5;枝叶;美国弗吉尼亚;早白垩世波托马克群。

1977　Watson,720 页,图版 85,图 1—7;图版 86,图 1—12;图版 87,图 1—10;插图 2,3;枝叶和角质层;美国弗吉尼亚;早白垩世。

1981　孟繁松,100 页,图版 2,图 1—9;枝叶和角质层;湖北大冶灵乡黑山、长坪湖;早白垩世灵乡群。

金钱松属 Genus *Pseudolarix* Gordon,1858

模式种:(现生属)

分类位置:松柏纲松科(Pinaceae,Coniferopsida)

中国中生代植物归入此属的最早记录:

△中国"金钱松" *"Pseudolarix" sinensis* Shang,1985

1985　商平,113 页,图版 10,图 1—3,5—7;枝叶和叶角质层;标本号:84-27,84-46,84-47;主

模:84-27(图版 10,图 3);标本保存在阜新矿业学院科研所;辽宁阜新;早白垩世海州组太平段。

"金钱松"(未定种) "*Pseudolarix*" sp.
1985 "*Pseudolarix*" sp.,商平,图版 10,图 4;枝叶;辽宁阜新;早白垩世海州组太平段。

△假耳蕨属 Genus *Pseudopolystichum* Deng et Chen, 2001(中文和英文发表)
2001 邓胜徽、陈芬,153,229 页。
模式种:*Pseudopolystichum cretaceum* Deng et Chen, 2001
分类位置:真蕨纲(Filicopsida)

△白垩假耳蕨 *Pseudopolystichum cretaceum* Deng et Chen, 2001(中文和英文发表)
2001 邓胜徽、陈芬,153,229 页,图版 115,图 1-4;图版 116,图 1-6;图版 117,图 1-9;图版 118,图 1-7;生殖羽片;标本号:TXQ-2520;标本保存在石油勘探开发科学研究院;辽宁铁法盆地;早白垩世小明安碑组。

假元叶属 Genus *Pseudoprotophyllum* Hollick, 1930
1930 Hollick,见 Hollick 和 Martin,92 页。
模式种:*Pseudoprotophyllum emarginatum* Hollick, 1930
分类位置:双子叶植物纲悬铃木科(Platanaceae, Dicotyledoneae)

无边假元叶 *Pseudoprotophyllum emarginatum* Hollick, 1930
1930 Hollick,见 Hollick 和 Martin,92 页,图版 52,图 2a;图版 65,图 3;叶;美国阿拉斯加;晚白垩世。

具齿假元叶 *Pseudoprotophyllum dentatum* Hollick, 1930
1930 Hollick,见 Hollick 和 Martin,93 页,图版 65,图 1,2;图版 66,图 2,3;图版 67;图版 73,图 3;叶;美国阿拉斯加;晚白垩世。

中国中生代植物归入此属的最早记录:
具齿假元叶(比较种) *Pseudoprotophyllum* cf. *dentatum* Hollick
1986a,b 陶君容、熊宪政,125 页,图版 11,图 2;叶;黑龙江嘉荫地区;晚白垩世乌云组。

△假带羊齿属 Genus *Pseudotaeniopteris* Sze, 1951
1951a 斯行健,83 页。
模式种:*Pseudotaeniopteris piscatorius* Sze, 1951
分类位置:疑问化石(Problemticum)

△鱼形假带羊齿 *Pseudotaeniopteris piscatorius* Sze, 1951
1951a 斯行健,83 页,图版 1,图 1,2;疑问化石;辽宁本溪工源;早白垩世。

假托勒利叶属 Genus *Pseudotorellia* Florin, 1936

1936 Florin, 142 页。

模式种: *Pseudotorellia nordenskiöldi* (Nathorst) Florin, 1936

分类位置: 银杏目 (Ginkgoales)

诺氏假托勒利叶 *Pseudotorellia nordenskiöldi* (Nathorst) Florin, 1936

1897 *Feildenia nordenskiöldi* Nathorst, 56 页, 图版 3, 图 16—27; 图版 6, 图 33, 34; 叶; 挪威斯匹次卑根; 晚侏罗世。

1936 Florin, 142 页; 叶; 挪威斯匹次卑尔根; 晚侏罗世。

中国中生代植物归入此属的最早记录:

假托勒利叶 (未定种) *Pseudotorellia* sp.

1963 *Pseudotorellia* sp., 斯行健、李星学等, 247 页, 图版 88, 图 9 (= *Torellia* sp., 斯行健, 1931, 60 页, 图版 5, 图 7); 叶; 辽宁北票; 早、中侏罗世。

掌叶属 Genus *Psygmophyllum* Schimper, 1870

1870 Schimper, 193 页。

模式种: *Psygmophyllum flabellatum* (Lindley et Hutton) Schimper, 1870

分类位置: 银杏类? (Ginkgophytes?)

扇形掌叶 *Psygmophyllum flabellatum* (Lindley et Hutton) Schimper, 1870

1832 *Noeggerathia flabellatum* Lindley et Hutton, 89 页, 图版 28, 29; 叶; 英国; 晚石炭世。

1870 Schimper, 193 页。

△多裂掌叶 *Psygmophyllum multipartitum* Halle, 1927

1927 Halle, 215 页, 图版 57, 58; 叶; 山西太原; 晚二叠世早期上石盒子组。

中国中生代植物归入此属的最早记录:

多裂掌叶 (比较种) *Psygmophyllum* cf. *multipartitum* Halle

1983 张武等, 81 页, 图版 2, 图 11; 叶; 辽宁本溪林家崴子; 中三叠世林家组。

△拟蕨属 Genus *Pteridiopsis* Zheng et Zhang, 1983

1983b 郑少林、张武, 381 页。

模式种: *Pteridiopsis didaoensis* Zheng et Zhang, 1983

分类位置: 真蕨纲蕨科 (Pteridiaceae, Filicopsida)

△滴道拟蕨 *Pteridiopsis didaoensis* Zheng et Zhang, 1983

1983b 郑少林、张武, 381 页, 图版 1, 图 1—3; 插图 1a—1c; 营养羽片和生殖羽片; 标本号: HDN021—HDN023; 正模: HDN021 (图版 1, 图 1—1d); 黑龙江鸡西滴道; 晚侏罗世滴道组。

△柔弱拟蕨 *Pteridiopsis tenera* Zheng et Zhang,1983

1983b 郑少林、张武,382页,图版2,图1-3;插图2c-2f;营养羽片和生殖羽片;标本号: HDN036-HDN038;正模:HDN036(图版2,图3-3c);黑龙江鸡西滴道;晚侏罗世滴道组。

蕨属 Genus *Pteridium* Scopol,1760

模式种:(现生属)

分类位置:真蕨纲蕨科(Pteridiaceae,Filicopsida)

中国中生代植物归入此属的最早记录:

△大青山蕨 *Pteridium dachingshanense* Wang,1983

1983a 王自强,46页,图版1,图1-9;图版2,图14-22;插图2,3;蕨叶;合模:D6-4663(图版1,图2),D6-4829(图版1,图1),D6-4895(图版1,图9),D6-4888b(图版2,图13),D6-4898(图版2,图14),D6-4891(图版2,图22);标本保存在中国科学院南京地质古生物研究所;内蒙古大青山地区;早白垩世。[注:依据《国际植物命名法规》(《维也纳法规》)第37.2条,1958年起,模式标本只能是1块标本]

枫杨属 Genus *Pterocarya* Kunth,1842

模式种:(现生属)

分类位置:双子叶植物纲胡桃科(Juglandaceae,Dicotyledoneae)

中国中生代植物归入此属的最早记录:

△中华枫杨 *Pterocarya siniptera* Pan,1996(英文发表),1997(中文发表)

1996 潘广,142页,图1-3;果核;标本号:LSJ00845(A,B);正模:LSJ00845B(图1B);标本保存在东北煤田地质局;华北燕辽地区东段(45°58′N,120°21′E);中侏罗世。(英文)

1997 潘广,82页,图1.1-1.8;果核;标本号:LSJ00845(A,B);正模:LSJ00845B(图1B);标本保存在东北煤田地质局;华北燕辽地区东段(45°58′N,120°21′E);中侏罗世。(中文)

侧羽叶属 Genus *Pterophyllum* Brongniart,1828

1828 Brongniart,95页。

模式种:*Pterophyllum longifolium* Brongniart,1828

分类位置:苏铁纲本内苏铁目(Bennettiales,Cycadopsida)

长叶侧羽叶 *Pterophyllum longifolium* Brongniart,1828

1822(1822-1823) *Aigacites filicoides* Schlotheim,图版4,图2;瑞士;晚三叠世。

1828 Brongniart,95页。

中国中生代植物归入此属的最早记录：
等形侧羽叶 *Pterophyllum aequale* (Brongniart) Nathorst, 1878
1825 *Nilssonia aequalis* Brongniart, 219页, 图版12, 图6; 羽叶; 瑞士; 早侏罗世。
1878 Nathorst, 18页, 图版2, 图13; 羽叶; 瑞士; 早侏罗世。
1883 Schenk, 247页, 图版48, 图7; 羽叶; 内蒙古土木路; 侏罗纪。[注: 此标本后改定为 *Pterophyllum richthofeni* Schenk(斯行健、李星学等, 1963)]

△紧挤侧羽叶 *Pterophyllum contiguum* Schenk, 1883
1883 Schenk, 262页, 图版53, 图6; 羽叶; 湖北秭归; 侏罗纪。[注: 此标本后改定为 *Pterophyllum aequale* (Brongniart) Nathorst(斯行健、李星学等, 1963)或 *Tyrmia nathorsti* (Schenk) Ye(吴舜卿等, 1980)]

△那氏侧羽叶 *Pterophyllum nathorsti* Schenk, 1883
1883 Schenk, 261页, 图版53, 图5, 7; 羽叶; 湖北秭归; 侏罗纪。[注: 此标本后改定为 *Tyrmia nathorsti* (Schenk) Ye(吴舜卿等, 1980)]

△李氏侧羽叶 *Pterophyllum richthofeni* Schenk, 1883
1883 Schenk, 247页, 图版47, 图7; 图版48, 图5, 6, 8; 羽叶; 内蒙古土木路; 侏罗纪。

似翅籽树属 Genus *Pterospermites* Heer, 1859
[注: 或译成拟翅籽树属(陶君容、熊宪政, 1986a, b)]
1859 Heer, 36页。
模式种: *Pterospermites vagans* Heer, 1859
分类位置: 双子叶植物纲(Dicotyledoneae)

漫游似翅籽树 *Pterospermites vagans* Heer, 1859
1859 Heer, 36页, 图版109, 图1—5; 翅籽; 瑞士厄辛根; 第三纪。

中国中生代植物归入此属的最早记录：
△黑龙江似翅籽树 *Pterospermites heilongjiangensis* Zhang, 1984
1984 张志诚, 125页, 图版2, 图15; 翅籽; 标本号: MH1086; 正模: MH1086(图版2, 图15); 标本保存在沈阳地质矿产研究所; 黑龙江嘉荫地区; 晚白垩世太平林场组。

△东方似翅籽树 *Pterospermites orientalis* Zhang, 1984
1984 张志诚, 125页, 图版2, 图1; 图版6, 图7; 插图2; 翅籽; 标本号: MH1085, MH1084; 正模: MH1084(图版6, 图7); 标本保存在沈阳地质矿产研究所; 黑龙江嘉荫地区; 晚白垩世太平林场组。

似翅籽树(未定种) *Pterospermites* sp.
1984 *Pterospermites* sp., 张志诚, 126页, 图版6, 图1; 翅籽; 黑龙江嘉荫地区; 晚白垩世永安屯组。

翅似查米亚属 Genus *Pterozamites* Braun,1843

1843(1839－1843)　　Braun,见 Muenster,29 页。

模式种:*Pterozamites scitamineus*(Sternberg) Braun,1843

分类位置:苏铁纲(Cycadopsida)

翅似查米亚 *Pterozamites scitamineus*（Sternberg）Braun,1843

1820－1838　　*Phyllites scitamineaeformis* Sternberg,Sternberg,图版 37,图 2。

1838(1820－1838)　　*Taeniopteris scitaminea* Presl,见 Sternberg,139 页。

1843(1839－1843)　　Braun,见 Muenster,29 页。

中国中生代植物归入此属的最早记录:

△中国翅似查米亚 *Pterozamites sinensis* Newberry,1867

1867(1865)　　Newberry,120 页,图版 9,图 3;羽叶;北京西山桑峪;侏罗纪。[注:此标本后改定为 *Nillsonia* sp.(斯行健、李星学等,1963)]

毛羽叶属 Genus *Ptilophyllum* Morris,1840

1840　　Morris,见 Grant,327 页。

模式种:*Ptilophyllum acutifolium* Morris,1840

分类位置:苏铁纲本内苏铁目(Bennettiales,Cycadopsida)

中国中生代植物归入此属的最早记录:

尖叶毛羽叶 *Ptilophyllum acutifolium* Morris,1840

1840　　Morris,见 Grant,327 页,图版 21,图 1a－3;羽叶;印度卡里亚瓦山脉南部;侏罗纪。

1902－1903　　Zeiller,300 页,图版 56,图 7,7a,8;羽叶;云南太平场;晚三叠世。[注:此标本后改定为 ?*Ptilophyllum pecten*(Phillips) Morris(斯行健、李星学等,1963)]

叉羽叶属 Genus *Ptilozamites* Nathorst,1878

1878　　Nathorst,23 页。

模式种:*Ptilozamites nilssoni* Nathorst,1878

分类位置:种子蕨纲(Pteridospermopsida)

尼尔桑叉羽叶 *Ptilozamites nilssoni* Nathorst,1878

1878　　Nathorst,23 页,图版 3,图 1－5,8;羽叶;瑞典赫加奈斯;晚三叠世(Rhaetic)。

中国中生代植物归入此属的最早记录:

△中国叉羽叶 *Ptilozamites chinensis* Hsu,1954

1954　　徐仁,54 页,图版 48,图 6;图版 53,图 1;羽叶;湖南醴陵;晚三叠世。

皱囊蕨属 Genus *Ptychocarpus* Weiss C E,1869

1869(1869—1872)　Weiss C E,95 页。

模式种:*Ptychocarpus hexastichus* Weiss C E,1869

分类位置:真蕨纲(Filicopsida)

哈克萨斯蒂库皱囊蕨 *Ptychocarpus hexastichus* Weiss C E,1869

1869(1869—1872)　Weiss C E,95 页,图版 11,图 2;生殖蕨叶;莱因普鲁士布莱滕巴赫;晚石炭世。

中国中生代植物归入此属的最早记录:

皱囊蕨(未定种) *Ptychocarpus* sp.

1991　*Ptychocarpus* sp.,北京市地质矿产局,图版 11,图 4;蕨叶;北京八大处大悲寺;晚二叠世—中三叠世双泉组大悲寺段。(注:原文仅有图版)

蒲逊叶属 Genus *Pursongia* Zalessky,1937

1937　Zalessky,13 页。

模式种:*Pursongia amalitzkii* Zalessky,1937

分类位置:种子蕨纲?(Pteridospermopsida?)

阿姆利茨蒲逊叶 *Pursongia amalitzkii* Zalessky,1937

1937　Zalessky,13 页;插图 1;形似舌羊齿类的叶部化石;俄罗斯乌拉尔;二叠纪。

中国中生代植物归入此属的最早记录:

蒲逊叶?(未定种) *Pursongia*? sp.

1990　*Pursongia*? sp.,吴舜卿、周汉忠,454 页,图版 4,图 6,6a;蕨叶;新疆库车;早三叠世俄霍布拉克组。

△琼海叶属 Genus *Qionghaia* Zhou et Li,1979

1979　周志炎、厉宝贤,454 页。

模式种:*Qionghaia carnosa* Zhou et Li,1979

分类位置:不明或本内苏铁类?(incertae sedis or Bennettitales?)

△肉质琼海叶 *Qionghaia carnosa* Zhou et Li,1979

1979　周志炎、厉宝贤,454 页,图版 2,图 21,21a;大孢子叶;登记号:PB7618;标本保存在中国科学院南京地质古生物研究所;海南琼海九曲江新华村;早三叠世岭文群(九曲江组)。

栎属 Genus *Quercus* Linné,1753

模式种:(现生属)

分类位置:双子叶植物纲壳斗科(Fagaceae,Dicotyledoneae)

中国中生代植物归入此属的最早记录:
△圆叶栎 *Quercus orbicularis* Geng,1982
1982　耿国仓,见耿国仓、陶君容,117页,图版1,图8—10;叶;标本号:51836,51839,51911;西藏昂仁吉松;晚白垩世一始新世秋乌组。(注:原文未指定模式标本)

奎氏叶属 Genus *Quereuxia* Kryshtofovich,1953
1953　Kryshtofovich,23页。
模式种:*Quereuxia angulata* Kryshtofovich,1953
分类位置:双子叶植物纲菱科(Hydrocaryaceae,Dicotyledoneae)

中国中生代植物归入此属的最早记录:
具棱奎氏叶 *Quereuxia angulata* Kryshtofovich,1953
1953　Kryshtofovich,23页,图版3,图1,11;叶;苏联;白垩纪。
1984　张志诚,127页,图版4,图7;图版7,图2—6;图版8,图5;叶;黑龙江嘉荫地区;晚白垩世永安屯组和太平林场组。〔注:此标本后改定为 *Trapa angulata*(Newberry)Brown(郑少林、张莹,1994)〕

△辐叶属 Genus *Radiatifolium* Meng,1992
1992　孟繁松,705,707页。
模式种:*Radiatifolium magnusum* Meng,1992
分类位置:银杏类?(Ginkgophytes?)

△大辐叶 *Radiatifolium magnusum* Meng,1992
1992　孟繁松,705,707页,图版1,图1,2;图版2,图1,2;叶;登记号:P86020—P86024;正模:P86020(图版1,图1);标本保存在宜昌地质矿产研究所;湖北南漳东巩;晚三叠世九里岗组。

似根属 Genus *Radicites* Potonie,1893
1893　Potonie,261页。
模式种:*Radicites capillacea*(Lindley et Hutton)Potonie,1893
分类位置:楔叶纲?(Sphenopsida?)

毛发似根 *Radicites capillacea*(Lindley et Hutton)Potonie,1893
1831(1831—1837)　*Pinnulalia capillacea* Lindley et Hutton,81页,图版111;可能为芦木类的根部化石;英国;石炭纪。
1893　Potonie,261页,图版34,图2;可能为芦木类的根部化石;英国;石炭纪。

中国中生代植物归入此属的最早记录：
似根（未定种）Radicites sp.
1956a *Radicites* sp.，斯行健，62，167 页，图版 56，图 6，7；根部化石；陕西宜君四郎庙炭河沟；晚三叠世延长层上部。

毛茛果属 Genus *Ranunculaecarpus* Samylina，1960
1960　Samylina，336 页。

模式种：*Ranunculaecarpus quiquecarpellatus* Samylina，1960

分类位置：双子叶植物毛茛科（Ranunculaceae，Dicotyledoneae）

五角形毛茛果 *Ranunculaecarpus quiquecarpellatus* Samylina，1960
1960　Samylina，336 页，图版 1，图 3－5；果实；俄罗斯西伯利亚科累马河流域；早白垩世。

中国中生代植物归入此属的最早记录：
毛茛果（未定种）*Ranunculaecarpus* sp.
1997　*Ranunculaecarpus* sp.，刘裕生，73 页，图版 5，图 9；果实；香港在鹏湾平洲岛；晚白垩世平洲组。（注：原文拼写为 *Ranunculicarpus* sp.）

△毛茛叶属 Genus *Ranunculophyllum* ex Tao et Zhang，1990，emend Wu，1993
[注：此属名为陶君容、张川波（1990）首次使用，但未注明是新属名（吴向午，1993a）]

1990　陶君容、张川波，221，226 页

1993a　吴向午，31，232 页。

1993b　吴向午，508，517 页。

模式种：*Ranunculophyllum pinnatisctum* Tao et Zhang，1990

分类位置：双子叶植物毛茛科（Ranunculaceae，Dicotyledoneae）

△羽状全裂毛茛叶 *Ranunculophyllum pinnatisctum* Tao et Zhang，1990
1990　陶君容、张川波，221，226 页，图版 2，图 4；插图 3；叶；标本号：$K_1 d_{41-9}$；标本保存在中国科学院植物研究所；吉林延吉；早白垩世大拉子组。

1993a　吴向午，31，232 页。

1993b　吴向午，508，517 页。

毛茛属 Genus *Ranunculus* Linné
模式种：（现生属）

分类位置：双子叶植物毛茛科（Ranunculaceae，Dicotyledoneae）

中国中生代植物归入此属的最早记录：
△热河毛茛 *Ranunculus jeholensis*（Yabe et Endo）Miki，1964
1935　*Potamogeton jeholensis* Yabe et Endo，274 页，图 1，2，5；枝叶；河北凌源（热河）；早白垩

世狼鳍鱼层。

1964 Miki,19页;插图;枝叶;河北凌源(热河);晚侏罗世狼鳍鱼层。

拉发尔蕨属 Genus *Raphaelia* Debey et Ettingshausen,1859

1859 Debey,Ettingshausen,220页。

模式种:*Raphaelia nueropteroides* Debey et Ettingshausen,1859

分类位置:真蕨纲(Filicopsida)

脉羊齿型拉发尔蕨 *Raphaelia nueropteroides* Debey et Ettingshausen,1859

1859 Debey,Ettingshausen,220页,图版4,图23—28;图版5,图18—20;蕨叶碎片;莱因普鲁士阿亨;晚白垩世。

中国中生代植物归入此属的最早记录:

△狄阿姆拉发尔蕨 *Raphaelia diamensis* Seward,1911

1911 Seward,15,44页,图版2,图28,28A,29,29A;蕨叶;新疆准噶尔盆地(Diam River);早侏罗世—中侏罗世。

△热河似查米亚属 Genus *Rehezamites* Wu S,1999(中文发表)

1999a 吴舜卿,15页。

模式种:*Rehezamites anisolobus* Wu S,1999

分类位置:苏铁纲本内苏铁目?(Bennettitales?,Cycadopsida)

△不等裂热河似查米亚 *Rehezamites anisolobus* Wu S,1999(中文发表)

1999a 吴舜卿,15页,图版8,图1,1a;羽叶;采集号:AEO-187;登记号:PB18265;标本保存在中国科学院南京地质古生物研究所;中国辽宁北票上园黄半吉沟;晚侏罗世义县组下部尖山沟层。

热河似查米亚(未定种) *Rehezamites* sp.

1999a *Rehezamites* sp.,吴舜卿,15页,图版7,图1,1a;羽叶;中国辽宁北票上园黄半吉沟;晚侏罗世义县组下部尖山沟层。

△网格蕨属 Genus *Reteophlebis* Lee et Tsao,1976

1976 李佩娟、曹正尧,见李佩娟等,102页。

模式种:*Reteophlebis simplex* Lee et Tsao,1976

分类位置:真蕨纲紫萁科(Osmundaceae,Filicopsida)

△单式网格蕨 *Reteophlebis simplex* Lee et Tsao,1976

1976 李佩娟、曹正尧,见李佩娟等,102页,图版10,图3—8;图版11;图版12,图4,5;插图3-2;裸羽片和实羽片;登记号:PB5203—PB5214,PB5218,PB5219;正模:PB5214(图版11,图8);标本保存在中国科学院南京地质古生物研究所;云南禄丰一平浪;晚三叠世一平浪组干海子段。

棒状茎属 Genus *Rhabdotocaulon* Fliche, 1910

1910　Fliche, 257 页。

模式种: *Rhabdotocaulon zeilleri* Fliche, 1910

分类位置: 不明(incertae sedis)

蔡氏棒状茎 *Rhabdotocaulon zeilleri* Fliche, 1910

1910　Fliche, 257 页, 图版 25, 图 5; 茎干; 法国孚日山脉; 晚三叠世(Keuper)。

中国中生代植物归入此属的最早记录:

棒状茎(未定种) *Rhabdotocaulon* sp.

1990　*Rhabdotocaulon* sp., 吴舜卿、周汉忠, 455 页, 图版 2, 图 6; 茎干; 新疆库车; 早三叠世俄霍布拉克组。

扇羊齿属 Genus *Rhacopteris* Schimper, 1869

1869(1869—1874)　Schimper, 482 页。

模式种: *Rhacopteris elegans* (Ettingshausen) Schimper, 1869

分类位置: 种子蕨纲(Pteridospermopsida)

华丽扇羊齿 *Rhacopteris elegans* (Ettingshausen) Schimper, 1869

1852　*Asplenites elegans* Ettingshausen, 蕨叶; 欧洲; 早石炭世。

1869(1869—1874)　Schimper, 482 页; 蕨叶; 欧洲; 早石炭世。

中国中生代植物归入此属的最早记录:

△高腾? 扇羊齿 *Rhacopteris? gothani* Sze, 1933

1933　斯行健, 42 页, 图版 11, 图 1—3; 蕨叶; 江西萍乡; 晚三叠世晚期。[注: 此标本后改定为 *Drepanozamites nilssoni* Harris(Harris, 1937)]

似鼠李属 Genus *Rhamnites* Forbes, 1851

1851　Forbes, 103 页。

模式种: *Rhamnites multinervatus* Forbes, 1851

分类位置: 双子叶植物纲鼠李科(Rhamnaceae, Dicotyledoneae)

多脉似鼠李 *Rhamnites multinervatus* Forbes, 1851

1851　Forbes, 103 页, 图版 3, 图 2; 叶; 英国苏格兰马尔岛; 中新世。

中国中生代植物归入此属的最早记录:

显脉似鼠李 *Rhamnites eminens* (Dawson) Bell, 1957

1894　*Diospyros eminens* Dawson, 62 页, 图版 10, 图 40。

系统记录　165

1957 Bell,62页,图版44,图1;图版46,图1—3,5;图版48,图1—5;图版49,图1—4;图版50,图5;图版56,图5;叶;不列的哥伦比亚;晚白垩世。
1975 郭双兴,419页,图版3,图4,7;叶;西藏日喀则扎西林;晚白垩世日喀则群。

鼠李属 Genus *Rhamnus* Linné,1753

模式种:(现生属)

分类位置:双子叶植物纲鼠李科(Rhamnaceae,Dicotyledoneae)

中国中生代植物归入此属的最早记录:

△尚志鼠李 *Rhamnus shangzhiensis* Tao et Zhang,1980

1980 张志诚,335页,图版196,图2,6;图版197,图4;叶;登记号:D628,D629;标本保存在沈阳地质矿产研究所;黑龙江尚志费家街;晚白垩世孙吴组。(注:原文未指定模式标本)

针叶羊齿属 Genus *Rhaphidopteris* Barale,1972

1972 Barale,1011页。

模式种:*Rhaphidopteris astartensis* (Harris) Barale,1972

分类位置:种子蕨纲(Pteridospermopsida)

阿斯塔脱针叶羊齿 *Rhaphidopteris astartensis* (Harris) Barale,1972

1932 *Stenopteris astartensis* Harris,77页,插图32;羽叶和角质层;东格陵兰斯科斯比湾;晚三叠世(*Lepidopteris*层)。
1972 Barale,1011页;东格陵兰斯科斯比湾;晚三叠世(*Lepidopteris*层)。

中国中生代植物归入此属的最早记录:

△皱纹针叶羊齿 *Rhaphidopteris rugata* Wang,1984

1984 王自强,254页,图版131,图5—9;羽叶;登记号:P0144—P0147;合模:P0144(图版131,图5),P0147(图版131,图9);标本保存在中国科学院南京地质古生物研究所;河北平泉;早侏罗世甲山组。[注:依据《国际植物命名法规》《维也纳法规》第37.2条,1958年起,模式标本只能是1块标本]

纵裂蕨属 Genus *Rhinipteris* Harris,1931

1931 Harris,58页。

模式种:*Rhinipteris concinna* Harris,1931

分类位置:真蕨纲合囊蕨科(Marattiaceae Filicopsida)

美丽纵裂蕨 *Rhinipteris concinna* Harris,1931

1931 Harris,58页,图版12,13;生殖叶;东格陵兰斯科斯比湾;晚三叠世(*Lepidopteris*层)。

中国中生代植物归入此属的最早记录：
美丽纵裂蕨（比较种）*Rhinipteris* cf. *concinna* Harris
1966　吴舜卿,234 页,图版 1,图 4,4a,4b;实羽片;贵州安龙龙头山;晚三叠世。

扇状枝属 Genus *Rhipidiocladus* Prynada,1956
1956　Prynada,见 Kipariaova 等,249 页。
模式种:*Rhipidiocladus flabellata* Prynada,1956
分类位置:松柏纲(Coniferopsida)

中国中生代植物归入此属的最早记录：
小扇状枝 *Rhipidiocladus flabellata* Prynada,1956
1956　Prynada,见 Kipariaova 等,249 页,图版 42,图 3—9;枝叶;黑龙江流域布列英河;早白垩世。
1978　杨学林等,图版 3,图 6;枝叶;吉林蛟河杉松;早白垩世磨石砬子组。（注：原文仅有图版）
1980　李星学、叶美娜,9 页,图版 5,图 3,4(?),5(?);枝叶;吉林蛟河杉松;早白垩世磨石砬子组。
1980　张武等,305 页,图版 189,图 4,5;枝叶;吉林蛟河;早白垩世磨石砬子组。

△渐尖扇状枝 *Rhipidiocladus acuminatus* Li et Ye,1980
1980　李星学、叶美娜,10 页,图版 1,图 6;图版 3,图 5;长、短枝和角质层;登记号:PB8965;正模:PB8965(图版 1,图 6);标本保存在中国科学院南京地质古生物研究所;吉林蛟河杉松;早白垩世磨石砬子组。
1980　张武等,305 页,图版 191,图 9;枝叶;吉林蛟河;早白垩世磨石砬子组。

科达似查米亚属 Genus *Rhiptozamites* Schmalhausen,1879
1879　Schmalhausen,32 页。
模式种:*Rhiptozamites goeppertii* Schmalhausen,1879
分类位置:科达纲(Cordaitopsida)

中国中生代植物归入此属的最早记录：
葛伯特科达似查米亚 *Rhiptozamites goeppertii* Schmalhausen,1879
1879　Schmalhausen,32 页,图版 4,图 2—4;科达叶;俄罗斯;二叠纪。
1906　Krasser,616 页,图版 4,图 9,10;科达叶;吉林火石岭;侏罗纪。

△根状茎属 Genus *Rhizoma* Wu S Q,1999（中文发表）
1999　吴舜卿,24 页。
模式种:*Rhizoma elliptica* Wu S Q,1999

分类位置：双子叶植物纲睡莲科（Nymphaceae，Dicotyledoneae）

△椭圆形根状茎 *Rhizoma elliptica* Wu S Q,1999（中文发表）

1999　吴舜卿,24 页,图版 16,图 9,10;根状茎;采集号:AEO-100,AEO-197;登记号:PB18322,PB18323;标本保存在中国科学院南京地质古生物研究所;辽西北票上园黄半吉沟;晚侏罗世义县组下部尖山沟层。（注：原文未指定模式标本）

根茎蕨属 Genus *Rhizomopteris* Schimper,1869

1869　Schimper,699 页。
模式种：*Rhizomopteris lycopodioides* Schimper,1869
分类位置：真蕨纲（Filicopsida）

石松型根茎蕨 *Rhizomopteris lycopodioides* Schimper,1869

1869　Schimper,699 页,图版 2;蕨类植物根茎(?);德国德累斯顿附近;石炭纪。

中国中生代植物归入此属的最早记录：

根茎蕨（未定种） *Rhizomopteris* sp.

1911　*Rhizomopteris* sp.,Seward,12,40 页,图版 1,图 14（右）;图版 2,图 16;根茎;新疆准噶尔盆地（Kobuk River）;早侏罗世—中侏罗世。

△拟片叶苔属 Genus *Riccardiopsis* Wu et Li,1992

1992　吴向午、厉宝贤,268,276 页。
模式种：*Riccardiopsis hsüi* Wu et Li,1992
分类位置：苔纲（Hepaticae）

△徐氏拟片叶苔 *Riccardiopsis hsüi* Wu et Li,1992

1992　吴向午、厉宝贤,265,275 页,图版 4,图 5,6;图版 5,图 1－4A,4a;图版 6,图 4－6a;插图 5;叶状体;采集号:ADN41-03,ADN41-06,ADN41-07;登记号:PB15472－PB15479;正模:PB15475（图版 5,图 2）;标本保存在中国科学院南京地质古生物研究所;河北蔚县涌泉庄附近;中侏罗世乔儿涧组。

△日蕨属 Genus *Rireticopteris* Hsu et C N Chu,1974

1974　徐仁、朱家柟,见徐仁等,269 页。
模式种：*Rireticopteris microphylla* Hsu et Chu,1974
分类位置：真蕨纲?（Filicopsida?）

△小叶日蕨 *Rireticopteris microphylla* Hsu et C N Chu,1974

1974　徐仁、朱家柟,见徐仁等,269 页,图版 1,图 7－9;图版 2,图 1－4;图版 3,图 1;插图 1;蕨叶;编号:N.2785,N.2839,N.825,N.830;合模:N.2785（图版 1,图 7）,N.2839（图版 1,图 8）;标本保存在中国科学院植物研究所;云南永仁纳拉箐;晚三叠世大荞地组;四川渡口太平场;晚三叠世大箐组底部。[注:依据《国际植物命名法规》(《维也纳法规》)第37.2条,1958年起,模式标本只能是1块标本]

鬼灯檠属 Genus *Rogersia* Fontaine,1889
[注:或译成诺杰斯属(陶君容、张川波,1990)]
1889　Fontaine,287 页。
模式种:*Rogersia longifolia* Fontaine,1889
分类位置:双子叶植物纲山龙眼科(Protiaceae,Dicotyledoneae)

长叶鬼灯檠 *Rogersia longifolia* Fontaine,1889
1889　Fontaine,287 页,图版 139,图 6;图版 144,图 2;图版 150,图 1;图版 159,图 1,2;叶;美国弗吉尼亚波托马克;早白垩世波托马克群。

中国中生代植物归入此属的最早记录:

窄叶鬼灯檠 *Rogersia angustifolia* Fontaine,1889
1889　Fontaine,288 页,图版 143,图 2;图版 149,图 4,8;图版 150,图 2-7;叶;美国弗吉尼亚波托马克;早侏罗世波托马克群。
1980　张志诚,339 页,图版 190,图 9;叶;吉林延吉大拉子;早白垩世大拉子组。

隐脉穗属 Genus *Ruehleostachys* Roselt,1955
1955　Roselt,87 页。
模式种:*Ruehleostachys pseudarticulatus* Roselt,1955
分类位置:松柏纲(Coniferopsida)

假有节隐脉穗 *Ruehleostachys pseudarticulatus* Roselt,1955
1955　Roselt,87 页,图版 1,2;雄性繁殖器官;德国图林根;三叠纪(Lower Keuper)。

中国中生代植物归入此属的最早记录:

△红崖头?隐脉穗 *Ruehleostachys? hongyantouensis* (Wang Z Q) Wang Z Q et Wang L X,1990
1984　*Willsiostrobus hongyantouensis* Wang,王自强,291 页,图版 108,图 8-10;雄性花穗;登记号:P0017;正模:P0017(图版 108,图 8);标本保存在中国科学院南京地质古生物研究所;山西榆社屯村;早三叠世刘家沟组;山西榆社红崖头;早三叠世和尚沟组。
1990a　王自强、王立新,132 页,图版 7,图 5,6;图版 14,图 7;雄性花穗;山西榆社红崖头、和顺马坊;早三叠世和尚沟组下段。

鲁福德蕨属 Genus *Ruffordia* Seward,1849
1849　Seward,76 页。
模式种:*Ruffordia goepperti* (Dunker) Seward,1849

分类位置：真蕨纲海金沙科（Schizaceae，Filicopsida）

葛伯特鲁福德蕨 *Ruffordia goepperti* (Dunker) Seward，1849

1846　*Sphenopteris goepperti* Dunker，4页，图版1，图6；图版9，图1—3；蕨叶；西欧；早白垩世。

1849　Seward，76页，图版3，图5，6；图版4；图版5；图版6，图1；营养叶和生殖叶；英国；早白垩世（Wealden）。

中国中生代植物归入此属的最早记录：

葛伯特鲁福德蕨（楔羊齿） *Ruffordia* (*Sphenopteris*) *goepperti* (Dunker) Seward

1950　Ôishi，42页；蕨叶；辽宁阜新和黑龙江密山；晚侏罗世—早白垩世。

葛伯特鲁福德蕨（楔羊齿）（比较属种）Cf. *Ruffordia* (*Sphenopteris*) *goepperti* (Dunker) Seward

1954　徐仁，48页，图版42，图5；蕨叶；福建永安；早白垩世板头系。[注：此标本后改定为 Cf. *Ruffordia goepperti* (Dunker) Seward（斯行健、李星学等，1963）]

△似圆柏属 Genus *Sabinites* Tan et Zhu，1982

1982　谭琳、朱家楠，153页。

模式种：*Sabinites neimonglica* Tan et Zhu，1982

分类位置：松柏纲柏科（Cupressaceae，Coniferopsida）

△内蒙古似圆柏 *Sabinites neimonglica* Tan et Zhu，1982

1982　谭琳、朱家楠，153页，图版39，图2—6；小枝和球果；登记号：GR40，GR65，GR67，GR87，GR103；正模：GR87（图版39，图4，4a）；副模：GR65（图版39，图3，3a）；内蒙古固阳小三分子村东；早白垩世固阳组。

△纤细似圆柏 *Sabinites gracilis* Tan et Zhu，1982

1982　谭琳、朱家楠，153页，图版40，图1，2；小枝和球果；登记号：GR09，GR66；正模：GR09（图版40，图1）；副模：GR66（图版40，图2）；内蒙古固阳小三分子村东；早白垩世固阳组。

鱼网叶属 Genus *Sagenopteris* Presl，1838

1838(1820—1838)　Presl，见 Sernberg，165页。

模式种：*Sagenopteris nilssoniana* (Brongniart) Ward，1900[注：此模式种由 Harris(1932，5页)指定，最初的模式种为 *Sagenopteris rhoiifolia* Presl，见 Sternberg，1838(1820—1838)]

分类位置：种子蕨纲（Pteridospermopsida）

尼尔桑鱼网叶 *Sagenopteris nilssoniana* (Brongniart) Ward，1900

1825　*Filicite nilssoniana* Brongniart，218页，图版12，图1；英国；侏罗纪。

1900　Ward，352页；英国；侏罗纪。

中国中生代植物归入此属的最早记录：
△网状？鱼网叶 *Sagenopteris? dictyozamioides* Sze,1945
1945　斯行健,49页;插图19;蕨叶;福建永安;早白垩世板头系。[注:此标本后改定为 *Dictyozamites dictyozamioides*（Sze）Cao(曹正尧,1994)]

△永安鱼网叶 *Sagenopteris yunganensis* Sze,1945
1945　斯行健,47页;插图20;蕨叶;福建永安;早白垩世板头系。

萨尼木属 Genus *Sahnioxylon* Bose et Sahni,1954,emend Zheng et Zhang,2005（英文发表）
1954　Bose,Sahni,1页。
2005　郑少林、张武,见郑少林等,211页。
模式种:*Sahnioxylon rajmahalense*（Sahni）Bose et Sahni,1954
分类位置:苏铁类？或被子植物?（Cycadophytes? or angiospermous?）

中国中生代植物归入此属的最早记录：
拉杰马哈尔萨尼木 *Sahnioxylon rajmahalense*（Sahni）Bose et Sah,1954
1932　*Homoxylon rajmahalense* Sahni,1页,图版1,2;木化石(与木兰科的同质木材比较);印度拉杰马哈尔山;侏罗纪。
1954　Bose et Sahni,1页,图版1;木化石;印度拉杰马哈尔;侏罗纪。
2005　郑少林、张武,见郑少林等,212页,图版1,图A-E;图版2,图A-D;木化石;辽宁北票长皋和巴图营;中侏罗世髫髻组。

柳叶属 Genus *Saliciphyllum* Conwentz,1886（non Fontaine,1889）
1886　Conwentz,44页。
模式种:*Saliciphyllum succineum* Conwentz,1886
分类位置:双子叶植物纲杨柳科（Salicaceae,Dicotyledoneae）

琥珀柳叶 *Saliciphyllum succineum* Conwentz,1886
1886　Conwentz,44页,图版4,图17-19;叶;西普鲁士;第三纪。

柳叶属 Genus *Saliciphyllum* Fontaine,1889（non Conwentz,1886）
(注:此属名为 *Saliciphyllum* Conwentz,1886的晚出同名)
1889　Fontaine,302页。
模式种:*Saliciphyllum longifolium* Fontaine,1889
分类位置:双子叶植物纲杨柳科（Salicaceae,Dicotyledoneae）

长叶柳叶 *Saliciphyllum longifolium* Fontaine,1889
1889　Fontaine,302页,图版150,图12;叶;美国弗吉尼亚波托马克;早侏罗世波托马克群。

中国中生代植物归入此属的最早记录：
柳叶（未定种） *Saliciphyllum* **sp.**
1984   *Saliciphyllum* sp.,郭双兴,86页,图版1,图3,7;叶;黑龙江安达喇嘛甸子;晚白垩世青山口组;黑龙江杜尔伯达;晚白垩世青山口组上部。

柳属 Genus *Salix* Linné,1753
模式种:(现生属)
分类位置:双子叶植物纲杨柳科(Salicaceae,Dicotyledoneae)

米克柳 *Salix meeki* Newberry,1868
1868   Newberry,19页;北美;早白垩世(Sadstone)。
1898   Newberry,58页,图版2,图3;叶;北美内布拉斯加;白垩纪(Dakota Group)。

中国中生代植物归入此属的最早记录：
米克柳（比较种）*Salix* cf. *meeki* Newberry
1975   郭双兴,415页,图版1,图1,1a;叶;西藏日喀则扎西林;晚白垩世日喀则群。

槐叶萍属 Genus *Salvinia* Adanson,1763
模式种:(现生属)
分类位置:真蕨纲槐叶萍目槐叶萍科(Salviniaceae,Salviniales,Filicopsida)

中国中生代植物归入此属的最早记录：
槐叶萍（未定种）*Salvinia* sp.
1927   *Salvinia* sp.,Yabe,Endo,115页;插图3a—3d;蕨叶;辽宁本溪(Honkeiko Coal Field);晚白垩世(Honkeiko Group)。

拟翅籽属 Genus *Samaropsis* Goeppert,1864
1864—1865   Goeppert,177页。
模式种:*Samaropsis ulmiformis* Goeppert,1864
分类位置:裸子植物(Gymnospermae)

榆树形拟翅籽 *Samaropsis ulmiformis* Goeppert,1864
1864—1865   Goeppert,177页,图版10,11;翅子;波希米亚;二叠纪。

中国中生代植物归入此属的最早记录：
拟翅籽（未定种）*Samaropsis* sp.
1927b   *Samaropsis* sp.,Halle,16页,图版5,图11;翅籽;四川会理柳树塘;中生代。

拟无患子属 Genus *Sapindopsis* Fontaine,1889
［注：或译成木患叶属（陶君容、张川波,1990）］
1889　Fontaine,296 页。
模式种：*Sapindopsis cordata* Fontaine,1889
分类位置：双子叶植物纲无患子科（Sapindaceae,Dicotyledoneae）

心形拟无患子 *Sapindopsis cordata* Fontaine,1889
1889　Fontaine,296 页,图版 147,图 1；叶；美国弗吉尼亚；早白垩世波托马克群。

中国中生代植物归入此属的最早记录：
变异拟无患子（比较种）*Sapindopsis* cf. *variabilis* Fontaine,1889
1980　张志诚,333 页,图版 193,图 1；枝叶；吉林延吉大拉子；早白垩世大拉子组。

檫木属 Genus *Sassafras* Boemer,1760
模式种：（现生属）
分类位置：双子叶植物纲樟科（Lauraceae,Dicotyledoneae）

中国中生代植物归入此属的最早记录：
檫木（未定种）*Sassafras* sp.
1990　*Sassafras* sp.,陶君容、张川波,227 页,图版 2,图 5；插图 5；叶；吉林延吉；早白垩世大拉子组。

斯卡伯格穗属 Genus *Scarburgia* Harris,1979
1979　Harris,89 页。
模式种：*Scarburgia hilli* Harris,1979
分类位置：松柏纲（Coniferopsida）

希尔斯卡伯格穗 *Scarburgia hilli* Harris,1979
1979　Harris,89 页,图版 5,图 10—17；图版 6；插图 41,42；松柏类繁殖器官；英国约克郡；中侏罗世。

中国中生代植物归入此属的最早记录：
△三角斯卡伯格穗 *Scarburgia triangularis* Meng,1988
1988　孟祥营,见陈芬等,85,162 页,图版 58,图 10,11；图版 59,图 1,1a,2；图版 69,图 6；插图 20；雌果穗；标本号：Fx271－Fx274,Tf91；标本保存在武汉地质学院北京研究生部；辽宁阜新、铁法；早白垩世阜新组和小明安碑组。（注：原文未指定模式标本）

五味子属 Genus *Schisandra* Michaux,1803

模式种:(现生属)

分类位置:双子叶植物纲木栏科五味子亚科(Schisandronideae,Magnoliaceae,Dicotyledoneae)

中国中生代植物归入此属的最早记录:

△**杜尔伯达五味子 *Schisandra durbudensis* Guo,1984**

1984　郭双兴,87页,图版1,图2,2a;叶;登记号:PB10362;标本保存在中国科学院南京地质古生物研究所;黑龙江杜尔伯达;晚白垩世青山口组上部。

裂鳞果属 Genus *Schizolepis* Braum F,1847

1847　Braum F,86页。

模式种:*Schizolepis liaso-keuperinus* F Braum,1847

分类位置:松柏纲(Coniferopsida)

侏罗-三叠裂鳞果 *Schizolepis liaso-keuperinus* Braum F,1847

1847　Braum F,86页;松柏类果鳞;德国;晚三叠世(Rhaetian)。[注:此种后被Schenk描述为*Schizolepis braunii* Schenk,1867(1865－1867),179页,图版44,图1－8]

中国中生代植物归入此属的最早记录:

缪勒裂鳞果 *Schizolepis moelleri* Seward,1907

1907　Seward,39页,图版7,图64－66;种鳞;中亚费尔干;侏罗纪。

1933c　斯行健,72页,图版10,图9,10;果鳞;甘肃武威北达板;早、中侏罗世。

裂脉叶属 Genus *Schizoneura* Schimper et Mougeot,1844

1844　Schimper,Mougeot,50页。

模式种:*Schizoneura paradoxa* Schimper et Mougeot,1844

分类位置:楔叶纲木贼目(Equisetales,Sphenopsida)

奇异裂脉叶 *Schizoneura paradoxa* Schimper et Mougeot,1844

1844　Schimper,Mougeot,50页,图版24－26;具节茎和营养器官;德国牟罗兹(Mulhouse,Germany);早三叠世。

中国中生代植物归入此属的最早记录:

裂脉叶(未定种) *Schizoneura* sp.

1885　*Schizoneura* sp.,Schenk,174(12)页,图版14(2),图10;图版15(3),图7;茎干;四川黄泥堡(Hoa-ni-pu);早侏罗世(?)。[注:此标本后改定为*Neocalamites* sp.(斯行健、李星学等,1963)]

裂脉叶-具刺孢穗属 Genus *Schizoneura-Echinostachys* Grauvosel-Stamm, 1978

1978 Grauvosel-Stamm, 24, 51 页。

模式种: *Schizoneura-Echinostachys paradoxa* (Schimper et Mougeot) Grauvosel-Stamm, 1978

分类位置:楔叶纲木贼目裂脉叶科(Schizoneuraceae, Equisetales, Sphenopsida)

中国中生代植物归入此属的最早记录:

奇异裂脉叶-具刺孢穗 *Schizoneura-Echinostachys paradoxa* (Schimper et Mougeot) Grauvosel-Stamm, 1978

1844 *Schizoneura paradoxa* Schimper et Mougeot, 50 页, 图版 24 – 26;有节类茎干和生殖器官;德国牟罗兹(Mulhouse, Germany);早三叠世。

1978 Grauvosel-Stamm, 24, 51 页, 图版 6 – 13;插图 5 – 8;有节类茎干和生殖器官;法国孚日;三叠纪。

1986b 郑少林、张武, 177 页, 图版 2, 图 1 – 10;图版 3, 图 16, 17;有节类茎干及孢子囊穗;辽宁西部喀左杨树沟;早三叠世红砬组。

金松型木属 Genus *Sciadopityoxylon* Schmalhausen, 1879

1879 Schmalhausen, 40 页。

模式种: *Sciadopityoxylon vestuta* Schmalhausen, 1879(注:最早附图发表的种是 *Sciadopityoxylon wettsteini* Jurasky, 1828)

分类位置:松柏纲杉科(木化石)[Taxodiaceae, Coniferopsida (fossil wood)]

具罩金松型木 *Sciadopityoxylon vestuta* Schmalhausen, 1879

1879 Schmalhausen, 40 页;木化石;与 *Sciadopiyes* (Taxodiaceae)类同;俄罗斯(Halbinsel, Mangyschlak);侏罗纪。

中国中生代植物归入此属的最早记录:

△平壤金松型木 *Sciadopityoxylon heizyoense* (Shimahura) Zhang et Zheng, 2000(中文和英文发表)

1935 – 1936 *Phyllocladoxylon heizyoense* Shimahura, 281(15)页, 图版 16(5), 图 4 – 6;图版 17(6), 图 1 – 5;插图 5(?);木材化石;朝鲜平安南道;早、中侏罗世(Daido Formation)。

2000b 张武等, 93, 96 页, 图版 3, 图 5 – 7;木化石;辽宁凌源南营子龙凤沟煤矿;早侏罗世北票组。

△辽宁金松型木 *Sciadopityoxylon liaoningensis* Ding, 2000(中文和英文发表)

2000a 丁秋红等, 284, 287 页, 图版 1, 图 1 – 5;图版 2, 图 1 – 4;木化石;模式标本:阜1(Fu-1)(图版 1, 图 1 – 5;图版 2, 图 1 – 4);标本保存在沈阳地质矿产研究所;辽宁阜新煤矿;早白垩世阜新组。

硬蕨属 Genus *Scleropteris* Saport,1872 (non Andrews H N,1942)

1872(1872a—1873)　Saporta,370 页。

模式种：*Scleropteris pomelii* Saport,1872

分类位置：真蕨纲(Filicopsida)

帕氏硬蕨 *Scleropteris pomelii* Saport,1872

1872(1872a—1873)　Saporta,370 页,图版 46,图 1;图版 47,图 1,2;营养蕨叶;法国凡尔登附近;侏罗纪。

中国中生代植物归入此属的最早记录：

△西藏硬蕨 *Scleropteris tibetica* Tuan et Chen,1977

1977　段淑英等,116 页,图版 2,图 1—4a;蕨叶;标本号:6590,6593,6760—6775;合模:6591(图版 2,图 4),6766(图版 2,图 1),6771(图版 2,图 2);标本保存在中国科学院植物研究所;西藏拉萨牛马沟;早白垩世。[注:依据《国际植物命名法规》(《维也纳法规》)第 37.2 条,1958 年起,模式标本只能是 1 块标本]

硬蕨属 Genus *Scleropteris* Andrews,1942 (non Saport,1872)

(注:此属名为 *Scleropteris* Saport,1872 的晚出同名)

1942　Andrews,3 页。

模式种：*Scleropteris illinoienses* Andrews,1942

分类位置：真蕨纲(Filicopsida)

伊利诺斯硬蕨 *Scleropteris illinoienses* Andrews,1942

1942　Andrews,3 页,图版 1—3;根状茎;美国伊利诺斯州;石炭纪。

斯科勒斯叶属 Genus *Scoresbya* Harris,1932

1932　Harris,38 页。

模式种：*Scoresbya dentata* Harris,1932

分类位置：分类位置不明的裸子植物(Gymnospermae incertae sedis)

中国中生代植物归入此属的最早记录：

齿状斯科勒斯叶 *Scoresbya dentata* Harris,1932

1932　Harris,38 页,图版 2,3;叶部化石;东格陵兰斯科斯比湾;早侏罗世 *Thaumatopteris* 层。

1952　斯行健、李星学等,15,34 页,图版 7,图 1,1a;插图 3—5;蕨叶;四川巴县一品场;早侏罗世。

苏格兰木属 Genus *Scotoxylon* Vogellehner,1968

1968   Vogellehner,150 页。

模式种:*Scotoxylon horneri*(Seward et Bancroft) Vogellehner,1968

分类位置:松柏纲原始松科(Protopinaceae,Coniferopsida)

霍氏苏格兰木 *Scotoxylon horneri* (Seward et Bancroft) Vogellehner,1968

1913   *Cedroxylon horneri* Seward et Bancroft,883 页,图版 2,图 22-25;木化石;苏格兰(Cromarty and Sutherland,Scotland);侏罗纪。

1968   Vogellehner,150 页;木化石;苏格兰;侏罗纪。

中国中生代植物归入此属的最早记录:

△延庆苏格兰木 *Scotoxylon yanqingense* Zhang et Zheng,2000(英文和中文发表)

2000a   张武、郑少林,见张武等,202,203 页,图版 1,2;木化石;标本和薄片保存在沈阳地质矿产研究所;中国北京延庆;晚侏罗世后城组。

革叶属 Genus *Scytophyllum* Bornemann,1856

1856   Bornemann,75 页。

模式种:*Scytophyllum bergeri* Bornemann,1856

分类位置:种子蕨纲(Pteridospermopsida)

培根革叶 *Scytophyllum bergeri* Bornemann,1856

1856   Bornemann,75 页,图版 7,图 5,6;蕨叶碎片;德国;晚三叠世(Keuper?)。

中国中生代植物归入此属的最早记录:

△朝阳革叶 *Scytophyllum chaoyangensis* Zhang et Zheng,1984

1984   张武、郑少林,388 页,图版 3,图 1-3;插图 4;蕨叶;登记号:Ch5-13-Ch5-15;标本保存在沈阳地质矿产研究所;辽宁西部北票东坤头营子;晚三叠世老虎沟组。(注:原文未指定模式标本)

卷柏属 Genus *Selaginella* Spring,1858

模式种:(现生属)

分类位置:石松纲卷柏科(Selaginellaceae,Lycopopsida)

中国中生代植物归入此属的最早记录:

△云南卷柏 *Selaginella yunnanensis* (Hsu) Hsu,1979

1954   *Selaginellites yunnanensis* Hsu,徐仁,42 页,图版 37,图 2-7;营养枝和生殖枝;云南广通一平浪;晚三叠世一平浪组。

1979   徐仁等,79 页。

似卷柏属 Genus *Selaginellites* Zeiller,1906

1906 Zeiller,141 页。

模式种：*Selaginellites suissei* Zeiller,1906

分类位置：石松纲卷柏科（Selaginellaceae,Lycopopsida）

索氏似卷柏 *Selaginellites suissei* Zeiller,1906

1906 Zeiller,141 页,图版 39,图 1－5；图版 40,图 1－10；图版 41,图 4－6；石松植物的生殖枝；法国；晚石炭世。

中国中生代植物归入此属的最早记录：

△狭细似卷柏 *Selaginellites angustus* Lee,1951

1951 李星学,193 页,图版 1,图 1－3；插图 1；石松植物的营养枝和生殖枝；山西大同新高山；侏罗纪大同煤系上部。［注：此标本后改定为 ?*Selaginellites angustus* Lee（徐仁,1954）或 *Selaginellites? angustus* Lee（斯行健、李星学等,1963）］

红杉属 Genus *Sequoia* Endliccher,1847

模式种：（现生属）

分类位置：松柏纲杉科（Taxodiaceae,Coniferopsida）

中国中生代植物归入此属的最早记录：

△热河红杉 *Sequoia jeholensis* Endo,1951

［注：此种后改定为 *Sequoia? jeholensis* Endo（斯行健、李星学等,1963）］

1951a Endo,17 页,图版 2,图 1,2；具一幼枝的小枝；辽宁凌源大申房子；中一晚侏罗世狼鳍鱼层（*Lycoptera* Bed）。

1951b Endo,228 页；插图 1,2；具一幼枝的小枝；辽宁凌源大申房子；中一晚侏罗世狼鳍鱼层（*Lycoptera* Bed）。

△似狗尾草属 Genus *Setarites* Pan,1983 (nom. nud.)

1983 潘广,1520 页。（中文）

1984 潘广,959 页。（英文）

模式种：（没有种名）

分类位置："原始被子植物类群"（"primitive angiosperms"）

似狗尾草（sp. indet.） *Setarites* sp. indet.

（注：原文仅有属名,没有种名）

1983 *Setarites* sp. indet. ,潘广,1520 页；华北燕辽地区东段（45°58′N,120°21′E）；中侏罗世海房沟组。（中文）

1984 *Setarites* sp. indet.,潘广,959 页;华北燕辽地区东段(45°58′N,120°21′E);中侏罗世海房沟组。(英文)

西沃德杉属 Genus *Sewardiodendron* Florin,1958
1958 Florin,304 页。
模式种:*Sewardiodendron laxum*(Phillips)Florin,1958
分类位置:松柏纲杉科(Taxodiaceae,Coniferopsida)

中国中生代植物归入此属的最早记录:
疏松西沃德杉 *Sewardiodendron laxum*(Phillips)Florin,1958
1875 *Taxites laxus* Phillips,Phillips,231 页,图版 7,图 24;枝叶;英国约克郡;中侏罗世三角洲系。
1958 Florin,304 页,图版 25,图 1—8;图版 26,图 1—15;图版 27,图 1—8;枝叶;英国约克郡;中侏罗世三角洲系。
1989a 姚宣丽等,603 页,图 1;枝叶;河南义马;中侏罗世义马组。(中文)
1989b 姚宣丽等,1980 页,图 1;枝叶;河南义马;中侏罗世义马组。(英文)

△山西枝属 Genus *Shanxicladus* Wang Z et Wang L,1990
1990b 王自强、王立新,308 页。
模式种:*Shanxicladus pastulosus* Wang Z et Wang L,1990
分类位置:真蕨纲或种子蕨纲(Filicopsida or Pteridspermae)

△疹形山西枝 *Shanxicladus pastulosus* Wang Z et Wang L,1990
1990b 王自强、王立新,308 页,图版 5,图 1,2;枝干;标本号:N. 8407-4;正模:N. 8407-4(图版 5,图 1,2);标本保存在中国科学院南京地质古生物研究所;山西武乡司庄;中三叠世二马营组底部。

△沈氏蕨属 Genus *Shenea* Mathews,1947—1948
1947—1948 Mathews,240 页。
模式种:*Shenea hirschmeierii* Mathews,1947—1948
分类位置:不明(真蕨纲? 或种子蕨纲?)[plantae incertae sedis (Filicopsida? or Pteridospermae?)]

△希氏沈氏蕨 *Shenea hirschmeierii* Mathews,1947—1948
1947—1948 Mathews,240 页,图 3;生殖叶印痕;北京西山;二叠纪(?)或三叠纪(?)双泉群。

△沈括叶属 Genus *Shenkuoia* Sun et Guo,1992
1992 孙革、郭双兴,见孙革等,546 页。(中文)

1993 孙革、郭双兴,见孙革等,254页。(英文)

模式种:*Shenkuoia caloneura* Sun et Guo,1992

分类位置:双子叶植物纲(Dicotyledoneae)

△美脉沈括叶 *Shenkuoia caloneura* Sun et Guo,1992

1992 孙革、郭双兴,见孙革等,547页,图版1,图13,14;图版2,图1-6;叶及叶角质层;登记号:PB16775,PB16777;正模:PB16775(图版1,图13);标本保存在中国科学院南京地质古生物研究所;黑龙江鸡西城子河;早白垩世城子河组上部。(中文)

1993 孙革、郭双兴,见孙革等,254页,图版1,图13,14;图版2,图1-6;叶及叶角质层;登记号:PB16775,PB16777;正模:PB16775(图版1,图13);标本保存在中国科学院南京地质古生物研究所;黑龙江鸡西城子河;早白垩世城子河组上部。(英文)

△中华古果属 Genus *Sinocarpus* Leng et Friis,2003(英文发表)

2003 冷琴、Friis E M,79页。

模式种:*Sinocarpus decussatus* Leng et Friis,2003

分类位置:不明(incertae sedis)

△下延中华古果 *Sinocarpus decussatus* Leng et Friis,2003(英文发表)

2003 冷琴、Friis E M,79页,图2-22;果实;正模:B0162[图2左(B0162A正面),图2右(B0162B负面),图11-22电镜照片];标本保存在中国科学院古脊椎动物与古人类研究所;辽宁朝阳凌源大王杖子(41°15′N,119°15′E);早白垩世(Barremian or Aptian)义县组大王杖子层。

△中国箆羽叶属 Genus *Sinoctenis* Sze,1931

1931 斯行健,14页。

模式种:*Sinoctenis grabauiana* Sze,1931

分类位置:苏铁纲(Cycadopsida)

△葛利普中国箆羽叶 *Sinoctenis grabauiana* Sze,1931

1931 斯行健,14页,图版2,图1;图版4,图2;羽叶;江西萍乡;早侏罗世(Lias)。

△中华缘蕨属 Genus *Sinodicotis* Pan,1983 (nom. nud.)

1983 潘广,1520页。(中文)

1984 潘广,958页。(英文)

模式种:(没有种名)

分类位置:"半被子植物类群"("hemiangiosperms")

中华缘蕨（sp. indet.）*Sinodicotis* sp. indet.

（注：原文仅有属名，没有种名）

1983　*Sinodicotis* sp. indet.，潘广，1520 页；华北燕辽地区东段（45°58′N，120°21′E）；中侏罗世海房沟组。（中文）

1984　*Sinodicotis* sp. indet.，潘广，958 页；华北燕辽地区东段（45°58′N，120°21′E）；中侏罗世海房沟组。（英文）

△中国叶属 Genus *Sinophyllum* Sze et Lee,1952

1952　斯行健、李星学，12，32 页。

模式种：*Sinophyllum suni* Sze et Lee,1952

分类位置：银杏类?（Ginkgophytes?）

△孙氏中国叶 *Sinophyllum suni* Sze et Lee,1952

1952　斯行健、李星学，12，32 页，图版 5，图 1；图版 6，图 1；插图 2；叶；标本 1 块；标本保存在中国科学院南京地质古生物研究所；四川巴县一品场；早侏罗世香溪群。

△中国似查米亚属 Genus *Sinozamites* Sze,1956

1956a　斯行健，46，150 页。

模式种：*Sinozamites leeiana* Sze,1956

分类位置：苏铁纲（Cycadopsida）

△李氏中国似查米亚 *Sinozamites leeiana* Sze,1956

1956a　斯行健，47，151 页，图版 39，图 1－3；图版 50，图 4；图版 53，图 5；羽叶；登记号：PB2447－PB2450；标本保存在中国科学院南京地质古生物研究所；陕西宜君杏树坪黄草湾；晚三叠世延长层上部。

似管状叶属 Genus *Solenites* Lindley et Hutton,1834

1834（1831－1837）　Lindley,Hutton,105 页。

模式种：*Solenites murrayana* Lindley et Hutton,1834

分类位置：茨康目（Czekanowskiales）

穆雷似管状叶 *Solenites murrayana* Lindley et Hutton,1834

1834（1831－1837）　Lindley,Hutton,105 页，图版 121；叶；英国；侏罗纪。

中国中生代植物归入此属的最早记录：

穆雷似管状叶（比较种） *Solenites* cf. *murrayana* Lindley et Hutton

1963　斯行健、李星学等，260 页，图版 87，图 9；图版 88，图 1；叶和短枝；山西大同，辽宁凤城赛马集碾子沟,吉林蛟河及火石岭,新疆,陕西榆林(?);中侏罗世或早侏罗世(?)—晚侏罗世。

珍珠梅属 Genus *Sorbaria* (Ser.) A. Br.
模式种:(现生属)
分类位置:双子叶植物纲蔷薇科绣线亚科(Rosaceae,Spiraeoideae,Dicotyledoneae)

中国中生代植物归入此属的最早记录:
△乌云珍珠梅 *Sorbaria wuyunensis* Tao,1986
(注:原名为"*wuyungensis*")
1986a,b　陶君容,见陶君容、熊宪政,127 页,图版 6,图 5,6;叶;标本号:No. 52262,No. 52240;黑龙江嘉荫地区;晚白垩世乌云组。(注:原文未指定模式标本)

堆囊穗属 Genus *Sorosaccus* Harris,1935
1935　Harris,145 页。
模式种:*Sorosaccus gracilis* Harris,1935
分类位置:银杏类?(Ginkgophytes?)

中国中生代植物归入此属的最早记录:
细纤堆囊穗 *Sorosaccus gracilis* Harris,1935
1935　Harris,145 页,图版 24,28;雄性花穗;东格陵兰斯科斯比湾;早侏罗世(*Thaumatopteris* 层)。
1988　李佩娟等,138 页,图版 97,图 7—9;图版 100,图 6;雄性花穗;青海柴达木大煤沟;早侏罗世甜水沟组 *Ephedrites* 层。

黑三棱属 Genus *Sparganium* Linné,1753
模式种:(现生属)
分类位置:双子叶植物纲黑三棱科(Sparganiaceae,Dicotyledoneae)

中国中生代植物归入此属的最早记录:
△丰宁? 黑三棱 *Sparganium? fengningense* Wang,1984
(注:原名为"*fenglingense*")
1984　王自强,295 页,图版 157,图 10,13;叶;登记号:P0366,P0367;标本保存在中国科学院南京地质古生物研究所;河北围场、丰宁;晚白垩世九佛堂组。(注:原文未指定模式标本)

△似卷囊蕨属 Genus *Speirocarpites* Yang,1978
1978　杨贤河,479 页。

模式种：*Speirocarpites virginiensis* (Fontaine) Yang, 1978

分类位置：真蕨纲紫萁科(Osmundaceae, Filicopsida)

△弗吉尼亚似卷囊蕨 *Speirocarpites virginiensis* (Fontaine) Yang, 1978
[注：此种后被叶美娜等(1986)改定为 *Cynepteris lasiophora* Ash]
1883 *Lonchopteris virginiensis* Fontaine, 53 页, 图版 28, 图 1, 2; 图版 29, 图 1-4; 蕨叶; 美国弗吉尼亚; 晚三叠世。
1978 杨贤河, 479 页; 插图 101; 美国弗吉尼亚; 晚三叠世。

△渡口似卷囊蕨 *Speirocarpites dukouensis* Yang, 1978
[注：此种后被叶美娜等(1986)改定为 *Cynepteris lasiophora* Ash]
1978 杨贤河, 480 页, 图版 164, 图 1, 2; 蕨叶及生殖羽片; 标本号: Sp0044, Sp0045; 正模: Sp0044(图版 164, 图 1); 标本保存在成都地质矿产研究所; 四川渡口摩沙河; 晚三叠世大荞地组; 云南祥云; 晚三叠世干海子组。

△日蕨型似卷囊蕨 *Speirocarpites rireticopteroides* Yang, 1978
[注：此种后被叶美娜等(1986)改定为 *Cynepteris lasiophora* Ash]
1978 杨贤河, 480 页, 图版 164, 图 3; 蕨叶; 标本号: Sp0046; 正模: Sp0046(图版 164, 图 3); 标本保存在成都地质矿产研究所; 四川渡口灰家所; 晚三叠世大荞地组。

△中国似卷囊蕨 *Speirocarpites zhonguoensis* Yang, 1978
[注：此种后被叶美娜等(1986)改定为 *Cynepteris lasiophora* Ash]
1978 杨贤河, 481 页, 图版 164, 图 4, 5; 蕨叶及生殖羽片; 标本号: Sp0047, Sp0048; 正模: Sp0048(图版 164, 图 5); 标本保存在成都地质矿产研究所; 四川渡口摩沙河; 晚三叠世大荞地组。

小楔叶属 Genus *Sphenarion* Harris et Miller, 1974
(汉别名：楔形叶属、楔银杏属、楔簇叶属)
1974 Harris, Miller, 110 页。
模式种：*Sphenarion paucipartita* (Nathorst) Harris et Miller, 1974
分类位置：茨康目(Czekanowskiales)

疏裂小楔叶 *Sphenarion paucipartita* (Nathorst) Harris et Miller, 1974
1886 *Baiera paucipartita* Nathorst, 94 页, 图版 20, 图 7-13; 图版 21; 图版 22, 图 1, 2; 叶; 瑞典; 晚三叠世。
1959 *Sphenobaiera paucipartita* (Nathorst) Florin, Lundblad, 31 页, 图版 5, 图 1-9; 图版 6, 图 1-5; 插图 9; 叶及角质层; 瑞典; 晚三叠世。
1974 Harris, Miller, 110 页; 叶; 瑞典; 晚三叠世。

中国中生代植物归入此属的最早记录：
宽叶小楔叶 *Sphenarion latifolia* (Turutanova-Ketova) Harris et Miller, 1974
1931 *Czekanowskia latifolia* Turutanova-Ketova, 335 页, 图版 5, 图 6; 叶; 俄罗斯伊塞克; 早侏罗世。

1974 Harris, Miller, 110 页。
1984 陈芬等, 63 页, 图版 30, 图 4; 图版 31, 图 3-5; 叶; 北京大台、千军台、大安山、长沟峪; 早侏罗世下窑坡组; 北京房山东矿; 中侏罗世上窑坡组。

△线形小楔叶 *Sphenarion lineare* Wang, 1984

1984 王自强, 278 页, 图版 147, 图 10-13; 图版 171, 图 1-9; 叶及角质层; 登记号: P0381, P0382, P0388, P0389; 合模: P0381(图版 147, 图 10), P0389(图版 147, 图 13); 标本保存在中国科学院南京地质古生物研究所; 河北围场、青龙; 晚侏罗世张家口组和后城组。[注: 依据《国际植物命名法规》(《维也纳法规》)第 37.2 条, 模式标本只能是 1 块标本]

楔拜拉属 Genus *Sphenobaiera* Florin, 1936

1936 Florin, 109 页。
模式种: *Sphenobaiera spectabilis* (Nathorst) Florin, 1936
分类位置: 银杏目(Ginkgoales)

奇丽楔拜拉 *Sphenobaiera spectabilis* (Nathorst) Florin, 1936

1906 *Baiera spectabilis* Nathorst, 4 页, 图版 1, 图 1-8; 图版 2, 图 1; 插图 1-8; 叶; 法兰士·约瑟夫陆; 晚三叠世。
1936 Florin, 108 页。

中国中生代植物归入此属的最早记录:
△黄氏楔拜拉 *Sphenobaiera huangii* (Sze) Hsu, 1954

1949 *Baiera huangi* Sze, 斯行健, 32 页, 图版 7, 图 1-4; 叶; 湖北秭归; 早侏罗世香溪煤系。
1954 徐仁, 62 页, 图版 56, 图 2; 叶; 湖北秭归; 早侏罗世香溪煤系。

△楔叶拜拉花属 Genus *Sphenobaieroanthus* Yang, 1986

1986 杨贤河, 54 页。
模式种: *Sphenobaieroanthus sinensis* Yang, 1986
分类位置: 银杏纲楔拜拉目楔拜拉科(Sphenobaieraceae, Sphenobaierales, Ginkgopsida)

△中国楔叶拜拉花 *Sphenobaieroanthus sinensis* Yang, 1986

1986 杨贤河, 54 页, 图版 1, 图 1-2a; 插图 2; 带叶长枝、短枝和雄性花; 采集号: H2-H5; 登记号: SP301; 标本保存在成都地质矿产研究所; 四川大足万古区兴隆乡冉家湾; 晚三叠世须家河组。

△楔叶拜拉枝属 Genus *Sphenobaierocladus* Yang, 1986

1986 杨贤河, 53 页。
模式种: *Sphenobaierocladus sinensis* Yang, 1986
分类位置: 银杏纲楔拜拉目楔拜拉科(Sphenobaieraceae, Sphenobaierales, Ginkgopsida)

△中国楔叶拜拉枝 *Sphenobaierocladus sinensis* Yang,1986
1986 杨贤河,53 页,图版 1,图 1－2a;插图 2;带叶长枝、短枝和雄性花;采集号:H2－5;登记号:SP301;标本保存在成都地质矿产研究所;四川大足万古兴隆冉家湾;晚三叠世须家河组。

准楔鳞杉属 Genus *Sphenolepidium* Heer,1881
1881 Heer,19 页。
模式种:*Sphenolepidium sternbergianum* Heer,1881
分类位置:松柏纲(Coniferopsida)

司腾伯准楔鳞杉 *Sphenolepidium sternbergianum* Heer,1881
1881 Heer,19 页,图版 13,图 1a,2－8;图版 14;枝叶;葡萄牙;白垩纪。

中国中生代植物归入此属的最早记录:
准楔鳞杉(未定种) *Sphenolepidium* sp.
1911 *Sphenolepidium* sp.,Seward,28,56 页,图版 4,图 53;叶枝;新疆准噶尔盆地(Diam River);早、中侏罗世。[注:此标本后改定为 *Sphenolepis*?(*Pagiophyllum*?) sp.(斯行健、李星学等,1963)]

楔鳞杉属 Genus *Sphenolepis* Schenk,1871
1871 Schenk,243 页。
模式种:*Sphenolepis sternbergiana* (Dunker) Schenk,1871
分类位置:松柏纲松杉目(Coniferales,Coniferopsida)

司腾伯楔鳞杉 *Sphenolepis sternbergiana* (Dunker) Schenk,1871
1846 *Muscites kurrianus* Dunker,20 页,图版 7,图 10;德国北部;早白垩世(Wealden)。
1871 Schenk,243 页,图版 37,图 3,4;图版 38,图 3－13;营养枝和球果;德国北部;早白垩世(Wealden)。

中国中生代植物归入此属的最早记录:
△树形楔鳞杉 *Sphenolepis arborscens* Chow,1923
1923 周赞衡,82,139 页,图版 2,图 3;枝叶;山东莱阳南务村;早白垩世莱阳系。[注:此标本后归于 *Cupressinocladus elegans* (Chow) Chow(斯行健、李星学等,1963)]

△雅致楔鳞杉 *Sphenolepis elegans* Chow,1923
[注:此种后归于 *Cupressinocladus elegans* (Chow) Chow(斯行健、李星学等,1963)]
1923 周赞衡,81,139 页,图版 1,图 8;枝叶;山东莱阳南务村;早白垩世莱阳系。

楔叶属 Genus *Sphenophyllum* Koenig,1825
1825 Koenig,图版 12,图 149。

模式种：*Sphenophyllum emarginatum* (Brongniart) Koenig, 1825

分类位置：楔叶纲(Sphenopsida)

微缺楔叶 *Sphenophyllum emarginatum* (Brongniart) Koenig, 1825

1822　*Sphenophyllites emarginatum* Brongniart, 234页, 图版13, 图8; 楔叶类的营养叶; 欧洲; 石炭纪。

1825　Koenig, 图版12, 图149; 楔叶类的营养叶; 欧洲; 石炭纪。

中国中生代植物归入此属的最早记录：

楔叶？(未定种) *Sphenophyllum*? sp.

1990a　*Sphenophyllum*? sp., 王自强、王立新, 114页, 图版18, 图1; 营养小枝; 河南济源; 早三叠世和尚沟组下段。

楔羊齿属 Genus *Sphenopteris* (Brongniart) Sternberg, 1825

[注：此属原为亚属(Brongniart, 1822), Sternberg(1825)把它提升为属, 并拼为*Sphaenopteris*, 但以后的作者仍取Brongniart亚属的拼法, 即*Sphenopteris*]

1825(1820—1838)　Sternberg, 15页。

模式种：*Sphenopteris elegans* (Brongniart) Sternberg, 1825

分类位置：真蕨纲或种子蕨纲(Filicopsida or Pteridspermae)

雅致楔羊齿 *Sphenopteris elegans* (Brongniart) Sternberg, 1825

1822　*Filicites elegans* Brongniart, 图版2, 图2; 蕨叶; 西里西亚; 石炭纪。

1825(1820—1838)　Sternberg, 15页。

中国中生代植物归入此属的最早记录：

△东方楔羊齿 *Sphenopteris orientalis* Newberry, 1867

1867(1865)　Newberry, 122页, 图版9, 图1, 1a; 蕨叶; 北京西山斋堂; 侏罗纪。[注：此标本后改定为*Coniopteris hymenophylloides* Brongniart(斯行健、李星学等, 1963)]

楔羽叶属 Genus *Sphenozamites* (Brongniart) Miquel, 1851

1851　Miquel, 210页。

模式种：*Sphenozamites beani* (Lindley et Hutton) Miquel, 1851

分类位置：苏铁纲(Cycadopsida)

毕氏楔羽叶 *Sphenozamites beani* (Lindley et Hutton) Miquel, 1851

1832(1831—1837)　*Cyclopteris beani* Lindley et Hutton, 127页, 图版44; 羽叶; 英国约克郡; 侏罗纪。

1851　Miquel, 210页; 羽叶; 英国约克郡; 侏罗纪。

中国中生代植物归入此属的最早记录：

△章氏楔蕉羽叶 *Sphenozamites changi* Sze, 1956

1956a　斯行健, 43, 149页, 图版36, 图1, 2; 图版37, 图1—5; 图版38, 图1—3; 羽叶; 登记号：

PB2435—PB2444;标本保存在中国科学院南京地质古生物研究所;陕西宜君杏树坪;晚三叠世延长层上部。

楔羽叶(未定种) *Sphenozamites* sp.
1949 *Sphenozamites* sp.,斯行健,25页;羽叶;湖北南漳陈家湾;早侏罗世香溪煤系。(注:原文仅有种名)

螺旋器属 Genus *Spirangium* Schimper,1870
1870(1869—1874) Schimper,516页。
模式种:*Spirangium carbonicum* Schimper,1870
分类位置:疑问化石(Problematicum)

石炭螺旋器 *Spirangium carbonicum* Schimper,1870
1870(1869—1874) Schimper,516页;可疑化石;德国萨克森;晚石炭世。

中国中生代植物归入此属的最早记录:
△中朝螺旋器 *Spirangium sino-coreanum* Sze,1954
1925 *Spirangium* sp.,Kawasaki,57页,图版47,图127;可疑化石;朝鲜平安南道大同郡大宝山;早侏罗世。
1954 斯行健,318页,图版1,图1;可疑化石;中国甘肃灵武石滴沟;早侏罗世;图版1,图2(=Kawasaki,57页,图版47,图127)。

螺旋蕨属 Genus *Spiropteris* Schimper,1869
1869(1869—1874) Schimper,688页。
模式种:*Spiropteris miltoni* (Brongniart) Schimper,1869
分类位置:真蕨纲(Filicopsida)

米氏螺旋蕨 *Spiropteris miltoni* (Brongniart) Schimper,1869
1869(1869—1874) Schimper,688页,图版49,图4;蕨类植物的幼叶。

中国中生代植物归入此属的最早记录:
螺旋蕨(未定种) *Spiropteris* sp.
1933d *Spiropteris* sp.,斯行健,16页,图版2,图1右下;蕨类幼叶;山西大同;早侏罗世。

△鳞籽属 Genus *Squamocarpus* Mo,1980
1980 莫壮观,见赵修祜等,87页。
模式种:*Squamocarpus papilioformis* Mo,1980
分类位置:裸子植物门?(Gymnospermae?)

△蝶形鳞籽 *Squamocarpus papilioformis* Mo,1980
1980 莫壮观,见赵修祜等,87页,图版19,图13,14(正、负面);种鳞;采集号:FQ-36;登记号:

PB7085,PB7086;标本保存在中国科学院南京地质古生物研究所;云南富源庆云;早三叠世"卡以头层"。

穗藓属 Genus *Stachybryolites* Wu X W,Wu X Y et Wang,2000(英文发表)

2000　吴向午、吴秀元、王永栋,168 页。

模式种:*Stachybryolites zhoui* Wu X W,Wu X Y et Wang,2000

分类位置:真藓类(Bryiidae)

周氏穗藓 *Stachybryolites zhoui* Wu X W,Wu X Y et Wang,2000(英文发表)

2000　吴向午、吴秀元、王永栋,168 页,图版 1,图 1—5;图版 2,图 1—4;茎叶体;采集号:92-T-22;登记号:PB17786—PB17796;合模:PB17786(图版 1,图 1,1a,1b,1c);,PB17791(图版 2,图 1),PB17796(图版 2,图 4);标本保存在中国科学院南京地质古生物研究所;新疆克拉玛依吐孜阿克内沟;早侏罗世八道湾组。[注:依据《国际植物命名法规》(《维也纳法规》)第 37.2 条,1958 年起,模式标本只能是 1 块标本]

小果穗属 Genus *Stachyopitys* Schenk,1867

1867(1865—1867)　Schenk,185 页。

模式种:*Stachyopitys preslii* Schenk,1867

分类位置:银杏类?(Ginkgoaleans?)

普雷斯利小果穗 *Stachyopitys preslii* Schenk,1867

1867(1865—1867)　Schenk,185 页,图版 44,图 9—12;雄性花穗;德国巴伐利亚;晚三叠世。

中国中生代植物归入此属的最早记录:

小果穗(未定种) *Stachyopitys* sp.

1986　*Stachyopitys* sp.,叶美娜等,76 页,图版 49,图 9,9a;雄性花穗;四川开江七里峡;晚三叠世须家河组 3 段。

穗杉属 Genus *Stachyotaxus* Nathorst,1886

1886　Nathorst,98 页。

模式种:*Stachyotaxus septentrionalis*(Agardh)Nathorst,1886

分类位置:松柏纲(Coniferopsida)

北方穗杉 *Stachyotaxus septentrionalis*(Agardh)Nathorst,1886

1823　*Caulerpa septentionalis* Agardh,110 页,图版 11,图 7;瑞典;晚三叠世(Rhaetic)。

1823　*Sargassum septentionale* Agardh,108 页,图版 2,图 5;瑞典;晚三叠世(Rhaetic)。

1886　Nathorst,98 页,图版 22,图 20—23,33,34;图版 23,图 6;图版 25,图 9;营养枝;瑞典;晚三叠世(Rhaetic)。

中国中生代植物归入此属的最早记录：
雅致穗杉 *Stachyotaxus elegana* Nathorst,1886
1908　Nathorst,11 页,图版 2,3;营养枝;瑞典;晚三叠世(Rhaetic)。
1968　《湘赣地区中生代含煤地层化石手册》,77 页,图版 32,图 3,4,4a;营养枝;湘赣地区;晚三叠世。

穗蕨属 Genus *Stachypteris* Pomel,1849
1849　Pomel,336 页。
模式种:*Stachypteris spicans* Pomel,1849
分类位置:真蕨纲海金沙科(Schizaeaceae,Filicopsida)

穗状穗蕨 *Stachypteris spicans* Pomel,1849
1849　Pomel,336 页;蕨叶;法国;侏罗纪。

中国中生代植物归入此属的最早记录：
△膜翼穗蕨 *Stachypteris alata* Zhou,1984
1984　周志炎,11 页,图版 3,图 7—12;实羽片和孢子囊穗;登记号:PB8823—PB8829;正模:PB8823(图版 3,图 9,9a);标本保存在中国科学院南京地质古生物研究所;湖南祁阳河埠塘;早侏罗世观音滩组排家冲段和搭坝口段。

△垂饰杉属 Genus *Stalagma* Zhou,1983
1983b　周志炎,63 页。
模式种:*Stalagma samara* Zhou,1983
分类位置:松柏纲罗汉松科(Podocarpaceae,Coniferopsida)

△翅籽垂饰杉 *Stalagma samara* Zhou,1983
1983b　周志炎,63 页,图版 3,图 7;图版 4—11;插图 3—6,7C,7I,7J;营养枝叶、生殖枝、雌球果、果鳞、种子、角质层及花粉;登记号:PB9586,PB9588,PB9592—PB9605;模式标本:PB9605(图版 4,图 4;插图 3B);标本保存在中国科学院南京地质古生物研究所;湖南衡阳杉桥;晚三叠世杨柏冲组。

似葡萄果穗属 Genus *Staphidiophora* Harris,1935
1935　Harris,114 页。
模式种:*Staphidiophora secunda* Harris,1935
分类位置:银杏类?(Ginkgophytes?)

一侧生似葡萄果穗 *Staphidiophora secunda* Harris,1935
1935　Harris,114 页,图版 8,图 3,4,9—11;含种子的繁殖器官;东格陵兰;晚三叠世 *Lepidopteris* 层。

弱小？似葡萄果穗 *Staphidiophora? exilis* Harris,1935
1935　Harris,116 页,图版 19,图 9;繁殖器官;东格陵兰;晚三叠世(*Lepidopteris* 层)。

中国中生代植物归入此属的最早记录:
弱小？似葡萄果穗(比较属种) Cf. *Staphidiophora? exilis* Harris
1986　叶美娜等,86 页,图版 53,图 3,3a;果穗;四川达县雷音铺;中侏罗世新田沟组 3 段。

狭羊齿属 Genus *Stenopteris* Saporta,1872
1872(1872a—1873b)　Saporta,292 页。
模式种:*Stenopteris desmomera* Saporta,1872
分类位置:种子蕨纲盔形种子目(Corystospermates,Pteridospermopsida)

束状狭羊齿 *Stenopteris desmomera* Saporta,1872
1872(1872a—1873b)　Saporta,292 页,图版 32,图 1,2;图版 33,图 1;种子蕨营养叶;法国里昂;侏罗纪(Kimmeridgian)。

中国中生代植物归入此属的最早记录:
狭羊齿(未定种) *Stenopteris* sp.
1976　*Stenopteris* sp.,李佩娟等,118 页,图版 31,图 9,10;蕨叶;云南思茅奴贵山;早白垩世曼岗组。

狭轴穗属 Genus *Stenorhachis* Saporta,1879
(注:此属有多种拼写法,如后人使用的 *Stenorachis* 和 *Stenorrachis* 等名,在我国古植物文献中都采用 *Stenorachis*)
1879　Saporta,193 页。
模式种:*Stenorhachis ponseleti*（Nathorst）Saporta,1879
分类位置:银杏类?(Ginkgophytes?)

庞氏狭轴穗 *Stenorhachis ponseleti*（Nathorst）Saporta,1879
1879　Saporta,193 页,图 22;繁殖器官;瑞士;早侏罗世。

中国中生代植物归入此属的最早记录:
西伯利亚狭轴穗 *Stenorachis sibirica* Heer,1876
1876b　Heer,61 页,图版 11,图 1,9—12;果穗;东西伯利亚;侏罗纪。
1941　Stockmans,Mathieu,54 页,图版 6,图 13,14;果穗;山西大同;侏罗纪。[注:此标本后被斯行健、李星学等(1963)改定为 *Stenorachis lepida*（Heer）Seward]

△金藤叶属 Genus *Stephanofolium* Guo,2000(英文发表)
2000　郭双兴,233 页。

模式种:*Stephanofolium ovatiphyllum* Guo,2000
分类位置:双子叶植物纲防己科(Menisspermaceae,Dicotyledoneae)

△卵形金藤叶 *Stephanofolium ovatiphyllum* Guo,2000(英文发表)
2000　郭双兴,233页,图版2,图8;图版6,图1—6;叶部化石;登记号:PB18630—PB18633;正模:PB18632(图版6,图1);标本保存在中国科学院南京地质古生物研究所;吉林珲春;晚白垩世珲春组。

斯蒂芬叶属 Genus *Stephenophyllum* Florin,1936
1936　Florin,82页。
模式种:*Stephenophyllum solmis*(Seward)Florin,1936
分类位置:茨康目(Czekanowskiales)

索氏带斯蒂芬叶 *Stephenophyllum solmis*(Seward)Florin,1936
1919　*Desmiophyllum solmsi* Seward,71页,图662;叶;法兰士·约瑟兰群岛;侏罗纪。
1936　Florin,82页,图版11,图7—10;图版12—16;插图3,4;叶及角质层;法兰士·约瑟兰地群岛;侏罗纪。

中国中生代植物归入此属的最早记录:
索氏斯蒂芬叶(比较种) *Stephenophyllum* cf. *solmis*(Seward)Florin
1979　何元良等,153页,图版75,图5—7;插图10;叶及角质层;青海大柴旦大煤沟;中侏罗世大煤沟组。〔注:此标本后改定为 *Phoenicopsis*(*Stephenophyllum*)cf. *taschkessiensis*(Krasser)(李佩娟等,1988)〕

苹婆叶属 Genus *Sterculiphyllum* Nathorst,1886
1886　Nathorst,52页。
模式种:*Sterculiphyllum limbatum*(Velenovsky)Nathorst,1886
分类位置:双子叶植物纲苹婆科(Sterculiaceae,Dicotyledoneae)

具边苹婆叶 *Sterculiphyllum limbatum*(Velenovsky)Nathorst,1886
1883　*Sterculia limbatum* Velenovsky,21页,图版5,图2—5;图版6,图1。
1886　Nathorst,52页。

中国中生代植物归入此属的最早记录:
优美苹婆叶 *Sterculiphyllum eleganum*(Fontaine)ex Tao et Zhang,1990
1883　*Sterculia eleganum* Fontaine,314页,图版157,图2;图版158,图2,3;叶;美国弗吉尼亚;早白垩世波托马克群。
1990　陶君容、张川波,226页,图版1,图4—7;叶;吉林延吉;早白垩世大拉子组。

斯托加叶属 **Genus *Storgaardia* Harris,1935**

1935　Harris,58 页。

模式种:*Storgaardia spectablis* Harris,1935

分类位置:松柏纲(Coniferopsida)

奇观斯托加叶 ***Storgaardia spectablis*** **Harris,1935**

1935　Harris,58 页,图版 11,12,16;营养枝叶角质层;东格陵兰;晚三叠世(Rhaetic)。

中国中生代植物归入此属的最早记录:

奇观斯托加叶(比较属种) **Cf. *Storgaardia spectablis* Harris**

1980　何德长、沈襄鹏,28 页,图版 19,图 1;叶枝;湖南怀化花桥;早侏罗世造上组。

△白音花? 斯托加叶 ***Storgaardia*? *baijenhuaense* Zhang,1980**

1980　张武等,302 页,图版 150,图 3—7;营养枝;登记号:D551—D555;标本保存在沈阳地质矿产研究所;内蒙古昭乌达盟阿鲁克尔沁旗白音花;中侏罗世新民组。(注:原文未指定模式标本)

似果穗属 **Genus *Strobilites* Lingley et Hutton,1833**

1833(1831—1837)　Lingley,Hutton,23 页。

模式种:*Strobilites elongata* Lingley et Hutton,1833

分类位置:不明或松柏类? (incertae sedis or Coniferales?)

伸长似果穗 ***Strobilites elongata* Lindley et Hutton,1833**

1833(1831—1837)　Lindley,Hutton,23 页,图版 89;果穗;英国;早侏罗世(Blue Lias)。

中国中生代植物归入此属的最早记录:

△矢部似果穗 ***Strobilites yabei* Toyama et Ôishi,1935**

1935　Toyama,Ôishi,75 页,图版 5,图 1,1a;插图 3;果穗;内蒙古呼伦贝尔盟扎赉诺尔;侏罗纪。[注:此种后改定为 *Pityocladus yabei* (Toyama et Ôishi) Chang(张志诚,1976)]

△缝鞘杉属 **Genus *Suturovagina* Chow et Tsao,1977**

1977　周志炎、曹正尧,167 页。

模式种:*Suturovagina intermedia* Chow et Tsao,1977

分类位置:松柏纲掌鳞杉科(Cheirolepidiaceae,Coniferopsida)

△过渡缝鞘杉 ***Suturovagina intermedia* Chow et Tsao,1977**

1977　周志炎、曹正尧,167 页,图版 2,图 1—14;插图 1;枝叶和叶角质层;登记号:PB6256—PB6260;正型:PB6256(图版 1,图 9);标本保存在中国科学院南京地质古生物研究所;江苏南京燕子矶;早白垩世葛村组。

史威登堡果属　Genus *Swedenborgia* Nathorst,1876

1876　Nathorst,66 页。

模式种:*Swedenborgia cryptomerioides* Nathorst,1876

分类位置:松柏目?(Coniferales?)

中国中生代植物归入此属的最早记录:

柳杉型史威登堡果　*Swedenborgia cryptomerioides* Nathorst,1876

1876　Nathorst,66 页,图版 16,图 6—12;球果;瑞典;早侏罗世(Hörssandstein,Lias)。

1949　斯行健,37 页,图版 15,图 28;果鳞;湖北当阳观音寺白石岗;早侏罗世香溪煤系。

△束脉蕨属　Genus *Symopteris* Hsu,1979

1876　*Bernoullia* Heer,88 页。

1979　徐仁等,18 页。

模式种:*Symopteris helvetica* (Heer) Hsu,1979

分类位置:真蕨纲合囊蕨科(Marattiaceae,Filicopsida)

△瑞士束脉蕨　*Symopteris helvetica* (Heer) Hsu,1979

1876　*Bernoullia helvetica* Heer,88 页,图版 38,图 1—6;蕨叶;瑞士;晚三叠世。

1979　徐仁等,18 页。

△密脉束脉蕨　*Symopteris densinervis* Hsu et Tuan,1979

1979　徐仁、段淑英,见徐仁等,18 页,图版 6,7,图 4;图版 10,图 4—6;图版 58;图版 59,图 6;蕨叶;编号:N.2885,N.814,N.829,N.831,N.839,N.846;标本保存在中国科学院植物研究所;四川宝鼎太平场;晚三叠世大箐组。(注:原文未指定模式标本)

△蔡耶束脉蕨　*Symopteris zeilleri* (Pan) Hsu,1979

1936　*Bernoullia zeilleri* P'an,潘钟祥,26 页,图版 9,图 6,7;图版 11,图 3,3a,4,4a;图版 14,图 5,6,6a;裸羽片和实羽片;陕西延川清涧镇;晚三叠世延长层中部。

1979　徐仁等,17 页。

△大箐羽叶属　Genus *Tachingia* Hu,1975

1975　胡雨帆,见徐仁等,75 页。

模式种:*Tachingia pinniformis* Hu,1975

分类位置:分类位置不明的裸子植物或苏铁纲?(Gymnospermae incertae sedis or Cycadopsida?)

△大箐羽叶　*Tachingia pinniformis* Hu,1975

1975　胡雨帆,见徐仁等,75 页,图版 5,图 1—4;羽叶;标本号:N.801;标本保存在中国科学院植物研究所;四川太平场;晚三叠世大箐组底部。

△拟带枝属 Genus *Taeniocladopsis* Sze,1956

1956a 斯行健,63,168 页。

模式种:*Taeniocladopsis rhizomoides* Sze,1956

分类位置:楔叶纲木贼目(Equisetales,Sphenopsida)

△假根茎型拟带枝 *Taeniocladopsis rhizomoides* Sze,1956

1956a 斯行健,63,168 页,图版 54,图 1,1a;图版 55,图 1—4;根部化石(?);登记号:PB2494—PB2499;标本保存在中国科学院南京地质古生物研究所;陕西延长周家湾;晚三叠世延长层。

带羊齿属 Genus *Taeniopteris* Brongniart,1832

1828 Brongniart,62 页。

1832?(1828—1838) Brongniart,263 页。

模式种:*Taeniopteris vittata* Brongniart,1832

分类位置:分类位置不明的裸子植物(Gymnospermae incertae sedis)

条纹带羊齿 *Taeniopteris vittata* Brongniart,1832

1832?(1828—1838) Brongniart,263 页,图版 82,图 1—4;叶;英国惠特比;侏罗纪。

下凹带羊齿 *Taeniopteris immersa* Nathorst,1878

1878 *Taeniopteris* (*Danaeopsis*?) *immersa* Nathorst,45 页,图版 1,图 16;叶;瑞典;晚三叠世。

中国中生代植物归入此属的最早记录:

下凹带羊齿(比较种) *Taeniopteris* cf. *immersa* Nathorst

1902—1903 Zeiller,292 页,图版 54,图 5;单叶;云南太平场;晚三叠世。

△列克勒带羊齿 *Taeniopteris leclerei* Zeiller,1903

1902—1903 Zeiller,294 页,图版 55,图 1—4;单叶;云南太平场;晚三叠世。

带羊齿(未定种) *Taeniopteris* sp.

1902—1903 *Taeniopteris* sp.,Zeiller,296 页;蕨叶;云南太平场;晚三叠世。

带似查米亚属 Genus *Taeniozamites* Harris,1932

1932 Harris,33,101 页。

模式种:*Taeniozamites vittata* (Brongniart) Harris,1932

分类位置:苏铁纲本内苏铁目(Bennettiales,Cycadopsida)

狭叶带似查米亚 *Taeniozamites vittata* (Brongniart) Harris,1932

1932 Harris,33,101 页;插图 39;营养叶(可能为 *Williamsoniella coronata* 营养叶)。[注:此属含义同 *Nilssoniopteris*,是一个异名(Harris,1937)]

中国中生代植物归入此属的最早记录：

△上床带似查米亚 Taeniozamites uwatokoi (Ôishi) Takahashi,1953

1935　　*Taeniopteris uwatokoi* Ôishi,Ôishi,90 页,图版 8,图 5—7；插图 7；羽叶和角质层；黑龙江东宁煤田；晚侏罗世或早白垩世。

1953a　Takahashi,172 页；吉林东宁煤田；晚侏罗世或早白垩世。[注：此种是 *Nilssoniopteris*? *uwatokoi* (Ôishi) Li,1963 的一个异名(吴向午,1993b)]

△太平场蕨属 Genus *Taipingchangella* Yang,1978

1978　　杨贤河,48,9 页。

模式种：*Taipingchangella zhongguoensis* Yang,1978

分类位置：真蕨纲太平场蕨科(Taipingchangellaceae,Filicopsida)[注：此科由杨贤河(1978)创立,包括 *Taipingchangella* 和 *Goeppertella* 两属]

△中国太平场蕨 *Taipingchangella zhongguoensis* Yang,1978

1978　　杨贤河,489 页,图版 172,图 4—6；图版 170,图 1b—2；图版 171,图 1；蕨叶；标本号：Sp0071,Sp0072,Sp0073,Sp0078(均为合模标本)；标本保存在成都地质矿产研究所；四川渡口太平场；晚三叠世大荞地组。[注：依据《国际植物命名法规》(《维也纳法规》)第 37.2 条,1958 年起,模式标本只能是 1 块标本]

似红豆杉属 Genus *Taxites* Brongniart,1828

1828　　Brongniart,47 页。

模式种：*Taxites tournalii* Brongniart,1828

分类位置：松柏纲(Coniferopsida)

杜氏似红豆杉 *Taxites tournalii* Brongniart,1828

1828　　Brongniart,47 页,图版 3,图 4；松柏类枝叶；法国；渐新世。

中国中生代植物归入此属的最早记录：

△匙形似红豆杉 *Taxites spatulatus* Newberry,1867

1867(1865)　Newberry,123 页,图版 9,图 5；叶；北京西山斋堂；侏罗纪。[注：此标本后部分改定为 ?*Pityophyllum staratshini* (Heer),部分改定为 ?"*Podocarpites*" *mentouk-ouensis* Stockmans et Mathieu(斯行健、李星学等,1963)]

落羽杉型木属 Genus *Taxodioxylon* Hartig,1848

1848　　Hartig,169 页。

模式种：*Taxodioxylon goepperti* Hartig,1848

分类位置：松柏纲松柏目(Coniferales)

葛伯特落羽杉型木 *Taxodioxylon goepperti* Hartig,1848
1848　Hartig,169页;木化石;德国北部;第三纪(褐煤层)。

中国中生代植物归入此属的最早记录:
红杉式落羽杉型木 *Taxodioxylon sequoianum* (Mercklin) Gothan,1906
1855　? *Cupressinoxylon sequoianum* Mercklin,65页,图版17;木化石;德国;第三纪。
1883　*Cupressinoxylon sequoianum* Mercklin,Schmalhausen,325(43)页,图版12;木化石;俄罗斯;第三纪。
1906　Gothan,164页。
1919　*Cupressinoxylon* (*Taxodioxylon*) *sequoianum* Mercklin,Seward,201页;插图720C;木化石;德国;第三纪。
1931　Kubart,361(50)页,图版1,图1—7;木化石;云南六合街(东经101°,北纬25°);晚白垩世或第三纪。

落羽杉属 Genus *Taxodium* Richard,1810
模式种:(现生属)
分类位置:松柏纲杉科(Taxodiaceae,Coniferopsida)

中国中生代植物归入此属的最早记录:
奥尔瑞克落羽杉 *Taxodium olrokii* (Heer) Brown,1962
1868　*Taxites olrikii* Heer,95页,图版1,图21—24c;图版45,图1a,b;枝叶;布列英盆地;晚白垩世。
1962　Brown,50页,图版10,图7,11,15;图版11,图4—6;枝叶;布列英盆地;晚白垩世。
1984　张志诚,119页,图版1,图6—10,15;枝叶;黑龙江嘉荫永安屯及太平林场;晚白垩世永安屯组和太平林场组。

紫杉型木属 Genus *Taxoxylon* Houlbert,1910
1910　Houlbert,72页。
模式种:*Taxoxylon falunense* Houlbert,1910
分类位置:松柏纲(木化石)[Coniferopsida (fossil wood)]

法伦紫杉型木 *Taxoxylon falunense* Houlbert,1910
1910　Houlbert,72页,图版3;松柏类石化木;法国;第三纪。

中国中生代植物归入此属的最早记录:
△秀丽紫杉型木 *Taxoxylon pulchrum* He,1995
1995　何德长,10(中文),13(英文)页,图版8,图3—3a;图版9,图1—1f;丝炭化石;标本号:91368;标本保存在煤炭科学研究总院西安分院;内蒙古鄂温克旗伊敏煤矿;早白垩世伊敏组16煤层。

红豆杉属 Genus *Taxus* Linné, 1754
模式种:(现生属)
分类位置:松柏纲红豆杉科(Taxaceae,Coniferopsida)

中国中生代植物归入此属的最早记录:
△中间红豆杉 *Taxus intermedium* (Hollick) Meng et Chen, 1988
1930 *Cephalotaxopsis intermedium* Hollick, 54 页, 图版 17, 图 1-3; 美国阿拉斯加; 晚白垩世。
1988 孟祥营、陈芬, 见陈芬等, 80 页, 图版 53, 图 8-10; 枝叶; 辽宁阜新海州、铁法大隆矿; 早白垩世阜新组和小明安碑组。

△蛟河羽叶属 Genus *Tchiaohoella* Lee et Yeh ex Wang, 1984 (nom. nud.)
〔注:此属名 *Tchiaohoella* 可能为 *Chiaohoella* 的误拼, 分类位置为真蕨纲铁线蕨科 Adiantaceae (李星学等, 1986, 13 页)〕
1984 *Tchiaohoella* Lee et Yeh, 王自强, 269 页。
模式种: *Tchiaohoella mirabilis* Lee et Yeh ex Wang, 1984 (nom. nud.)
分类位置:苏铁纲(Cycadopsida)

△奇异蛟河羽叶 *Tchiaohoella mirabilis* Lee et Yeh ex Wang, 1984 (nom. nud.)
1984 *Tchiaohoella mirabilis* Lee et Yeh, 王自强, 269 页。

蛟河羽叶(未定种) *Tchiaohoella* sp.
1984 *Tchiaohoella* sp., 王自强, 270 页, 图版 149, 图 7; 羽叶; 河北平泉; 早白垩世九佛堂组。

特西蕨属 Genus *Tersiella* Radczenko, 1960
1960 Radczenko, Srebrodolskae, 120 页。
模式种: *Tersiella beloussovae* Radczenko, 1960
分类位置:种子蕨纲(Pteridospermopsida)

贝氏特西蕨 *Tersiella beloussovae* Radczenko, 1960
1960 Radczenko, Srebrodolskae, 120 页, 图版 23, 图 3-7; 蕨叶; 苏联伯朝拉盆地; 早三叠世。

中国中生代植物归入此属的最早记录:
拉氏特西蕨 *Tersiella radczenkoi* Sixtel, 1962
1962 Sixtel, 342 页, 图版 19, 图 7-13; 图版 20, 图 1-5; 插图 25; 蕨叶; 南费尔干纳; 三叠纪。
1996 吴舜卿、周汉忠, 7 页, 图版 4, 图 3-5; 图版 5, 图 1-6; 图版 6, 图 1-5,7; 图版 11, 图 4B; 图版 13, 图 1-4; 蕨叶; 新疆库车库车河剖面; 中三叠世克拉玛依组下段。

水青树属 Genus *Tetracentron* Olv.

模式种:(现生属)

分类位置:双子叶植物纲木兰科水青树亚科(Tetrcentroideae,Magnoliaceae,Dicotyledoneae)

中国中生代植物归入此属的最早记录:

△乌云水青树 *Tetracentron wuyunense* Tao,1986

(注:原名为"*wuyungense*")

1986a,b 陶君容,见陶君容、熊宪政,124页,图版2,图9;图版5,图4;叶;标本号:52392,52132b;黑龙江嘉荫地区;晚白垩世乌云组。(注:原文未指定模式标本)

似叶状体属 Genus *Thallites* Walton,1925

1925 Walton,564页。

模式种:*Thallites erectus*(Leckenby)Walton,1925

分类位置:苔藓植物门?(Bryophyta?)

直立似叶状体 *Thallites erectus*(Leckenby)Walton,1925

1864 *Marchantites*(*Fucoides*)*erectus* Leckbythe,74页,图版11,图3a,3b;叶状体;英国斯卡巴勒;侏罗纪。

1925 Walton,564页;叶状体;英国斯卡巴勒;侏罗纪。

中国中生代植物归入此属的最早记录:

△萍乡似叶状体 *Thallites pinghsiangensis* Hsu,1954

1954 *Thallites pingshiangensis* Hsu,徐仁,41页,图版37,图1;原叶体;江西萍乡安源;晚三叠世。[注:原文种名 *T. pingshiangensis* 后被改为 *T. pinghsiangensis*(李星学,1963,9页)]

△哈瑞士叶属 Genus *Tharrisia* Zhou,Wu et Zhang,2001(英文发表)

2001 周志炎、吴向午、章伯乐,99页。

模式种:*Tharrisia dinosaurensis*(Harris)Zhou,Wu et Zhang,2001

分类位置:分类位置不明的裸子植物(Gymnospermae incertae sedis)

△迪纳塞尔哈瑞士叶 *Tharrisia dinosaurensis*(Harris)Zhou,Wu et Zhang,2001(英文发表)

1932 *Stenopteris dinosaurensis* Harris,75页,图版8,图4;插图31;蕨叶和角质层;东格陵兰斯科斯比湾;早侏罗世(*Thaumatopteris*层)。

1988 *Stenopteris dinosaurensis* Harris,李佩娟等,77页,图版53,图1-2a;图版102,图3-5;图版105,图1,2;蕨叶和角质层;青海大柴旦大煤沟;早侏罗世甜水沟组 *Ephedrites* 层。

2001　周志炎、吴向午、章伯乐,99 页,图版 1,图 7—10;图版 3,图 2;图版 4,图 1,2;图版 5,图 1—5;图版 7,图 1,2;插图 3;叶和角质层;东格陵兰;早侏罗世(*Thaumatopteris* 层);瑞典(?);早侏罗世;青海大柴旦大煤沟;早侏罗世甜水沟组 *Ephedrites* 层;陕西府谷殿儿湾;早侏罗世富县组。

△侧生瑞士叶 *Tharrisia lata* Zhou et Zhang,2001(英文发表)
2001　周志炎、章伯乐,见周志炎等,103 页,图版 1,图 1—6;图版 3,图 1,3—8;图版 5,图 5—8;图版 6,图 1—8;插图 5;叶和角质层;登记号:PB18124—PB1828;正模:PH18124(图版 1,图 1);副模:PB18125—PB18128;标本保存在中国科学院南京地质古生物研究所;河南义马(34°40′N,111°55′E);中侏罗世义马组下部 4 层。

△优美哈瑞士叶 *Tharrisia spectabilis*(Mi,Sun C,Sun Y,Cui,Ai et al.)Zhou,Wu et Zhang,2001(英文发表)
1996　*Stenopteris spectabilis* Mi,Sun C,Sun Y,Cui,Ai et al.,米家榕等,101 页,图版 12,图 1,7—9;插图 5;蕨叶和角质层;辽宁北票台吉二井;早侏罗世北票组下段。
2001　周志炎、吴向午、章伯乐,101 页,图版 2,图 14;图版 4,图 3—7;图版 7,图 3—8;插图 4;叶和角质层;辽宁北票台吉二井;早侏罗世北票组下段。

△奇异羽叶属 Genus *Thaumatophyllum* Yang,1978
1978　杨贤河,515 页。
模式种:*Thaumatophyllum ptilum*(Harris)Yang,1978
分类位置:苏铁纲本内苏铁目(Bennettiales,Cycadopsida)

△羽毛奇异羽叶 *Thaumatophyllum ptilum*(Harris)Yang,1978
1932　*Pterophyllum ptilum* Harris,61 页,图版 5,图 1—5,11;插图 30,31;羽叶;东格陵兰;晚三叠世。
1954　*Pterophyllum ptilum* Harris,徐仁,58 页,图版 51,图 2—4;羽叶;云南一平浪;江西安源;湖南石门口及四川等地;晚三叠世。
1978　杨贤河,515 页,图版 163,图 14;羽叶;四川大邑太平;晚三叠世须家河组。

异叶蕨属 Genus *Thaumatopteris* Goeppert,1841,emend Nathorst,1876
1841(1841c—1846)　Goeppert,33 页。
1876　Nathorst,29 页。
模式种:*Thaumatopteris brauniana* Popp,1863[注:原模式种 *Thaumatopteris muensteri* Goeppert 被 Nathorst(1876,1878)改置于 *Dictyophyllum* 内并提出 *Thaumatopteris brauniana* Popp 为模式种而保留当前属名(斯行健、李星学等,1963)]
分类位置:真蕨纲双扇蕨科(Dipteridaceae,Filicopsida)

中国中生代植物归入此属的最早记录:
布劳异叶蕨 *Thaumatopteris brauniana* Popp,1863
1863　Popp,409 页;德国;晚三叠世。

1954　徐仁,51 页,图版 44,图 5,6;营养叶和生殖叶;云南广通一平浪;晚三叠世。

△似金星蕨属 Genus *Thelypterites* ex Tao et Xiong 1986, emend Wu, 1993
〔注:此属名为陶君容、熊宪政最早(1986)使用,但未指明为新属。吴向午(1993a)确认 *Thelypterites* 为新属名,指定 *Thelypterites* sp. A,Tao et Xiong,1986 为模式种〕
1986　陶君容、熊宪政,122 页。
1993a　吴向午,41,240 页。
模式种:*Thelypterites* sp. A,Tao et Xiong,1986
分类位置:真蕨纲金星蕨科(Thelypteridaceae,Filicopsida)

似金星蕨(未定种 A) *Thelypterites* sp. A,Tao et Xiong,1986
1986　*Thelypterites* sp. A,陶君容、熊宪政,122 页,图版 5,图 2b;生殖羽片;标本号:52701;标本保存在中国科学院植物研究所;黑龙江嘉荫地区;晚白垩世乌云组。
1993a　*Thelypterites* sp. A,吴向午,41,240 页。

似金星蕨(未定种 B) *Thelypterites* sp. B
1986　*Thelypterites* sp. B,陶君容、熊宪政,122 页,图版 6,图 1;生殖羽片;标本号:52706;标本保存在中国科学院植物研究所;黑龙江嘉荫地区;晚白垩世乌云组。
1993a　*Thelypterites* sp.,吴向午,41,240 页。

丁菲羊齿属 Genus *Thinnfeldia* Ettingshausen,1852
1852　Ettingshausen,2 页。
模式种:*Thinnfeldia rhomboidalis* Ettingshausen,1852
分类位置:种子蕨纲(Pteridospermopsida)

菱形丁菲羊齿 *Thinnfeldia rhomboidalis* Ettingshausen,1852
〔注:此种曾改定为 *Pachypteris rhomboidalis* (Ettingshausen)(姚宣丽,1987)〕
1852　Ettingshausen,2 页,图版 1,图 4-7;蕨叶;匈牙利斯蒂儿多夫;早侏罗世(Lias)。

中国中生代植物归入此属的最早记录:
丁菲羊齿(未定种) *Thinnfeldia* sp.
1923　*Thinnfeldia* sp.,周赞衡,83,141 页,图版 2,图 6;蕨叶;山东莱阳南务村;早白垩世。
　　〔注:此标本后改定为 Problematicum(斯行健、李星学等,1963)〕

托马斯枝属 Genus *Thomasiocladus* Florin,1958
1958　Florin,311 页。
模式种:*Thomasiocladus zamioides* (Leckenby) Florin,1958
分类位置:松柏纲三尖杉科(Cephalotaxaceae,Coniferopsida)

查米亚托马斯枝 *Thomasiocladus zamioides* (Leckenby) Florin, 1958

1864 *Cycadites zamioides* Leckenby,77 页,图版 8,图 1;枝叶;英国约克郡;中侏罗世三角洲系。

1958 Florin,311 页,图版 29,图 2—14;图版 30,图 1—7;枝叶和叶角质层;英国约克郡;中侏罗世三角洲系。

中国中生代植物归入此属的最早记录:

查米亚托马斯枝(比较属种) Cf. *Thomasiocladus zamioides* (Leckenby) Florin

1982 王国平等,292 页,图版 128,图 2;枝叶;浙江兰溪渔山尖;中侏罗世渔山尖组。

似侧柏属 Genus *Thuites* Sternberg, 1825

1825(1820—1838)　Sternberg,38 页。

模式种:*Thuites aleinus* Sternberg,1825

分类位置:松柏纲(Coniferopsida)

奇异似侧柏 *Thuites aleinus* Sternberg, 1825

1825(1820—1838)　Sternberg,38 页,图版 45,图 1;松柏类营养小枝;波希米亚;白垩纪。

中国中生代植物归入此属的最早记录:

似侧柏?(未定种) *Thuites*? sp.

1945 *Thuites*? sp.,斯行健,53 页;叶枝;福建永安;白垩纪板头系。〔注:① 原文仅有种名;② 此标本后被斯行健、李星学等(1963)改定为 *Cupressinocladus*? sp.〕

崖柏属 Genus *Thuja* Linné

模式种:(现生属)

分类位置:松柏纲松科(Pinaceae,Coniferopsida)

中国中生代植物归入此属的最早记录:

白垩崖柏 *Thuja cretacea* (Heer) Newberry, 1895

1882 *Libocedrus cretacea* Heer,49 页,图版 29,图 1—3;图版 43,图 1d;丹麦格陵兰。

1895 Newberry,53 页,图版 4,图 1,2。

1986 陶君容、熊宪政,122 页,图版 4,图 1,2;枝叶;黑龙江嘉荫地区;晚白垩世乌云组。

密锥蕨属 Genus *Thyrsopteris* Kunze, 1834

模式种:(现生属)

分类位置:真蕨纲(Filicopsida)

中国中生代植物归入此属的最早记录:

△东方密锥蕨 *Thyrsopteris orientalis* Schenk, 1883

1883 Schenk,254 页,图版 52,图 4,7;蕨叶;北京西山;侏罗纪。〔注:此标本后改定为

Coniopteris hymenophylloides（Brongniart）Seward(斯行健、李星学等,1963)]

△天石枝属 Genus *Tianshia* Zhou et Zhang,1998(英文发表)

1998　周志炎、章伯乐,173页。
模式种:*Tianshia patens* Zhou et Zhang,1998
分类位置:茨康目(Czekanowskiales)

△伸展天石枝 *Tianshia patens* Zhou et Zhang,1998(英文发表)

1998　周志炎、章伯乐,173页,图版2,图1－6;图版4,图3,4,11;插图3;枝、叶和角质层;登记号:PB17912-PB17914;正模:PB17912(图版2,图1,4,5);标本保存在中国科学院南京地质古生物研究所;河南义马;中侏罗世义马组中部。

椴叶属 Genus *Tiliaephyllum* Newberry,1895

1895　Newberry,109页。
模式种:*Tiliaephyllum dubium* Newberry,1895
分类位置:双子叶植物纲椴树科(Tiliaceae,Dicotyledoneae)

可疑椴叶 *Tiliaephyllum dubium* Newberry,1895

1895　Newberry,109页,图版15,图5;叶;美国新泽西;白垩纪。

查加杨椴叶 *Tiliaephyllum tsagajannicum*（Krysht. et Baikov.）Krassilov,1976

1976　Krassilov,70页,图版35,图1,2;图版36,图2,3;图版37,图1,2。

中国中生代植物归入此属的最早记录:
查加杨椴叶(比较属种) Cf. *Tiliaephyllum tsagajannicum*（Krysht. et Baikov.）Krassilov

1984　张志诚,124页,图版4,图5;叶;黑龙江嘉荫地区;晚白垩世太平林场组。

似托第蕨属 Genus *Todites* Seward,1900

1900　Seweard,87页。
模式种:*Todites williamsoni*（Brongniart）Seward,1900
分类位置:真蕨纲紫萁科(Osmundaceae,Filicopsida)

中国中生代植物归入此属的最早记录:
威廉姆逊似托第蕨 *Todites williamsoni*（Brongniart）Seward,1900

1828　*Pecopteris williamsoni* Brongniart,57页。
1900　Seweard,87页,图版14,图2,5,7;图版15,图1－3;图版21,图6;插图12;营养叶和实羽片;英国约克郡;中侏罗世。
1906　Yokoyama,18,20页,图版3;蕨叶;四川彭县青岗林;重庆(巴县)大石鼓;侏罗纪。[注:此标本后改定为?*Cladophlebis raciborskii* Zeiller(斯行健、李星学等,1963)]
1906　Yokoyama,25页,图版6,图4;蕨叶;山东潍县坊子;侏罗纪。[注:此标本后改定为

Todites denticulatus（Brongniart）Krasser(斯行健、李星学等,1963)]
1906　Yokoyama,25页,图版8,图1;蕨叶;辽宁凤城赛马集碾子沟;侏罗纪。

△托克逊蕨属 Genus *Toksunopteris* Wu S Q et Zhou, ap Wu X W,1993
1986　*Xinjiangopteris* Wu S Q et Zhou（non Wu S Z,1983）,吴舜卿、周汉忠,642,645页。
1993b　吴舜卿、周汉忠,见吴向午,507,521页。
模式种:*Toksunopteris ppsita*（Wu S Q et Zhou）Wu S Q et Zhou, ap Wu X W,1993
分类位置:真蕨纲? 或种子蕨纲?（Filicopsida? or Pteridospermopsida?）

△对生托克逊蕨 *Toksunopteris opposita*（Wu et Zhou）Wu S Q et Zhou, ap Wu X W,1993
1986　*Xinjiangopteris opposita* Wu et Zhou,吴舜卿、周汉忠,642,645页,图版5,图1—8,10,10a;蕨叶;采集号:K215—K217,K219—K223,K228,K229;登记号:PB11780—PB11786,PB11793,PB11794;正模:PB11785(图版5,图10);标本保存在中国科学院南京地质古生物研究所;新疆吐鲁番盆地西北缘托克逊克尔碱地区;早侏罗世八道湾组。
1993b　吴舜卿、周汉忠,见吴向午,507,521页;新疆吐鲁番盆地西北缘托克逊克尔碱地区;早侏罗世八道湾组。

△铜川叶属 Genus *Tongchuanophyllum* Huang et Zhou,1980
1980　黄枝高、周惠琴,91页。
模式种:*Tongchuanophyllum trigonus* Huang et Zhou,1980
分类位置:种子蕨纲（Pteridospermopsida）

△三角形铜川叶 *Tongchuanophyllum trigonus* Huang et Zhou,1980
1980　黄枝高、周惠琴,91页,图版17,图2;图版21,图2,2a;蕨叶;登记号:OP3035,OP151;陕西铜川金锁关、神木枣圪;中三叠世铜川组上段下部。(注:原文未指定模式标本)

△优美铜川叶 *Tongchuanophyllum concinnum* Huang et Zhou,1980
1980　黄枝高、周惠琴,91页,图版16,图4;图版18,图1,2;蕨叶;登记号:OP149,OP131;陕西铜川金锁关、神木枣圪;中三叠世铜川组上段下部。(注:原文未指定模式标本)

△陕西铜川叶 *Tongchuanophyllum shensiense* Huang et Zhou,1980
1980　黄枝高、周惠琴,91页,图版13,图5;图版14,图3;图版18,图3;图版21,图1;图版22,图1;蕨叶;登记号:OP39,OP49,OP59,OP60;陕西铜川金锁关、神木枣圪;中三叠世铜川组下段。(注:原文未指定模式标本)

托勒利叶属 Genus *Torellia* Heer,1870
[注:此属仅有 *Torellia rigida* Heer 一种,出现于老第三纪地层(斯行健、李星学等,1963)]
1870　Heer,44页。

模式种：*Torellia rigida* Heer，1870

分类位置：银杏类（Ginkgophytes）

坚直托勒利叶 *Torellia rigida* Heer，1870
1870　Heer，44 页，图版 6，图 3—12；图版 16，图 1b；叶；斯匹次卑尔根；中新世。

中国中生代植物归入此属的最早记录：

托勒利叶（未定种）*Torellia* sp.
1931　*Torellia* sp.，斯行健，60 页，图版 5，图 7；辽宁北票；早、中侏罗世。［注：此标本被李星学改定为 *Pseudotorellia* sp.（斯行健、李星学等，1963，247 页）］

托列茨果属 Genus *Toretzia* Stanislavsky，1971
1971　Stanislavsky，88 页。

模式种：*Toretzia angustifolia* Stanislavsky，1971

分类位置：银杏目托列茨果科（Toretziaceae，Ginkgoales）

狭叶托列茨果 *Toretzia angustifolia* Stanislavsky，1971
1971　Stanislavsky，88 页，图版 24；图版 26，图 1；插图 44，44A，44Б；乌克兰顿涅茨；晚三叠世。

中国中生代植物归入此属的最早记录：

△顺发托列茨果 *Toretzia shunfaensis* Cao，1992
1992　曹正尧，240，247 页，图版 6，图 12；雌性生殖器官；标本 1 块；登记号：PB16135；正模：PB16135（图版 6，图 12）；标本保存在中国科学院南京地质古生物研究所；黑龙江东部顺发 101 孔；早白垩世城子河组 4 段。

榧属 Genus *Torreya* Annott，1838
模式种：（现生属）

分类位置：松柏纲紫杉科（Taxaceae，Coniferopsida）

中国中生代植物归入此属的最早记录：

△周氏？榧 *Torreya*？ *chowii* Li et Ye，1980
1980　李星学、叶美娜，10 页，图版 3，图 4；图版 4，图 4a；枝叶；登记号：PB4609，PB8977a；正模：PB8977a（图版 4，图 4a）；标本保存在中国科学院南京地质古生物研究所；吉林蛟河杉松；早白垩世晚期磨石砬子组。

1980　张武等，304 页，图版 190，图 2，10；枝；吉林蛟河；早白垩世磨石砬子组。

榧？（未定种）*Torreya*？ sp.
1978　*Torreya*？ sp.（sp. nov.），杨学林等，图版 3，图 5；枝叶；吉林蛟河杉松；早白垩世磨石砬子组。（注：原文仅有图版）

△榧型枝属 Genus *Torreyocladus* Li et Ye,1980

1980　李星学、叶美娜,10 页。

模式种:*Torreyocladus spectabilis* Li et Ye,1980

分类位置:松柏纲(Coniferopsida)

△明显榧型枝 *Torreyocladus spectabilis* Li et Ye,1980

1980　李星学、叶美娜,10 页,图版 4,图 5;枝叶;登记号:PB8973;属型:PB8973(图版 4,图 5);标本保存在中国科学院南京地质古生物研究所;吉林蛟河杉松;早白垩世磨石砬子组。[注:此标本后改定为 *Rhipidiocladus flabellata* Prynada(李星学等,1986)]

菱属 Genus *Trapa* Linné,1753

模式种:(现生属)

分类位置:双子叶植物纲菱科(Hydrocaryaceae,Dicotyledoneae)

中国中生代植物归入此属的最早记录:

小叶? 菱 *Trapa? microphylla* Lesquereux,1878

1878　Lesquereux,259 页,图版 61,图 16,17a;叶;美国;晚白垩世。

1959　李星学,33,37 页,图版 1,图 2,3,5-8;叶;黑龙江哈尔滨庙台子;晚白垩世(松花统)。

毛状叶属 Genus *Trichopitys* Saporta,1875

1875　Saporta,1020 页。

模式种:*Trichopitys heteromorpha* Saporta,1875

分类位置:银杏类?(Ginkgophytes?)

不等形毛状叶 *Trichopitys heteromorpha* Saporta,1875

1875　Saporta,1020 页;叶;法国洛代夫;二叠纪。

1885　Renault,64 页,图版 3,图 2;叶;法国洛代夫;二叠纪。

中国中生代植物归入此属的最早记录:

刚毛毛状叶 *Trichopitys setacea* Heer,1876

1876　Heer,64 页,图版 1,图 9;叶;俄罗斯伊尔库茨克;侏罗纪。

1901　Krasser,148 页,图版 2,图 6;叶;新疆东天山库鲁克塔格山南麓;侏罗纪。[注:此标本后归于 *Czekanowskia setacea* Heer(斯行健、李星学等,1963,249 页)]

△三裂穗属 Genus *Tricrananthus* Wang Z Q et Wang L X,1990

1990a　王自强、王立新,137 页。

模式种:*Tricrananthus sagittatus* Wang Z Q et Wang L X,1990

分类位置：松柏纲(Coniferopsida)

△箭头状三裂穗 *Tricrananthus sagittatus* Wang Z Q et Wang L X,1990
1990a 王自强、王立新,137 页,图版 21,图 13－17;图版 26,图 6;雄性鳞片;标本号:Z16-418, Z16-422,Z16-17,Z16-426,Z16-422a,Iso19-29;模式标本:Z16-422(图版 21,图 15);标本保存在中国科学院南京地质古生物研究所;山西榆社屯村、和顺马坊;早三叠世和尚沟组底部。

△瓣状三裂穗 *Tricrananthus lobatus* Wang Z Q et Wang L X,1990
1990a 王自强、王立新,137 页,图版 26,图 5,10;雄性鳞片;标本号：Iso15-11,Iso8304-3;合模：Iso15-11,Iso8304-3(图版 26,图 5,10);标本保存在中国科学院南京地质古生物研究所;山西蒲县城关;早三叠世和尚沟组底部。[注:依据《国际植物命名法规》(《维也纳法规》)第 37.2 条,1958 年起,模式标本只能是 1 块标本]

三盔种鳞属 Genus *Tricranolepis* Roselt,1958
1958 Roselt,390 页。
模式种：*Tricranolepis monosperma* Roselt,1958
分类位置：松柏纲(Coniferopsida)

单籽三盔种鳞 *Tricranolepis monosperma* Roselt,1958
1958 Roselt,390 页,图版 1－4;松柏类种鳞;德国;三叠纪(Lower Keuper)。

中国中生代植物归入此属的最早记录:
△钝三盔种鳞 *Tricranolepis obtusiloba* Wang Z Q et Wang L X,1990
1990a 王自强、王立新,136 页,图版 25,图 8,9;种鳞;标本号:Iso19-27,Iso19-28;模式标本：Iso19-28(图版 25,图 9);标本保存在中国科学院南京地质古生物研究所;山西蒲县城关;早三叠世和尚沟组下部。

似昆栏树属 Genus *Trochodendroides* Berry,1922
1922 Berry,166 页。
模式种：*Trochodendroides rhomboideus* (Lesquereux) Berry,1922
分类位置：双子叶植物纲昆栏树科(Trochodendraceae,Dicotyledoneae)

菱形似昆栏树 *Trochodendroides rhomboideus* (Lesquereux) Berry,1922
1868 *Ficus? rhomboideus* Lesquereux,96 页。
1874 *Phyllites rhomboideus* Lesquereux,112 页,图版 6,图 7;叶;美国得克萨斯;晚白垩世 Woodbine 组。
1922 Berry,166 页,图版 36,图 6;叶;美国得克萨斯;晚白垩世 Woodbine 组。

中国中生代植物归入此属的最早记录:
瓦西连柯似昆栏树 *Trochodendroides vassilenkoi* Iljinska et Romanova,1974
1974 Iljinska,Romanova,118 页,图版 50,图 1－4;插图 75。

1979 郭双兴、李浩敏,554 页,图版 1,图 7;叶;吉林珲春;晚白垩世珲春组。

昆栏树属 Genus *Trochodendron* Sieb. et Fucc.
模式种:(现生属)
分类位置:单子叶植物纲昆栏树科(Trochodendraceae,Monocotyledoneae)

中国中生代植物归入此属的最早记录:

昆栏树(未定种) *Trochodendron* sp.
1986a,b　*Trochodendron* sp. ,陶君容、熊宪政,124 页,图版 7,图 6;图版 11,图 10;果实;黑龙江嘉荫地区;晚白垩世乌云组。

△蛟河蕉羽叶属 Genus *Tsiaohoella* Lee et Yeh ex Zhang et al. ,1980（nom. nud.）
[注:此属名 *Tsiaohoella* 可能为 *Chiaohoella* 的误拼,分类位置为真蕨纲铁线蕨科 Adiantaceae (李星学等,1986,13 页)]
1980　*Tsiaohoella* Lee et Yeh,张武等,279 页。
模式种:*Tsiaohoella mirabilis* Lee et Yeh ex Zhang et al. ,1980
分类位置:苏铁纲(Cycadopsida)

△奇异蛟河蕉羽叶 *Tsiaohoella mirabilis* Lee et Yeh ex Zhang et al. ,1980（nom. nud.）
1980　*Tsiaohoella mirabilis* Lee et Yeh,张武等,279 页,图版 177,图 4,5;图版 179,图 2,4;羽叶;吉林蛟河杉松;早白垩世磨石砬子组。

△新似查米亚型蛟河蕉羽叶 *Tsiaohoella neozamioides* Lee et Yeh ex Zhang et al. ,1980（nom. nud.）
1980　*Tsiaohoella neozamioides* Lee et Yeh,张武等,79 页,图版 179,图 1,4;羽叶;吉林蛟河杉松;早白垩世磨石砬子组。

铁杉属 Genus *Tsuga* Carriere,1855
模式种:(现生属)
分类位置:松柏纲松科(Pinaceae,Coniferopsida)

中国中生代植物归入此属的最早记录:
△紫铁杉 *Tsuga taxoides* Tan et Zhu,1982
1982　谭琳、朱家楠,149 页,图版 36,图 2－4;营养小枝;登记号:GR15,GR18,GR206;正模:GR15(图版 36,图 3);副模:GR18(图版 36,图 4);内蒙古固阳小三分子村东;早白垩世固阳组。

图阿尔蕨属 Genus *Tuarella* Burakova,1961

1961   Burakova,139 页。

模式种：*Tuarella lobifolia* Burakova,1961

分类位置：真蕨纲紫萁科（Osmundaceae,Filicopsida）

中国中生代植物归入此属的最早记录：

裂瓣图阿尔蕨 *Tuarella lobifolia* Burakova,1961

1961   Burakova,139 页,图版 12,图 1－6；插图 29；营养叶和生殖叶；中亚图阿尔凯尔；中侏罗世。

1988   李佩娟等,50 页,图版 19,图 1；图版 22,图 1；图版 23,图 2；插图 15；裸羽片和实羽片；青海大柴旦大头羊沟；中侏罗世大煤沟组 *Tyrmia-Sphenobaiera* 层。

香蒲属 Genus *Typha* Linné

模式种：（现生属）

分类位置：单子叶植物纲香蒲科（Typhaceae,Monocotyledoneae）

中国中生代植物归入此属的最早记录：

香蒲（未定种） *Typha* sp.

1986a,b   *Typha* sp.,陶君容、熊宪政,图版 6,图 11；叶；黑龙江嘉荫地区；晚白垩世乌云组。
　　（注：原文仅有图版）

类香蒲属 Genus *Typhaera* Krassilov,1982

1982   Krassilov,36 页。

模式种：*Typhaera fusiformis* Krassilov,1982

分类位置：单子叶植物纲香蒲科（Typhaceae,Dicotyledoneae）

中国中生代植物归入此属的最早记录：

纺锤形类香蒲 *Typhaera fusiformis* Krassilov,1982

1982   Krassilov,36 页,图版 19,图 247－251；蒙古；早白垩世。

1999   吴舜卿,22 页,图版 15,图 3,3a；图版 17,图 3,3a,6,6a；果实；辽西北票上园黄半吉沟；晚侏罗世义县组下部尖山沟层。

基尔米亚叶属 Genus *Tyrmia* Prynada,1956

1956   Prynada,见 Kiparianova 等,241 页。

模式种：*Tyrmia tyrmensis* Prynada,1956

分类位置：苏铁纲本内苏铁目（Bennettiales,Cycadopsida）

基尔米亚基尔米亚叶 *Tyrmia tyrmensis* Prynada, 1956
1956 Prynada, 见 Kiparianova 等, 241 页, 图版 42, 图 2; 羽叶; 布列亚盆地基尔亚河; 早白垩世。

中国中生代植物归入此属的最早记录:
△朝阳基尔米亚叶 *Tyrmia chaoyangensis* Zhang, 1980
1980 张武等, 272 页, 图版 140, 图 13; 羽叶; 登记号: D382; 标本保存在沈阳地质矿产研究所; 辽宁朝阳; 中侏罗世。

△较宽基尔米亚叶 *Tyrmia latior* Ye, 1980
1980 叶美娜, 见吴舜卿等, 105 页, 图版 23, 图 1—6; 图版 24, 图 5, 6, 7b; 羽叶; 采集号: ACG-128, ACG-168; 登记号: PB6829—PB6834, PB6841—PB6843; 合模: PB6830—PB6833(图版 23, 图 1—4); 标本保存在中国科学院南京地质古生物研究所; 湖北秭归香溪、兴山回龙寺; 早—中侏罗世香溪组。[注: 依据《国际植物命名法规》(《维也纳法规》)第 37.2 条, 1958 年起, 模式标本只能是 1 块标本]

△那氏基尔米亚叶 *Tyrmia nathorsti* (Schenk) Ye, 1980
1883 *Pterophyllum nathorsti* Schenk, 261 页, 图版 53, 图 5, 7; 湖北秭归; 侏罗纪。
1980 叶美娜, 见吴舜卿等, 104 页, 图版 22, 图 1—11; 羽叶; 湖北秭归香溪、沙镇溪, 兴山郑家河、回龙寺; 早—中侏罗世香溪组。

△长椭圆基尔米亚叶 *Tyrmia oblongifolia* Zhang, 1980
1980 张武等, 272 页, 图版 170, 图 1—3; 图版 2, 图 1; 羽叶; 登记号: D383—D386; 辽宁朝阳; 中侏罗世。[注: ① 原文未指定模式标本; ② 此标本后改定为 *Vitimia oblongifolia* (Zhang) Wang(王自强, 1984)]

波利诺夫基尔米亚叶 *Tyrmia polynovii* (Novopokrovsky) Prynada, 1956
1912 *Dioonites polynovii* Novopokrovsky, 9 页, 图版 3, 图 6; 羽叶; 布列亚盆地; 早白垩世。
1956 Prynada, 见 Kipariaova 等, 242 页; 羽叶; 布列亚盆地; 早白垩世。
1980 张武等, 272 页, 图版 169, 图 12; 图版 171, 图 2, 6; 羽叶; 辽宁北票泉巨勇公社; 早白垩世孙家湾组。

基尔米亚叶(未定种) *Tyrmia* sp.
1980 *Tyrmia* sp., 吴舜卿等, 106 页, 图版 21, 图 7; 羽叶; 湖北秭归香溪; 早—中侏罗世香溪组。

鳞杉属 Genus *Ullmannia* Goeppert, 1850
1850 Goeppert, 185 页。
模式种: *Ullmannia bronnii* Goeppert, 1850
分类位置: 松柏纲(Coniferopsida)

布隆鳞杉 *Ullmannia bronnii* Goeppert, 1850
1850 Goeppert, 185 页, 图版 20, 图 1—26; 球果和营养枝; 德国萨克森; 二叠纪(Zechstein)。

中国中生代植物归入此属的最早记录:
鳞杉(未定种) *Ullmannia* sp.
1947—1948 *Ullmannia* sp.,Mathews,239 页;插图 1;雄性球果;北京西山;二叠纪(?)、三叠纪(?)双泉群。

榆叶属 Genus *Ulmiphyllum* Fontaine,1889
1889 Fontaine,312 页。
模式种:*Ulmiphyllum brookense* Fontaine,1889
分类位置:双子叶植物纲榆科(Ulmaceae,Dicotyledoneae)

中国中生代植物归入此属的最早记录:
勃洛克榆叶 *Ulmiphyllum brookense* Fontaine,1889
1889 Fontaine,312 页,图版 155,图 8;图版 163,图 7;叶;美国弗吉尼亚布鲁克;早白垩世波托马克群。
2005 张光富,图版 1,图 1;叶;吉林;早白垩世大拉子组。(注:原文仅有图版)

乌马果鳞属 Genus *Umaltolepis* Krassilov,1972
1972 Krassilov,63 页。
模式种:*Umaltolepis vachrameevii* Krassilov,1972
分类位置:银杏类(Ginkgophytes)

瓦赫拉梅耶夫乌马果鳞 *Umaltolepis vachrameevii* Krassilov,1972
1972 Krassilov,63 页,图版 21,图 5a;图版 22,图 5—8;图版 23,图 1,2,5—7,13;图 10;种子;阿穆尔河流域;晚侏罗世。

中国中生代植物归入此属的最早记录:
△河北乌马果鳞 *Umaltolepis hebeiensis* Wang,1984
1984 王自强,281 页,图版 152,图 12;图版 165,图 1—5;果鳞及角质层;标本 1 块,登记号:P0393;正模:P0393(图版 152,图 12);标本保存在中国科学院南京地质古生物研究所;河北张家口;早白垩世青石砬组。

乌拉尔叶属 Genus *Uralophyllum* Kryshtofovich et Prinada,1933
1933 Kryshtofovich,Prinada,25 页。
模式种:*Uralophyllum krascheninnikovii* Kryshtofovich et Prinada,1933
分类位置:苏铁纲?(Cycadopsida?)

克氏乌拉尔叶 *Uralophyllum krascheninnikovii* Kryshtofovich et Prinada,1933
1933 Kryshtofovich,Prinada,25 页,图版 2,图 7b;图版 3,图 1—4;叶;俄罗斯东乌拉尔;晚三叠世—早侏罗世。

拉氏乌拉尔叶 *Uralophyllum radczenkoi* (Sixtel) Dobruskina,1982
1962　　*Tersiella radczenkoi* Sixtel,342 页,图版 19,图 7—13;图版 20,图 1—5;插图 25;羽叶;南费尔干纳;晚三叠世。
1982　　Dobruskina,122 页。

中国中生代植物归入此属的最早记录:
拉氏? 乌拉尔叶(比较种) *Uralophyllum*? cf. *radczenkoi* (Sixtel) Dobruskina
1990　　吴舜卿、周汉忠,454 页,图版 4,图 7,7a;羽叶;新疆库车;早三叠世俄霍布拉克组。

乌苏里枝属 Genus *Ussuriocladus* Kryshtofovich et Prynada,1932
1932　　Kryshtofovich,Prynada,372 页。
模式种:*Ussuriocladus racemosus* Halle ex Kryshtofovich et Prynada,1932
分类位置:松柏纲(Coniferopsida)

多枝乌苏里枝 *Ussuriocladus racemosus* Halle ex Kryshtofovich et Prynada,1932
1932　　Kryshtofovich,Prynada,372 页;苏联远东滨海地区;早白垩世。

中国中生代植物归入此属的最早记录:
△安图乌苏里枝 *Ussuriocladus antuensis* Zhang,1980
1980　　张武等,301 页,图版 189,图 6,7;营养枝;登记号:D549,D550;标本保存在沈阳地质矿产研究所;吉林安图大沙河;早白垩世铜佛寺组。(注:原文未指定模式标本)

瓦德克勒果属 Genus *Vardekloeftia* Harris,1932
1932　　Harris,109 页。
模式种:*Vardekloeftia sulcata* Harris,1932
分类位置:苏铁纲本内苏铁目(Bennettiales,Cycadopsida)

中国中生代植物归入此属的最早记录:
具槽瓦德克勒果 *Vardekloeftia sulcata* Harris,1932
1932　　Harris,109 页,图版 15,图 1,4,5,12;图版 17,图 1,2;图版 18,图 1,5;插图 49B,49C;雌蕊、果实和角质层;东格陵兰斯科斯比湾;晚三叠世(*Lepidopteris* 层)。
1986　　叶美娜等,65 页,图版 45,图 2—2b;图版 56,图 6;果实;四川达县铁山金窝、白腊坪;晚三叠世须家河组 7 段。

荚蒾叶属 Genus *Viburniphyllum* Nathorst,1886
1886　　Nathorst,52 页。
模式种:*Viburniphyllum giganteum* (Saporta) Nathorst,1886
分类位置:双子叶植物纲忍冬科(Caprifoliaceae,Dicotyledoneae)

大型荚蒾叶 *Viburniphyllum giganteum* (Saporta) Nathorst,1886
1868　*Viburnum giganteum* Saporta,370页,图版30,图1,2;叶;法国;第三纪。
1886　Nathorst,52页。

中国中生代植物归入此属的最早记录：
△细齿荚蒾叶 *Viburniphyllum serrulutum* Tao,1980
1980　陶君容,见陶君容、孙湘君,76页,图版1,图6,7;插图1;叶;标本号:52115,52127;标本保存在中国科学院植物研究所;黑龙江林甸;早白垩世泉头组。（注:原文未指定模式标本）

荚蒾属 Genus *Viburnum* Linné,1753
模式种：（现生属）
分类位置：双子叶植物纲忍冬科(Caprifoliaceae,Dicotyledoneae)

中国中生代植物归入此属的最早记录：
粗糙荚蒾 *Viburnum asperum* Newberry,1868
1868　Newberry,54页;北美;中新世(Miocene strata)。
1885　Ward,557页,图版64,图4—9;叶;美洲;晚白垩世。
1898　Newberry,129页,图版33,图9;叶;北美;第三纪(Fort Union Group)。
1975　郭双兴,421页,图版3,图2;叶;西藏日喀则扎西林;晚白垩世日喀则群。

维特米亚叶属 Genus *Vitimia* Vachrameev,1977
1977　Vachrameev,见 Vachrameev 和 Kotova,105页。
模式种：*Vitimia doludenkoi* Vachrameev,1977
分类位置：本苏铁纲内苏铁目(Bennettiales,Cycadopsida)

中国中生代植物归入此属的最早记录：
多氏维特米亚叶 *Vitimia doludenkoi* Vachrameev,1977
1977　Vachrameev,见 Vachrameev 和 Kotova,105页,图版11,图1—5;叶部化石;外贝加尔湖;早白垩世。
1979　王自强、王璞,图版1,图8;羽叶;北京西山坨里公主文;早白垩世坨里砾岩组。（注:原文仅有图版）

葡萄叶属 Genus *Vitiphyllum* Nathorst,1886（non Fontaine,1889）
1886　Nathorst,211页。
模式种：*Vitiphyllum raumanni* Nathorst,1886
分类位置：双子叶植物纲葡萄科(Vitaceae,Dicotyledoneae)

劳孟葡萄叶 *Vitiphyllum raumanni* Nathorst, 1886
1886 Nathorst, 211页, 图版22, 图2; 叶; 日本; 第三纪。

中国中生代植物归入此属的最早记录:
△吉林葡萄叶 *Vitiphyllum jilinense* Gao, 2000 (英文发表)
2000 郭双兴, 237页, 图版4, 图14, 16; 图版8, 图4, 5, 10; 叶; 登记号: PB18667－PB18671; 正型: PB18668(图版4, 图16); 标本保存在中国科学院南京地质古生物研究所; 吉林珲春; 晚白垩世珲春组。

葡萄叶属 Genus *Vitiphyllum* Fontaine, 1889 (non Nathorst, 1886)
[注: 此属名为 *Vitiphyllum* Nathorst, 1886 的晚出同名 (吴向午, 1993)]
1889 Fontaine, 308页。
模式种: *Vitiphyllum crassiflium* Fontaine, 1889
分类位置: 双子叶植物纲葡萄科 (Vitaceae, Dicotyledoneae)

厚叶葡萄叶 *Vitiphyllum crassiflium* Fontaine, 1889
1889 Fontaine, 308页; 叶; 美国弗吉尼亚; 早白垩世波托马克群。

中国中生代植物归入此属的最早记录:
葡萄叶(未定种) *Vitiphyllum* sp.
1978 *Cissites*? sp., 杨学林等, 图版2, 图7; 叶; 吉林蛟河杉松; 早白垩世磨石砬子组。
1980 *Cissites* sp., 李星学、叶美娜, 图版5, 图5; 叶; 吉林蛟河杉松; 早白垩世磨石砬子组。
1986 *Vitiphyllum* sp., 李星学等, 43页, 图版43, 图6; 图版44, 图3; 叶; 吉林蛟河杉松; 早白垩世磨石砬子组。

书带蕨叶属 Genus *Vittaephyllum* Dobruskina, 1975
1975 Dobruskina, 127页。
模式种: *Vittaephyllum bifurcata* (Sixtel) Dobruskina, 1975
分类位置: 种子蕨纲 (Pteridospermopsida)

二叉书带蕨叶 *Vittaephyllum bifurcata* (Sixtel) Dobruskina, 1975
1962 *Furcula bifurcata* Sixtel, 327页, 图版3; 图版7, 图1－8; 蕨叶; 乌兹别克; 晚二叠世－早三叠世。
1975 Dobruskina, 129页, 图版11, 图2, 6, 7, 9, 10; 蕨叶; 乌兹别克; 晚二叠世－早三叠世。

中国中生代植物归入此属的最早记录:
书带蕨叶(未定种) *Vittaephyllum* sp.
1990 *Vittaephyllum* sp., 孟繁松, 图版1, 图11, 12; 叶; 海南琼海九曲江新华村; 早三叠世岭文组。(注: 原文仅有图版)
1992b *Vittaephyllum* sp., 孟繁松, 178页, 图版3, 图10－12; 叶; 海南琼海九曲江新华村; 早三叠世岭文组。

△条叶属 Genus *Vittifoliolum* Zhou, 1984

1984 周志炎, 49 页。

模式种: *Vittifoliolum segregatum* Zhou, 1984

分类位置: 银杏纲? 或茨康目? (Ginkgopsida? or Czekanowskiales?)

[注: 原文将此属与 *Desmiophyllum*, *Cordaites*, *Yuccites*, *Bambusium*, *Phoenicopsis*, *Culgouweria*, *Windwardia*, *Pseudotorellia* 等属比较, 认为可能属于银杏纲 (周志炎, 1984); 李佩娟等 (1988) 将此属归于银杏纲茨康目?]

△游离条叶 *Vittifoliolum segregatum* Zhou, 1984

1984 周志炎, 49 页, 图版 29, 图 4—4d; 图版 30, 图 1—2b; 图版 31; 图 1—2a, 4; 插图 12; 叶及角质层; 登记号: PB8938—PB8941, PB8943; 正模: PB8937 (图版 30, 图 1); 标本保存在中国科学院南京地质古生物研究所; 湖南祁阳、零陵、兰山、衡南、江永、永兴等地; 早侏罗世观音滩组中、下部。

△游离条叶脊条型 *Vittifoliolum segregatum* f. *costatum* Zhou, 1984

1984 周志炎, 50 页, 图版 31, 图 3—3b; 叶及角质层; 登记号: PB8942; 标本保存在中国科学院南京地质古生物研究所; 湖南零陵黄阳司; 早侏罗世观音滩组中 (下?) 部。

△脉条叶 *Vittifoliolum multinerve* Zhou, 1984

1984 周志炎, 50 页, 图版 32, 图 1, 2; 叶及角质层; 登记号: PB8944, PB8945; 正模: PB8944 (图版 32, 图 1); 标本保存在中国科学院南京地质古生物研究所; 湖南零陵黄阳司; 早侏罗世观音滩组中 (下?) 部。

伏脂杉属 Genus *Voltzia* Brongniart, 1828

1828 Brongniart, 449 页。

模式种: *Voltzia brevifolia* Brongniart, 1828

分类位置: 松柏纲伏脂杉科 (Voltziaceae, Coniferopsida)

宽叶伏脂杉 *Voltzia brevifolia* Brongniart, 1828

1828 Brongniart, 449 页, 图版 15; 图版 16, 图 1, 2; 生殖器官和营养枝; 法国孚日山区; 早三叠世。

中国中生代植物归入此属的最早记录:

异叶伏脂杉 *Voltzia heterophylla* Brongniart, 1828

1828 Brongniart, 446 页; 枝叶; 法国孚日山区; 早三叠世。

1979 周志炎、厉宝贤, 451 页, 图版 2, 图 1—5, 20; 插图 1; 枝叶; 海南琼海九曲江文山上村; 早三叠世岭文群 (九曲江组)。

伏脂杉 (未定多种) *Voltzia* spp.

1978 *Voltzia* sp., 王立新等, 图版 4, 图 3, 4; 雄球果; 山西榆社红崖头; 早三叠世和尚沟组。(注: 原文仅有图版)

1979 *Voltzia* spp.,周志炎、厉宝贤,图版2,图7—9,10(?)—14(?);枝叶;海南琼海九曲江塔岭村、上车村、海洋村;早三叠世岭文群(九曲江组)。(注:原文仅有图像)

伏脂杉?(未定种) *Voltzia*? sp.
1978 *Voltzia*? sp.,王立新等,图版4,图5;雄球果;山西榆社红崖头;早三叠世和尚沟组。(注:原文仅有图版)

蝶蕨属 Genus *Weichselia* Stiehler,1857
1857 Stiehler,73页。
模式种:*Weichselia ludovicae* Stiehler,1857
分类位置:真蕨纲(Filicopsida)

连生蝶蕨 *Weichselia ludovicae* Stiehler,1857
1857 Stiehler,73页,图版12,13;蕨叶;德国萨克森;晚白垩世。

中国中生代植物归入此属的最早记录:
具网蝶蕨 *Weichselia reticulata* (Stockes et Webb) Fontaine,1899
1824 *Pecteris reticulata* Stockes et Webb,423页,图版46,图5;图版47,图3;蕨叶;英国;早白垩世。
1899 Fontaine,见 Ward,651页,图版100,图2—4;蕨叶;美国;早白垩世。
1977 段淑英等,115页,图版1,图4,5;图版2,图5—8;蕨叶;西藏拉萨牛马沟、林布宗和堆龙德庆;早白垩世。

韦尔奇花属 Genus *Weltrichia* Braun,1847
1847 Braun,86页。
模式种:*Weltrichia mirabilis* Braun,1847
分类位置:苏铁纲本内苏铁目(Bennettiales,Cycadopsida)

奇异韦尔奇花 *Weltrichia mirabilis* Braun,1847
1847 Braun,86页。
1849 Braun,710页,图版2,图1—3;本内苏铁雄花;西欧;晚三叠世。

中国中生代植物归入此属的最早记录:
韦尔奇花(未定种) *Weltrichia* sp.
1979 *Weltrichia* sp.,周志炎、厉宝贤,448页,图版1,图15,16,16a;本内苏铁雄花;海南琼海九曲江上车村、新华村;早三叠世岭文群(九曲江组)。

威廉姆逊尼花属 Genus *Williamsonia* Carruthers,1870
1870 Carruthers,693页。
模式种:*Williamsonia gigas* (Lindley et Hutton) Carruthers,1870

分类位置:苏铁纲本内苏铁目(Bennettiales,Cycadopsida)

大威廉姆逊尼花 *Williamsonia gigas* (Lindley et Hutton) Carruthers,1870

1835(1831—1837)　　*Zamites gigas* Lindley et Hutton,45 页,图版 165;英国约克郡;中侏罗世。

1870　　Carruthers,693 页;生殖器官;英国约克郡;中侏罗世。

中国中生代植物归入此属的最早记录:

威廉姆逊尼花(未定种) *Williamsonia* sp.

1949　　*Williamsonia* sp.,斯行健,23 页,图版 13,图 15;本内苏铁生殖器官;湖北秭归香溪;早侏罗世香溪煤系。[注:此标本后改定为 *Cycadolepis*? sp.(斯行健、李星学等,1963)]

小威廉姆逊尼花属 Genus *Williamsoniella* Thomas,1915

1915　　Thomas,115 页。

模式种:*Williamsoniella coronata* Thomas,1915

分类位置:苏铁纲本内苏铁目(Bennettiales,Cycadopsida)

科罗纳小威廉姆逊尼花 *Williamsoniella coronata* Thomas,1915

1915　　Thomas,115 页,图版 12—14;插图 1—5;本内苏铁花穗;英国约克郡;中侏罗世(Gristhorpe plant bed)。

中国中生代植物归入此属的最早记录:

小威廉姆逊尼花(未定种) *Williamsoniella* sp.

1976　　*Williamsoniella* sp.,张志诚,190 页,图版 97,图 3;本内苏铁生殖器官;内蒙古包头石拐沟;中侏罗世召沟组。

威尔斯穗属 Genus *Willsiostrobus* Grauvogel-Stamm et Schaarschmidt,1978

1978　　Grauvogel-Stamm,Schaarschmidt,106 页。

模式种:*Willsiostrobus willsii* (Townrow) Grauvogel-Stamm et Schaarschmidt,1978

分类位置:松柏纲(Coniferopsida)

威氏威尔斯穗 *Willsiostrobus willsii* (Townrow) Grauvogel-Stamm et Schaarschmidt,1978

1962　　*Masculostrobus willsii* Townrow,25 页,图版 1,图 e,h;图版 2,图 1;雄性花穗;英国;早三叠世。

1978　　Grauvogel-Stamm,Schaarschmidt,106 页。

中国中生代植物归入此属的最早记录:

威氏威尔斯穗(比较种) *Willsiostrobus* cf. *willsii* (Townrow) Grauvogel-Stamm et Schaarschmidt

1984　　王自强,292 页,图版 112,图 4;雄性花穗;山西石楼;中—晚三叠世延长群。

△红崖头威尔斯穗 *Willsiostrobus hongyantouensis* Wang, 1984
1984　王自强, 291 页, 图版 108, 图 8－10; 雄性花穗; 登记号: P0017, P0029, P0030; 正模: P0017(图版 108, 图 8); 标本保存在中国科学院南京地质古生物研究所; 山西榆社屯村; 早三叠世刘家沟组; 山西榆社红崖头; 早三叠世和尚沟组。[注: 此种后改定为 *Ruehleostachys? hongyantouensis* Wang Z Q et Wang L X(王自强、王立新, 1990)]

异木属 Genus *Xenoxylon* Gothan, 1905
1905　Gothan, 38 页。
模式种: *Xenoxylon latiporosus* (Cramer) Gothan, 1905
分类位置: 松柏纲松柏目(Coniferales, Coniferopsida)

宽孔异木 *Xenoxylon latiporosum* (Cramer) Gothan, 1905
1868　*Pinites latiporosus* Cramer, 见 Heer, 176 页, 图版 40, 图 1－8; 斯匹次卑尔根; 早白垩世。
1905　Gothan, 38 页。

中国中生代植物归入此属的最早记录:
△河北异木 *Xenoxylon hopeiense* Chang, 1929
1929　张景钺, 250 页, 图版 1, 图 1－4; 木化石; 河北涿鹿夏家沟; 晚侏罗世。

△夏家街蕨属 Genus *Xiajiajienia* Sun et Zheng, 2001(中文和英文发表)
2001　孙革、郑少林, 见孙革等, 77, 187 页。
模式种: *Xiajiajienia mirabila* Sun et Zheng, 2001
分类位置: 真蕨纲(Filicopsida)

△奇异夏家街蕨 *Xiajiajienia mirabila* Sun et Zheng, 2001(中文和英文发表)
2001　孙革、郑少林, 见孙革等, 77, 187 页, 图版 10, 图 3－6; 图版 39, 图 1－10; 图版 56, 图 7; 蕨叶; 标本号: PB19025, PB19026, PB19028－PB19032, ZY3015; 正模: PB19025(图版 10, 图 3); 标本保存在中国科学院南京地质古生物研究所; 吉林辽源夏家街; 中侏罗世夏家街组; 辽宁北票上园黄半吉沟; 晚侏罗世尖山沟组。

△兴安叶属 Genus *Xinganphyllum* Huang, 1977
1977　黄本宏, 60 页。
模式种: *Xinganphyllum aequale* Huang, 1977
分类位置: 不明(plantae incertae sedis)

△等形兴安叶 *Xinganphyllum aequale* Huang, 1977
1977　黄本宏, 60 页, 图版 6, 图 1, 2; 图版 7, 图 1－3; 插图 20; 叶部化石; 登记号: PFH0234, PFH0236, PFH0238, PFH0240, PFH0241; 标本保存在沈阳地质矿产所; 黑龙江神树三

角山;晚二叠世三角山组。(注:原文来指定模式标本)

中国中生代植物归入此属的最早记录:
△大叶?兴安叶 *Xinganphyllum*? *grandifolium* Meng,1986
1986　孟繁松,216,217页,图版1,图3,4;图版2,图3,4;蕨叶;登记号:P82252 — P82255;正模:P82255(图版2,图4);标本保存在宜昌地质矿产研究所;湖北远安九里岗、荆门分水岭;晚三叠世九里岗组。

△星学花序属 Genus *Xingxueina* Sun et Dilcher,1997 (1995 nom. nud.)(中文和英文发表)
1995a　孙革、Dilcher D L,见李星学,324页。(中文)(裸名)
1995b　孙革、Dilcher D L,见李星学,429页。(英文)(裸名)
1996　孙革、Dilcher D L,396页。(裸名)
1997　孙革、Dilcher D L,137,141页。(中文和英文)
模式种:*Xingxueina heilongjiangensis* Sun et Dilcher,1997 (1995 nom. nud.)
分类位置:双子叶植物纲(Dicotyledoneae)

△黑龙江星学花序 *Xingxueina heilongjiangensis* Sun et Dilcher,1997 (1995 nom. nud.)
(中文和英文发表)
1995a　孙革、Dilcher D L,见李星学,324页;插图9-2.8;黑龙江鸡西城子河;早白垩世城子河组。(中文)(裸名)
1995b　孙革、Dilcher D L,见李星学,429页;插图9-2.8;黑龙江鸡西城子河;早白垩世城子河组。(英文)(裸名)
1996　孙革、Dilcher D L,图版2,图1—6;插图1E;花序及叶片;黑龙江鸡西城子河;早白垩世城子河组。(裸名)
1997　孙革、Dilcher D L,137,141页,图版1,图1—7;图版2,图1—6;插图2;花序及叶片;采集号:WR47 — WR100;登记号:SC10025,SC10026;正模:SC10026(图版5,图1B,2,4G);标本保存在中国科学院南京地质古生物研究所;黑龙江鸡西城子河;早白垩世城子河组。

△星学叶属 Genus *Xingxuephyllum* Sun et Dilcher,2002(英文发表)
2002　孙革、Dilcher D L,103页。
模式种:*Xingxuephyllum jixiense* Sun et Dilcher,2002
分类位置:双子叶植物纲(Dicotyledoneae)

△鸡西星学叶 *Xingxuephyllum jixiense* Sun et Dilcher,2002(英文发表)
2002　孙革、Dilcher D L,103页,图版5,图1B,2;插图4G;叶部化石;标本号:SC10026;模式标本:SC10026(图版5,图1B,2;插图4G);黑龙江鸡西城子河;早白垩世城子河组。(注:原文未注明模式标本的保存单位)

△新疆蕨属 Genus *Xinjiangopteris* Wu S Z,1983 （non Wu S Q et Zhou,1986）

1983　吴绍祖,见窦亚伟等,607页。

模式种：*Xinjiangopteris toksunensis* Wu S Z,1983

分类位置：种子蕨纲（Pteridospermopsida）

△托克逊新疆蕨 *Xinjiangopteris toksunensis* Wu S Z,1983

1983　吴绍祖,见窦亚伟等,607页,图版223,图1—6；蕨叶；采集号：73KH1-6a；登记号：XPB-032—XPB-037；合模：XPB-032—XPB-037（图版223,图1—6）；新疆和静艾乌尔沟；晚二叠世。〔注：依据《国际植物命名法规》(《维也纳法规》)第37.2条,1958年起,模式标本只能是1块标本〕

△新疆蕨属 Genus *Xinjiangopteris* Wu et Zhou,1986 （non Wu S Z,1983）

〔注：此属名为*Xinjiangopteris* Wu S Z,1983的晚出同名（吴向午,1993a,1993b）,后改定为*Toksunopteris* Wu S Q et Zhou,ap. Wu X W,1993（吴向午,1993b）〕

1986　吴舜卿、周汉忠,642,645页。

模式种：*Xinjiangopteris opposita* Wu et Zhou,1986

分类位置：真蕨类或分类位置不明的种子蕨类（Filicopsida or Pteridospermopsida incertae sedis）

△对生新疆蕨 *Xinjiangopteris opposita* Wu et Zhou,1986

〔注：此种后改定为*Toksunopteris opposita* Wu S Q et Zhu（吴向午,1993b）〕

1986　吴舜卿、周汉忠,642,645页,图版5,图1—8,10,10a；蕨叶；采集号：K215—K217,K219—K223,K228,K229；登记号：PB11780—PB11786,PB11793,PB11794；正模：PB11785（图版5,图10）；标本保存在中国科学院南京地质古生物研究所；新疆吐鲁番盆地西北缘托克逊克尔碱地区；早侏罗世。

△新龙叶属 Genus *Xinlongia* Yang,1978

1978　杨贤河,516页。

模式种：*Xinlongia pterophylloides* Yang,1978

分类位置：苏铁纲本内苏铁目（Bennettiales,Cycadopsida）

△侧羽叶型新龙叶 *Xinlongia pterophylloides* Yang,1978

1978　杨贤河,516页,图版182,图1；插图118；羽叶；标本号：Sp0116；正模：Sp0116（图版182,图1）；标本保存在成都地质矿产研究所；四川新龙雄龙；晚三叠世喇嘛垭组。

△和恩格尔新龙叶 *Xinlongia hoheneggeri* (Schenk) Yang,1978

1869　*Podozamites hoenggeri* Schenk,Schenk,9页,图版2,图3—6。

1906　*Glossozamites hoheneggeri* (Schenk) Yokoyama,Yokoyama,36,37页,图版12,图1,

1a,5a,6(?);羽叶;四川昭化石罐子;四川合州沙溪庙;侏罗纪。
1978 杨贤河,516页,图版178,图7;羽叶;四川广元须家河;晚三叠世须家河组。

△新龙羽叶属 Genus *Xinlongophyllum* Yang,1978

1978 杨贤河,505页。
模式种:*Xinlongophyllum ctenopteroides* Yang,1978
分类位置:种子蕨纲(Pteridospermopsida)

△篦羽羊齿型新龙羽叶 *Xinlongophyllum ctenopteroides* Yang,1978

1978 杨贤河,505页,图版182,图2;羽叶;标本号:Sp0117;正模:Sp0117(图版182,图2);标本保存在成都地质矿产研究所;四川新龙雄龙;晚三叠世喇嘛垭组。

△多条纹新龙羽叶 *Xinlongophyllum multilineatum* Yang,1978

1978 杨贤河,506页,图版182,图3,4;羽叶;标本号:Sp0118,Sp0119;合模:Sp0118(图版182,图3),Sp00119(图版182,图4);标本保存在成都地质矿产研究所;四川新龙雄龙;晚三叠世喇嘛垭组。[注:依据《国际植物命名法规》(《维也纳法规》)第37.2条,1958年起,模式标本只能是1块标本]

矢部叶属 Genus *Yabeiella* Ôishi,1931

1931 Ôishi,263页。
模式种:*Yabeiella brachebuschiana* (Kurtz) Ôishi,1931
分类位置:不明(plantae incertae sedis)

短小矢部叶 *Yabeiella brachebuschiana* (Kurtz) Ôishi,1931

1912—1922 *Oleandridium brachebuschiana* Kurtz,129页,图版17,图307;图版21,图147—150,302,304—306,308;带羊齿类叶部化石;阿根廷;晚三叠世(Rhaetic)。
1931 Ôishi,263页,图版26,图4—6;带羊齿类叶部化石;阿根廷;晚三叠世(Rhaetic)。

马雷耶斯矢部叶 *Yabeiella mareyesiaca* (Geinitz) Ôishi,1931

1876 *Taeniopteris mareyesiaca* Geinitz,9页,图版2,图3;带羊齿类叶部化石;阿根廷拉里奥、圣胡安和门多萨;晚三叠世(Rhaetic)。
1931 Ôishi,262页。

中国中生代植物归入此属的最早记录:
马雷耶斯矢部叶(比较种) *Yabeiella* cf. *mareyesiaca* (Geinitz) Ôishi

1983 张武等,83页,图版5,图9;带羊齿类叶部化石;辽宁本溪林家崴子;中三叠世林家组。

△多脉矢部叶 *Yabeiella multinervis* Zhang et Zheng,1983

1983 张武等,83页,图版5,图1—8;带羊齿类叶部化石;标本号:LMP2079—LMP2085;标本保存在沈阳地质矿产研究所;辽宁本溪林家崴子;中三叠世林家组。(注:原文未指定模式标本)

△延吉叶属 Genus *Yanjiphyllum* Zhang,1980
1980　张志诚,338 页。
模式种:*Yanjiphyllum ellipticum* Zhang,1980
分类位置:双子叶植物纲(Dicotyledoneae)

△椭圆延吉叶 *Yanjiphyllum ellipticum* Zhang,1980
1980　张志诚,338 页,图版 192,图 7,7a;叶;登记号:D631;标本保存在沈阳地质矿产研究所;吉林延吉大拉子;早白垩世大拉子组。

△燕辽杉属 Genus *Yanliaoa* Pan,1977
1977　潘广,70 页。
模式种:*Yanliaoa sinensis* Pan,1977
分类位置:松柏纲杉科(Taxodiaceae,Coniferopsida)

△中国燕辽杉 *Yanliaoa sinensis* Pan,1977
1977　潘广,70 页,图版 5;营养枝和生殖枝(包括花、果枝);登记号:L0027,L0034,L0040A,L0064;标本保存在辽宁煤田地质勘探公司;辽西锦西;中一晚侏罗世。(注:原文未指定模式标本)

△义马果属 Genus *Yimaia* Zhou et Zhang,1988
1988a　周志炎、章伯乐,217 页。(中文)
1988b　周志炎、章伯乐,1202 页。(英文)
模式种:*Yimaia recurva* Zhou et Zhang,1988
分类位置:银杏目(Ginkgoales)

△外弯义马果 *Yimaia recurva* Zhou et Zhang,1988
1988a　周志炎、章伯乐,217 页,图 3;生殖枝;登记号:PB14193(正模);标本保存在中国科学院南京地质古生物研究所;河南义马;中侏罗世。(中文)
1988b　周志炎、章伯乐,1202 页,图 3;生殖枝;登记号:PB14193(正模);标本保存在中国科学院南京地质古生物研究所;河南义马;中侏罗世。(英文)

△义县叶属 Genus *Yixianophyllum* Zheng,Li N,Li Y,Zhang et Bian,2005(英文发表)
2005　郑少林、李楠、李勇、张武、边雄飞,585 页。
模式种:*Yixianophyllum jinjiagouensie* Zheng,Li N,Li Y,Zhang et Bian,2005
分类位置:苏铁目(Cycadales)

△**金家沟义县叶** *Yixianophyllum jinjiagouensie* Zheng, Li N, Li Y, Zhang et Bian, 2005（英文发表）

2004 *Taeniopteris* sp.（gen. et sp. nov.）,王五力等,232页,图版30,图2-5;单叶;辽宁义县金家沟;晚侏罗世义县组砖城子层。

2005 郑少林、李楠、李勇、张武、边雄飞,585页,图版1,2,图2;图3A,B;图4A;图5J;叶和角质层;采集号:JJG-7-JJG-11;正模:JJG-7(图版1,图1);副模:JJG-8-JJG-10(图版1,图3,5,6);标本保存在沈阳地质矿产研究所;辽宁义县金家沟;晚侏罗世义县组下部。

似丝兰属 Genus *Yuccites* Martius, 1822（non Schimper et Mougeot, 1844）

1822 Martius,136页。

模式种:*Yuccites microlepis* Martius,1822

分类位置:松柏纲或分类位置不明(Coniferopsida or incertae sedis)

小叶似丝兰 *Yuccites microlepis* Martius, 1822

1822 Martius,136页。

似丝兰属 Genus *Yuccites* Schimper et Mougeot, 1844（non Martius, 1822）

［注:此属名为*Yuccites* Martius,1822的晚出同名(吴向午,1993a)］

1844 Schimper,Mougeot,42页。

模式种:*Yuccites vogesiacus* Schimper et Mougeot,1844

分类位置:松柏纲或不明(Coniferopsida or incertae sedis)

大叶似丝兰 *Yuccites vogesiacus* Schimper et Mougeot, 1844

1844 Schimper,Mougeot,42页,图版21;叶;亚耳沙斯-洛林地区;三叠纪。

中国中生代植物归入此属的最早记录:

匙形似丝兰 *Yuccites spathulata* Prynada, 1952

1952 Prynada,图版15,图1-12;叶;哈萨克斯坦;晚三叠世。

1984 顾道源,154页,图版77,图1,2;叶;新疆库车舒善河;晚三叠世塔里奇克组。

似丝兰（未定种） *Yuccites* sp.

1984 *Yuccites* sp.,王自强,291页,图版110,图13,14;叶;山西榆社;早三叠世刘家沟组;山西武乡;中三叠世二马营组。

似丝兰?（未定种） *Yuccites*? sp.

1978 *Yuccites*? sp.,王立新等,图版4,图6-8;叶;山西榆社红崖头、平遥上庄;早三叠世和尚沟组。（注:原文仅有图像）

△**永仁叶属 Genus *Yungjenophyllum* Hsu et Chen, 1974**

1974 徐仁、陈晔,见徐仁等,275页。

模式种：*Yungjenophyllum grandifolium* Hsu et Chen,1974

分类位置：不明(plantae incertae sedis)

△大叶永仁叶 *Yungjenophyllum grandifolium* Hsu et Chen,1974

1974　徐仁、陈晔，见徐仁等，275页，图版8，图1—3；单叶；编号：No.2883；标本保存在中国科学院植物研究所；云南永仁，四川宝鼎；晚三叠世大荞地组中部。

查米亚属 Genus *Zamia* Linné

模式种：(现生属)

分类位置：苏铁纲苏铁科(Cycadaceae,Cycadopsida)

中国中生代植物归入此属的最早记录：

查米亚(未定种) *Zamia* sp.

1925　*Zamia* sp.,Teilhard de Chardin,Fritel,537页；陕西榆林油坊头(You-fang-teou)；侏罗纪。(注：原文仅有种名)

查米羽叶属 Genus *Zamiophyllum* Nthorst,1890

1890　Nathorst,46页。

模式种：*Zamiophyllum buchianum* (Ettingshausen) Nthorst,1890

分类位置：苏铁纲本内苏铁目(Bennettiales,Cycadopsida)

中国中生代植物归入此属的最早记录：

布契查米羽叶 *Zamiophyllum buchianum* (Ettingshausen) Nathorst,1890

1852　*Pterophyllum buchianum* Ettingshausen,21页，图版1，图1；羽叶；德国；早白垩世。

1890　Nathorst,46页，图版2，图1；图版3；图版5，图2；羽叶；日本；早白垩世。

1954　李星学，439页，图版1，图1,2；羽叶；甘肃东部华亭五村堡；早白垩世六盘山煤系五村堡组。

拟查米蕨属 Genus *Zamiopsis* Fontaine,1889

1889　Fontaine,161页。

模式种：*Zamiopsis pinnafida* Fontaine,1889

分类位置：真蕨纲？(Filicopsida?)

羽状拟查米蕨 *Zamiopsis pinnafida* Fontaine,1889

1889　Fontaine,161页，图版61，图7；图版62，图5，图版64，图2；蕨类营养叶；美国弗吉尼亚州弗雷德利克斯堡；早白垩世波托马克群。

中国中生代植物归入此属的最早记录：
△阜新拟查米蕨 *Zamiopsis fuxinensis* Zhang,1980
1980　张武等,262页,图版155,图4－6；蕨叶；辽宁阜新；早白垩世阜新组。（注：原文未指定模式标本）

匙羊齿属 Genus *Zamiopteris* Schmalhausen,1879

1879　Schmalhausen,80页。

模式种：*Zamiopteris glossopteroides* Schmalhausen,1879

分类位置：种子蕨纲（Pteridospermopsida）

舌羊齿型匙羊齿 *Zamiopteris glossopteroides* Schmalhausen,1879

1879　Schmalhausen,80页,图版14,图1－3；舌羊齿型叶；俄罗斯；二叠纪。

中国中生代植物归入此属的最早记录：
△微细匙羊齿 *Zamiopteris minor* Wang Z et Wang L,1990
1990a　王自强、王立新,129页,图版22,图11；蕨叶；标本号：Z05a-189；正模：Z05a-189（图版22,图11）；标本保存在中国科学院南京地质古生物研究所；山西榆社屯村；早三叠世和尚沟组底部。

查米果属 Genus *Zamiostrobus* Endlicher,1836

1836(1836－1840)　Endlicher,72页。

模式种：*Zamiostrobus macrocephala*（Lindley et Hutton）Endlicher,1836

分类位置：苏铁纲本内苏铁目（Bennettiales,Cycadopsida）

大蕊查米果 *Zamiostrobus macrocephala*（Lindley et Hutton）Endlicher,1836

1834(1831－1837)　*Zamites macrophylla* Lindley et Hutton,117页,图版125；球果；英国；白垩纪。

1836(1836－1840)　Endlicher,72页；球果；英国；白垩纪。

中国中生代植物归入此属的最早记录：
查米果？（未定种）*Zamiostrobus*? sp.
1982　*Zamiostrobus*? sp.,李佩娟,93页,图版14,图6；球果；西藏洛隆中一松多；早白垩世多尼组。

似查米亚属 Genus *Zamites* Brongniart,1828

1828　Brongniart,94页。

模式种：*Zamites gigas*（Lindley et Hutton）Morris,1843（注：本属原是一个含义较广的属名，此模式种是后来选定的）

分类位置:苏铁纲本内苏铁目(Bennettiales Cycadopsida)

大叶似查米亚 *Zamites gigas* (Lindley et Hutton) Morris,1843

1835(1831—1837) *Zamia gigas* Lindley et Hutton,45 页,图版 165;羽叶;英国斯卡伯勒;侏罗纪。

1843 Morris,24 页。

中国中生代植物归入此属的最早记录:
分离似查米亚 *Zamites distans* Presl,1838

1838(1820—1838) *Zamites distans* Presl,见 Sternber,196 页,图版 26,图 3;枝叶;德国巴伐利亚;侏罗世(早侏罗世)。[注:此种后改定为 *Podozamites distans* (Presl) Braun (Münster,1843(1839—1843),28 页)]

1874 Brongniart,408 页;羽叶;陕西西南部丁家沟;侏罗纪。[注:① 原文仅有种名;② 此标本后改定为 *Podozamites lanceolatus* (Lindley et Hutton) Braun(斯行健、李星学等,1963)]

似查米亚(未定种) *Zamites* sp.

1923 *Zamites* sp. ,周赞衡,81,141 页,图版 1,图 9;图版 2,图 5;羽叶;山东莱阳南务村;早白垩世。

△郑氏叶属 Genus *Zhengia* Sun et Dilcher,2002 (1996 nom. nud.)(英文发表)

1996 孙革、Dilcher D L,图版 1,图 15;图版 2,图 7—9。(裸名)
2002 孙革、Dilcher D L,103 页。

模式种:*Zhengia chinensis* Sun et Dilcher,2002
分类位置:双子叶植物纲(Dicotyledonae)

△中国郑氏叶 *Zhengia chinensis* Sun et Dilcher,2002 (1996 nom. nud.)(英文发表)

1992 *Shenkuoia caloneura* Sun et Guo,孙革、郭双兴,见孙革等,547 页,图版 1,图 14;图版 2,图 2—6。(中文)

1993 *Shenkuoia caloneura* Sun et Guo,孙革、郭双兴,见孙革等,254 页,图版 1,图 14;图版 2,图 2—6。(英文)

1996 孙革、Dilcher D L,图版 1,图 15;图版 2,图 7—9);叶及角质层;黑龙江鸡西城子河;早白垩世城子河组。(裸名)

2002 孙革、Dilcher D L,103 页,图版 4,图 1—7;叶及角质层;标本号:No. JS10004,SC10023,SC01996;正模:SC10023(图版 4,图 1,3—6);标本保存在中国科学院南京地质古生物研究所;黑龙江鸡西城子河;早白垩世城子河组。

枣属 Genus *Zizyphus* Mill.

模式种:(现生属)
分类位置:双子叶植物纲鼠李科(Rhamnaceae,Dicotyledoneae)

中国中生代植物归入此属的最早记录：
△**假白垩枣 *Zizyphus pseudocretacea* Tao,1986**
1986a,b 陶君容,见陶君容、熊宪政,128页,图版10,图6;叶;标本号:No.52161;黑龙江嘉荫地区;晚白垩世乌云组。

附　录

附录1　属种名索引

[按中文名称的汉语拼音升序排列,属、种名后为页码(中文记录页码/英文记录页码),"△"号示依据中国标本建立的属名或种名]

A

阿措勒叶属 *Arthollia* 18/300
  太平洋阿措勒叶 *Arthollia pacifica* 18/300
  △中国阿措勒叶 *Arthollia sinensis* 18/300
阿尔贝杉属 *Albertia* 6/286
  偏叶阿尔贝杉 *Albertia latifolia* 6/286
  椭圆阿尔贝杉 *Albertia elliptica* 6/286
爱博拉契蕨属 *Eboracia* 64/350
  裂叶爱博拉契蕨 *Eboracia lobifolia* 64/350
爱河羊齿属 *Aipteris* 5/285
  灿烂爱河羊齿 *Aipteris speciosa* 5/285
  △五字湾爱河羊齿 *Aipteris wuziwanensis* Chow et Huang,1976 (non Huang et
   Chow,1980) 5/285
  △五字湾爱河羊齿 *Aipteris wuziwanensis* Huang et Chow,1980 (non Chow et
   Huang,1976) 5/286
爱斯特拉属 *Estherella* 69/356
  细小爱斯特拉 *Estherella gracilis* 69/357
  △纤细爱斯特拉 *Estherella delicatula* 69/357
安杜鲁普蕨属 *Amdrupia* 8/288
  狭形安杜鲁普蕨 *Amdrupia stenodonta* 8/288
桉属 *Eucalyptus* 70/357
  桉(未定种) *Eucalyptus* sp. 70/357

B

八角枫属 *Alangium* 5/286
  △费家街八角枫 *Alangium feijiajieense* 5/286
巴克兰茎属 *Bucklandia* 29/312
  异型巴克兰茎 *Bucklandia anomala* 29/312
  △极小巴克兰茎 *Bucklandia minima* 29/312
  巴克兰茎(未定种) *Bucklandia* sp. 29/312

芭蕉叶属 *Musophyllum* ……………………………………………………………… 116/408
    截形芭蕉叶 *Musophyllum truncatum* ………………………………………… 116/408
    芭蕉叶(未定种) *Musophyllum* sp. ………………………………………… 116/408
白粉藤属 *Cissus* …………………………………………………………………… 38/322
    边缘白粉藤 *Cissus marginata* ……………………………………………… 38/323
△白果叶属 *Baiguophyllum* ………………………………………………………… 22/304
    △利剑白果叶 *Baiguophyllum lijianum* ……………………………………… 22/304
柏木属 *Cupressus* …………………………………………………………………… 48/333
    ?柏木(未定种) ?*Cupressus* sp. …………………………………………… 48/334
柏型枝属 *Cupressinocladus* ………………………………………………………… 47/332
    柳型柏型枝 *Cupressinocladus salicornoides* ………………………………… 47/333
    △雅致柏型枝 *Cupressinocladus elegans* …………………………………… 48/333
    △细小柏型枝 *Cupressinocladus gracilis* …………………………………… 48/333
柏型木属 *Cupressinoxylon* ………………………………………………………… 48/333
    亚等形柏型木 *Cupressinoxylon subaequale* ………………………………… 48/333
    柏型木(未定种) *Cupressinoxylon* sp. …………………………………… 48/333
拜拉属 *Baiera* ……………………………………………………………………… 22/304
    两裂拜拉 *Baiera dichotoma* ………………………………………………… 22/304
    狭叶拜拉 *Baiera angustiloba* ………………………………………………… 22/304
拜拉属 *Bayera* ……………………………………………………………………… 23/305
    两裂拜拉 *Bayera dichotoma* ………………………………………………… 23/305
板栗属 *Castannea* …………………………………………………………………… 32/316
    △汤原板栗 *Castannea tangyuaensis* ……………………………………… 32/316
瓣轮叶属 *Lobatannularia* …………………………………………………………… 103/394
    不等叶瓣轮叶 *Lobatannularia inequifolia* ………………………………… 103/394
    平安瓣轮叶(比较种) *Lobatannularia* cf. *heianensis* …………………… 103/394
    瓣轮叶(未定种) *Lobatannularia* sp. …………………………………… 103/394
蚌壳蕨属 *Dicksonia* ………………………………………………………………… 57/343
    △革质蚌壳蕨 *Dicksonia coriacea* …………………………………………… 57/343
    蚌壳蕨(未定种) *Dicksonia* sp. …………………………………………… 57/343
棒状茎属 *Rhabdotocaulon* ………………………………………………………… 165/462
    蔡氏棒状茎 *Rhabdotocaulon zeilleri* ……………………………………… 165/462
    棒状茎(未定种) *Rhabdotocaulon* sp. …………………………………… 165/462
薄果穗属 *Leptostrobus* ……………………………………………………………… 99/389
    疏花薄果穗 *Leptostrobus laxiflora* ………………………………………… 99/389
    疏花薄果穗(比较属种) Cf. *Leptostrobus laxiflora* ……………………… 99/389
△鲍斯木属 *Boseoxylon* …………………………………………………………… 28/311
    △安德鲁斯鲍斯木 *Boseoxylon andrewii* …………………………………… 28/311
杯囊蕨属 *Kylikipteris* ……………………………………………………………… 96/387
    微尖杯囊蕨 *Kylikipteris argula* …………………………………………… 96/387
    △简单杯囊蕨 *Kylikipteris simplex* ………………………………………… 97/387
杯叶属 *Phyllotheca* ………………………………………………………………… 139/433
    澳洲杯叶 *Phyllotheca australis* …………………………………………… 139/433

| 杯叶?(未定种) *Phyllotheca*? sp. | 139/434 |

北极拜拉属 *Arctobaiera* 17/298
 弗里特北极拜拉 *Arctobaiera flettii* 17/299
 △仁保北极拜拉 *Arctobaiera renbaoi* 17/299
北极蕨属 *Arctopteris* 17/299
 库累马北极蕨 *Arctopteris kolymensis* 18/299
 钝羽北极蕨 *Arctopteris obtuspinnata* 18/299
 稀脉北极蕨 *Arctopteris rarinervis* 18/299
△北票果属 *Beipiaoa* 23/306
 △强刺北票果 *Beipiaoa spinosa* 24/306
 △小北票果 *Beipiaoa parva* 24/306
 △圆形北票果 *Beipiaoa rotunda* 24/306
贝尔瑙蕨属 *Bernouillia* 26/308
 瑞士贝尔瑙蕨 *Bernouillia helvetica* 26/309
 △蔡耶贝尔瑙蕨 *Bernouillia zeilleri* 26/309
贝尔瑙蕨属 *Bernoullia* 26/309
 瑞士贝尔瑙蕨 *Bernoullia helvetica* 26/309
 △蔡耶贝尔瑙蕨 *Bernoullia zeilleri* 27/309
贝西亚果属 *Baisia* 22/304
 硬毛贝西亚果 *Baisia hirsuta* 22/305
 贝西亚果(未定种) *Baisia* sp. 23/305
本内苏铁果属 *Bennetticarpus* 24/307
 尖鳞本内苏铁果 *Bennetticarpus oxylepidus* 24/307
 △长珠孔本内苏铁果 *Bennetticarpus longmicropylus* 25/307
 △卵圆本内苏铁果 *Bennetticarpus ovoides* 25/307
△本内缘蕨属 *Bennetdicotis* 24/306
 本内缘蕨(sp. indet.) *Bennetdicotis* sp. indet. 24/307
△本溪羊齿属 *Benxipteris* 25/307
 △尖叶本溪羊齿 *Benxipteris acuta* 25/307
 △密脉本溪羊齿 *Benxipteris densinervis* 25/308
 △裂缺本溪羊齿 *Benxipteris partita* 25/308
 △多态本溪羊齿 *Benxipteris polymorpha* 25/308
篦羽羊齿属 *Ctenopteris* 46/330
 苏铁篦羽羊齿 *Ctenopteris cycadea* 46/331
 沙兰篦羽羊齿 *Ctenopteris sarranii* 46/331
篦羽叶属 *Ctenis* 45/330
 镰形篦羽叶 *Ctenis falcata* 45/330
 △金原篦羽叶 *Ctenis kaneharai* 45/330
 篦羽叶(未定种) *Ctenis* sp. 45/330
△变态鳞木属 *Metalepidodendron* 112/404
 △中国变态鳞木 *Metalepidodendron sinensis* 112/404
 △下板城变态鳞木 *Metalepidodendron xiabanchengensis* 112/404
变态叶属 *Aphlebia* 14/296

急尖变态叶 Aphlebia acuta ……………………………………………… 15/296
△异形变态叶 Aphlebia dissimilis ………………………………………… 15/296
变态叶(未定种) Aphlebia sp. ……………………………………………… 15/296
宾尼亚球果属 Beania ……………………………………………………………… 23/305
纤细宾尼亚球果 Beania gracilis …………………………………………… 23/305
△密山宾尼亚球果 Beania mishanensis ……………………………………… 23/306
伯恩第属 Bernettia ………………………………………………………………… 25/308
意外伯恩第 Bernettia inopinata ……………………………………………… 26/308
蜂窝状伯恩第 Bernettia phialophora ………………………………………… 26/308

C

侧羽叶属 Pterophyllum …………………………………………………………… 158/455
长叶侧羽叶 Pterophyllum longifolium ……………………………………… 158/455
等形侧羽叶 Pterophyllum aequale …………………………………………… 159/455
△紧挤侧羽叶 Pterophyllum contiguum ……………………………………… 159/455
△那氏侧羽叶 Pterophyllum nathorsti ………………………………………… 159/455
△李氏侧羽叶 Pterophyllum richthofeni ……………………………………… 159/455
叉羽叶属 Ptilozamites …………………………………………………………… 160/457
尼尔桑叉羽叶 Ptilozamites nilssoni ………………………………………… 160/457
△中国叉羽叶 Ptilozamites chinensis ………………………………………… 160/457
查米果属 Zamiostrobus …………………………………………………………… 224/527
大蕊查米果 Zamiostrobus macrocephala …………………………………… 224/527
查米果?(未定种) Zamiostrobus? sp. ………………………………………… 224/527
查米亚属 Zamia …………………………………………………………………… 223/526
查米亚(未定种) Zamia sp. ……………………………………………………… 223/526
查米羽叶属 Zamiophyllum ……………………………………………………… 223/526
布契查米羽叶 Zamiophyllum buchianum …………………………………… 223/526
檫木属 Sassafras ………………………………………………………………… 173/471
檫木(未定种) Sassafras sp. …………………………………………………… 173/471
△朝阳序属 Chaoyangia …………………………………………………………… 35/319
△梁氏朝阳序 Chaoyangia liangii ……………………………………………… 36/319
△城子河叶属 Chengzihella ……………………………………………………… 36/319
△倒卵城子河叶 Chengzihella obovata ………………………………………… 36/320
翅似查米亚属 Pterozamites ……………………………………………………… 160/456
翅似查米亚 Pterozamites scitamineus ……………………………………… 160/456
△中国翅似查米亚 Pterozamites sinensis …………………………………… 160/456
△垂饰杉属 Stalagma ……………………………………………………………… 189/488
△翅籽垂饰杉 Stalagma samara ……………………………………………… 189/488
茨康叶属 Czekanowskia …………………………………………………………… 53/339
刚毛茨康叶 Czekanowskia setacea …………………………………………… 53/339
坚直茨康叶 Czekanowskia rigida ……………………………………………… 53/339
茨康叶(瓦氏叶亚属) Czekanowskia (Vachrameevia) ……………………… 54/339

| 澳大利亚茨康叶(瓦氏叶) Czekanowskia (Vachrameevia) australis | 54/339 |
| 茨康叶(瓦氏叶)(未定种) Czekanowskia (Vachrameevia) sp. | 54/340 |

枞型枝属 Elatocladus 65/351
 异叶枞型枝 Elatocladus heterophylla 65/352
 △满洲枞型枝 Elatocladus manchurica 65/352
楤木属 Aralia 15/296
 △坚强楤木 Aralia firma 15/296
楤木叶属 Araliaephyllum 15/296
 钝裂片楤木叶 Araliaephyllum obtusilobum 15/297

D

大芦孢穗属 Macrostachya 106/397
 漏斗状大芦孢穗 Macrostachya infundibuliformis 106/398
 △纤细大芦孢穗 Macrostachya gracilis Wang Z et Wang L, 1989 (non Wang Z et Wang L, 1990) 106/398
 △纤细大芦孢穗 Macrostachya gracilis Wang Z et Wang L, 1990 (non Wang Z et Wang L, 1989) 107/398
△大箐羽叶属 Tachingia 193/493
 △大箐羽叶 Tachingia pinniformis 193/493
△大舌羊齿属 Macroglossopteris 106/397
 △李氏大舌羊齿 Macroglossopteris leeiana 106/397
△大同叶属 Datongophyllum 55/341
 △长柄大同叶 Datongophyllum longipetiolatum 55/341
 大同叶(未定种) Datongophyllum sp. 55/341
大网羽叶属 Anthrophyopsis 14/295
 尼尔桑大网羽叶 Anthrophyopsis nilssoni 14/295
 △李氏大网羽叶 Anthrophyopsis leeana 14/296
大叶带羊齿属 Macrotaeniopteris 107/398
 大大叶带羊齿 Macrotaeniopteris major 107/398
 △李希霍芬大叶带羊齿 Macrotaeniopteris richthofeni 107/398
△大羽羊齿属 Gigantopteris 75/362
 △烟叶大羽羊齿 Gigantopteris nicotianaefolia 75/363
 齿状大羽羊齿 Gigantopteris dentata 75/363
 大羽羊齿(未定种) Gigantopteris sp. 75/363
带似查米亚属 Taeniozamites 194/494
 狭叶带似查米亚 Taeniozamites vittata 194/494
 △上床带似查米亚 Taeniozamites uwatokoi 195/494
带羊齿属 Taeniopteris 194/493
 条纹带羊齿 Taeniopteris vittata 194/494
 下凹带羊齿 Taeniopteris immersa 194/494
 下凹带羊齿(比较种) Taeniopteris cf. immersa 194/494
 △列克勒带羊齿 Taeniopteris leclerei 194/494

带羊齿(未定种) *Taeniopteris* sp.	194/494
带叶属 *Doratophyllum*	60/346
阿斯塔脱带叶 *Doratophyllum astartensis*	60/347
△美丽带叶 *Doratophyllum decoratum*	60/347
△须家河带叶 *Doratophyllum hsuchiahoense*	61/347
带状叶属 *Desmiophyllum*	57/343
纤细带状叶 *Desmiophyllum gracile*	57/343
带状叶(未定多种) *Desmiophyllum* spp.	57/343
单子叶属 *Monocotylophyllum*	115/407
单子叶(未定种) *Monocotylophyllum* sp.	115/408
德贝木属 *Debeya*	56/341
锯齿德贝木 *Debeya serrata*	56/342
第氏德贝木 *Debeya tikhonovichii*	56/342
第聂伯果属 *Borysthenia*	27/310
束状第聂伯果 *Borysthenia fasciculata*	27/310
△丰富第聂伯果 *Borysthenia opulenta*	28/310
雕鳞杉属 *Glyptolepis*	80/369
考依普雕鳞杉 *Glyptolepis keuperiana*	80/369
雕鳞杉(未定种) *Glyptolepis* sp.	80/369
蝶蕨属 *Weichselia*	215/517
连生蝶蕨 *Weichselia ludovicae*	215/517
具网蝶蕨 *Weichselia reticulata*	215/517
△蝶叶属 *Papilionifolium*	130/423
△徐氏蝶叶 *Papilionifolium hsui*	130/423
丁菲羊齿属 *Thinnfeldia*	200/500
菱形丁菲羊齿 *Thinnfeldia rhomboidalis*	200/500
丁菲羊齿(未定种) *Thinnfeldia* sp.	200/501
△渡口痕木属 *Dukouphyton*	63/350
△较小渡口痕木 *Dukouphyton minor*	63/350
△渡口叶属 *Dukouphyllum*	63/350
△诺格拉齐蕨型渡口叶 *Dukouphyllum noeggerathioides*	63/350
短木属 *Brachyoxylon*	28/311
斑点短木 *Brachyoxylon notabile*	28/311
△萨尼短木 *Brachyoxylon sahnii*	29/311
短叶杉属 *Brachyphyllum*	29/312
马咪勒短叶杉 *Brachyphyllum mamillare*	29/312
△大短叶杉 *Brachyphyllum magnum*	29/312
△密枝短叶杉 *Brachyphyllum multiramosum*	29/312
椴叶属 *Tiliaephyllum*	202/502
可疑椴叶 *Tiliaephyllum dubium*	202/503
查加杨椴叶 *Tiliaephyllum tsagajannicum*	202/503
查加杨椴叶(比较属种) Cf. *Tiliaephyllum tsagajannicum*	202/503
堆囊穗属 *Sorosaccus*	182/480

细纤堆囊穗 *Sorosaccus gracilis*	182/480
盾形叶属 *Aspidiophyllum*	19/301
三裂盾形叶 *Aspidiophyllum trilobatum*	19/301
盾形叶（未定种）*Aspidiophyllum* sp.	19/301
盾籽属 *Peltaspermum*	133/427
圆形盾籽 *Peltaspermum rotula*	133/427
？盾籽（未定种）？*Peltaspermum* sp.	133/427

E

耳羽叶属 *Otozamites*	126/419
钝耳羽叶 *Otozamites obtusus*	126/419
耳羽叶（未定种）*Otozamites* sp.	126/419
二叉羊齿属 *Dicrodium*	58/344
齿羊齿型二叉羊齿 *Dicrodium odonpteroides*	58/344
△变形二叉羊齿 *Dicrodium allophyllum*	58/344

F

榧属 *Torreya*	204/505
△周氏？榧 *Torreya? chowii*	204/505
榧？（未定种）*Torreya?* sp.	204/505
△榧型枝属 *Torreyocladus*	205/506
△明显榧型枝 *Torreyocladus spectabilis*	205/506
费尔干木属 *Ferganodendron*	71/358
塞克坦费尔干木 *Ferganodendron sauktangensis*	71/358
？费尔干木（未定种）？*Ferganodendron* sp.	71/358
费尔干杉属 *Ferganiella*	70/358
乌梁海费尔干杉 *Ferganiella urjachaica*	71/358
△苏铁杉型费尔干杉 *Ferganiella podozamioides*	71/358
枫杨属 *Pterocarya*	158/454
△中华枫杨 *Pterocarya siniptera*	158/454
△缝鞘杉属 *Suturovagina*	192/492
△过渡缝鞘杉 *Suturovagina intermedia*	192/492
伏脂杉属 *Voltzia*	214/516
宽叶伏脂杉 *Voltzia brevifolia*	214/516
异叶伏脂杉 *Voltzia heterophylla*	214/517
伏脂杉（未定多种）*Voltzia* spp.	214/517
伏脂杉？（未定种）*Voltzia?* sp.	215/517
△辐叶属 *Radiatifolium*	162/459
△大辐叶 *Radiatifolium magnusum*	162/459
△副镰羽叶属 *Paradrepanozamites*	131/425
△大道场副镰羽叶 *Paradrepanozamites dadaochangensis*	131/425

副落羽杉属 *Parataxodium* ·· 132/426
　　魏更斯副落羽杉 *Parataxodium wigginsii* ·············· 132/426
　　雅库特副落羽杉 *Parataxodium jacutensis* ············ 132/426
△副球果属 *Paraconites* ·· 130/424
　△伸长副球果 *Paraconites longifolius* ··················· 130/424
副苏铁属 *Paracycas* ··· 130/424
　　梳子副苏铁 *Paracycas cteis* ······························ 130/424
　△劲直?梳子副苏铁 *Paracycas? rigida* ··················· 130/424

G

盖涅茨杉属 *Geinitzia* ··· 74/362
　　白垩盖涅茨杉 *Geinitzia cretacea* ······················· 74/362
　　盖涅茨杉(未定多种) *Geinitzia* spp. ··················· 74/362
△甘肃芦木属 *Gansuphyllites* ··································· 74/361
　△多脉甘肃芦木 *Gansuphyllites multivervis* ············ 74/361
革叶属 *Scytophyllum* ·· 177/475
　　培根革叶 *Scytophyllum bergeri* ························ 177/475
　△朝阳革叶 *Scytophyllum chaoyangensis* ··············· 177/475
格伦罗斯杉属 *Glenrosa* ··· 78/366
　　得克萨斯格伦罗斯杉 *Glenrosa texensis* ·············· 78/366
　△南京格伦罗斯杉 *Glenrosa nanjingensis* ··············· 78/366
格子蕨属 *Clathropteris* ·· 40/324
　　新月蕨型格子蕨 *Clathropteris meniscioides* ········ 40/324
　　格子蕨(未定种) *Clathropteris* sp. ····················· 40/324
葛伯特蕨属 *Goeppertella* ··· 81/370
　　小裂片葛伯特蕨 *Goeppertella microloba* ············ 81/370
　　葛伯特蕨(未定种) *Goeppertella* sp. ················· 81/370
根茎蕨属 *Rhizomopteris* ·· 168/465
　　石松型根茎蕨 *Rhizomopteris lycopodioides* ········ 168/465
　　根茎蕨(未定种) *Rhizomopteris* sp. ·················· 168/465
△根状茎属 *Rhizoma* ··· 167/465
　△椭圆形根状茎 *Rhizoma elliptica* ······················· 168/465
古柏属 *Palaeocyparis* ·· 127/421
　　扩张古柏 *Palaeocyparis expansus* ···················· 127/421
　　弯曲古柏 *Palaeocyparis flexuosa* ····················· 128/421
　　弯曲古柏(比较种) *Palaeocyparis* cf. *flexuosa* ····· 128/421
古地钱属 *Marchantiolites* ······································· 109/401
　　多孔古地钱 *Marchantiolites porosus* ················· 109/401
　　布莱尔莫古地钱 *Marchantiolites blairmorensis* ····· 110/401
古尔万果属 *Gurvanella* ··· 83/372
　　网翅古尔万果 *Gurvanella dictyoptera* ················ 83/372
　△优美古尔万果 *Gurvanella exquisites* ·················· 83/372

△古果属 *Archaefructus* ·· 16/298
  △辽宁古果 *Archaefructus liaoningensis* ······················· 17/298
古维他叶属 *Palaeovittaria* ··· 128/421
  库兹古维他叶 *Palaeovittaria kurzii* ······························ 128/421
  △山西古维他叶 *Palaeovittaria shanxiensis* ···················· 128/421
骨碎补属 *Davallia* ··· 55/341
  △泥河子骨碎补 *Davallia niehhutzuensis* ························ 55/341
△广西叶属 *Guangxiophyllum* ·· 83/372
  △上思广西叶 *Guangxiophyllum shangsiense* ··················· 83/372
鬼灯檠属 *Rogersia* ··· 169/466
  长叶鬼灯檠 *Rogersia longifolia* ··································· 169/466
  窄叶鬼灯檠 *Rogersia angustifolia* ································ 169/466
桂叶属 *Laurophyllum* ··· 98/388
  琼楠型桂叶 *Laurophyllum beilschiedioides* ······················ 98/388
  桂叶(未定种) *Laurophyllum* sp. ································· 98/388
棍穗属 *Gomphostrobus* ··· 81/370
  异叶棍穗 *Gomphostrobus heterophylla* ·························· 82/370
  分裂棍穗 *Gomphostrobus bifidus* ································ 82/370

H

哈定蕨属 *Haydenia* ··· 86/375
  伞序蕨型哈定蕨 *Haydenia thyrsopteroides* ······················ 86/375
  ?伞序蕨型哈定蕨 ?*Haydenia thyrsopteroides* ···················· 86/375
△哈勒角籽属 *Hallea* ·· 84/373
  △北京哈勒角籽 *Hallea pekinensis* ······························· 84/373
哈瑞士羊齿属 *Harrisiothecium* ··· 84/373
  苹型哈瑞士羊齿 *Harrisiothecium marsilioides* ·················· 84/373
  哈瑞士羊齿?(未定种) *Harrisiothecium*? sp. ····················· 84/373
△哈瑞士叶属 *Tharrisia* ··· 198/498
  △迪纳塞尔哈瑞士叶 *Tharrisia dinosaurensis* ··················· 198/498
  △侧生瑞士叶 *Tharrisia lata* ······································ 199/499
  △优美哈瑞士叶 *Tharrisia spectabilis* ···························· 199/499
哈兹叶属 *Hartzia* Harris, 1935 (non Nikitin, 1965) ················· 84/373
  细弱哈兹叶 *Hartzia tenuis* ·· 85/373
  细弱哈兹叶(比较属种) Cf. *Hartzia tenuis* ····················· 85/374
哈兹籽属 *Hartzia* Nikitin, 1965 (non Harris, 1935) ················· 85/374
  洛氏哈兹籽 *Hartzia rosenkjari* ··································· 85/374
禾草叶属 *Graminophyllum* ··· 82/371
  琥珀禾草叶 *Graminophyllum succineum* ·························· 82/371
  禾草叶(未定种) *Graminophyllum* sp. ··························· 82/371
合囊蕨属 *Marattia* ··· 108/400
  亚洲合囊蕨 *Marattia asiatica* ···································· 109/400

霍尔合囊蕨 *Marattia hoerensis*	109/400
敏斯特合囊蕨 *Marattia muensteri*	109/400
荷叶蕨属 *Hausmannia*	85/374
二歧荷叶蕨 *Hausmannia dichotoma*	85/374
△李氏荷叶蕨 *Hausmannia leeiana*	85/374
乌苏里荷叶蕨 *Hausmannia ussuriensis*	85/374
乌苏里荷叶蕨(比较种) *Hausmannia* cf. *ussuriensis*	85/374
荷叶蕨属(原始扇状蕨亚属) *Hausmannia* (*Protorhipis*)	85/375
布氏荷叶蕨(原始扇状蕨) *Hausmannia* (*Protorhipis*) *buchii*	86/375
△李氏荷叶蕨(原始扇状蕨) *Hausmannia* (*Protorhipis*) *leeiana*	86/375
乌苏里荷叶蕨(原始扇状蕨) *Hausmannia* (*Protorhipis*) *ussuriensis*	86/375
黑龙江羽叶属 *Heilungia*	86/376
阿穆尔黑龙江羽叶 *Heilungia amurensis*	87/376
黑三棱属 *Sparganium*	182/481
△丰宁?黑三棱 *Sparganium? fengningense*	182/481
恒河羊齿属 *Gangamopteris*	73/361
狭叶恒河羊齿 *Gangamopteris angostifolia*	73/361
△沁水恒河羊齿 *Gangamopteris qinshuiensis*	73/361
△屯村?恒河羊齿 *Gangamopteris? tuncunensis*	73/361
红豆杉属 *Taxus*	197/496
△中间红豆杉 *Taxus intermedium*	197/497
红杉属 *Sequoia*	178/476
△热河红杉 *Sequoia jeholensis*	178/476
厚边羊齿属 *Lomatopteris*	104/395
侏罗厚边羊齿 *Lomatopteris jurensis*	104/395
△资兴厚边羊齿 *Lomatopteris zixingensis*	104/395
厚羊齿属 *Pachypteris*	127/420
披针厚羊齿 *Pachypteris lanceolata*	127/420
△中国厚羊齿 *Pachypteris chinensis*	127/420
△湖北叶属 *Hubeiophyllum*	89/378
△楔形湖北叶 *Hubeiophyllum cuneifolium*	89/378
△狭细湖北叶 *Hubeiophyllum angustum*	89/378
△湖南木贼属 *Hunanoequisetum*	89/378
△浏阳湖南木贼 *Hunanoequisetum liuyangense*	89/379
槲寄生穗属 *Ixostrobus*	91/381
斯密拉兹基槲寄生穗 *Ixostrobus siemiradzkii*	91/381
△美丽槲寄生穗 *Ixostrobus magnificus*	91/381
槲叶属 *Dryophyllum*	62/348
亚镰槲叶 *Dryophyllum subcretaceum*	62/348
△花穗杉果属 *Amentostrobus*	8/289
花穗杉果(sp. indet.) *Amentostrobus* sp. indet.	8/289
△华脉蕨属 *Abropteris*	1/281
△弗吉尼亚华脉蕨 *Abropteris virginiensis*	1/281

△永仁华脉蕨 *Abropteris yongrenensis* ……………………………………… 1/281
△华网蕨属 *Areolatophyllum* ………………………………………………… 18/300
　　△青海华网蕨 *Areolatophyllum qinghaiense* …………………………… 18/300
桦木属 *Betula* …………………………………………………………………… 27/309
　　古老桦木 *Betula prisca* ………………………………………………… 27/310
　　萨哈林桦木 *Betula sachalinensis* ……………………………………… 27/310
桦木叶属 *Betuliphyllum* ……………………………………………………… 27/310
　　巴塔哥尼亚桦木叶 *Betuliphyllum patagonicum* ……………………… 27/310
　　△珲春桦木叶 *Betuliphyllum hunchunensis* …………………………… 27/310
槐叶萍属 *Salvinia* ……………………………………………………………… 172/470
　　槐叶萍（未定种） *Salvinia* sp. …………………………………………… 172/470

J

△鸡西叶属 *Jixia* ………………………………………………………………… 93/383
　　△羽裂鸡西叶 *Jixia pinnatipartita* ……………………………………… 93/383
基尔米亚叶属 *Tyrmia* ………………………………………………………… 208/510
　　基尔米亚基尔米亚叶 *Tyrmia tyrmensis* ……………………………… 209/510
　　△朝阳基尔米亚叶 *Tyrmia chaoyangensis* …………………………… 209/510
　　△较宽基尔米亚叶 *Tyrmia latior* ……………………………………… 209/510
　　△那氏基尔米亚叶 *Tyrmia nathorsti* ………………………………… 209/510
　　△长椭圆基尔米亚叶 *Tyrmia oblongifolia* …………………………… 209/510
　　波利诺夫基尔米亚叶 *Tyrmia polynovii* ……………………………… 209/511
　　基尔米亚叶（未定种） *Tyrmia* sp. …………………………………… 209/511
△吉林羽叶属 *Chilinia* ………………………………………………………… 37/320
　　△篦羽叶型吉林羽叶 *Chilinia ctenioides* ……………………………… 37/320
　　△雅致吉林羽叶 *Chilinia elegans* ……………………………………… 37/321
　　△健壮吉林羽叶 *Chilinia robusta* ……………………………………… 37/321
脊囊属 *Annalepis* ……………………………………………………………… 11/292
　　蔡耶脊囊 *Annalepis zeilleri* ……………………………………………… 11/292
　　脊囊（未定种） *Annalepis* sp. …………………………………………… 11/292
荚蒾属 *Viburnum* ……………………………………………………………… 212/514
　　粗糙荚蒾 *Viburnum asperum* ………………………………………… 212/514
荚蒾叶属 *Viburniphyllum* …………………………………………………… 211/513
　　大型荚蒾叶 *Viburniphyllum giganteum* ……………………………… 212/513
　　△细齿荚蒾叶 *Viburniphyllum serrulutum* …………………………… 212/513
假篦羽叶属 *Pseudoctenis* …………………………………………………… 154/450
　　伊兹假篦羽叶 *Pseudoctenis eathiensis* ……………………………… 154/450
　　粗脉假篦蕉羽叶 *Pseudoctenis crassinervis* ………………………… 154/450
　　粗脉假篦蕉羽叶（比较种） *Pseudoctenis* cf. *crassinervis* ………… 154/450
△假带羊齿属 *Pseudotaeniopteris* …………………………………………… 156/453
　　△鱼形假带羊齿 *Pseudotaeniopteris piscatorius* ……………………… 156/453
假丹尼蕨属 *Pseudodanaeopsis* ……………………………………………… 155/451

刚毛状假丹尼蕨 *Pseudodanaeopsis seticulata* ……………………………… 155/451
△中国假丹尼蕨 *Pseudodanaeopsis sinensis* ……………………………… 155/451
△假耳蕨属 *Pseudopolystichum* ……………………………………………… 156/452
　△白垩假耳蕨 *Pseudopolystichum cretaceum* …………………………… 156/452
假拟节柏属 *Pseudofrenelopsis* ……………………………………………… 155/451
　费尔克斯假拟节柏 *Pseudofrenelopsis felixi* …………………………… 155/451
　少枝假拟节柏 *Pseudofrenelopsis parceramosa* ………………………… 155/451
假苏铁属 *Pseudocycas* ………………………………………………………… 154/450
　特殊假苏铁 *Pseudocycas insignis* ……………………………………… 154/450
　△满洲假苏铁 *Pseudocycas manchurensis* ……………………………… 154/450
假托勒利叶属 *Pseudotorellia* ………………………………………………… 157/453
　诺氏假托勒利叶 *Pseudotorellia nordenskiöldi* ………………………… 157/453
　假托勒利叶（未定种）*Pseudotorellia* sp. ……………………………… 157/453
假元叶属 *Pseudoprotophyllum* ……………………………………………… 156/452
　无边假元叶 *Pseudoprotophyllum emarginatum* ……………………… 156/452
　具齿假元叶 *Pseudoprotophyllum dentatum* …………………………… 156/452
　具齿假元叶（比较种）*Pseudoprotophyllum* cf. *dentatum* …………… 156/452
尖囊蕨属 *Acitheca* ……………………………………………………………… 2/282
　多型尖囊蕨 *Acitheca polymorpha* ……………………………………… 2/282
　△青海尖囊蕨 *Acitheca qinghaiensis* …………………………………… 2/282
坚叶杉属 *Pagiophyllum* ……………………………………………………… 127/420
　圆形坚叶杉 *Pagiophyllum circincum* …………………………………… 127/421
　坚叶杉（未定种）*Pagiophyllum* sp. …………………………………… 127/421
△间羽蕨属 *Mixopteris* ………………………………………………………… 115/407
　△插入间羽蕨 *Mixopteris intercalaris* …………………………………… 115/407
△间羽叶属 *Mixophylum* ……………………………………………………… 114/407
　△简单间羽叶 *Mixophylum simplex* …………………………………… 114/407
△江西叶属 *Jiangxifolium* …………………………………………………… 92/382
　△短尖头江西叶 *Jiangxifolium mucronatum* …………………………… 93/382
　△细齿江西叶 *Jiangxifolium denticulatum* …………………………… 93/383
桨叶属 *Eretmophyllum* ………………………………………………………… 69/356
　毛点桨叶 *Eretmophyllum pubescens* …………………………………… 69/356
　桨叶？（未定种）*Eretmophyllum*? sp. ………………………………… 69/356
△蛟河蕉羽叶属 *Tsiaohoella* ………………………………………………… 207/508
　△奇异蛟河蕉羽叶 *Tsiaohoella mirabilis* ……………………………… 207/508
　△新似查米亚型蛟河蕉羽叶 *Tsiaohoella neozamioides* ……………… 207/508
△蛟河羽叶属 *Tchiaohoella* …………………………………………………… 197/497
　△奇异蛟河羽叶 *Tchiaohoella mirabilis* ………………………………… 197/497
　蛟河羽叶（未定种）*Tchiaohoella* sp. …………………………………… 197/497
蕉带羽叶属 *Nilssoniopteris* …………………………………………………… 121/414
　弱脉蕉带羽叶 *Nilssoniopteris tenuinervis* ……………………………… 121/414
　狭叶蕉带羽叶 *Nilssoniopteris vittata* …………………………………… 121/414
蕉羊齿属 *Compsopteris* ………………………………………………………… 40/325

阿兹蕉羊齿 *Compsopteris adzvensis*	41/325
△粗脉蕉羊齿 *Compsopteris crassinervis*	41/325
△阔叶蕉羊齿 *Compsopteris platyphylla*	41/325
△细脉蕉羊齿 *Compsopteris tenuinervis*	41/325
△中华蕉羊齿 *Compsopteris zhonghuaensis*	41/325
蕉羽叶属 *Nilssonia*	121/414
短叶蕉羽叶 *Nilssonia brevis*	121/414
装饰蕉羽叶 *Nilssonia compta*	121/414
金钱松属 *Pseudolarix*	155/451
△中国"金钱松" *"Pseudolarix" sinensis*	155/452
"金钱松"（未定种）*"Pseudolarix"* sp.	156/452
金松型木属 *Sciadopityoxylon*	175/473
具罩金松型木 *Sciadopityoxylon vestuta*	175/473
△平壤金松型木 *Sciadopityoxylon heizyoense*	175/473
△辽宁金松型木 *Sciadopityoxylon liaoningensis*	175/473
△金藤叶属 *Stephanofolium*	190/490
△卵形金藤叶 *Stephanofolium ovatiphyllum*	191/490
金鱼藻属 *Ceratophyllum*	35/318
△吉林金鱼藻 *Ceratophyllum jilinense*	35/318
茎干蕨属 *Caulopteris*	33/316
初生茎干蕨 *Caulopteris primaeva*	33/316
△纳拉箐茎干蕨 *Caulopteris nalajingensis*	33/316
△荆门叶属 *Jingmenophyllum*	93/383
△西河荆门叶 *Jingmenophyllum xiheense*	93/383
卷柏属 *Selaginella*	177/475
△云南卷柏 *Selaginella yunnanensis*	177/475
决明属 *Cassia*	32/315
弗耶特决明 *Cassia fayettensis*	32/315
弗耶特决明（比较种）*Cassia* cf. *fayettensis*	32/315
小叶决明 *Cassia marshalensis*	32/315
蕨属 *Pteridium*	158/454
△大青山蕨 *Pteridium dachingshanense*	158/454

K

卡肯果属 *Karkenia*	95/385
内弯卡肯果 *Karkenia incurva*	95/385
△河南卡肯果 *Karkenia henanensis*	95/385
科达似查米亚属 *Rhiptozamites*	167/465
葛伯特科达似查米亚 *Rhiptozamites goeppertii*	167/465
克拉松穗属 *Classostrobus*	39/323
小克拉松穗 *Classostrobus rishra*	39/324
△华夏克拉松穗 *Classostrobus cathayanus*	40/324

克里木属 *Credneria* ··· 44/328
 完整克里木 *Credneria integerrima* ··· 44/328
 不规则克里木 *Credneria inordinata* ·· 44/329
克鲁克蕨属 *Klukia* ·· 95/385
 瘦直克鲁克蕨 *Klukia exilis* ··· 95/385
 布朗克鲁克蕨 *Klukia browniana* ··· 95/386
 布朗克鲁克蕨(比较属种) Cf. *Klukia browniana* ······························· 96/386
苦戈维里叶属 *Culgoweria* ··· 47/332
 奇异苦戈维里叶 *Culgoweria mirobilis* ·· 47/332
 △西湾苦戈维里叶 *Culgoweria xiwanensis* ·· 47/332
△宽甸叶属 *Kuandiania* ··· 96/386
 △粗茎宽甸叶 *Kuandiania crassicaulis* ·· 96/386
宽叶属 *Euryphyllum* ·· 70/357
 怀特宽叶 *Euryphyllum whittianum* ·· 70/358
 宽叶?(未定种) *Euryphyllum*? sp. ·· 70/358
奎氏叶属 *Quereuxia* ··· 162/458
 具棱奎氏叶 *Quereuxia angulata* ·· 162/459
昆栏树属 *Trochodendron* ·· 207/508
 昆栏树(未定种) *Trochodendron* sp. ·· 207/508

L

拉发尔蕨属 *Raphaelia* ··· 164/461
 脉羊齿型拉发尔蕨 *Raphaelia nueropteroides* ·································· 164/461
 △狄阿姆拉发尔蕨 *Raphaelia diamensis* ··· 164/461
拉谷蕨属 *Laccopteris* ·· 97/387
 雅致拉谷蕨 *Laccopteris elegans* ·· 97/387
 水龙骨型拉谷蕨 *Laccopteris polypodioides* ····································· 97/387
△拉萨木属 *Lhassoxylon* ·· 100/391
 △阿普特拉萨木 *Lhassoxylon aptianum* ··· 100/391
△刺蕨属 *Acanthopteris* ··· 1/281
 △高腾刺蕨 *Acanthopteris gothani* ··· 1/281
劳达尔特属 *Leuthardtia* ·· 100/390
 卵形劳达尔特 *Leuthardtia ovalis* ··· 100/390
勒桑茎属 *Lesangeana* ··· 99/389
 伏氏勒桑茎 *Lesangeana voltzii* ··· 99/389
 △沁县勒桑茎 *Lesangeana qinxianensis* ··· 99/390
 孚日勒桑茎 *Lesangeana vogesiaca* ·· 99/390
肋木属 *Pleuromeia* ·· 144/439
 斯氏肋木 *Pleuromeia sternbergi* ··· 144/439
 △五字湾肋木 *Pleuromeia wuziwanensis* Chow et Huang,1976 (non Huang et Chow,1980) ··· 144/439

名称	页码
△五字湾肋木 *Pleuromeia wuziwanensis* Huang et Chow,1980 (non Chow et Huang,1976)	144/439
类香蒲属 *Typhaera*	208/509
纺锤形类香蒲 *Typhaera fusiformis*	208/510
里白属 *Hicropteris*	87/377
△三叠里白 *Hicropteris triassica*	87/377
栎属 *Quercus*	161/458
△圆叶栎 *Quercus orbicularis*	162/458
连蕨属 *Cynepteris*	52/338
具毛连蕨 *Cynepteris lasiophora*	52/338
△连山草属 *Lianshanus*	100/391
连山草(sp. indet.) *Lianshanus* sp. indet.	101/391
连香树属 *Cercidiphyllum*	35/319
椭圆连香树 *Cercidiphyllum elliptcum*	35/319
莲座蕨属 *Angiopteris*	11/291
△李希霍芬莲座蕨 *Angiopteris richthofeni*	11/292
镰刀羽叶属 *Drepanozamites*	61/348
尼尔桑镰刀羽叶 *Drepanozamites nilssoni*	61/348
尼尔桑镰刀羽叶(比较种) *Drepanozamites* cf. *nilssoni*	62/348
△潘氏?镰刀羽叶 *Drepanozamites*? *p'anii*	62/348
镰鳞果属 *Drepanolepis*	61/347
狭形镰鳞果 *Drepanolepis angustior*	61/347
△美丽镰鳞果 *Drepanolepis formosa*	61/347
△辽宁缘蕨属 *Liaoningdicotis*	101/391
辽宁缘蕨(sp. indet.) *Liaoningdicotis* sp. indet.	101/391
△辽宁枝属 *Liaoningocladus*	101/392
△薄氏辽宁枝 *Liaoningocladus boii*	101/392
△辽西草属 *Liaoxia*	101/392
△陈氏辽西草 *Liaoxia chenii*	102/392
列斯里叶属 *Lesleya*	99/390
谷粒列斯里叶 *Lesleya grandis*	100/390
△三叠列斯里叶 *Lesleya triassica*	100/390
裂鳞果属 *Schizolepis*	174/472
侏罗-三叠裂鳞果 *Schizolepis liaso-keuperinus*	174/472
缪勒裂鳞果 *Schizolepis moelleri*	174/472
裂脉叶-具刺孢穗属 *Schizoneura-Echinostachys*	175/472
奇异裂脉叶-具刺孢穗 *Schizoneura-Echinostachys paradoxa*	175/473
裂脉叶属 *Schizoneura*	174/472
奇异裂脉叶 *Schizoneura paradoxa*	174/472
裂脉叶(未定种) *Schizoneura* sp.	174/472
裂叶蕨属 *Lobifolia*	104/395
新包氏裂叶蕨 *Lobifolia novopokovskii*	104/395
林德勒枝属 *Lindleycladus*	102/393

披针林德勒枝 *Lindleycladus lanceolatus* ………………………… 102/393
　　披针林德勒枝(比较属种) Cf. *Lindleycladus lanceolatus* ……… 103/393
鳞毛蕨属 *Dryopteris* ……………………………………………………… 62/349
　　△中国鳞毛蕨 *Dryopteris sinensis* ……………………………… 62/349
鳞杉属 *Ullmannia* ………………………………………………………… 209/511
　　布隆鳞杉 *Ullmannia bronnii* …………………………………… 209/511
　　鳞杉(未定种) *Ullmannia* sp. ……………………………………… 210/511
鳞羊齿属 *Lepidopteris* …………………………………………………… 98/389
　　司图加鳞羊齿 *Lepidopteris stuttgartiensis* …………………… 98/389
　　奥托鳞羊齿 *Lepidopteris ottonis* ……………………………… 98/389
△鳞籽属 *Squamocarpus* ………………………………………………… 187/486
　　△蝶形鳞籽 *Squamocarpus papilioformis* ……………………… 187/487
△灵乡叶属 *Lingxiangphyllum* ………………………………………… 103/394
　　△首要灵乡叶 *Lingxiangphyllum princeps* …………………… 103/394
菱属 *Trapa* ………………………………………………………………… 205/506
　　小叶? 菱 *Trapa? microphylla* …………………………………… 205/506
柳杉属 *Cryptomeria* ……………………………………………………… 45/329
　　长叶柳杉 *Cryptomeria fortunei* ……………………………… 45/329
柳属 *Salix* ………………………………………………………………… 172/469
　　米克柳 *Salix meeki* ……………………………………………… 172/470
　　米克柳(比较种) *Salix* cf. *meeki* ……………………………… 172/470
柳叶属 *Saliciphyllum* Fontaine, 1889 (non Conwentz, 1886) …… 171/469
　　长叶柳叶 *Saliciphyllum longifolium* …………………………… 171/469
　　柳叶(未定种) *Saliciphyllum* sp. ………………………………… 172/469
柳叶属 *Saliciphyllum* Conwentz, 1886 (non Fontaine, 1889) …… 171/469
　　琥珀柳叶 *Saliciphyllum succineum* …………………………… 171/469
△六叶属 *Hexaphyllum* …………………………………………………… 87/376
　　△中国六叶 *Hexaphyllum sinense* ……………………………… 87/376
△龙井叶属 *Longjingia* …………………………………………………… 104/375
　　△细叶龙井叶 *Longjingia gracilifolia* ………………………… 104/375
△龙蕨属 *Dracopteris* …………………………………………………… 61/347
　　△辽宁龙蕨 *Dracopteris liaoningensis* ………………………… 61/347
芦木属 *Calamites* Schlotheim, 1820 (non Brongniart, 1828, nec Suckow, 1784) ……… 30/313
　　管状芦木 *Calamites cannaeformis* ……………………………… 30/313
芦木属 *Calamites* Brongniart, 1828 (non Schlotheim, 1820, nec Suckow, 1784) ……… 30/313
　　辐射芦木 *Calamites radiatus* …………………………………… 30/314
芦木属 *Calamites* Suckow, 1784 (non Schlotheim, 1820, nec Brongniart, 1828) ……… 30/313
　　△山西芦木 *Calamites shanxiensis* …………………………… 30/313
卤叶蕨属 *Acrostichopteris* ……………………………………………… 2/283
　　长羽片卤叶蕨 *Acrostichopteris longipennis* ………………… 2/283
　　△拜拉型? 卤叶蕨 *Acrostichopteris? baierioides* ……………… 3/283
鲁福德蕨属 *Ruffordia* …………………………………………………… 169/467
　　葛伯特鲁福德蕨 *Ruffordia goepperti* ………………………… 170/467

葛伯特鲁福德蕨(楔羊齿) *Ruffordia* (*Sphenopteris*) *goepperti*	170/467
葛伯特鲁福德蕨(楔羊齿)(比较属种) Cf. *Ruffordia* (*Sphenopteris*) *goepperti*	170/467
轮松属 *Cyclopitys*	51/337
诺氏轮松 *Cyclopitys nordenskioeldi*	51/337
轮叶属 *Annularia*	11/292
细刺轮叶 *Annularia spinulosa*	12/293
短镰轮叶 *Annularia shirakii*	12/293
罗汉松属 *Podocarpus*	145/441
查加扬罗汉松 *Podocarpus tsagajanicus*	145/441
查加扬罗汉松(比较属种) Cf. *Podocarpus tsagajanicus*	146/441
罗汉松型木属 *Podocarpoxylon*	145/440
桧型罗汉松型木 *Podocarpoxylon juniperoides*	145/440
△陆均松型罗汉松型木 *Podocarpoxylon dacrydioides*	145/440
罗汉松型木(未定多种) *Podocarpoxylon* spp.	145/440
螺旋蕨属 *Spiropteris*	187/486
米氏螺旋蕨 *Spiropteris miltoni*	187/486
螺旋蕨(未定种) *Spiropteris* sp.	187/486
螺旋器属 *Spirangium*	187/486
石炭螺旋器 *Spirangium carbonicum*	187/486
△中朝螺旋器 *Spirangium sino-coreanum*	187/486
裸籽属 *Allicospermum*	6/286
光滑裸籽 *Allicospermum xystum*	6/287
?光滑裸籽 ?*Allicospermum xystum*	6/287
落登斯基果属 *Nordenskioldia*	122/415
北方落登斯基果 *Nordenskioldia borealis*	122/415
北方落登斯基果(比较种) *Nordenskioldia* cf. *borealis*	122/415
落羽杉属 *Taxodium*	196/496
奥尔瑞克落羽杉 *Taxodium olrokii*	196/496
落羽杉型木属 *Taxodioxylon*	195/495
葛伯特落羽杉型木 *Taxodioxylon goepperti*	196/495
红杉式落羽杉型木 *Taxodioxylon sequoianum*	196/495
△吕蕨属 *Luereticopteris*	104/396
△大叶吕蕨 *Luereticopteris megaphylla*	105/396

M

马甲子属 *Paliurus*	129/422
△中华马甲子 *Paliurus jurassinicus*	129/422
马克林托叶属 *Macclintockia*	106/397
齿状马克林托叶 *Macclintockia dentata*	106/397
三脉马克林托叶(比较种) *Macclintockia* cf. *trinervis*	106/397
马斯克松属 *Marskea*	110/402
托马斯马斯克松 *Marskea thomasiana*	110/402

马斯克松（未定多种）*Marskea* spp. 110/402
毛茛果属 *Ranunculaecarpus* 163/459
　　五角形毛茛果 *Ranunculaecarpus quiquecarpellatus* 163/460
　　毛茛果（未定种）*Ranunculaecarpus* sp. 163/460
毛茛属 *Ranunculus* 163/460
　　△热河毛茛 *Ranunculus jeholensis* 163/460
△毛茛叶属 *Ranunculophyllum* 163/460
　　△羽状全裂毛茛叶 *Ranunculophyllum pinnatisctum* 163/460
毛羽叶属 *Ptilophyllum* 160/456
　　尖叶毛羽叶 *Ptilophyllum acutifolium* 160/457
毛状叶属 *Trichopitys* 205/506
　　不等形毛状叶 *Trichopitys heteromorpha* 205/506
　　刚毛毛状叶 *Trichopitys setacea* 205/506
毛籽属 *Problematospermum* 149/444
　　卵形毛籽 *Problematospermum ovale* 149/445
　　△北票毛籽 *Problematospermum beipiaoense* 149/445
米勒尔茎属 *Millerocaulis* 113/405
　　顿氏米勒尔茎 *Millerocaulis dunlopii* 113/406
　　△辽宁米勒尔茎 *Millerocaulis liaoningensis* 114/406
密锥蕨属 *Thyrsopteris* 201/502
　　△东方密锥蕨 *Thyrsopteris orientalis* 201/502
△膜质叶属 *Membranifolia* 111/403
　　△奇异膜质叶 *Membranifolia admirabilis* 112/403
木贼属 *Equisetum* 68/355
　　木贼（未定种）*Equisetum* sp. 68/355

N

△那琳壳斗属 *Norinia* 122/415
　　△僧帽状那琳壳斗 *Norinia cucullata* 122/415
　　那琳壳斗（未定种）*Norinia* sp. 122/415
那氏蕨属 *Nathorstia* 118/410
　　狭叶那氏蕨 *Nathorstia angustifolia* 118/410
　　栉形那氏蕨 *Nathorstia pectinnata* 118/411
△南票叶属 *Nanpiaophyllum* 117/410
　　△心形南票叶 *Nanpiaophyllum cordatum* 117/410
南蛇藤属 *Celastrus* 34/317
　　小叶南蛇藤 *Celastrus minor* 34/318
南蛇藤叶属 *Celastrophyllum* 34/317
　　狭叶南蛇藤叶 *Celastrophyllum attenuatum* 34/317
　　南蛇藤叶？（未定种）*Celastrophyllum*? sp. 34/317
南洋杉属 *Araucaria* 15/297
　　△早熟南洋杉 *Araucaria prodromus* 16/297

南洋杉型木属 *Araucarioxylon*	16/297
石炭南洋杉型木 *Araucarioxylon carbonceum*	16/297
△热河南洋杉型木 *Araucarioxylon jeholense*	16/297
△南漳叶属 *Nanzhangophyllum*	118/410
△东巩南漳叶 *Nanzhangophyllum donggongense*	118/410
△拟爱博拉契蕨属 *Eboraciopsis*	64/351
△三裂叶拟爱博拉契蕨 *Eboraciopsis trilobifolia*	64/351
△拟安杜鲁普蕨属 *Amdrupiopsis*	8/289
△楔羊齿型拟安杜鲁普蕨 *Amdrupiopsis sphenopteroides*	8/289
拟安马特杉属 *Ammatopsis*	9/290
奇异拟安马特杉 *Ammatopsis mira*	9/290
奇异拟安马特杉(比较属种) Cf. *Ammatopsis mira*	9/290
△拟瓣轮叶属 *Lobatannulariopsis*	103/394
△云南拟瓣轮叶 *Lobatannulariopsis yunnanensis*	103/394
拟查米蕨属 *Zamiopsis*	223/526
羽状拟查米蕨 *Zamiopsis pinnafida*	223/526
△阜新拟查米蕨 *Zamiopsis fuxinensis*	224/527
拟翅籽属 *Samaropsis*	172/470
榆树形拟翅籽 *Samaropsis ulmiformis*	172/470
拟翅籽(未定种) *Samaropsis* sp.	172/470
拟刺葵属 *Phoenicopsis*	134/428
狭叶拟刺葵 *Phoenicopsis angustifolia*	134/429
拟刺葵(未定种) *Phoenicopsis* sp.	134/429
拟刺葵(苦戈维尔叶亚属) *Phoenicopsis* (*Culgoweria*)	134/429
奇异拟刺葵(苦戈维尔叶) *Phoenicopsis* (*Culgoweria*) *mirabilis*	135/429
△霍林河拟刺葵(苦戈维尔叶) *Phoenicopsis* (*Culgoweria*) *huolinheiana*	135/429
△珠斯花拟刺葵(苦戈维尔叶) *Phoenicopsis* (*Culgoweria*) *jus'huaensis*	135/429
拟刺葵(拟刺葵亚属) *Phoenicopsis* (*Phoenicosis*)	135/429
狭叶拟刺葵(拟刺葵) *Phoenicopsis* (*Phoenicosis*) *angustifolia*	135/429
拟刺葵(拟刺葵?)(未定种) *Phoenicopsis* (*Phoenicosis*?) sp.	135/430
△拟刺葵(斯蒂芬叶亚属) *Phoenicopsis* (*Stephenophyllum*)	135/430
索氏拟刺葵(斯蒂芬叶) *Phoenicopsis* (*Stephenophyllum*) *solmis*	136/430
△美形拟刺葵(斯蒂芬叶) *Phoenicopsis* (*Stephenophyllum*) *decorata*	136/430
△厄尼塞捷拟刺葵(斯蒂芬叶) *Phoenicopsis* (*Stephenophyllum*) *enissejensis*	136/430
△特别拟刺葵(斯蒂芬叶) *Phoenicopsis* (*Stephenophyllum*) *mira*	136/430
△塔什克斯拟刺葵(斯蒂芬叶) *Phoenicopsis* (*Stephenophyllum*) *taschkessiensis*	136/431
塔什克斯拟刺葵(斯蒂芬叶)(比较种) *Phoenicopsis* (*Stephenophyllum*) cf. *taschkessiensis*	136/431
拟刺葵(温德瓦狄叶亚属) *Phoenicopsis* (*Windwardia*)	136/431
克罗卡利拟刺葵(温德瓦狄叶) *Phoenicopsis* (*Windwardia*) *crookalii*	137/431
△吉林拟刺葵(温德瓦狄叶) *Phoenicopsis* (*Windwardia*) *jilinensis*	137/431
拟粗榧属 *Cephalotaxopsis*	34/318
大叶拟粗榧 *Cephalotaxopsis magnifolia*	34/318

△亚洲拟粗榧 *Cephalotaxopsis asiatica*	35/318
拟粗榧(未定种) *Cephalotaxopsis* sp.	35/318
△拟带枝属 *Taeniocladopsis*	194/493
△假根茎型拟带枝 *Taeniocladopsis rhizomoides*	194/493
拟丹尼蕨属 *Danaeopsis*	54/340
枯萎拟丹尼蕨 *Danaeopsis marantacea*	55/340
休兹拟丹尼蕨 *Danaeopsis hughesi*	55/340
拟合囊蕨属 *Marattiopsis*	109/401
敏斯特拟合囊蕨 *Marattiopsis muensteri*	109/401
拟节柏属 *Frenelopsis*	72/360
霍氏拟节柏 *Frenelopsis hoheneggeri*	73/360
△雅致拟节柏 *Frenelopsis elegans*	73/360
少枝拟节柏 *Frenelopsis parceramosa*	73/360
多枝拟节柏 *Frenelopsis ramosissima*	73/361
拟金粉蕨属 *Onychiopsis*	124/417
伸长拟金粉蕨 *Onychiopsis elongata*	124/417
松叶兰型拟金粉蕨 *Onychiopsis psilotoides*	124/417
△拟蕨属 *Pteridiopsis*	157/454
△滴道拟蕨 *Pteridiopsis didaoensis*	157/454
△柔弱拟蕨 *Pteridiopsis tenera*	158/454
拟轮叶属 *Annulariopsis*	12/293
东京拟轮叶 *Annulariopsis inopinata*	12/293
△中国?拟轮叶 *Annulariopsis? sinensis*	12/293
拟轮叶?(未定种) *Annulariopsis*? sp.	12/293
拟落叶松属 *Laricopsis*	97/388
长叶拟落叶松 *Laricopsis logifolia*	97/388
拟密叶杉属 *Athrotaxopsis*	21/303
大拟密叶杉 *Athrotaxopsis grandis*	21/303
拟密叶杉?(未定种) *Athrotaxopsis*? sp.	21/303
△拟片叶苔属 *Riccardiopsis*	168/466
△徐氏拟片叶苔 *Riccardiopsis hsüi*	168/466
△拟斯托加枝属 *Parastorgaardis*	131/425
△门头沟拟斯托加枝 *Parastorgaardis mentoukouensis*	132/425
拟松属 *Pityites*	141/435
索氏拟松 *Pityites solmsi*	141/436
△岩井拟松 *Pityites iwaiana*	141/436
拟无患子属 *Sapindopsis*	173/470
心形拟无患子 *Sapindopsis cordata*	173/471
变异拟无患子(比较种) *Sapindopsis* cf. *variabilis*	173/471
拟叶枝杉属 *Phyllocladopsis*	138/432
异叶拟叶枝杉 *Phyllocladopsis heterophylla*	138/432
异叶拟叶枝杉(比较种) *Phyllocladopsis* cf. *heterophylla*	138/433
拟竹柏属 *Nageiopsis*	117/409

长叶拟竹柏 *Nageiopsis longifolia* ·· 117/409
　　狭叶拟竹柏 *Nageiopsis angustifolia* ·· 117/410
拟紫萁属 *Osmundopsis* ·· 125/418
　　司都尔拟紫萁 *Osmundopsis sturii* ·· 125/419
　　距羽拟紫萁 *Osmundopsis plectrophora* ······································ 125/419

P

帕里西亚杉属 *Palissya* ·· 128/422
　　布劳恩帕里西亚杉 *Palissya brunii* ·· 129/422
　　帕里西亚杉(未定种) *Palissya* sp. ··· 129/422
帕里西亚杉属 *Palyssia* ·· 129/423
　　△满洲帕里西亚杉 *Palyssia manchurica* ······································ 129/423
帕利宾蕨属 *Palibiniopteris* ··· 128/422
　　不等叶帕利宾蕨 *Palibiniopteris inaequipinnata* ······························ 128/422
△潘广叶属 *Pankuangia* ·· 129/423
　　△海房沟潘广叶 *Pankuangia haifanggouensis* ································ 129/423
泡桐属 *Paulownia* ··· 132/426
　　△尚志?泡桐 *Paulownia? shangzhiensis* ······································· 132/426
苹婆叶属 *Sterculiphyllum* ··· 191/490
　　具边苹婆叶 *Sterculiphyllum limbatum* ·· 191/491
　　优美苹婆叶 *Sterculiphyllum eleganum* ·· 191/491
葡萄叶属 *Vitiphyllum* Nathorst, 1886 (non Fontaine, 1889) ······················· 212/514
　　劳孟葡萄叶 *Vitiphyllum raumanni* ·· 213/514
　　△吉林葡萄叶 *Vitiphyllum jilinense* ··· 213/514
葡萄叶属 *Vitiphyllum* Fontaine, 1889 (non Nathorst, 1886) ······················· 213/515
　　厚叶葡萄叶 *Vitiphyllum crassiflium* ·· 213/515
　　葡萄叶(未定种) *Vitiphyllum* sp. ·· 213/515
蒲逊叶属 *Pursongia* ·· 161/458
　　阿姆利茨蒲逊叶 *Pursongia amalitzkii* ··· 161/458
　　蒲逊叶?(未定种) *Pursongia?* sp. ··· 161/458
普拉榆属 *Planera* ··· 143/438
　　小叶普拉榆(比较种) *Planera* cf. *microphylla* ······························· 143/438

Q

桤属 *Alnus* ··· 7/288
　　△原始髯毛桤 *Alnus protobarbata* ··· 7/288
奇脉羊齿属 *Hyrcanopteris* ··· 90/379
　　谢万奇脉羊齿 *Hyrcanopteris sevanensis* ······································ 90/379
　　奇脉羊齿(未定种) *Hyrcanopteris* sp. ··· 90/379
△奇脉叶属 *Mironeura* ··· 114/406
　　△大坑奇脉叶 *Mironeura dakengensis* ··· 114/406

△奇羊齿属 *Aetheopteris*	4/284
△坚直奇羊齿 *Aetheopteris rigida*	4/284
奇叶杉属 *Aethophyllum*	4/284
有柄奇叶杉 *Aethophyllum stipulare*	4/284
奇叶杉?(未定种) *Aethophyllum*? sp.	4/284
△奇叶属 *Acthephyllum*	3/283
△开县奇叶 *Acthephyllum kaixianense*	3/283
奇异蕨属 *Paradoxopteris* Hirmer,1927 (non Mi et Liu,1977)	131/425
司氏奇异蕨 *Paradoxopteris strommeri*	131/425
△奇异木属 *Allophyton*	7/287
△丁青奇异木 *Allophyton dengqenensis*	7/287
△奇异羊齿属 *Mirabopteris*	114/406
△浑江奇异羊齿 *Mirabopteris hunjiangensis*	114/406
△奇异羊齿属 *Paradoxopteris* Mi et Liu,1977 (non Hirmer,1927)	131/424
△浑江奇异羊齿 *Paradoxopteris hunjiangensis*	131/424
△奇异羽叶属 *Thaumatophyllum*	199/499
△羽毛奇异羽叶 *Thaumatophyllum ptilum*	199/499
棋盘木属 *Grammaephloios*	83/371
鱼鳞状棋盘木 *Grammaephloios icthya*	83/371
青钱柳属 *Cycrocarya*	52/338
△大翅青钱柳 *Cycrocarya macroptera*	52/338
△琼海叶属 *Qionghaia*	161/458
△肉质琼海叶 *Qionghaia carnosa*	161/458
屈囊蕨属 *Gonatosorus*	82/371
那氏屈囊蕨 *Gonatosorus nathorsti*	82/371
凯托娃屈囊蕨 *Gonatosorus ketova*	82/371
凯托娃屈囊蕨(比较属种) Cf. *Gonatosorus ketova*	82/371

R

△热河似查米亚属 *Rehezamites*	164/461
△不等裂热河似查米亚 *Rehezamites anisolobus*	164/461
热河似查米亚(未定种) *Rehezamites* sp.	164/461
△日蕨属 *Rireticopteris*	168/466
△小叶日蕨 *Rireticopteris microphylla*	168/466
榕属 *Ficus*	72/359
瑞香榕 *Ficus daphnogenoides*	72/359
榕叶属 *Ficophyllum*	71/359
粗脉榕叶 *Ficophyllum crassinerve*	71/359
榕叶(未定种) *Ficophyllum* sp.	71/359

S

萨尼木属 Sahnioxylon ······ 171/468
    拉杰马哈尔萨尼木 Sahnioxylon rajmahalense ······ 171/469
三角鳞属 Deltolepis ······ 56/342
    圆洞三角鳞 Deltolepis credipota ······ 56/342
    △较长？三角鳞 Deltolepis? longior ······ 56/342
三盔种鳞属 Tricranolepis ······ 206/507
    单籽三盔种鳞 Tricranolepis monosperma ······ 206/507
    △钝三盔种鳞 Tricranolepis obtusiloba ······ 206/507
△三裂穗属 Tricrananthus ······ 205/507
    △箭头状三裂穗 Tricrananthus sagittatus ······ 206/507
    △瓣状三裂穗 Tricrananthus lobatus ······ 206/507
山菅兰属 Dianella ······ 57/343
    △长叶山菅兰 Dianella longifolia ······ 57/343
△山西枝属 Shanxicladus ······ 179/477
    △疹形山西枝 Shanxicladus pastulosus ······ 179/477
杉木属 Cunninhamia ······ 47/332
    △亚洲杉木 Cunninhamia asiatica ······ 47/332
扇羊齿属 Rhacopteris ······ 165/462
    华丽扇羊齿 Rhacopteris elegans ······ 165/462
    △高腾？扇羊齿 Rhacopteris? gothani ······ 165/462
扇状枝属 Rhipidiocladus ······ 167/464
    小扇状枝 Rhipidiocladus flabellata ······ 167/464
    △渐尖扇状枝 Rhipidiocladus acuminatus ······ 167/464
舌鳞叶属 Glossotheca ······ 79/368
    乌太卡尔舌鳞叶 Glossotheca utakalensis ······ 79/368
    △匙舌鳞叶 Glossotheca cochlearis ······ 79/368
    △楔舌鳞叶 Glossotheca cuneiformis ······ 79/368
    △具柄舌鳞叶 Glossotheca petiolata ······ 80/368
舌似查米亚属 Glossozamites ······ 80/368
    长叶舌似查米亚 Glossozamites oblongifolius ······ 80/368
    △尖头舌似查米亚 Glossozamites acuminatus ······ 80/368
    △霍氏舌似查米亚 Glossozamites hohenggeri ······ 80/369
舌羊齿属 Glossopteris ······ 79/367
    布朗舌羊齿 Glossopteris browniana ······ 79/367
    狭叶舌羊齿 Glossopteris angustifolia ······ 79/367
    印度舌羊齿 Glossopteris indica ······ 79/367
舌叶属 Glossophyllum ······ 78/366
    傅兰林舌叶 Glossophyllum florini ······ 78/367
    △陕西？舌叶 Glossophyllum? shensiense ······ 78/367
蛇葡萄属 Ampelopsis ······ 9/290

槭叶蛇葡萄 *Ampelopsis acerifolia* ············· 9/290
△沈括叶属 *Shenkuoia* ············· 179/478
　　△美脉沈括叶 *Shenkuoia caloneura* ············· 180/478
△沈氏蕨属 *Shenea* ············· 179/477
　　△希氏沈氏蕨 *Shenea hirschmeierii* ············· 179/478
石果属 *Carpites* ············· 31/314
　　核果状石果 *Carpites pruniformis* ············· 31/314
　　石果(未定种) *Carpites* sp. ············· 31/314
石花属 *Antholites* ············· 13/294
　　△中国石花 *Antholites chinensis* ············· 13/294
石花属 *Antholithus* ············· 14/295
　　魏氏石花 *Antholithus wettsteinii* ············· 14/295
　　△富隆山石花 *Antholithus fulongshanensis* ············· 14/295
　　△杨树沟石花 *Antholithus yangshugouensis* ············· 14/295
石花属 *Antholithes* ············· 13/295
　　百合石花 *Antholithes liliacea* ············· 14/295
石松穗属 *Lycostrobus* ············· 105/396
　　斯苛脱石松穗 *Lycostrobus scottii* ············· 105/397
　　△具柄石松穗 *Lycostrobus petiolatus* ············· 105/397
石叶属 *Phyllites* ············· 137/432
　　白杨石叶 *Phyllites populina* ············· 138/432
　　石叶(未定多种) *Phyllites* spp. ············· 138/432
石籽属 *Carpolithes* ············· 31/314
　　石籽(未定多种) *Carpolithes* spp. ············· 31/315
石籽属 *Carpolithus* ············· 32/315
　　石籽(未定种) *Carpolithus* sp. ············· 32/315
史威登堡果属 *Swedenborgia* ············· 193/492
　　柳杉型史威登堡果 *Swedenborgia cryptomerioides* ············· 193/492
矢部叶属 *Yabeiella* ············· 220/523
　　短小矢部叶 *Yabeiella brachebuschiana* ············· 220/523
　　马雷耶斯矢部叶 *Yabeiella mareyesiaca* ············· 220/523
　　马雷耶斯矢部叶(比较种) *Yabeiella* cf. *mareyesiaca* ············· 220/523
　　△多脉矢部叶 *Yabeiella multinervis* ············· 220/523
△始木兰属 *Archimagnolia* ············· 17/298
　　△喙柱始木兰 *Archimagnolia rostrato-stylosa* ············· 17/298
△始水松属 *Eoglyptostrobus* ············· 65/352
　　△清风藤型始水松 *Eoglyptostrobus sabioides* ············· 65/352
△始团扇蕨属 *Eogonocormus* Deng,1995 (non Deng,1997) ············· 65/352
　　△白垩始团扇蕨 *Eogonocormus cretaceum* Deng,1995 (non Deng,1997) ············· 65/352
　　△线形始团扇蕨 *Eogonocormus linearifolium* ············· 65/352
△始团扇蕨属 *Eogonocormus* Deng,1997 (non Deng,1995) ············· 66/353
　　△白垩始团扇蕨 *Eogonocormus cretaceum* Deng,1997 (non Deng,1995) ············· 66/353
△始羽蕨属 *Eogymnocarpium* ············· 66/353

△中国始羽蕨 *Eogymnocarpium sinense*	66/353
△似八角属 *Illicites*	90/379
似八角(sp. indet.) *Illicites* sp. indet.	90/380
似白粉藤属 *Cissites*	38/322
槭树型似白粉藤 *Cissites aceroides*	38/322
似白粉藤(未定种) *Cissites* sp.	38/322
似白粉藤?(未定种) *Cissites*? sp.	38/322
△似百合属 *Lilites*	102/393
△热河似百合 *Lilites reheensis*	102/393
似蝙蝠葛属 *Menispermites*	112/404
钝叶似蝙蝠葛 *Menispermites obtsiloba*	112/404
久慈似蝙蝠葛 *Menispermites kujiensis*	112/404
似侧柏属 *Thuites*	201/501
奇异似侧柏 *Thuites aleinus*	201/501
似侧柏?(未定种) *Thuites*? sp.	201/501
△似叉苔属 *Metzgerites*	113/405
△蔚县似叉苔 *Metzgerites yuxinanensis*	113/405
△明显似叉苔 *Metzgerites exhibens*	113/405
似查米亚属 *Zamites*	224/527
大叶似查米亚 *Zamites gigas*	225/528
分离似查米亚 *Zamites distans*	225/528
似查米亚(未定种) *Zamites* sp.	225/528
△似齿囊蕨属 *Odontosorites*	123/416
△海尔似齿囊蕨 *Odontosorites heerianus*	123/416
似翅籽树属 *Pterospermites*	159/455
漫游似翅籽树 *Pterospermites vagans*	159/456
△黑龙江似翅籽树 *Pterospermites heilongjiangensis*	159/456
△东方似翅籽树 *Pterospermites orientalis*	159/456
似翅籽树(未定种) *Pterospermites* sp.	159/456
似枞属 *Elatides*	64/351
卵形似枞 *Elatides ovalis*	64/351
△中国似枞 *Elatides chinensis*	64/351
△圆柱似枞 *Elatides cylindrica*	64/351
似枞(未定种) *Elatides* sp.	65/351
似狄翁叶属 *Dioonites*	59/345
窗状似狄翁叶 *Dioonites feneonis*	59/346
布朗尼阿似狄翁叶 *Dioonites brongniarti*	59/346
似地钱属 *Marchantites*	110/401
塞桑似地钱 *Marchantites sesannensis*	110/401
△桃山似地钱 *Marchantites taoshanensis*	110/402
似豆属 *Leguminosites*	98/388
亚旦形似豆 *Leguminosites subovatus*	98/388
似豆(未定种) *Leguminosites* sp.	98/388

△似杜仲属 *Eucommioites* ⋯⋯⋯⋯⋯⋯⋯⋯⋯⋯⋯⋯⋯⋯⋯⋯⋯⋯⋯⋯⋯⋯⋯⋯⋯⋯⋯⋯⋯⋯ 70/357
 △东方似杜仲 *Eucommioites orientalis* ⋯⋯⋯⋯⋯⋯⋯⋯⋯⋯⋯⋯⋯⋯⋯⋯⋯⋯⋯⋯⋯⋯ 70/357
似根属 *Radicites* ⋯⋯⋯⋯⋯⋯⋯⋯⋯⋯⋯⋯⋯⋯⋯⋯⋯⋯⋯⋯⋯⋯⋯⋯⋯⋯⋯⋯⋯⋯⋯⋯⋯⋯⋯ 162/459
 毛发似根 *Radicites capillacea* ⋯⋯⋯⋯⋯⋯⋯⋯⋯⋯⋯⋯⋯⋯⋯⋯⋯⋯⋯⋯⋯⋯⋯⋯⋯⋯ 162/459
 似根(未定种) *Radicites* sp. ⋯⋯⋯⋯⋯⋯⋯⋯⋯⋯⋯⋯⋯⋯⋯⋯⋯⋯⋯⋯⋯⋯⋯⋯⋯⋯⋯⋯ 163/459
△似狗尾草属 *Setarites* ⋯⋯⋯⋯⋯⋯⋯⋯⋯⋯⋯⋯⋯⋯⋯⋯⋯⋯⋯⋯⋯⋯⋯⋯⋯⋯⋯⋯⋯⋯⋯ 178/476
 似狗尾草(sp. indet.) *Setarites* sp. indet. ⋯⋯⋯⋯⋯⋯⋯⋯⋯⋯⋯⋯⋯⋯⋯⋯⋯⋯⋯⋯⋯ 178/476
似管状叶属 *Solenites* ⋯⋯⋯⋯⋯⋯⋯⋯⋯⋯⋯⋯⋯⋯⋯⋯⋯⋯⋯⋯⋯⋯⋯⋯⋯⋯⋯⋯⋯⋯⋯⋯ 181/480
 穆雷似管状叶 *Solenites murrayana* ⋯⋯⋯⋯⋯⋯⋯⋯⋯⋯⋯⋯⋯⋯⋯⋯⋯⋯⋯⋯⋯⋯⋯⋯ 181/480
 穆雷似管状叶(比较种) *Solenites* cf. *murrayana* ⋯⋯⋯⋯⋯⋯⋯⋯⋯⋯⋯⋯⋯⋯⋯⋯⋯ 181/480
似果穗属 *Strobilites* ⋯⋯⋯⋯⋯⋯⋯⋯⋯⋯⋯⋯⋯⋯⋯⋯⋯⋯⋯⋯⋯⋯⋯⋯⋯⋯⋯⋯⋯⋯⋯⋯⋯ 192/491
 伸长似果穗 *Strobilites elongata* ⋯⋯⋯⋯⋯⋯⋯⋯⋯⋯⋯⋯⋯⋯⋯⋯⋯⋯⋯⋯⋯⋯⋯⋯⋯ 192/491
 △矢部似果穗 *Strobilites yabei* ⋯⋯⋯⋯⋯⋯⋯⋯⋯⋯⋯⋯⋯⋯⋯⋯⋯⋯⋯⋯⋯⋯⋯⋯⋯⋯ 192/492
似红豆杉属 *Taxites* ⋯⋯⋯⋯⋯⋯⋯⋯⋯⋯⋯⋯⋯⋯⋯⋯⋯⋯⋯⋯⋯⋯⋯⋯⋯⋯⋯⋯⋯⋯⋯⋯⋯⋯ 195/495
 杜氏似红豆杉 *Taxites tournalii* ⋯⋯⋯⋯⋯⋯⋯⋯⋯⋯⋯⋯⋯⋯⋯⋯⋯⋯⋯⋯⋯⋯⋯⋯⋯⋯ 195/495
 △匙形似红豆杉 *Taxites spatulatus* ⋯⋯⋯⋯⋯⋯⋯⋯⋯⋯⋯⋯⋯⋯⋯⋯⋯⋯⋯⋯⋯⋯⋯⋯ 195/495
似胡桃属 *Juglandites* ⋯⋯⋯⋯⋯⋯⋯⋯⋯⋯⋯⋯⋯⋯⋯⋯⋯⋯⋯⋯⋯⋯⋯⋯⋯⋯⋯⋯⋯⋯⋯⋯⋯ 93/383
 纽克斯塔林似胡桃 *Juglandites nuxtaurinensis* ⋯⋯⋯⋯⋯⋯⋯⋯⋯⋯⋯⋯⋯⋯⋯⋯⋯⋯⋯ 94/384
 深波似胡桃 *Juglandites sinuatus* ⋯⋯⋯⋯⋯⋯⋯⋯⋯⋯⋯⋯⋯⋯⋯⋯⋯⋯⋯⋯⋯⋯⋯⋯⋯ 94/384
△似画眉草属 *Eragrosites* ⋯⋯⋯⋯⋯⋯⋯⋯⋯⋯⋯⋯⋯⋯⋯⋯⋯⋯⋯⋯⋯⋯⋯⋯⋯⋯⋯⋯⋯⋯ 68/355
 △常氏似画眉草 *Eragrosites changii* ⋯⋯⋯⋯⋯⋯⋯⋯⋯⋯⋯⋯⋯⋯⋯⋯⋯⋯⋯⋯⋯⋯⋯ 68/356
△似金星蕨属 *Thelypterites* ⋯⋯⋯⋯⋯⋯⋯⋯⋯⋯⋯⋯⋯⋯⋯⋯⋯⋯⋯⋯⋯⋯⋯⋯⋯⋯⋯⋯⋯ 200/500
 似金星蕨(未定种 A) *Thelypterites* sp. A ⋯⋯⋯⋯⋯⋯⋯⋯⋯⋯⋯⋯⋯⋯⋯⋯⋯⋯⋯⋯⋯ 200/500
 似金星蕨(未定种 B) *Thelypterites* sp. B ⋯⋯⋯⋯⋯⋯⋯⋯⋯⋯⋯⋯⋯⋯⋯⋯⋯⋯⋯⋯⋯ 200/500
△似茎状地衣属 *Foliosites* ⋯⋯⋯⋯⋯⋯⋯⋯⋯⋯⋯⋯⋯⋯⋯⋯⋯⋯⋯⋯⋯⋯⋯⋯⋯⋯⋯⋯⋯⋯ 72/360
 △美丽似茎状地衣 *Foliosites formosus* ⋯⋯⋯⋯⋯⋯⋯⋯⋯⋯⋯⋯⋯⋯⋯⋯⋯⋯⋯⋯⋯⋯ 72/360
似卷柏属 *Selaginellites* ⋯⋯⋯⋯⋯⋯⋯⋯⋯⋯⋯⋯⋯⋯⋯⋯⋯⋯⋯⋯⋯⋯⋯⋯⋯⋯⋯⋯⋯⋯⋯ 178/476
 索氏似卷柏 *Selaginellites suissei* ⋯⋯⋯⋯⋯⋯⋯⋯⋯⋯⋯⋯⋯⋯⋯⋯⋯⋯⋯⋯⋯⋯⋯⋯⋯ 178/476
 △狭细似卷柏 *Selaginellites angustus* ⋯⋯⋯⋯⋯⋯⋯⋯⋯⋯⋯⋯⋯⋯⋯⋯⋯⋯⋯⋯⋯⋯⋯ 178/476
△似卷囊蕨属 *Speirocarpites* ⋯⋯⋯⋯⋯⋯⋯⋯⋯⋯⋯⋯⋯⋯⋯⋯⋯⋯⋯⋯⋯⋯⋯⋯⋯⋯⋯⋯⋯ 182/481
 △弗吉尼亚似卷囊蕨 *Speirocarpites virginiensis* ⋯⋯⋯⋯⋯⋯⋯⋯⋯⋯⋯⋯⋯⋯⋯⋯⋯ 183/481
 △渡口似卷囊蕨 *Speirocarpites dukouensis* ⋯⋯⋯⋯⋯⋯⋯⋯⋯⋯⋯⋯⋯⋯⋯⋯⋯⋯⋯⋯ 183/481
 △日蕨型似卷囊蕨 *Speirocarpites rireticopteroides* ⋯⋯⋯⋯⋯⋯⋯⋯⋯⋯⋯⋯⋯⋯⋯⋯ 183/481
 △中国似卷囊蕨 *Speirocarpites zhonguoensis* ⋯⋯⋯⋯⋯⋯⋯⋯⋯⋯⋯⋯⋯⋯⋯⋯⋯⋯⋯ 183/481
△似克鲁克蕨属 *Klukiopsis* ⋯⋯⋯⋯⋯⋯⋯⋯⋯⋯⋯⋯⋯⋯⋯⋯⋯⋯⋯⋯⋯⋯⋯⋯⋯⋯⋯⋯⋯⋯ 96/386
 △侏罗似克鲁克蕨 *Klukiopsis jurassica* ⋯⋯⋯⋯⋯⋯⋯⋯⋯⋯⋯⋯⋯⋯⋯⋯⋯⋯⋯⋯⋯⋯ 96/386
似昆栏树属 *Trochodendroides* ⋯⋯⋯⋯⋯⋯⋯⋯⋯⋯⋯⋯⋯⋯⋯⋯⋯⋯⋯⋯⋯⋯⋯⋯⋯⋯⋯⋯ 206/507
 菱形似昆栏树 *Trochodendroides rhomboideus* ⋯⋯⋯⋯⋯⋯⋯⋯⋯⋯⋯⋯⋯⋯⋯⋯⋯⋯⋯ 206/508
 瓦西连柯似昆栏树 *Trochodendroides vassilenkoi* ⋯⋯⋯⋯⋯⋯⋯⋯⋯⋯⋯⋯⋯⋯⋯⋯⋯ 206/508
△似兰属 *Orchidites* ⋯⋯⋯⋯⋯⋯⋯⋯⋯⋯⋯⋯⋯⋯⋯⋯⋯⋯⋯⋯⋯⋯⋯⋯⋯⋯⋯⋯⋯⋯⋯⋯⋯ 124/417
 △线叶似兰 *Orchidites linearifolius* ⋯⋯⋯⋯⋯⋯⋯⋯⋯⋯⋯⋯⋯⋯⋯⋯⋯⋯⋯⋯⋯⋯⋯⋯ 124/417
 △披针叶似兰 *Orchidites lancifolius* ⋯⋯⋯⋯⋯⋯⋯⋯⋯⋯⋯⋯⋯⋯⋯⋯⋯⋯⋯⋯⋯⋯⋯ 124/418
似里白属 *Gleichenites* ⋯⋯⋯⋯⋯⋯⋯⋯⋯⋯⋯⋯⋯⋯⋯⋯⋯⋯⋯⋯⋯⋯⋯⋯⋯⋯⋯⋯⋯⋯⋯⋯ 77/366

濮氏似里白 *Gleichenites porsildi*	77/366
日本似里白 *Gleichenites nipponensis*	78/366
似蓼属 *Polygonites* Saporta,1865 (non Wu S Q,1999)	147/442
榆科似蓼 *Polygonites ulmaceus*	147/442
△似蓼属 *Polygonites* Wu S Q,1999 (non Saporta,1865)	147/442
△多小枝似蓼 *Polygonites polyclonus*	147/442
△扁平似蓼 *Polygonites planus*	147/442
似鳞毛蕨属 *Dryopterites*	62/349
细囊似鳞毛蕨 *Dryopterites macrocarpa*	62/349
△雅致似鳞毛蕨 *Dryopterites elegans*	63/349
△中国似鳞毛蕨 *Dryopterites sinensis*	63/349
似罗汉松属 *Podocarpites*	144/440
尖头似罗汉松 *Podocarpite aciculariss*	145/440
△门头沟似罗汉松 *Podocarpites mentoukouensis*	145/440
似麻黄属 *Ephedrites*	66/353
约氏似麻黄 *Ephedrites johnianus*	66/354
古似麻黄 *Ephedrites antiquus*	67/354
△明显似麻黄 *Ephedrites exhibens*	67/354
△中国似麻黄 *Ephedrites sinensis*	67/354
似麻黄(未定种) *Ephedrites* sp.	67/354
似密叶杉属 *Athrotaxites*	20/302
石松型似密叶杉 *Athrotaxites lycopodioides*	21/302
贝氏似密叶杉 *Athrotaxites berryi*	21/303
似膜蕨属 *Hymenophyllites*	89/379
槲叶似膜蕨 *Hymenophyllites quercifolius*	89/379
△娇嫩似膜蕨 *Hymenophyllites tenellus*	89/379
△似木麻黄属 *Casuarinites*	33/316
似木麻黄(sp. indet.) *Casuarinites* sp. indet.	33/316
似木贼属 *Equisetites*	67/354
敏斯特似木贼 *Equisetites münsteri*	67/354
费尔干似木贼 *Equisetites ferganensis*	67/355
似木贼穗属 *Equisetostachys*	67/355
似木贼穗(未定种) *Equisetostachys* sp.	68/355
似木贼穗?(未定种) *Equisetostachys*? sp.	68/355
△似南五味子属 *Kadsurrites*	94/385
△似南五味子(sp. indet.) *Kadsurrites* sp. indet.	95/385
似南洋杉属 *Araucarites*	16/297
葛伯特似南洋杉 *Araucarites goepperti*	16/351
似南洋杉(未定多种) *Araucarites* spp.	16/351
似葡萄果穗属 *Staphidiophora*	189/489
一侧生似葡萄果穗 *Staphidiophora secunda*	189/489
弱小?似葡萄果穗 *Staphidiophora? exilis*	190/489
弱小?似葡萄果穗(比较属种) Cf. *Staphidiophora? exilis*	190/489

似桤属 *Alnites* Hisinger,1837 (non Deane,1902) ⋯⋯⋯⋯⋯⋯⋯⋯⋯⋯⋯⋯⋯⋯⋯⋯⋯⋯ 7/287
 弗利斯似桤 *Alnites friesii* ⋯⋯⋯⋯⋯⋯⋯⋯⋯⋯⋯⋯⋯⋯⋯⋯⋯⋯⋯⋯⋯⋯⋯⋯⋯⋯⋯⋯⋯ 7/288
 杰氏似桤 *Alnites jelisejevii* ⋯⋯⋯⋯⋯⋯⋯⋯⋯⋯⋯⋯⋯⋯⋯⋯⋯⋯⋯⋯⋯⋯⋯⋯⋯⋯⋯ 7/288
似桤属 *Alnites* Deane,1902 (non Hisinger,1837) ⋯⋯⋯⋯⋯⋯⋯⋯⋯⋯⋯⋯⋯⋯⋯⋯⋯⋯ 7/288
 宽叶似桤 *Alnites latifolia* ⋯⋯⋯⋯⋯⋯⋯⋯⋯⋯⋯⋯⋯⋯⋯⋯⋯⋯⋯⋯⋯⋯⋯⋯⋯⋯⋯⋯⋯ 7/288
△似槭树属 *Acerites* ⋯⋯⋯⋯⋯⋯⋯⋯⋯⋯⋯⋯⋯⋯⋯⋯⋯⋯⋯⋯⋯⋯⋯⋯⋯⋯⋯⋯⋯⋯⋯⋯⋯⋯ 1/281
 似槭树(sp. indet.) *Acerites* sp. indet. ⋯⋯⋯⋯⋯⋯⋯⋯⋯⋯⋯⋯⋯⋯⋯⋯⋯⋯⋯⋯⋯ 1/282
似球果属 *Conites* ⋯⋯⋯⋯⋯⋯⋯⋯⋯⋯⋯⋯⋯⋯⋯⋯⋯⋯⋯⋯⋯⋯⋯⋯⋯⋯⋯⋯⋯⋯⋯⋯⋯⋯⋯⋯ 42/327
 布氏似球果 *Conites bucklandi* ⋯⋯⋯⋯⋯⋯⋯⋯⋯⋯⋯⋯⋯⋯⋯⋯⋯⋯⋯⋯⋯⋯⋯⋯⋯ 43/327
 △石人沟似球果 *Conites shihjenkouensis* ⋯⋯⋯⋯⋯⋯⋯⋯⋯⋯⋯⋯⋯⋯⋯⋯⋯⋯⋯⋯ 43/327
 似球果(未定种) *Conites* sp. ⋯⋯⋯⋯⋯⋯⋯⋯⋯⋯⋯⋯⋯⋯⋯⋯⋯⋯⋯⋯⋯⋯⋯⋯⋯⋯ 43/327
似莎草属 *Cyperacites* ⋯⋯⋯⋯⋯⋯⋯⋯⋯⋯⋯⋯⋯⋯⋯⋯⋯⋯⋯⋯⋯⋯⋯⋯⋯⋯⋯⋯⋯⋯⋯⋯⋯ 53/339
 可疑似莎草 *Cyperacites dubius* ⋯⋯⋯⋯⋯⋯⋯⋯⋯⋯⋯⋯⋯⋯⋯⋯⋯⋯⋯⋯⋯⋯⋯⋯ 53/339
 似莎草(未定种) *Cyperacites* sp. ⋯⋯⋯⋯⋯⋯⋯⋯⋯⋯⋯⋯⋯⋯⋯⋯⋯⋯⋯⋯⋯⋯⋯⋯ 53/339
似石松属 *Lycopodites* ⋯⋯⋯⋯⋯⋯⋯⋯⋯⋯⋯⋯⋯⋯⋯⋯⋯⋯⋯⋯⋯⋯⋯⋯⋯⋯⋯⋯⋯⋯⋯⋯ 105/396
 紫杉形似石松 *Lycopodites taxiformis* ⋯⋯⋯⋯⋯⋯⋯⋯⋯⋯⋯⋯⋯⋯⋯⋯⋯⋯⋯⋯⋯ 105/396
 威氏似石松 *Lycopodites williamsoni* ⋯⋯⋯⋯⋯⋯⋯⋯⋯⋯⋯⋯⋯⋯⋯⋯⋯⋯⋯⋯⋯ 105/396
 镰形似石松 *Lycopodites falcatus* ⋯⋯⋯⋯⋯⋯⋯⋯⋯⋯⋯⋯⋯⋯⋯⋯⋯⋯⋯⋯⋯⋯⋯ 105/396
似鼠李属 *Rhamnites* ⋯⋯⋯⋯⋯⋯⋯⋯⋯⋯⋯⋯⋯⋯⋯⋯⋯⋯⋯⋯⋯⋯⋯⋯⋯⋯⋯⋯⋯⋯⋯⋯⋯ 165/462
 多脉似鼠李 *Rhamnites multinervatus* ⋯⋯⋯⋯⋯⋯⋯⋯⋯⋯⋯⋯⋯⋯⋯⋯⋯⋯⋯⋯⋯ 165/462
 显脉似鼠李 *Rhamnites eminens* ⋯⋯⋯⋯⋯⋯⋯⋯⋯⋯⋯⋯⋯⋯⋯⋯⋯⋯⋯⋯⋯⋯⋯ 165/463
似水韭属 *Isoetites* ⋯⋯⋯⋯⋯⋯⋯⋯⋯⋯⋯⋯⋯⋯⋯⋯⋯⋯⋯⋯⋯⋯⋯⋯⋯⋯⋯⋯⋯⋯⋯⋯⋯⋯ 91/380
 交叉似水韭 *Isoetites crociformis* ⋯⋯⋯⋯⋯⋯⋯⋯⋯⋯⋯⋯⋯⋯⋯⋯⋯⋯⋯⋯⋯⋯⋯ 91/380
 △箭头似水韭 *Isoetites sagittatus* ⋯⋯⋯⋯⋯⋯⋯⋯⋯⋯⋯⋯⋯⋯⋯⋯⋯⋯⋯⋯⋯⋯⋯ 91/380
似水龙骨属 *Polypodites* ⋯⋯⋯⋯⋯⋯⋯⋯⋯⋯⋯⋯⋯⋯⋯⋯⋯⋯⋯⋯⋯⋯⋯⋯⋯⋯⋯⋯⋯⋯ 147/443
 曼脱尔似水龙骨 *Polypodites mantelli* ⋯⋯⋯⋯⋯⋯⋯⋯⋯⋯⋯⋯⋯⋯⋯⋯⋯⋯⋯⋯⋯ 147/443
 多囊群似水龙骨 *Polypodites polysorus* ⋯⋯⋯⋯⋯⋯⋯⋯⋯⋯⋯⋯⋯⋯⋯⋯⋯⋯⋯⋯ 147/443
似睡莲属 *Nymphaeites* ⋯⋯⋯⋯⋯⋯⋯⋯⋯⋯⋯⋯⋯⋯⋯⋯⋯⋯⋯⋯⋯⋯⋯⋯⋯⋯⋯⋯⋯⋯⋯ 123/416
 泉女兰似睡莲 *Nymphaeites arethusae* ⋯⋯⋯⋯⋯⋯⋯⋯⋯⋯⋯⋯⋯⋯⋯⋯⋯⋯⋯⋯⋯ 123/416
 布朗似睡莲 *Nymphaeites browni* ⋯⋯⋯⋯⋯⋯⋯⋯⋯⋯⋯⋯⋯⋯⋯⋯⋯⋯⋯⋯⋯⋯ 123/416
似丝兰属 *Yuccites* Schimper et Mougeot,1844 (non Martius,1822) ⋯⋯⋯⋯⋯⋯⋯ 222/525
 大叶似丝兰 *Yuccites vogesiacus* ⋯⋯⋯⋯⋯⋯⋯⋯⋯⋯⋯⋯⋯⋯⋯⋯⋯⋯⋯⋯⋯⋯⋯ 222/525
 匙形似丝兰 *Yuccites spathulata* ⋯⋯⋯⋯⋯⋯⋯⋯⋯⋯⋯⋯⋯⋯⋯⋯⋯⋯⋯⋯⋯⋯⋯ 222/525
 似丝兰(未定种) *Yuccites* sp. ⋯⋯⋯⋯⋯⋯⋯⋯⋯⋯⋯⋯⋯⋯⋯⋯⋯⋯⋯⋯⋯⋯⋯⋯⋯ 222/525
 似丝兰?(未定种) *Yuccites?* sp. ⋯⋯⋯⋯⋯⋯⋯⋯⋯⋯⋯⋯⋯⋯⋯⋯⋯⋯⋯⋯⋯⋯⋯ 222/526
似丝兰属 *Yuccites* Martius,1822 (non Schimper et Mougeot,1844) ⋯⋯⋯⋯⋯⋯⋯ 222/525
 小叶似丝兰 *Yuccites microlepis* ⋯⋯⋯⋯⋯⋯⋯⋯⋯⋯⋯⋯⋯⋯⋯⋯⋯⋯⋯⋯⋯⋯⋯ 222/525
似松柏属 *Coniferites* ⋯⋯⋯⋯⋯⋯⋯⋯⋯⋯⋯⋯⋯⋯⋯⋯⋯⋯⋯⋯⋯⋯⋯⋯⋯⋯⋯⋯⋯⋯⋯⋯ 41/325
 木质似松柏 *Coniferites lignitum* ⋯⋯⋯⋯⋯⋯⋯⋯⋯⋯⋯⋯⋯⋯⋯⋯⋯⋯⋯⋯⋯⋯⋯ 41/326
 马尔卡似松柏 *Coniferites marchaensis* ⋯⋯⋯⋯⋯⋯⋯⋯⋯⋯⋯⋯⋯⋯⋯⋯⋯⋯⋯⋯ 41/326
似松属 *Pinites* ⋯⋯⋯⋯⋯⋯⋯⋯⋯⋯⋯⋯⋯⋯⋯⋯⋯⋯⋯⋯⋯⋯⋯⋯⋯⋯⋯⋯⋯⋯⋯⋯⋯⋯⋯⋯ 140/434
 勃氏似松 *Pinites brandlingi* ⋯⋯⋯⋯⋯⋯⋯⋯⋯⋯⋯⋯⋯⋯⋯⋯⋯⋯⋯⋯⋯⋯⋯⋯⋯ 140/434
 △库布克似松 *Pinites kubukensis* ⋯⋯⋯⋯⋯⋯⋯⋯⋯⋯⋯⋯⋯⋯⋯⋯⋯⋯⋯⋯⋯⋯ 140/435

似苏铁属 *Cycadites* Buckland, 1836 (non Sternberg, 1825)	50/335
大叶似苏铁 *Cycadites megalophyllas*	50/335
似苏铁属 *Cycadites* Sternberg, 1825 (non Buckland, 1836)	49/335
尼尔桑似苏铁 *Cycadites nilssoni*	49/335
△东北似苏铁 *Cycadites manchurensis*	50/335
似苔属 *Hepaticites*	87/376
启兹顿似苔 *Hepaticites kidstoni*	87/376
△极小似苔 *Hepaticites minutus*	87/376
△似提灯藓属 *Mnioites*	115/407
△短叶杉型似提灯藓 *Mnioites brachyphylloides*	115/407
似铁线蕨属 *Adiantopteris*	3/283
秀厄德似铁线蕨 *Adiantopteris sewardii*	3/283
△希米德特似铁线蕨 *Adiantopteris schmidtianus*	3/283
似铁线蕨(未定种) *Adiantopteris* sp.	3/284
△似铁线莲叶属 *Clematites*	40/324
△披针似铁线莲叶 *Clematites lanceolatus*	40/324
似托第蕨属 *Todites*	202/503
威廉姆逊似托第蕨 *Todites williamsoni*	202/503
△似乌头属 *Aconititis*	2/282
似乌头(sp. indet.) *Aconititis* sp. indet.	2/282
似藓属 *Muscites*	115/408
图氏似藓 *Muscites tournalii*	116/408
△南天门似藓 *Muscites nantimenensis*	116/408
似杨属 *Populites* Goeppert, 1852 (non Viviani, 1833)	148/443
宽叶似杨 *Populites platyphyllus*	148/443
争论似杨 *Populites litigiosus*	148/443
争论似杨(比较种) *Populites* cf. *litigiosus*	148/443
似杨属 *Populites* Viviani, 1833 (non Goeppert, 1852)	148/443
蝴蝶状似杨 *Populites phaetonis*	148/444
似叶状体属 *Thallites*	198/498
直立似叶状体 *Thallites erectus*	198/498
△萍乡似叶状体 *Thallites pinghsiangensis*	198/498
△似阴地蕨属 *Botrychites*	28/311
△热河似阴地蕨 *Botrychites reheensis*	28/311
似银杏属 *Ginkgoites*	76/364
椭圆似银杏 *Ginkgoites obovatus*	76/364
△奥勃鲁契夫似银杏 *Ginkgoites obrutschewi*	76/365
似银杏枝属 *Ginkgoitocladus*	77/365
布列英似银杏枝 *Ginkgoitocladus burejensis*	77/365
布列英似银杏枝(比较种) *Ginkgoitocladus* cf. *burejensis*	77/365
△似雨蕨属 *Gymnogrammitites*	84/372
△鲁福德似雨蕨 *Gymnogrammitites ruffordioides*	84/373
△似圆柏属 *Sabinites*	170/468

△内蒙古似圆柏 *Sabinites neimonglica* ... 170/468
△纤细似圆柏 *Sabinites gracilis* ... 170/468
△似远志属 *Polygatites* ... 146/441
  似远志（sp. indet.） *Polygatites* sp. indet. ... 146/442
似榛属 *Corylites* ... 43/327
  麦氏似榛 *Corylites macquarrii* ... 43/327
  福氏似榛 *Corylites fosteri* ... 43/327
柿属 *Diospyros* ... 60/346
  圆叶柿 *Diospyros rotundifolia* ... 60/346
匙羊齿属 *Zamiopteris* ... 224/527
  舌羊齿型匙羊齿 *Zamiopteris glossopteroides* ... 224/527
  △微细匙羊齿 *Zamiopteris minor* ... 224/527
匙叶属 *Noeggerathiopsis* ... 122/415
  希氏匙叶 *Noeggerathiopsis hislopi* ... 122/415
书带蕨叶属 *Vittaephyllum* ... 213/515
  二叉书带蕨叶 *Vittaephyllum bifurcata* ... 213/515
  书带蕨叶（未定种） *Vittaephyllum* sp. ... 213/515
梳羽叶属 *Ctenophyllum* ... 45/330
  布劳恩梳羽叶 *Ctenophyllum braunianum* ... 45/330
  △下延梳羽叶 *Ctenophyllum decurrens* ... 45/330
鼠李属 *Rhamnus* ... 166/463
  △尚志鼠李 *Rhamnus shangzhiensis* ... 166/463
△束脉蕨属 *Symopteris* ... 193/492
  △瑞士束脉蕨 *Symopteris helvetica* ... 193/492
  △密脉束脉蕨 *Symopteris densinervis* ... 193/493
  △蔡耶束脉蕨 *Symopteris zeilleri* ... 193/493
双囊蕨属 *Disorus* ... 60/346
  尼马康双囊蕨 *Disorus nimakanensis* ... 60/346
  △最小双囊蕨 *Disorus minimus* ... 60/346
△双生叶属 *Geminofoliolum* ... 74/362
  △纤细双生叶 *Geminofoliolum gracilis* ... 74/362
双子叶属 *Dicotylophyllum* Bandulska, 1923 (non Saporta, 1894) ... 58/344
  斯氏双子叶 *Dicotylophyllum stopesii* ... 58/344
双子叶属 *Dicotylophyllum* Saporta, 1894 (non Bandulska, 1923) ... 58/344
  尾状双子叶 *Dicotylophyllum cerciforme* ... 58/344
  双子叶（未定种） *Dicotylophyllum* sp. ... 58/344
水韭属 *Isoetes* ... 90/380
  △二马营水韭 *Isoetes ermayingensis* ... 90/380
水青树属 *Tetracentron* ... 198/498
  △乌云水青树 *Tetracentron wuyunense* ... 198/498
水杉属 *Metasequoia* ... 112/404
  △水松型水杉 *Metasequoia glyptostroboides* ... 113/405
  二列水杉 *Metasequoia disticha* ... 113/405

楔形水杉 *Metasequoia cuneata*	113/405
水松属 *Glyptostrobus*	81/369
欧洲水松 *Glyptostrobus europaeus*	81/370
水松型木属 *Glyptostroboxylon*	80/369
葛伯特水松型木 *Glyptostroboxylon goepperti*	81/369
△西大坡水松型木 *Glyptostroboxylon xidapoense*	81/369
斯蒂芬叶属 *Stephenophyllum*	191/490
索氏带斯蒂芬叶 *Stephenophyllum solmis*	191/490
索氏斯蒂芬叶（比较种）*Stephenophyllum* cf. *solmis*	191/490
斯卡伯格穗属 *Scarburgia*	173/471
希尔斯卡伯格穗 *Scarburgia hilli*	173/471
△三角斯卡伯格穗 *Scarburgia triangularis*	173/471
斯科勒斯叶属 *Scoresbya*	176/474
齿状斯科勒斯叶 *Scoresbya dentata*	176/474
斯托加叶属 *Storgaardia*	192/491
奇观斯托加叶 *Storgaardia spectablis*	192/491
奇观斯托加叶（比较属种）Cf. *Storgaardia spectablis*	192/491
△白音花？斯托加叶 *Storgaardia*? *baijenhuaense*	192/491
松柏茎属 *Coniferocaulon*	41/326
鸟形松柏茎 *Coniferocaulon colymbeaeforme*	42/326
拉杰马哈尔松柏茎 *Coniferocaulon rajmahalense*	42/326
松柏茎？（未定种）*Coniferocaulon*? sp.	42/326
松木属 *Pinoxylon*	140/435
达科他松木 *Pinoxylon dacotense*	140/435
△矢部松木 *Pinoxylon yabei*	140/435
松属 *Pinus*	140/435
诺氏松 *Pinus nordenskioeldi*	141/435
松型果鳞属 *Pityolepis*	141/436
铁杉形松型果鳞 *Pityolepis tsugaeformis*	142/436
△卵圆松型果鳞 *Pityolepis ovatus*	142/437
松型果属 *Pityostrobus*	142/437
粗榧型松型果 *Pityostrobus macrocephalus*	143/438
△远藤隆次松型果 *Pityostrobus endo-riujii*	143/438
松型木属 *Pityoxylon*	143/438
桑德伯格松型木 *Pityoxylon sandbergerii*	143/438
松型叶属 *Pityophyllum*	142/437
史氏松型叶 *Pityophyllum staratschini*	142/437
松型叶（未定种）*Pityophyllum* sp.	142/437
松型枝属 *Pityocladus*	141/436
长叶松型枝 *Pityocladus longifolius*	141/436
△库布克松型枝 *Pityocladus kobukensis*	141/436
松型子属 *Pityospermum*	142/437
马肯松型子 *Pityospermum maakanum*	142/437

松型子（未定种）*Pityospermum* sp. ··· 142/437
苏格兰木属 *Scotoxylon* ·· 177/474
　　霍氏苏格兰木 *Scotoxylon horneri* ··································· 177/475
　　△延庆苏格兰木 *Scotoxylon yanqingense* ··························· 177/475
苏铁鳞片属 *Cycadolepis* ··· 50/336
　　长毛苏铁鳞片 *Cycadolepis villosa* ·································· 50/336
　　褶皱苏铁鳞片 *Cycadolepis corrugata* ······························· 50/336
△苏铁鳞叶属 *Cycadolepophyllum* ······································ 51/336
　　△较小苏铁鳞叶 *Cycadolepophyllum minor* ······················· 51/336
　　△等形苏铁鳞叶 *Cycadolepophyllum aequale* ······················ 51/336
苏铁杉属 *Podozamites* ·· 146/441
　　间离苏铁杉 *Podozamites distans* ··································· 146/441
　　△恩蒙斯苏铁杉 *Podozamites emmonsii* ··························· 146/441
　　披针苏铁杉 *Podozamites lanceolatus* ······························· 146/441
△苏铁缘蕨属 *Cycadicotis* ·· 49/334
　　苏铁缘蕨(sp. indet.) *Cycadicotis* sp. indet. ······················· 49/334
　　△蕉羽叶脉苏铁缘蕨 *Cycadicotis nissonervis* ····················· 49/334
苏铁掌苞属 *Cycadospadix* ·· 51/336
　　何氏苏铁掌苞 *Cycadospadix hennocquei* ··························· 51/336
　　△帚苏铁掌苞 *Cycadospadix scopulina* ····························· 51/337
穗蕨属 *Stachypteris* ··· 189/488
　　穗状穗蕨 *Stachypteris spicans* ····································· 189/488
　　△膜翼穗蕨 *Stachypteris alata* ····································· 189/488
穗杉属 *Stachyotaxus* ·· 188/487
　　北方穗杉 *Stachyotaxus septentrionalis* ····························· 188/488
　　雅致穗杉 *Stachyotaxus elegana* ···································· 189/488
△穗藓属 *Stachybryolites* ··· 188/487
　　△周氏穗藓 *Stachybryolites zhoui* ·································· 188/487
桫椤属 *Cyathea* ·· 49/334
　　△鄂尔多斯桫椤 *Cyathea ordosica* ·································· 49/334

T

台座木属 *Dadoxylon* ·· 54/340
　　怀氏台座木 *Dadoxylon withami* ···································· 54/340
　　日本台座木（南洋杉型木）*Dadoxylon* (*Araucarioxylon*) *japonicus* ··············· 54/340
　　日本台座木（南洋杉型木）(比较种) *Dadoxylon* (*Araucarioxylon*) cf. *japonicus* ········· 54/340
△太平场蕨属 *Taipingchangella* ··· 195/494
　　△中国太平场蕨 *Taipingchangella zhongguoensis* ················· 195/495
桃金娘叶属 *Myrtophyllum* ··· 116/409
　　盖尼茨桃金娘叶 *Myrtophyllum geinitzi* ···························· 116/409
　　平子桃金娘叶 *Myrtophyllum penzhinense* ························· 116/409
特西蕨属 *Tersiella* ·· 197/497

| 贝氏特西蕨 *Tersiella beloussovae* | 197/497 |
| 拉氏特西蕨 *Tersiella radczenkoi* | 197/497 |

蹄盖蕨属 *Athyrium* 21/303
 △白垩蹄盖蕨 *Athyrium cretaceum* 21/303
 △阜新蹄盖蕨 *Athyrium fuxinense* 21/303
△天石枝属 *Tianshia* 202/502
 △伸展天石枝 *Tianshia patens* 202/502
△条叶属 *Vittifoliolum* 214/516
 △游离条叶 *Vittifoliolum segregatum* 214/516
 △游离条叶脊条型 *Vittifoliolum segregatum* f. *costatum* ... 214/516
 △脉条叶 *Vittifoliolum multinerve* 214/516
铁角蕨属 *Asplenium* 19/301
 微尖铁角蕨 *Asplenium argutula* 19/301
 彼德鲁欣铁角蕨 *Asplenium petruschinense* 20/301
 怀特铁角蕨 *Asplenium whitbiense* 20/301
铁杉属 *Tsuga* 207/509
 △紫铁杉 *Tsuga taxoides* 207/509
铁线蕨属 *Adiantum* 3/284
 △斯氏铁线蕨 *Adiantum szechenyi* 4/284
△铜川叶属 *Tongchuanophyllum* 203/504
 △三角形铜川叶 *Tongchuanophyllum trigonus* 203/504
 △优美铜川叶 *Tongchuanophyllum concinnum* 203/504
 △陕西铜川叶 *Tongchuanophyllum shensiense* 203/504
图阿尔蕨属 *Tuarella* 208/509
 裂瓣图阿尔蕨 *Tuarella lobifolia* 208/509
△托克逊蕨属 *Toksunopteris* 203/503
 △对生托克逊蕨 *Toksunopteris opposita* 203/503
托勒利叶属 *Torellia* 203/504
 坚直托勒利叶 *Torellia rigida* 204/504
 托勒利叶(未定种) *Torellia* sp. 204/505
托列茨果属 *Toretzia* 204/505
 狭叶托列茨果 *Toretzia angustifolia* 204/505
 △顺发托列茨果 *Toretzia shunfaensis* 204/505
托马斯枝属 *Thomasiocladus* 200/501
 查米亚托马斯枝 *Thomasiocladus zamioides* 201/501
 查米亚托马斯枝(比较属种) Cf. *Thomasiocladus zamioides* ... 201/501

W

瓦德克勒果属 *Vardekloeftia* 211/513
 具槽瓦德克勒果 *Vardekloeftia sulcata* 211/513
△网格蕨属 *Reteophlebis* 164/461
 △单式网格蕨 *Reteophlebis simplex* 164/461

网叶蕨属 *Dictyophyllum* ··· 58/345
    皱纹网叶蕨 *Dictyophyllum rugosum* ·································· 59/345
    那托斯特网叶蕨 *Dictyophyllum nathorsti* ························· 59/345
网羽叶属 *Dictyozamites* ·· 59/345
    镰形网羽叶 *Dictyozamites falcata* ···································· 59/345
    △湖南网羽叶 *Dictyozamites hunanensis* ·························· 59/345
威尔斯穗属 *Willsiostrobus* ·· 216/519
    威氏威尔斯穗 *Willsiostrobus willsii* ································ 216/519
    威氏威尔斯穗(比较种) *Willsiostrobus* cf. *willsii* ············ 216/519
    △红崖头威尔斯穗 *Willsiostrobus hongyantouensis* ········ 217/519
威廉姆逊尼花属 *Williamsonia* ·· 215/518
    大威廉姆逊尼花 *Williamsonia gigas* ································ 216/518
    威廉姆逊尼花(未定种) *Williamsonia* sp. ························ 216/518
韦尔奇花属 *Weltrichia* ··· 215/517
    奇异韦尔奇花 *Weltrichia mirabilis* ·································· 215/518
    韦尔奇花(未定种) *Weltrichia* sp. ···································· 215/518
维特米亚叶属 *Vitimia* ··· 212/514
    多氏维特米亚叶 *Vitimia doludenkoi* ································ 212/514
尾果穗属 *Ourostrobus* ··· 126/419
    那氏尾果穗 *Ourostrobus nathorsti* ·································· 126/419
    那氏尾果穗(比较属种) Cf. *Ourostrobus nathorsti* ········· 126/420
乌拉尔叶属 *Uralophyllum* ··· 210/512
    克氏乌拉尔叶 *Uralophyllum krascheninnikovii* ·············· 210/512
    拉氏乌拉尔叶 *Uralophyllum radczenkoi* ························· 211/512
    拉氏?乌拉尔叶(比较种) *Uralophyllum*? cf. *radczenkoi* ········ 211/512
乌马果鳞属 *Umaltolepis* ··· 210/512
    瓦赫拉梅耶夫乌马果鳞 *Umaltolepis vachrameevii* ········ 210/512
    △河北乌马果鳞 *Umaltolepis hebeiensis* ························· 210/512
乌苏里枝属 *Ussuriocladus* ··· 211/512
    多枝乌苏里枝 *Ussuriocladus racemosus* ························· 211/513
    △安图乌苏里枝 *Ussuriocladus antuensis* ······················· 211/513
五味子属 *Schisandra* ·· 174/471
    △杜尔伯达五味子 *Schisandra durbudensis* ···················· 174/472

X

西沃德杉属 *Sewardiodendron* ·· 179/477
    疏松西沃德杉 *Sewardiodendron laxum* ··························· 179/477
希默尔杉属 *Hirmerella* ··· 88/377
    瑞替里阿斯希默尔杉 *Hirmerella rhatoliassica* ················· 88/377
    敏斯特希默尔杉 *Hirmerella muensteri* ···························· 88/377
    敏斯特希默尔杉(比较属种) Cf. *Hirmerella muensteri* ··· 88/377
    △湘潭希默尔杉 *Hirmerella xiangtanensis* ······················· 88/378

△细毛蕨属 *Ciliatopteris*	37/321
△栉齿细毛蕨 *Ciliatopteris pecotinata*	37/321
狭羊齿属 *Stenopteris*	190/489
束状狭羊齿 *Stenopteris desmomera*	190/489
狭羊齿(未定种) *Stenopteris* sp.	190/489
狭轴穗属 *Stenorhachis*	190/489
庞氏狭轴穗 *Stenorhachis ponseleti*	190/490
西伯利亚狭轴穗 *Stenorachis sibirica*	190/490
△夏家街蕨属 *Xiajiajienia*	217/519
△奇异夏家街蕨 *Xiajiajienia mirabila*	217/520
香南属 *Nectandra*	118/411
△广西香南 *Nectandra guangxiensis*	118/411
细脉香南 *Nectandra prolifica*	119/411
香蒲属 *Typha*	208/509
香蒲(未定种) *Typha* sp.	208/509
△香溪叶属 *Hsiangchiphyllum*	88/378
△三脉香溪叶 *Hsiangchiphyllum trinerve*	88/378
小果穗属 *Stachyopitys*	188/487
普雷斯利小果穗 *Stachyopitys preslii*	188/487
小果穗(未定种) *Stachyopitys* sp.	188/487
△小蛟河蕨属 *Chiaohoella*	36/320
△奇异小蛟河蕨 *Chiaohoella mirabilis*	36/320
△新查米叶型小蛟河蕨 *Chiaohoella neozamioide*	36/320
小威廉姆逊尼花属 *Williamsoniella*	216/518
科罗纳小威廉姆逊尼花 *Williamsoniella coronata*	216/518
小威廉姆逊尼花(未定种) *Williamsoniella* sp.	216/518
小楔叶属 *Sphenarion*	183/482
疏裂小楔叶 *Sphenarion paucipartita*	183/482
宽叶小楔叶 *Sphenarion latifolia*	183/482
△线形小楔叶 *Sphenarion lineare*	184/482
楔拜拉属 *Sphenobaiera*	184/482
奇丽楔拜拉 *Sphenobaiera spectabilis*	184/483
△黄氏楔拜拉 *Sphenobaiera huangii*	184/483
楔鳞杉属 *Sphenolepis*	185/484
司腾伯楔鳞杉 *Sphenolepis sternbergiana*	185/484
△树形楔鳞杉 *Sphenolepis arborscens*	185/484
△雅致楔鳞杉 *Sphenolepis elegans*	185/484
楔羊齿属 *Sphenopteris*	186/485
雅致楔羊齿 *Sphenopteris elegans*	186/485
△东方楔羊齿 *Sphenopteris orientalis*	186/485
△楔叶拜拉花属 *Sphenobaieroanthus*	184/483
△中国楔叶拜拉花 *Sphenobaieroanthus sinensis*	184/483
△楔叶拜拉枝属 *Sphenobaierocladus*	184/483

△中国楔叶拜拉枝 Sphenobaierocladus sinensis ……………………………… 185/483
楔叶属 Sphenophyllum ……………………………………………………… 185/484
　　微缺楔叶 Sphenophyllum emarginatum ……………………………… 186/484
　　楔叶?(未定种) Sphenophyllum? sp. ………………………………… 186/485
楔羽叶属 Sphenozamites ……………………………………………………… 186/485
　　毕氏楔羽叶 Sphenozamites beani …………………………………… 186/485
　　△章氏楔蕉羽叶 Sphenozamites changi …………………………… 186/485
　　楔羽叶(未定种) Sphenozamites sp. ………………………………… 187/486
心籽属 Cardiocarpus …………………………………………………………… 30/314
　　核果状心籽 Cardiocarpus drupaceus ………………………………… 31/314
　　心籽(未定种) Cardiocarpus sp. ……………………………………… 31/314
△新孢穗属 Neostachya ……………………………………………………… 120/412
　　△陕西新孢穗 Neostachya shanxiensis ……………………………… 120/413
新查米亚属 Neozamites ……………………………………………………… 120/413
　　维尔霍扬新查米亚 Neozamites verchojanensis ……………………… 120/413
　　列氏新查米亚 Neozamites lebedevii ………………………………… 120/413
△新疆蕨属 Xinjiangopteris Wu et Zhou, 1986 (non Wu S Z, 1983) ……… 219/521
　　△对生新疆蕨 Xinjiangopteris opposita ……………………………… 219/522
△新疆蕨属 Xinjiangopteris Wu S Z, 1983 (non Wu S Q et Zhou, 1986) …… 219/521
　　△托克逊新疆蕨 Xinjiangopteris toksunensis ……………………… 219/521
△新龙叶属 Xinlongia ………………………………………………………… 219/522
　　△侧羽叶型新龙叶 Xinlongia pterophylloides ……………………… 219/522
　　△和恩格尔新龙叶 Xinlongia hoheneggeri ………………………… 219/522
△新龙羽叶属 Xinlongophyllum ……………………………………………… 220/522
　　△篦羽羊齿型新龙羽叶 Xinlongophyllum ctenopteroides ………… 220/522
　　△多条纹新龙羽叶 Xinlongophyllum multilineatum ……………… 220/523
新芦木属 Neocalamites ……………………………………………………… 119/412
　　霍尔新芦木 Neocalamites hoerensis ………………………………… 119/412
　　卡勒莱新芦木 Neocalamites carrerei ……………………………… 119/412
新芦木穗属 Neocalamostachys ……………………………………………… 119/412
　　总花梗新芦木穗 Neocalamostachys pedunculatus ………………… 120/412
　　新芦木穗?(未定种) Neocalamostachys? sp. ……………………… 120/412
△新轮叶属 Neoannularia …………………………………………………… 119/411
　　△陕西新轮叶 Neoannularia shanxiensis …………………………… 119/411
　　△川滇新轮叶 Neoannularia chuandianensis ……………………… 119/411
星囊蕨属 Asterotheca ………………………………………………………… 20/302
　　司腾伯星囊蕨 Asterotheca sternbergii ……………………………… 20/302
　　△斯氏?星囊蕨 Asterotheca? szeiana ……………………………… 20/302
　　斯氏?星囊蕨(枝脉蕨) Asterotheca? (Cladophlebis) szeiana ……… 20/302
△星学花序属 Xingxueina ……………………………………………………… 218/520
　　△黑龙江星学花序 Xingxueina heilongjiangensis …………………… 218/520
△星学叶属 Xingxuephyllum …………………………………………………… 218/521
　　△鸡西星学叶 Xingxuephyllum jixiense ……………………………… 218/521

△兴安叶属 *Xinganphyllum*	217/520
△等形兴安叶 *Xinganphyllum aequale*	217/520
△大叶？兴安叶 *Xinganphyllum? grandifolium*	218/520
雄球果属 *Androstrobus*	10/291
查米亚型雄球果 *Androstrobus zamioides*	10/291
△塔状雄球果 *Androstrobus pagiodiformis*	10/291
雄球穗属 *Masculostrobus*	110/402
蔡氏雄球穗 *Masculostrobus zeilleri*	111/402
△伸长？雄球穗 *Masculostrobus? prolatus*	111/402
袖套杉属 *Manica*	107/398
希枝袖套杉 *Manica parceramosa*	107/399
△袖套杉（长岭杉亚属） *Manica (Chanlingia)*	107/399
△穹孔袖套杉（长岭杉） *Manica (Chanlingia) tholistoma*	108/399
△袖套杉（袖套杉亚属） *Manica (Manica)*	108/399
△希枝袖套杉（袖套杉） *Manica (Manica) parceramosa*	108/399
△大拉子袖套杉（袖套杉） *Manica (Manica) dalatzensis*	108/399
△窝穴袖套杉（袖套杉） *Manica (Manica) foveolata*	108/399
△乳突袖套杉（袖套杉） *Manica (Manica) papillosa*	108/400
悬铃木属 *Platanus*	144/439
楔形悬铃木 *Platanus cuneifolia*	144/439
悬铃木叶属 *Platanophyllum*	143/438
叉脉悬铃木叶 *Platanophyllum crossinerve*	143/438
悬铃木叶（未定种） *Platanophyllum* sp.	144/439
悬羽羊齿属 *Crematopteris*	44/329
标准悬羽羊齿 *Crematopteris typica*	44/329
△短羽片悬羽羊齿 *Crematopteris brevipinnata*	44/329
△旋卷悬羽羊齿 *Crematopteris ciricinalis*	44/329
雪松型木属 *Cedroxylon*	33/317
怀氏雪松型木 *Cedroxylon withami*	33/317
△金沙雪松型木 *Cedroxylon jinshaense*	34/317

Y

△牙羊齿属 *Dentopteris*	56/342
△窄叶牙羊齿 *Dentopteris stenophylla*	56/342
△宽叶牙羊齿 *Dentopteris platyphylla*	56/342
崖柏属 *Thuja*	201/502
白垩崖柏 *Thuja cretacea*	201/502
△雅观木属 *Perisemoxylon*	133/428
△双螺纹雅观木 *Perisemoxylon bispirale*	134/428
雅观木（未定种） *Perisemoxylon* sp.	134/428
△雅蕨属 *Pavoniopteris*	132/426
△马通蕨型雅蕨 *Pavoniopteris matonioides*	132/426

雅库蒂蕨属 *Jacutopteris* ... 92/382
    勒拿雅库蒂蕨 *Jacutopteris lenaensis* ... 92/382
    △后老庙雅库蒂蕨 *Jacutopteris houlaomiaoensis* ... 92/382
    △天水雅库蒂蕨 *Jacutopteris tianshuiensis* ... 92/382
雅库蒂羽叶属 *Jacutiella* ... 91/381
    阿穆尔雅库蒂羽叶 *Jacutiella amurensis* ... 92/381
    △细齿雅库蒂羽叶 *Jacutiella denticulata* ... 92/381
△亚洲叶属 *Asiatifolium* ... 19/300
    △雅致亚洲叶 *Asiatifolium elegans* ... 19/300
△延吉叶属 *Yanjiphyllum* ... 221/523
    △椭圆延吉叶 *Yanjiphyllum ellipticum* ... 221/523
眼子菜属 *Potamogeton* ... 149/444
    △热河眼子菜 *Potamogeton jeholensis* ... 149/444
    眼子菜(未定种) *Potamogeton* sp. ... 149/444
△燕辽杉属 *Yanliaoa* ... 221/524
    △中国燕辽杉 *Yanliaoa sinensis* ... 221/524
△羊齿缘蕨属 *Filicidicotis* ... 72/359
    羊齿缘蕨(sp. indet.) *Filicidicotis* sp. indet. ... 72/359
羊蹄甲属 *Bauhinia* ... 23/305
    △雅致羊蹄甲 *Bauhinia gracilis* ... 23/305
杨属 *Populus* ... 148/444
    宽叶杨 *Populus latior* ... 148/444
    杨(未定种) *Populus* sp. ... 148/444
△耶氏蕨属 *Jaenschea* ... 92/382
    △中国耶氏蕨 *Jaenschea sinensis* ... 92/382
叶枝杉型木属 *Phyllocladoxylon* ... 138/433
    霍尔叶枝杉型木 *Phyllocladoxylon muelleri* ... 138/433
    象牙叶枝杉型木 *Phyllocladoxylon eboracense* ... 138/433
    象牙叶枝杉型木(比较种) *Phyllocladoxylon* cf. *eboracense* ... 138/433
    叶枝杉型木?(未定种) *Phyllocladoxylon*? sp. ... 139/433
伊仑尼亚属 *Erenia* ... 68/356
    狭叶伊仑尼亚 *Erenia stenoptera* ... 69/356
△疑麻黄属 *Amphiephedra* ... 10/290
    △鼠李型疑麻黄 *Amphiephedra rhamnoides* ... 10/290
△义马果属 *Yimaia* ... 221/524
    △外弯义马果 *Yimaia recurva* ... 221/524
△义县叶属 *Yixianophyllum* ... 221/524
    △金家沟义县叶 *Yixianophyllum jinjiagouensie* ... 222/524
△异麻黄属 *Alloephedra* ... 6/287
    △星学异麻黄 *Alloephedra xingxuei* ... 6/287
异脉蕨属 *Phlebopteris* ... 134/428
    水龙骨异脉蕨 *Phlebopteris polypodioides* ... 134/428
    水龙骨异脉蕨(比较种) *Phlebopteris* cf. *polypodioides* ... 134/428

异木属 *Xenoxylon* · · · · · · 217/519
 宽孔异木 *Xenoxylon latiporosum* · · · · · · 217/519
 △河北异木 *Xenoxylon hopeiense* · · · · · · 217/519
异形羊齿属 *Anomopteris* · · · · · · 12/293
 穆氏异形羊齿 *Anomopteris mougeotii* · · · · · · 12/293
 穆氏异形羊齿(比较属种) Cf. *Anomopteris mougeotii* · · · · · · 12/294
 异形羊齿?(未定种) *Anomopteris*? sp. · · · · · · 13/294
异叶蕨属 *Thaumatopteris* · · · · · · 199/499
 布劳异叶蕨 *Thaumatopteris brauniana* · · · · · · 199/500
异羽叶属 *Anomozamites* · · · · · · 13/294
 变异异羽叶 *Anomozamites inconstans* · · · · · · 13/294
 异羽叶(未定多种) *Anomozamites* spp. · · · · · · 13/294
银杏属 *Ginkgo* · · · · · · 75/363
 胡顿银杏 *Ginkgo huttoni* · · · · · · 75/363
 施密特银杏 *Ginkgo schmidtiana* · · · · · · 75/363
 银杏(未定种) *Ginkgo* sp. · · · · · · 75/363
银杏型木属 *Ginkgoxylon* · · · · · · 77/365
 中亚银杏型木 *Ginkgoxylon asiaemediae* · · · · · · 77/365
 △中国银杏型木 *Ginkgoxylon chinense* · · · · · · 77/365
隐脉穗属 *Ruehleostachys* · · · · · · 169/467
 假有节隐脉穗 *Ruehleostachys pseudarticulatus* · · · · · · 169/467
 △红崖头?隐脉穗 *Ruehleostachys*? *hongyantouensis* · · · · · · 169/467
硬蕨属 *Scleropteris* Andrews,1942 (non Saport,1872) · · · · · · 176/474
 伊利诺斯硬蕨 *Scleropteris illinoienses* · · · · · · 176/474
硬蕨属 *Scleropteris* Saport,1872 (non Andrews H N,1942) · · · · · · 176/473
 帕氏硬蕨 *Scleropteris pomelii* · · · · · · 176/474
 △西藏硬蕨 *Scleropteris tibetica* · · · · · · 176/474
△永仁叶属 *Yungjenophyllum* · · · · · · 222/525
 △大叶永仁叶 *Yungjenophyllum grandifolium* · · · · · · 223/525
鱼网叶属 *Sagenopteris* · · · · · · 170/468
 尼尔桑鱼网叶 *Sagenopteris nilssoniana* · · · · · · 170/468
 △网状?鱼网叶 *Sagenopteris*? *dictyozamioides* · · · · · · 171/468
 △永安鱼网叶 *Sagenopteris yunganensis* · · · · · · 171/468
榆叶属 *Ulmiphyllum* · · · · · · 210/511
 勃洛克榆叶 *Ulmiphyllum brookense* · · · · · · 210/511
元叶属 *Protophyllum* · · · · · · 151/447
 司腾伯元叶 *Protophyllum sternbergii* · · · · · · 151/447
 △心形元叶 *Protophyllum cordifolium* · · · · · · 151/447
 海旦元叶 *Protophyllum haydenii* · · · · · · 152/447
 △小元叶 *Protophyllum microphyllum* · · · · · · 152/447
 多脉元叶 *Protophyllum multinerve* · · · · · · 152/448
 △卵形元叶 *Protophyllum ovatifolium* Guo et Li,1979 (non Tao,1986) · · · · · · 152/448
 △卵形元叶 *Protophyllum ovatifolium* Tao,1986 (non Guo et Li,1979) · · · · · · 152/448

△肾形元叶 *Protophyllum renifolium* ······ 152/448
　　△圆形元叶 *Protophyllum rotundum* ······ 152/448
原始柏型木属 *Protocupressinoxylon* ······ 150/446
　　柏木型原始柏型木 *Protocupressinoxylon cupressoides* ······ 150/446
　　△密山原始柏型木 *Protocupressinoxylon mishaniense* ······ 150/446
△原始金松型木属 *Protosciadopityoxylon* ······ 153/449
　　△辽宁原始金松型木 *Protosciadopityoxylon liaoningense* ······ 153/449
原始罗汉松型木属 *Protopodocarpoxylon* ······ 153/449
　　勃雷维尔原始罗汉松型木 *Protopodocarpoxylon blevillense* ······ 153/449
　　△装饰原始罗汉松型木 *Protopodocarpoxylon arnatum* ······ 153/449
　　△金沙原始罗汉松型木 *Protopodocarpoxylon jinshaense* ······ 153/449
原始落羽杉型木属 *Prototaxodioxylon* ······ 153/449
　　孔氏原始落羽杉型木 *Prototaxodioxylon choubertii* ······ 154/450
　　罗曼原始落羽杉型木 *Prototaxodioxylon romanense* ······ 154/450
原始鸟毛蕨属 *Protoblechnum* ······ 149/445
　　霍定原始鸟毛蕨 *Protoblechnum holdeni* ······ 149/445
　　休兹原始鸟毛蕨 *Protoblechnum hughesi* ······ 150/445
　　？休兹原始鸟毛蕨 *？Protoblechnum hughesi* ······ 150/445
△原始水松型木属 *Protoglyptostroboxylon* ······ 151/446
　　△巨大原始水松型木 *Protoglyptostroboxylon giganteum* ······ 151/446
原始雪松型木属 *Protocedroxylon* ······ 150/445
　　南洋杉型原始雪松型木 *Protocedroxylon araucarioides* ······ 150/446
原始叶枝杉型木属 *Protophyllocladoxylon* ······ 151/446
　　洛伊希斯原始叶枝杉型木 *Protophyllocladoxylon leuchsi* ······ 151/447
　　△斯氏原始叶枝杉型木 *Protophyllocladoxylon szei* ······ 151/447
原始云杉型木属 *Protopiceoxylon* ······ 152/448
　　绝灭原始云杉型木 *Protopiceoxylon extinctum* ······ 153/448
圆异叶属 *Cyclopteris* ······ 52/337
　　肾形圆异叶 *Cyclopteris reniformis* ······ 52/337
　　圆异叶（未定种）*Cyclopteris* sp. ······ 52/337
云杉属 *Picea* ······ 139/434
　　？长叶云杉 *？Picea smithiana* ······ 139/434
　　云杉（未定种）*Picea* sp. ······ 139/434
云杉型木属 *Piceoxylon* ······ 139/434
　　假铁杉云杉型木 *Piceoxylon pseudotsugae* ······ 139/434
　　△满州云杉型木 *Piceoxylon manchuricum* ······ 140/434

Z

枣属 *Zizyphus* ······ 225/529
　　△假白垩枣 *Zizyphus pseudocretacea* ······ 226/529
△贼木属 *Phoroxylon* ······ 137/431
　　△梯纹状贼木 *Phoroxylon scalariforme* ······ 137/431

△窄叶属 *Angustiphyllum*	11/292
△腰埠窄叶 *Angustiphyllum yaobuense*	11/292
樟树属 *Cinnamomum*	38/322
西方樟树 *Cinnamomum hesperium*	38/322
纽伯利樟树 *Cinnamomum newberryi*	38/322
长门果穗属 *Nagatostrobus*	116/409
内藤长门果穗 *Nagatostrobus naitoi*	117/409
线形长门果穗 *Nagatostrobus linearis*	117/409
掌叶属 *Psygmophyllum*	157/453
扇形掌叶 *Psygmophyllum flabellatum*	157/453
△多裂掌叶 *Psygmophyllum multipartitum*	157/453
多裂掌叶(比较种) *Psygmophyllum* cf. *multipartitum*	157/453
掌状蕨属 *Chiropteris*	37/321
指状掌状蕨 *Chiropteris digitata*	37/321
?掌状蕨(未定种) ?*Chiropteris* sp.	37/321
针叶羊齿属 *Rhaphidopteris*	166/463
阿斯塔脱针叶羊齿 *Rhaphidopteris astartensis*	166/463
△皱纹针叶羊齿 *Rhaphidopteris rugata*	166/463
珍珠梅属 *Sorbaria*	182/480
△乌云珍珠梅 *Sorbaria wuyunensis*	182/480
榛属 *Corylus*	43/328
肯奈榛 *Corylus kenaiana*	44/328
榛叶属 *Corylopsiphyllum*	43/328
格陵兰榛叶 *Corylopsiphyllum groenlandicum*	43/328
△吉林榛叶 *Corylopsiphyllum jilinense*	43/328
△郑氏叶属 *Zhengia*	225/528
△中国郑氏叶 *Zhengia chinensis*	225/528
枝脉蕨属 *Cladophlebis*	39/323
阿尔培茨枝脉蕨 *Cladophlebis albertsii*	39/323
罗氏枝脉蕨(托第蕨) *Cladophlebis* (*Todea*) *roessertii*	39/323
枝羽叶属 *Ctenozamites*	46/331
苏铁枝羽叶 *Ctenozamites cycadea*	46/331
沙兰枝羽叶 *Ctenozamites sarrani*	46/331
枝羽叶?(未定多种) *Ctenozamites*? spp.	46/331
栉羊齿属 *Pecopteris*	133/427
羽状栉羊齿 *Pecopteris pennaeformis*	133/427
怀特栉羊齿 *Pecopteris whitbiensis*	133/427
怀特栉羊齿? *Pecopteris whitbiensis*?	133/427
△中国篦羽叶属 *Sinoctenis*	180/478
△葛利普中国篦羽叶 *Sinoctenis grabauiana*	180/479
△中国似查米亚属 *Sinozamites*	181/479
△李氏中国似查米亚 *Sinozamites leeiana*	181/479
△中国叶属 *Sinophyllum*	181/479

△孙氏中国叶 *Sinophyllum suni* ……………………………………………………… 181/479
△中华古果属 *Sinocarpus* …………………………………………………………… 180/478
 △下延中华古果 *Sinocarpus decussatus* ……………………………………… 180/478
△中华缘蕨属 *Sinodicotis* ………………………………………………………… 180/479
 中华缘蕨（sp. indet.） *Sinodicotis* sp. indet. ……………………………… 181/479
△中间苏铁属 *Mediocycas* ………………………………………………………… 111/403
 △喀左中间苏铁 *Mediocycas kazuoensis* ……………………………………… 111/403
柊叶属 *Phrynium* …………………………………………………………………… 137/432
 △西藏柊叶 *Phrynium tibeticum* ……………………………………………… 137/432
皱囊蕨属 *Ptychocarpus* …………………………………………………………… 161/457
 哈克萨斯蒂库皱囊蕨 *Ptychocarpus hexastichus* ……………………………… 161/457
 皱囊蕨（未定种） *Ptychocarpus* sp. …………………………………………… 161/457
△侏罗木兰属 *Juramagnolia* ……………………………………………………… 94/384
 侏罗木兰（sp. indet.） *Juramagnolia* sp. indet. ……………………………… 94/384
△侏罗缘蕨属 *Juradicotis* ………………………………………………………… 94/384
 侏罗缘蕨（sp. indet.） *Juradicotis* sp. indet. ………………………………… 94/384
锥叶蕨属 *Coniopteris* ……………………………………………………………… 42/326
 默氏锥叶蕨 *Coniopteris murrayana* …………………………………………… 42/326
 膜蕨型锥叶蕨 *Coniopteris hymenophylloides* ………………………………… 42/327
 △稍亮锥叶蕨 *Coniopteris nitidula* …………………………………………… 42/327
△准爱河羊齿属 *Aipteridium* ……………………………………………………… 4/285
 △羽状准爱河羊齿 *Aipteridium pinnatum* …………………………………… 4/285
 △直罗准爱河羊齿 *Aipteridium zhiluoense* …………………………………… 5/285
 准爱河羊齿（未定多种） *Aipteridium* spp. …………………………………… 5/285
准柏属 *Cyparissidium* ……………………………………………………………… 53/338
 细小准柏 *Cyparissidium gracile* ……………………………………………… 53/338
 ? 准柏（未定种） ? *Cyparissidium* sp. ………………………………………… 53/338
准莲座蕨属 *Angiopteridium* ……………………………………………………… 10/291
 敏斯特准莲座蕨 *Angiopteridium muensteri* ………………………………… 10/291
 坚实准莲座蕨 *Angiopteridium infarctum* …………………………………… 10/291
 坚实准莲座蕨（比较种） *Angiopteridium* cf. *infarctum* …………………… 10/291
准马通蕨属 *Matonidium* …………………………………………………………… 111/403
 葛伯特准马通蕨 *Matonidium goeppertii* …………………………………… 111/403
准脉羊齿属 *Neuropteridium* ……………………………………………………… 120/413
 大准脉羊齿 *Neuropteridium grandifolium* ………………………………… 121/413
 △缘边准脉羊齿 *Neuropteridium margninatum* …………………………… 121/413
准苏铁杉果属 *Cycadocarpidium* ………………………………………………… 50/335
 爱德曼准苏铁杉果 *Cycadocarpidium erdmanni* …………………………… 50/335
准条蕨属 *Oleandridium* …………………………………………………………… 123/416
 狭叶准条蕨 *Oleandridium vittatum* ………………………………………… 123/416
 △宽膜准条蕨 *Oleandridium eurychoron* …………………………………… 124/417
准楔鳞杉属 *Sphenolepidium* ……………………………………………………… 185/483
 司腾伯准楔鳞杉 *Sphenolepidium sternbergianum* ………………………… 185/483

准楔鳞杉（未定种）*Sphenolepidium* sp.	185/484
准银杏属 *Ginkgodium*	75/363
那氏准银杏 *Ginkgodium nathorsti*	76/364
准银杏属 *Ginkgoidium*	76/364
△桨叶型准银杏 *Ginkgoidium eretmophylloidium*	76/364
△长叶准银杏 *Ginkgoidium longifolium*	76/364
△截形准银杏 *Ginkgoidium truncatum*	76/364
△准枝脉蕨属 *Cladophlebidium*	39/323
△翁氏准枝脉蕨 *Cladophlebidium wongi*	39/323
紫萁属 *Osmunda*	125/418
△佳木紫萁 *Osmunda diamensis*	125/418
紫萁座莲属 *Osmundacaulis*	125/418
斯开特紫萁座莲 *Osmundacaulis skidegatensis*	125/418
△河北紫萁座莲 *Osmundacaulis hebeiensis*	125/418
紫杉型木属 *Taxoxylon*	196/496
法伦紫杉型木 *Taxoxylon falunense*	196/496
△秀丽紫杉型木 *Taxoxylon pulchrum*	196/496
棕榈叶属 *Amesoneuron*	9/289
瓢叶棕榈叶 *Amesoneuron noeggerathiae*	9/289
棕榈叶（未定种）*Amesoneuron* sp.	9/289
纵裂蕨属 *Rhinipteris*	166/464
美丽纵裂蕨 *Rhinipteris concinna*	166/464
美丽纵裂蕨（比较种）*Rhinipteris* cf. *concinna*	167/464
酢浆草属 *Oxalis*	126/420
△嘉荫酢浆草 *Oxalis jiayinensis*	126/420

附录2 存放模式标本的单位名称

中文名称	English Name
长春地质学院 （吉林大学地球科学学院）	Changchun College of Geology (College of Earth Sciences, Jilin University)
长春地质学院勘探系 （吉林大学地球科学学院）	Department of Geological Exploration, Changchun College of Geology (College of Earth Sciences, Jilin University)
成都地质矿产研究所 （中国地质调查局成都地质调查中心）	Chengdu Institute of Geology and Mineral Resources (Chengdu Institute of Geology and Mineral Resources, China Geological Survey)
阜新矿业学院 （辽宁工程技术大学）	Fuxin Mining Institute (Liaoning Technical University)
湖北地质科学研究所 （湖北省地质科学研究院）	Hubei Institute of Geological Sciences (Hubei Institute of Geosciences)
湖北省地质局	Geological Bureau of Hubei Province
湖南省地质博物馆	Geological Museum of Hunan Provine
辽宁煤田地质勘探公司	The Company of Geological Exploitation of Coal Field, Liaoning
辽宁省地质矿产局区域地质调查队 （辽宁省区域地质调查大队）	Regional Geological Surveying Team, Bureau of Geology and Mineral Resources of Liaoning Province (Regional Geological Surveying Team of Liaoning Province)
煤炭科学研究总院西安分院	Xi'an Branch, China Coal Research Institute
瑞典自然历史博物馆古植物室	Department of Palaeobotany, Swedish Museum of Natural History
沈阳地质矿产研究所 （中国地质调查局沈阳地质调查中心）	Shenyang Institute of Geology and Mineral Resources (Shenyang Institute of Geology and Mineral Resources, China Geological Survey)

中文名称	English Name
石油勘探开发科学研究院 （中国石油化工股份有限公司石油勘探开发研究院）	Research Institute of Petroleum Exploration and Development (Research Institute of Petroleum Exploration and Development, PetroChina)
四川省煤田地质公司一三七队 （四川省煤田地质局一三七队）	The 137th Team of Sichuan Coal Field Geological Company (Sichuan Coal Field Geology Bureau 137 Geological Team)
武汉地质学院北京研究生部 ［中国地质大学（北京）］	Beijing Graduate School, Wuhan College of Geology ［China University of Geosciences (Beijing)］
武汉地质学院古生物教研室 ［中国地质大学（武汉）古生物教研室］	Department of Palaeontology, Wuhan College of Geology ［Department of Palaeontology, China University of Geosciences (Wuhan)］
宜昌地质矿产研究所 （中国地质调查局武汉地质调查中心）	Yichang Institute of Geology and Mineral Resources (Wuhan Institute of Geology and Mineral Resources, China Geological Survey)
中国地质大学（北京）	China University of Geosciences (Beijing)
中国地质大学（武汉）古生物教研室	Department of Palaeontology, China University of Geosciences (Wuhan)
中国科学院南京地质古生物研究所	Nanjing Institute of Geology and Palaeontology, Chinese Academy of Sciences
中国科学院植物研究所	Institute of Botany, Chinese Academy of Sciences
中国科学院植物研究所古植物研究室	Department of Palaeobotany, Institute of Botany, Chinese Academy of Sciences
中国矿业大学地质系	Department of Geology, China University of Mining and Technology

Supported by Special Research Program of
Basic Science and Technology of the Ministry
of Science and Technology (2013FY113000)

Record of Megafossil Plants from China (1865 – 2005)

Index of Generic Names of Mesozoic Megafossil Plants from China (1865 – 2005)

Compiled by
WU Xiangwu

University of Science and Technology of China Press

Brief Introduction

This book is the one volume of *Record of Megafossil Plants from China (1865−2005)*. There are two parts of both Chinese and English versions, mainly documents complete data on the Chinese Mesozoic megafossil plant generic names. Each record of the generic taxon include: author(s) who established the genus, establishing year, synonym, type species, taxonomic status, the first and earliest data that described Chinese megafossil plants (1865−2005) as this generic name. For those generic names or specific names established based on Chinese specimens, the type specimens and their depository institutions have also been recorded.

This index records totally 622 generic names, among which 167 generic names are established based on Chinese specimens, 77 living plant genera containing fossil plant species and 378 fossil plant genera introduced from external land. Each part attaches tow appendixes: Index of generic and specific names, and Table of Institutions that House the Type Specimens. At the end of the book, there are references.

This book is a complete collection and an easy reference document that compiled based on extensive survey of both Chinese and abroad literatures and a systematic data collections of palaeobotany. It is suitable for reading for those who are working on research, education and data base related to palaeobotany, life sciences and earth sciences.

GENERAL FOREWORD

As a branch of sciences studying organisms of the geological history, palaeontology relies utterly on the fossil record, so does the palaeobotany as a branch of palaeontology. The compilation and editing of fossil plant data started early in the 19 century. F. Unger published *Synopsis Plantarum Fossilium* and *Genera et Species Plantarium Fossilium* in 1845 and 1850 respectively, not long after the introduction of C. von Linné's binomial nomenclature to the study of fossil plants by K. M. von Sternberg in 1820. Since then, indices or catalogues of fossil plants have been successively compiled by many professional institutions and specialists. Amongst them, the most influential are catalogues of fossil plants in the Geological Department of British Museum written by A. C. Seward and others, *Fossilium Catalogus II : Palantae* compiled by W. J. Jongmans and his successor S. J. Dijkstra, *The Fossil Record* (Volume 1) and *The Fossil Revord* (Volume 2) chief-edited by W. B. Harland and others and afterwards by M. J. Benton, and *Index of Generic Names of Fossil Plants* compiled by H. N. Andrews Jr. and his successors A. D. Watt, A. M. Blazer and others. Based partly on Andrews' index, the digital database "Index Nominum Genericorum (ING)" was set up by the joint efforts of the International Association of Plant Taxonomy and the Smithsonian Institution. There are also numerous catalogues or indices of fossil plants of specific regions, periods or institutions, such as catalogues of Cretaceous and Tertiary plants of North America compiled by F. H. Knowlton, L. F. Ward and R. S. La Motte, Upper Triassic plants of the western United States by S. Ash, Carboniferous, Permian and Jurassic plants by M. Boersma and L. M. Broekmeyer, Indian fossil plants by R. N. Lakhanpal, and fossil record of plants by S. V. Meyen and index of sporophytes and gymnosperm referred to USSR by V. A. Vachrameev. All these have no doubt benefited to the academic exchanges between palaeobotanists from different countries, and contributed considerably to the development of palaeobotany.

Although China is amongst the countries with widely distributed terrestrial deposits and rich fossil resources, scientific researches on fossil plants began much later in our country than in many other countries. For a quite long time, in our country, there were only few researchers, who are engaged in palaeobotanical studies. Since the 1950s, especially the beginning of Reform and Opening to the outside world in the late 1980s, palaeobotany became blooming in our country as other disciplines of science and technology. During the development and construction of the country, both palaeobotanists and publications have been markedly increased. The editing and compilation of the fossil plant record has also been put on the agenda to meet the needs of increasing academic activities, along with participation in the "Plant Fossil Record (PFR)" project sponsored by the International Organization of Palaeobotany. Professor Wu is one of the few pioneers who have paid special attention to data accumulation and compilation of the fossil plant records in China. Back in 1993, He published *Record of Generic Names of Mesozoic Megafossil Plants from China* (1865 — 1990) and *Index of New Generic Names Founded on Mesozoic and Cenozoic Specimens from China* (1865 — 1990). In 2006, he published the generic names after 1990. *Catalogue of the Cenozoic Megafossil Plants of China* was also Published by Liu and others (1996).

It is a time consuming task to compile a comprehensive catalogue containing the fossil records of all plant groups in the geological history. After years of hard work, all efforts finally bore fruits, and are able to publish separately according to classification and geological distribution, as well as the progress of data accumulating and editing. All data will eventually be incorporated into the databases of all China fossil records: "Palaeontological and Stratigraphical Database of China" and "Geobiodiversity Database (GBDB)".

The pubilication of *Record of Megafossil Plants from China* (1865 — 2005) is one of the milestones in the development of palaeobotany, undoubtedly it will provide a good foundation and platform for the further development of this discipline. As an aged researcher in palaeobotany, I look eagerly forward to seeing the publication of the serial fossil catalogues of China.

INTRODUCTION

In China, there is a long history of plant fossil discovery, as it is well documented in ancient literatures. Among them the voluminous work *Mengxi Bitan* (*Dream Pool Essays*) by Shen Kuo (1031 — 1095) in the Beisong (Northern Song) Dynasty is probably the earliest. In its 21st volume, fossil stems [later identified as stems of *Equisctites* or pith-casts of *Neocalamites* by Deng (1976)] from Yongningguan, Yanzhou, Shaanxi (now Yanshuiguan of Yanchuan County, Yan'an City, Shaanxi Province) were named "bamboo shoots" and described in details, which based on an interesting interpretation on palaeogeography and palaeoclimate was offered.

Like the living plants, the binary nomenclature is the essential way for recognizing, naming and studying fossil plants. The binary nomenclature (nomenclatura binominalis) was originally created for naming living plants by Swedish explorer and botanist Carl von Linné in his *Species Plantarum* firstly published in 1753. The nomenclature was firstly adopted for fossil plants by the Czech mineralogist and botanist K. M. von Sternberg in his *Versuch einer Geognostisch*, *Botanischen Darstellung der Flora der Vorwelt* issued since 1820. The *International Code of Botanical Nomenclature* thus set up the beginning year of modern botanical and palaeobotanical nomenclature as 1753 and 1820 respectively. Our series volumes of Chinese megafossil plants also follows this rule, compile generic and specific names of living plants set up in and after 1753 and of fossil plants set up in and after 1820. As binary nomenclature was firstly used for naming fossil plants found in China by J. S. Newberry [1865(1867)] at the Smithsonian Institute, USA, his paper *Description of Fossil Plants from the Chinese Coal-bearing Rocks* naturally becomes the starting point of the compiling of Chinese megafossil plant records of the current series.

China has a vast territory covers well developed terrestrial strata, which yield abundant fossil plants. During the past one and over a half centuries, particularly after the two milestones of the founding of PRC in 1949 and the beginning of Reform and Opening to the outside world in late 1970s, to meet the growing demands of the development and construction of the country, various scientific disciplines related to geological prospecting and meaning have been remarkably developed, among which palaeobotanical studies have been also well-developed with lots of fossil materials being accumulated. Preliminary statistics has shown that during 1865 (1867) — 2000, more than 2000 references related to Chinese megafossil plants had been published [Zhou and Wu (chief compilers), 2002]; 525 genera of Mesozoic megafossil plants discovered in China had been reported during 1865 (1867) —1990 (Wu,1993a), while 281 genera of Cenozoic megafossil plants found in China had been documented by 1993 (Liu et al. ,1996); by the year of 2000, totally about 154 generic names have been established based on Chinese fossil plant material for the Mesozoic and Cenozoic deposits (Wu,1993b,2006). The above-mentioned megafossil plant records were published scatteredly in various periodicals or scientific magazines in different languages, such as Chinese, English, German, French, Japanese, Russian, etc. , causing much inconvenience for the use and exchange of colleagues of palaeobotany and related fields both at home and abroad.

To resolve this problem, besides bibliographies of palaeobotany [Zhou and Wu (chief compilers),2002], the compilation of all fossil plant records is an efficient way, which has already obtained enough attention in China since the 1980s (Wu, 1993a, 1993b, 2006). Based on the previous compilation as well as extensive searching for the bibliographies and literatures, now we are planning to publish series volumes of *Record of Megafossil Plants from China* (1865 — 2005) which is tentatively scheduled to comprise volumes of bryophytes, lycophytes, sphenophytes, filicophytes, cycadophytes, ginkgophytes, coniferophytes, angiosperms and others. These volumes are mainly focused on the Mesozoic megafossil plant data that were published from 1865 to 2005.

In each volume, only records of the generic and specific ranks are compiled, with higher ranks in the taxonomical hierarchy, e. g. , families, orders, only mentioned in the item of "taxonomy" under each record. For a complete compilation and a well understanding for geological records of the megafossil plants, those genera and species with their type species and type specimens not originally described from China are also included in the volume.

Records of genera are organized alphabetically, followed by the items of author(s) of genus, publishing year of genus, type species (not necessary for genera originally set up for living plants), and taxonomy and others.

Under each genus, the type species (not necessary for genera originally set up for living plants) is firstly listed, and other species are then organized alphabetically. Every taxon with symbols of "aff. ""Cf. ""cf. ""ex gr. " or "?" and others in its name is also listed as an individual record but arranged after the species without any symbol. Undetermined species (sp.) are listed at the end of each genus entry. If there are more than one undetermined species (spp.), they will be arranged chronologically. In every record of species (including undetermined species) items of author of species, establishing year of species, and so on, will be included.

Under each record of species, all related reports (on species or specimens) officially published are covered with the exception of those shown solely as names with neither description nor illustration. For every report of the species or specimen, the following items are included: publishing year, author(s) or the person(s) who identify the specimen (species), page(s) of the literature, plate(s), figure(s), preserved organ(s), locality(ies), horizon(s) or stratum(a) and age(s). Different reports of the same specimen (species) is (are) arranged chronologically, and then alphabetically by authors' names, which may further classified into a, b, etc., if the same author(s) published more than one report within one year on the same species.

Records of generic and specific names founded on Chinese specimen(s) is (are) marked by the symbol "△". Information of these records are documented as detailed as possible based on their original publication.

To completely document *Record of Megafossil Plants from China* (1865 — 2005), we compile all records faithfully according to their original publication without doing any delection or modification, nor offering annotations. However, all related modification and comments published later are included under each record, particularly on those with obvious problems, e. g., invalidly published naked names (nom. nud.).

According to *International Code of Botanical Nomenclature* (*Vienna Code*) article 36. 3, in order to be validly published, a name of a new taxon of fossil plants published on or after January 1st, 1996 must be accompanied by a Latin or English description or diagnosis or by a reference to a previously and effectively published Latin or English description or diagnosis (McNeill and others, 2006; Zhou, 2007; Zhou Zhiyan, Mei Shengwu, 1996; *Brief News of Palaeobotany in China*, No. 38). The current series follows article 36. 3 and the original language(s) of description and/or diagnosis is (are) shown in the records for those published on or after January 1st, 1996.

For the convenience of both Chinese speaking and non-Chinese speaking colleagues, every record in this series is compiled as two parts that are of essentially the same contents, in Chinese and English respectively. All cited references are listed only in western language (mainly English) strictly following the format of the English part of Zhou and Wu (chief compilers) (2002).

The publication of series volumes of *Record of Megafossil Plants from China* (1865 — 2005) is the necessity for the discipline accumulation and development. It provides further references for understanding the plant fossil biodiversity evolution and radiation of major plant groups through the geological ages. We hope that the publication of these volumes will be helpful for promoting the professional exchange at home and abroad of palaeobotany.

This book is the one volume of *Record of Megafossil Plants from China* (1865 — 2005). There are two parts of both Chinese and English versions, mainly documents complete data on the Chinese Mesozoic megafossil plant generic names. Each record of the generic taxon include: author(s) who established the genus, establishing year, synonym, type species, taxonomic status, the first and earliest data that described Chinese megafossil plant (1865 — 2005) as this generic name. For those generic names or specific names established based on Chinese specimens, the type specimens and their depository institutions have also been recorded.

This index records totally 622 generic names, among which 167 generic names are established based on Chinese specimens, 77 living plant genera containing fossil plant species, and 378 fossil plant genera introduced from external land. The dispersed pollen grains are not included in this book. We are grateful to receive further comments and suggestions form readers and colleagues.

This work is jointly supported by the Basic Work of Science and Technology (2013FY113000) and the State Key Program of Basic Research (2012CB822003) of the Ministry of Science and Technology, the National Natural Sciences Foundation of China (No. 41272010), the State Key Laboratory of Palaeobiology and Stratigraphy (No. 103115), the Important Directional Project (ZKZCX2-YW-154) and the Information Construction Project (INF105-SDB-1-42) of Knowledge Innovation Program of the Chinese Academy of Sciences.

We thank many colleagues and experts from the Department of Palaeobotany and Palynology of Nanjing Institute of Geology and Palaeontology (NIGPS), CAS for helpful suggestions and support. Special thanks are due to Acad. Zhou Zhiyan for his kind help and support for this work, and writing the "General Foreword" of this book. We also acknowledge our sincere thanks to Prof. Zhan Renbin, Prof. Wang Jun (the director of NIGPAS), Acad. Rong Jiayu, and Prof. Yuan Xunlai (the head of the State Key Laboratory of Palaeobiology and Stratigraphy) for their support for successful compilation and publication of this book. Ms. Feng Man and Ms. Chu Cunyin from the Liboratory of NIGPAS are appreciated for assistances of books and literatures collections.

Editor

SYSTEMATIC RECORDS

△Genus *Abropteris* Lee et Tsao,1976

1976   Lee P C,Tsao Chengyao,in Lee P C and others,p. 100.

Type species:*Abropteris virginiensis* (Fontaine) Lee et Tsao,1976

Taxonomic status:Osmundaceae,Filicopsida

△*Abropteris virginiensis* (Fontaine) Lee et Tsao,1976

1883   *Lonchopteris virginiensis* Fontaine,p. 53,pl. 28,figs. 1,2;pl. 29,figs. 1 — 4;fronds; Virginia,USA;Late Triassic.

1976   Lee P C,Tsao Chengyao,in Lee P C and others,p. 100;frond;Virginia,USA;Late Triassic.

△*Abropteris yongrenensis* Lee et Tsao,1976

1976   Lee P C,Tsao Chengyao,in Lee P C and others,p. 102,pl. 12,figs. 1 — 3;pl. 13,figs. 6, 10,11;text-fig. 3-1;sterile pinna;Reg. No. :PB5215 — PB5217,PB5220 — PB5222; Holotype:PB5215 (pl. 12, fig. 1);Repository:Nanjing Institute of Geology and Palaeontology,Chinese Academy of Sciences;Moshahe of Dukou,Sichuan;Late Triassic Daqiaodi Member of Nalaqing Formation.

△Genus *Acanthopteris* Sze,1931

1931   Sze H C,p. 53.

Type species:*Acanthopteris gothani* Sze,1931

Taxonomic status:Dicksoniaceae,Filicopsida

△*Acanthopteris gothani* Sze,1931

1931   Sze H C,p. 53,pl. 7,figs. 2 — 4;fronds;Sunjiagou of Fuxin,Liaoning;Early Jurassic (Lias).

△Genus *Acerites* Pan,1983 (nom. nud.)

1983   Pan Guang,p. 1520. (in Chinese)

1984   Pan Guang,p. 959. (in English)

Type species:(without specific name)

Taxonomic status:"primitive angiosperms"

Acerites sp. indet.

[Notes: Generic name was given only, but without specific name (or type species) in the original paper]

1983   *Acerites* sp. indet. , Pan Guang, p. 1520; western Liaoning (about 45°58′N, 120°21′E); Middle Jurassic Haifanggou Formation. (in Chinese)

1984   *Acerites* sp. indet. , Pan Guang, p. 959; western Liaoning (about 45°58′N, 120°21′E); Middle Jurassic Haifanggou Formation. (in English)

Genus *Acitheca* Schimper, 1879

1879 (1879 — 1890)   Schimper, in Schimper and Schenk, p. 91.

Type species: *Acitheca polymorpha* (Brongniart) Schimper, 1879

Taxonomic status: Marattiaceae, Filicopsida

Acitheca polymorpha (Brongniart) Schimper, 1879

1879   Schimper, in Schimper and Schenk, p. 91, fig. 66 (9 — 12); fertile pinna; England; Late Carboniferous.

For the first and earliest record of this generic name in Chinese Mesozoic Megafossil plants as:

△*Acitheca qinghaiensis* He, 1983

1983   He Yuanliang, in Yang Zunyi and others, p. 186, pl. 28, figs. 4 — 10; fronds (fertile fronds); Col. No. : 75YP$_{vi}$ F9-2; Reg. No. : Y1605 — Y1620; Yikewulan of Gangca, Qinghai; Late Triassic upper member in Atasi Formation of Mole Group. (Notes: The type specimen was not designated in the original paper)

△Genus *Aconititis* Pan, 1983 (nom. nud.)

1983   Pan Guang, p. 1520. (in Chinese)

1984   Pan Guang, p. 959. (in English)

Type species: (without specific name)

Taxonomic status: "primitive angiosperms"

Aconititis sp. indet.

[Notes: Generic name was given only, but without specific name (or type species) in the original paper]

1983   *Aconititis* sp. indet. , Pan Guang, p. 1520; western Liaoning (about 45°58′N, 120°21′E); Middle Jurassic Haifanggou Formation. (in Chinese)

1984   *Aconititis* sp. indet. , Pan Guang, p. 959; western Liaoning (about 45°58′N, 120°21′E); Middle Jurassic Haifangg ou Formation. (in English)

Genus *Acrostichopteris* Fontaine, 1889

1889　Fontaine, p. 107.

Type species: *Acrostichopteris longipennis* Fontaine, 1889

Taxonomic status: Filicopsida

Acrostichopteris longipennis Fontaine, 1889

1889　Fontaine, p. 107, pl. 170, fig. 10; pl. 171, figs. 5, 7; fern foliage; Baltimore, Maryland, USA; Early Cretaceous Potomac Group.

For the first and earliest record of this generic name in Chinese Mesozoic Megafossil plants as:

△*Acrostichopteris*? *baierioides* Chang, 1980

1980　Chang Chichen, in Zhang Wu and others, p. 252, pl. 162, fig. 6; frond; Reg. No. : D187; Tongfosi of Yanji, Jilin; Early Cretaceous Tongfosi Formation.

△Genus *Acthephyllum* Duan et Chen, 1982

1982　Duan Shuying, Chen Ye, p. 510.

Type species: *Acthephyllum kaixianense* Duan et Chen, 1982

Taxonomic status: Gymnospermae incertae sedis

△*Acthephyllum kaixianense* Duan et Chen, 1982

1982　Duan Shuying, Chen Ye, p. 510, pl. 11, figs. 1 — 5; fern-like leaves; Reg. No. : No. 7173 — No. 7176, No. 7219; Holotype: No. 7219 (pl. 11, fig. 3); Tongshuba of Kaixian, Sichuan; Late Triassic Hsuchiaho Formation.

Genus *Adiantopteris* Vassilevskajia, 1963

1963　Vassilevskajia, p. 586.

Type species: *Adiantopteris sewardii* (Yabe) Vassilevskajia, 1963

Taxonomic status: Adiantaceae, Filicopsida

For the first and earliest record of this generic name in Chinese Mesozoic Megafossil plants as:

Adiantopteris sewardii (Yabe) Vassilevskajia, 1963

1905　*Adiantites sewardii* Yabe, p. 39, pl. 1, figs. 1 — 8; fronds; Korea; Late Jurassic — Early Cretaceous.

1963　Vassilevskajia, p. 586.

1982b　Zheng Shaolin, Zhang Wu, p. 304, pl. 8, figs. 5 — 9; fronds; Nuanquan near Didao of Jixi, Heilongjiang; Late Jurassic Didao Formation.

△*Adiantopteris schmidtianus* (Heer) Zheng et Zhang, 1982

1876　*Adiantite schmidtianus* Heer, p. 36, pl. 2, figs. 12, 13; fronds; Irkutsk Basin; Jurassic.

1876   *Adiantite schmidtianus* Heer, p. 93, pl. 21, fig. 7; fronds; upper reaches of Amur R; Late Jurassic.

1982b   Zheng Shaolin, Zhang Wu, p. 304, pl. 7, figs. 11 — 13; fronds; Yuanbaoshan of Mishan, Heilongjiang; Late Jurassic Yunshan Formation.

Adiantopteris sp.

1982b   *Adiantopteris* sp., Zheng Shaolin, Zhang Wu, p. 305, pl. 8, figs. 10, 11; fronds; Baoshan of Shuangyashan, Heilongjiang; Early Cretaceous Chengzihe Formation.

Genus *Adiantum* Linné, 1875

Type species: (living genus)

Taxonomic status: Adiantaceae, Filicopsida

For the first and earliest record of this generic name in Chinese Mesozoic Megafossil plants as:
△*Adiantum szechenyi* Schenk, 1885

1885   Schenk, p. 168 (6), pl. 13 (1), fig. 6; frond; Guangyuan, Sichuan; late Late Triassic — Early Jurassic. [Notes: This specimen lately was referred as *Sphenopteris* sp. (Sze H C, Lee H H and others, 1963)]

Genus *Aethophyllum* Brongniart, 1828

1828   Brongniart, p. 455.

Type species: *Aethophyllum stipulare* Brongniart, 1828

Taxonomic status: Coniferopsida? or incertae sedis

Aethophyllum stipulare Brongniart, 1828

1828   Brongniart, p. 455, pl. 28, fig. 1; Sultz-les-Bains, near Strasbourg, France; Triassic.

For the first and earliest record of this generic name in Chinese Mesozoic Megafossil plants as:
Aethophyllum? sp.

1979   *Aethophyllum*? sp., Zhou Zhiyan, Li Baoxian, p. 453, pl. 2, fig. 16; leafy shoot; Jiuqujiang of Qionghai, Hainan; Early Triassic Lingwen Group (Jiuqujiang Formation).

△Genus *Aetheopteris* Chen G X et Meng, 1984

1984   Chen Gongxin, Meng Fansong, in Chen Gongxin, p. 587.

Type species: *Aetheopteris rigida* Chen G X et Meng, 1984

Taxonomic status: Gymnospermae incertae sedis

△*Aetheopteris rigida* Chen G X et Meng, 1984

1984   Chen Gongxin, Meng Fansong, in Chen Gongxin, p. 587, pl. 261, figs. 3, 4; pl. 262, fig. 3; text-fig. 133; fern-like leaves; Reg. No.: EP685; Holotype: EP685 (pl. 262, fig. 3);

Repository: Geological Bureau of Hubei Province; Paratype: pl. 261, figs. 3, 4; Repository: Yichang Institute of Geology and Mineral Resources; Fenshuiling of Jingmen, Hubei; Late Triassic Jiuligang Formation.

△Genus *Aipteridium* Li et Yao, 1983

1983   Li Xingxue, Yao Zhaoqi, p. 322.

Type species: *Aipteridium pinnatum* (Sixtel) Li et Yao, 1983

Taxonomic status: Pteridospermopsida

For the first and earliest record of this generic name in Chinese Mesozoic Megafossil plants as:

△*Aipteridium pinnatum* (Sixtel) Li et Yao, 1983

1961   *Aipteris pinnatum* Sixtel, p. 153, pl. 3; fern-like leaf; South Fergana; Late Triassic.

1983   Li Xingxue, Yao Zhaoqi, p. 322. (Notes: This specific name was only given in the original paper)

1991   Yao Zhaoqi, Wang Xifu, p. 50, pl. 1, figs. 3 — 5; pl. 2, figs. 1 — 3; text-figs. 1 — 3; fern-like leaves; Jiaoping of Yijun, Shaanxi; middle Late Triassic upper part of Yenchang Group.

△*Aipteridium zhiluoense* Wang, 1991

1991   Yao Zhaoqi, Wang Xifu, pp. 50, 55, pl. 1, figs. 1, 2; fern-like leaves; Reg. No. : PB15532; Holotype: PB15532 (pl. 1, fig. 1); Repository: Nanjing Institute of Geology and Palaeontology, Chinese Academy of Sciences; Zhiluo of Huangling, Shaanxi; middle Late Triassic upper part of Yenchang Group.

Aipteridium spp.

1991   *Aipteridium* spp. , Yao Zhaoqi, Wang Xifu, p. 50, pl. 1, figs. 3 — 5; pl. 2, figs. 1 — 3; text-figs. 1 — 3; fern-like leaves; Jiaoping of Yijun, Shaanxi; middle Late Triassic upper part of Yenchang Group.

Genus *Aipteris* Zalessky, 1939

1939   Zalessky, p. 348.

Type species: *Aipteris speciosa* Zalessky, 1939

Taxonomic status: Pteridospermopsida

Aipteris speciosa Zalessky, 1939

1939   Zalessky, p. 348, fig. 27; fern-like foliage; Karanaiera, USSR; Permian.

For the first and earliest record of this generic name in Chinese Mesozoic Megafossil plants as:

△*Aipteris wuziwanensis* Chow et Huang, 1976 (non Huang et Chow, 1980)

1976   Chow Huiqin, Huang Zhigao, in Chow Huiqin and others, p. 208, pl. 113, fig. 2; pl. 114, fig. 3B; pl. 118, fig. 4; fern-like leaves; Wuziwan of Jungar Banner, Inner Mongolia; Middle Triassic upper part of Ermaying Formation. (Notes: The type specimen was not designated in the original paper)

△*Aipteris wuziwanensis* Huang et Chow,1980 (non Chow et Huang,1976)
(Notes: This specific name *Aipteris wuziwanensis* Huang et Chow,1980 is a later isonym of *Aipteris wuziwanensis* Chow et Huang,1976)
1980   Huang Zhigao, Zhou Huiqin, p. 89, pl. 3, fig. 6; pl. 5, figs. 2 — 3a; fern-like leaves; Reg. No. : OP3008, OP3009, OP3103; Wuziwan of Jungar Banner, Inner Mongolia; Middle Triassic upper part of Ermaying Formation. [Notes 1: The type specimen was not designated in the original paper; Notes 2: This specimen lately was referred as *Scytophyllum wuziwanensis* (Huang et Zhou) (Li Xingxue and others,1995)]

Genus *Alangium* Lamarck,1783
Type species:(living genus)
Taxonomic status:Alangiaceae,Dicotyledoneae

For the first and earliest record of this generic name in Chinese Mesozoic Megafossil plants as:
△*Alangium feijiajieense* Chang,1980
1980   Zhang Zhicheng, p. 334, pl. 208, figs. 1, 12; leaves; No. : D625, D626; Shangzhi, Heilongjiang; Late Cretaceous Sunwu Formation. (Notes: The type specimen was not designated in the original paper)

Genus *Albertia* Schimper,1837
1837   Schimper, p. 13.
Type species:*Albertia latifolia* Schimper,1837
Taxonomic status:Taxodiaceae,Coniferopsida

For the first and earliest record of this generic name in Chinese Mesozoic Megafossil plants as:
Albertia latifolia Schimper,1837
1837   Schimper, p. 13.
1844   Schimper, Mougeot, p. 17, pl. 22; Soultz-les-Bains, Alsace, France; Triassic.
1979   Zhou Zhiyan, Li Baoxian, p. 449, pl. 1, figs. 12, 12a, 13, 13a; leafy shoots; Jiuqujiang of Qionghai, Hainan; Early Triassic Lingwen Group (Jiuqujiang Formation).

Albertia elliptica Schimper,1844
1844   Schimper, Mougeot, p. 18, pl. 3; pl. 4; Soultz-les-Bains, Alsace, France; Triassic.
1979   Zhou Zhiyan, Li Baoxian, p. 450, pl. 1, figs. 11, 11a; leafy shoots; Jiuqujiang of Qionghai, Hainan; Early Triassic Lingwen Group (Jiuqujiang Formation).

Genus *Allicospermum* Harris,1935
1935   Harris, p. 121.

Type species: *Allicospermum xystum* Harris, 1935
Taxonomic status: Gymnosperm or Ginkgopsida

Allicospermum xystum Harris, 1935
1935   Harris, p. 121, pl. 9, figs. 1 — 10, 13, 18; text-fig. 46; seeds and cuticles; Scoresby Sound, East Greenland; Early Jurassic (*Thaumatopteris* Zone).

For the first and earliest record of this generic name in Chinese Mesozoic Megafossil plants as:
? *Allicospermum xystum* Harris, 1935
1986   Ye Meina and others, p. 88, pl. 53, figs. 7, 7a; seeds; Binlang of Daxian, Sichuan; Early Jurassic Zhenzhuchong Formation.

△Genus *Alloephedra* Tao et Yang, 2003 (in Chinese and English)
2003   Tao Jurong, Yang Yong, pp. 209, 212.
Type species: *Alloephedra xingxuei* Tao et Yang, 2003
Taxonomic status: Ephedraceae, Gnetales

△*Alloephedra xingxuei* Tao et Yang, 2003 (in Chinese and English)
2003   Tao Jurong, Yang Yong, pp. 209, 212, pls. 1. 2; stems, branches and Female cones terminate to the branchlets; No. ; No. 54018a, No. 54018b; Holotype: No. 54018a, No. 54018b (pl. 1, fig. 1); Repository: Institute of Botany, Chinese Academy of Sciences; Yanbian Basin, Jilin; Early Cretaceous Dalazi Formation.

△Genus *Allophyton* Wu, 1982
1982a   Wu Xiangwu, p. 53.
Type species: *Allophyton dengqenensis* Wu, 1982
Taxonomic status: Filicopsida?

△*Allophyton dengqenensis* Wu, 1982
1982a   Wu Xiangwu, p. 53, pl. 6, fig. 1; pl. 7, figs. 1, 2; fern-like stems; Col. No. ; RN0038, RN0040, RN0045; Reg. No. ; PB7263 — PB7265; Holotype: PB7263 (pl. 6, fig. 1); Repository: Nanjing Institute of Geology and Palaeontology, Chinese Academy of Sciences; Dengqen area, Xizang (Tibet); Mesozoic coal-bearing strata (Late Triassic?).

Genus *Alnites* Hisinger, 1837 (non Deane, 1902)
1837   Hisinger, p. 112.
Type species: *Alnites friesii* (Nillson) Hisinger, 1837
Taxonomic status: Betulaceae, Dicotyledoneae

Alnites friesii (Nillson) Hisinger,1837

1837   Hisinger,p. 112,pl. 34,fig. 8.

For the first and earliest record of this generic name in Chinese Mesozoic Megafossil plants as:
Alnites jelisejevii (Krysht.) Ablajiv,1974

1974   Ablajiv,p. 113,pl. 19,figs. 1 — 4;leaves;Eastern Sikhot-Alin;Late Cretaceous.

1986a,b   Tao Junrong,Xiong Xianzheng,p. 126,pl. 10,fig. 3;leaf;Jiayin region,Heilongjiang; Late Cretaceous Wuyun Formation.

Genus *Alnites* Deane,1902 (non Hisinger,1837)

1902   Deane,p. 63.

Type species:*Alnites latifolia* Deane,1902

Taxonomic status:Betulaceae,Dicotyledoneae

Alnites latifolia Deane,1902

1902   Deane,p. 63,pl. 15,fig. 4;leaf;Wingell,Wen South Wales,Australia;Tertiary.

Genus *Alnus* Linné

Type species:(living genus)

Taxonomic status:Betulaceae,Dicotyledoneae

For the first and earliest record of this generic name in Chinese Mesozoic Megafossil plants as:
△*Alnus protobarbata* Tao,1986

1986a,b   Tao Junrong,in Tao Junrong and Xiong Xianzheng,p. 126,pl. 10,fig. 4;leaf;No. : No. 52523;Jiayin region,Heilongjiang;Late Cretaceous Wuyun Formation.

Genus *Amdrupia* Harris,1932

1932   Harris,p. 29.

Type species:*Amdrupia stenodonta* Harris,1932

Taxonomic status:Gymnospermae incertae sedis

For the first and earliest record of this generic name in Chinese Mesozoic Megafossil plants as:
Amdrupia stenodonta Harris,1932

1932   Harris, p. 29, pl. 3, fig. 4; gymnosperm leaf; Scoresby Sound, East Greenland; Late Triassic (*Lepidopteris* Zone).

1952   *Amdrupiopsis sphenopteroides* Sze et Lee,Sze H C,Lee H H,pp. 6,24,pl. 3,figs. 7 — 7b;text-fig. 1;fern-like leaves;Aishanzi of Weiyuan,Sichuan;Early Jurassic.

1954   Hsu J, p. 67, pl. 57, figs. 3, 4; fern-like leaves; Aishanzi of Weiyuan, Sichuan; Early Jurassic. [Notes:This specimen lately was referred as *Amdrupia sphenopteroides* (Sze et Lee) Lee (Sze H C,Lee H H and others,1963)]

△Genus *Amdrupiopsis* Sze et Lee,1952
1952 Sze H C,Lee H H,pp. 6,24.
Type species:*Amdrupiopsis sphenopteroides* Sze et Lee,1952
Taxonomic status:Gymnospermae incertae sedis

△*Amdrupiopsis sphenopteroides* Sze et Lee,1952
1952 Sze H C,Lee H H,pp. 6,24,pl. 3,figs. 7 — 7b;text-fig. 1;fern-like leaves;Repository: Nanjing Institute of Geology and Palaeontology,Chinese Academy of Sciences;Aishanzi of Weiyuan, Sichuan; Early Jurassic. [Notes: This specimen lately was referred as *Amdrupia stenodonta* Harris (Hsu J,1954) or as *Amdrupia sphenopteroides* (Sze et Lee) Lee (Sze H C,Lee H H and others,1963)]

△Genus *Amentostrobus* Pan,1983 (nom. nud.)
1983 Pan Guang,p. 1520. (in Chinese)
1984 Pan Guang,p. 958. (in English)
Type species:(without specific name)
Taxonomic status:Coniferopsida

Amentostrobus sp. indet.
[Notes:Generic name was given only, but without specific name (or type species) in the original paper]
1983 *Amentostrobus* sp. indet. ,Pan Guang,p. 1520;western Liaoning,about 120°21′E,40°58′N. (in Chinese)
1984 *Amentostrobus* sp. indet. ,Pan Guang,p. 958;western Liaoning,about 120°21′E,40°58′N. (in English)

Genus *Amesoneuron* Goeppert,1852
1852 Goeppert,p. 264.
Type species:*Amesoneuron noeggerathiae* Goeppert,1852
Taxonomic status:Plamae,Monocotyledoneae

Amesoneuron noeggerathiae Goeppert,1852
1852 Goeppert,p. 264,pl. 33,fig. 3a;leaf;Germany;Early Tertiary.

For the first and earliest record of this generic name in Chinese Mesozoic Megafossil plants as:
Amesoneuron sp.
1990 *Amesoneuron* sp. ,Zhou Zhiyan and others,pp. 419,425,pl. 1,fig. 4;pl. 2,figs. 1,1a,1b;

pl. 3, figs. 3, 4; leaves; Pingzhou (Ping Chau) Island, Hong Kong; Early Cretaceous (Albian).

Genus *Ammatopsis* Zalessky, 1937
1937   Zalessky, p. 78.

Type species: *Ammatopsis mira* Zalessky, 1937

Taxonomic status: Coniferopsida

Ammatopsis mira Zalessky, 1937
1937   Zalessky, p. 78, fig. 44; shoot bearing long, slender leaves coniferous; USSR; Permian.

For the first and earliest record of this generic name in Chinese Mesozoic Megafossil plants as:
Cf. *Ammatopsis mira* Zalessky
1992a   Meng Fansong, p. 181, pl. 7, figs. 1 — 3; leafy shoots; Jiuqujiang of Qionghai, Hainan; Early Triassic Lingwen Formation.

Genus *Ampelopsis* Michaux, 1803
Type species: (living genus)

Taxonomic status: Vitaceae, Dicotyledoneae

For the first and earliest record of this generic name in Chinese Mesozoic Megafossil plants as:
Ampelopsis acerifolia (Newberry) Brown, 1962
1868   *Populus acerifolia* Newberry, p. 65; North America (Fort Union Dacotah); Tertiary (Lignite Tertiary beds).

1898   *Populus acerifolia* Newberry, p. 37, pl. 28, figs. 5 — 8; leaves; North America (Banks of Yallowstone River, Montana); Tertiary (Eocene?).

1962   Brown, p. 78, pl. 51, figs. 1 — 18; pl. 52, figs. 1 — 8, 10; pl. 59, figs. 6, 11; pl. 66, fig. 7; leaves; Rocky Mountains and the Great Plains; Paleocene.

1986a, b   Tao Junrong, Xiong Xianzheng, p. 128, pl. 14, figs. 1 — 5; pl. 16, fig. 2; leaves; Jiayin region, Heilongjiang; Late Cretaceous Wuyun Formation.

△Genus *Amphiephedra* Miki, 1964
1964   Miki, pp. 19, 21.

Type species: *Amphiephedra rhamnoides* Miki, 1964

Taxonomic status: Ephedraceae, Gnetopsida

△*Amphiephedra rhamnoides* Miki, 1964
1964   Miki, pp. 19, 21, pl. 1, fig. F; shoot with normal leaves; Lingyuan, western Liaoning; Late Jurassic *Lycoptera* Bed.

Genus *Androstrobus* Schimper, 1870

1870　Schimper, p. 199

Type species: *Androstrobus zamioides* Schimper, 1870

Taxonomic status: Cycadales, Cycadopsida

Androstrobus zamioides Schimper, 1870

1870　Schimper, p. 199, pl. 72, figs. 1 — 3; cycad male cones; Etrochey, France; Jurassic (Bathonian).

For the first and earliest record of this generic name in Chinese Mesozoic Megafossil plants as:
△*Androstrobus pagiodiformis* Hsu et Hu, 1979

1979　Hsu J, Hu Yufan, in Hsu J and others, p. 50, pl. 45, figs. 2, 2a; cycad male cones; No. : No. 874A; Repository: Institute of Botany, Chinese Academy of Sciences; Baoding, Sichuan; Late Triassic middle part of Daqiaodi Formation.

Genus *Angiopteridium* Schimper, 1869

1869(1869 — 1874)　Schimper, p. 603.

Type species: *Angiopteridium muensteri* (Goeppert) Schimper, 1869

Taxonomic status: Marattiaceae, Filicopsida

Angiopteridium muensteri (Goeppert) Schimper, 1869

1869(1869 — 1874)　Schimper, p. 603, pl. 35, figs. 1 — 6; fronds; Bayreuth and Bamberg of Bavaria, Germany; Late Triassic (Rhaetic).

Angiopteridium infarctum Feistmantel, 1881

1881　Feistmantel, p. 93, pl. 34, figs. 4, 5; fronds; near Kumardhubi of Barakar, Burdwan District, West Bengal; Permian (Barakar Stage).

For the first and earliest record of this generic name in Chinese Mesozoic Megafossil plants as:
Angiopteridium cf. *infarctum* Feistmantel

1906　Yokoyama, pp. 13, 16, pl. 1, figs. 1 — 7; pl. 2, fig. 2; fronds; Tangtang and Shuitangpu of Xuanwei, Yunnan; Triassic. [Notes: This specimen lately was referred as *Protoblechnum contractum* Chow (MS) and the horizon was referred as Late Permian Longtan Formation (Sze H C, Lee H H and others, 1963)]

Genus *Angiopteris* Hoffmann, 1796

Type species: (living genus)

Taxonomic status: Angiopteridaceae, Filicopsida

For the first and earliest record of this generic name in Chinese Mesozoic Megafossil plants as:
△*Angiopteris richthofeni* **Schenk, 1883**
1883　Schenk, p. 260, pl. 53, figs. 3, 4; fronds; Zigui, Hubei; Jurassic. [Notes: This specimen lately was referred as *Taeniopteris richthofeni* (Schenk) Sze (Sze H C, Lee H H and others, 1963)]

△**Genus *Angustiphyllum* Huang, 1983**
1983　Huang Qisheng, p. 33.
Type species: *Angustiphyllum yaobuense* Huang, 1983
Taxonomic status: Pteridospermopsida

△*Angustiphyllum yaobuense* **Huang, 1983**
1983　Huang Qisheng, p. 33, pl. 4, figs. 1 — 7; leaves; Reg. No.: Ahe8132, Ahe8134 — Ahe8138, Ahe8140; Holotype: Ahe8132, Ahe8134 (pl. 4, figs. 1, 2); Repository: Department of Palaeontology, Wuhan College of Geology; Lalijian of Huaining, Anhui; Early Jurassic lower part of Xiangshan Group.

Genus *Annalepis* Fliche, 1910
1910　Fliche, p. 272.
Type species: *Annalepis zeilleri* Fliche, 1910
Taxonomic status: Lepidodendrales, Lycopsida

For the first and earliest record of this generic name in Chinese Mesozoic Megafossil plants as:
Annalepis zeilleri **Fliche, 1910**
1910　Fliche, p. 272, pl. 27, figs. 3 — 5; lycopod cone scales; Meurthe-Moselle, Vosgs, France; Triassic.
1979　Ye Meina, p. 75, pl. 1, figs. 1, 1a; text-fig. 1; sporophyll; Wayaopo of Lichuan, Hubei; Middle Triassic middle member of Badong Formation.

Annalepis **sp.**
1979　*Annalepis* sp. (sp. nov.), Ye Meina, p. 76, pl. 2, figs. 1, 1a; sporophyll; Wayaopo of Lichuan, Hubei; Middle Triassic middle member of Badong Formation.

Genus *Annularia* Sternbterg, 1822
1822　Sternbterg, p. 32.
Type species: *Annularia spinulosa* Sternbterg, 1822
Taxonomic status: Sphenopsida

Annularia spinulosa **Sternbterg, 1822**
1822 (1820 — 1838)　　Sternbterg, p. 32, pl. 19, fig. 4; articulate stem with foliage; Carboniferous.

For the first and earliest record of this generic name in Chinese Mesozoic Megafossil plants as:
Annularia shirakii **Kawasaki, 1927**
1927　　Kawasaki, p. 9, pl. 14, figs. 76, 76a; articulate stem with foliage; Tokusen distrct, S. Heian, Do., Chosen (Korea); Permian — Triassic Kobosam Series of Heian System.
1980　　Zhao Xiuhu and others, p. 95, pl. 2, fig. 10; articulate stem with foliage; Fuyuan district, E. Yunnan; Early Triassic "Kayitou Formation".

Genus *Annulariopsis* **Zeiller, 1903**
1902 — 1903　　Zeiller, p. 132.
Type species: *Annulariopsis inopinata* Zeiller, 1903
Taxonomic status: Equisetales, Sphenopsida

Annulariopsis inopinata **Zeiller, 1903**
1902 — 1903　　Zeiller, p. 132, pl. 35, figs. 2 — 7; *Annuralia*-like folige; Tonkin, Vietnam; Late Triassic.

For the first and earliest record of this generic name in Chinese Mesozoic Megafossil plants as:
△*Annulariopsis*? *sinensis* **(Ngo) Lee, 1963**
1956　　*Hexaphyllum sinense* Ngo, Ngo C K, p. 25, pl. 1, fig. 2; pl. 6, figs. 1, 2; text-fig. 3; leaf whorl; Xiaoping of Guangzhou, Guangdong; Late Triassic Siaoping Coal Series.
1963　　Lee H H, in Sze H C, Lee H H and others, p. 39, pl. 10, figs. 5, 6; pl. 11, fig. 10; leaf whorl; Xiaoping of Guangzhou, Guangdong; Late Triassic Siaoping Formation.

Annulariopsis? **sp.**
1963　　*Annulariopsis*? sp., Sze H C, Lee H H and others, p. 39, pl. 11, fig. 9 left; leaf whorl; Karamay of Junggar Basin, Xinjiang; Late Triassic upper part of Yenchang Group.

Genus *Anomopteris* **Brongniart, 1828**
1828　　Brongniart, pp. 69, 190.
Type species: *Anomopteris mougeotii* Brongniart, 1828
Taxonomic status: Filicopsida?

Anomopteris mougeotii **Brongniart, 1828**
1828　　Brongniart, pp. 69, 190; fern foliage; Vosges, France; Triassic.
1831(1928 — 1938)　　Brongniart, p. 258, pls. 79 — 81; fern foliage; Vosges, France; Triassic.

For the first and earliest record of this generic name in Chinese Mesozoic Megafossil plants as:
Cf. *Anomopteris mougeotii* Brongniart
1978　Wang Lixin and Others, pl. 4, figs. 1, 2; fronds; Shangzhuang of Pingyao, Shanxi; Early Triassic. (Notes: This specific figure was only given in the original paper)

Anomopteris? sp.
1986b　*Anomopteris*? sp., Zheng Shaolin, Zhang Wu, p. 178, pl. 4, figs. 1 — 4; fronds; Yangshugou of Kazuo, western Liaoning; Early Triassic Hongla Formation.

Genus *Anomozamites* Schimper, 1870
1870(1869 — 1874)　Schimper, p. 140.

Type species: *Anomozamites inconstans* Schimper, 1870

Taxonomic status: Bennettiales, Cycadopsida

Anomozamites inconstans (Goeppert) Schimper, 1870
1843(1841 — 1846)　*Pterophyllum inconstans* Goeppert, p. 136; cycadophyte foliage; Bayreuth of Bavaria, Germany; Late Triassic (Rhaetic).

1867(1865b — 1867)　*Pterophyllum inconstans* Goeppert, Schenk, p. 171, pl. 37, figs. 5 — 9; cycadophyte foliage; Bayreuth of Bavaria, Germany; Late Triassic (Rhaetic).

1870(1869 — 1874)　Schimper, p. 140.

For the first and earliest record of this generic name in Chinese Mesozoic Megafossil plants as:
Anomozamites spp.
1883　*Anomozamites* sp., Schenk, p. 246, pl. 46, fig. 6a; cycadophyte leaf; Tumulu (114″2′E, 40″57′N), Inner Mongolia; Jurassic.

1883　*Anomozamites* sp., Schenk, p. 258, pl. 51, fig. 8; cycadophyte leaf; Guangyuan, Sichuan; Jurassic.

Genus *Antholites* ex Yokoyama, 1906
[Notes: Apparently misprint for *Antholithes* Brongniart, 1822 or *Antholithus* Linné, 1786, in Yokoyama, 1906, p. 19 (Sze H C, Lee H H and others, 1963, p. 362)]

1906　Yokoyama, p. 19.

1963　Sze H C, Lee H H and others, p. 362.

For the first and earliest record of this generic name in Chinese Mesozoic Megafossil plants as:
△ *Antholites chinensis* Yokoyama, 1906
1906　Yokoyama, p. 19, pl. 2, fig. 4; inflorescece of some coniferous or *Ginkogo*-like tree; Qingganglin of Pengxian, Sichuan; Early Jurassic. [Notes: The specimen was later referred to Problematicum (Sze H C, Lee H H and others, 1963, p. 362)]

Genus *Antholithes* Brongniart, 1822

1822   Brongniart, p. 320.

Type species: *Antholithes liliacea* Brongniart, 1822

Taxonomic status: plantae incertae sedis or Coniferous or Ginkgophytes?

Antholithes liliacea Brongniart, 1822

1822   Brongniart, p. 320, pl. 14, fig. 7; a small "bud-like" impression showing no fertile parts and of plantae insetae sedis.

Genus *Antholithus* Linné, 1786, emend Zhang et Zheng, 1987

1987   Zhang Wu, Zheng Shaolin, p. 309.

Lectotype species: *Antholithus wettsteinii* Krässer, 1943 (Zhang Wu, Zheng Shaolin, 1987, p. 309)

Taxonomic status: plantae incertae sedis or Ginkgophytes or Ginkgophytes?

Antholithus wettsteinii Krässer, 1943

1943   Krässer, p. 76, pl. 10, figs. 11, 12; pl. 11, figs. 6, 7; pl. 13, figs. 1 — 7; text-fig. 8; male cone; Lunz, Austria; Triassic.

For the first and earliest record of this generic name in Chinese Mesozoic Megafossil plants as:

△*Antholithus fulongshanensis* Zhang et Zheng, 1987

1987   Zhang Wu, Zheng Shaolin, p. 310, pl. 17, fig. 6; pl. 30, figs. 1, 1a, 1b; text-fig. 36; male cone; Reg. No. : SG110145; Repository: Shenyang Insitute of Geology and Mineral Resources; Fulongshan of Nanpiao district, Liaoning; Middle Jurassic Haifanggou Formation.

△*Antholithus yangshugouensis* Zhang et Zheng, 1987

1987   Zhang Wu, Zheng Shaolin, p. 311, pl. 24, fig. 7; pl. 30, figs. 3, 3a, 3b; text-fig. 37; male cone; Reg. No. : SG110156; Repository: Shenyang Insitute of Geology and Mineral Resources; Yangshugou of Kazuo district, Liaoning; Early Jurassic Peipiao Formation.

Genus *Anthrophyopsis* Nathorst, 1878

1878   Nathorst, p. 43.

Type species: *Anthrophyopsis nilssoni* Nathorst, 1878

Taxonomic status: Cycadales, Cycadopsida

Anthrophyopsis nilssoni Nathorst, 1878

1878   Nathorst, p. 43, pl. 7, fig. 5; pl. 8, fig. 6; leaf fragment; Bjuf, Sweden; Late Triassic (Rhaetic).

For the first and earliest record of this generic name in Chinese Mesozoic Megafossil plants as:
△*Anthrophyopsis leeana* (Sze) **Florin, 1933**
1931　*Macroglossopteris leeiana* Sze, Sze H C, p. 5, pl. 3, fig. 1; pl. 4, fig. 1; leaves; Pingxiang, Jiangxi; Early Jurassic (Lias).
1933　Florin, p. 55.

Genus *Aphlebia* Presl, 1838

1838(1820 — 1838)　Presl, in Sternberg, p. 112.
Type species: *Aphlebia acuta* (Germa et Kaulfuss) Presl, 1838
Taxonomic status: plantae incertae sedis

Aphlebia acuta (Germa et Kaulfuss) Presl, 1838
1831　*Fucoides acutus* Germa et Kaulfuss, p. 230, pl. 66, fig. 7; leaf; Germany; Carboniferous.
1838(1820 — 1838)　Presl, in Sternberg, p. 112; Germany; Carbniferous.

For the first and earliest record of this generic name in Chinese Mesozoic Megafossil plants as:
△*Aphlebaia dissimilis* **Meng, 1991**
1991　Meng Fansong, p. 72, pl. 2, figs. 1 — 2a; single leaves; Reg. No. : P87001, P87002; Holotype: P87001(pl. 2, fig. 1); Repository: Yichang Institute of Geology and Mineral Resources; Donggon of Nanzhang, Hubei; Late Triassic Jiuligang Formation.

Aphlebia sp.
1991　*Aphlebia* sp., Meng Fansong, p. 73, pl. 2, figs. 3, 3a; leaf; Chenjiawan near Donggon of Nanzhang, Hubei; Late Triassic Jiuligang Formation.

Genus *Aralia* Linné, 1753
Type species: (living genus)
Taxonomic status: Araliaceae, Dicotyledoneae

For the first and earliest record of this generic name in Chinese Mesozoic Megafossil plants as:
△*Aralia firma* **Guo, 1975**
1975　Guo Shuangxing, p. 420, pl. 3, fig. 10; leaf; Col. No. : F401; Reg. No. : PB5016; Holotype: P85016(pl. 3, fig. 10); Repository: Nanjing Institute of Geology and Paleontology, Chinese Academy of Sciences; Ngamring, Xizang (Tibet); Late Cretaceous Xigaze Group.

Genus *Araliaephyllum* Fontaine, 1889
1889　Fontaine, p. 317.
Type species: *Araliaephyllum obtusilobum* Fontaine, 1889

Taxonomic status: Araliaceae, Dicotyledoneae

For the first and earliest record of this generic name in Chinese Mesozoic Megafossil plants as:
***Araliaephyllum obtusilobum* Fontaine, 1889**
1889   Fontaine, p. 317, pl. 163, figs. 1, 4; pl. 164, fig. 3; leaves; Brook, Virginia, USA; Early Cretaceous Potomac Group.
1995a Li Xingxue, pl. 143, fig. 4; leaf; Zhixin (Dalazi) of Longjing, Jilin; Early Cretaceous Dalazi Formation. (in Chinese)
1995b Li Xingxue, pl. 143, fig. 4; leaf; Zhixin (Dalazi) of Longjing, Jilin; Early Cretaceous Dalazi Formation. (in English)

Genus *Araucaria* Juss.
Type species: (living genus)
Taxonomic status: Araucariaceae, Coniferopsida

For the first and earliest record of this generic name in Chinese Mesozoic Megafossil plants as:
△*Araucaria prodromus* Schenk, 1883
1883   Schenk, p. 262, pl. 53, fig. 8; leafy shoot; Zigui, Hubei; Jurassic. [Notes: The specimen was later referred as *Pagiophyllum* sp. (Sze H C, Lee H H and others, 1963)]

Genus *Araucarioxylon* Kraus, 1870
1870(1869 — 1874)   Kraus, in Schimper, p. 381.
Type species: *Araucarioxylon carbonceum* (Witham) Kraus, 1870
Taxonomic status: Coniferopsida (wood)

***Araucarioxylon carbonceum* (Witham) Kraus, 1870**
1833   *Pinites carbonceus* Witham, p. 73, pl. 11, figs. 6 — 9; woods; England; Carboniferous.
1870(1869 — 1874)   Kraus, in Schimper, p. 381.

For the first and earliest record of this generic name in Chinese Mesozoic Megafossil plants as:
△*Araucarioxylon jeholense* Ogura, 1944
[Notes: The species was later referred as *Protosciadopityoxylon jeholense* (Ogura) Zhang et Zheng (Zhang Wu and others, 2000b)]
1944   Ogura, p. 347, pl. 3, figs. D — F, K, L; fossil wood; Pafuli, Beipiao Colfield, Liaoning; Late Triassic — Early Jurassic (? Rhaetic — Lias) Taichi Series.

Genus *Araucarites* Presl, 1838
1838(1820 — 1838)   Presl, in Sternberg, p. 204.
Type species: *Araucarites goepperti* Presl, 1838

Taxonomic status: Araucariaceae, Coniferopsida

Araucarites goepperti Presl, 1838

1838(1820 — 1838)　Presl, in Sternberg, p. 204, pl. 39, fig. 4; cone; Tirol, Austria; Tertiary(?).

For the first and earliest record of this generic name in Chinese Mesozoic Megafossil plants as:

Araucarites spp.

1923　*Araucarites* sp., Chow T H, pp. 82, 140, leafy twigs; Laiyang, Shandong (Shantung); Early Cretaceous Laiyang Formation. [Notes 1: This specific name was only given in the original paper; Notes 2: The specimen was later referred as *Pagiophyllum* sp. (Sze H C, Lee H H and others, 1963)]

1980　*Araucarites* sp., Huang Zhigao, Zhou Huiqin, p. 109, pl. 3, fig. 8; cone-scale; Zhangjiayan of Wupu, Shaanxi; Middle Triassic upper part of Ermaying Formation.

△Genus *Archaefructus* Sun, Dilcher, Zheng et Zhou, 1998 (in English)

1998　Sun Ge, Dilcher D L, Zheng Shaolin, Zhou Zhekun, p. 1692.

Type species: *Archaefructus liaoningensis* Sun, Dilcher, Zheng et Zhou, 1998

Taxonomic status: Dicotyledoneae

△*Archaefructus liaoningensis* Sun, Dilcher, Zheng et Zhou, 1998 (in English)

1998　Sun Ge, Dilcher D L, Zheng Shaolin, Zhou Zhekun, p. 1692, figs. 2A — 2C; angiosperm fruiting axes and cuticles of seed-coats; No.: SZ0916; Holotype: SZ0916 (fig. 2A); Huangbanjigou near Shangyuan of Beipiao, western Liaoning; Late Jurassic Yixian Formation. (Notes: The repository of the type specimens was not mentioned in the original paper)

△Genus *Archimagnolia* Tao et Zhang, 1992

1992　Tao Junrong, Zhang Chuanbo, pp. 423, 424.

Type species: *Archimagnolia rostrato-stylosa* Tao et Zhang, 1992

Taxonomic status: Dicotyledoneae

△*Archimagnolia rostrato-stylosa* Tao et Zhang, 1992

1992　Tao Junrong, Zhang Chuanbo, pp. 423, 424, pl. 1, figs. 1 — 6; an impression of froral axis; No.: No. 503882; Holotype: No. 503882 (pl. 1, figs. 1 — 6); Repository: Institute of Botany, Chinese Academy of Sciences; Yanbian, Jilin; Early Cretaceous Dalazi Formation.

Genus *Arctobaiera* Florin, 1936

1936　Florin, p. 119.

Type species: *Arctobaiera flettii* Florin, 1936

Taxonomic status: Czekanowskiales

Arctobaiera flettii **Florin, 1936**

1936　Florin, p. 119, pls. 26 — 31; pl. 32, figs. 1 — 6; leaves and cuticles; Franz Joseph Land; Jurassic.

For the first and earliest record of this generic name in Chinese Mesozoic Megafossil plants as:

△*Arctobaiera renbaoi* **Zhou et Zhang, 1996** (in English)

1996　Zhou Zhiyan, Zhang Bole, p. 362, pl. 1, figs. 1 — 6; pl. 2, figs. 1 — 8; text-figs. 1, 2; long shoots, dwarf shoots, leaves and cuticles; Reg. No. : PB17449, PB17451 — PB17454; Holotype: PB17451 (pl. 1, fig. 3); Counterpart: PB17452 (pl. 1, fig. 6); Repository: Nanjing Institute of Geology and Palaeontology, Chinese Academy of Sciences; North Opencast Mine of Yima, Henan; Middle Jurassic middle member of Yima Formation.

Genus *Arctopteris* **Samylina, 1964**

1964　Samylina, p. 51.

Type species: *Arctopteris kolymensis* Samylina, 1964

Taxonomic status: Pteridaceae, Filicopsida

Arctopteris kolymensis **Samylina, 1964**

1964　Samylina, p. 51, pl. 3, figs. 5 — 8; pl. 4, figs. 1, 2; text-fig. 4; fronds; Northeast USSR; Early Cretaceous.

For the first and earliest record of this generic name in Chinese Mesozoic Megafossil plants as:

Arctopteris obtuspinnata **Samylina, 1976**

1976　Samylina, p. 33, pl. 10, figs. 1, 2; pl. 12, fig. 5; fronds; Siberia (Omsukchan); Early Cretaceous.

1979　Wang Ziqiang, Wang Pu, pl. 1, figs. 10 — 13; fronds; Tuoli near West Hill, Beijing; Early Cretaceous Tuoli Formation. (Notes: This specific figure was only given in the original paper)

Arctopteris rarinervis **Samylina, 1964**

1964　Samylina, p. 53, pl. 4, figs. 3 — 5; pl. 13, fig. 5b; fronds; Kolyma R Basin; Early Cretaceous.

1978　Yang Xuelin and others, pl. 2, fig. 6; frond; Shansong of Jiaohe Basin, Jilin; Early Cretaceous Moshilazi Formation. (Notes: This specific figure was only given in the original paper)

1980　Zhang Wu and others, p. 249, pl. 161, fig. 5; pl. 162, figs. 3 — 5; text-fig. 183; sterile and fertile pinnae; Jiaohe, Jilin; Early Cretaceous Moshilazi Formation; Chengzihe of Jixi, Heilongjiang; Early Cretaceous Chengzihe Formation.

△Genus *Areolatophyllum* Li et He, 1979

1979   Li Peijuan, He Yuanliang, in He Yuanliang and others, p. 137.

Type species: *Areolatophyllum qinghaiense* Li et He, 1979

Taxonomic status: Dipteridaceae, Filicopsida

△*Areolatophyllum qinghaiense* Li et He, 1979

1979   Li Peijuan, He Yuanliang, in He Yuanliang and others, p. 137, pl. 62, figs. 1, 1a, 2, 2a; fronds; Col. No. : 58-7a-12; Reg. No. : PB6327, PB6328; Holotype: PB6328 (pl. 62, figs. 1, 1a); Paratype: PB6327 (pl. 62, figs. 2, 2a); Repository: Nanjing Institute of Geology and Palaeontology, Chinese Academy of Sciences; Babaoshan of Dulan, Qinghai; Late Triassic Babaoshan Group.

Genus *Arthollia* Golovneva et Herman, 1988

1988   Golovneva, Herman, p. 1456.

Type species: *Arthollia pacifica* Golovneva et Herman, 1988

Taxonomic status: Dicotyledoneae

Arthollia pacifica Golovneva et Herman, 1988

1988   Golovneva, Herman, p. 1456; Northeast USSR; Late Creataceous.

For the first and earliest record of this generic name in Chinese Mesozoic Megafossil plants as:
△*Arthollia sinenis* Guo, 2000 (in English)

2000   Guo Shuangxing, p. 236, pl. 3, figs. 4, 7, 10; pl. 4, figs. 10, 17; pl. 5, fig. 3; pl. 7, figs. 4, 8, 10, 12; pl. 8, fig. 13; leaves; Reg. No. : PB18654 — PB18663; Holotype: PB18659 (pl. 5, fig. 3); PB18660 (pl. 7, fig. 4); Repository: Nanjing Institute of Geology and Paleontology, Chinese Academy of Sciences; Hunchun, Jilin; Late Cretaceous Hunchun Formation.

△Genus *Asiatifolium* Sun, Guo et Zheng, 1992

1992   Sun Ge, Guo Shuangxing, Zheng Shaolin, in Sun Ge and others, p. 546. (in Chinese)

1993   Sun Ge, Guo Shuangxing, Zheng Shaolin, in Sun Ge and others, p. 253. (in English)

Type species: *Asiatifolium elegans* Sun, Guo et Zheng, 1992

Taxonomic status: Dicotyledoneae

△*Asiatifolium elegans* Sun, Guo et Zheng, 1992

1992   Sun Ge, Guo Shuangxing, Zheng Shaolin, in Sun Ge and others, p. 546, pl. 1, figs. 1 — 3; leaves; Reg. No. : PB16766, PB16767; Holotype: PB16766 (pl. 1, fig. 1); Repository: Nanjing Institute of Geology and Paleontology, Chinese Academy of Sciences; Chengzihe

of Jixi, Heilongjiang; Early Cretaceous upper part of Chengzihe Formation. (in Chinese)
1993   Sun Ge, Guo Shuangxing, Zheng Shaolin, in Sun Ge and others, p. 253, pl. 1, figs. 1 — 3; leaves; Reg. No. : PB16766, PB16767; Holotype: PB16766 (pl. 1, fig. 1); Repository: Nanjing Institute of Geology and Paleontology, Chinese Academy of Sciences; Chengzihe of Jixi, Heilongjiang; Early Cretaceous upper part of Chengzihe Formation. (in English)

Genus *Aspidiophyllum* Lesquereus, 1876
1876   Lesquereus, p. 361.

Type species: *Aspidiophyllum trilobatum* Lesquereus, 1876

Taxonomic status: Dicotyledoneae

Aspidiophyllum trilobatum Lesquereus, 1876
1876   Lesquereus, p. 361, pl. 2, figs. 1, 2; leaves; south of Fort Harker, Kansas, USA; Cretaceous.

For the first and earliest record of this generic name in Chinese Mesozoic Megafossil plants as:
Aspidiophyllum sp.
1981   *Aspidiophyllum* sp., Zhang Zhicheng, p. 157, pl. 1, fig. 3; leaf; Mudanjiang, Heilongjiang; Late Cretaceous "Houshigou" Formation.

Genus *Asplenium* Linné, 1753
Type species: (living genus)

Taxonomic status: Aspleniaceae, Filicopsida

For the first and earliest record of this generic name in Chinese Mesozoic Megafossil plants as:
Asplenium argutula Heer, 1876
1876   Heer, pp. 41, 96, pl. 3, fig. 7; pl. 19, figs. 1 — 4; fronds; Irkutsk Basin; Jurassic; upper reaches of Amur R; Late Jurassic(?).
1883   Schenk, p. 246, pl. 46, figs. 2 — 4; pl. 47, figs. 1, 2; fronds; Tumulu, Inner Mongolia; Jurassic. [Notes: This specimen lately was referred as *Cladophlebis argutula* (Heer) Fontaine (Sze H C, Lee H H and others, 1963)]

Asplenium petruschinense Heer, 1878
1878   Heer, p. 3, pl. 1, fig. 1; frond; Irkutsk Basin; Jurassic.
1883   Schenk, p. 259, pl. 53, fig. 2; frond; Zigui, Hubei; Jurassic. [Notes: This specimen lately was referred as *Cladophlebis* sp. (Sze H C, Lee H H and others, 1963)]

Asplenium whitbiense (Brongniart) Heer, 1876
1828 — 1838   *Pecopteris whitbiensis* Brongniart, p. 321, pl. 109, figs. 2, 4; fronds; Western Europe; Jurassic.
1876   Heer, p. 38, pl. 1, fig. 1c; pl. 3, figs. 1 — 5; fronds; Irkutsk Basin; Jurassic; p. 94, pl. 16,

fig. 8; pl. 20, figs. 1, 6; pl. 21, figs. 3, 4; pl. 22, figs. 4a, 9c; fronds; Bureya R (upper reaches of Amur R); Late Jurassic.

1883　　Schenk, p. 246, pl. 46, figs. 4,6,7; pl. 47, figs 3 — 5; pl. 48, figs. 1 — 4; pl. 49, figs. 4a, 6b; frond; Tumulu, Inner Mongolia; Jurassic. [Notes: This specimen lately was referred as *Cladophlebis* sp. (Sze H C, Lee H H and others, 1963)]

1883　　Schenk, p. 253, pl. 52, figs. 1 — 3; fronds; West Hill, Beijing; Jurassic. [Notes: This specimen lately was referred as *Cladophlebis* sp. (Sze H C, Lee H H and others, 1963)]

Genus *Asterotheca* Presl, 1845

1845　　Presl, in Corda, p. 89.

Type species: *Asterotheca sternbergii* (Goeppert) Presl, 1845

Taxonomic status: Asterothecaceae, Filicopsida

Asterotheca sternbergii (Goeppert) Presl, 1845

1836　　*Asterocarpus sternbergii* Goeppert, Goeppert, p. 188, pl. 6, figs. 1 — 4; fertile fronds; Carboniferous.

1845　　Presl, in Corda, p. 89.

For the first and earliest record of this generic name in Chinese Mesozoic Megafossil plants as:

△*Asterotheca? szeiana* (P'an) Sze, Lee et al., 1963

1936　　*Cladophlebis szeiana* P'an, P'an C H, p. 18, pl. 6, figs. 1 — 3; pl. 8, figs. 3 — 7; fronds; Yejiaping of Suide and Huailinping of Yanchang, Shaanxi; Late Triassic Yenchang Formation.

1956a　*Cladophlebis* (*Asterothaca?*) *szeiana* P'an, Sze H C, pp. 33, 140, pl. 16, figs. 1 — 4; pl. 17, figs. 1 — 5; pl. 21, fig. 6; sterile pinnae and fertile pinnae; Yijun, Suide and Yanchang, Shaanxi; Huating, Gansu; Late Triassic Yenchang Formation.

1963　　Sze H C, Lee H H and others, p. 59, pl. 15, fig. 3; pl. 17, figs. 3 — 5; fertile and sterile pinnae; Yijun, Suide and Yanchang, Shaanxi; Huating, Gansu; Late Triassic Yenchang Group.

Asterotheca? (*Cladophlebis*) *szeiana* (P'an) Sze, Lee et al.

1963　　Lee H H and others, p. 128, pl. 100, figs. 1, 2; sterile and fertile pinnae; Northwest China; Late Triassic.

Genus *Athrotaxites* Unger, 1849

1849　　Unger, p. 364.

Type species: *Athrotaxites lycopodioides* Unger, 1849

Taxonomic status: Taxodiaceae, Coniferopsida

Athrotaxites lycopodioides Unger, 1849

1849　　Unger, p. 364, pl. 5, figs. 1, 2; foliage-bearing shoots and cones; Solenhofen of Bavaria,

Germany; Jurassic.

For the first and earliest record of this generic name in Chinese Mesozoic Megafossil plants as:
Athrotaxites berryi Bell, 1956
1956　Bell, p. 115, pl. 58, fig. 5; pl. 60, fig. 5; pl. 61, fig. 5; pl. 62, figs. 2, 3; pl. 63, fig. 1; pl. 64, figs. 1 — 5; pl. 65, fig. 7; Canada; Early Cretaceous.
1982　Zheng Shaolin, Zhang Wu, p. 324, pl. 23, fig. 13; pl. 24, figs. 5, 6; leafy shoots and female cones; Baoqing and Hulin, eastern Heilongjiang; Late Jurassic Chaoyangtun Formation; Shuangyashan, eastern Heilongjiang; Early Cretaceous Chenzihe Formation.

Genus *Athrotaxopsis* Fontane, 1889
1889　Fontane, p. 240.
Type species: *Athrotaxopsis grandis* Fontane, 1889
Taxonomic status: Taxodiaceae, Coniferopsida

Athrotaxopsis grandis Fontane, 1889
1889　Fontane, p. 240, pls. 114, 116, 135; foliage and cones; Fredericksburg, Virginia, USA; Lower Cretaceous Potomac Group.

For the first and earliest record of this generic name in Chinese Mesozoic Megafossil plants as:
Athrotaxopsis? sp.
1988　*Athrotaxopsis*? sp., Chen Fen and others, p. 80, pl. 49, figs. 4, 4a; twig with leaves; Haizhou Opencut Coal Mine of Fuxin, Liaoning; Early Cretaceous Fuxin Formation. [Notes: The specimen was later referred as *Athrotaxites masgnifolius* (Chen et Meng) Chen et Deng (Chen Fen, Deng Shenghui, 2000)]

Genus *Athyrium* Roth, 1799
Type species: (living genus)
Taxonomic status: Athyriaceae, Filicopsida

For the first and earliest record of this generic name in Chinese Mesozoic Megafossil plants as:
△*Athyrium cretaceum* Chen et Meng, 1988
1988　Chen Fen, Meng Xiangying, in Chen Fen and others, pp. 42, 146, pl. 13, figs. 5 — 9; pl. 14, figs. 1 — 11; text-fig. 14b; fronds, pinnae, pinnules, fertile pinnae, fertile pinnules, sporangia and spores; No. : Fx071 — Fx075; Repository: Beijing Graduate School, Wuhan College of Geology; Xinqiu Opencut Coal Mine of Fuxin, Liaoning; Early Cretaceous Fuxin Formation. (Notes: The type specimen was not designated in the original paper)

△*Athyrium fuxinense* Chen et Meng, 1988
1988　Chen Fen, Meng Xiangying, in Chen Fen and others, pp. 43, 147, pl. 14, figs. 12, 13; pl. 15, figs. 1 — 5; text-fig. 14a; fronds, pinnae, pinnules, fertile pinnae, fertile pinnules,

sporangia and spores; No. : Fx076 — Fx078; Repository: Beijing Graduate School, Wuhan College of Geology; Haizhou Opencut Coal Mine of Fuxin, Liaoning; Early Cretaceous middle member of Fuxin Formation. (Notes: The type specimen was not designated in the original paper)

Genus *Baiera* Braun, 1843

1843(1839 — 1843)　　Braun, in Muester, p. 20.

Type species: *Baiera dichotoma* Braun, in Münster, 1843

Taxonomic status: Ginkgoales.

For the first and earliest record of this generic name in Chinese Mesozoic Megafossil plants as:

Baiera dichotoma Braun, 1843

1843(1839 — 1843)　　Braun, in Münster, p. 20, pl. 12, figs. 1 — 5; leaves; Bavaria, Germany; Late Triassic.

1874　　*Bayera dichotoma* Braun, Brongniart, p. 408; leaf; Dingjiagou, Shaanxi; Jurassic. [Notes 1: This specific name was only given in the original paper; Notes 2: The genus was firstly spelled as *Bayera*, and the specimen was later referred as *Baiera* sp. (Sze H C, Lee H H and others, 1963)]

Baiera angustiloba Heer, 1878

1878a　　Heer, p. 24, pl. 7, fig. 2; leaf; Lena River area, Russia; Early Cretaceous.

1883b　　Schenk, p. 256, pl. 53, fig. 1; leaf; Datong, Shanxi; Jurassic. [Notes: The specimen was first referred as *Baiera gracilis* (Beam MS) Bunbury (Sze H C, Lee H H and others, 1963, p. 233)].

△Genus *Baiguophyllum* Duan, 1987

1987　　Duan Shuying, p. 52.

Type species: *Baiguophyllum lijianum* Duan, 1987

Taxonomic status: Czekanowskiales

△*Baiguophyllum lijianum* Duan, 1987

1987　　Duan Shuying, p. 52, pl. 16, figs. 4, 4a; pl. 17, fig. 1; text-fig. 14; leaves, long and dwarf shoots; No. : S-PA-86-680; Holotype: S-PA-86-680 (2) (pl. 17, fig. 1); Repository: Department of Palaeobotany, Swedish Museum of Natural History; Zhaitang of West Hill, Beijing; Middle Jurassic Mentougou Coal Series.

Genus *Baisia* Krassilov, 1982

1982　　Krassilov, in Krassilov and Bugdaeva, p. 281.

Type species: *Baisia hirsuta* Krassilov, 1982

Taxonomic status: Monocotyledoneae

Baisia hirsuta **Krassilov, 1982**

1982   Krassilov, in Krassilov and Bugdaeva, p. 281, pls. 1 — 8; fructus; lacustrine deposits of the Vitim River, Lake Baikal area; Early Cretaceous.

For the first and earliest record of this generic name in Chinese Mesozoic Megafossil plants as:
Baisia sp.

1984   *Baisia* sp., Wang Ziqiang, p. 297, pl. 150, fig. 12; fructu; Weichang, Hebei; Early Cretaceous Jiufotong Formation.

Genus *Bauhinia* **Linné**
Type species: (living genus)
Taxonomic status: Leguminosae, Dicotyledoneae

For the first and earliest record of this generic name in Chinese Mesozoic Megafossil plants as:
△*Bauhinia gracilis* **Tao, 1986**

1986a,b   Tao Junrong, in Tao Junrong and Xiong Xianzheng, p. 127, pl. 13, fig. 6; leaf; No.: No. 52439; Jiayin region, Heilongjiang; Late Cretaceous Wuyun Formation.

Genus *Bayera* **ex Brongniart, 1874**

[Notes: This genus name *Bayera* was applied by Brongniart (1874, p. 408) for Jurassic specimens of China, it might be mis-spelling of *Baiera*]

1874   Brongniart, p. 408.

For the first and earliest record of this generic name in Chinese Mesozoic Megafossil plants as:
Bayera dichotoma **Braun ex Brongniart, 1874**

1874   Brongniart, p. 408; leaf; Dingjiagou of Shanxi; Jurassic. [Notes 1: This specific name was only given in the original paper; Notes 2: The specimen was later referred as *Baiera* sp. (Sze H C, Lee H H, 1963, p. 240)]

Genus *Beania* **Carruthers, 1869**

1869   Carruthers, p. 98.
Type species: *Beania gracilis* Carruthers, 1896
Taxonomic status: Cycadales, Cycadopsida

Beania gracilis **Carruthers, 1869**

1869   Carruthers, p. 98, pl. 4; infructescence, Cycadales; Gristhorpe, Yorkshire, England; Middle Jurassic.

For the first and earliest record of this generic name in Chinese Mesozoic Megafossil plants as:
△*Beania mishanensis* Zheng et Zhang,1982
1982b Zheng Shaolin, Zhang Wu, p. 314,pl. 16,figs. 1 — 7; text-fig. 11; female cones;Reg. No.:HYG001 — HYG007; Repository:Shenyang Institute of Geology and Mineral Resources; Guoshanguan of Mishan, Heilongjiang; Late Jurassic Yunshan Formation. (Notes:The type specimen was not designated in the original paper)

△**Genus *Beipiaoa* Dilcher,Sun et Zheng,2001** (in English)
2001 Dilcher D L,Sun Ge,Zheng Shaolin,in Sun Ge and others,pp. 25,151.
Type species:*Beipiaoa spinosa* Dilcher,Sun et Zheng,2001
Taxonomic status:Angiospermae?

△*Beipiaoa spinosa* **Dilcher,Sun et Zheng,2001** (in English)
2001 Dilcher D L,Sun Ge,Zheng Shaolin,in Sun Ge and others,pp. 26,152,pl. 5,figs. 1 — 4,5 (?); pl. 33, figs. 11 — 19; text-fig. 4. 7G; fruits; Reg. No.: PB18959 — PB18962, PB18966, PB18967, ZY3004 — ZY3006; Holotype: PB18959 (pl. 5, fig. 1); Huangbanjigou near Shangyuan of Beipiao,western Liaoning;Late Jurassic Jianshangou Formation. (Notes: The repository of the type specimens was not mentioned in the original paper)

△*Beipiaoa parva* **Dilcher,Sun et Zheng,2001** (in English)
1999 *Trapa*? sp. , Wu Shunqing, p. 22, pl. 16, figs. 1 — 2a, 6 (?), 6a (?), 8 (?); fruits; Huangbanjigou near Shangyuan of Beipiao,western Liaoning;Late Jurassic Jianshangou Bed in lower part of Yixian Formation.
2001 Dilcher D L,Sun Ge,Zheng Shaolin,in Sun Ge and others,pp. 25,151,pl. 5,fig. 7;pl. 33, figs. 1 — 8, 21; text-fig. 4. 7A; fruits; Reg. No.: PB18953, ZY3001 — ZY3003; Holotype:PB18953 (pl. 5, fig. 7); Huangbanjigou near Shangyuan of Beipiao, western Liaoning; Late Jurassic Jianshangou Formation. (Notes: The repository of the type specimens was not mentioned in the original paper)

△*Beipiaoa rotunda* **Dilcher,Sun et Zheng,2001** (in English)
2001 Dilcher D L,Sun Ge,Zheng Shaolin,in Sun Ge and others,pp. 25, 151, pl. 5, figs. 8, 6 (?);pl. 33,figs. 10,9(?);text-fig. 4. 7B;fruits;Reg. No.:PB18958,ZY3001 — ZY3003; Holotype:PB18958 (pl. 5, fig. 8); Huangbanjigou near Shangyuan of Beipiao, western Liaoning; Late Jurassic Jianshangou Formation. (Notes: The repository of the type specimens was not mentioned in the original paper)

△**Genus *Bennetdicotis* Pan,1983** (nom. nud.)
1983 Pan Guang,p. 1520. (in Chinese)

1984   Pan Guang, p. 958. (in English)

Type species: (without specific name)

Taxonomic status: "hemiangiosperms"

Bennetdicotis sp. indet.

[Notes: Generic name was given only, but without specific name (or type species) in the original paper]

1983   *Bennetdicotis* sp. indet., Pan Guang, p. 1520; western Liaoning (about 45°58′N, 120°21′E); Middle Jurassic Haifanggou Formation. (in Chinese)

1984   *Bennetdicotis* sp. indet., Pan Guang, p. 958; western Liaoning (about 45°58′N, 120°21′E); Middle Jurassic Haifanggou Formation. (in English)

Genus *Bennetticarpus* Harris, 1932

1932   Harris, p. 101.

Type species: *Bennetticarpus oxylepidus* Harris, 1932

Taxonomic status: Bennettiales, Cycadopsida

Bennetticarpus oxylepidus Harris, 1932

1932   Harris, p. 101, pl. 14, figs. 1 — 6, 11; fruits, Bennettitales; Scoresby Sound, East Greenland; Late Triassic (*Lepidopteris* Zone).

For the first and earliest record of this generic name in Chinese Mesozoic Megafossil plants as:

△*Bennetticarpus longmicropylus* Hsu, 1948

1948   Hsu J, p. 62, pl. 1, fig. 8; pl. 2, figs. 9 — 15; text-figs. 3, 4; ovule and cuticle of micropylartube; Liling, Hunan; Late Triassic.

△*Bennetticarpus ovoides* Hsu, 1948

1948   Hsu J, p. 59, pl. 1, figs. 1 — 7; text-figs. 1, 2; seed and cuticle of seed; Liling, Hunan; Late Triassic.

△Genus *Benxipteris* Zhang et Zheng, 1980

1980   Zhang Wu, Zheng Shaolin, in Zhang Wu and others, p. 263.

Type species: *Benxipteris acuta* Zhang et Zheng, 1980 [Notes: The type species was not designated in the original paper; *Benxipteris acuta* Zhang et Zheng was designated by Wu Xiangwu (1993) as the type species]

Taxonomic status: Pteridospermopsida

△*Benxipteris acuta* Zhang et Zheng, 1980

1980   Zhang Wu, Zhaeng Shaolin, in Zhang Wu and others, p. 263, pl. 108, figs. 1 — 13; text-fig. 193; sterile and fertile leaves; Reg. No.: D323 — D335; Repository: Shenyang Institute of Geology and Mineral Resources; Linjiawaizi of Benxi, Liaoning; Middle Triassic

Linjia Formation. (Notes: The type specimen was not designated in the original paper)

△*Benxipteris densinervis* Zhang et Zheng, 1980

1980　Zhang Wu, Zheng Shaolin, in Zhang Wu and others, p. 264, pl. 107, figs. 3 — 6; text-fig. 194; sterile and fertile leaves; Reg. No. : D319 — D322; Repository: Shenyang Institute of Geology and Mineral Resources; Linjiawaizi of Benxi, Liaoning; Middle Triassic Linjia Formation. (Notes: The type specimen was not designated in the original paper)

△*Benxipteris partita* Zhang et Zheng, 1980

1980　Zhang Wu, Zheng Shaolin, in Zhang Wu and others, p. 265, pl. 107, figs. 7 — 9; pl. 109, figs. 6, 7; fern-like leaves; Reg. No. : D344 — D346, D336, D337; Repository: Shenyang Institute of Geology and Mineral Resources; Linjiawaizi of Benxi, Liaoning; Middle Triassic Linjia Formation. (Notes: The type specimen was not designated in the original paper)

△*Benxipteris polymorpha* Zhang et Zheng, 1980

1980　Zhang Wu, Zheng Shaolin, in Zhang Wu and others, p. 265, pl. 109, figs. 1 — 5; fern-like leaves; Reg. No. : D338 — D342; Repository: Shenyang Institute of Geology and Mineral Resources; Linjiawaizi of Benxi, Liaoning; Middle Triassic Linjia Formation. (Notes: The type specimen was not designated in the original paper)

Genus *Bernettia* Gothan, 1914

1914　Gothan, p. 58.

Type species: *Bernettia inopinata* Gothan, 1914

Taxonomic status: Cycadales?

Bernettia inopinata Gothan, 1914

1914　Gothan, p. 58, pl. 27, figs. 1 — 4; pl. 34, fig. 3; cycadophyte (?) cones; Nuernberg, Germany; Late Triassic (Rhaetic).

For the first and earliest record of this generic name in Chinese Mesozoic Megafossil plants as:

Bernettia phialophora Harris, 1935

1935　Harris, p. 140, pl. 22; pl. 23, figs. 1, 2, 8 — 10, 12 — 14; male cones of cycadales; Scoresby Sound, East Greenland; Early Jurassic (*Thaumatopteris* Zone).

2000　Yao Huazhou and others, pl. 3, figs. 6, 7; male cones of cycadales; Xionglong of Xinlong, Sichuan; Late Triassic Lamayia Formation. (Notes: This specific figure was only given in the original paper)

Genus *Bernouillia* Heer ex Seward, 1910

[This generic name *Bernouillia* is applied by Seward (1910), Hirmer (1927), Jongmans (1958), Boureau (1975), Gu Daoyuan (1984), Wang Ziqiang (1984)]

1876　Bernoullia Heer, p. 88.
1910　Seawrd, p. 410.

Type species: *Bernouillia helvetica* Heer ex Seward, 1910

Taxonomic status: Marattiaceae (Filicopsida)

Bernouillia helvetica Heer ex Seward, 1910
1876　*Bernoullia helvetica* Heer, Heer, p. 88, pl. 38, figs. 1 — 6; fertile fern foliage; Switzerland; Triassic.
1910　Seawrd, p. 410.

For the first and earliest record of this generic name in Chinese Mesozoic Megafossil plants as:
△*Bernouillia zeilleri* P'an ex Wang, 1984
1936　*Bernouillia zeilleri* P'an, P'an C H, p. 26, pl. 9, figs. 6,7; pl. 11, figs. 3,3a,4,4a; pl. 14, figs. 5,6,6a; sterile and fertile pinnae; Qingjianzhen of Yanchuan, Shaanxi; Late Triassic middle part of Yenchang Formation.
1984　Gu Daoyuan, p. 138, pl. 71, fig. 3; sterile and fertile pinna; Dalongkou area of Jimsar, Xinjiang; Middle — Late Triassic Karamay Formation.
1984　Wang Ziqiang, p. 236, pl. 121, figs. 1,2; fronds; Jixian, Shanxi; Middle Triassic Yenchang Formation.

Genus *Bernoullia* Heer, 1876
[Notes: This generic name lately was rewrited as *Bernouillia* Heer (Seward, 1910) or *Symopteris* Hsu (Hsu J and others, 1979)]
1876　Heer, p. 88.

Type species: *Bernoullia helvetica* Heer, 1876

Taxonomic status: Marattiaceae, Filicopsida

Bernoullia helvetica Heer, 1876
1876　Heer, p. 88, pl. 38, figs. 1 — 6; fertile fern foliage; Switzerland; Triassic.

For the first and earliest record of this generic name in Chinese Mesozoic Megafossil plants as:
Bernoullia zeilleri P'an, 1936
1936　P'an C H, p. 26, pl. 9, figs. 6,7; pl. 11, figs. 3,3a,4,4a; pl. 14, figs. 5,6,6a; sterile and fertile pinnae; Qingjianzhen of Yanchuan, Shaanxi; Late Triassic middle part of Yenchang Formation.

Genus *Betula* Linné, 1753
Type species: (living genus)

Taxonomic status: Betulaceae, Dicotyledoneae

For the first and earliest record of this generic name in Chinese Mesozoic Megafossil plants as:
Betula prisca Ett.
1986a,b   Tao Junrong, Xiong Xianzheng, p. 126, pl. 6, fig. 4; pl. 10, fig. 2; leaves; Jiayin region, Heilongjiang; Late Cretaceous Wuyun Formation.

Betula sachalinensis Heer, 1878
1986a,b   Tao Junrong, Xiong Xianzheng, p. 126, pl. 8, figs. 2 — 4; leaves; Jiayin region, Heilongjiang; Late Cretaceous Wuyun Formation.

Genus *Betuliphyllum* Duse'n, 1899
1899   Duse'n, p. 102.

Type species: *Betuliphyllum patagonicum* Duse'n, 1899

Taxonomic status: Betulaceae, Dicotyledoneae

Betuliphyllum patagonicum Duse'n, 1899
1899   Duse'n, p. 102, pl. 10, figs. 15, 16; leaves; Puta Arenas, Chle; Oligocene.

For the first and earliest record of this generic name in Chinese Mesozoic Megafossil plants as:
△*Betuliphyllum hunchunensis* Guo, 2000 (in English)
2000   Guo Shuangxing, p. 232, pl. 2, figs. 5, 11; pl. 4, figs. 3 — 6, 9, 13; pl. 7, fig. 6; pl. 8, figs. 11, 12; leaves; Reg. No.: PB18621 — PB18627; Holotype: PB18627 (pl. 7, fig. 6); Repository: Nanjing Institute of Geology and Paleontology, Chinese Academy of Sciences; Hunchun, Jilin; Late Cretaceous Hunchun Formation.

Genus *Borysthenia* Stanislavsky, 1976
1976   Stanislavsky, p. 77.

Type species: *Borysthenia fasciculata* Stanislavsky, 1976

Taxonomic status: Coniferopsida

Borysthenia fasciculata Stanislavsky, 1976
1976   Stanislavsky, p. 77, pl. 36, figs. 5 — 7; pl. 43, figs. 1 — 4; pls. 44, 45; pl. 46, figs. 1 — 8; pl. 47, figs. 1 — 3; text-figs. 33 — 36; strobilus; Donbas, Ukrainian; Late Triassic.

For the first and earliest record of this generic name in Chinese Mesozoic Megafossil plants as:
△*Borysthenia opulenta* Zhang et Zheng, 1984
1984   Zhang Wu, Zheng Shaolin, p. 389, pl. 3, figs. 10, 10a, 11; text-fig. 6; strobilus; Reg. No.: Ch6-3-4; Repository: Shenyang Institute of Geology and Mineral Resources; Shimengou of Chaoyang, Liaoning; Late Triassic Laohugou Formation. (Notes: The type specimen was not appointed in the original paper)

△Genus *Boseoxylon* Zheng et Zhang, 2005 (in Chinese and English)
2005   Zheng Shaolin, Zhang Wu, in Zheng Shaolin and others, pp. 209, 212.
Type species: *Boseoxylon andrewii* (Bose et Sah) Zheng et Zhang, 2005
Taxonomic status: Cycadophytes

△*Boseoxylon andrewii* (Bose et Sah) Zheng et Zhang, 2005 (in Chinese and English)
1954   *Sahnioxylon andrewii* Bose et Sah, p. 4, pl. 2, figs. 11 — 18; woods; Rajmahal Hills, Behar, India; Jurassic.
2005   Zheng Shaolin, Zhang Wu, in Zheng Shaolin and others, pp. 209, 212; Rajmahal Hills, Behar, India; Jurassic.

△Genus *Botrychites* Wu S, 1999 (in Chinese)
1999   Wu Shunqing, p. 13.
Type species: *Botrychites reheensis* Wu S, 1999
Taxonomic status: Botrychiaceae?, Filicopsida

△*Botrychites reheensis* Wu S, 1999 (in Chinese)
1999a Wu Shunqing, p. 13, pl. 4, figs. 8 — 10A, 10a; pl. 6, figs. 1 — 3a; sterile and fertile fronds; Col. No.: AEO-65, AEO-66, AEO-117, AEO-233a, AEO-233, AEO-119; Reg. No.: PB18248 — PB18253; Holotype: PB18257 (pl. 6, fig. 2); Repository: Nanjing Institute of Geology and Palaeontology, Chinese Academy of Sciences; Huangbanjigou near Shangyuan of Beipiao, western Liaoning; Late Jurassic Jianshangou Bed in lower part of Yixian Formation.

Genus *Brachyoxylon* Hollick et Jeffrey, 1909
1909   Hollick, Jeffrey, p. 54.
Type species: *Brachyoxylon notabile* Hollick et Jeffrey, 1909
Taxonomic status: Araucarian, Coniferopsida

Brachyoxylon notabile Hollick et Jeffrey, 1909
1909   Hollick, Jeffrey, p. 54, pls. 13, 14; fossil wood; Kreischerville, Staten Island, New York, USA; Cretaceous.

For the first and earliest record of this generic name in Chinese Mesozoic Megafossil plants as:
△*Brachyoxylon sahnii* Hsu, 1950 (nom. nud.)
1950   Hsu J, p. 35, wood; Ma'anshan of Chimo, Shandong; Mesozoic. [Notes: The specimen was later referred as *Dadoxylon* (*Araucarioxylon*) cf. *japonicum* Shimakura (Hsu J, 1953)]

Genus *Brachyphyllum* Brongnirat, 1828

1928   Brongnirat, p. 109.

Type species: *Brachyphyllum mamillare* Brongnirat, 1828

Taxonomic status: Coniferales, Coniferopsida

Brachyphyllum mamillare Brongnirat, 1828

1928   Brongnirat, p. 109; twig and foliage; England; Jurassic.

For the first and earliest record of this generic name in Chinese Mesozoic Megafossil plants as:
△*Brachyphyllum magnum* Chow, 1923

1923   Chow T H, pp. 81, 137, pl. 1, fig. 1; leafy twig; Laiyang, Shandong (Shantung); Early Cretaceous Laiyang Formation. [Notes: The specimen was later referred as *Brachyphyllum obesum* Heer (Sze H C, Lee H H and others, 1963)]

△*Brachyphyllum multiramosum* Chow, 1923

1923   Chow T H, pp. 81, 138, pl. 2, figs. 1, 2; leafy twigs; Laiyang, Shandong (Shantung); Early Cretaceous Laiyang Formation. [Notes: The specimen was later referred as *Brachyphyllum obesum* Heer (Sze H C, Lee H H and others, 1963)]

Genus *Bucklandia* Pres, 1825

1825(1820 — 1838)   Presl, in Sternberg, p. 33.

Type species: *Bucklandia anomala* (Stokes et Webb) Pres, 1825

Taxonomic status: Bennettiales or Cycadopsida

Bucklandia anomala (Stokes et Webb) Presl, 1825

1824   *Cladraria anomala* Stokes et Webb, p. 423; cycadophyte trunk; Sussex, England; Early Cretaceous (Wealden).

1825(1820 — 1838)   Presl, in Sternberg, p. 33; cycadophyte trunk; Sussex, England; Early Cretaceous (Wealden).

For the first and earliest record of this generic name in Chinese Mesozoic Megafossil plants as:
△*Bucklandia minima* Ye et Peng, 1986

1986   Ye Meina, Peng Shijiang, in Ye Meina and others, p. 65, pl. 33, figs. 10, 10a; pl. 34, fig. 2; Bennettitalean or cycadophyte trunks; Repository: The 137th Team of Sichuan Coal Field Geological Company; Binlang of Daxian, Sichuan; Late Triassic member 7 of Hsuchiaho Formation. (Notes: The type specimen was not designated in the original paper)

Bucklandia sp.

1986   *Bucklandia* sp., Ye Meina and others, p. 66, pl. 34, figs. 5, 5b; cycadophyte or Bennettitalean trunk; Binlang of Daxian, Sichuan; Late Triassic member 7 of Hsuchiaho Formation.

Genus *Calamites* Suckow, 1784 (non Schlotheim, 1820, nec Brongniart, 1828)

[Notes: This generic name *Calamites* Suckow (1784) is a conserved name before 1820. It was cited in China (Wu Xiangwu, 1993a)]

1974 *Palaeozoic Plants from China* Writing Group of Nanjing Institute of Geology and Palaeotology, Institute of Botany, Chinese Academy of Sciences, p. 48.

Type species:

Taxonomic status: Equisetales, Sphenopsida

For the first and earliest record of this generic name in Chinese Mesozoic Megafossil plants as:

△*Calamites shanxiensis* (Wang) Wang Z et Wang L, 1990

1984 *Neocalamites shanxiensis* Wang, Wang Ziqiang, p. 233, pl. 110, fig. 17; pl. 111, fig. 2; pl. 112, fig. 7; calamitean stems; Yushe and Xingxian, Shanxi; Early Triassic Liujiagou Formation; Middle Triassic Ermaying Formation; Midde — Late Triassic Yenchang Group.

1990a Wang Ziqiang, Wang Lixin, p. 115, pl. 1, figs. 1 — 7; pl. 2, figs. 5, 6; pl. 4, figs. 1 — 5; pl. 5, figs. 9 — 11; text-figs. 4a — 4g; calamitean stems; Shilou, Yushe and Heshun, Shanxi; Early Triassic Heshanggou Formation.

1990b Wang Ziqiang, Wang Lixin, p. 306, pl. 3, figs. 1 — 8; calamitean stems; Manshui of Qinxian, Panuo of Pingyao, Shimenkou of Yushe and Chenjiabangou of Ningwu, Shanxi; Middle Triassic base part of Ermaying Formation; Middle — Late Triassic lower part of Yenchang Group.

Genus *Calamites* Schlotheim, 1820 (non Brongniart, 1828, nec Suckow, 1784)

1820 Schlotheim, p. 398.

Type species: *Calamites cannaeformis* Schlotheim, 1820

Taxonomic status: Equisetales, Sphenopsida

Calamites cannaeformis Schlotheim, 1820

1820 Schlotheim, p. 398, pl. 20, fig. 1; pith cast; Saxony, Germany; Late Carboniferous.

Genus *Calamites* Brongniart, 1828 (non Schlotheim, 1820, nec Suckow, 1784)

[Notes: This generic name *Calamites* Brongniart, 1828 is a homonym junius of *Calamites* Schlotheim, 1820 (Wu Xiangwu, 1993a)]

1828 Brongniart, p. 121

Type species: *Calamites radiatus* Brongniart, 1828

Taxonomic status: Equisetales, Sphenopsida

Calamites radiatus Brongniart, 1828

1828 Brongniart, p. 121

Genus *Cardiocarpus* Brongniart, 1881

1881 Brongniart, p. 20.

Type species: *Cardiocarpus drupaceus* Brongniart, 1881

Taxonomic status: Gymnospermae

Cardiocarpus drupaceus Brongniart, 1881

1881 Brongniart, p. 20, pl. A, figs. 1, 2; seed casts; England; Carboniferous.

For the first and earliest record of this generic name in Chinese Mesozoic Megafossil plants as:
Cardiocarpus sp.

1984 *Cardiocarpus* sp., Wang Ziqiang, p. 297, pl. 108, fig. 11; seed; Yushe, Shanxi; Early Triassic Heshanggou Formation.

Genus *Carpites* Schimper, 1874

1874 Schimper, p. 421.

Type species: *Carpites pruniformis* (Heer) Schimper, 1874

Taxonomic status: incertae sedis

Carpites pruniformis (Heer) Schimper, 1874

1859 *Carpolithes pruniformis* Heer, p. 139, pl. 141, figs. 18 — 30; seeds; Oeningen, Switzerland; Miocene.

1874(1869 — 1874) Schimper, p. 421; seed; Oeningen, Switzerland; Miocene.

For the first and earliest record of this generic name in Chinese Mesozoic Megafossil plants as:
Carpites sp.

1984 *Carpites* sp., Guo Shuangxing, p. 88, pl. 1, figs. 4b, 6; seeds; Durbud, Heilongjiang; Late Cretaceous upper part of Qingshankou Formation.

Genus *Carpolithes* Schlothcim, 1820

1917 Seward, pp. 364, 497.

1920 Nathorst, p. 16.

1963 Sze H C, Lee H H and others, p. 311.

Type species: [Notes: no type species (Seward, 1917; Sze H C, Lee H H and others, 1963)]

Taxonomic status: for seeds and supposed seeds from almost every geological horizon that cannot be assigned to a natural plant Group

For the first and earliest record of this generic name in Chinese Mesozoic Megafossil plants as:
Carpolithes spp.
1885   *Carpolithes*, Schenk, p. 176 (14), pl. 13 (1), figs. 13a, 13b; seeds; Shangxian, Shaanxi (Schan-tschou, Svhen-si); Jurassic.
1885   *Carpolithes*, Schenk, p. 176 (14), pl. 14 (2), fig. 5b; seed; Huangnibao of Ya'an, Sichuan (Hoa-ni-pu, Se-tschuen); Jurassic.

Genus *Carpolithus* Wallerius, 1747
1917   Seward, pp. 364, 497.
1920   Nathorst, p. 16.
1963   Sze H C, Lee H H and others, p. 311.
Type species: [Notes: no type species (Seward, 1917; Sze H C, Lee H H and others, 1963)]
Taxonomic status: for seeds and supposed seeds from almost every geological horizon that cannot be assigned to a natural plant Group

For the first and earliest record of this generic name in Chinese Mesozoic Megafossil plants as:
Carpolithes sp.
1925   *Carpolithus* sp., Teilhard de Chardin, Fritel, p. 539; Youfangtou (You-fang-teou) of Yulin, Shaanxi; Jurassic. (Notes: This specific name was only given in the original paper)

Genus *Cassia* Linné, 1753
Type species: (living genus)
Taxonomic status: Leguminosae, Dicotyledoneae

Cassia fayettensis Berry, 1916
1916   Berry, p. 232, pl. 49, figs. 5 — 8; leaves; North America; Eocene.

For the first and earliest record of this generic name in Chinese Mesozoic Megafossil plants as:
Cassia cf. *fayettensis* Berry
1982   Geng Guocang, Tao Junrong, p. 119, pl. 1, fig. 16; leaf; Donggar of Xigaze, Xizang (Tibet); Late Cretaceous — Eocene Qiuwu Formation.

Cassia marshalensis Berry, 1916
1916   Berry, p. 232, pl. 50, figs. 6, 7; leaves; North America; Eocene.
1982   Geng Guocang, Tao Junrong, p. 119, pl. 6, fig. 6; leaf; Menshi (Moinser) of Gar, Xizang (Tibet); Late Cretaceous — Eocene Menshi (Moinser) Formation.

Genus *Castannea* Mill

Type species:(living genus)

Taxonomic status:Fagaceae,Dicotyledoneae

For the first and earliest record of this generic name in Chinese Mesozoic Megafossil plants as:
△*Castannea tangyuaensis* Zheng et Zhang,1990
1990   Zheng Shaolin, Zhang Wu, in Zhang Ying and others, p. 241, pl. 2, figs. 1 — 3; leaves; No. : TOW0011 — TOW0013; Repository: Institute of Exploration and Development Daqing Pretrolcem Administrative Bureau; Tangyuan, Heilongjiang; Late Cretaceous Furao Formation. (Notes:The type specimen was not designated in the original paper)

△Genus *Casuarinites* Pan,1983 (nom. nud.)
1983   Pan Guang, p. 1520. (in Chinese)
1984   Pan Guang, p. 959. (in English)
Type species:(without specific name)
Taxonomic status:"primitive angiosperms"

Casuarinites sp. indet.
[Notes:Generic name was given only, without specific name (or type species) in the original paper]
1983   *Casuarinites* sp. indet. ,Pan Guang, p. 1520; western Liaoning (about 45°58′N,120°21′E); Middle Jurassic Haifanggou Formation. (in Chinese)
1984   *Casuarinites* sp. indet. ,Pan Guang, p. 959; western Liaoning (about 45°58′N,120°21′E); Middle Jurassic Haifanggou Formation. (in English)

Genus *Caulopteris* Lindley et Hutton,1832
1832(1831 — 1837)   Lindley, Hutton, p. 121.
Type species:*Caulopteris primaeva* Lindley et Hutton,1832
Taxonomic status:Filicopsida

Caulopteris primaeva Lindley et Hutton,1832
1832(1831 — 1837)   Lindley, Hutton, p. 121, pl. 42; tree fern trunk impression; Radstock, near Bath, England; Late Carboniferous.

For the first and earliest record of this generic name in Chinese Mesozoic Megafossil plants as:
△*Caulopteris nalajingensis* Yang,1978
1978   Yang Xianhe, p. 496, pl. 172, figs. 7,8; text-fig. 109; tree fern trunk impression; No. : Sp0071; Holotype: Sp0071 (pl. 172, fig. 7); Repository: Chengdu Institute of Geology

and Mineral Resources; Moshahe of Dukou, Sichuan; Late Triassic Daqiaodi Formation.

Genus *Cedroxylon* Kraus, 1870

1870(1869 — 1874)   Kraus, in Schimper, p. 373.

Type species: *Cedroxylon withami* Kraus, 1870

Taxonomic status: Coniferopsida (fossil wood)

Cedroxylon withami Kraus, 1870

1832(1831 — 1837)   *Peuce withami* Lindley et Hutton, p. 73, pls. 23, 24; England; Carboniferous.

1870(1869 — 1874)   Kraus, in Schimper, p. 373; England; Carboniferous.

For the first and earliest record of this generic name in Chinese Mesozoic Megafossil plants as:

△*Cedroxylon jinshaense* (Zheng et Zhang) He, 1995

1982   *Protopodocarpoxylon jinshaense* Zheng et Zhang, Zheng Shaolin, Zhang Wu, p. 331, pl. 30, figs. 1 — 12; fossil woods; Mishan, eastern Heilongjiang; Late Jurassic Yunshan Formation.

1995   He Dechang, pp. 12 (in Chinese), 16 (in English), pl. 11, figs. 1 — 1e; fusainized woods; Huolinhe Coal Field of Jarud Banner, Inner Mongolia; Late Jurassic 14th seam of Huolinhe Formation; Yimin Coal Mine of Ewenki Banner, Inner Mongolia; Early Cretaceous 16th seam of Yimin Formation.

Genus *Celastrophyllum* Goeppert, 1854

1854   Goeppert, p. 52.

Type species: *Celastrophyllum attenuatum* Goeppert, 1854

Taxonomic status: Celastraceae, Dicotyledoneae

Celastrophyllum attenuatum Goeppert, 1854

1853   Goeppert, p. 435. (nom. nud.)

1854   Goeppert, p. 52, pl. 14, fig. 89; leaf; Java, Indonesia; Tertiary.

For the first and earliest record of this generic name in Chinese Mesozoic Megafossil plants as:

Celastrophyllum? sp.

1983   *Celastrophyllum*? sp., Zheng Shaolin, Zhang Wu, p. 92. pl. 8, figs. 12, 13; text-fig. 17; leaves; Boli Basin, Heilongjiang; Late Cretaceous Dongshan Formation.

Genus *Celastrus* Linné, 1753

Type species: (living genus)

Taxonomic status: Celastraceae, Dicotyledoneae

For the first and earliest record of this generic name in Chinese Mesozoic Megafossil plants as:
Celastrus minor Berry, 1916
1916 Berry, p. 266, pl. 61, figs. 3, 4; leaves; North America; Eocene.
1982 Geng Guocang, Tao Junrong, p. 121, pl. 1, fig. 1; leaf; Gyisum, Ngamring, Xizang (Tibet); Late Cretaceous — Eocene Qiuwu Formation.

Genus *Cephalotaxopsis* Fontaine, 1889
1889 Fontane, p. 236.
Type species: *Cephalotaxopsis magnifolia* Fontaine, 1889
Taxonomic status: Taxodiaceae, Coniferopsida

Cephalotaxopsis magnifolia Fontaine, 1889
1889 Fontane, p. 236, pls. 104 — 108; foliage bearing twigs; Fredericksburg, Virginia, USA; Early Cretaceous Potomac Group.

For the first and earliest record of this generic name in Chinese Mesozoic Megafossil plants as:
△*Cephalotaxopsis asiatica* HBDYS, 1976
1976 5th Division, North China Institute of Geological Science, p. 167, pl. 1; pl. 2, figs. 1 — 11; text-figs. 1 — 3; leafy shoots; No. : D5-4613, D5-4631, D5-4512, D54522, D5-4509, D5-4511; D5-4518, D5-4528, D5-4581, D5-4541, D5-4616, D5-4532, D5-4618, D5-4553, D5-4511, D5-4611, D5-4517, D5-4588, D5-4627, D5-4537; Repository: North China Institute of Geological Science; Zishaying-Chuozehsien Basin of Tachingshan, Inner Mongolia; Early Cretaceous. (Notes: The type specimen was not appointed in the original paper)

Cephalotaxopsis sp.
1976 *Cephalotaxopsis* sp., 5th Division, North China Institute of Geological Science, p. 170, pl. 2, figs. 12 — 22; text-fig. 4; leafy shoots and cuticles; Zishaying-Chuozehsien Basin of Tachingshan, Inner Mongolia; Early Cretaceous.

Genus *Ceratophyllum* Linné, 1753
Type species: (living genus)
Taxonomic status: Ceratophyllaceae, Dicotyledoneae

For the first and earliest record of this generic name in Chinese Mesozoic Megafossil plants as:
△*Ceratophyllum jilinense* Guo, 2000 (in English)
2000 Guo Shuangxing, p. 233, pl. 2, figs. 3, 4, 10, 12; leaves; Reg. No. : PB18628, PB18629; Holotype: PB18628 (pl. 2, fig. 3); Repository: Nanjing Institute of Geology and Paleontology, Chinese Academy of Sciences; Hunchun, Jilin; Late Cretaceous Hunchun Formation.

Genus *Cercidiphyllum* Siebold et Zucarini, 1846

Type species: (living genus)

Taxonomic status: Cercidiphyllaceae, Dicotyledoneae

For the first and earliest record of this generic name in Chinese Mesozoic Megafossil plants as:

Cercidiphyllum elliptcum (Newberry) Browm, 1939

- 1868 *Populus elliptcum* Newberry, p. 16; North America (Banks of Yallowstone River, Montana); Early Cretaceous (Lower Cretaceous Sadstone).
- 1898 *Populus elliptcum* Newberry, p. 43, pl. 3, figs. 1, 2; leaves; North America (Blackbird Hill, Nebraska); Cretaceous (Dakota group).
- 1939 Brown, p. 491, pl. 52, figs. 1 − 17.
- 1975 Guo Shuangxing, p. 417, pl. 2, figs. 2, 5; leaves; Xigaze, Xizang (Tibet); Late Cretaceous Xigaze Group.

△Genus *Chaoyangia* Duan, 1998 (1997) (in Chinese and English)

- 1997 Duan Shuying, p. 519. (in Chinese)
- 1998 Duan Shuying, p. 15. (in English)

Type species: *Chaoyangia liangii* Duan, 1998

Taxonomic status: angiosperm [Notes: The type species of the genus was later referred to Chlamydospermopsida (Gnetopsida) (Guo Shuangxing, Wu Xiangwu, 2000; Wu Shunqing, 1999)]

△*Chaoyangia liangii* Duan, 1998 (1997) (in Chinese and English)

- 1997 Duan Shuying, p. 519, figs. 1 − 4; fossil plant female reproductive organs; angiosperm; No. : 9341; Holotype: 9341 comprising fossil part (fig. 1) and counterpart (fig. 2); Chaoyang district, Liaoning; Late Jurassic Yixian Formation. (in Chinese) (Notes: The repository of the type specimens was not mentioned in the original article)
- 1998 Duan Shuying, p. 15, figs. 1 − 4; fossil plant female reproductive organs; angiosperm; No. : 9341; Holotype: 9341 comprising fossil part (fig. 1) and counterpart (fig. 2); Chaoyang district, Liaoning; Late Jurassic Yixian Formation. (in English) (Notes: The repository of the type specimens was not mentioned in the original article)

△Genus *Chengzihella* Guo et Sun, 1992

- 1992 Guo Shuangxing, Sun Ge, in Sun Ge and others, p. 546. (in Chinese)
- 1993 Guo Shuangxing, Sun Ge, in Sun Ge and others, p. 254. (in English)

Type species: *Chengzihella obovata* Guo et Sun, 1992

Taxonomic status: Dicotyledoneae

△*Chengzihella obovata* Guo et Sun, 1992

1992 Guo Shuangxing, Sun Ge, in Sun Ge and others, p. 546, pl. 1, figs. 4 — 9; leaves; Reg. No.: PB16768 — PB16772; Holotype: PB16768 (pl. 1, fig. 4); Repository: Nanjing Institute of Geology and Paleontology, Chinese Academy of Sciences; Chengzihe of Jixi, Heilongjiang; Early Cretaceous upper part of Chengzihe Formation. (in Chinese)

1993 Guo Shuangxing, Sun Ge, in Sun Ge and others, p. 254, pl. 1, figs. 4 — 9; leaves; Reg. No.: PB16768 — PB16772; Holotype: PB16768 (pl. 1, fig. 4); Repository: Nanjing Institute of Geology and Paleontology, Chinese Academy of Sciences; Chengzihe of Jixi, Heilongjiang; Early Cretaceous upper part of Chengzihe Formation. (in English)

△Genus *Chiaohoella* Li et Ye, 1980

1978 *Chiaohoella* Lee et Yeh, in Yang Xuelin and others, pl. 3, figs. 2 — 4. (nom. nud.)

1980 Li Xingxue, Ye Meina, p. 7.

Type species: *Chiaohoella mirabilis* Li et Ye, 1980

Taxonomic status: Adiantaceae, Filicopsida

△*Chiaohoella mirabilis* Li et Ye, 1980

1978 *Chiaohoella mirabilis* Lee et Yeh, in Yang Xuelin and others, pl. 3, figs. 2 — 4; fronds; Shansong of Jiaohe Basin, Jilin; Early Cretaceous Moshilazi Formation. (nom. nud.)

1980 Li Xingxue, Ye Meina, p. 7, pl. 2, fig. 7; pl. 4, figs. 1 — 3; fronds; Reg. No.: PB8970, PBPB4606, PB4608; Holotype: PB4606 (pl. 4, fig. 1); Repository: Nanjing Institute of Geology and Palaeontology, Chinese Academy of Sciences; Shansong of Jiaohe, Jilin; middle — late Early Cretaceous Shansong Formation.

△*Chiaohoella neozamioides* Li et Ye, 1980

1980 Li Xingxue, Ye Meina, p. 8, pl. 3, fig. 1; frond; Reg. No.: PB8971; Holotype: PB8971 (pl. 3, fig. 1); Repository: Nanjing Institute of Geology and Palaeontology, Chinese Academy of Sciences; Shansong of Jiaohe, Jilin; middle — late Early Cretaceous Shansong Formation.

△Genus *Chilinia* Li et Ye, 1980

1980 Li Xingxue, Ye Meina, p. 7.

Type species: *Chilinia ctenioides* Li et Ye, 1980

Taxonomic status: Cycadales, Cycadopsida

△*Chilinia ctenioides* Li et Ye, 1980

1980 Li Xingxue, Ye Meina, p. 7, pl. 2, figs. 1 — 6; cycadophyte leaf and cuticle; Reg. No.: PB8966 — PB8969; Holotype: PB8966 (pl. 2, fig. 1); Repository: Nanjing Institute of Geology and Palaeontology, Chinese Academy of Sciences; Shansong of Jiaohe, Jilin; middle — late Early Cretaceous Shansong Formation.

△*Chilinia elegans* **Zhang,1980**
1980   Zhang Wu and others,p. 240,pl. 1,figs. 1 — 5a;pl. 2,fig. 1;cycadophyte leaf and cuticle; No. :P6-10,P6-11;Repository:Shenyang Institute of Geology and Mineral Resources; Haizhou Opencut Coal Mine of Fuxin, Liaoning; Early Cretaceous Fuxin Formation. (Notes:The type specimen was not designated in the original paper)

△*Chilinia robusta* **Zhang,1980**
1980   Zhang Wu and others,p. 240,pl. 2,figs. 2 — 7;text-fig. 1;cycadophyte leaf and cuticle; No. :P6-12;Repository:Shenyang Institute of Geology and Mineral Resources;Haizhou Opencut Coal Mine of Fuxin,Liaoning;Early Cretaceous Fuxin Formation.

Genus *Chiropteris* Kurr,1858
1858   Kurr,in Bronn,p. 143.
Type species:*Chiropteris digitata* Kurr,1858
Taxonomic status:Filices incertae sedis

Chiropteris digitata **Kurr,1858**
1858   Kurr, in Bronn, p. 143, pl. 12; leaf (incertae sedis); Lettenkohlen-Sandstein, Europe; Triassic.

For the first and earliest record of this generic name in Chinese Mesozoic Megafossil plants as:
?*Chiropteris* sp.
1935   ?*Chiropteris* sp. , Toyama, Ôishi, p. 64, pl. 31, fig. 3A; frond; Jalai Nur of Hulun Buir League, Inner Mongolia (Chalai-Nor of Hsing-An, Manchoukuo); Middle Jurassic. [Notes:This specimen lately was referred as ? *Ctenis uwatokoi* Toyama et Ôishi (Sze H C,Lee H H and others,1963)]

△**Genus *Ciliatopteris* Wu X W,1979**
1979   Wu Xiangwu,in He Yuanliang and others,p. 139.
Type species:*Ciliatopteris pecotinata* Wu X W,1979
Taxonomic status:Dicksoniaceae?,Filicopsida

△*Ciliatopteris pecotinata* **Wu X W,1979**
1979   Wu Xiangwu, in He Yuanliang and others, p. 139, pl. 63, figs. 3 — 6; text-fig. 9; sterile and fertile pinnae;Col. No. :002,003;Reg. No. :PB6339 — PB6342;Holotype:PB6340 (pl. 63,fig. 4);Paratype 1:PB6339 (pl. 63,fig. 4);Paratype 2:PB6342 (pl. 63,fig. 6); Repository: Nanjing Institute of Geology and Palaeontology, Chinese Academy of Sciences;Haide'er of Gangcha,Qinghai;Early — Middle Jurassic Jiangcang Formation of Muli Group.

Genus *Cinnamomum* Boehmer, 1760

Type species: (living genus)

Taxonomic status: Lauraceae, Dicotyledoneae

For the first and earliest record of this generic name in Chinese Mesozoic Megafossil plants as:

Cinnamomum hesperium Knowlton

1979　Guo Shuangxing, pl. 1, figs. 3 — 5; leaves; Naxiaocun in Nalou of Yongning, Guangxi; Late Cretaceous Bali Formation. (Notes: This specific figure was only given in the original paper)

Cinnamomum newberryi Berry

1979　Guo Shuangxing, pl. 1, fig. 10; leaf; Naxiaocun in Nalou of Yongning, Guangxi; Late Cretaceous Bali Formation. (Notes: This specific figure was only given in the original paper)

Genus *Cissites* Debey, 1866

1866　Debey, in Capellini and Heer, p. 11.

Type species: *Cissites aceroides* Debey, 1866

Taxonomic status: Dicotyledoneae

Cissites aceroides Debey, 1866

1866　Debey, in Capellini and Heer, p. 11, pl. 2, fig. 5.

For the first and earliest record of this generic name in Chinese Mesozoic Megafossil plants as:

Cissites sp.

1980　*Cissites* sp., Li Xingxue, Ye Meina, pl. 3, fig. 6; leaf; Shansong of Jiaohe Basin, Jilin; Early Cretaceous Moshilazi Formation. [Notes 1: This specific figure was only given in the original paper); Notes 2: This specimen lately was referred as *Vitiphyllum* sp. (Li Xingxue and others, 1986)]

Cissites? sp.

1978　*Cissites*? sp., Yang Xuelin and others, pl. 2, fig. 7; leaf; Shansong of Jiaohe Basin, Jilin; Early Cretaceous Moshilazi Formation. [Notes 1: This specific figure was only given in the original paper; Notes 2: This specimen lately was referred as *Vitiphyllum* sp. (Li Xingxue and others, 1986)]

Genus *Cissus* Linné

Type species: (living genus)

Taxonomic status: Vitaceae, Dicotyledoneae

For the first and earliest record of this generic name in Chinese Mesozoic Megafossil plants as:
Cissus marginata (Lesquereux) Brown,1962
1873   *Viburnum marginata* Lesquereux,p. 395.
1878   *Viburnum marginata* Lesquereux,p. 223,pl. 37,fig. 11;pl. 38,figs. 1 — 4. (Notes:No fig. 5,which is a small leaf of *Ficus planicostata* Lesquereux)
1962   Brown,p. 79,pl. 53,figs. 1 — 6;pl. 54,figs. 1 — 4;pl. 55,figs. 4,6,7;leaves;Rocky Mountains and the Great Plains;Paleocene.
1986a,b   Tao Junrong,Xiong Xianzheng,p. 129,pl. 5,fig. 6;leaf;Jiayin region,Heilongjiang; Late Cretaceous Wuyun Formation.

△Genus *Cladophlebidium* Sze,1931
1931   Sze H C,p. 4.
Type species:*Cladophlebidium wongi* Sze,1931
Taxonomic status:Filices incertae sedis

△*Cladophlebidium wongi* Sze,1931
1931   Sze H C,p. 4,pl. 2,fig. 4;frond;Pingxiang,Jiangxi;Early Jurassic (Lias).

Genus *Cladophlebis* Brongniart,1849
1849   Brongniart,p. 107.
Type species:*Cladophlebis albertsii* (Dunker) Brongniart,1894
Taxonomic status:Filices incertae sedis

Cladophlebis albertsii (Dunker) Brongniart,1894
1846   *Neuropteris albertsii* Dunker, p. 8, pl. 7, fig. 6; fern-like foliage; Germany; Early Cretaceous (Wealden).
1849   Brongniart,p. 107.

For the first and earliest record of this generic name in Chinese Mesozoic Megafossil plants as:
Cladophlebis (*Todea*) *roessertii* Presl ex Zeiller,1903
1820 — 1838   *Alethopteris roessertii* Presl,in Sternberg,p. 145,pl. 33,figs. 14a,14b;Western Europe;Triassic.
1902 — 1903   Zeiller,p. 38,pl. 11,figs. 1 — 3;pl. 3,figs. 1 — 3;fronds;Hong Gai,Vietnam;Late Triassic.
1902 — 1903   Zeiller, p. 291, pl. 54, figs. 1, 2; fronds; Taipingchang (Tai-Pin-Tchang), Yunnan; Late Triassic. [Notes: This specimen lately was referred as *Todites goeppertianus* (Muenster) Krasser (Sze H C,Lee H H and others,1963)]

Genus *Classostrobus* Alvin,Spicer et Watson,1978
1978   Alvin and others,p. 850.

Type species: *Classostrobus rishra* (Barnard) Alvin, Spicer et Watson, 1978

Taxonomic status: Cheirolepidiaceae, Coniferopsida

Classostrobus rishra (Barnard) Alvin, Spicer et Watson, 1978

1968 *Masculostrobus rishra* Barnard, p. 168, pl. 1, figs. 1, 2, 5, 7, 8; text-figs. 1A — 1E, 2B, 2C, 2J; male cone bearing *Classopollis* pollen; Iran; Middle Jurassic.

1978 Alvin and others, p. 850.

For the first and earliest record of this generic name in Chinese Mesozoic Megafossil plants as:

△*Classostrobus cathayanus* Zhou, 1983

1983a Zhou Zhiyan, p. 805, pl. 79, figs. 3 — 7; pl. 80, figs. 1 — 7; text-figs. 4A, 4B; male cone pollen of *Classopolis*-type; Reg. No.: PB10237; Holotype: PB10237 (pl. 80, fig. 4); Repository: Nanjing Institute of Geology and Paleontology, Chinese Academy of Sciences; Qixia of Nanjing, Jiangsu; Early Cretaceous Gecun Formation.

Genus *Clathropteris* Brongniart, 1828

1828 Brongniart, p. 62.

Type species: *Clathropteris meniscioides* Brongniart, 1828

Taxonomic status: Dipteridaceae, Filicopsida

Clathropteris meniscioides Brongniart, 1828

1825 *Filicites meniscioides* Brongniart, p. 200, pls. 11, 12; fern foliage; Scania, Sweden; Early Jurassic (Lias?).

1828 Brongniart, p. 62.

For the first and earliest record of this generic name in Chinese Mesozoic Megafossil plants as:

Clathropteris sp.

1883 *Clathropteris* sp., Schenk, p. 250, pl. 51, fig. 1; frond; Tumulu, Inner Mongolia; Jurassic. [Notes: This specimen lately was referred as *Clathropteris pekingensis* Lee et Shen (Sze H C, Lee H H and others, 1963)]

△Genus *Clematites* ex Tao et Zhang, 1990, emend Wu, 1993

[Notes: The generic name was originally not mentioned clearly as a new generic name (Wu Xiangwu, 1993a)]

1990 Tao Junrong, Zhang Chuanbo, pp. 221, 226.

1993a Wu Xiangwu, pp. 12, 217.

Type species: *Clematites lanceolatus* Tao et Zhang, 1990

Taxonomic status: Ranunculaceae?, Dicotyledoneae

△*Clematites lanceolatus* Tao et Zhang, 1990, emend Wu, 1993

1990 Tao Junrong, Zhang Chuanbo, pp. 221, 226, pl. 1, fig. 9; text-fig. 4; leaves; No.: $K_1 d_{41-9}$;

Repository: Institute of Botany, Chinese Academy of Sciences; Yanji, Jilin; Early Cretaceous Dalazi Formation.

1993a Wu Xiangwu, pp. 12, 217.

Genus *Compsopteris* Zalessky, 1934

1934　Zalessky, p. 264.

Type species: *Compsopteris adzvensis* Zalessky, 1934

Taxonomic status: Pteridospermopsida

Compsopteris adzvensis Zalessky, 1934

1934　Zalessky, p. 264, figs. 38, 39; alethopterid foliage; Pechora basin, USSR; Permian.

For the first and earliest record of this generic name in Chinese Mesozoic Megafossil plants as:

△*Compsopteris crassinervis* Yang, 1978

1978　Yang Xianhe, p. 503, pl. 174, fig. 1; fern-like leaf; Reg. No.: Sp0085; Holotype: Sp0085 (pl. 174, fig. 1); Repository: Chengdu Institute of Geology and Mineral Resources; Moshahe of Dukou, Sichuan; Late Triassic Daqiaodi Formation.

△*Compsopteris platyphylla* Yang, 1978

1978　Yang Xianhe, p. 503, pl. 174, fig. 4; pl. 175, fig. 1; fern-like leaves; Reg. No.: Sp0088; Holotype: Sp0088 (pl. 174, fig. 4); Repository: Chengdu Institute of Geology and Mineral Resources; Moshahe of Dukou, Sichuan; Late Triassic Daqiaodi Formation.

△*Compsopteris tenuinervis* Yang, 1978

1978　Yang Xianhe, p. 503, pl. 174, figs. 2, 3; fern-like leaves; Reg. No.: Sp0086, Sp0087; Syntype 1: Sp0086 (pl. 174, fig. 2); Syntype 2: Sp0087 (pl. 174, fig. 3); Repository: Chengdu Institute of Geology and Mineral Resources; Moshahe of Dukou, Sichuan; Late Triassic Daqiaodi Formation. [Notes: According to *International Code of Botanical Nomenclature (Vienna Code)* article 37.2, from the year 1958, the holotype type specimen should be unique]

△*Compsopteris zhonghuaensis* Yang, 1978

1978　Yang Xianhe, p. 502, pl. 174, fig. 5; fern-like leaf; Reg. No.: Sp0081; Holotype: Sp0081 (pl. 174, fig. 5); Repository: Chengdu Institute of Geology and Mineral Resources; Moshahe of Dukou, Sichuan; Late Triassic Daqiaodi Formation.

Genus *Coniferites* Unger, 1839

1839　Unger, p. 13.

Type species: *Coniferites lignitum* Unger, 1839

Taxonomic status: Coniferopsida

Coniferites lignitum Unger, 1839

1839   Unger, p. 13; Peggan, Styria; Miocene.

For the first and earliest record of this generic name in Chinese Mesozoic Megafossil plants as:
Coniferites marchaensis Vachrameev, 1965
1965   Vachrameev, in Lebedev, p. 126, pl. 31, fig. 2; pl. 35, fig. 1; pl. 36, fig. 1; Amur R and Lena R, USSR; Late Jurassic.

1988   Sun Ge, Shan Ping, pl. 4, fig. 4; leafy shoot; Huolinhe Coal Field, eastern Inner Mongolia; Late Juracssc — Early Cretaceous. (Notes: This specific figure was only given in the original paper)

Genus *Coniferocaulon* Fliche, 1900

1900   Fliche, p. 16.

Type species: *Coniferocaulon colymbeaeforme* Fliche, 1900

Taxonomic status: Coniferopsida

Coniferocaulon colymbeaeforme Fliche, 1900
1900   Fliche, p. 16, figs. 1 — 3; stems; France; Cretaceous.

For the first and earliest record of this generic name in Chinese Mesozoic Megafossil plants as:
Coniferocaulon rajmahalense Gupta, 1954
1954   Gupta, p. 22, pl. 3, figs. 15, 16; Khaibani, Rajmahal Hills, Bihar, India; Late Jurassic Rajmahal Stage.

1993   Zhou Zhiyan, Wu Yimin, p. 124, pl. 1, figs. 12, 13; stems; Puna county in Tingri (Xegar) District, southern Xizang (Tibet) (about 60 km north to Mount Qomolungma); Early Cretaceous Puna Formation.

Coniferocaulon? sp.
1993   *Coniferocaulon*? sp., Zhou Zhiyan, Wu Yimin, p. 124, pl. 1, fig. 14; stem; Puna county in Tingri (Xegar) District, southern Xizang (Tibet) (about 60 km north to Mount Qomolungma); Early Cretaceous Puna Formation.

Genus *Coniopteris* Brongniart, 1849

1849   Brongniart, p. 105.

Type species: *Coniopteris murrayana* Brongniart, 1849

Taxonomic status: Dicksoniaceae, Filicopsida

Coniopteris murrayana Brongniart, 1849
1835(1828 — 1838)   *Pecopteris murrayana* Brongniart, p. 358, pl. 126, figs. 1 — 4; sterile pinnae; Yorkshire, England; Middle Jurassic.

1849   Brongniart, p. 105.

For the first and earliest record of this generic name in Chinese Mesozoic Megafossil plants as:
Coniopteris hymenophylloides (Brongniart) Seward, 1900
1829(1828 — 1838)   *Sphenopteris hymenophylloides* Brongniart, p. 189, pl. 56, fig. 4; sterile leaf; Yorkshire, England; Middle Jurassic.
1900   Seward, p. 99, pl. 16, figs. 4 — 6; pl. 17, figs. 3, 6 — 8; pl. 20, figs. 1, 2; pl. 21, figs. 1 — 4; fronds; Western Europe; Jurassic.
1906   Yokoyama, pp. 24, 26, pl. 6, fig. 3; pl. 7, figs. 1 — 5; fronds; Fangzi of Weixian, Shandong; Laodongcang (Jimingshan) in Xuanhua, Hebei; Jurassic.

△*Coniopteris nitidula* Yokoyama, 1906
1906   Yokoyama, p. 35, pl. 12, figs. 4, 4a; fronds; Shiguanzi of Zhaohua, Sichuan; Jurassic. [Notes: This species lately was referred as *Sphenopteris nitidula* (Yokoyama) Ôishi (Ôishi, 1940)]

Genus *Conites* Sternberg, 1823
1823(1820 — 1838)   Sternberg, p. 39.
Type species: *Conites bucklandi* Sternberg, 1823
Taxonomic status: plantae incertae sedis or Coniferales?

Conites bucklandi Sternberg, 1823
1823(1820 — 1838)   Sternberg, p. 39, pl. 30.

For the first and earliest record of this generic name in Chinese Mesozoic Megafossil plants as:
△*Conites shihjenkouensis* Yabe et Ôishi, 1933
1933   Yabe, Ôishi, p. 233 (39), pl. 35 (6), figs. 8, 8a, 8b; cones; Shirengou (Shijenkou) of Xifeng, Liaoning; Jurassic.

Conites sp.
1933   *Conites* sp., P'an C H, p. 537, pl. 1, fig. 13; cone; Hsichungtien of Fangshan, Hebei (Hopei); Early Cretaceous.

Genus *Corylites* Gardner J S, 1887
1887   Gardner J S, p. 290.
Type species: *Corylites macquarrii* Gardner J S, 1887
Taxonomic status: Corylaceae, Dicotyledoneae

Corylites macquarrii J S Gardner, 1887
1887   Gardner J S, p. 290, pl. 15, fig. 3; leaf; Atanekerdluk, Isel of Mull, Scotand; Miocene.

For the first and earliest record of this generic name in Chinese Mesozoic Megafossil plants as:
Corylites fosteri (Ward) Bell, 1949
1886   *Corylus rostrata* Ward, p. 551, pl. 39, figs. 1 — 4.

1887　*Corylus rostrata* Ward,p. 29,pl. 13,figs. 1 — 4.

1889　*Corylus rostrata fosteri* Newberry,p. 63,pl. 32,figs. 1 — 3.

1949　Bell,p. 53,pl. 33,figs. 1 — 5,7; leaves; Western Alberta; Canada; Paleocene (Paskapoo Formation).

1986a,b　Tao Junrong,Xiong Xianzheng,p. 127,pl. 8,fig. 6; leaf; Jiayin region, Heilongjiang; Late Cretaceous Wuyun Formation.

Genus *Corylopsiphyllum* Koch,1963

1964　Koch,p. 50.

Type species:*Corylopsiphyllum groenlandicum* Koch,1963

Taxonomic status:Hamamelidaceae,Dicotyledoneae

Corylopsiphyllum groenlandicum Koch,1963

1963　Koch,p. 50,pl. 20,fig. 2; pls. 21,22; leaves; Nugssuak Peninsula, Northwest Greenland; Early Paleocene.

For the first and earliest record of this generic name in Chinese Mesozoic Megafossil plants as:

△*Corylopsiphyllum jilinense* Guo,2000 (in English)

2000　Guo Shuangxing, p. 234, pl. 4, figs. 7, 19; leaves; Reg. No. : PB18634, PB18635; Holotype: PB18635 (pl. 7, fig. 19); Repository: Nanjing Institute of Geology and Paleontology, Chinese Academy of Sciences; Hunchun, Jilin; Late Cretaceous Hunchun Formation.

Genus *Corylus* Linné,1753

Type species:(living genus)

Taxonomic status:Corylaceae,Dicotyledoneae

For the first and earliest record of this generic name in Chinese Mesozoic Megafossil plants as:

Corylus kenaiana Hollick

1980　Zhang Zhicheng, p. 323, pl. 204, fig. 6; leaf; Shangzhi, Heilongjiang; Late Cretaceous Sunwu Formation.

Genus *Credneria* Zenker,1833

1833　Zenker,p. 17.

Type species:*Credneria integerrima* Zenker,1833

Taxonomic status:Dicotyledoneae

Credneria integerrima Zenker,1833

1833　Zenker,p. 17,pl. 2,fig. F; leaf; Blankenburg, Germany; Late Cretaceous.

For the first and earliest record of this generic name in Chinese Mesozoic Megafossil plants as:
Credneria inordinata **Hollick, 1930**
1930   Hollick, p. 86, pl. 56, fig. 3; pl. 57, figs. 2, 3; leaves; Alaska, America; Late Cretaceous Kaltag Formation.
1986a, b   Tao Junrong, Xiong Xianzheng, p. 129, pl. 5, fig. 7; pl. 6, fig. 9; leaves; Jiayin region, Heilongjiang; Late Cretaceous Wuyun Formation.

Genus *Crematopteris* **Schimper et Mougeot, 1844**
1844   Schimper, Mougeot, p. 74.
Type species: *Crematopteris typica* Schimper et Mougeot, 1844
Taxonomic status: Pteridospermopsida

Crematopteris typica **Schimper et Mougeot, 1844**
1844   Schimper, Mougeot, p. 74, pl. 35; fern-like leaf; Soultz-les-Bains, Alsace; Triassic.

For the first and earliest record of this generic name in Chinese Mesozoic Megafossil plants as:
△*Crematopteris brevipinnata* **Wang, 1984**
1984   Wang Ziqiang, p. 252, pl. 110, figs. 9 — 12; fern-like leaves; Reg. No. : P0011a, P0012, P0013, P0116; Syntype 1: P0116 (pl. 110, fig. 9); Syntype 2: P0013 (pl. 110, fig. 11); Repository: Nanjing Institute of Geology and Paleontology, Chinese Academy of Sciences; Jiaocheng, Shanxi; Early Triassic Liujiagou Formation. [Notes: According to *International Code of Botanical Nomenclature* (*Vienna Code*) article 37. 2, from the year 1958, the holotype type specimen should be unique]

△*Crematopteris ciricinalis* **Wang, 1984**
1984   Wang Ziqiang, p. 253, pl. 110, figs. 1 — 8; fern-like leaves; Reg. No. : P0010, P0014 — P0016, P0035, P0036; Syntype 1: P0014 (pl. 110, fig. 3); Syntype 2: P0010 (pl. 110, fig. 8); Repository: Nanjing Institute of Geology and Paleontology, Chinese Academy of Sciences; Jiaocheng and Yushe, Shanxi; Early Triassic Liujiagou Formation and Heshanggou Formation. [Notes: According to *International Code of Botanical Nomenclature* (*Vienna Code*) article 37. 2, from the year 1958, the holotype type specimen should be unique]

Genus *Cryptomeria* **Don D, 1847**
Type species: (living genus)
Taxonomic status: Taxodiaceae, Coniferopsida

For the first and earliest record of this generic name in Chinese Mesozoic Megafossil plants as:
Cryptomeria fortunei **Hooibrenk ex Otto et Dietr.**
(Notes: The species is a extant species)

1982   Tan Lin, Zhu Jianan, p. 150, pl. 37, figs. 1 — 3; leafy shoot, cones; Guyang, Inner Mongolia; Early Cretaceous Guyang Formation.

Genus *Ctenis* Lindley et Hutton, 1834

1834(1831 — 1837)   Lindley, Hutton, p. 63.

Type species: *Ctenis falcata* Lindley et Hutton, 1834

Taxonomic status: Cycadales, Cycadopsida

Ctenis falcata Lindley et Hutton, 1834

1834(1831 — 1837)   Lindley, Hutton, p. 63, pl. 103; cycadophyte leaf; Gristhope Bay, Yorkshire, England; Jurassic.

For the first and earliest record of this generic name in Chinese Mesozoic Megafossil plants as:

△*Ctenis kaneharai* Yokoyama, 1906

1906   Yokoyama, p. 29, pl. 9, figs. 1, 1a; cycadophyte leaf; Niazigou (Nientzukou) of Benxi, Liaoning; Jurassic.

Ctenis sp.

1906   *Ctenis* sp., Yokoyama, p. 25, pl. 6, fig. 1a; cycadophyte leaf; Fangzi of Weixian, Shandong; Jurassic.

Genus *Ctenophyllum* Schimper, 1870

1870(1869 — 1874)   Schimper, p. 143.

Type species: *Ctenophyllum braunianum* (Goeppert) Schimper, 1870

Taxonomic status: Cycadales, Cycadopsida

Ctenophyllum braunianum (Goeppert) Schimper, 1870

1844   *Pterophyllum braunianum* Goeppert, p. 134.

1870(1869 — 1874)   Schimper, p. 143; cycadophyte foliage; Bayreuth, Silesia; Late Triassic (Rhaetic).

For the first and earliest record of this generic name in Chinese Mesozoic Megafossil plants as:

△*Ctenophyllum decurrens* Feng, 1977

1977   Feng Shaonan and others, p. 232, pl. 84, figs. 4 — 5; cycadophyte leaves; No.: P25247, P25248; Syntype 1: P25247 (pl. 84, fig. 4); Syntype 2: P25248 (pl. 84, fig. 5); Repository: Hubei Institute of Geological Sciences; Donggong of Nanzhang, Hubei; Late Triassic Lower Coal Formation of Hsiangchi Group. [Notes: According to *International Code of Botanical Nomenclature* (*Vienna Code*) article 37.2, from the year 1958, the holotype type specimen should be unique]

Genus *Ctenopteris* Saporta, 1872

1872(1872 — 1873)   Saporta, p. 355.

Type species: *Ctenopteris cycadea* (Berger) Saporta, 1872

Taxonomic status: Pteridospermopsida?

Ctenopteris cycadea (Berger) Saporta, 1872

1832   *Odontopteris cycadea* Berger, p. 23, pl. 3, figs. 2, 3; cycadophyte leaves; Europe; Late Triassic.

1872(1872 — 1873)   Saporta, p. 355, pl. 40, figs. 2 — 5; pl. 41, figs. 1, 2; cycadophyte leaves; Moselle, France; Jurassic.

For the first and earliest record of this generic name in Chinese Mesozoic Megafossil plants as:

Ctenopteris sarranii Zeiller, 1903

[Notes: This species lately was referred as *Ctenozamites sarranii* Zeiller (Sze H C, Lee H H and others, 1963)]

1902 — 1903   Zeiller, p. 53, pl. 6; pl. 7, fig. 1; pl. 8, figs. 1, 2; cycadophyte leaf; Hong Gai, Vietnam; Late Triassic.

1902 — 1903   Zeiller, p. 292, pl. 54, figs. 3, 4; cycadophyte leaves; Taipingchang (Tai-Pin-Tchang), Yunnan; Late Triassic. [Notes: This specimen lately was referred as *Ctenozamites sarranii* Zeiller (Sze H C, Lee H H and others, 1963)]

Genus *Ctenozamites* Nathorst, 1886

1886   Nathorst, p. 122.

Type species: *Ctenozamites cycadea* (Berger) Nathorst, 1886

Taxonomic status: Pteridospermopsida? or Cycadopsida?

Ctenozamites cycadea (Berger) Nathorst, 1886

1832   *Odontopteris cycadea* Berger, p. 23, pl. 3, figs. 2, 3; cycadophyte leaves; Europe; Late Triassic.

1886   Nathorst, p. 122; cycadophyte leaf; Moselle, France; Jurassic.

For the first and earliest record of this generic name in Chinese Mesozoic Megafossil plants as:

Ctenozamites sarrani (Zeiller) ex Sze, Li et al., 1963

[Notes: The name *Ctenozamites sarrani* is applied by Sze H C, Lee H H and others (1963)]

1902 — 1903   *Ctenopteris sarrani* Zeiller, p. 53, pl. 6; pl. 7, fig. 1; pl. 8, figs. 1, 2; cycadophyte leaves; Hong Gai, Vietnam; Late Triassic.

1963   *Ctenozamites sarrani* Zeiller, Sze H C, Lee H H and others, p. 198, pl. 58, fig. 1; pl. 59, figs. 2, 3; cycadophyte leaves; Tanhegou near Silangmiao (T'anhokou near Shilangmiao) of Yijun, Shaanxi; Late Triassic Yenchang Group; Taipingchang, Yunnan; Late Triassic Yipinglang Group.

Ctenozamites? spp.

1963   Ctenozamites? sp. 1, Sze H C, Lee H H and others, p. 199, pl. 59, fig. 6; cycadophyte leaf; Baiguowan of Huili, Sichuan; Late Triassic.

1963   Ctenozamites? sp. 2, Sze H C, Lee H H and others, p. 199, pl. 59, fig. 4; cycadophyte leaf; Shiwopu of Huili, Sichuan; Late Triassic.

1963   Ctenozamites? sp. 3, Sze H C, Lee H H and others, p. 199, pl. 58, fig. 4; pl. 60, fig. 7; cycadophyte leaves; Chenjiawan of Nanzhang, Hubei; Early Jurassic Hsiangchi Group.

Genus *Culgoweria* Florin, 1936

1936   Florin, p. 133.

Type species: *Culgoweria mirobilis* Florin, 1936

Taxonomic status: Czekanowskiales

Culgoweria mirobilis Florin, 1936

1936   Florin, p. 133, pl. 33, figs. 3 — 12; pl. 34; pl. 35, figs. 1, 2; leaves and cuticles; Franz Joseph Land; Jurassic.

For the first and earliest record of this generic name in Chinese Mesozoic Megafossil plants as:
△*Culgoweria xiwanensis* Zhou, 1984

1984   Zhou Zhiyan, p. 46, pl. 28, figs. 9 — 9c; pl. 29, figs. 1 — 3; leaves and cuticles; Reg. No.: PB8931; Holotype: PB8931 (pl. 28, fig. 9); Repository: Nanjing Institute of Geology and Palaeontology, Chinese Academy of Sciences; Xiwan, Guangxi; Early Jurassic Xiwan Formation.

Genus *Cunninhamia* R. Br.

Type species: (living genus)

Taxonomic status: Taxodiaceae, Coniferopsida

For the first and earliest record of this generic name in Chinese Mesozoic Megafossil plants as:
△*Cunninhamia asiatica* (Krassilov) Meng, Chen et Deng, 1988

1967   *Elatides asiatica* Krassilov, Krassilov, p. 200, pl. 74, figs. 1 — 3; pl. 75, figs. 1 — 7; pl. 76, figs. 1 — 3; text-figs. 28a — 28r; leafy shoots and cuticles; South Seaside, USSR; Early Cretaceous.

1988   Meng Xiangying, Chen Fen and Deng Shenghui, p. 650, pl. 2, figs. 1 — 5; pl. 3, figs. 1 — 5; leafy shoots, cones and cuticles; Fuxin Basin and Tiefa Basin, Liaoning; Early Cretaceous Fuxin Formation and Xiaoming'anbei Formation.

Genus *Cupressinocladus* Seward, 1919

1919   Seward, p. 307.

Type species: *Cupressinocladus salicornoides* (Unger) Seward, 1919

Taxonomic status: Cupressaceae, Coniferopsida

Cupressinocladus salicornoides (Unger) Seward, 1919

1847   *Thuites salicornoides* Unger, p. 11, pl. 2; cupressineos shoots; Croatia; Eocene Beds.

1919   Seward, p. 307, fig. 752; cupressineos shoot; Croatia; Eocene Beds.

For the first and earliest record of this generic name in Chinese Mesozoic Megafossil plants as:

△*Cupressinocladus elegans* (Chow) Chow, 1963

1923   *Sphenolepis elegans* Chow, Chow T H, pp. 81, 139, pl. 1, fig. 8; leafy twig; Laiyang, Shandong (Shantung); Early Cretaceous Laiyang Formation.

1945   Cf. *Sphenolepidium elegans* (Chow) Sze, Sze H C, p. 51, figs. 8 — 10; leafy shoots; Yong'an (Yungan), Fujian (Fukien); Cretaceous Pantou Series.

1954   *Sphenolepidium elegans* (Chow) Sze, Hsu J, p. 65, pl. 55, fig. 8; leafy shoot; Laiyang, Shandong (Shantung); Laiyang Formation.

1963   Chow Tseyen, in Sze H C, Lee H H and others, p. 285, pl. 92, figs. 1, 2; pl. 94, fig. 13; leafy twigs; Laiyang, Shandong (Shantung); Late Jurassic — Early Cretaceous Laiyang Formation; Yong'an (Yungan), Fujian (Fukien); Late Jurassic — Early Cretaceous Pantou Formation.

△*Cupressinocladus gracilis* (Sze) Chow, 1963

1945   *Pagiophyllum gracile* Sze, Sze H C, p. 51, figs. 13, 18; leafy shoots; Yong'an (Yungan), Fujian (Fukien); Cretaceous Pantou Series.

1963   Chow Tseyen, in Sze H C, Lee H H and others, p. 285, pl. 91, figs. 1 — 2a; leafy twigs; Yong'an (Yungan), Fujian (Fukien); Late Jurassic — Early Cretaceous Pantou Formation.

Genus *Cupressinoxylon* Goeppert, 1850

1850   Goeppert, p. 202.

Type species: *Cupressinoxylon subaequale* Goeppert, 1850

Taxonomic status: Cupressaceae, Coniferopsida

Cupressinoxylon subaequale Goeppert, 1850

1850   Goeppert, p. 202, pl. 27, figs. 1 — 5; coniferous woods; Western Europe; Tertiary.

For the first and earliest record of this generic name in Chinese Mesozoic Megafossil plants as:

Cupressinoxylon sp.

1931   *Cupressinoxylon* sp., Kubart, p. 363, pl. 2, figs. 8 — 13; fossil woods; Liuhejie, Yunnan (Lühogia, Yünnan) (101°E, 25°N); Late Cretaceous or Tertiary.

Genus *Cupressus* Linné, 1737

Type species: (living genus)

Taxonomic status:Cupressaceae,Coniferopsida

For the first and earliest record of this generic name in Chinese Mesozoic Megafossil plants as:
? *Cupressus* sp.
1982   ? *Cupressus* sp. ,Tan Lin,Zhu Jianan,p. 152,pl. 40,figs. 3,4; foliage twigs; Guyang, Inner Mongolia; Early Cretaceous Guyang Formation.

Genus *Cyathea* Smith,1793
Type species:(living genus)

Taxonomic status:Cyatheaceae,Filicopsida

For the first and earliest record of this generic name in Chinese Mesozoic Megafossil plants as:
△*Cyathea ordosica* Chu,1963
1963   Chu Chianan,pp. 274,278,pls. 1 — 3; text-fig. 1; fronds, sterile pinnae and fertile pinnae; Holotype:P0110 (pl. 1,fig. 1); Repository:Institute of Botany,Chinese Academy of Sciences; Dongsheng, Inner Mongolia; Jurassic.

△Genus *Cycadicotis* Pan (MS) ex Li,1983
1983   Pan Guang,p. 1520. (in Chinese) (nom. nud.)

1983   Pan Guang,in Li Jieru,p. 22.

1984   Pan Guang,p. 958. (in English) (nom. nud.)

Type species:*Cycadicotis nissonervis* Pan (MS) ex Li,1983 [Notes 1:Generic name was given only, without specific name (or type species) in the original paper; Notes 2:*Cycadicotis nissonervis* Pan (MS) ex Li was later regarded as Type species (Li Jieru,1983)]

Taxonomic status: Sinodicotiaceae, "hemiangiosperms" or Cycadophytes (Pan Guang, 1983, 1984) or Cycadophytes (Li Jieru,1983)

△*Cycadicotis nissonervis* Pan (MS) ex Li,1983
1983   Pan Guang,in Li Jieru,p. 22,pl. 2,fig. 3; leaf and reproductive organ-like appendage; No. :Jp1h2-30; Repository:Regional Geological Surveying Team, Bureau of Geology and Mineral Resources of Liaoning Province; Houfulongshan of Nanpiao, Liaoning; Middle Jurassic member 3 of Haifanggou Formation.

Cycadicotis sp. indet.
[Notes: Generic name was given only, but without specific name (or type species) in the original paper]

1983   *Cycadicotis* sp. indet. ,Pan Guang,p. 1520; western Liaoning (about 45°58′N,120°21′E); Middle Jurassic Haifanggou Formation. (in Chinese)

1984   *Cycadicotis* sp. indet. ,Pan Guang,p. 958; western Liaoning (about 45°58′N,120°21′E); Middle Jurassic Haifanggou Formation. (in English)

Genus *Cycadites* Sternberg, 1825 (non Buckland, 1836)
1825(1820 — 1838)　　Sternberg, Tentmen, p. XXXII.
Type species: *Cycadites nilssoni* Sternberg, 1825
Taxonomic status: Cycadales, Cycadopsida

Cycadites nilssoni Sternberg, 1825
1825(1820 — 1838)　　Sternberg, Tentmen, p. XXXII, pl. 47; cycadophyte frond; Hoer, Sweden; Cretaceous.

For the first and earliest record of this generic name in Chinese Mesozoic Megafossil plants as:
△*Cycadites manchurensis* Ôishi, 1935
1935　　Ôishi, p. 85, pl. 6, figs. 4, 4a, 4b, 5, 6; text-fig. 3; cycadophyte leaves and cuticles; Dongning Coal Mine, Heilongjiang; Late Jurassic or Early Cretaceous. [Notes: This specimen lately was referred as *Pseudocycas manchurensis* (Ôishi) Hsu (Hsu J, 1954)]

Genus *Cycadites* Buckland, 1836 (non Sternberg, 1825)
(Notes: *Cycadites* Buckland, 1836 is a homoum junius of Cycadites Sternberg, 1825)
1836　　Buckland, p. 497.
Type species: *Cycadites megalophyllas* Buckland, 1836
Taxonomic status: Cycadales, Cycadopsida

Cycadites megalophyllas Buckland, 1836
1836　　Buckland, p. 497, pl. 60; petrified cycadophyte trunk; Island of Portaland, England.

Genus *Cycadocarpidium* Nathorst, 1886
1886　　Nathorst, p. 91.
Type species: *Cycadocarpidium erdmanni* Nathorst, 1886
Taxonomic status: Podozamitales, Coniferopsida

For the first and earliest record of this generic name in Chinese Mesozoic Megafossil plants as:
Cycadocarpidium erdmanni Nathorst, 1886
1886　　Nathorst, p. 91, pl. 26, figs. 15 — 20; cycado megasporphyll; Bjuf, Sweden; Late Triassic (Rhaetic).
1933a　Sze H C, p. 22, pl. 2, figs. 10, 11; cone-scale; Yibin, Sichuan; Late Triassic — Early Jurassic.

Genus *Cycadolepis* Saporta, 1873

1873(1873e — 1875a)　Saporta, p. 201.

Type species: *Cycadolepis villosa* Saporta, 1873

Taxonomic status: Cycadales, Cycadopsida

Cycadolepis villosa Saporta, 1873

1873(1873e — 1875a)　Saporta, p. 201. pl. 114, fig. 4; cycadophyte bud scale(?); Orbagnoux, France; Jurassic.

For the first and earliest record of this generic name in Chinese Mesozoic Megafossil plants as:

Cycadolepis corrugata Zeiller, 1903

1902 — 1903　Zeiller, p. 200, pl. 44, fig. 1; pl. 50, figs. 1 — 4; cycadophyte bud scales; Hong Gai, Vietnam; Late Triassic.

1933c　Sze H C, p. 23, pl. 4, figs. 10 — 11; cycadophyte bud scales; Yibin (Suifu), Sichuan; late Late Triassic — Early Jurassic.

△Genus *Cycadolepophyllum* Yang, 1978

1978　Yang Xianhe, p. 510.

Type species: *Cycadolepophyllum minor* Yang, 1978

Taxonomic status: Bennettiales, Cycadopsida

△*Cycadolepophyllum minor* Yang, 1978

1978　Yang Xianhe, p. 510, pl. 163, fig. 11; pl. 175, fig. 4; cycadophyte leaves; No.: Sp0041; Holotype: Sp0041 (pl. 163, fig. 11); Repository: Chengdu Institute of Geology and Mineral Resources; Shuanghe of Changning, Sichuan; Late Triassic Hsuchiaho Formation.

△*Cycadolepophyllum aequale* Yang, 1978

1942　*Pterophyllum aequale* (Brongniart) Nathorst, Sze H C, p. 189, pl. 1, figs. 1 — 4; cycadophyte leaves; Lechang, Guangdong; Late Triassic — Early Jurassic.

1978　Yang Xianhe, p. 510; cycadophyte leaf; Lechang, Guangdong; Late Triassic.

Genus *Cycadospadix* Schimper, 1870

1870(1869 — 1874)　Schimper, p. 207.

Type species: *Cycadospadix hennocquei* (Pomel) Schimper, 1870

Taxonomic status: Bennettiales, Cycadopsida

Cycadospadix hennocquei (Pomel) Schimper, 1870

1870(1869 — 1874) Schimper, p. 207, pl. 72; Cycas-like megasporophyll; Moselle, France; Early

Jurassic (Lias).

For the first and earliest record of this generic name in Chinese Mesozoic Megafossil plants as:
△*Cycadospadix scopulina* Zhou,1984
1984   Zhou Zhiyan,p. 41,pl. 18,fig. 5;text-fig. 8;sporophylls;Reg. No. :PB8918;Holotype: PB8918 (pl. 18,fig. 5);Repository:Nanjing Institute of Geology and Paleontology, Chinese Academy of Sciences;Heputang of Qiyang,Hunan;Early Jurassic Paijiachong Member of Guanyintan Formation.

Genus *Cyclopitys* Schmalhausen,1879
[Notes: The generic name *Cyclopitys* being abandoned; the type species was referred as *Pityophyllum nordenskioeldi* Heer (Sze H C,Lee H H and others,1963)]
1879   Schmalhausen,p. 41.
Type species:*Cyclopitys nordenskioeldi* (Heer) Schmalhausen,1879
Taxonomic status:Pinaceae,Coniferopsida

For the first and earliest record of this generic name in Chinese Mesozoic Megafossil plants as:
Cyclopitys nordenskioeldi (Heer) Schmalhausen,1879
1876   *Pinus nordenskioeldi* Heer,p. 45,pl. 9,figs. 1 — 6;Spitzbergens;Late Jurassic.
1879   Schmalhausen, p. 41, pl. 1, fig. 4b; pl. 2, fig. 1c; pl. 5, figs, 2d, 3b, 6b, 10; articulate foliage;Russia;Permian.
1903   Potonie, p. 120, figs. 1 (left), 2 (right), 3 (right); leaves; Turatschi (Turatschi am Südfusse des östlichen Thie-shan und NW von Hami),Xinjiang;Jurassic. [Notes:The specimen was later referred as *Pityophyllum longifolium* (Nathorst) Moeller (Sze H C,Lee H H and others,1963)]

Genus *Cyclopteris* Brongniart,1830
1830(1828 — 1838)   Brongniart,p. 216.
Type species:*Cyclopteris reniformis* Brongniart,1830
Taxonomic status:Pteridospermopsida?

Cyclopteris reniformis Brongniart,1830
1830(1828 — 1838)   Brongniart,p. 216,pl. 61,fig. 1;leaf;Europe;Carboniferous.

For the first and earliest record of this generic name in Chinese Mesozoic Megafossil plants as:
Cyclopteris sp.
1987   *Cyclopteris* sp. ,He Dechang,p. 78,pl. 7,fig. 6;leaf;Longpu village near Meiyuan of Yunhe,Zhejiang;Early Jurassic bed 5 of Longpu Formation.

Genus *Cycrocarya* I'Ijiskaja

Type species: (living genus)

Taxonomic status: Juglandaceae, Dicotyledoneae

For the first and earliest record of this generic name in Chinese Mesozoic Megafossil plants as:
△*Cycrocarya macroptera* Tao, 1986

1986a,b　Tao Junrong, in Tao Junrong, Xiong Xianzheng, p. 127, pl. 10, fig. 5; samara; No. : No. 52433; Jiayin region, Heilongjiang; Late Cretaceous Wuyun Formation.

Genus *Cynepteris* Ash, 1969

1969　Ash, p. D31.

Type species: *Cynepteris lasiophora* Ash, 1969

Taxonomic status: Cynepteridaceae, Filicopsida

For the first and earliest record of this generic name in Chinese Mesozoic Megafossil plants as:
Cynepteris lasiophora Ash, 1969

1969　Ash, p. D31, pl. 2, figs. 1 — 5; pl. 3, figs. 1 — 7; text-figs. 15, 16; fronds; Fort Wingate area, New Mevico, USA; Late Triassic.

1986　Ye Meina and others, p. 25, pl. 50, fig. 7b; pl. 56, figs. 2, 2a; sterile pinnae; Qilixia of Xuanhan, Sichuan; Late Triassic member 7 of Hsuchiaho Formation.

Genus *Cyparissidium* Heer, 1874

1874　Heer, p. 74.

Type species: *Cyparissidium gracile* Heer, 1874

Taxonomic status: Taxodiaceae, Coniferopsida

Cyparissidium gracile Heer, 1874

1874　Heer, p. 74, pl. 17, figs. 5b, 5c; pls. 19 — 21; cones and foliage-bearing shoots; Kome, Greenland; Cretaceous.

For the first and earliest record of this generic name in Chinese Mesozoic Megafossil plants as:
?*Cyparissidium* sp.

1933　?*Cyparissidium* sp., P'an C H, p. 535, pl. 1, figs. 6, 6a, 7; leafy shoots; Hsichungtien of Fangshan, Hebei (Hopei); Early Cretaceous. [Notes: The specimen was later referred as *Cyparissidium*? sp. (Sze H C, Lee H H and others, 1963)]

Genus *Cyperacites* Schimper, 1870

1870(1869 — 1874)　　Schimper, p. 413.

Type species: *Cyperacites dubius* (Heer) Schimper, 1870

Taxonomic status: Cyparaceae, Monocotyledoneae

Cyperacites dubius (Heer) Schimper, 1870

1856　　*Cyperites dubius* Heer, p. 75, pl. 27, fig. 8; Oeningen, Switzerland; Tertiary.

1870(1869 — 1874)　　Schimper, p. 413.

For the first and earliest record of this generic name in Chinese Mesozoic Megafossil plants as:

Cyperacites sp.

1975　　*Cyperacites* sp., Guo Shuangxing, p. 413, pl. 3, fig. 6; leaf; Sa'gya, Xizang (Tibet); Late Cretaceous Xigaze Group.

Genus *Czekanowskia* Heer, 1876

1876　　Heer, p. 68.

Type species: *Czekanowskia setacea* Heer, 1876

Taxonomic status: Czekanowskiales

Czekanowskia setacea Heer, 1876

1876　　Heer, p. 68, pl. 5, figs. 1 — 7; pl. 6, figs. 1 — 6; pl. 10, fig. 11; pl. 12, fig. 5b; pl. 13, figs. 10, 10c; leaves; Irkutsk Basin, Russia; Jurassic.

For the first and earliest record of this generic name in Chinese Mesozoic Megafossil plants as:

Czekanowskia rigida Heer, 1876

1876　　Heer, p. 70, pl. 5, figs. 8 — 11; pl. 6; fig. 7; pl. 10, fig. 2a; pl. 20, fig. 3d; pl. 21, figs. 6e, 8; foliage leaves; Irkutsk Basin, Russia; Jurassic.

1883b　　Schenk, pp. 251, 262, pl. 50, fig. 7; pl. 54, fig. 2a; leaves; Bedachu (Patatshu) of Beijing and Zigui (Kei-tshou) of Hubei; Jurassic.

Subgenus *Czekanowskia* (*Vachrameevia*) Kiritchkova et Samylina, 1991

1991　　Kirtchkova, Samylina, p. 91.

Type species: *Czekanowskia* (*Vachrameevia*) *australis* Kiritchkova et Samylina, 1991

Taxonomic status: Czekanowskiales

Czekanowskia (*Vachrameevia*) *australis* Kiritchkova et Samylina, 1991

1991　　Kiritchkova, Samylina, p. 91, pl. 2, fig. 19; pl. 6, fig. 8; pl. 42; leaves and cuticles; South Kazakhstan; Early — Middle Jurassic.

For the first and earliest record of this generic name in Chinese Mesozoic Megafossil plants as:

Czekanowskia (*Vachrameevia*) sp.

2002 *Czekanowskia* (*Vachrameevia*) sp. ,Wu Xiangwu and others,p. 167,pl. 11,fig. 1B;pl. 17,figs. 1 — 3;leaves and cuticles;Changshan of Alxa Right Banner,Inner Mongolia; Middle Jurassic lower member of Ningyuanpu Formation.

Genus *Dadoxylon* Endlicher,1847

1847 Endlicher,p. 298.

Type species:*Dadoxylon withami* (Lindley et Hutton) Endlicher,1847

Taxonomic status:Coniferopsida (wood)

Dadoxylon withami (Lindley et Hutton) Endlicher,1847

1831 — 1837 *Pinites withami* Lindley et Hutton,p. 9,pl. 2;wood;Craigleith,Scotland;Late Carboniferous.

1847 Endlicher,p. 298;wood;Craigleith,Scotland;Late Carboniferous.

Dadoxylon (*Araucarioxylon*) *japonicus* Shimakura,1935

1935 Shimakura,p. 268,pl. 12,figs. 1 — 6;text-fig. 1;fossil woods;Japan;Late Jurassic — Early Cretaceous.

For the first and earliest record of this generic name in Chinese Mesozoic Megafossil plants as:

Dadoxylon (*Araucarioxylon*) cf. *japonicus* Shimakura

1953 Hsu J,p. 80,pl. 1,figs. 1 — 5;text-figs. 1 — 4;woods;Ma'anshan of Chimo,Shandong; Mesozoic. [Notes:The specimen was later referred as *Dadoxylon* (*Araucarioxylon*) *japonicus* Shimakura (Sze H C,Lee H H and others,1963)]

Genus *Danaeopsis* Heer,1864

1864 Heer,in Schenk,p. 303.

Type species:*Danaeopsis marantacea* Heer,1864

Taxonomic status:Angiopteridaceae,Filicopsida

Danaeopsis marantacea Heer,1864

1864 Heer,in Schenk,p. 303,pl. 48,fig. 1;Late Triassic.

For the first and earliest record of this generic name in Chinese Mesozoic Megafossil plants as:

Danaeopsis hughesi Feistmantel,1882

1882 Feistmantel,p. 25,pl. 4,fig. 1;pl. 5,figs. 1,2;pl. 6,figs. 1,2;pl. 7,figs. 1,2;pl. 8,figs. 1 — 5;pl. 9,fig. 4;pl. 10,fig. 1;pl. 17,fig. 1;fronds;India (Parsora,Shahdol District, Madhya Pradesh);Late Triassic (Parsora Stage). [Notes:This species lately was referred as *Protoblechnum hughesi* (Feistmantel) Halle (Halle,1927b) or *Dicroidium hughesi* (Feistmantel) Gothan (Lele,1962)]

1901　Krasser, p. 145, pl. 2, fig. 4; frond; Sanshilipu, Shaanxi; Late Triassic. [Notes: This specimen lately was referred as ? *Protoblechnum hughesi* (Feistmantel) Halle (Sze H C, Lee H H and others, 1963)]

△Genus *Datongophyllum* Wang,1984

1984　Wang Ziqiang, p. 281.

Type species: *Datongophyllum longipetiolatum* Wang,1984

Taxonomic status: Ginkgoales incertae sedis.

△*Datongophyllum longipetiolatum* Wang,1984

1984　Wang Ziqiang, p. 218, pl. 130, figs. 5 — 13; foliage twigs and fertile twigs; Reg. No. : P0174, P0175 (Syntype), P0176, P0177 (Syntype), P0182, P0179, P0180 (Syntype); Repository: Nanjing Institute of Geology and Palaeontology, Chinese Academy of Sciences; Huairen, Shanxi; Early Jurassic Yongdingzhuang Formation. [Notes: According to *International Code of Botanical Nomenclature* (*Vienna Code*) article 37. 2, from the year 1958, the holotype type specimen should be unique]

Datongophyllum sp.

1984　*Datongophyllum* sp, Wang Ziqiang, p. 282, pl. 130, fig. 14; twig; Huairen, Shanxi; Early Jurassic Yongdingzhuang Formation.

Genus *Davallia* Smith,1793

Type species: (living genus)

Taxonomic status: Davalliaceae, Filicopsida

For the first and earliest record of this generic name in Chinese Mesozoic Megafossil plants as:
△*Davallia niehhutzuensis* Tutida,1940

1940　Tutida, p. 751; text-figs. 1 — 4; fertile pinnae and sorus; Reg. No. : 60957; Type Specimen: No. 60957 (text-fig. 1); Repository: Institute of Geology and Palaeontology, Tohoku Imperial University, Japan; Nihezi (Nieh-hutzu) of Lingyuan, Liaoning; Early Cretaceous *Lycoptera* Bed. [Notes: This specimen lately was referred as *Davallia? niehhutzuensis* Tutida (Sze H C, Lee H H and others, 1963)]

Genus *Debeya* Miquel,1853

1853　Miquel, p. 6.

Type species: *Debeya serrata* Miquel,1853

Taxonomic status: Moraceae, Dicotyledoneae

Debeya serrata Miquel, 1853

1853 Miquel, p. 6, pl. 1, fig. 1; leaf; near Kunraad, Belgium; Late Cretaceous (Senonian).

For the first and earliest record of this generic name in Chinese Mesozoic Megafossil plants as:
Debeya tikhonovichii (Kryshtofovich) Krassilov, 1973
1973 Krassilov, p. 108, pl. 21, figs. 26 — 34.

1986a, b Tao Junrong, Xiong Xianzheng, p. 131, pl. 6, fig. 8; leaf; Jiayin region, Heilongjiang; Late Cretaceous Wuyun Formation.

Genus *Deltolepis* Harris, 1942
1942 Harris, p. 573.

Type species: *Deltolepis credipota* Harris, 1942

Taxonomic status: Cycadales, Cycadopsida

Deltolepis credipota Harris, 1942
1942 Harris, p. 573, figs. 3, 4; bud scale and cuticle referred to *Androlepis* and *Beania*; Cayton Bay, Yorkshire, England; Middle Jurassic.

For the first and earliest record of this generic name in Chinese Mesozoic Megafossil plants as:
△*Deltolepis*? *longior* Wu, 1988
1988 Wu Xiangwu, in Li Peijuan and others, p. 80, pl. 64, fig. 6; pl. 66, figs. 6, 7; bud scale; Col. No.: 80DP$_1$F$_{28}$; Reg. No.: PB13515 — PB13517; Holotype: PB13515 (pl. 64, fig. 6); Repository: Nanjing Institute of Geology and Palaeontology, Chinese Academy of Sciences; Dameigou of Da Qaidam, Qinghai; Early Jurassic *Ephedrites* Bed of Tianshuigou Formation.

△Genus *Dentopteris* Huang, 1992
1992 Huang Qisheng, p. 179.

Type species: *Dentopteris stenophylla* Huang, 1992

Taxonomic status: Gymnospermae incertae sedis

△*Dentopteris stenophylla* Huang, 1992
1992 Huang Qisheng, p. 179, pl. 18, figs. 1, 1a; fern-like leaves; Reg. No.: SD87001; Repository: Department of Palaeontology, China University of Geosciences (Wuhan); Tieshan of Daxian, Sichuan; Late Triassic member 7 of Hsuchiaho Formation.

△*Dentopteris platyphylla* Huang, 1992
1992 Huang Qisheng, p. 179, pl. 19, figs. 3, 5, 7; pl. 20, fig. 13; fern-like leaves; Col. No.: SD5; Reg. No.: SD87003 — SD87005; Holotype: SD87003 (pl. 19, fig. 7); Repository: Department of Palaeontology, China University of Geosciences (Wuhan); Tieshan of Daxian, Sichuan; Late Triassic member 3 of Hsuchiaho Formation.

Genus *Desmiophyllum* Lesquereux, 1878

1878   Lesquereux, p. 333.

Type species: *Desmiophyllum gracile* Lesquereux, 1878

Taxonomic status: Gymnospermae incertae sedis

Desmiophyllum gracile Lesquereux, 1878

1878   Lesquereux, p. 333; Cannelton, Beaver County, Pennsylvania, USA; Carboniferous (Pennsylvanian).

1878   Lesquereux, pl. 82, fig. 1.

For the first and earliest record of this generic name in Chinese Mesozoic Megafossil plants as:
Desmiophyllum spp.

1933a   *Desmiophyllum* sp., Sze H C, p. 71, pl. 10, fig. 3; leaf; Beidaban of Wuwei, Gansu; Early Jurassic.

1933d   *Desmiophyllum* sp., Sze H C, p. 51, leaf; Malanling of Changting, Fujian; Early Jurassic. (Notes: This specific name was only given in the original paper)

Genus *Dianella* Lamé, 1786

Type species: (living genus)

Taxonomic status: Liliaceae, Monocotyledoneae

For the first and earliest record of this generic name in Chinese Mesozoic Megafossil plants as:
△*Dianella longifolia* Tao, 1982

1982   Tao Junrong, in Geng Guocang, Tao Junrong, p. 121, pl. 10, figs. 2, 3; leaves; No.: 51877A; Donggar of Xigaze, Xizang (Tibet); Late Cretaceous — Eocene Qiuwu Formation.

Genus *Dicksonia* L'Heriter, 1877

Type species: (living genus)

Taxonomic status: Dicksoniaceae, Filicopsida

For the first and earliest record of this generic name in Chinese Mesozoic Megafossil plants as:
△*Dicksonia coriacea* Schenk, 1883

1883   Schenk, p. 254, pl. 52, figs. 4, 7; sterile and fertile pinnae; West Hill, Beijing; Jurassic. [Notes: This specimen lately was referred as ? *Coniopteris hymenophylloides* (Brongniart) Seward (Sze H C, Lee H H and others, 1963)]

Dicksonia sp.

1883   *Dicksonia* sp., Schenk, p. 255; text-fig. 2; fertile pinnae; Datong Coal Mine, Shanxi;

Jurassic. [Notes: This specimen lately was referred as *Coniopteris tatungensis* Sze (Sze H C, Lee H H and others, 1963)]

Genus *Dicotylophyllum* Saporta, 1894 (non Bandulska, 1923)

1894   Saporta, p. 147.

Type species: *Dicotylophyllum cerciforme* Saporta, 1894

Taxonomic status: Dicotyledoneae

Dicotylophyllum cerciforme Saporta, 1894

1894   Saporta, p. 147, pl. 26, fig. 14; leaf; Portugal; Cretaceous.

For the first and earliest record of this generic name in Chinese Mesozoic Megafossil plants as:
Dicotylophyllum sp.

1975   *Dicotylophyllum* sp., Guo Shuangxing, p. 421, pl. 3, fig. 5; leaf; Sa'gya, Xizang (Tibet); Late Cretaceous Xigaze Group.

Genus *Dicotylophyllum* Bandulska, 1923 (non Saporta, 1894)

[Notes: The generic name Bandulska, 1923 is a homonyn junius of *Dicotylophyllum* Saporta, 1894 (Wu Xiangwu, 1993)]

1923   Bandulska, p. 244

Type species: *Dicotylophyllum stopesii* Bandulska, 1923

Taxonomic status: Dicotyledoneae

Dicotylophyllum stopesii Bandulska, 1923

1923   Bandulska, p. 244, pl. 20, figs. 1 — 4; leaves; Bournemouth, England; Eocene.

Genus *Dicrodium* Gothan, 1912

1912   Gothan, p. 78.

Type species: *Dicrodium odonpteroides* Gothan, 1912

Taxonomic status: Pteridospermopsida?

Dicrodium odonpteroides Gothan, 1912

1912   Gothan, p. 78, pl. 16, fig. 5; foliage; South Africa; Late Triassic (Rhaetic).

For the first and earliest record of this generic name in Chinese Mesozoic Megafossil plants as:
△*Dicrodium allophyllum* Zhang et Zheng, 1983

1983   Zhang Wu, Zheng Shaolin, in Zhang Wu and others, p. 78, pl. 3, figs. 1 — 2; text-fig. 9; fern-like leaves; No.: LMP20158-1, LMP20158-2; Repository: Shenyang Institute of Geology and Mineral Resources; Linjiawaizi of Benxi, Liaoning; Middle Triassic Linjia Formation. (Notes: The type specimen was not designated in the original paper)

Genus *Dictyophyllum* Lindley et Hutton, 1834

1834(1831 — 1837)　Lindley, Hutton, p. 65.

Type species: *Dictyophyllum rugosum* Lindley et Hutton, 1834

Taxonomic status: Dipteridaceae, Filicopsida

Dictyophyllum rugosum Lindley et Hutton, 1834

1834(1831 — 1837)　Lindley, Hutton, p. 65, pl. 104; frond; Yorkshire, England; Middle Jurassic (Oolate).

For the first and earliest record of this generic name in Chinese Mesozoic Megafossil plants as:
Dictyophyllum nathorsti Zeiller, 1903

1902 — 1903　Zeiller, p. 109, pl. 23, fig. 1; pl. 24, fig. 1; pl. 25, figs. 1 — 6; pl. 27, fig. 1; pl. 28, fig. 3; fronds; Hong Gai, Vietnam; Late Triassic.

1902 — 1903　Zeiller, p. 298, pl. 56, fig. 3; frond; Taipingchang (Tai-Pin-Tchang), Yunnan; Late Triassic.

Genus *Dictyozamites* Medlicott et Blanford, 1879

1879　Medlicott, Blanford, p. 142.

Type species: *Dictyozamites falcata* (Morris) Medlicott et Blanford, 1879

Taxonomic status: Bennettiales, Cycadopsida

Dictyozamites falcata (Morris) Medlicott et Blanford, 1879

1863　*Dictyopteris falcata* Morris, in Oldham and Morris, p. 38, pl. 24, figs. 1, 1a; cycadophyte leaves; India; Jurassic.

1879　Medlicott, Blanford, p. 142, pl. 8, fig. 6; cycadophyte leaf; India; Jurassic.

For the first and earliest record of this generic name in Chinese Mesozoic Megafossil plants as:
△*Dictyozamites hunanensis* Wu, 1968

1968　Wu Shunching, in *Fossil atlas of Mesozoic coal-bearing strata in Kiangsi and Hunan provinces*, p. 61, pl. 17, figs. 1 — 3a; text-fig. 19; cycadophyte leaves; Repository: Nanjing Institute of Geology and Paleontology, Chinese Academy of Sciences; Chengtanjiang of Liuyang, Hunan; Late Triassic Zijiachong Member of Anyuan Formation. (Notes: The type specimen was not designated in the original paper)

Genus *Dioonites* Miquel, 1851

1851　Miquel, p. 211.

Type species: *Dioonites feneonis* (Brongniart) Miquel, 1851

Taxonomic status: Cycadopsida

Dioonites feneonis (Brongniart) Miquel, 1851

1828 *Zamites feneonis* Brongniart, Brongniart, p. 99; leaf; Western Europe; Jurassic.

1851 Miquel, p. 211; cycadophyte leaf; Western Europe; Jurassic.

For the first and earliest record of this generic name in Chinese Mesozoic Megafossil plants as:

Dioonites brongniarti (Mant.) Seward, 1895

1895 Seward, p. 47; cycadophyte leaf; England; Early Cretaceous (Wealden).

1906 Yokoyama, p. 33, pl. 11, figs. 1, 2; leaves; Shahezi of Changtu, Liaoning; Jurassic. [Notes: This specimen lately was referred as *Nilssonia sinensis* Yabe et Ôishi (Yabe et Ôishi, 1933; or Sze H C, Lee H H and others, 1963)]

Genus *Diospyros* Linné, 1753

Type species: (living genus)

Taxonomic status: Ebenaceae, Dicotyledoneae

For the first and earliest record of this generic name in Chinese Mesozoic Megafossil plants as:

Diospyros rotundifolia Lesquereux, 1874

1874 Lesquereux, p. 89, pl. 30, fig. 1; leaf; America; Late Cretaceous.

1984 Guo Shuangxing, p. 88, pl. 1, fig. 8; leaf; Durbud, Heilongjiang; Late Cretaceous upper part of Qingshankou Formation.

Genus *Disorus* Vakhrameev, 1962

1962 Vakhrameev, Doludenko, p. 59.

Type species: *Disorus nimakanensis* Vakhrameev, 1962

Taxonomic status: Dicksoniaceae, Filicopsida

Disorus nimakanensis Vakhrameev, 1962

1962 Vakhrameev, Doludenko, p. 59, pl. 9, figs. 3, 4; pl. 10, figs. 1 — 4; sterile and fertile pinnae; Bureya Basin, East Sibiria; Late Jurassic — Early Cretaceous.

For the first and earliest record of this generic name in Chinese Mesozoic Megafossil plants as:

△*Disorus minimus* Zhang, 1998 (in Chinese)

1998 Zhang Hong and others, p. 274, pl. 16, figs. 1, 2; text-fig. A-1; fertile fronds; Col. No.: YD-1; Reg. No.: MP94079; Holotype: MP94079 (pl. 16, fig. 1); Repository: Xi'an Branch, China Coal Research Institute; Renshoushan of Yongdeng, Gansu; Jurassic.

Genus *Doratophyllum* Harris, 1932

1932 Harris, p. 36.

Type species: *Doratophyllum astartensis* Harris, 1932

Taxonomic status: Cycadopsida

Doratophyllum astartensis Harris, 1932

1932   Harris, p. 36, pls. 2, 3; leaves and cuticles; Scoresby Sound, East Greenland; Late Triassic (*Lepidopteris* Zone).

For the first and earliest record of this generic name in Chinese Mesozoic Megafossil plants as:
△*Doratophyllum decoratum* Lee, 1964

1964   Lee P C, pp. 135, 175, pl. 16, figs. 1, 1a, 3, 5 — 8; text-fig. 9; leaves and cuticles; Col. No.: Y06, Y07; Reg. No.: PB2835; Repository: Nanjing Institute of Geology and Palaeontology, Chinese Academy of Sciences; Xujiahe of Guangyuan, Sichuan; Late Triassic Hsuchiaho Formation.

△*Doratophyllum hsuchiahoense* Lee, 1964

1964   Lee P C, pp. 137, 176, pl. 16, figs. 2, 2a, 4; text-fig. 10; leaves and cuticles; Col. No.: G18, BA325-(5); Reg. No.: PB2835; Repository: Nanjing Institute of Geology and Palaeontology, Chinese Academy of Sciences; Xujiahe (Yangjiaya) of Guangyuan, Sichuan; Late Triassic Hsuchiaho Formation.

△Genus *Dracopteris* Deng, 1994

1994   Deng Shenghui, p. 18.

Type species: *Dracopteris liaoningensis* Deng, 1994

Taxonomic status: Filicopsida

△*Dracopteris liaoningensis* Deng, 1994

1994   Deng Shenghui, p. 18, pl. 1, figs. 1 — 8; pl. 2, figs. 1 — 15; pl. 3, figs. 1 — 9; pl. 4, figs. 1 — 9; text-fig. 2; fronds, fertile pinnae, sori and sporangia; No.: Fxt5-086 — Fxt5-090, TDMe-622; Holotype: Fxt5-087 (pl. 1, fig. 7); Fuxin Basin and Tiefa Basin, Liaoning; Early Cretaceous Fuxin Formation and Xiaoming'anbei Formation.

Genus *Drepanolepis* Nathorst, 1897

1897   Nathorst, p. 21.

Type species: *Drepanolepis angustior* Nathorst, 1897

Taxonomic status: incertae sedis

Drepanolepis angustior Nathorst, 1897

1897   Nathorst, p. 21, pl. 1, figs. 16, 17; strobili; Cape Boheman, Spitsbergen; Middle Jurassic.

For the first and earliest record of this generic name in Chinese Mesozoic Megafossil plants as:
△*Drepanolepis formosa* Zhang, 1998 (in Chinese)

1998   Zhang Hong and others, p. 80, pl. 50, fig. 1; pl. 51, figs. 1, 2; pl. 53, fig. 2; strobili; No.:

Wga, MP-93979, MP-93980; Repository: Xi'an Branch, China Coal Research Institute; Wanggaxiu, Delingha, Qinghai; Middle Jurassic Shimengou Formation; Yaojie of Lanzhou, Gansu; Middle Jurassic Yaojie Formation. (Notes: The type specimen was not designated in the original paper)

Genus *Drepanozamites* Harris, 1932

1932   Harris, p. 83.

Type species: *Drepanozamites* nilssoni (Nathorst) Harris, 1932

Taxonomic status: Cycadopsida

Drepanozamites nilssoni (Nathorst) Harris, 1932

1878   *Otozamites nilssoni* Nathorst, p. 26; Sweden; Late Triassic.
1878   *Adiantites nilssoni* Nathorst, p. 53, pl. 3, fig. 11; Sweden; Late Triassic.
1932   Harris, p. 83, pl. 7; pl. 8, figs. 1, 12; text-figs. 44, 45; leaves and cuticles; Scoresby Sound, East Greenland; Late Triassic (*Lepidopteris* Zone).

For the first and earliest record of this generic name in Chinese Mesozoic Megafossil plants as:

Drepanozamites cf. nilssoni (Nathorst) Harris

1956c   Sze H C, pl. 2, fig. 8; cycadophyte leaf; Ruishuixia (Juishuihsia) of Guyuan, Gansu; Late Triassic Yenchang Formation. (Notes: This specific figure was only given in the original paper)

△*Drepanozamites*? *p'anii* Sze, 1956

1956a   Sze H C, pp. 45, 150, pl. 40, figs. 1, 1a, 2; cycadophyte leaves; Reg. No. : PB2445, PB2446; Repository: Nanjing Institute of Geology and Palaeontology, Chinese Academy of Sciences; Tanhegou near Silangmiao (T'anhokou near Shilangmiao) of Yijun, Shaanxi; Late Triassic upper part of Yenchang Formation.

Genus *Dryophyllum* Debey, 1865

1865   Debey, in Saporta, p. 46.

Type species: *Dryophyllum subcretaceum* Debey, 1865

Taxonomic status: Dicotyledoneae

For the first and earliest record of this generic name in Chinese Mesozoic Megafossil plants as:

Dryophyllum subcretaceum Debey, 1865

1865   Debey, in Saporta, p. 46; leaf; Se'zanne, France; Eocene.
1868   Saporta, p. 347, pl. 26, figs. 1 — 3; leaves; Se'zanne, France; Eocene.
1984   Guo Shuangxing, p. 86, pl. 1, figs. 1, 1a; leaves; Durbud, Heilongjiang; Late Cretaceous upper part of Qingshankou Formation.

Genus *Dryopteris*
Type species: (living genus)
Taxonomic status: Polipodiaceae, Filicopsida

For the first and earliest record of this generic name in Chinese Mesozoic Megafossil plants as:
△*Dryopteris sinensis* **Lee et Yeh (MS) ex Wang Z et Wang P, 1979**
(Notes: This specific name *Dryopteris sinensis* Lee et Yeh is probably error in spelling for *Dryopterites sinensis* Li et Ye)
1979   Wang Ziqiang, Wang Pu, pl. 1, fig. 14; fertile pinnae; Fengtai of West Hill, Beijing; Early Cretaceous Lushangfen Formation. (nom. nud.)

Genus *Dryopterites* **Berry, 1911**
1911   Berry, p. 216.
Type species: *Dryopterites macrocarpa* Berry, 1911
Taxonomic status: Polipodiaceae, Filicopsida

Dryopterites macrocarpa **Berry, 1911**
1889   *Aspidium macrocarpum* Fontaine, p. 103, pl. 17; fig. 2; foliage leaf; Dutch Gap, Virginia, USA; Early Cretaceous (Patuxent Formation).
1911   Berry, p. 216; foliage leaf; Dutch Gap, Virginia, USA; Early Cretaceous (Patuxent Formation).

For the first and earliest record of this generic name in Chinese Mesozoic Megafossil plants as:
△*Dryopterites elegans* **Lee et Yeh (MS) ex Zhang et al., 1980**
[Notes: This species lately was referred as *Eogymnocarpium sinense* Li, Ye et Zhou (Li Xingxue and others, 1986)]
1980   Zhang Wu and others, p. 247, pl. 160, figs. 1 — 4; text-fig. 182; sterile fronds and fertile pinnae; Jiaohe of Jilin, Hada in Jidong of Heilongjiang; Early Cretaceous Moshilazi Formation and Muling Formation. (nom. nud.)

△*Dryopterites sinensis* **Li et Ye, 1980**
[Notes: This species lately was referred as *Eogymnocarpium sinense* Li, Ye et Zhou (Li Xingxue and others, 1986)]
1978   *Dryopterites sinensis* Lee et Yeh, in Yang Xuelin and others, pl. 2, figs. 3, 4; pl. 3, fig. 7; frond; Shansong of Jiaohe Basin, Jilin; Early Cretaceous Moshilazi Formation. (nom. nud.)
1979   *Dryopteris sinensis* Lee et Yeh, Wang Ziqiang, Wang Pu, pl. 1, fig. 14; fertile pinnae; Fengtai of West Hill, Beijing; Early Cretaceous Lushangfen Formation. (nom. nud.)
1980   Li Xingxue, Ye Meina, p. 6, pl. 1, figs. 1 — 5; fertile pinnae; Reg. No.: PB4600, PB4612, PB8963, PB8964a, PB8964b; Holotype: PB4612 (pl. 1, fig. 2); Repository: Nanjing

Institute of Geology and Palaeontology, Chinese Academy of Sciences; Shansong of Jiaohe, Jilin; middle — late Early Cretaceous Shansong Formation. [Notes: This specimen lately was referred as *Eogymnocarpium sinense* (Lee et Yeh) Li, Ye et Zhou (Li Xingxue and others,1986)]

△Genus *Dukouphyllum* Yang,1978

1978　Yang Xianhe, p. 525.

Type species: *Dukouphyllum noeggerathioides* Yang,1978

Taxonomic status: Cycadopsida [Notes: This genus lately was referred in Sphenobaieraceae (Ginkgoales) (Yang Xianhe,1982)]

△*Dukouphyllum noeggerathioides* Yang,1978

1978　Yang Xianhe, p. 525, pl. 186, figs. 1 — 3; pl. 175, fig. 3; leaves; No. : Sp0134 — Sp0137; Syntypes: Sp0134 — Sp0137; Repository: Chengdu Institute of Geology and Mineral Resources; Moshahe of Dukou, Sichuan; Late Triassic Daqiaodi Formation. [Notes: According to *International Code of Botanical Nomenclature* (*Vienna Code*) arcticle 37. 2, from the year 1958, the holotype type specimen should be unique]

△Genus *Dukouphyton* Yang,1978

1978　Yang Xianhe, p. 518.

Type species: *Dukouphyton minor* Yang,1978

Taxonomic status: Bennettiales, Cycadopsida

△*Dukouphyton minor* Yang,1978

1978　Yang Xianhe, p. 518, pl. 160, fig. 2; impression of stem; No. : Sp0021; Holotype: Sp0021 (pl. 160, fig. 2); Repository: Chengdu Institute of Geology and Mineral Resources; Moshahe of Dukou, Sichuan; Late Triassic Daqiaodi Formation.

Genus *Eboracia* Thomas,1911

1911　Thomas, p. 387.

Type species: *Eboracia lobifolia* (Phillips) Thomas,1911

Taxonomic status: Dicksoniaceae, Filicopsida

For the first and earliest record of this generic name in Chinese Mesozoic Megafossil plants as:
Eboracia lobifolia (Phillips) Thomas,1911

1829　*Neuropteris lobifolia* Phillips, p. 148, pl. 8, fig. 13; sterile frond; Yorkshire, England; Middle Jurassic.

1849　*Cladophlebis lobifolia* (Phillips) Brongniart, p. 105; Yorkshire, England; Middle Jurassic.

1911　Thomas, p. 387; text-fig. (spores figured); Yorkshire, England; Middle Jurassic.
1911　Seward, pp. 13, 41, pl. 2, figs. 20, 20A — 26B; pl. 7, fig. 73; fronds; Diam River and Akdjar of Junggar (Dzungaria) Basin, Xinjiang; Early — Middle Jurassic.

△Genus *Eboraciopsis* Yang, 1978
1978　Yang Xianhe, p. 495.
Type species: *Eboraciopsis trilobifolia* Yang, 1978
Taxonomic status: Filicopsida

△*Eboraciopsis trilobifolia* Yang, 1978
1978　Yang Xianhe, p. 495, pl. 163, fig. 6; pl. 175, fig. 5; fronds; No. : Sp0036; Holotype: Sp0036 (pl. 163, fig. 6); Repository: Chengdu Institute of Geology and Mineral Resources; Taipingchang of Dukou, Sichuan; Late Triassic Daqiaodi Formation.

Genus *Elatides* Heer, 1876
1876　Heer, p. 77.
Type species: *Elatides ovalis* Heer, 1876
Taxonomic status: Taxodiaceae, Coniferopsida

Elatides ovalis Heer, 1876
1876　Heer, p. 77, pl. 14, fig. 2; small twig with foliage and cone; Ust-Balei, Siberia; Late Jurassic.

For the first and earliest record of this generic name in Chinese Mesozoic Megafossil plants as:

△*Elatides chinensis* Schenk, 1883
1883　Schenk, p. 249, pl. 49, fig. 6a; leafy shoot; Tumulu (114°2′E, 40°57′N), Inner Mongolia; Jurassic. [Notes: The specimen was later referred as ?*Elatocladus manchurica* (Yokoyama) Yabe (Sze H C, Lee H H and others, 1963)]

△*Elatides cylindrica* Schenk, 1883
1883　Schenk, p. 252, pl. 50, fig. 8; strobilus; Badachu of West Hill, Beijing; Jurassic. [Notes: The specimen was later referred as *Strobilites* sp. (Sze H C, Lee H H and others, 1963)]

Elatides sp.
1883　*Elatides* sp., Schenk, p. 255, pl. 52, fig. 9; leafy shoot; Zhaitang of West Hill, Beijing; Jurassic. [Notes: This specimen lately was referred as *Elatocladus* sp. (Sze H C, Lee H H and others, 1963)]

Genus *Elatocladus* Halle, 1913
1913　Halle, p. 84.

Type species: *Elatocladus heterophylla* Halle, 1913

Taxonomic status: Coniferopsida

Elatocladus heterophylla Halle, 1913

1913   Halle, p. 84, pl. 8, figs. 12 — 14, 17 — 25; coniferous foliage shoots; Hope Bay, Graham Lang, Antarctica; Jurassic.

For the first and earliest record of this generic name in Chinese Mesozoic Megafossil plants as:

△*Elatocladus manchurica* (Yokoyama) Yabe, 1922

1906   *Palissya manchurica* Yokoyama, Yokoyama, p. 32, pl. 8, figs. 2, 2a; leafy shoots; Nianzigou (Nientzukou) of Saimaji (Saimachi), Liaoning; Jurassic.

1908   *Palissya manchurica* Yokoyama, Yabe, p. 7, pl. 1, fig. 1; leafy shoot; Taojiatun (Taochiatun), Jilin; Jurassic.

1922   Yabe, p. 28, pl. 4, fig. 9; leafy shoot; Taojiatun (Taochiatun), Jilin; Jurassic.

△Genus *Eoglyptostrobus* Miki, 1964

1964   Miki, pp. 14, 21.

Type species: *Eoglyptostrobus sabioides* Miki, 1964

Taxonomic status: Coniferales, Coniferopsida

△*Eoglyptostrobus sabioides* Miki, 1964

1964   Miki, pp. 14, 21, pl. 1, fig. E; shoot with leaves; Lingyuan, western Liaoning; Late Jurassic *Lycoptera* Bed.

△Genus *Eogonocormus* Deng, 1995 (non Deng, 1997)

1995b   Deng Shenghui, pp. 14, 108.

Type species: *Eogonocormus cretaceum* Deng, 1995

Taxonomic status: Hymenophyllaceae, Filicopsida

△*Eogonocormus cretaceum* Deng, 1995 (non Deng, 1997)

1995b   Deng Shenghui, pp. 14, 108, pl. 3, figs. 1, 2; pl. 4, figs. 1, 2, 6 — 8; pl. 5, figs. 1 — 6; text-fig. 4; sterile and fertile fronds; No. : H17-431; Repository: Research Institute of Petroleum Exploration and Development, Beijing; Huolinhe Basin, Inner Mongolia; Early Cretaceous Huolinhe Formation.

△*Eogonocormus linearifolium* (Deng) Deng, 1995

1993   *Hymenophyllites linearifolius* Deng, Deng Shenghui, p. 256, pl. 1, figs. 5 — 7; text-figs. d — f; fronds and fertile pinnae; Huolinhe Basin, Inner Mongolia; Early Cretaceous Huolinhe Formation.

1995b   Deng Shenghui, pp. 17, 108, pl. 3, figs. 3, 4; sterile and fertile fronds; No. : H14-509, H14-510; Huolinhe Basin, Inner Mongolia; Early Cretaceous Huolinhe Formation.

△**Genus *Eogonocormus* Deng,1997 (non Deng,1995)** (in English)

(Notes: This generic name *Eogonocormus* Deng,1997 is a later isonym of *Eogonocormus* Deng, 1995)

1997　Deng Shenghui, p. 60.

Type species: *Eogonocormus cretaceum* Deng,1997

Taxonomic status: Hymenophyllaceae, Filicopsida

△***Eogonocormus cretaceum* Deng,1997 (non Deng,1995)** (in English)

(Notes: This specific name *Eogonocormus cretaceum* Deng, 1997 is a later isonym of *Eogonocormus cretaceum* Deng,1995)

1997　Deng Shenghui, p. 60, figs. 2 — 5; sterile and fertile fronds; No. : H17-431; Holotype: H17-431 (fig. 3a); Repository: Research Institute of Petroleum Exploration and Development, Beijing; Huolinhe Basin, Inner Mongolia; Early Cretaceous Huolinhe Formation.

△**Genus *Eogymnocarpium* Li,Ye et Zhou,1986**

1986　Li Xingxue, Ye Meina, Zhou Zhiyan, p. 14.

Type species: *Eogymnocarpium sinense* (Li et Ye) Li, Ye et Zhou, 1986

Taxonomic status: Athyriaceae, Filicopsida

△***Eogymnocarpium sinense* (Li et Ye) Li,Ye et Zhou,1986**

1978　*Dryopterites sinense* Lee et Yeh, in Yang Xuelin and others, pl. 2, figs. 3,4; pl. 3, fig. 7; fronds; Shansong of Jiaohe, Jilin; Early Cretaceous Moshilazi Fornation. (nom. nud.)

1980　*Dryopterites sinense* Li et Ye, Li Xingxue, Ye Meina, p. 6, pl. 1, figs. 1 — 5; fertile pinnae; Shansong of Jiaohe, Jilin; middle — late Early Cretaceous Shansong Formation.

1986　Li Xingxue, Ye Meina, Zhou Zhiyan, p. 14, pl. 12; pl. 13; pl. 14, figs. 1 — 6; pl. 15, figs. 5 — 7a; pl. 16, fig. 3; pl. 40, fig. 4; pl. 45, figs. 1 — 3; text-figs. 4A, 4B; fertile fronds; Shansong of Jiaohe, Jilin (127°15′E, 43°30′N); Early Cretaceous Jiaohe Group.

Genus *Ephedrites* Goeppert et Berendt,1845

1845　Goeppert, Berendt, in Berendt, p. 105.

1891　Saporta, p. 22.

Type species: *Ephedrites johnianus* Goeppert et Berendt, 1845 [Notes: The type species was later referred as *Ephedra* (Goeppert, 1853), and as Loranthacea (Angiospermae) (Conwentzl, 1886)]

Selected type species: *Ephedrites antiquus* Heer emend Saporta, 1891

Taxonomic status: Ephedraceae, Ephedrales, Gnetinae (Chlamydosperminae)

Ephedrites johnianus Goeppert et Berendt, 1845

1845   Goeppert, Berendt, in Berendt, p. 105, pl. 4, figs. 8 — 10; pl. 5, fig. 1; Prussia; Miocene.

Ephedrites antiquus Heer, 1876, emend Saporta, 1891

1876   Heer, p. 83, pl. 14, figs. 7, 24 — 32; pl. 15, figs. 1a, 1b; stems and seeds; East Sibiria; Jurassic.

1891   Saporta, p. 22; East Sibiria; Jurassic.

For the first and earliest record of this generic name in Chinese Mesozoic Megafossil plants as:

△*Ephedrites exhibens* Wu, He et Mei, 1986

1986   Wu Xiangwu, He Yuanliang, Mei Shengwu, pp. 16, 20, pl. 1, figs. 3A, 3B(?); pl. 2, figs. 1A, 1a, 2, 3; text-fig. 3; shoots with femal flowers and seeds; Col. No. : 80DP$_1$F28-19-2, 80DP$_1$F28-31-2; Reg. No. : PB11358 — PB11361; Sintypes: PB11360 (pl. 2, figs. 1A, 1a), PB11358 (pl. 1, fig. 3A), PB11361 (pl. 2, fig. 2); Repository: Nanjing Institute of Geology and Paleontology, Chinese Academy of Sciences; Xiaomeigou near Da Qaidam, Qinghai; Early Jurassic Xiaomeigou Formation. [Notes: According to *International Code of Botanical Nomenclature (Vienna Code)* article 37. 2, from the year 1958, the holotype type specimen should be unique]

△*Ephedrites sinensis* Wu, He et Mei, 1986

1986   Wu Xiangwu, He Yuanliang, Mei Shengwu, pp. 15, 20, pl. 1, figs. 1, 1a, 1b, 2A; text-fig. 2; shoots with femal flowers and seeds; Col. No. : 80DP$_1$F28-19-2, 80DP$_1$F28-31-2; Reg. No. : PB11356, PB11357; Sintypes: PB11356 (pl. 1, figs. 1, 1a), PB11357 (pl. 1, fig. 2A); Repository: Nanjing Institute of Geology and Paleontology, Chinese Academy of Sciences; Xiaomeigou near Da Qaidam, Qinghai; Early Jurassic Xiaomeigou Formation. [Notes: According to *International Code of Botanical Nomenclature (Vienna Code)* article 37. 2, from the year 1958, the holotype type specimen should be unique]

Ephedrites sp.

1986   *Ephedrites* sp. , Wu Xiangwu and others, p. 18, pl. 1, figs. 4 — 7; pl. 2, figs. 4 — 8; text-fig. 4; seeds; Xiaomeigou near Da Qaidam, Qinghai; Early Jurassic Xiaomeigou Formation.

Genus *Equisetites* Sternberg, 1833

1833(1820 — 1838)   Sternberg, p. 43.

Type species: *Equisetites münsteri* Sternberg, 1833

Taxonomic status: Equisetales, Sphenopsida

Equisetites münsteri Sternberg, 1833

1833(1820 — 1838)   Sternberg, p. 43, pl. 16, figs. 1 — 5; stems with foliage and terminal cone of *Equisetum*-like plant; Strullendorf near Bamberg, Germany; Late Triassic (Keuper).

For the first and earliest record of this generic name in Chinese Mesozoic Megafossil plants as:
Equisetites ferganensis **Seward,1907**
1907   Seward,p. 18,pl. 2,fig. 23 — 31;pl. 3;Central Asia;Jurassic.
1911   Seward, pp. 6, 35, pl. 1, figs. 1 — 10a; calamitean stems; Diam River of Junggar (Dzungaria) Basin,Xinjiang;Early — Middle Jurassic.

Genus *Equisetostachys* **Jongmans,1927** (nom. nud.)
1927   Jongmans,p. 48.
Type species:*Equisetostachys* sp.
Taxonomic status:Equisetales,Sphenopsida

Equisetostachys sp. ,**Jongmans,1927** (nom. nud.)
1927   *Equisetostachys* sp. ,Jongmans,p. 48.

For the first and earliest record of this generic name in Chinese Mesozoic Megafossil plants as:
Equisetostachys? sp.
1976   *Equisetostachys*? sp. ,Lee P C and others,p. 93,pl. 2,figs. 10,10a;calamitean strobili; Mahuangjing of Xiangyun, Yunnan; Late Triassic Huagoshan Member of Xiangyun Formation.

Genus *Equisetum* **Linné,1753**
Type species:(living genus)
Taxonomic status:Equisetales,Sphenopsida

For the first and earliest record of this generic name in Chinese Mesozoic Megafossil plants as:
Equisetum sp.
1885   *Equisetum* sp. ,Schenk,p. 175(13),pl. 13(1),figs. 10,11;calamitean stems;Huangnibao (Hoa-ni-pu), Sichuan; Jurassic (?). [Notes: This specimen lately was referred as *Equisetites*? sp. (Sze H C,Lee H H and others,1963)]

△Genus *Eragrosites* **Cao et Wu S Q,1998(1997)** (in Chinese and English)
[Notes:The type species of the genus lately was referred as *Ephedrites chenii* (Cao et Wu S Q) Guo et Wu X W (Guo Shuangxing,Wu Xiangwu,2000) or as *Liaoxia chenii* (Cao et Wu S Q) Wu S Q Wu Shunqing,1999)]
1997   Cao Zhengyao,Wu Shunqing,in Cao Zhengyao and others,p. 1765. (in Chinese)
1998   Cao Zhengyao,Wu Shunqing,in Cao Zhengyao and others,p. 231. (in English)
Type species:*Eragrosites changii* Cao et Wu S Q,1998(1997)
Taxonomic status:Gramineae,Monocotyledoneae

△*Eragrosites changii* Cao et Wu S Q,1998(1997) (in Chinese and English)
1997 Cao Zhengyao,Wu Shunqing,in Cao Zhengyao and others,p. 1765,pl. 2,figs. 1 — 3;text-fig. 1;herbaceous plants;Reg. No. :PB17801,PB17802;Holotype:PB17803 (pl. 2,fig. 2); Repository: Nanjing Institute of Geology and Palaeontology, Chinese Academy of Sciences,China;Shangyuan of Beipiao,western Liaoning;Late Jurassic Jianshangou Bed of Yixian Formation. (in Chinese)
1998 Cao Zhengyao,Wu Shunqing,in Cao Zhengyao and others,p. 231,pl. 2,figs. 1 — 3;text-fig. 1;herbaceous plants;Reg. No. :PB17801,PB17802;Holotype:PB17803 (pl. 2,fig. 2); Repository: Nanjing Institute of Geology and Palaeontology, Chinese Academy of Sciences;Shangyuan of Beipiao, western Liaoning;Late Jurassic Jianshangou Bed of Yixian Formation. (in English)

Genus *Erenia* Krassilov,1982

1982 Krassilov,p. 33.

Type species:*Erenia stenoptera* Krassilov,1982

Taxonomic status:Angiosperm

For the first and earliest record of this generic name in Chinese Mesozoic Megafossil plants as:
Erenia stenoptera Krassilov,1982
1982 Krassilov,p. 33,pl. 18,figs. 238,239;fruits;Mongolia;Early Cretaceous.
1999 Wu Shunqing,p. 22,pl. 16,figs. 5,5a;fruits;Huangbanjigou near Shangyuan of Beipiao, western Liaoning;Late Jurassic Jianshangou Bed in lower part of Yixian Formation.

Genus *Eretmophyllum* Thomas,1914

1914 Thomas,p. 259.

Type species:*Eretmophyllum pubescens* Thomas,1914

Taxonomic status:Ginkgoales.

Eretmophyllum pubescens Thomas,1914
1914 Thomas,p. 259,pl. 6;leaf;Cayton Bay of Yorkshire;Jurassic (Gristhorpe Zone).

For the first and earliest record of this generic name in Chinese Mesozoic Megafossil plants as:
Eretmophyllum? sp.
1986 *Eretmophyllum*? sp. , Ye Meina and others, p. 70, pl. 47, fig. 6; leaf; Bailaping of Daxian,Sichuan;Late Triassic member 7 of Hsuchiaho Formation.

Genus *Estherella* Boersma et Visscher,1969

1969 Boersma,Visscher,p. 58.

Type species: *Estherella gracilis* Boersma et Visscher, 1969
Taxonomic status: plantae incertae sedis

Estherella gracilis Boersma et Visscher, 1969
1969 Boersma, Visscher, p. 58, pl. 1, fig. 1; pl. 2, fig. 2; text-figs. 1, 2; dichotomus plants; South France; Late Permian.

For the first and earliest record of this generic name in Chinese Mesozoic Megafossil plants as:
△*Estherella delicatula* Wang Z et Wang L, 1990
1990a Wang Ziqiang, Wang Lixin, p. 137, pl. 17, figs. 16 − 18; herb and root; No. : Z17-485, Z17-496, Z17-497; Syntyps: Z17-485 (pl. 17, fig. 17), Z17-496 (pl. 17, fig. 18), Z17-497 (pl. 17, fig. 16); Repository: Nanjing Institute of Geology and Palaeontology, Chinese Academy of Sciences; Tuncun of Yushe, Shanxi; Early Triassic base part of Heshanggou Formation. [Notes: According to *International Code of Botanical Nomenclature* (*Vienna Code*) article 37. 2, from the year 1958, the holotype type specimen should be unique]

Genus *Eucalyptus* L'Hertier, 1788
Type species: (living genus)
Taxonomic status: Myrtaceae, Dicotyledoneae

For the first and earliest record of this generic name in Chinese Mesozoic Megafossil plants as:
Eucalyptus sp.
1975 *Eucalyptus* sp., Guo Shuangxing, p. 419, pl. 2, fig. 3; leaf; Xigaze, Xizang (Tibet); Late Cretaceous Xigaze Group.

△Genus *Eucommioites* ex Tao et Zhang, 1992
(Notes: The generic name was originally not mentioned clearly as a new generic name, only speicific name *Eucommioites orientalis* Tao et Zhang, 1992)
1992 Tao Junrong, Zhang Chuanbo, pp. 423, 425.
Type species: *Eucommioites orientalis* Tao et Zhang, 1992
Taxonomic status: Dicotyledoneae

△*Eucommioites orientalis* Tao et Zhang, 1992
1992 Tao Junrong, Zhang Chuanbo, pp. 423, 425, pl. 1, figs. 7 − 9; samara; No. : 503883; Holotype: 503883 (pl. 1, figs. 7 − 9); Repository: Institute of Botany, Chinese Academy of Sciences; Yanji, Jilin; Early Cretaceous Dalazi Formation.

Genus *Euryphyllum* Feistmantel, 1879
1879 Feistmantel, p. 26.

Type species: *Euryphyllum whittianum* Feistmantel, 1879

Taxonomic status: Pteridospermopsida

Euryphyllum whittianum Feistmantel, 1879

1879　Feistmantel, p. 26, pl. 21, figs. 1, 1a; leaves; Buriadi, India; Permian (Karharbari beds, Lower Gondwana).

For the first and earliest record of this generic name in Chinese Mesozoic Megafossil plants as:
Euryphyllum? sp.

1990a　*Euryphyllum*? sp., Wang Ziqiang, Wang Lixin, p. 130, pl. 21, fig. 3; leaf; Tuncun of Yushe, Shanxi; Early Triassic base part of Heshanggou Formation.

Genus *Ferganiella* Prynada (MS) ex Neuburg, 1936

1936　Neuburg, p. 151.

Type species: *Ferganiella urjachaica* Neuburg, 1936

Taxonomic status: Podozamitales, Coniferopsida

Ferganiella urjachaica Neuburg, 1936

1936　Neuburg, p. 151, pl. 4, figs. 5, 5a; leaves; Tuva; Middle Jurassic.

For the first and earliest record of this generic name in Chinese Mesozoic Megafossil plants as:
△*Ferganiella podozamioides* Lih, 1974

1974a　Lih Baoxian, in Lee Peichuan and others, p. 362, pl. 193, figs. 4 — 9; leaves; Reg. No.: PB4851 — PB4853, PB4870; Repository: Nanjing Institute of Geology and Paleontology, Chinese Academy of Sciences; Heyewan of Emei, Sichuan; Late Triassic Hsuchiaho Formation; Baiguowan of Huili, Sichuan; Late Triassic Huili Formation. (Notes: The type specimen was not designated in the original paper)

Genus *Ferganodendron* Dobruskina, 1974

1974　Dobruskina, p. 119.

Type species: *Ferganodendron sauktangensis* (Sixtel) Dobruskina, 1974

Taxonomic status: Lepidodendraceae, Lycopsida

Ferganodendron sauktangensis (Sixtel) Dobruskina, 1974

1962　*Sigillaria sauktangensis* Sixtel, p. 302, pl. 4, figs. 1 — 6; text-figs. 3, 4; stems; South Fergana; Triassic.

1974　Dobruskina, p. 119, pl. 10, figs. 1 — 7; stems; South Fergana; Triassic.

For the first and earliest record of this generic name in Chinese Mesozoic Megafossil plants as:
? *Ferganodendron* sp.

1984　? *Ferganodendron* sp., Wang Ziqiang, p. 227, pl. 113, fig. 9; calamitean stem; Yonghe,

Shanxi; Middle — Late Triassic Yenchang Group.

Genus *Ficophyllum* Fontaine, 1889
1889   Fontaine, p. 291.
Type species: *Ficophyllum crassinerve* Fontaine, 1889
Taxonomic status: Moraceae, Dicotyledoneae

Ficophyllum crassinerve Fontaine, 1889
1889   Fontaine, p. 291, pls. 144 — 148; leaves; Fredericksburg, Virginia, USA; Early Cretaceous Potomac Group.

For the first and earliest record of this generic name in Chinese Mesozoic Megafossil plants as:
Ficophyllum sp.
1990   *Ficophyllum* sp., Tao Junrong, Zhang Chuanbo, p. 227, pl. 2, fig. 3; text-fig. 4; leaf; Yanji, Jilin; Early Cretaceous Dalazi Formation.

Genus *Ficus* Linné, 1753
Type species: (living genus)
Taxonomic status: Moraceae, Dicotyledoneae

For the first and earliest record of this generic name in Chinese Mesozoic Megafossil plants as:
Ficus daphnogenoides (Heer) Berry, 1905
1866   *Proteoides daphnogenoides* Heer, p. 17, pl. 4, figs. 9, 10; leaves; America; Late Cretaceous.
1905   Berry, p. 327, pl. 21.
1975   Guo Shuangxing, p. 416, pl. 2, figs. 1, 6; leaves; Xigaze, Xizang (Tibet); Late Cretaceous Xigaze Group.

△Genus *Filicidicotis* Pan, 1983 (nom. nud.)
1983   Pan Guang, p. 1520. (in Chinese)
1984   Pan Guang, p. 958. (in English)
Type species: (without specific name)
Taxonomic status: "hemiangiosperms"

Filicidicotis sp. indet.
[Notes: Generic name was given only, but without specific name (or type species) in the original paper]
1983   *Filicidicotis* sp. indet., Pan Guang, p. 1520; western Liaoning (about 45°58′N, 120°21′E); Middle Jurassic Haifanggou Formation. (in Chinese)

1984   *Filicidicotis* sp. indet. ,Pan Guang,p. 958;western Liaoning (about 45°58′N,120°21′E); Middle Jurassic Haifanggou Formation. (in English)

△Genus *Foliosites* Ren,1989

[Notes: This genus was initially described as a Lichenes, but was later suggested as a Bryophyta? (Wu Xiangwu,Li Baoxin,1992,p. 272)]

1989   Ren Shouqin,in Ren Shouqin and Chen Fen,pp. 634,639.

Type species:*Foliosites formosus* Ren,1989

Taxonomic status:Lichenes? or Bryophyta?

△*Foliosites formosus* Ren,1989

1989   Ren Shouqin,in Ren Shouqin and Chen Fen,pp. 634,639,pl. 1,figs. 1 — 4;text-fig. 1; thalli; Reg. No. : HW043, HW044, HWS012; Holotype: HW043 (pl. 1, fig. 1); Repository:China University of Geology (Beijing); Wujiu Coal Mine of Hulun Buir League,Inner Mongolia;Early Cretaceous Damoguaihe Formation.

Genus *Frenelopsis* Schenk,1869

1869   Schenk,p. 13.

Type species:*Frenelopsis hohenggeri* (Ettingshausen) Schenk,1869

Taxonomic status:Cheirolepidiaceae,Coniferopsida

Frenelopsis hohenggeri (Ettingshausen) Schenk,1869

1852   *Thuites hohenggeri* Ettingshausen, p. 26, pl. 1, figs. 6, 7; Czechosloslovvakia; Early Cretaceous.

1869   Schenk,p. 13,pl. 4,fig. 5 — 7;pl. 5,figs. 1,2;pl. 6,figs. 1 — 6;pl. 7,fig. 1;defoliated coniferous shoots(?);Czechosloslovvakia;Early Cretaceous.

For the first and earliest record of this generic name in Chinese Mesozoic Megafossil plants as:

△*Frenelopsis elegans* Chow et Tsao,1977

1977   Chow Tseyen, Tsao Chenyao, p. 175, pl. 4, figs. 8 — 11; text-fig. 5; leafy shoots and cuticles; Reg. No. : PB6271; Holotype: PB6271 (pl. 4, fig. 8); Repository: Nanjing Institute of Geology and Paleontology,Chinese Academy of Sciences;Zhixin (Dalatze) of Yanji,Jilin;Early Cretaceous Dalatze Formation.

Frenelopsis parceramosa Fontaine,1889

1889   Fontaine,p. 218,pl. 111,figs. 1 — 5;leafy shoots;Dutch Cap Canal,Virginia,USA;Early Cretaceous Potomac Group.

1977   Feng Shaonan and others, p. 243, pl. 98, figs. 2, 3; leafy shoots; Fengxian'ao of Hengyang,Hunan;Early Cretaceous.

Frenelopsis ramosissima Fontaine,1889

1889   Fontaine, p. 215, pls. 95 — 99; pl. 100, figs. 1 — 3; pl. 101, fig. 1; leafy shoots;

Fredericksburg and Baltimore, at Federal Hill, Virginia, USA; Early Cretaceous Potomac Group.

1977　　Feng Shaonan and others, p. 243, pl. 98, fig. 1; leafy shoot; Tanghu of Haifeng, Guangdong; Early Cretaceous.

Genus *Gangamopteris* McCoy, 1875

1875(1874 — 1876)　　McCoy, p. 11.

Type species: *Gangamopteris angostifolia* McCoy, 1875

Taxonomic status: Pteridospermopsida

Gangamopteris angostifolia McCoy, 1875

1875(1874 — 1876)　　McCoy, p. 11, pl. 12, fig. 1; pl. 13, fig. 2; large net-veined leaf; New South Wales, Australia; Permian.

For the first and earliest record of this generic name in Chinese Mesozoic Megafossil plants as:

△*Gangamopteris qinshuiensis* Wang Z et Wang L, 1990

1990a　　Wang Ziqiang, Wang Lixin, p. 128, pl. 19, figs. 1 — 3; fern-like leaves; No.: Z16-212, Z16-214a, Z16-214b; Holotype: Z16-214a (pl. 19, figs. 2, 2a); Repository: Nanjing Institute of Geology and Palaeontology, Chinese Academy of Sciences; Tuncun of Yushe, Shanxi; Early Triassic base part of Heshanggou Formation.

△*Gangamopteris*? *tuncunensis* Wang Z et Wang L, 1990

1990a　　Wang Ziqiang, Wang Lixin, p. 128, pl. 19, fig. 4; pl. 20, figs. 1, 2; fern-like leaves; No.: Z05a-185, Z05a-190; Syntype 1: Z05a-190 (pl. 20, fig. 1); Syntype 2: Z05a-185 (pl. 20, figs. 2, 2a); Repository: Nanjing Institute of Geology and Palaeontology, Chinese Academy of Sciences; Tuncun of Yushe, Shanxi; Early Triassic base part of Heshanggou Formation. [Notes: According to *International Code of Botanical Nomenclature* (*Vienna Code*) article 37.2, from the year 1958, the holotype type specimen should be unique]

△Genus *Gansuphyllites* Xu et Shen, 1982

1982　　Xu Fuxiang, Shen Guanglong, in Liu Zijin, p. 118.

Type species: *Gansuphyllites multivervis* Xu et Shen, 1982

Taxonomic status: Equisetales, Sphenopsida

△*Gansuphyllites multivervis* Xu et Shen, 1982

1982　　Xu Fuxiang, Shen Guanglong, in Liu Zijin, p. 118, pl. 58, fig. 5; calamitean stem and leaf whorl; No.: LP00013-3; Dalinggou of Wudu, Gansu; Middle Jurassic Longjiagou Formation.

Genus *Geinitzia* Endlicher, 1847

1847　Endlicher, p. 280.

Type species: *Geinitzia cretacea* Endlicher, 1847

Taxonomic status: Coniferopsida

Geinitzia cretacea Endlicher, 1847

1842(1839 — 1842)　*Sedites rabenhorstii* Geinitz, p. 97, pl. 24, fig. 5; sterile shoot; Saxony, Germany; Early Cretaceous.

1847　Endlicher, p. 280.

For the first and earliest record of this generic name in Chinese Mesozoic Megafossil plants as:

Geinitzia spp.

1990　*Geinitzia* sp. 1, Liu Mingwei, p. 207; leafy shoot; Huangyadi of Laiyang, Shandong; Early Cretaceous member 3 of Laiyang Formation. (Notes: This specific name was only given in the original paper)

1990　*Geinitzia* sp. 2, Liu Mingwei, p. 207; leafy shoot; Huangyadi of Laiyang, Shandong; Early Cretaceous member 3 of Laiyang Formation. (Notes: This specific name was only given in the original paper)

1990　*Geinitzia* sp. 3, Liu Mingwei, p. 207; leafy shoot; Huangyadi of Laiyang, Shandong; Early Cretaceous member 3 of Laiyang Formation. (Notes: This specific name was only given in the original paper)

△Genus *Geminofoliolum* Zeng, Shen et Fan, 1995

1995　Zeng Yong, Shen Shuzhong and Fan Bingheng, pp. 49, 76.

Type species: *Geminofoliolum gracilis* Zeng, Shen et Fan, 1995

Taxonomic status: Calamariaceae, Sphenopsida

△*Geminofoliolum gracilis* Zeng, Shen et Fan, 1995

1995　Zeng Yong, Shen Shuzhong and Fan Bingheng, pp. 49, 76, pl. 7, figs. 1, 2; text-fig. 9; calamitean stems; Col. No.: No. 117146, No. 117144; Reg. No.: YM94031, YM94032; Holotype: YM94032 (pl. 7, fig. 2); Paratype: YM94031 (pl. 7, fig. 1); Repository: Department of Geology, China University of Mining & Technology; Yima, western Henan; Middle Jurassic Yima Formation.

△Genus *Gigantopteris* Schenk, 1883

1883　Schenk, p. 238.

Type species: *Gigantopteris nicotianaefolia* Schenk, 1883

Taxonomic status: Gigantopterids, Pteridospermopsida

△*Gigantopteris nicotianaefolia* Schenk, 1883

1883　Schenk, p. 238, pl. 32, figs. 6 — 8; pl. 33, figs. 1 — 3; pl. 35, fig. 6; fern-like leaves; Nibakou (Lur-Pa_kou) of Leiyang, Hunan; Late Permian Lungtan Formation.

For the first and earliest record of this generic name in Chinese Mesozoic Megafossil plants as:

Gigantopteris dentata Yabe, 1904

1904　Yabe, p. 159.
1917　Koiwai, in Yabe, p. 71, pl. 71, pl. 15, figs. 2 — 9; pl. 16, figs. 5, 6; fern-like leaves; Asia; Permian.
1920　Yabe, Hayasaka, pl. 6, figs. 6, 7; fern-like leaves; Longyan and An'xi, Fujian; Early Triassic. (Notes: This specific figure was only given in the original paper)

Gigantopteris sp.

1920　*Gigantopteris* sp., Yabe, Hayasaka, pl. 6, fig. 9; fern-like leaf; An'xi, Fujian; Early Triassic. (Notes: This specific figure was only given in the original paper)

Genus *Ginkgo* Linné, 1735

Type species: *Ginkgo biloba* Linné (extant genus and species), 1735

Taxonomic status: Ginkgoales

For the first and earliest record of this generic name in Chinese Mesozoic Megafossil plants as:

Ginkgo huttoni (Sternberg) Heer, 1876

1833　*Cyclopteris huttoni* Sternberg, p. 66; England; Middle Jurassic.
1876　Heer, p. 59, pl. 5, fig. 1b; pl. 8, fig. 4; pl. 10, fig. 8; leaves; Irkutsk Basin, Russia; Jurassic.
1901　Krasser, p. 150, pl. 4, figs. 3, 4; leaves; southwest Sandaoling (Santoling) between Hami and Turfan, Xinjiang; Jurassic.

Ginkgo schmidtiana Heer, 1876

1876　Heer, p. 60, pl. 13, figs. 1, 2; pl. 7, fig. 5; leaves; Irkutsk, Russia; Jurassic.
1901　Krasser, p. 151, pl. 4, fig. 5; leaf; southwest Sandaoling (Santoling) between Hami and Turfan, Xinjiang; Jurassic.

Ginkgo sp.

1901　*Ginkgo* sp. [cf. *G. huttoni* (Sternb.) Heer], Krasser, p. 148; leaf; Southern of Tyrkytag Mountian, Xinjiang; Jurassic.

Genus *Ginkgodium* Yokoyama, 1889

1889　Yokoyama, p. 57.

Type species: *Ginkgodium nathorsti* Yokoyama, 1889

Taxonomic status: Ginkgoales

For the first and earliest record of this generic name in Chinese Mesozoic Megafossil plants as:
Ginkgodium nathorsti Yokoyama,1889

1889　　Yokoyama,p. 57,pl. 2,fig. 4;pl. 3,fig. 7;pl. 8;pl. 9,figs. 1 — 10;leaves;Shimamura, Yangedani,Japan;Jurassic.

1978　　Yang Xianhe,p. 528,pl. 189,figs. 6,7b;leaves;Houbabaimiao of Jiangyou, Sichuan; Early Jurassic Baitianba Formation.

Genus *Ginkgoidium* Yokoyama ex Harris,1935

[Notes: The genus was applied by Harris (1935, pp. 6, 49), it might be mis-spelling of *Ginkgodium*]

1935　　Harris,pp. 6,49.

For the first and earliest record of this generic name in Chinese Mesozoic Megafossil plants as:
△**Ginkgoidium eretmophylloidium** Huang et Zhou,1980

1980　　Huang Zhigao,Zhou Huiqin,p. 105,pl. 39,fig. 5;pl. 46,figs. 3 — 5;pl. 48,figs. 6,7; leaves and cuticles;Reg. No. : OP3060 — OP3062, OP3064;Ershidun of Shenmu, Shaanxi;Late Triassic upper and middle parts of Yenchang Formation. (Notes:The type specimen was not appointed in the original paper)

△**Ginkgoidium longifolium** Huang et Zhou,1980

1980　　Huang Zhigao,Zhou Huiqin,p. 105,pl. 36,fig. 3;pl. 37,fig. 6;pl. 45,fig. 2;pl. 46,figs. 1,2,8;pl. 47,figs. 1 — 8;leaves and cuticles;Reg. No. : OP3065 — OP3068,OP3106, OP3107,3108;Ershidun of Shenmu,Shaanxi;Late Triassic upper and middle parts of Yenchang Formation. (Notes: The type specimen was not appointed in the original paper)

△**Ginkgoidium truncatum** Huang et Zhou,1980

1980　　Huang Zhigao,Zhou Huiqin,p. 106,pl. 35,fig. 4;pl. 45,fig. 5;pl. 46,figs. 6,7;pl. 48, fig. 5;leaves and cuticles;Reg. No. :OP3069 — OP3072;Ershidun of Shenmu,Shanxi; Late Triassic upper and middle parts of Yenchang Formation. (Notes: The type specimen was not appointed in the original paper)

Genus *Ginkgoites* Seward,1919

1919　　Seward,p. 12.

Type species:*Ginkgoites obovatus* (Nathorst) Seward,1919

Taxonomic status:Ginkgoales

Ginkgoites obovatus (Nathorst) Seward,1919

1886　　*Ginkgo obovata* Nathorst,p. 93,pl. 29,fig. 5;leaf;Scania,Sweden;Late Triassic.

1919　　Seward,p. 12,fig. 632A;leaf;Scania,Sweden;Late Triassic.

For the first and earliest record of this generic name in Chinese Mesozoic Megafossil plants as:
△*Ginkgoites obrutschewi* (Seward) **Seward, 1919**
1911 *Ginkgo obrutschewi* Seward, p. 46, pl. 3, fig. 41; pl. 4, figs. 42, 43; pl. 5, figs. 59 — 61, 64; pl. 6, fig. 71; pl. 7, figs. 74, 76; leaves and cuticles; Diam River of Junggar Basin, Xinjiang; Early and Middle Jurassic.
1919 Seward, p. 26; text-figs. 642A, 642B; leaves and cuticles; Diam River of Junggar Basin, Xinjiang; Jurassic.

Genus *Ginkgoitocladus* Krassilov, 1972

1972 Krassilov, p. 38.
Type species: *Ginkgoitocladus burejensis* Krassilov, 1972
Taxonomic status: Ginkgopsisda

Ginkgoitocladus burejensis Krassilov, 1972

1972 Krassilov, p. 38, pl. 16, figs. 1 — 4, 8 — 10; long shoots and short shoots; Breya Basin, USSR; Early Cretaceous.

For the first and earliest record of this generic name in Chinese Mesozoic Megafossil plants as:
Ginkgoitocladus cf. *burejensis* Krassilov

2003 Yang Xiaoju, p. 569, pl. 3, figs. 6, 7, 13; long shoots and short shoots; Jixi Basin, eastern Heilongjiang; Early Cretaceous Muling Formation. [Notes: The species was later referred as *Ginkgoitocladus* sp. (Yang Xiaoju, 2004, p. 744)]

Genus *Ginkgoxylon* Khudajberdyev, 1962

1962 Khudajberdyev, p. 424.
Type species: *Ginkgoxylon asiaemediae* Khudajberdyev, 1962
Taxonomic status: Ginkgoales

Ginkgoxylon asiaemediae Khudajberdyev, 1962

1962 Khudajberdyev, p. 424, pl. 1; fossil wood; Southwest Kyzylkum of Uzbekistan; Late Cretaceous.

For the first and earliest record of this generic name in Chinese Mesozoic Megafossil plants as:
△*Ginkgoxylon chinense* Zhang et Zheng, 2000 (in English)

2000 Zhang Wu, Zheng Shaolin, in Zhang Wu and others, p. 221, pl. 1, figs. 1 — 9; pl. 2, figs. 1 — 3, 5; woods; No.: LFW01; Holotype: LFW01; Repository: Shenyang Institute of Geology and Mineral Resources; Tazigou of Yixian, Liaoning; Early Cretaceous Shahai Formation.

Genus *Gleichenites* Seward, 1926

1926   Seward, p. 76.

Type species: *Gleichenites porsildi* Seward, 1926

Taxonomic status: Gleicheniaceae, Filicopsida

Gleichenites porsildi Seward, 1926

1926   Seward, p. 76, pl. 6, figs. 18, 19, 24, 27, 29 — 31; pl. 12, figs. 122, 124; fronds; Angiarsuit, Upernivik Island, Greenland; Cretaceous.

For the first and earliest record of this generic name in Chinese Mesozoic Megafossil plants as:
Gleichenites nipponensis Ôishi, 1940

1940   Ôishi, p. 202, pl. 3, figs. 2, 3, 3a; fronds; Kuwasima and Motiana, Japan; Early Cretaceous Tetori Series.

1941   Ôishi, p. 169, pl. 37 (2), figs. 1, 2, 2a; fronds; Luozigou of Wangqing, Jilin; Early Cretaceous.

Genus *Glenrosa* Watson et Fisher, 1984

1984   Watson, Fisher, p. 219.

Type species: *Glenrosa texensis* (Fontiane) Watson et Fisher, 1984

Taxonomic status: Coniferopsida

Glenrosa texensis (Fontiane) Watson et Fisher, 1984

1893   *Brachyphyllum texensis* Fontiane, p. 269, pl. 38, fig. 5; pl. 39, figs. 1, 1a; Texas, USA; Early Cretaceous Glen Rose Formation.

1984   Watson, Fisher, p. 219, pl. 64; text-figs. 1, 2, 4A; leafy shoots and cuticles; Texas, USA; Early Cretaceous Glen Rosa Formation.

For the first and earliest record of this generic name in Chinese Mesozoic Megafossil plants as:
△*Glenrosa nanjingensis* Zhou, Thévenart, Balale, Guignart, 2000 (in English)

2000   Zhou Zhiyan and others, p. 562, pls. 1 — 3; text-figs. 1, 2; leafy shoots and cuticles; Reg. No.: PB17455 — PB17463, PB18133 — PB18135; Holotype: PB17456 (pl. 1, fig. 3); Repository: Nanjing Institute of Geology and Paleontology, Chinese Academy of Sciences; Qixia of Nanjing, Jiangsu; Early Cretaceous Gecun Formation.

Genus *Glossophyllum* Kräusel, 1943

1943   Kräusel, p. 61.

Type species: *Glossophyllum florini* Kräusel, 1943

Taxonomic status: Ginkgophytes

Glossophyllum florini Kräusel, 1943

1943   Kräusel, p. 61, pl. 2, figs. 9 — 11; pl. 3, figs. 6 — 10; leaves; Lunz, Austria; Late Triassic (Keuper).

For the first and earliest record of this generic name in Chinese Mesozoic Megafossil plants as:
△*Glossophyllum*? *shensiense* Sze, 1956

1901   Cordaitaceen Blätter *Noeggerathiopsis hislopi*, Krasser, p. 7, pl. 2, figs. 1, 2; leaves; Shaanxi; Late Triassic Yenchang Formation.

1936   ? *Noeggerathiopsis hislopi*, Pan C H, p. 31, pl. 13, figs. 1 — 3; leaves; Shaanxi; Late Triassic Yenchang Formation.

1956a   SzeH C, pp. 48, 153, pl. 38, figs. 4, 4a; pl. 48, figs. 1 — 3; pl. 49, figs. 1 — 6; pl. 50, fig. 3; pl. 53, fig. 7b; pl. 55, fig. 5; leaves and twigs; Reg. No. ; PB2455 — PB2468; Repository: Nanjing Institute of Geology and Palaeontonlogy, Chinese Academy of Sciences; Yijun, Yanchang and Suide, Shaanxi; Late Triassic Yenchang Formation.

1956b   Sze H C, pp. 285, 289, pl. 1, fig. 1; leaf; Lizhuangli of Guyuan, Gansu; Late Triassic Yenchang Formation.

Genus *Glossopteris* Brongniart, 1822

1822   Brongniart, p. 54.

Type species: *Glossopteris browniana* Brongniart, 1828

Taxonomic status: Pteridospermopsida

Glossopteris browniana Brongniart, 1822

1822   Brongniart, p. 54; India; Permian.

1828a — 1838   Brongniart, p. 222; India; Permian.

For the first and earliest record of this generic name in Chinese Mesozoic Megafossil plants as:
Glossopteris angustifolia Brongniart, 1830

1830   Brongniart, p. 224, pl. 63, fig. 1; Raniganj Coalfield, West Bengal; Late Permian (Raniganj Stage).

1902 — 1903   Zeiller, p. 297, pl. 56, figs. 2, 2a; fern-like leaves; Taipingchang (Tai-Pin-Tchang), Yunnan; Late Triassic. [Notes: This specimen lately was referred as *Sagenopteris*? sp. (Sze H C, Lee H H and others, 1963)]

Glossopteris indica Schimper, 1869

1869   Schimper, p. 645; India (Rajmahal Hills); Permian.

1902 — 1903   Zeiller, p. 296, pl. 56, figs. 1, 1a; fern-like leaves; Taipingchang (Tai-Pin-Tchang), Yunnan; Late Triassic. [Notes: This specimen lately was referred as *Sagenopteris*? sp. (Sze H C, Lee H H and others, 1963)]

Genus *Glossotheca* Surange et Maheshwari, 1970

1970   Surange, Maheshwari, p. 180.

Type species: *Glossotheca utakalensis* Surange et Maheshwari, 1970

Taxonomic status: Pteridospermopsida

Glossotheca utakalensis Surange et Maheshwari, 1970

1970   Surange, Maheshwari, p. 180, pl. 40, figs. 1 — 5; pl. 41, figs. 6 — 12; text-figs. 1 — 4; male fructification, Glossopteriales; Orissa, India; Late Permian.

For the first and earliest record of this generic name in Chinese Mesozoic Megafossil plants as:

△*Glossotheca cochlearis* Wang Z et Wang L, 1990

1990a   Wang Ziqiang, Wang Lixin, p. 130, pl. 21, fig. 4; male fructification; No. : Z16-222a; Holotype: Z13-222a (pl. 21, fig. 4); Repository: Nanjing Institute of Geology and Palaeontology, Chinese Academy of Sciences; Tuncun of Yushe, Shanxi; Early Triassic base part of Heshanggou Formation.

△*Glossotheca cuneiformis* Wang Z et Wang L, 1990

1990a   Wang Ziqiang, Wang Lixin, p. 130, pl. 21, fig. 1; male fructification; No. : Z13-223; Holotype: Z13-223 (pl. 21, fig. 1); Repository: Nanjing Institute of Geology and Palaeontology, Chinese Academy of Sciences; Tuncun of Yushe, Shanxi; Early Triassic base part of Heshanggou Formation.

△*Glossotheca petiolata* Wang Z et Wang L, 1990

1990a   Wang Ziqiang, Wang Lixin, p. 129, pl. 21, fig. 2; male fructification; No. : Z16-566; Holotype: Z16-566 (pl. 21, fig. 2); Repository: Nanjing Institute of Geology and Palaeontology, Chinese Academy of Sciences; Tuncun of Yushe, Shanxi; Early Triassic base part of Heshanggou Formation.

Genus *Glossozamites* Schimper, 1870

1870(1869 — 1874)   Schimper, p. 163.

Type species: *Glossozamites oblongifolius* (Kurr) Schimper, 1870

Taxonomic status: Cycadophytes

Glossozamites oblongifolius (Kurr) Schimper, 1870

1870(1869 — 1874)   Schimper, p. 163, pl. 71; cycadophphyte foliage; Wuerttemberg, Germany; Early Jurassic (Lias).

For the first and earliest record of this generic name in Chinese Mesozoic Megafossil plants as:

△*Glossozamites acuminatus* Yokoyama, 1906

1906   Yokoyama, p. 38, pl. 12, figs. 5b, 7; cycadophyte leaves; Shaximiao of Hezhou, Sichuan;

Jurassic. [Notes: This specimen lately was referred as *Zamites*? sp. (Sze H C, Lee H H and others, 1963)]

△*Glossozamites hohenggeri* (Schenk) Yokoyama, 1906
1869 *Podozamites hohenggeri* Schenk, Schenk, p. 9, pl. 2, figs. 3 — 6.
1906 Yokoyama, pp. 36, 37, pl. 12, figs. 1, 1a, 5a, 6 (?); cycadophyte leaves; Shiguanzi of Zhaohua, Sichuan; Shaximiao of Hechuan, Sichuan; Jurassic. [Notes: This specimen lately was referred as *Zamites hohenggeri* (Schenk) Li (Sze H C, Lee H H and others, 1963)]

Genus *Glyptolepis* Schimper, 1870
1870(1869 — 1874)   Schimper, p. 244.
Type species: *Glyptolepis keuperiana* Schimper, 1870
Taxonomic status: Coniferopsida

Glyptolepis keuperiana Schimper, 1870
1870(1869 — 1874)   Schimper, p. 244, pl. 76, fig. 1; coniferous foliage shoot; near Coburg, Germany; Late Triassic (Keuper).

For the first and earliest record of this generic name in Chinese Mesozoic Megafossil plants as:
Glyptolepis sp.
1976 *Glyptolepis* sp., Lee Peichuan and others, p. 133, pl. 46, figs. 9 — 11a; leafy shoots; Shizhongshan of Jianchuan, Yunnan; Late Triassic Jianchuan Formation.

Genus *Glyptostroboxylon* Conwentz, 1885
1885 Conwentz, p. 445.
Type species: *Glyptostroboxylon goepperti* Conwentz, 1885
Taxonomic status: Coniferopsida

Glyptostroboxylon goepperti Conwentz, 1885
1885 Conwentz, p. 445; coniferous wood; Katapuliche, Argentina; Lower Oligocene.

For the first and earliest record of this generic name in Chinese Mesozoic Megafossil plants as:
△*Glyptostroboxylon xidapoense* Zheng et Zhang, 1982
1982 Zheng Shaolin, Zhang Wu, p. 329, pl. 26, figs. 1 — 9; fossil woods; No. : 126; Repository: Shenyang Institute of Geology and Mineral Resources; Xidapo of Jixi, eastern Heilongjiang; Early Cretaceous Mulin Formation.

Genus *Glyptostrobus* Endl., 1847
Type species: (living genus)

Taxonomic status: Taxodiaceae, Coniferopsida

For the first and earliest record of this generic name in Chinese Mesozoic Megafossil plants as:
Glyptostrobus europaeus (Brongniart) Heer
1855   Heer, p. 51, pl. 19; pl. 20, fig. 1; leafy shoot and cone.
1979   Guo Shuangxing, Li Haomin, p. 552, pl. 1, figs. 1, 1a, 1b, 2, 3; leafy shoots and cones; Erdaogou of Hunchun, Jilin; Late Cretaceous Hunchun Formation.

Genus *Goeppertella* Ôishi et Yamasita, 1936
1936   Ôishi, Yamasita, p. 147.

Type species: *Goeppertella microloba* (Schenk) Ôishi et Yamasita, 1936

Taxonomic status: Goeppertelloideae, Dipteridaceae, Filicopsida [Notes: This genus was referred as Taipingchangellceae (Yang Xianhe, 1978)]

Goeppertella microloba (Schenk) Ôishi et Yamasita, 1936
1865b—1867   *Woodwardites microloba* Schenk, p. 67, pl. 13, figs. 11—13; fronds; Franconia, Germany; Late Triassic.
1936   Ôishi, Yamasita, p. 147; frond; Franconia, Germany; Late Triassic.

For the first and earliest record of this generic name in Chinese Mesozoic Megafossil plants as:
Goeppertella sp.
1956   *Goeppertella* sp. (? nov. sp.), Ngo C K, p. 22, pl. 1, fig. 1; pl. 3, fig. 6; pl. 4, fig. 1; text-fig. 2; fronds; Xiaoping of Guangzhou, Guangdong; Late Triassic Siaoping Coal Series.

Genus *Gomphostrobus* Marion, 1890
1890   Marion, p. 894.

Type species: *Gomphostrobus heterophylla* Marion, 1890 [Notes: First illustrated species is *Gomphostrobus bifidus* (Geinitz) Zeiller et Potonie, in Potonie, 1900, p. 620, fig. 387]

Taxonomic status: Coniferopsida?

Gomphostrobus heterophylla Marion, 1890
1890   Marion, p. 894; araucarian-like foliage shoot; Lodeve, France; Permian. (nom. nud.)

For the first and earliest record of this generic name in Chinese Mesozoic Megafossil plants as:
Gomphostrobus bifidus (Geinitz) Zeiller et Potonie, 1900
1900   Zeiller, Potonie, in Potonie, p. 620, fig. 387.
1947—1948   Mathews, p. 241, fig. 5; fructification; West Hill, Beijing; Permian(?) or Triassic (?) Shuantsuang Series.

Genus *Gonatosorus* Raciborski, 1894
1894   Raciborski, p. 174.

Type species: *Gonatosorus nathorsti* Raciborski, 1894

Taxonomic status: Dicksoniaceae, Filicopsida

Gonatosorus nathorsti Raciborski, 1894
1894   Raciborski, p. 174, pl. 9, figs. 5 — 15; pl. 10, fig. 1; fertile and sterile fronds; Western Europe; Jurassic.

Gonatosorus ketova Vachrameev, 1958
1958   Vachrameev, p. 98, pl. 15, figs. 1, 2; pl. 19, figs. 2 — 5; sterile and fertile fronds; Lena R valley; Early Cretaceous.

For the first and earliest record of this generic name in Chinese Mesozoic Megafossil plants as:
Cf. *Gonatosorus ketova* Vachrameev
1980   Zhang Wu and others, p. 244, pl. 155, figs. 1, 2; pl. 157, figs. 5, 6; text-fig. 181; fronds; Hada of Jidong, Heilongjiang; Early Cretaceous Muling Formation.

Genus *Graminophyllum* Conwentz, 1886
1886   Conwentz, p. 15.

Type species: *Graminophyllum succineum* Conwentz, 1886

Taxonomic status: Graminae, Monocotyledoneae

Graminophyllum succineum Conwentz, 1886
1886   Conwentz, p. 15, pl. 1, figs. 18 — 24; leaves; West Prussia, Germany; Tertiary.

For the first and earliest record of this generic name in Chinese Mesozoic Megafossil plants as:
Graminophyllum sp.
1979   *Graminophyllum* sp., Guo Shuangxing, Li Haomin, p. 557, pl. 3, fig. 8; leaf; Hunchun, Jilin; Late Cretaceous Hunchun Formation.

Genus *Grammaephloios* Harris, 1935
1935   Harris, p. 152.

Type species: *Grammaephloios icthya* Harris, 1935

Taxonomic status: Lycopodiales

For the first and earliest record of this generic name in Chinese Mesozoic Megafossil plants as:
Grammaephloios icthya Harris, 1935
1935   Harris, p. 152, pls. 23, 25, 27, 28; leaf shoots; Scoresby Sound, East Greenland; Early

Jurassic (*Thaumatopteris* Zone).

1986   Ye Meina and others, p. 13, pl. 1, figs. 1, 1a; calamitean stems; Jinwo near Tieshan and Leiyinpu of Daxian, Sichuan; Early Jurassic Zhenzhuchong Formation.

△**Genus *Guangxiophyllum* Feng, 1977**

1977   Feng Shaonan and others, p. 247.

Type species: *Guangxiophyllum shangsiense* Feng, 1977

Taxonomic status: Gymnospermae incertae sedis

△*Guangxiophyllum shangsiense* **Feng, 1977**

1977   Feng Shaonan and others, p. 247, pl. 95, fig. 1; cycadophyte leaf; No. : P25281; Holotype: P25281 (pl. 95, fig. 1); Repository: Hubei Institute of Geological Sciences; Wangmen of Shangsi, Guangxi; Late Triassic.

Genus *Gurvanella* Krassilov, 1982

1982   Krassilov, p. 31.

Type species: *Gurvanella dictyoptera* Krassilov, 1982

Taxonomic status: Angiospermae [Notes: The genus was later referred to Gnetales (Sun Ge and others, 2001)]

Gurvanella dictyoptera **Krassilov, 1982, emend Sun, Zheng et Dilcher, 2001** (in Chinese and English)

1982   Krassilov, p. 31, pl. 18, figs. 229 — 237; text-fig. 10A; fruits winged; Gurvan-Eren, Mongolia; Early Cretaceous. [Notes: The species was later referred to Gnetales (Sun Ge and others, 2001)]

2001   Sun Ge and others, pp. 108, 207.

For the first and earliest record of this generic name in Chinese Mesozoic Megafossil plants as:

△*Gurvanella exquisites* **Sun, Zheng et Dilcher, 2001** (in Chinese and English)

2001   Sun Ge, Zheng Shaolin, Dilcher D L, in Sun Ge and others, pp. 108, 207, pl. 24, figs. 7, 8; pl. 25, fig. 5; pl. 65, figs. 2 — 11; winged seeds; Reg. No. : PB19176; Holotype: PB19176 (pl. 24, fig. 8); Repository: Nanjing Institute of Geology and Paleontology, Chinese Academy of Sciences; western Liaoning; Late Jurassic Jianshangou Formation.

△**Genus *Gymnogrammitites* Sun et Zheng, 2001** (in Chinese and English)

2001   Sun Ge, Zheng Shaolin, in Sun Ge and others, pp. 75, 185.

Type species: *Gymnogrammitites ruffordioides* Sun et Zheng, 2001

Taxonomic status: Filicopsida

△*Gymnogrammitites rufjordioides* **Sun et Zheng, 2001** (in Chinese and English)
2001 Sun Ge, Zheng Shaolin, in Sun Ge and others, pp. 75, 185, pl. 7, fig. 6; pl. 9, figs. 1, 2; pl. 40, figs. 5 — 8; fronds; No. : PB19020, PB19020A (counterpart); Holotype: PB19020 (pl. 7, fig. 6); Repository: Nanjing Institute of Geology and Palaeontology, Chinese Academy of Sciences; Huangbanjigou near Shangyuan of Beipiao, western Liaoning; Late Jurassic Jianshangou Formation.

△**Genus *Hallea* Mathews, 1947 — 1948**
1947 — 1948 Mathews, p. 241.
Type species: *Hallea pekinensis* Mathews, 1947 — 1948
Taxonomic status: incertae sedis

△*Hallea pekinensis* **Mathews, 1947 — 1948**
1947 — 1948 Mathews, p. 241, fig. 4; seed; West Hill, Beijing; Permian(?) or Triassic(?) Shuantsuang Series.

Genus *Harrisiothecium* Lundblad, 1961
1961 Lundblad, p. 23.
Type species: *Harrisiothecium marsilioides* (Harris) Lundblad, 1961
Taxonomic status: Pteridospermopsida

Harrisiothecium marsilioides **(Harris) Lundblad, 1961**
1932 *Hydropteridium marsilioides* Harris, 122, pl. 9; pl. 10, figs. 3 — 8; pl. 11, figs. 1, 2, 15; text-fig. 52; male fructification; Scoresby Sound, East Greenland; Late Triassic *Lepidopteris* Zone.
1950 *Harrisia marsilioides* (Harris) Lundblad, p. 71.
1961 Lundblad, p. 23.

For the first and earliest record of this generic name in Chinese Mesozoic Megafossil plants as:
Harrisiothecium? **sp.**
1986a *Harrisiothecium*? sp., Chen Qishi, p. 451, pl. 218, fig. 16; Chayuanli of Quxian, Zhejiang; Late Triassic Chayuanli Formation.

Genus *Hartzia* Harris, 1935 (non Nikitin, 1965)
1935 Harris, p. 42.
Type species: *Hartzia tenuis* (Harris) Harris, 1935
Taxonomic status: Czekanowskiales

Hartzia tenuis **(Harris) Harris, 1935**
1926 *Phoenicopsis tenuis* Harris, p. 106, pl. 3, figs. 6, 7; pl. 4, figs. 5, 6; pl. 10, fig. 5; text-figs.

26A — 26E; leaves and cuticles; Scoresby Sound, East Greenland; Late Triassic *Lepidopteris* Zone (Rhaetic).

1935   Harris, p. 42; text-fig. 20; leaf; Scoresby Sound, East Greenland; Late Triassic *Lepidopteris* Zone (Rhaetic).

For the first and earliest record of this generic name in Chinese Mesozoic Megafossil plants as:
Cf. *Hartzia tenuis* (Harris) Harris
1982   Zhang Wu, p. 190, pl. 2, figs. 9, 10; leaves; Lingyuan, Liaoning; Late Triassic Laohugou Formation.

Genus *Hartzia* Nikitin, 1965 (non Harris, 1935)
[Notes: This generic name *Hartzia* Nikitin (1965) is a homonym junius of *Hartzia* Harris (1935) (Wu Xiangwu, 1993a)]

1965   Nikitin, p. 86.

Type species: *Hartzia rosenkjari* (Hartz) Nikitin, 1965

Taxonomic status: Cornaceae, Dicotyledoneae

Hartzia rosenkjari (Hartz) Nikitin, 1965
1965   Nikitin, p. 86, pl. 16, figs. 4 — 6, 8; seeds, Cornaceae; near Tomsk City, Western Siberia; Early Miocene.

Genus *Hausmannia* Dunker, 1846
1846   Dunker, p. 12.

Type species: *Hausmannia dichotoma* Dunker, 1846

Taxonomic status: Dipteridaceae, Filicopsida

Hausmannia dichotoma Dunker, 1846
1846   Dunker, p. 12, pl. 5, fig. 1; pl. 6, fig. 12; fronds; Near Buckenburg, Germany; Early Cretaceous (Wealden).

For the first and earliest record of this generic name in Chinese Mesozoic Megafossil plants as:
△*Hausmannia leeiana* Sze, 1933
1933d   Sze H C, p. 7, pl. 2, figs. 8, 9; fronds; Datong, Shanxi; Early Jurassic. [Notes: This specimen lately was referred as *Hausmannia leeiana* (*Protorhipis*) Sze (Sze H C, Lee H H and others, 1963)]

Hausmannia ussuriensis Kryshtofovich, 1923
1923   Kryshtofovich, p. 295, fig. 4b; frond; South Primorye; Late Triassic.

Hausmannia cf. *ussuriensis* Kryshtofovich
1933a   Sze H C, p. 67, pl. 9, figs. 1 — 6; fronds; Qianligouding of Wuwei, Gansu; Early Jurassic.

[Notes: This specimen lately was referred as *Hausmannia* (*Protorhipis*) *ussuriensis* Kryshtofovich (Sze H C, Lee H H and others, 1963)]

Subgenus *Hausmannia* (*Protorhipis*) Ôishi et Yamasita, 1936

1936　Ôishi, Yamasita, p. 161.

Type species: *Hausmannia* (*Protorhipis*) *buchii* Andrae ex Ôishi et Yamasita, 1936

Taxonomic status: Dipteridaceae, Filicopsida

Hausmannia (*Protorhipis*) *buchii* Andrae ex Ôishi et Yamasita, 1936

1855　Andrae, p. 36, pl. 8, fig. 1; frond; Steierdorf, Austria; Early Jurassic (Lias).

1936　Ôishi, Yamasita, p. 161.

For the first and earliest record of this generic name in Chinese Mesozoic Megafossil plants as:

△*Hausmannia* (*Protorhipis*) *leeiana* Sze ex Ôishi et Yamasita, 1936

1933d　*Hausmannia leeiana* Sze, Sze H C, p. 7, pl. 2, figs. 8, 9; fronds; Datong, Shanxi; Early Jurassic.

1936　Ôishi, Yamasita, p. 163.

1963　Sze H C, Lee H H and others, p. 88, pl. 27, figs. 2, 2a; pl. 28, fig. 2; fronds; Datong, Shanxi; Middle Jurassic Datong Group; Mentougou of West Hill, Beijing; Middle Jurassic Mentougou Group; Liaoning; Early — Middle Jurassic.

Hausmannia (*Protorhipis*) *ussuriensis* Kryshtofovich ex Sze, Lee et al., 1963

1923　*Hausmannia ussuriensis* Kryshtofovich, Kryshtofovich, p. 295, fig. 4b; fronds; South Primorski Krai; Late Triassic.

1963　Sze H C, Lee H H and others, p. 89, pl. 26, figs. 3, 4; pl. 28, fig. 1; fronds; Qianligouding of Wuwei, Gansu; Early — Middle Jurassic.

Genus *Haydenia* Seward, 1912

1912　Seward, p. 14.

Type species: *Haydenia thyrsopteroides* Seward, 1912

Taxonomic status: Cyatheaceae?, Filicopsida

Haydenia thyrsopteroides Seward, 1912

1912　Seward, p. 14, pl. 2, figs. 26, 29; fertile fern foliage; Ishpushta, Afgannistan; Jurassic.

For the first and earliest record of this generic name in Chinese Mesozoic Megafossil plants as:

? *Haydenia thyrsopteroides* Seward

1931　Sze H C, p. 64; fertile pinna; Yan-Kan-Tan of Saratsi, Inner Mongolia; Early Jurassic (Lias). (Notes: This specific name was only given in the original paper)

Genus *Heilungia* Prynada,1956

1956   Prynada,in Kiparianova and others,p. 234.

Type species:*Heilungia amurensis* (Novopokrovsky) Prynada,1956

Taxonomic status:Cycadales,Cycadopsida

For the first and earliest record of this generic name in Chinese Mesozoic Megafossil plants as:
Heilungia amurensis (Novopokrovsky) Prynada,1956

1912   *Pseudoctenis amurensis* Novopokrovsky,10,pl. 1,figs. 2,3b;foliage fragment attributed to Cycadales;Tyrma River,Bureya Basin;Early Cretaceous.

1956   Prynada,in Kiparianova and others,p. 234,pl. 41,fig. 1;foliage fragment attributed to Cycadales;Tyrma River,Bureya Basin;Early Cretaceous.

1980   Zhang Wu and others,p. 278,pl. 178,figs. 1 — 2;pl. 179,fig. 5;cycadophyte leaves;Jalai Nur of Hulun Buir League,Inner Mongolia;Late Jurassic Xinganling Group.

Genus *Hepaticites* Walton,1925

1925   Walton,p. 565.

Type species:*Hepaticites kidstoni* Walton,1925

Taxonomic status:Hepaticae

Hepaticites kidstoni Walton,1925

1925   Walton,p. 565,pl. 13,figs. 1 — 4;thalli;Preesgweene Colliery,Preesgweene,Shroshire,England;Middle Coal Measures,Late Carboniferous.

For the first and earliest record of this generic name in Chinese Mesozoic Megafossil plants as:
△*Hepaticites minutus* Zhang et Zheng,1983

1983   Zhang Wu,Zheng Shaolin,p. 71,pl. 1,figs. 1,12;text-fig. 2;thalli;No. :LMP2010-1;Repository:Shenyang Institute of Geology and Mineral Resources;Linjiawaizi of Benxi,Liaoning;Middle Triassic Linjia Formayion.

△Genus *Hexaphyllum* Ngo,1956

1956   Ngo C K,p. 25.

Type species:*Hexaphyllum sinense* Ngo,1956

Taxonomic status:plantae incertae sedis or Equisetales?,Sphenopsida?

△*Hexaphyllum sinense* Ngo,1956

1956   Ngo C K,p. 25,pl. 1,fig. 2;pl. 6,figs. 1,2;text-fig. 3;leaf whorls;No. :A4;Reg. No. :0015;Repository:Palaeontology Section,Department of Geology,Central-South Institute of Mining and Metallurgy;Xiaoping of Guangzhou,Guangdong;Late Triassic Siaoping

Coal Series. [Notes: This specimen lately was referred as *Annulariopsis? sinensis* (Ngo) Lee (Sze H C, Lee H H and others, 1963)]

Genus *Hicropteris* Presl
Type species: (living genus)
Taxonomic status: Gleicheniaceae, Filicopsida

For the first and earliest record of this generic name in Chinese Mesozoic Megafossil plants as:
△*Hicropteris triassica* Duan et Chen, 1979
1979a Duan Shuying, Chen Ye, in Chen Ye and others, p. 60, pl. 1, figs. 1, 2a, 1b, 2; text-fig. 2; sterile and fertile fronds; No. : No. 6920, No. 6937, No. 6938, No. 6845, No. 6849, No. 7017, No. 7021, No. 7026; Syntype 1: No. 6937(pl. 1, fig. 1); Syntype 2: No. 7017(pl. 1, fig. 2); Repository: Institute of Botany, Chinese Academy of Sciences; Hongni of Yanbian, Sichuan; Late Triassic Daqiaodi Formation. [Notes: According to *International Code of Botanical Nomenclature* (*Vienna Code*) article 37. 2, from the year 1958, the holotype type specimen should be unique]

Genus *Hirmerella* Hörhammer, 1933, emend Jung, 1968
[Notes: *Hirmerella* cited by Jung (1968, p. 80) for *Hirmeriella* (Hörhammer, 1933, p. 29)]
1933 *Hirmeriella* Hörhammer, p. 29.
1968 Jung, p. 80.
Type species: *Hirmerella rhatoliassica* Hörhammer, 1933, emend Jung, 1968
Taxonomic status: Hirmerellaceae, Coniferopsida

Hirmerella rhatoliassica Hörhammer, 1933, emend Jung, 1968
1933 *Hirmeriella rhatoliassica* Hörhammer, p. 29, pls. 5 — 7; seed cones, Coniferales; France; Rhaetic.
1968 Jung, p. 80.

Hirmerella muensteri (Schenk) Jung, 1968
1867 *Brachyphyllum muesteri* Schenk, p. 187, pl. 43, figs. 1 — 12; Franken; Late Triassic — Early Jurassic (Keuper — Lias).
1968 Jung, p. 80, pls. 15 — 19; text-figs. 6, 7, 10; leafy twigs; Switzerland; Late Triassic.

For the first and earliest record of this generic name in Chinese Mesozoic Megafossil plants as:
Cf. *Hirmerella muensteri* (Schenk) Jung
1982a Wu Xiangwu, p. 57, pl. 8, figs. 2, 2a; pl. 9, figs. 3, 3a, 4, 4A, 4a, 4b; leafy twigs; Tumaing of Amdo, northern Xizang (Tibet); Late Triassic Tumaingela Formation.
1982b Wu Xiangwu, p. 99, pl. 18, figs. 5, 5a; pl. 19, fig. 4B; leafy twigs; Qamdo, eastern Xizang (Tibet); Late Triassic Bagong Formation.

△*Hirmriella xiangtanensis* Zhang,1982

1982 Zhang Caifan,p. 538,pl. 352,figs. 9,9a;pl. 357,figs. 4 — 6;leafy shoots and cuticles; No. :HP490;Holotype:HP490 (pl. 352,fig. 9);Repository:Geological Museum of Hunan Province;Yangjiaqiao of Xiangtan,Hunan;Early Jurassic Shikong Formation.

△Genus *Hsiangchiphyllum* Sze,1949

1949 Sze H C,p. 28.

Type species:*Hsiangchiphyllum trinerve* Sze,1949

Taxonomic status:Cycadopsida

△*Hsiangchiphyllum trinerve* Sze,1949

1949 Sze H C, p. 28, pl. 7, fig. 6; pl. 8, fig. 1; cycadophyte leaves; Xiangxi of Zigui, Hubei; Early Jurassic Hsiangchi Coal Series.

△Genus *Hubeiophyllum* Feng,1977

1977 Feng Shaonan and others,p. 247.

Type species:*Hubeiophyllum cuneifolium* Feng,1977

Taxonomic status:Gymnospermae incertae sedis

△*Hubeiophyllum cuneifolium* Feng,1977

1977 Feng Shaonan and others, p. 247, pl. 100, figs. 1 — 4; leaves; No. :P25298 — P25301; Syntypes:P25298 — P25301 (pl. 100, figs. 1 — 4); Repository:Hubei Institute of Geological Sciences; Tieluwan of Yuan'an, Hubei; Late Triassic Lower Coal Formation of Hsiangchi Group. [Notes:According to *International Code of Botanical Nomenclature* (*Vienna Code*) article 37. 2, from the year 1958, the holotype type specimen should be unique]

△*Hubeiophyllum angustum* Feng,1977

1977 Feng Shaonan and others, p. 247, pl. 100, figs. 5 — 7; leaves; No. :P25302 — P25304; Syntypes:P25298 — P25301 (pl. 100, figs. 5 — 7); Repository:Hubei Institute of Geological Sciences; Tieluwan of Yuan'an, Hubei; Late Triassic Lower Coal Formation of Hsiangchi Group. [Notes:According to *International Code of Botanical Nomenclature* (*Vienna Code*) article 37. 2, from the year 1958, the holotype type specimen should be unique]

△Genus *Hunanoequisetum* Zhang,1986

1986 Zhang Caifan,p. 191.

Type species:*Hunanoequisetum liuyangense* Zhang,1986

Taxonomic status:Equisetales,Sphenopsida

△*Hunanoequisetum liuyangense* **Zhang, 1986**
1986   Zhang Caifan, p. 191, pl. 4, figs. 4 — 4a, 5; text-fig. 1; calamitean stems; Reg. No.: PH472, PH473; Holotype: PH472 (pl. 4, fig. 4); Repository: Geological Museum of Hunan Province; Yuelong of Liuyang, Hunan; Early Jurassic Yuelong Formation.

Genus *Hymenophyllites* Goeppert, 1836
1836   Goeppert, p. 252.
Type species: *Hymenophyllites quercifolius* Goeppert, 1836
Taxonomic status: Hymenophyllacae, Filicopsida

Hymenophyllites quercifolius **Goeppert, 1836**
1836   Goeppert, p. 252, pl. 14, figs. 1, 2; fern-like foliage; Silesia; Carboniferous.

For the first and earliest record of this generic name in Chinese Mesozoic Megafossil plants as:
△*Hymenophyllites tenellus* **Newberry, 1867**
1867(1865)   Newberry, p. 122, pl. 9, fig. 5; frond; Zhaitang of West Hill, Beijing; Jurassic. [Notes: This specimen lately was referred as *Coniopteris hymenophylloides* Brongniart (Sze H C, Lee H H and others, 1963)]

Genus *Hyrcanopteris* Kryshtofovich et Prynada, 1933
1933   Kryshtofovich, Prynada, p. 10.
Type species: *Hyrcanopteris sevanensis* Kryshtofovich et Prynada, 1933
Taxonomic status: Pteridospermopsida

Hyrcanopteris sevanensis **Kryshtofovich et Prynada, 1933**
1933   Kryshtofovich, Prynada, p. 10, pl. 1, figs. 3 — 5; fern fronds; Armenia; Late Triassic.

For the first and earliest record of this generic name in Chinese Mesozoic Megafossil plants as:
Hyrcanopteris sp.
1968   *Hyrcanopteris* sp., *Fossil atlas of Mesozoic coal-bearing strata in Kiangsi and Hunan provinces*, p. 53, pl. 9, fig. 1; pl. 10, fig. 2; text-fig. 17; fern-like leaves; Hulukou of Lechang, Guangdong; Late Triassic member 2 of Coal-bearing Formation.

△Genus *Illicites* Pan, 1983 (nom. nud.)
1983   Pan Guang, p. 1520. (in Chinese)
1984   Pan Guang, p. 959. (in English)
Type species: (without specific name)
Taxonomic status: "primitive angiosperms"

Illicites sp. indet.

[Notes: Generic name was given only, but without specific name (or type species) in the original paper]

1983   *Illicites* sp. indet, Pan Guang, p. 1520; western Liaoning (about 45°58′N, 120°21′E); Middle Jurassic Haifanggou Formation. (in Chinese)

1984   *Illicites* sp. indet, Pan Guang, p. 959; western Liaoning (about 45°58′N, 120°21′E); Middle Jurassic Haifanggou Formation. (in English)

Genus *Isoetes* Linné, 1753

Type species: (living genus)

Taxonomic status: Isoetales, Lycoposida

For the first and earliest record of this generic name in Chinese Mesozoic Megafossil plants as:
△*Isoetes ermayingensis* Wang Z, 1991

1990b   Wang Ziqiang, Wang Lixin, p. 305; Manshui and Yuli of Qinxian, Sizhuang of Wuxiang, Pantuo of Pinyao, Shanxi; Zhangjiayan of Wupu, Shaanxi; Middle Triassic base part of Ermaying Formation. (nom. nud.)

1991   Wang Ziqiang, p. 13, pl. 1, figs. 1 − 6, 8 − 15; pls. 6, 7; pl. 9, figs. 1 − 3, 10 − 14; pl. 10; text-figs. 7a, 7b; sporophylls and sporogium; Syntypes: leaf-tip (No. 8711-6), phyllopodoum (No. 8502-29), ligule (No. 8502-22), sporangia (No. 8313-33, 8502-21, 8711-8), sporophylls (No. 8313-a, 8313-27), megaspores in-situ (No. 8502-21, 8711-8); Repository: Nanjing Institute of Geology and Paleontology, Chinese Academy of Sciences; Wupu, Shaanxi; Middle Triassic base part of Ermaying Formation. [Notes: According to *International Code of Botanical Nomenclature (Vienna Code)* article 37. 2, from the year 1958, the holotype type specimen should be unique]

Genus *Isoetites* Muenster, 1842

1842(1839 − 1843)   Muenster, p. 107.

Type species: *Isoetites crociformis* Muenster, 1842

Taxonomic status: Isoetales, Lycoposida

Isoetites crociformis Muenster, 1842

1842(1839 − 1843)   Muenster, p. 107, pl. 4, fig. 4; Daitinnear Manheim of Bavaria, Germany; Jurassic.

For the first and earliest record of this generic name in Chinese Mesozoic Megafossil plants as:
△*Isoetites sagittatus* Wang Z et Wang L, 1990

1990a   Wang Ziqiang, Wang Lixin, p. 112, pl. 14, figs. 1 − 6; text-fig. 3; Isoetes-like plant with strobili; No. : Iso14-1 − Iso14-7; Syntypes: Iso14-1 (pl. 14, fig. 1), Iso14-4 (pl. 14, fig. 4), Iso14-7 (pl. 14, fig. 2); Repository: Nanjing Institute of Geology and Paleontology,

Chinese Academy of Sciences; Yangzhuang of Puxian, Shanxi; Early Triassic lower member of Heshanggou Formation. [Notes: According to *International Code of Botanical Nomenclature* (*Vienna Code*) article 37. 2, from the year 1958, the holotype type specimen should be unique]

Genus *Ixostrobus* Raciborski, 1891
1891a Raciborski, p. 356 (12).
Type Specie: *Ixostrobus siemiradzkii* Raciborski, 1891
Taxonomic status: Czekanowsiales?

Ixostrobus siemiradzkii (Raciborski) Raciborski, 1891
1891a *Taxites siemiradzkii* Raciborski, p. 315 (24), pl. 5, fig. 7; microsporangium; Poland; Late Triassic.
1891b Raciborski, p. 356 (12), pl. 2, figs. 5 — 8, 20b; Microsporangium; Poland; Late Triassic.

For the first and earliest record of this generic name in Chinese Mesozoic Megafossil plants as:
△*Ixostrobus magnificus* Wu, 1980
1980 Wu Shunqing and others, p. 114, pl. 33, figs. 2, 3; microsporangium; two specimens; Reg. No. : PB6902, PB6903; Holotype: PB6903 (pl. 33, fig. 3); Repository: Nanjing Institute of Palaeontology and Geology, Chinese Academy of Sciences; Daxiakou of Xingshan, Hubei; Early — Middle Jurassic Hsiangchi Formation.

Genus *Jacutiella* Samylina, 1956
1956 Samylina, p. 1336.
Type species: *Jacutiella amurensis* Samylina, 1956
Taxonomic status: Cycadopsida

Jacutiella amurensis (Novopokrovsky) Samylina, 1956
1912 *Taeniopteris amurensis* Novopokrovsky, p. 6, pl. 1, fig. 4; pl. 2, fig. 5; cycadophyte leaves; Amur R Basin; Early Cretaceous.
1956 Samylina, p. 1336, pl. 1, figs. 2 — 5; cycadophyte leaves; Aldan R Basin; Early Cretaceous.

For the first and earliest record of this generic name in Chinese Mesozoic Megafossil plants as:
△*Jacutiella denticulata* Zheng et Zhang, 1982
1982a Zheng Shaolin, Zhang Wu, p. 165, pl. 2, figs. 4, 4a; cycadophyte leaves; Reg. No. : EH-15531-1-5; Repository: Shenyang Institute of Geology and Mineral Resources; Dabangou near Changheyingzi of Beipiao, Liaoning; Middle Jurassic Lanqi Formation.

Genus *Jacutopteris* Vasilevskja, 1960

1960   Vasilevskja, p. 64.

Type species: *Jacutopteris lenaensis* Vasilevskja, 1960

Taxonomic status: Filicopsida

Jacutopteris lenaensis Vasilevskja, 1960

1960   Vasilevskja, p. 64, pl. 1, figs. 1 — 10; pl. 2, fig. 8; text-fig. 1; fronds; lower reaches of Lena R, USSR; Early Cretaceous.

For the first and earliest record of this generic name in Chinese Mesozoic Megafossil plants as:

△*Jacutopteris houlaomiaoensis* Xu, 1975

1975   Xu Fuxiang, p. 105, pl. 5, figs. 1, 1a, 2, 3, 3a; fronds and fertile pinnae; Houlaomiao near Tianshui, Gansu; Early — Middle Jurassic Tanheli Formation. (Notes: The type specimen was not designated in the original paper)

△*Jacutopteris tianshuiensis* Xu, 1975

1975   Xu Fuxiang, p. 104, pl. 4, figs. 2, 3, 3a, 4, 4a; fronds and fertile pinnae; Houlaomiao near Tianshui, Gansu; Early — Middle Jurassic Tanheli Formation. (Notes: The type specimen was not designated in the original paper)

△Genus *Jaenschea* Mathews, 1947 — 1948

1947 — 1948   Mathews, p. 239.

Type species: *Jaenschea sinensis* Mathews, 1947 — 1948

Taxonomic status: Osmundaceae?, Filicopsida

△*Jaenschea sinensis* Mathews, 1947 — 1948

1947 — 1948   Mathews, p. 239, fig. 2; fertile pinna; West Hill, Beijing; Permian(?) or Triassic (?) Shuantsuang Series.

△Genus *Jiangxifolium* Zhou, 1988

1988   Zhou Xianding, p. 1266.

Type species: *Jiangxifolium mucronatum* Zhou, 1988

Taxonomic status: Filicopsida

△*Jiangxifolium mucronatum* Zhou, 1988

1988   Zhou Xianding, p. 126, pl. 1, figs. 1, 2, 5, 6; text-fig. 1; fronds; Reg. No. : No. 1348, No. 1862, No. 2228, No. 2867; Holotype: No. 2228 (pl. 1, fig. 1); Repository: 195th Coal-geological Exploration Team of Jiangxi Province; Youluo of Fengcheng, Jiangxi; Late Triassic Anyuan Formation.

△*Jiangxifolium denticulatum* Zhou,1988
1988   Zhou Xianding,p. 127,pl. 1,figs. 3,4;fronds;Reg. No. :No. 2135,No. 2867;Holotype: No. 2135(pl. 1,fig. 3);Repository:195th Coal-geological Exploration Team of Jiangxi Province;Youluo of Fengcheng,Jiangxi;Late Triassic Anyuan Formation.

△Genus *Jingmenophyllum* Feng,1977
1977   Feng Shaonan and others,p. 250.
Type species:*Jingmenophyllum xiheense* Feng,1977
Taxonomic status:plantae incertae sedis

△*Jingmenophyllum xiheense* Feng,1977
1977   Feng Shaonan and others,p. 250,pl. 94,fig. 9;cycadophyte leaf;No. :P25280;Holotype: P25280 (pl. 94,fig. 9);Repository:Hubei Institute of Geological Sciences;Xihe of Jingmen,Hubei;Late Triassic Lower Coal Formation of Hsiangchi Group.[Notes:This specimen lately was referred as *Compsopteris xiheensis* (Feng) Zhu,Hu et Meng (Zhu Jianan and others,1984)]

△Genus *Jixia* Guo et Sun,1992
1992   Guo Shuangxing,Sun Ge,in Sun Ge and others,p. 547. (in Chinese)
1993   Guo Shuangxing,Sun Ge,in Sun Ge and others,p. 254. (in English)
Type species:*Jixia pinnatipartita* Guo et Sun,1992
Taxonomic status:Dicotyledoneae

△*Jixia pinnatipartita* Guo et Sun,1992
1992   Guo Shuangxing,Sun Ge,in Sun Ge and others,p. 547,pl. 1,figs. 10 − 12;pl. 2,fig. 7; leaves;Reg. No. :PB16773 − PB16775,PB16773A;Holotype:PB16774 (pl. 1,fig. 10); Repository:Nanjing Institute of Geology and Paleontology,Chinese Academy of Sciences;Chengzihe of Jixi, Heilongjiang;Early Cretaceous upper part of Chengzihe Formation. (in Chinese)
1993   Guo Shuangxing,Sun Ge,in Sun Ge and others,p. 254,pl. 1,figs. 10 − 12;pl. 2,fig. 7; leaves;Reg. No. :PB16773 − PB16775,PB16773A;Holotype:PB16774 (pl. 1,fig. 10); Repository:Nanjing Institute of Geology and Paleontology,Chinese Academy of Sciences;Chengzihe of Jixi, Heilongjiang;Early Cretaceous upper part of Chengzihe Formation. (in English)

Genus *Juglandites* (Brongniart) Sternberg,1825
1825(1820 − 1838)   Sternberg,p. Xi.
Type species:*Juglandites nuxtaurinensis* (Brongniart) Sternberg,1825

Taxonomic status: Juglanddaceae, Dicotyledoneae

Juglandites nuxtaurinensis (Brongniart) Sternberg, 1825

1822   *Juglans nuxtaurinensis* Brongniart, p. 323, pl. 6, fig. 6; Juglans-like endocarp; Turin, Italy; Miocene.

1825(1820—1838)   Sternberg, p. Xj.

For the first and earliest record of this generic name in Chinese Mesozoic Megafossil plants as:
Juglandites sinuatus Lesquereux, 1892

1892   Lesquereux, p. 71, pl. 35, figs. 9 — 11; leaves; America; Late Cretaceous Dakota Formation.

1975   Guo Shuangxing, p. 415, pl. 2, figs. 6, 6a, 7; leaves; Xigaze, Xizang (Tibet); Late Cretaceous Xigaze Group.

△Genus *Juradicotis* Pan, 1983 (nom. nud.)

1983   Pan Guang, p. 1520. (in Chinese)

1984   Pan Guang, p. 958. (in English)

Type species: (without specific name)

Taxonomic status: "hemiangiosperms"

Juradicotis sp. indet.

[Notes: Generic name was given only, but without specific name (or type species) in the original paper]

1983   *Juradicotis* sp. indet., Pan Guang, p. 1520; western Liaoning (about 45°58′N, 120°21′E); Middle Jurassic Haifanggou Formation. (in Chinese)

1984   *Juradicotis* sp. indet., Pan Guang, p. 958; western Liaoning (about 45°58′N, 120°21′E); Middle Jurassic Haifanggou Formation. (in English)

△Genus *Juramagnolia* Pan, 1983 (nom. nud.)

1983   Pan Guang, p. 1520. (in Chinese)

1984   Pan Guang, p. 959. (in English)

Type species: (without specific name)

Taxonomic status: "primitive angiosperms"

Juramagnolia sp. indet.

[Notes: Generic name was given only, but without specific name (or type species) in the original paper]

1983   Pan Guang, p. 1520; western Liaoning (about 45°58′N, 120°21′E); Middle Jurassic Haifanggou Formation. (in Chinese)

1984   Pan Guang, p. 959; western Liaoning (about 45°58′N, 120°21′E); Middle Jurassic Haifanggou Formation. (in English)

△**Genus *Kadsurrites* Pan,1983** (nom. nud.)

1983　Pan Guang,p. 1520. (in Chinese)

1984　Pan Guang,p. 959. (in English)

Type species:(without specific name)

Taxonomic status:"primitive angiosperms"

***Kadsurrites* sp. indet.**

[Notes:Generic name was given only, but without specific name (or type species) in the original paper]

1983　Pan Guang, p. 1520; western Liaoning (about 45°58′N, 120°21′E); Middle Jurassic Haifanggou Formation. (in Chinese)

1984　Pan Guang, p. 959; western Liaoning (about 45°58′N, 120°21′E); Middle Jurassic Haifanggou Formation. (in English)

Genus *Karkenia* Archangelsky,1965

1965　Archangelsky,p. 132.

Type species:*Karkenia incurva* Archangelsky,1965

Taxonomic status:Ginkgoales

***Karkenia incurva* Archangelsky,1965**

1965　Archangelsky,p. 132,pl. 1,fig. 10;pl. 2,figs. 11,14,16,18;pl. 5,figs. 29 − 32;text-figs. 13 − 19; branches with the structure of seeds; Santa Cruz of Argentina; Early Cretaceous.

For the first and earliest record of this generic name in Chinese Mesozoic Megafossil plants as:

△***Karkenia henanensis* Zhou,Zhang,Wang et Guignard,2002** (in English)

2002　Zhou Zhiyan,Zhang Bole,Wang Yongdong,Guignard G,p. 95,pl. 1,figs. 1 − 4;pls. 2 − 4; Holotype: PB19235 (pl. 1, figs. 1, 4); Paratypes: PB19236 − PB19239; Repository: Nanjing Institute of Geology and Paleontology,Chinese Academy of Sciences;Opencast Coal Mine of Yima,Henan;Middle Jurassic Yima Formation.

Genus *Klukia* Raciborski,1890

1890　Raciborski,p. 6.

Type species:*Klukia exilis* (Phillips) Raciborski,1890

Taxonomic status:Schizaeaceae,Filicopsida

***Klukia exilis* (Phillips) Raciborski,1890**

1829　*Pecopteris exilis* Phillips, p. 148, pl. 8, fig. 16; fertile fragment; Yorkshire, England;

Middle Jurassic.

1890　Raciborski, p. 6, pl. 1, figs. 16 — 19; fertile fragment; Yorkshire, England; Middle Jurassic.

Klukia browniana (Dunker) Zeiller, 1914

1846　*Pecopteris browniana* Dunker, p. 5, pl. 8, fig. 7; frond; Western Europe; Early Cretaceous.

1894　*Cladophlebis browniana* (Dunker) Seward, p. 99, pl. 7, fig. 4; frond; Western Europe; Early Cretaceous.

1914　Zeiller, p. 7, pl. 21, fig. 1; text-figs. A — C.

1956　Maegdefrau, p. 267.

For the first and earliest record of this generic name in Chinese Mesozoic Megafossil plants as:

Cf. *Klukia browniana* (Dunker) Zeiller

1963　Sze H C, Lee H H and others, p. 68, pl. 21, figs. 5 — 6a; fronds; Shouchang, Zhejiang; Late — Early Cretaceous Jingde Group.

△Genus *Klukiopsis* Deng et Wang, 2000 (in Chinese and English)

1999　Deng Shenghui, Wang Shijun, p. 552. (in Chinese)

2000　Deng Shenghui, Wang Shijun, p. 356. (in English)

Type species: *Klukiopsis jurassica* Deng et Wang, 2000

Taxonomic status: Schzaeaceae, Filicopsida

△*Klukiopsis jurassica* Deng et Wang, 2000 (in Chinese and English)

1999　Deng Shenghui, Wang Shijun, p. 552, figs. 1 (a) — 1 (f); frond, fertile pinna, sporangia and spora; No.: YM98-303; Holotype: YM98-303 [fig. 1 (a)]; Yima, Henan; Middle Juassic. (Notes: The repository of the type specimen was not mentioned in the original paper) (in Chinese)

2000　Deng Shenghui, Wang Shijun, p. 356, figs. 1 (a) — 1 (f); frond, fertile pinna, sporangia and spora; No.: YM98-303; Holotype: YM98-303 [fig. 1 (a)]; Yima, Henan; Middle Jurassic. (Notes: The repository of the type specimen was not mentioned in the original paper) (in English)

△Genus *Kuandiania* Zheng et Zhang, 1980

1980　Zheng Shaolin, Zhang Wu, in Zhang Wu and others, p. 279.

Type species: *Kuandiania crassicaulis* Zheng et Zhang, 1980

Taxonomic status: Cycadopsida

△*Kuandiania crassicaulis* Zheng et Zhang, 1980

1980　Zheng Shaolin, Zhang Wu, in Zhang Wu and others, p. 279, pl. 144, fig. 5; cycadophyte leaf; Reg. No.: D423; Repository: Shenyang Institute of Geology and Mineral Resources;

Kuandian of Benxi, Liaoning; Middle Jurassic Zhuanshanzi Formation.

Genus *Kylikipteris* Harris, 1961

1961   Harris, p. 166.

Type species: *Kylikipteris argula* (Lindley et Hutton) Harris, 1961

Taxonomic status: Dicksoniaceae, Filicopsida

Kylikipteris argula (Lindley et Hutton) Harris, 1961

1834   *Neuropteris argula* Lindley et Hutton, p. 67, fig. 105; sterile pinna; Yorkshire, England; Middle Jurassic.

1961   Harris, p. 166; text-figs. 59 — 61; sterile and fertile fronds; Yorkshire, England; Middle Jurassic.

For the first and earliest record of this generic name in Chinese Mesozoic Megafossil plants as:

△*Kylikipteris simplex* Duan et Chen, 1979

1979a   Duan Shuying, Chen Ye, in Chen Ye and others, p. 60, pl. 1, figs. 3, 4, 4a; sterile and fertile fronds; No. ; No. 7015, No. 7028 — No. 7032; Syntype 1: No. 7028 (pl. 1, fig. 3); Syntype 2: No. 7029 (pl. 1, fig. 4); Repository: Institute of Botany, Chinese Academy of Sciences; Hongni of Yanbian, Sichuan; Late Triassic Daqiaodi Formation. [Notes: According to *International Code of Botanical Nomenclature* (*Vienna Code*) article 37. 2, from the year 1958, the holotype type specimen should be unique]

Genus *Laccopteris* Presl, 1838

1838 (1820 — 1838)   Presl, in Sternberg, p. 115.

Type species: *Laccopteris elegans* Presl, 1838

Taxonomic status: Matoniaceae, Filicopsida

Laccopteris elegans Presl, 1838

1838 (1820 — 1838)   Presl, in Sternberg, p. 115, pl. 32, figs. 8a, 8b; fertile fern pinnules, Matoniaceae; Steindorf near Bamberg of Bavaria, Germany; Late Triassic (Keuper).

For the first and earliest record of this generic name in Chinese Mesozoic Megafossil plants as:

Laccopteris polypodioides (Brongniart) Seward, 1899

1828   *Phlebopteris polypodioides* Brongniart, p. 57; Yorkshire, England; Middle Jurassic. (nom. nud.)

1836   *Phlebopteris polypodioides* Brongniart, p. 372, pl. 83, figs. 1, 1A; fertile pinnae; Yorkshire, England; Middle Jurassic.

1899   Seward, p. 197; text-fig. 9B; fertile pinna; Yorkshire, England; Middle Jurassic.

1906   Krasser, p. 593, pl. 1, fig. 12; sterile frond; Huoshiling (Ho-shi-ling-tza), Jilin; Jurassic. [Notes: This specimen lately was referred as ? *Phlebopteris* cf. *polypodioides* Brongniart (Sze H C, Lee H H and others, 1963)]

Genus *Laricopsis* Fontaine, 1889

1889　Fontaine, p. 233.

Type species: *Laricopsis logifolia* Fontaine, 1889

Taxonomic status: Coniferopsida

For the first and earliest record of this generic name in Chinese Mesozoic Megafossil plants as:
Laricopsis logifolia Fontaine, 1889

1889　Fontaine, p. 233, pls. 102, 103, 165, 168; coniferous twigs; Dutch Cap Canal, Virginia, USA; Early Cretaceous Potomac Group.

1941　Stockmans and Mathieu, p. 56, pl. 4, fig. 5; twig; Datong, Shanxi; Jurassic. [Notes: The specimens were later referred as *Radicites* sp. (Sze H C, Lee H H and others, 1963)]

Genus *Laurophyllum* Goeppart, 1854

1854　Goeppart, p. 45.

Type species: *Laurophyllum beilschiedioides* Goeppart, 1854

Taxonomic status: Lauraceae, Dicotyledoneae

Laurophyllum beilschiedioides Goeppart, 1854

1854　Goeppart, p. 45, pl. 10, fig. 65a; pl. 11, figs. 66, 68; leaves; Java, Indonesia; Eocene.

For the first and earliest record of this generic name in Chinese Mesozoic Megafossil plants as:
Laurophyllum sp.

1975　*Laurophyllum* sp., Guo Shuangxing, p. 418, pl. 3, figs. 8, 9; leaves; Xigaze, Xizang (Tibet); Late Cretaceous Xigaze Group.

Genus *Leguminosites* Bowerbank, 1840

1840　Bowerbank, p. 125.

Type species: *Leguminosites subovatus* Bowerbank, 1840

Taxonomic status: Leguminosae, Dicotyledoneae

Leguminosites subovatus Bowerbank, 1840

1840　Bowerbank, p. 125, pl. 17, figs. 1, 2; seeds; Sheppey, Kent, England; Eocene.

For the first and earliest record of this generic name in Chinese Mesozoic Megafossil plants as:
Leguminosites sp.

1975　*Leguminosites* sp., Guo Shuangxing, p. 418, pl. 3, figs. 1, 3; leaves; Xigaze, Xizang (Tibet); Late Cretaceous Xigaze Group.

Genus *Lepidopteris* Schimper, 1869
1869(1869 — 1874)　　Schimper, p. 572.
Type species: *Lepidopteris stuttgartiensis* (Jaeger) Schimper, 1869
Taxonomic status: Pelaspermaceae, Pteridospermopsida

Lepidopteris stuttgartiensis (Jaeger) Schimper, 1869
1827　　*Aspidioides stuttgartiensis* Jaeger, pp. 32, 38, pl. 8, fig. 1; fern-like foliage; near Stuttgart, Germany; Late Triassic (Keuper).
1869(1869 — 1874)　　Schimper, p. 572, pl. 34; fern-like foliage; near Stuttgart, Germany; Late Triassic (Keuper).

For the first and earliest record of this generic name in Chinese Mesozoic Megafossil plants as:
Lepidopteris ottonis (Goeppert) Schimper, 1869
1832　　*Alethopteris ottonis* Goeppert, p. 303, pl. 37, figs. 3, 4; fern-like foliage; Poland; Late Triassic.
1869(1869 — 1874)　　Schimper, p. 574.
1933c　　Sze H C, p. 8, pl. 3, figs. 2 — 9; fern-like leaves; Sanqiao of Guiyang, Guizhou; Late Triassic.

Genus *Leptostrobus* Heer, 1876
1876　　Heer, p. 72.
Type species: *Leptostrobus laxiflora* Heer, 1876
Taxonomic status: Czekanowskiales

Leptostrobus laxiflora Heer, 1876
1876　　Heer, p. 72, pl. 13, figs. 10 — 13; pl. 15, fig. 9b; strobili; Irkutsk, Russia; Jurassic.

For the first and earliest record of this generic name in Chinese Mesozoic Megafossil plants as:
Cf. *Leptostrobus laxiflora* Heer
1941　　Stockmans, Mathieu, p. 54, pl. 5, figs. 2, 2a; male cones; Datong, Shanxi; Jurassic.

Genus *Lesangeana* (Mougeot) Fliche, 1906
1906　　Fliche, p. 164.
Type species: *Lesangeana voltzii* (Schimper) Fliche, 1906 [Notes: Earliest citation was *Lesangeana hasselotii* Mougeot, 1851, p. 346 (nom. nud.)]
Taxonomic status: Filicopsida?

Lesangeana voltzii (Schimper) Fliche, 1906
1906　　Fliche, p. 164, pl. 13, fig. 3; rhizome; Meurthe-Moselle, Vosges, France; Triassic.

For the first and earliest record of this generic name in Chinese Mesozoic Megafossil plants as:
△*Lesangeana qinxianensis* **Wang Z et Wang L, 1990**

1990b Wang Ziqiang, Wang Lixin, p. 307, pl. 5, figs. 4, 5; rhizomes; No. ; No. 8409-30, No. 8409-31; Holotype: No. 8409-30 (pl. 5, fig. 4); Repository: Nanjing Institute of Geology and Palaeontology, Chinese Academy of Sciences; Sizhuang of Wuxiang, Shanxi; Middle Triassic base part of Ermaying Formation.

Lesangeana vogesiaca (Schimper) **Fliche, 1906**

1869 *Chelepteris vogesiaca* Schimper, p. 702, pl. 51, figs. 1, 3; rhizomes; Grandvillers, Vosges, France; Triassic.

1906 Fliche, p. 163.

1984 *Caulopteris vogesiaca* Schimper et Mougeot, Wang Ziqiang, p. 252, pl. 115, figs. 1, 2; rhizomes; Yonghe, Shanxi; Middle — Late Triassic Yenchang Group.

1990b *Lesangeana vogesiaca* (Schimper et Mougeot) Mougeot, Wang Ziqiang, Wang Lixin, p. 308, pl. 5, figs. 3, 6, 7; rhizomes; Sizhuang of Wuxiang, Shanxi; Middle Triassic base part of Ermaying Formation.

Genus *Lesleya* Lesquereus, 1880

1880 Lesquereus, p. 143.

Type species: *Lesleya grandis* Lesquereus, 1880

Taxonomic status: Pteridospermopsida

Lesleya grandis **Lesquereus, 1880**

1880 Lesquereus, p. 143, pl. 25, figs. 1 — 3; *Glossopteris*-like foliage; Pennsylvania, USA; Base of Chester limestone, Pennsylivanian.

For the first and earliest record of this generic name in Chinese Mesozoic Megafossil plants as:
△*Lesleya triassica* **Chen et Duan, 1979**

1979c Chen Ye, Duan Shuying, in Chen Ye and others, p. 271, pl. 3, fig. 3; *Glossopteris*-like foliage; No. ; No. 7023; Repository: Institute of Botany, Chinese Academy of Sciences; Hongni of Yanbian, Sichuan; Late Triassic Daqiaodi Formation.

Genus *Leuthardtia* Kräusel et Schaarschmidt, 1966

1966 Kräusel, Schaarschmidt, p. 26.

Type species: *Leuthardtia ovalis* Kräusel et Schaarschmidt, 1966

Taxonomic status: Bennettiales, Cycadopsida

For the first and earliest record of this generic name in Chinese Mesozoic Megafossil plants as:
Leuthardtia ovalis **Kräusel et Schaarschmidt, 1966**

1966 Kräusel, Schaarschmidt, p. 26, pl. 8; male organ; Switzerland; Late Triassic.

1990　Meng Fansong, pl. 1, fig. 9; male organs; Wenshan near Jiuqujiang of Qionghai, Hainan; Early Triassic Lingwen Formation. (Notes: This specific figure was only given in the original paper)

1992b　Meng Fansong, p. 179, pl. 8, figs. 10 — 12; male organs; Wenshan near Jiuqujiang of Qionghai, Hainan; Early Triassic Lingwen Formation.

△Genus *Lhassoxylon* Vozenin-Serra et Pons, 1990

1990　Voznin-Serra, Pons, p. 110.

Type species: *Lhassoxylon aptianum* Vozenin-Serra et Pons, 1990

Taxonomic status: Coniferopsida?

△*Lhassoxylon aptianum* Vozenin-Serra et Pons, 1990

1990　Voznin-Serra, Pons, p. 110, pl. 1, figs. 1 — 7; pl. 2, figs. 1 — 8; pl. 3, figs. 1 — 7; pl. 4, figs. 1 — 3; text-figs. 2, 3; fossil woods; Col. No.: X/2 Pj/2 coll. J. J. Jaeger; Reg. No.: n°10468; Holotype: n°10468; Repository: Laboratoire de Paleobotanique et Palynologie evolutives, Universite Pierre et Marie Curie, Paris; Lamba, Xizang (Tibet); Early Cretaceous (Aptian).

△Genus *Lianshanus* Pan, 1983 (nom. nud.)

1983　Pan Guang, p. 1520. (in Chinese)

1984　Pan Guang, p. 959. (in English)

Type species: (without specific name)

Taxonomic status: "primitive angiosperms"

Lianshanus sp. indet.

[Notes: Generic name was given only, but without specific name (or type species) in the original paper]

1983　*Lianshanus* sp. indet., Pan Guang, p. 1520; western Liaoning (about 45°58′N, 120°21′E); Middle Jurassic Haifanggou Formation. (in Chinese)

1984　*Lianshanus* sp. indet., Pan Guang, p. 959; western Liaoning (about 45°58′N, 120°21′E); Middle Jurassic Haifanggou Formation. (in English)

△Genus *Liaoningdicotis* Pan, 1983 (nom. nud.)

1983　Pan Guang, p. 1520. (in Chinese)

1984　Pan Guang, p. 958. (in English)

Type species: (without specific name)

Taxonomic status: "hemiangiosperms"

Liaoningdicotis sp. indet.

[Notes: Generic name was given only, but without specific name (or type species) in the original paper]

1983 *Liaoningdicotis* sp. indet., Pan Guang, p. 1520; western Liaoning (about 45°58′N, 120° 21′E); Middle Jurassic Haifanggou Formation. (in Chinese)

1984 *Liaoningdicotis* sp. indet., Pan Guang, p. 958; western Liaoning (about 45°58′N, 120° 21′E); Middle Jurassic Haifanggou Formation. (in English)

△Genus *Liaoningocladus* Sun, Zheng et Mei, 2000 (in English)

2000 Sun Ge, Zheng Shaolin, Mei Shengwu, in Sun Ge and others, p. 202.

Type species: *Liaoningocladus boii* Sun, Zheng et Mei, 2000

Taxonomic status: Conifers

△*Liaoningocladus boii* Sun, Zheng et Mei, 2000 (in English)

2000 Sun Ge, Zheng Shaolin, Mei Shengwu, in Sun Ge and others, p. 202, pl. 1, figs. 1 — 5; pl. 2, figs. 1 — 7; pl. 3, figs. 1 — 5; pl. 4, figs. 1 — 5; long and dwarf shoots, leaves and cuticles; Holotype: YB001 (pl. 2, fig. 1); Repository: Nanjing Institute of Geology and Paleontology, Chinese Academy of Sciences; Huangbanjigou of Beipiao, Liaoning; Late Jurassic upper part of Yixian Formation.

△Genus *Liaoxia* Cao et Wu S Q, 1998(1997) (in Chinese and English)

[Notes: The type species of the genus lately was referred into Gnetales, Chlamydopsida and named as *Ephedrites chenii* (Cao et Wu S Q) Guo et Wu X W (Guo Shuangxing, Wu Xiangwu, 2000), or referred into Gnetales (Wu Shunqing, 1999)]

1997 Cao Zhengyao, Wu Shunqing, in Cao Zhengyao and others, p. 1765. (in Chinese)

1998 Cao Zhengyao, Wu Shunqing, in Cao Zhengyao and others, p. 231. (in English)

Type species: *Liaoxia chenii* Cao et Wu S Q, 1998(1997)

Taxonomic status: Cyperaceae, Monocotyledoneae

△*Liaoxia chenii* Cao et Wu S Q, 1998(1997) (in Chinese and English)

1997 Cao Zhengyao, Wu Shunqing, in Cao Zhengyao and others, p. 1765, pl. 1, figs. 1, 2, 2a, 2b, 2c; herbaceous plant; Reg. No.: PB17800, PB17801; Holotype: PB17800 (pl. 1, fig. 1); Repository: Nanjing Institute of Geology and Palaeontology, Chinese Academy of Sciences; Shangyuan of Beipiao, western Liaoning; Late Jurassic Jianshangou Bed of Yixian Formation. (in Chinese)

1998 Cao Zhengyao, Wu Shunqing, in Cao Zhengyao and others, p. 231, pl. 1, figs. 1, 2, 2a, 2b, 2c; herbaceous plant; Reg. No.: PB17800, PB17801; Holotype: PB17800 (pl. 1, fig. 1); Repository: Nanjing Institute of Geology and Palaeontology, Chinese Academy of Sciences; Shangyuan of Beipiao, western Liaoning; Late Jurassic Jianshangou Bed of Yixian Formation. (in English)

△**Genus *Lilites* Wu S Q,1999** (in Chinese)

[Notes: The type species of this genus lately was referred by Sun Ge and Zheng Shaolin into *Podocarpites* (Coniferiphytes), and named as *Podocarpites reheensis* (Wu S Q) Sun et Zheng (Sun Ge and others,2001,pp. 100,202)]

1999　Wu Shunqing,p. 23.

Type species: *Lilites reheensis* Wu S Q,1999

Taxonomic status: Liliaceae, Monocotyledoneae

△***Lilites reheensis* Wu S Q,1999** (in Chinese)

1999　Wu Shunqing,p. 23,pl. 18,figs. 1,1a,2,4,5,7,7a,8A; leaves and fruits; Col. No.: AEO-11, AEO-219, AEO-245, AEO-134, AEO-158, AEO-246; Reg. No.: PB18327 — PB18332; Syntypes: PB18327 (pl. 18, fig. 1), PB18330 (pl. 18, fig. 5); Repository: Nanjing Institute of Geology and Palaeontology, Chinese Academy of Sciences; Huangbanjigou near Shangyuan of Beipiao, western Liaoning; Late Jurassic Jianshangou Bed in lower part of Yixian Formation. [Notes: According to *International Code of Botanical Nomenclature (Vienna Code)* article 37. 2, from the year 1958, the holotype type specimen should be unique]

Genus *Lindleycladus* Harris,1979

1979　Harris, p. 146.

Type species: *Lindleycladus lanceolatus* (Lindley et Hutton) Harris,1979

Taxonomic status: Coniferopsida

For the first and earliest record of this generic name in Chinese Mesozoic Megafossil plants as:

***Lindleycladus lanceolatus* (Lindley et Hutton) Harris,1979**

1836　*Zamites lanceolatus* Lindley et Hutton, pl. 194; leafy shoot; Yorkshire, England; Middle Jurassic.

1843　*Podozmites lanceolatus* (Lindley et Hutton) Braun, p. 36; leafy shoot; Yorkshire, England; Middle Jurassic.

1979　Harris, p. 146; text-figs. 67, 68; leafy shoots; Yorkshire, England; Middle Jurassic.

1984　Li Baoxian and others, p. 143, pl. 4, figs. 12, 13; leafy shoots; Yongdingzhuang and Qifengshan of Datong, Shanxi; Early Jurassic Yongdingzhuang Formation.

1984　Wang Ziqiang, p. 292, pl. 139, fig. 9; pl. 173, figs. 10 — 12; leafy shoots; Xiahuayuan, Hebei; Middle Jurassic Mentougou Group.

Cf. *Lindleycladus lanceolatus* (Lindley et Hutton) Harris

1984a　Cao Zhengyao, p. 14, pl. 2, fig. 7(?); pl. 5, fig. 3; leafy shoots; Peide of Mishan, eastern Heilongjiang; Middle Jurassic Peide Formation.

△Genus *Lingxiangphyllum* Meng,1981

1981　Meng Fansong,p. 100.

Type species:*Lingxiangphyllum princeps* Meng,1981

Taxonomic status:plantae incertae sedis

△*Lingxiangphyllum princeps* Meng,1981

1981　Meng Fansong,p. 100,pl. 1,figs. 12,13; text-fig. 1; single leaf; Reg. No. :CHP7901, CHP7902;Holotype:CHP7901 (pl. 1,fig. 12);Repository:Yichang Institute of Geology and Mineral Resources; Changpinghu Lingxiang of Daye, Hubei; Early Cretaceous Lingxiang Group.

Genus *Lobatannularia* Kawasaki,1927

1927(1927－1934)　Kawasaki,p. 12.

Type species:*Lobatannularia inequifolia* (Tokunaga) Kawasaki,1927

Taxonomic status:Equisetales,Sphenopsida

Lobatannularia inequifolia (Tokunaga) Kawasaki,1927

1927(1927－1934)　Kawasaki,p. 12,pl. 4,figs. 13－15;pl. 5,figs. 16－22;pl. 9,fig. 38;pl. 14,figs. 74,75;Congson,Korea;Permian－Carboniferous (Jido Series).

For the first and earliest record of this generic name in Chinese Mesozoic Megafossil plants as:

Lobatannularia cf. *heianensis* (Kodaira) Kawasaki

1980　Zhang Wu and others,p. 231,pl. 104,figs. 4－6;foliage shoots;Lingiawaizi of Benxi, Liaoning;Middle Triassic Linjia Formation.

Lobatannularia sp.

1980　*Lobatannularia* sp. ,Zhao Xiuhu and others,p. 71;Qingyun of Fuyuan, Yunnan;Early Triassic "Kayitou Bed".

△Genus *Lobatannulariopsis* Yang,1978

1978　Yang Xianhe,p. 472.

Type species:*Lobatannulariopsis yunnanensis* Yang,1978

Taxonomic status:Equisetales,Sphenopsida

△*Lobatannulariopsis yunnanensis* Yang,1978

1978　Yang Xianhe, p. 472, pl. 158, fig. 6; vegetal shoot with leaves; Reg. No. : Sp0009; Holotype: Sp0009 (pl. 158, fig. 6); Repository: Chengdu Institute of Geology and Mineral Resources; Yipinglang of Guangtong, Yunnan; Late Triassic Ganhaizi Formation.

Genus *Lobifolia* Rasskazova et Lebedev, 1968

1968   Rasskazova, Lebedev, p. 63.

Type species: *Lobifolia novopokovskii* (Prynada) Rasskazova et Lebedev, 1968

Taxonomic status: Filicopsida

For the first and earliest record of this generic name in Chinese Mesozoic Megafossil plants as:

Lobifolia novopokovskii (Prynada) Rasskazova et Lebedev, 1968

1961   *Cladophlebis novopokovskii* Prynada, in Vachrameev and Doludenko, p. 68, pl. 19, figs. 1 — 4; fronds; Bureya R Basin of Amur R, Heilongjiang; Early Cretaceous.

1968   Rasskazova, Lebedev, p. 63, pl. 1, figs. 1 — 3; fronds; Bureya R Basin of Amur R, Heilongjiang; Early Cretaceous.

1988   Chen Fen and others, p. 52, pl. 18, figs. 1, 2; fronds; Haizhou Opencut Mine and Aiyou Opencut Mine of Fuxin, Liaoning; Early Cretaceous Sunjiawan Member of Fuxin Formation.

Genus *Lomatopteris* Schimper, 1869

1869 (1869 — 1874)   Schimper, p. 472.

Type species: *Lomatopteris jurensis* (Kurr) Schimper, 1869

Taxonomic status: Pteridospermopsida

Lomatopteris jurensis (Kurr) Schimper, 1869

1869 (1869 — 1874)   Schimper, p. 472, pl. 45, figs. 2 — 5; fern-like foliage; Nussplingen, Wuerttemberg, Germany; Late Carboniferous.

For the first and earliest record of this generic name in Chinese Mesozoic Megafossil plants as:

△*Lomatopteris zixingensis* Tuen (MS) ex Zhang, 1982

1982   Zhang Caifan, p. 526, pl. 339, figs. 1, 2; fern-like leaves; Tongrilong near Sandu of Zixing, Hunan; Early Jurassic Tanglong Formation.

△Genus *Longjingia* Sun et Zheng, 2000 (MS)

2000   Sun Ge, Zheng Shaolin, in Sun Ge and others, pl. 4, figs. 5, 6.

Type species: *Longjingia gracilifolia* Sun et Zheng, 2000 (MS)

Taxonomic status: Dicotyledoneae

△*Longjingia gracilifolia* Sun et Zheng, 2000 (MS)

2000   Sun Ge, Zheng Shaolin, in Sun Ge and others, pl. 4, figs. 5, 6; leaves; Zhixin (Dalazi) of Longjing, Jilin; Early Cretaceous Dalazi Formation.

△Genus *Luereticopteris* Hsu et Chu C N,1974

1974　Hsu J,Chu Chinan,in Hsu J and others,p. 270.

Type species:*Luereticopteris megaphylla* Hsu et Chu C N,1974

Taxonomic status:Filicopsida

△*Luereticopteris megaphylla* Hsu et Chu C N,1974

1974　Hsu J,Chu Chinan,in Hsu J and others,p. 270,pl. 2,figs. 5 — 11;pl. 3,figs. 2,3;text-fig. 2;fronds;No. :No. 742a — No. 742c,No. 2515;Syntypes:No. 742a — No. 742c,No. 2515（pl. 2,figs. 5 — 11;pl. 3,figs. 2,3）;Repository:Institute of Botany,Chinese Academy of Sciences; Huashan of Yongren, Yunnan; Late Triassic middle part of Daqiaodi Formation. ［Notes: According to *International Code of Botanical Nomenclature（Vienna Code）* article 37. 2, from the year 1958, the holotype type specimen should be unique］

Genus *Lycopodites* Brongniart,1822

1822　Brongniart,p. 231.

Type species:*Lycopodites taxiformis* Brongniart,1822

Taxonomic status:Lycopodiales,Lycoposida

Lycopodites taxiformis Brongniart,1822

1822　Brongniart, p. 231, pl. 13, fig. 1. ［Notes: This is the first species described by Brongniart,but according to Seward（1910,p. 76）,it is a confer］

For the first and earliest record of this generic name in Chinese Mesozoic Megafossil plants as:

Lycopodites williamsoni Brongniart,1828

［Notes:The speceis was later referred as *Elatides*（Sze H C,Lee H H and others,1963）］

1828　Brongniart,p. 83.

1874　Brongniart, p. 408; Dingjiagou（Tingkiako）, Shaanxi; Jurassic.（Notes: This specific name was only given in the original paper）

Lycopodites falcatus Lindley et Hutton,1833

1833（1831 — 1837）　Lindley, Hutton, p. 171, pl. 61; locopod shoot with leaves; Yorkshire, England;Middle Jurassic.

1979　He Yuanliang and others, p. 131, pl. 56; figs. 2, 2a; locopod stem with branches; Lvcaoshan of Da Qaidam,Qinghai;Middle Jurassic Dameigou Formation.

Genus *Lycostrobus* Nathorst,1908

1908　Nathorst,p. 8.

Type species: *Lycostrobus scottii* Nathorst, 1908
Taxonomic status: Lycopodiales, Lycoposida

Lycostrobus scottii Nathorst, 1908
1908　Nathorst, p. 8, fig. 1; lycopod cone; South Sweden; Late Triassic.

For the first and earliest record of this generic name in Chinese Mesozoic Megafossil plants as:
△*Lycostrobus petiolatus* Wang Z et Wang L, 1990
1990b　Wang Ziqiang, Wang Lixin, p. 306, pl. 1, fig. 1; Pl. 2, figs. 1 − 14; pl. 10, fig. 4; text-fig. 2; lycopod strobili; No. ; No. 7501; Holotype: No. 7501 (pl. 1, fig. 1); Repository: Nanjing Institute of Geology and Palaeontology, Chinese Academy of Sciences; Sizhuang of Wuxiang, Shanxi; Middle Triassic base part of Ermaying Formation.

Genus *Macclintockia* Heer, 1866
1866　Heer, p. 277.
1868　Heer, p. 115.
Type species: *Macclintockia dentata* Heer, 1866
Taxonomic status: Protiaceae, Dicotyledoneae

Macclintockia dentata Heer, 1866
1866　Heer, p. 277.
1868　Heer, p. 115, pl. 15, figs. 3, 4; leaves; Atanekerdluk, Greenland; Miocene.

For the first and earliest record of this generic name in Chinese Mesozoic Megafossil plants as:
Macclintockia cf. *trinervis* Heer
1984　Zhang Zhicheng, p. 121, pl. 2, figs. 10, 13, 14; pl. 5, fig. 5; leaves; Taipinglinchang of Jiayin region, Heilongjiang; Late Cretaceous Taipinglinchang Formation.

△Genus *Macroglossopteris* Sze, 1931
1931　Sze H C, p. 5.
Type species: *Macroglossopteris leeiana* Sze, 1931
Taxonomic status: Pteridospermopsida

△*Macroglossopteris leeiana* Sze, 1931
1931　Sze H C, p. 5, pl. 3, fig. 1; pl. 4, fig. 1; fern-like leaves; Pingxiang, Jiangxi; Early Jurassic (Lias). [Notes: This type species lately was referred as *Anthrophyopsis leeiana* (Sze) Florin (Florin, 1933)]

Genus *Macrostachya* Schimper, 1869
1869 (1869 − 1874)　Schimper, p. 333.

Type species: *Macrostachya infundibuliformis* Schimper, 1869

Taxonomic status: Sphenopsida

Macrostachya infundibuliformis Schimper, 1869

1869(1869 — 1874)   Schimper, p. 333, pl. 23, figs. 15 — 17; articulate cones; Zwickau, Saxony, Germany; Carboniferous.

For the first and earliest record of this generic name in Chinese Mesozoic Megafossil plants as:
△*Macrostachya gracilis* Wang Z et Wang L, 1989 (non Wang Z et Wang L, 1990)

1989   Wang Ziqiang, Wang Lixin, p. 32, pl. 5, fig. 15; articulate cone; No. : Z08-201; Holotype: Z08-201 (pl. 5, fig. 15); Repository: Nanjing Institute of Geology and Palaeontology, Chinese Academy of Sciences; Liaocheng, Shandong; Early Triassic upper part of Liujiagou Formation.

△*Macrostachya gracilis* Wang Z et Wang L, 1990 (non Wang Z et Wang L, 1989)

(Notes: This specific name *Macrostachya gracilis* Wang Z et Wang L, 1990 is a homonym junius of *Macrostachya gracilis* Wang Z et Wang L, 1989)

1990a   Wang Ziqiang, Wang Lixin, p. 116, pl. 2, figs. 2, 3; text-figs. 4i — 4j; strobili; No. : Iso20-6; Holotype: Iso20-6 (pl. 2, fig. 2); Repository: Nanjing Institute of Geology and Palaeontology, Chinese Academy of Sciences; Jingshang of Heshun, Shanxi; Early Triassic middle-lower member of Heshanggou Formation.

Genus *Macrotaeniopteris* Schimper, 1869

1869(1869 — 1874)   Schimper, p. 610.

Type species: *Macrotaeniopteris major* (Lindley et Hutton) Schimper, 1869

Taxonomic status: Gymnospermae incertae sedis

Macrotaeniopteris major (Lindley et Hutton) Schimper, 1869

1833(1831 — 1837)   *Taeniopteris major* Lindley et Hutton, p. 31, pl. 92; fern-like leaf; Gristhorpe Bay, Yorkshire, England; Middle Jurassic.

1869(1869 — 1874)   Schimper, p. 610; fern-like leaf; Gristhorpe Bay, Yorkshire, England; Middle Jurassic.

For the first and earliest record of this generic name in Chinese Mesozoic Megafossil plants as:
△*Macrotaeniopteris richthofeni* Schenk, 1883

1883   Schenk, p. 257, pl. 51, figs. 4, 6; fern-like leaves; Guangyuan, Sichuan; Jurassic. [Notes: This specimen lately was referred as *Taeniopteris rishthofeni* (Schenk) Sze (Sze H C, Lee H H and others, 1963)]

Genus *Manica* Watson, 1974

1974   Watson, p. 428.

Type species: *Manica parceramosa* (Fontaine) Watson, 1974

Taxonomic status: Cheirolepidiaceae, Coniferopsida

For the first and earliest record of this generic name in Chinese Mesozoic Megafossil plants as:
Manica parceramosa (Fontaine) **Watson, 1974**
1889   *Frenilopsis parceramosa* Fontaine, p. 218, pls. 111, 112, 158; leafy shoots; Virginia, USA; Early Cretaceous.
1974   Watson, p. 428; Virginia, USA; Early Cretaceous.
1982   Zhang Caifan, p. 538, pl. 347, fig. 12; pl. 356, figs. 1, 1a, 10; leafy shoots; Fengxian'ao of Hengyang and Yanziyan of Zhijiang, Hunan; Early Cretaceous.

△Subgenus *Manica* (*Chanlingia*) **Chow et Tsao, 1977**
1977   Chow Tseyen, Tsao Chenyao, p. 172.
Type species: *Manica* (*Chanlingia*) *tholistoma* Chow et Tsao, 1977
Taxonomic status: Cheirolepidiaceae, Coniferopsida

△*Manica* (*Chanlingia*) *tholistoma* **Chow et Tsao, 1977**
[Notes: The speceis was later referred as *Pseudofrenelopsis tholistoma* (Chow er Tsao) (Cao Zhengyao, 1989)]
1977   Chow Tseyen, Tsao Chenyao, p. 172, pl. 2, figs. 16, 17; pl. 5, figs. 1 − 10; text-fig. 4; leafy shoots and cuticles; Reg. No. : PB6265, PB6272; Holotype: PB6272 (pl. 5, figs. 1, 2); Repository: Nanjing Institute of Geology and Paleontology, Chinese Academy of Sciences; Changling, Jilin; Early Cretaceous Qingshankou Formation; Fuyu, Jilin; Early Cretaceous Quantou Formation; Lanxi, Zhejiang; Late Cretaceous Qujiang Group.

△Subgenus *Manica* (*Manica*) **Chow et Tsao, 1977**
1977   Chow Tseyen, Tsao Chenyao, p. 169.
Type species: *Manica* (*Manica*) *parceramosa* (Fontaine) Chow et Tsao, 1977
Taxonomic status: Cheirolepidiaceae, Coniferopsida

△*Manica* (*Manica*) *parceramosa* (Fontaine) **Chow et Tsao, 1977**
1889   *Frenilopsis parceramosa* Fontaine, p. 218, pls. 111, 112, 158; leafy shoots; Virginia, USA; Early Cretaceous.
1977   Chow Tseyen, Tsao Chenyao, p. 169.

△*Manica* (*Manica*) *dalatzensis* **Chow et Tsao, 1977**
[Notes: The species was later referred as *Pseudofrenelopsis dalatzensis* (Chow et Tsao) Cao ex Zhou (Zhou Zhiyan, 1995)]
1977   Chow Tseyen, Tsao Chenyao, p. 171, pl. 3, figs. 5 − 11; pl. 4, fig. 13; text-fig. 3; leafy shoots, cuticles; Reg. No. : PB6267, PB6268; Holotype: PB6267 (pl. 3, fig. 5); Repository: Nanjing Institute of Geology and Paleontology, Chinese Academy of Sciences; Zhixin (Dalatze) of Yanji, Jilin; Early Cretaceous Dalatze Formation.

△*Manica* (*Manica*) *foveolata* **Chow et Tsao, 1977**
[Notes: The species was later referred as *Pseudofrenelopsis foveolata* (Chow et Tsao) (Cao

Thengyao,1989) and as *Pseudofrenelopsis papillosa* (Chow et Tsao) Cao ex Zhou (Chow Tseyen,1995)]

1977 Chow Tseyen,Tsao Chenyao,p. 171,pl. 4,figs. 1 — 7,14;leafy shoots and cuticles;Reg. No. :PB6269,PB6270;Holotype:PB6269(pl. 4,figs. 1,2);Repository:Nanjing Institute of Geology and Paleontology, Chinese Academy of Sciences; Haodian of Guyuan and Qianyanghe of Xiji,Ningxia;Early Cretaceous Liupanshan Group.

△*Manica* (*Manica*) *papillosa* Chow et Tsao,1977

[Notes:The species was later referred as *Pseudofrenelopsis papillosa* (Chow et Tsao) Cao ex Zhou (Zhou Zhiyan,1995)]

1977 Chow Tseyen,Tsao Chenyao,p. 169,pl. 2,fig. 15;pl. 3,figs. 1 — 4;pl. 4,fig. 12;text-fig. 2; leafy shoots, cuticles and cones; Reg. No. :PB6264,PB6266; Holotype:PB6266 (pl. 3, fig. 1);Repository:Nanjing Institute of Geology and Paleontology,Chinese Academy of Sciences; Guyuan, Ningxia; Early Cretaceous Liupanshan Group; Xinchang, Zhejiang; Early Cretaceous Guantou Formation.

Genus *Marattia* Swartz,1788

Type species:(living genus)

Taxonomic status:Marattiaceae,Filicopsida

For the first and earliest record of this generic name in Chinese Mesozoic Megafossil plants as:

Marattia asiatica (Kawasaki) Harris,1961

1939 *Marattiopsis asiatica* Kawasaki, p. 50; Tonkin of Vietnam, Japan and Korea; Late Triassic.

1961 Harris,p. 75.

1976 Lee P C and others,p. 95,pl. 4,figs. 8 — 11,13;sterile and fertile pinnae;Yipinglang of Lufeng,Yunnan;Late Triassic Ganhaizi Member of Yipinglang Formation.

Marattia hoerensis (Schimper) Harris,1961

1869 *Angiopteridium hoerensis* Schimper, p. 604, pl. 38, fig. 7; frond; Switzerland; Early Jurassic.

1874 *Marattiopsis hoerensis* Schimper,p. 514.

1961 Harris,p. 75.

1976 Chang Chichen, p. 184, pl. 86, figs. 8 — 10; pl. 87, figs. 1, 1a; sterile and fertile pinnae; Shiyifenzi of Urad Front Banner (Uradin Omnot), Inner Mongolia; Early — Middle Jurassic Shiguai Group.

Marattia muensteri (Goeppert) Raciborski,1891

1841 — 1846 *Taeniopteris muensteri* Goeppert,p. 51,pl. 4,figs. 1 — 3;fronds;Early Jurassic.

1891 Raciborski,p. 6,pl. 2,figs. 1 — 5;fronds;Poland;Late Triassic.

1974 Hu Yufan and others, pl. 2, fig. 2a; frond; Guanhua Coal Mine of Ya'an, Sichuan; Late Triassic. (Notes:This specific figure was only given in the original paper)

Genus *Marattiopsis* Schimper, 1874

1874(1869 — 1874) Schimper, p. 514.

Type species: *Marattiopsis muensteri* (Goeppert) Schimper, 1874

Taxonomic status: Marattiaceae, Filicopsida

For the first and earliest record of this generic name in Chinese Mesozoic Megafossil plants as:
Marattiopsis muensteri (Goeppert) Schimper, 1874

1841 — 1846 *Taeniopteris muensteri* Goeppert, p. 51, pl. 4, fig. 4.

1869 *Angiopteridium muensteri* (Goeppert) Schimper, pl. 603, pl. 38, figs. 1 — 6; fronds; Bayreuth of Bavaria, Germany; Rhaetic.

1874(1869 — 1874) Schimper, p. 514.

1949 Sze H C, p. 7, pl. 3, figs. 3 — 5; pl. 4, fig. 4; pl. 12, fig. 3; fertile fronds; Xiangxi and Caojiayao of Zigui, Hubei; Early Jurassic Hsiangchi Coal Series. [Notes: This specimen lately was referred as *Marattiopsis hoerensis* (Schimper) Schimper (Sze H C, Lee H H and others, 1963)]

Genus *Marchantiolites* Lundblad, 1954

1954 Lundblad, p. 393.

Type species: *Marchantiolites porosus* Lundblad, 1954

Taxonomic status: Marchantiaceae, Marchantiales

Marchantiolites porosus Lundblad, 1954

1954 Lundblad, p. 393, pl. 3, figs. 9 — 11; pl. 4, figs. 1 — 7; thallus; Skromberga, Sweden; Jurassic (Lias).

For the first and earliest record of this generic name in Chinese Mesozoic Megafossil plants as:
Marchantiolites blairmorensis (Berry) Bronwn et Robison

1988 Chen Fen and others, p. 31, pl. 3, fig. 1; thallus; Xinqiu Opencut Coal Mine of Fuxin, Liaoning; Early Cretaceous Fuxin Formation.

Genus *Marchantites* Brongniart, 1849

1849 Brongniart, p. 61.

Type species: *Marchantites sesannensis* Brongniart, 1849

Taxonomic status: Marchantiaceae, Hepaticae

Marchantites sesannensis Brongniart, 1849

1849 Brongniart, p. 61; Paris, France; Eocene. (Notes: First illustration for this species seems to be in Waltelet, 1866)

1866　Waltelet, p. 40, pl. 11, fig. 6; Paris, France; Eocene.

For the first and earliest record of this generic name in Chinese Mesozoic Megafossil plants as:
△*Marchantites taoshanensis* **Zheng et Zhang, 1982**

1982　Zheng Shaoling, Zhang Wu, p. 293, pl. 1, figs. 1a, 1aa — 1ad; text-fig. 1; thallus; Reg. No.: HCB002; Repository: Shenyang Institute of Geology and Mineral Resources; Taoshan of Qitaihe eastern Heilongjiang; Early Cretaceous Chengzihe Formation.

Genus *Marskea* Florin, 1958

1958　Florin, p. 301.

Type species: *Marskea thomasiana* Florin, 1958

Taxonomic status: Coniferopsida

Marskea thomasiana Florin, 1958

1958　Florin, p. 301, pl. 22, figs. 1 — 6; pl. 23, figs. 1 — 7; pl. 24, figs. 1 — 6; leafy shoots, Taxopsida; Clevland district and other lacalities, Yorkshire, England; Jurassic Lower Deltaic Series.

For the first and earliest record of this generic name in Chinese Mesozoic Megafossil plants as:
Marskea **spp.**

1988　*Marskea* sp. 1, Chen Fen and others, p. 89, pl. 55, figs. 4 — 8; text-fig. 21; leaves and cuticles; Haizhou of Fuxin, Liaoning; Early Cretaceous Fuxin Formation.

1988　*Marskea* sp. 2, Chen Fen and others, p. 89, pl. 56, figs. 1 — 6; text-fig. 22; leaves and cuticles; Haizhou and Xinqiu of Fuxin, Liaoning; Early Cretaceous Fuxin Formation.

Genus *Masculostrobus* Seward, 1911

1911　Seward, p. 686.

Type species: *Masculostrobus zeilleri* Seward, 1911

Taxonomic status: Coniferopsida

Masculostrobus zeilleri Seward, 1911

1911　Seward, p. 686, fig. 11; male inflorescence, Coniferales; coast of Suther-land between Brora and Helmsdale, Scotland; Jurassic.

For the first and earliest record of this generic name in Chinese Mesozoic Megafossil plants as:
△*Masculostrobus*? *prolatus* **Zhou et Li, 1979**

1979　Zhou Zhiyan, Li Baoxian, p. 454, pl. 2, fig. 24; male strobilus; Reg. No.: PB7621; Repository: Nanjing Institute of Geology and Paleontology, Chinese Academy of Sciences; Xinhuacun near Jiuqujiang of Qionghai, Hainan; Early Triassic Lingwen Group (Jiuqujiang Formation).

Genus *Matonidium* Schenk, 1871

1871 Schenk, p. 220.

Type species: *Matonidium goeppertii* (Ettingshausen) Schenk, 1871

Taxonomic status: Matoniaceae, Filicopsida

For the first and earliest record of this generic name in Chinese Mesozoic Megafossil plants as:

Matonidium goeppertii (Ettingshausen) Schenk, 1871

1852   *Alethopteris goeppertii* Ettingshausen, p. 16, pl. 5, figs. 1 — 7; fronds; Germany; Early Cretaceous.

1871   Schenk, p. 220, pl. 27, fig. 5; pl. 28, figs. 1a — 1d, 2; pl. 30, fig. 3; fronds; Germany; Early Cretaceous (Wealden).

1983a Zheng Shaolin, Zhang Wu, p. 78, pl. 1, figs. 12 — 20; text-fig. 6; sterile pinnae and fertile pinnae; Dabashan of Mishan, Heilongjiang; Early Cretaceous Dongshan Formation.

△Genus *Mediocycas* Li et Zheng, 2005 (in Chinese and English)

2005 Li Nan, Zheng Shaolin, in Li Nan and others, pp. 425, 433.

Type species: *Mediocycas kazuoensis* Li et Zheng, 2005

Taxonomic status: Cycadales, Cycadopsida

△*Mediocycas kazuoensis* Li et Zheng, 2005 (in Chinese and English)

1986b Problematicum 1, Zheng Shaolin, Zhang Wu, pp. 175, 181, pl. 1, figs. 10, 11; seeds; Yangshugou of Kazuo, western Liaoning; Early Triassic Hongla Formation.

1986b *Carpolithus*? sp., Zheng Shaolin, Zhang Wu, p. 14, pl. 3, figs. 11 — 14; seeds; Yangshugou of Kazuo, western Liaoning; Early Triassic Hongla Formation.

2005   Li Nan, Zheng Shaolin, in Li Nan and others, pp. 425, 433, text-figs. 3A — 3F, 5E; megasporophylls; No.: SG110280 — SG110283 (couterpart), SG11026 — SG11028; Holotype: SG110280 — SG110283 (text-fig. 3A); Paratypes: SG110280 — SG110283 (text-fig. 3B); Repository: Shenyang Institute of Geology and Mineral Resources; Yangshugou of Kazuo, western Liaoning; Early Triassic Hongla Formation.

△Genus *Membranifolia* Sun et Zheng, 2001 (in Chinese and English)

2001 Sun Ge, Zheng Shaolin, in Sun Ge and others, pp. 108, 208.

Type species: *Membranifolia admirabilis* Sun et Zheng, 2001

Taxonomic status: plantae incertae sedis

△*Membranifolia admirabilis* Sun et Zheng, 2001 (in Chinese and English)

2001 Sun Ge, Zheng Shaolin, in Sun Ge and others, pp. 108, 208, pl. 26, figs. 1, 2; pl. 67, figs. 3 — 6; leaves; No.: PB19184 — PB19185, PB19187, PB19196; Holotype: PB19184 (pl. 26, fig. 1); Repository: Nanjing Institute of Geology and Palaeontology, Chinese Academy of Sciences; Lingyuan, western Liaoning; Late Jurassic Jianshangou Formation.

Genus *Menispermites* Lesquereux, 1874
1874   Lesquereux, p. 94.

Type species: *Menispermites obtsiloba* Lesquereux, 1874

Taxonomic status: Dicotyledoneae

For the first and earliest record of this generic name in Chinese Mesozoic Megafossil plants as:
Menispermites obtsiloba Lesquereux, 1874
1874   Lesquereux, p. 94, pl. 25, figs. 1, 2; pl. 26, fig. 3; leaves; south of Fort Harker, Nebraska, USA; Cretaceous.
1986a, b   Tao Junrong, Xiong Xianzheng, p. 123, pl. 9, figs. 1, 2; pl. 15, fig. 1; leaves; Jiayin region, Heilongjiang; Late Cretaceous Wuyun Formation.

Menispermites kujiensis Tanai, 1979
1979   Tanai, p. 107, pl. 11, figs. 1, 2; text-figs. 4 — 6; leaves; Kuji, Japan; Late Cretaceous Sawayama Formation.
1986a, b   Tao Junrong, Xiong Xianzheng, p. 123, pl. 13, fig. 1; leaves; Jiayin region, Heilongjiang; Late Cretaceous Wuyun Formation.

△Genus *Metalepidodendron* Shen (MS) ex Wang X F, 1984
1984   Shen Guanglong, in Wang Xifu, p. 297.

Type species: *Metalepidodendron sinensis* Shen (MS) ex Wang X F, 1984

Taxonomic status: Lycopodiales, Lycoposida

△*Metalepidodendron sinensis* Shen (MS) ex Wang X F, 1984
1984   Shen Guanglong, in Wang Xifu, p. 297.

△*Metalepidodendron xiabanchengensis* Wang X F et Cui, 1984
1984   Wang Xifu, p. 297, pl. 175, figs. 8 — 11; stems; Reg. No: HB-57, HB-58; Xiabancheng of Chengde, Hebei; Early Triassic upper part of Heshanggou Formation. (Notes: The type specimen was not designated in the original paper)

Genus *Metasequoia* Miki, 1941 (fossil species), Hu et Cheng, 1948 (living species)
1941   Miki, p. 262.
1948   Hu, Cheng, p. 153.

Type species: *Metasequoia disticha* Miki, 1941 (fossil species); *Metasequoia glyptostroboides* Hu et Cheng, 1948 (living species)

Taxonomic status: Taxodiaceae, Coniferopsida

△*Metasequoia glyptostroboides* Hu et Cheng, 1948
1948　Hu Hsenhsu, Cheng Wanchun, p. 153; text-figs. 1, 2; Modaoxi of Wanxian, Sichuan; a living species of the genus *Metasequoia*.

Metasequoia disticha Miki, 1941
1876　*Sequoia disticha* Heer, p. 63, pl. 12, fig. 2a; pl. 13, figs. 9 — 11; twigs and cones; northern Himisphere; Cretaceous, Paleocene and Neocene.
1941　Miki, p. 262, pl. 5, figs. A — Ca; text-figs. 8, A — G; twigs and cones; northern Himisphere; Cretaceous, Paleocene and Neocene.

For the first and earliest record of this generic name in Chinese Mesozoic Megafossil plants as:
Metasequoia cuneata (Newberry) Chaney, 1951
1863　*Taxodium cuneatum* Newberry, p. 517.
1893　*Sequoia cuneata* (Newberry) Newberry, p. 18, pl. 14, figs. 3, 4a.
1951　Chaney, p. 229, pl. 11, figs. 1 — 6; leafy shoots; Western North America; Late Cretaceous.
1979　Guo Shuangxing, Li Haomin, p. 553, pl. 1, fig. 4; leafy shoot; Erdaogou of Hunchun, Jilin; Late Cretaceous Hunchun Formation.

△Genus *Metzgerites* Wu et Li, 1992
1992　Wu Xiangwu, Li Baoxian, pp. 268, 276.
Type species: *Metzgerites yuxinanensis* Wu et Li, 1992
Taxonomic status: Hepaticae.

△*Metzgerites yuxinanensis* Wu et Li, 1992
1992　Wu Xiangwu, Li Baoxian, pp. 268, 276, pl. 3, figs. 3 — 5a; pl. 6, figs. 1, 2; text-fig. 6; thallus; Col. No.: ADN41-01, ADN41-02; Reg. No.: PB15480 — PB15483; Holotype: PB15481 (pl. 3, fig. 4); Repository: Nanjing Institute of Geology and Palaeontology, Chinese Academy of Sciences; Yuxian, Hebei; Middle Jurassic Qiaoerjian Formation.

△*Metzgerites exhibens* Wu et Li, 1992
1992　Wu Xiangwu, Li Baoxian, pp. 269, 277, pl. 1, figs. 4, 4a; text-fig. 7; thallus; Col. No.: ADN41-06; Reg. No.: PB15465, PB15466; Holotype: PB15465 (pl. 1, fig. 1); Repository: Nanjing Institute of Geology and Palaeontology, Chinese Academy of Sciences; Yuxian, Hebei; Middle Jurassic Qiaoerjian Formation.

Genus *Millerocaulis* Erasmus et Tidwell, 1986
1986　Erasmus, Tidwell, in Tidwell, p. 402.
Type species: *Millerocaulis dunlopii* (Kidston et Gwynne-Vaughn) Erasmus et Tidwell, 1986

Taxonomic status: Osmundaceae, Filicopsida

Millerocaulis dunlopii (Kidston et Gwynne-Vaughn) Erasmus et Tidwell, 1986

1907 *Osmundites dunlopii* Kidston et Gwynne-Vaughn, pp. 759, 766, pls. 1 — 3, figs. 1 — 16; pl. 6, fig. 3.

1967 *Osmundacaulis dunlopii* (Kidston et Gwynne-Vaughn) Miller, p. 146.

1986 Erasmus, Tidwell, in Tidwell, p. 402.

For the first and earliest record of this generic name in Chinese Mesozoic Megafossil plants as:

△*Millerocaulis liaoningensis* Zhang et Zheng, 1991

1991 Zhang Wu, Zheng Shaolin, pp. 717, 726, pl. 1, figs. 1, 2; pl. 2, figs. 1 — 5; pl. 3, figs. 1 — 5; pl. 4, figs. 1 — 7; pl. 5, figs. 1 — 6; text-figs. 3, 4; petrified rhizomes; Col. No.: H1; Reg. No.: SG11084; Holotype: SG11084 (pl. 5, fig. 6); Repository: Geological Museum of Ministry of Geology and Mineral Resources; Wangfu of Fuxin, Liaoning; Middle Jurassic Lanqi Formation.

△Genus *Mirabopteris* Mi et Liu, 1993

1993 Mi Jiarong, Liu Maoqiang, in Mi Jiarong and others, p. 102.

Type species: *Mirabopteris hunjiangensis* (Mi et Liu) Mi et Liu, 1993

Taxonomic status: Pteridospermopsida

△*Mirabopteris hunjiangensis* (Mi et Liu) Mi et Liu, 1993

1977 *Paradoxopteris hunjiangensis* Mi et Liu, Mi Jiarong, Liu Maoqiang, in Department of Geological Exploration of Changchun College of Geology and others, p. 8, pl. 3, fig. 1; text-fig. 1; fern-like leaves; Reg. No.: X-008; Repository: Department of Geology, Changchun University of Science and Technology; Shiren of Hunjiang, Jilin; Late Triassic "Beishan Formation".

1993 Mi Jiarong, Liu Maoqiang, in Mi Jiarong and others, p. 102, pl. 18, fig. 3; pl. 53, figs. 1, 2, 6; text-fig. 21; fern-like leaves and cuticles; Shiren of Hunjiang, Jilin; Late Triassic Beishan Formation (Xiaohekou Formation).

△Genus *Mironeura* Zhou, 1978

1978 Zhou Tongshun, p. 114.

Type species: *Mironeura dakengensis* Zhou, 1978

Taxonomic status: Nilssoniales or Cycadales, Cycadopsida

△*Mironeura dakengensis* Zhou, 1978

1978 Zhou Tongshun, p. 114, pl. 25, figs. 1, 2, 2a; text-fig. 4; fern-like leaves; Col. No.: WFT$_3$W$_1$ 1-9; Reg. No.: FKP135; Repository: Institute of Geology, Chinese Academy of Geological Sciences; Dakeng of Zhangping, Fujian (Wenbinshan); Late Triassic lower member of Wenbinshan Formation.

△Genus *Mixophylum* Meng,1983

1983　Meng Fansong,p. 228.

Type species:*Mixophylum simplex* Meng,1983

Taxonomic status:plantae incertae sedis

△*Mixophylum simplex* Meng,1983

1983　Meng Fansong,p. 228,pl. 3,fig. 1;leaf;Reg. No. :D76018;Holotype:D76018 (pl. 3,fig. 1); Repository: Yichang Institute of Geology and Mineral Resources; Donggong of Nanzhang,Hubei;Late Triassic Jiuligang Formation.

△Genus *Mixopteris* Hsu et Chu C N,1974

1974　Hsu J,Chu Chinan,in Hsu J and others,p. 271.

Type species:*Mixopteris intercalaris* Hsu et Chu C N,1974

Taxonomic status:Filicopsida?

△*Mixopteris intercalaris* Hsu et Chu C N,1974

1974　Hsu J,Chu Chinan,in Hsu J and others,p. 271,pl. 3,figs. 4 — 7;text-fig. 4;fronds;No. : N. 2610; Repository: Institute of Botany, Chinese Academy of Sciences; Nalajing of Yongren,Yunnan;Late Triassic bottom part of Daqiaodi Formation.

△Genus *Mnioites* Wu X W,Wu X Y,Wang et 2000 (in English)

2000　Wu Xiangwu,Wu Xiuyuang,Wang Yongdong,p. 170.

Type species:*Mnioites brachyphylloides* Wu X W,Wu X Y,Wang,2000

Taxonomic status:Btyiidae

△*Mnioites brachyphylloides* Wu X W,Wu X Y et Wang,2000 (in English)

2000　Wu Xiangwu,Wu Xiuyuang,Wang Yongdong,p. 170,pl. 2,fig. 5;pl. 3,figs. 1 — 2d; caulidium;Col. No. :92-T61;Reg. No. :PB17797 — PB17799;Holotype:PB17798 (pl. 3, figs. 1 — 1c); Paratypes: PB17797 (pl. 3, figs. 2 — 2d), PB17799 (pl. 2, fig. 5); Repository: Nanjing Institute of Geology and Palaeontology, Chinese Academy of Sciences;Tuzi'Arkneigou of Karamay,Xinjiang;Middle Jurassic Xishanyao Formation.

Genus *Monocotylophyllum* Reid et Chandler,1926

1926　Reid,Chandler,in Reid,Chandler and Groves,p. 87.

Type species:*Monocotylophyllum* sp. ,Reid et Chandler,1926

Taxonomic status:Monocotyledoneae

Monocotylophyllum sp.

1926 *Monocotylophyllum* sp., Reid, Chandler, in Reid, Chandler and Groves, p. 87, pl. 5, fig. 12; leaf; Island of Wight, England; Oligocene.

For the first and earliest record of this generic name in Chinese Mesozoic Megafossil plants as:
Monocotylophyllum sp.

1984 *Monocotylophyllum* sp., Guo Shuangxing, p. 89, pl. 1, fig. 4a; leaf; Durbud, Heilongjiang; Late Cretaceous upper part of Qingshankou Formation.

Genus *Muscites* Brongniart, 1828

1828 Brongniart, p. 93.

Type species: *Muscites tournalii* Brongniart, 1828

Taxonomic status: Musci

Muscites tournalii Brongniart, 1828

1828 Brongniart, p. 93, pl. 10, figs. 1, 2; Armissan near Narbonne, France; Tertiary.

For the first and earliest record of this generic name in Chinese Mesozoic Megafossil plants as:
△*Muscites nantimenensis* Wang, 1984

1984 *Muscites nantimensis* Wang, Wang Ziqiang, p. 227, pl. 147, figs. 8, 9; caulidium; Reg. No.: P0378, P0379; Holotype: P0379 (pl. 147, fig. 9); Repository: Nanjing Institute of Geology and Palaeontology, Chinese Academy of Sciences; Zhangjiakou, Hebei; Early Cretaceous Qingshila Formation. (Notes: *nantimensis* is probable misprint for *nantimenensis* in the original article)

Genus *Musophyllum* Goeppert, 1854

1854 Goeppert, p. 39.

Type species: *Musophyllum truncatum* Goeppert, 1854

Taxonomic status: Musaceae, Dicotyledoneae

Musophyllum truncatum Goeppert, 1854

1853 Goeppert, p. 434. (nom. nud.)

1854 Goeppert, p. 39, pl. 7, fig. 47; leaf; Java; Eocene.

For the first and earliest record of this generic name in Chinese Mesozoic Megafossil plants as:
Musophyllum sp.

2000 *Musophyllum* sp., Guo Shuangxing, p. 239, pl. 6, fig. 7; leaf; Hunchun, Jilin; Late Cretaceous Hunchun Formation.

Genus *Myrtophyllum* Heer, 1869

1869　Heer, p. 22.

Type species: *Myrtophyllum geinitzi* Heer, 1869

Taxonomic status: Myrtaceae, Dicotyledoneae

Myrtophyllum geinitzi Heer, 1869

1869　Heer, p. 22, pl. 11, figs. 3, 4; leaves; Moletein, Moravia, Czechoslovakia; Late Cretaceous.

For the first and earliest record of this generic name in Chinese Mesozoic Megafossil plants as:

Myrtophyllum penzhinense Herman, 1987

1987　Herman, p. 99, pl. 10, figs. 1 — 3; text-fig. 2; leaves; Moletein of Moravia, Czechoslovakia; Late Cretaceous.

2000　Guo Shuangxing, p. 238, pl. 2, figs. 1, 2, 5; leaves; Hunchun, Jilin; Late Cretaceous Hunchun Formation.

Genus *Nagatostrobus* Kon'no, 1962

1962　Kon'no, p. 10.

Type species: *Nagatostrobus naitoi* Kon'no, 1962

Taxonomic status: Coniferopsida

Nagatostrobus naitoi Kon'no, 1962

1962　Kon'no, p. 10, pl. 5; pl. 6, figs. 3 — 9; male strobili; Yamaguchi Prefecture, Japan; Middle Carnic (Momonoki Formation).

For the first and earliest record of this generic name in Chinese Mesozoic Megafossil plants as:

Nagatostrobus linearis Kon'no, 1962

1962　Kon'no, p. 12, pl. 4, figs. 1 — 7; text-fig. 5A; male strobili; Yamaguchi Prefecture, Japan; Middle Carnic (Momonoki Formation).

1980　Wu Shuibo and others, pl. 2, fig. 4; male cone; Topangou of Wangqing, Jilin; Late Triassic Sanxianling Formation. (Notes: This specific figure was only given in the original paper)

Genus *Nageiopsis* Fontaine, 1889

1889　Fontaine, p. 195.

Type species: *Nageiopsis longifolia* Fontaine, 1889

Taxonomic status: Podocarpaceae, Coniferopsida

Nageiopsis longifolia Fontaine, 1889

1889　Fontaine, p. 195, pl. 75, fig. 1; pl. 76, figs. 2 — 6; pl. 77, figs. 1, 2; pl. 78, figs. 1 — 5; foliage; Fredericksburg, Virginia, USA; Early Cretaceous Potomac Group.

For the first and earliest record of this generic name in Chinese Mesozoic Megafossil plants as:
Nageiopsis angustifolia **Fontaine,1889**
1889   Fontaine, p. 202, pl. 86, figs. 8,9; pl. 87, figs. 2 — 6; pl. 88, figs. 1,3,4,6 — 8; foliage; Fredericksburg, Virginia, USA; Early Cretaceous Potomac Group.
1982   Tan Lin, Zhu Jianan, p. 154, pl. 40, figs. 6 — 8; leafy shoots; Urad Front Banner, Inner Mongolia; Early Cretaceous Lisangou Formatin.

△Genus *Nanpiaophyllum* **Zhang et Zheng,1984**
1984   Zhang Wu, Zheng Shaolin, p. 389.
Type species: *Nanpiaophyllum cordatum* Zhang et Zheng, 1984
Taxonomic status: plantae incertae sedis

△*Nanpiaophyllum cordatum* **Zhang et Zheng,1984**
1984   Zhang Wu, Zheng Shaolin, p. 389, pl. 3, figs. 4 — 9; text-fig. 8; fern-like leaves; Reg. No. : J005-1 — J005-6; Repository: Shenyang Institute of Geology and Mineral Resources; Nanpiao, western Liaoning; Late Triassic Laohugou Formation. (Notes: The type specimen was not designated in the original paper)

△Genus *Nanzhangophyllum* **Chen,1977**
1977   Chen Gongxin, in Feng Shaonan and others, p. 246.
Type species: *Nanzhangophyllum donggongense* Chen, 1977
Taxonomic status: Gymnospermae incertae sedis

△*Nanzhangophyllum donggongense* **Chen,1977**
1977   Chen Gongxin, in Feng Shaonan and others, p. 246, pl. 99, figs. 6, 7; text-fig. 82; cycadophyte leaves; Reg. No. : P5014, P5015; Syntypes: P5014 (pl. 99, fig. 6), P5015 (pl. 99, fig. 7); Repository: Geological Bureau of Hubei Province; Donggong of Nanzhang, Hubei; Late Triassic Lower Coal Formation of Hsiangchi Group. [Notes: According to *International Code of Botanical Nomenclature* (*Vienna Code*) article 37. 2, from the year 1958, the holotype type specimen should be unique]

Genus *Nathorstia* **Heer,1880**
1880   Heer, p. 7.
Type species: *Nathorstia angustifolia* Heer, 1880
Taxonomic status: Filicopsida

Nathorstia angustifolia **Heer,1880**
1880   Heer, p. 7, pl. 1, figs. 1 — 6; fertile fern pinnules; Pattofik, Greenland; Early Cretaceous.

For the first and earliest record of this generic name in Chinese Mesozoic Megafossil plants as:
Nathorstia pectinnata (Goeppert) Krassilov, 1967
1845   *Reussia pectinnata* Goeppert, Goeppert, in Murchison, Verneuil and Keyserling, p. 502, pl. 9, fig. 6; Moscow, Russia; Cretaceous.

1967   Krassilov, p. 110, pl. 10, fig. 1; pl. 11, figs. 1 — 5; pl. 12, figs. 1 — 3; text-fig. 14; fronds; South Primorye; Early Cretaceous.

1983   Zhang Zhicheng, Xiong Xianzheng, p. 55, pl. 2, figs. 4, 8; sterile and fertile pinnae; Dongning Basin, Heilongjiang; Early Cretaceous Dongniang Formation.

Genus *Nectandra* Roland
Type species: (living genus)
Taxonomic status: Lauraceae, Dicotyledoneae

For the first and earliest record of this generic name in Chinese Mesozoic Megafossil plants as:
△*Nectandra guangxiensis* Guo, 1979
1979   Guo Shuangxing, p. 228, pl. 1, figs. 6, 15; leaves; Col. No.: YK5; Reg. No.: PB6917; Holotype: PB6917 (pl. 1, fig. 6); Repository: Nanjing Institute of Geology and Paleontology, Chinese Academy of Sciences; Naxiaocun in Yongning of Nalou, Guangxi; Late Cretaceous Bali Formation.

Nectandra prolifica Berry
1979   Guo Shuangxing, pl. 1, figs. 12, 13; leaves; Naxiaocun in Yongning of Nalou, Guangxi; Late Cretaceous Bali Formation.

△Genus *Neoannularia* Wang, 1977
1977   Wang Xifu, p. 186.

Type species: *Neoannularia shanxiensis* Wang, 1977
Taxonomic status: Equisetales, Sphenopsida

△*Neoannularia shanxiensis* Wang, 1977
1977   Wang Xifu, p. 186, pl. 1, figs. 1 — 9; articulatean shoot with whorled leaves; Col. No.: JP672001 — JP672009; Reg. No.: 76003 — 76011; Jiaoping of Yijun, Shaanxi; Late Triassic upper part of Yenchang Group. (Notes: The type specimen was not designated in the original paper)

△*Neoannularia chuandianensis* Wang, 1977
1977   Wang Xifu, p. 187, pl. 1, fig. 10; text-fig. 1; articulatean shoot with whorled leaves; Col. No.: DK70502; Reg. No.: 76002; Moshahe of Dukou, Sichuan; Late Triassic Daqing Formation.

Genus *Neocalamites* Halle, 1908

1908   Halle, p. 6.

Type species: *Neocalamites hoerensis* (Schimper) Halle, 1908

Taxonomic status: Equisetales, Sphenopsida

Neocalamites hoerensis (Schimper) Halle, 1908

1869 — 1874   *Schizoneura hoerensis* Schimper, p. 283.

1908   Halle, p. 6, pls. 1, 2; calamitean stems; Helsingborg, Bjuf, Skromberga, Sweden; Early Jurassic.

For the first and earliest record of this generic name in Chinese Mesozoic Megafossil plants as:

Neocalamites carrerei (Zeiller) Halle, 1908

1903   *Schizoneura carrerei* Zeiller, Zeiller, p. 137, pl. 36, figs. 1, 2; pl. 37, fig. 1; pl. 38, figs. 1 — 8; calamitean stems; Hong Gai, Vietnam; Late Triassic.

1908   Halle, p. 6.

1920   Yabe, Hayasaka, p. 14, pl. 1, figs. 2, 3; pl. 5, fig. 8; calamitean stems; Tantian near Longwangtong of Jiangbei, Sichuan; Early Triassic.

Genus *Neocalamostachys* Kon'no, 1962, emend Bureau, 1964

(Notes: This genus is cites by Kon'no, 1962, p. 26; no further data given. *Neocalamostachys pedunculatus* is used by Bureau, 1964)

1962   Kon'no, p. 26.

Type species: *Neocalamostachys pedunculatus* (Kon'no) Bureau, 1964

Taxonomic status: Equisetales, Sphenopsida

Neocalamostachys pedunculatus (Kon'no) Bureau, 1964

1962   *Equisetostachys* (*Neocalamites*?) *pedunculatus* Kon'no, p. 26, pl. 10, figs. 1 — 9, 14; pl. 9, figs. 5, 6; text-figs. 2A, B, C, D; strobili; Fujiyakochi, Japan (lat. 34°12′16″N, long. 131°10′2″E); Late Triassic (Middle Carnic).

1964   Bureau, p. 237; text-fig. 211; strobilus; Fujiyakochi, Japan (lat. 34°12′16″N, long. 131°10′2″E); Late Triassic (Middle Carnic).

For the first and earliest record of this generic name in Chinese Mesozoic Megafossil plants as:

Neocalamostachys? sp.

1984   *Neocalamostachys*? sp., Wang Ziqiang, p. 233, pl. 111, figs. 6, 7; strobili; Shilou, Shanxi; Middle — Late Triassic Yenchang Group.

△Genus *Neostachya* Wang, 1977

1977   Wang Xifu, p. 188.

Type species: *Neostachya shanxiensis* Wang, 1977
Taxonomic status: Equisetales, Sphenopsida

△*Neostachya shanxiensis* Wang, 1977
1977   Wang Xifu, p. 188, pl. 2, figs. 1 — 10; articulatean ferticle shoots; Col. No.: JP672010 — JP672017; Reg. No.: 76012 — 76019; Jiaoping of Yijun, Shaanxi; Late Triassic upper part of Yenchang Group. (Notes: The type specimen was not designated in the original paper)

Genus *Neozamites* Vachrameev, 1962
1962   Vachrameev, p. 124.

Type species: *Neozamites verchojanensis* Vachrameev, 1962
Taxonomic status: Bennettiales, Cycadopsida

Neozamites verchojanensis Vachrameev, 1962
1962   Vachrameev, p. 124, pl. 12, figs. 1 — 5; cycadophyte leaves; Lena R Basin; Lower Cretaceous.

For the first and earliest record of this generic name in Chinese Mesozoic Megafossil plants as:
Neozamites lebedevii Vachrameev, 1962
1962   Vachrameev, p. 125, pl. 13, figs. 1 — 3, 5 — 8; cycadophyte leaves; Yakut, USSR; Lower Cretaceous.
1976   Chang Chichen, p. 193, pl. 95, figs. 2 — 4; cycadophyte leaves; Houbaiyinbulang of Siziwang (Dorbod) Banner, Inner Mongolia; Early Cretaceous Houbaiyinbulang Formation.

Genus *Neuropteridium* Schimper, 1879
1879(1879 — 1890)   Schimper, Schenk, p. 117.

Type species: *Neuropteridium grandifolium* Schimper, 1879
Taxonomic status: Pteridospermopsida

Neuropteridium grandifolium Schimper, 1879
1879(1879 — 1890)   Schimper, Schenk, p. 117, fig. 90; neuropterid pinnule; Centre Europe; Early Triassic.

For the first and earliest record of this generic name in Chinese Mesozoic Megafossil plants as:
△*Neuropteridium margninatum* Zhou et Li, 1979
1979   Zhou Zhiyan, Li Baoxian, p. 446, pl. 1, figs. 7 — 10; fern-like leaf with seeds; Reg. No.: PB7587 — PB7590; Holotype: PB7589 (pl. 1, fig. 9); Repository: Nanjing Institute of Geology and Paleontology, Chinese Academy of Sciences; Shangchecun and Xinhuacun near Jiuqujiang of Qionghai, Hainan; Early Triassic Lingwen Group (Jiuqujiang

Formation).

Genus *Nilssonia* Brongniart, 1825

1825　Brongniart, p. 218.

Type species: *Nilssonia brevis* Brongniart, 1825

Taxonomic status: Nilssoniales or Cycadales, Cycadopsida

Nilssonia brevis Brongniart, 1825

1825　Brongniart, p. 218, pl. 12, figs. 4, 5; cycadophyte foliage; Hoer, Sweden; Late Triassic (Rhaetic).

For the first and earliest record of this generic name in Chinese Mesozoic Megafossil plants as:
Nilssonia compta (Phillips) Bronn, 1848

1829　*Cycadites comptus* Phillips, p. 248, pl. 7, fig. 20; cycadophyte leaf; Yorkshire, England; Middle Jurassic.

1848　Bronn, p. 812; cycadophyte leaf; Yorkshire, England; Middle Jurassic.

1883　Schenk, p. 247, pl. 53, fig. 2b; cycadophyte leaf; Zigui, Hubei; Jurassic. [Notes: This specimen lately was referred as *Pterophyllum aequale* (Brongniart) Nathorst (Sze H C, Lee H H and others, 1963) or *Tyrmia nathorsti* (Schenk) Ye (Wu Shunqing and others, 1980)]

Genus *Nilssoniopteris* Nathorst, 1909

1909　Nathorst, p. 29.

Type species: *Nilssoniopteris tenuinervis* Nathorst, 1909

Taxonomic status: Bennettiales, Cycadopsida

Nilssoniopteris tenuinervis Nathorst, 1909

1862　*Taeniopteris tenuinervis* Braun, p. 50, pl. 13, figs. 1 — 3; fern-like leaves; Germany; Late Triassic.

1909　Nathorst, p. 29, pl. 6, figs. 23 — 25; pl. 7, fig. 21; leaves; Cloughton Wyke, Yorkshire, England; Middle Jurassic.

For the first and earliest record of this generic name in Chinese Mesozoic Megafossil plants as:
Nilssoniopteris vittata (Brongniart) Florin, 1933

1828　*Taeniopteris vittata* Brongniart, p. 62; Yorkshire, England; Middle Jurassic.

1831(1828 — 1838)　*Taeniopteris vittata* Brongniart, p. 263, pl. 82, figs. 1 — 4; leaves; Yorkshire, England; Middle Jurassic.

1933　Florin, pp. 4, 5; Yorkshire, England; Middle Jurassic.

1949　Sze H C, p. 23, pl. 4, fig. 3a; leaf; Baishigang of Dangyang, Hubei; Early — Late Jurassic. [Notes: This specimen lately was referred as Cf. *Nilssoniopteris vittata* (Brongniart) Florin (Sze H C, Lee H H and others, 1963)]

Genus *Noeggerathiopsis* Feismantel, 1879

1879 Feismantel, p. 23.

Type species: *Noeggerathiopsis hislopi* (Bunbery) Feismantel, 1879

Taxonomic status: Cordaitopsida

For the first and earliest record of this generic name in Chinese Mesozoic Megafossil plants as:
Noeggerathiopsis hislopi (Bunbery) Feismantel, 1879

1879 Feismantel, p. 23, pl. 19, figs. 1 — 6; pl. 20, fig. 1; leaves; Domahenia, India; Perman (Karharbari beds, Lower Gondwana).

1901 Krasser, p. 7, pl. 2, figs. 2, 3; leaves; Shaanxi; Mesozoic. [Notes: This specimen lately was referred as *Glossophyllum? shensiense* Sze (Sze H C, 1956a)]

Genus *Nordenskioldia* Heer, 1870

1870 Heer, p. 65.

Type species: *Nordenskioldia borealis* Heer, 1870

Taxonomic status: Filiaceae?, Dicotyledoneae

Nordenskioldia borealis Heer, 1870

1870 Heer, p. 65, pl. 7, figs. 1 — 13; fruit; Kings Bay, Spitsbergen; Miocene.

For the first and earliest record of this generic name in Chinese Mesozoic Megafossil plants as:
Nordenskioldia cf. *borealis* Heer, 1870

1984 Zhang Zhicheng, p. 127, pl. 7, fig. 1; fruit; Jiayin region, Heilongjiang; Late Cretaceous Taipinglinchang Formation.

△Genus *Norinia* Halle, 1927

1927b Halle, p. 218.

Type species: *Norinia cucullata* Halle, 1927

Taxonomic status: Gymnospermae incertae sedis

△*Norinia cucullata* Halle, 1927

1927b Halle, p. 218, pl. 56, figs. 8 — 12; cupule; Chen-chia-yu, central Shansi; Late Permian (Upper Shihhotse Series).

For the first and earliest record of this generic name in Chinese Mesozoic Megafossil plants as:
Norinia sp.

2000 *Norinia* sp., Meng Fansong and others, p. 62, pl. 16, fig. 3; cupule; Dawoshang of Fengjie, Chongqing; Middle Triassic member 2 of Badong Formation.

Genus *Nymphaeites* Sternberg, 1825

1825(1822 — 1838)　　Sternberg, p. XXXIX.

Type species: *Nymphaeites arethusae* (Brongniart) Sternberg, 1825

Taxonomic status: Nymphaeaceae, Dicotyledoneae

Nymphaeites arethusae (Brongniart) Sternberg, 1825

1822　　*Nymphaea arethusae* Brongniart, p. 332. pl. 6, fig. 9; Lonjumeau near Paris, France; Tertiary.

1825(1822 — 1838)　　Sternberg, p. XXXIX.

For the first and earliest record of this generic name in Chinese Mesozoic Megafossil plants as:

Nymphaeites browni Dorf, 1942

1942　　Dorf, p. 142, pl. 10, fig. 9; leaf; Rocky Mountains Region, USA; Late Cretaceous.

1986a, b　　Tao Junrong, Xiong Xianzheng, p. 123, pl. 8, fig. 5; leaf; Jiayin region, Heilongjiang; Late Cretaceous Wuyun Formation.

△Genus *Odontosorites* Kobayashi et Yosida, 1944

1944　　Kobayashi, Yosida, pp. 267, 269.

Type species: *Odontosorites heerianus* (Yokoyama) Kobayashi et Yosida, 1944

Taxonomic status: Filicopsida

△*Odontosorites heerianus* (Yokoyama) Kobayashi et Yosida, 1944

1899　　*Adiatites heerianus* Yokoyama, p. 28, pl. 12, figs. 1, 1a, 1b, 2; Japan; Early Cretaceous (Tetori Series).

1944　　Kobayashi, Yosida, pp. 267, 269, pl. 28, figs. 6, 7; text-figs. a — c; sterile and fertile pinnae; Ryokusin or Lushen of Heihe (Heiho), Heilongjiang; Jurassic. [Notes: This specimen lately was referred as ? *Coniopteris burejensis* (Zalessky) Seward (Sze H C, Lee H H and others, 1963)]

Genus *Oleandridium* Schimper, 1869

1869(1869 — 1874)　　Schimper, p. 607.

Type species: *Oleandridium vittatum* (Brongniart) Schimper, 1869

Taxonomic status: Bennettiales? [Notes: The type species now belived to be foilage of *Williamsoniella* (Thomas H H, 1915)]

Oleandridium vittatum (Brongniart) Schimper, 1869

1831? (1828 — 1838)　　*Taniopteris vittatum* Brongniart, p. 263, pl. 82, figs. 1 — 4; fern-like leaves; Yorkshire, England; Middle Jurassic. [Notes: This specimen lately was referred

as *Nilssoniopteris vittata* (Brongniart) Florin (Florin,1933)]
1869(1869－1874)　Schimper,p. 607.

For the first and earliest record of this generic name in Chinese Mesozoic Megafossil plants as:
△*Oleandridium eurychoron* Schenk,1883
1883　Schenk,p. 258,pl. 51,fig. 5;fern-like leaf;Guangyuan,Sichuan;Jurassic. [Notes:This specimen lately was referred as *Taeniopteris rishthofeni* (Schenk) Sze (Sze H C,Lee H H and others,1963)]

Genus *Onychiopsis* Yokoyama,1889
1889　Yokoyama,p. 27.
Type species:*Onychiopsis elongata* Yokoyama,1889
Taxonomic status:Polypodiaceae,Filicopsida

Onychiopsis elongata (Geyler) Yokoyama,1889
1877　*Thyrsopteris elongata* Geyler,p. 224,pl. 30,fig. 5;pl. 31,figs. 4,5;fronds;Tetorigawa,Japan;Jurassic.
1889　Yokoyama,p. 27,pl. 2,fig. 3;pl. 3,fig. 6d;pl. 12,figs. 9,10;fronds;Tetorigawa,Japan;Jurassic.

For the first and earliest record of this generic name in Chinese Mesozoic Megafossil plants as:
Onychiopsis psilotoides (Stokes et Webb) Ward,1905
1824　*Hymenopteris psilotoides* Stokes et Webb,p. 424,pl. 46,fig. 7;pl. 47,fig. 2;fronds;England;Early Cretaceous.
1905　Ward,p. 155,pl. 39,figs. 3－6;pl. 3,fig. 4;pl. 113,fig. 1;fronds;North America;Early Cretaceous.
1933　P'an C H,p. 534,pl. 1,figs. 1－5;fronds;Xiaoyuan and Tuoli of Fangshan,Hebei;Early Cretaceous.

△Genus *Orchidites* Wu S Q,1999 (in Chinese)
1999　Wu Shunqing,p. 23.
Type species:*Orchidites linearifolius* Wu S Q,1999 (Notes:The type species was not designated in the original paper)
Taxonomic status:Orchidaceae,Monocotyledoneae

△*Orchidites linearifolius* Wu S Q,1999 (in Chinese)
1999　Wu Shunqing,p. 23,pl. 16,fig. 7;pl. 17,figs. 1－3;herbaceous plants;Col. No. :AEO-29,AEO-104,AEO-123;Reg. No. :PB183321,PB18324,PB18325;Repository:Nanjing Institute of Geology and Palaeontology,Chinese Academy of Sciences;Huangbanjigou near Shangyuan of Beipiao, western Liaoning;Late Jurassic Jianshangou Bed in lower part of Yixian Formation. (Notes:The type specimen was not designated in the original paper)

△*Orchidites lancifolius* **Wu S Q,1999** (in Chinese)

1999　Wu Shunqing,p. 23,pl. 17,figs. 4,4a;herbaceous plants;Col. No. :AEO196;Reg. No. :PB183326; Repository: Nanjing Institute of Geology and Palaeontology, Chinese Academy of Sciences;Huangbanjigou near Shangyuan of Beipiao,western Liaoning;Late Jurassic Jianshangou Bed in lower part of Yixian Formation.

Genus *Osmunda* Linné,1753

Type species:(living genus)

Taxonomic status:Osmundaceae,Filicopsida

For the first and earliest record of this generic name in Chinese Mesozoic Megafossil plants as:
△*Osmunda diamensis* (Seward) Krassilov,1978

1911　*Raphaelia diamensis* Seward,pp. 15,44,pl. 2,figs. 28,28a,29,29a;fronds;Diam River of Junggar (Dzungaria) Basin,Xinjiang;Middle Jurassic.

1978　Krassilov,p. 19,pl. 5,figs. 44 — 52;pl. 6,figs. 52 — 59;sterile and fertile pinnae;Bureja Basin;Late Jurassic.

1984　Wang Ziqiang,p. 237,pl. 133,figs. 7 — 9;fronds;Datong,Shanxi;Middle Jurassic Datung Formation;Xiahuayuan,Hebei;Middle Jurassic Mentougou Formation.

Genus *Osmundacaulis* Miller,1967

1967　Miller,p. 146.

Type species:*Osmundacaulis skidegatensis* (Penhallow) Miller,1967

Taxonomic status:Osmundaceae,Filicopsida

Osmundacaulis skidegatensis (Penhallow) Miller,1967

1902　*Osmundites skidegatensis* Penhallow,Rhizome;West Canada;Early Cretaceous.

1967　Miller,p. 146.

For the first and earliest record of this generic name in Chinese Mesozoic Megafossil plants as:
△*Osmundacaulis hebeiensis* Wang,1983

1983b　Wang Ziqiang,p. 93,pls. 1 — 4;text-figs. 3 — 6;Rhizomes;Holotype:Z30-1,including 001,002 and 007;Repository:Nanjing Institute of Geology and Palaeontology,Chinese Academy of Sciences; Xiahuayuan Coal Mine, Hebei; Middle Jurassic Yudaishan Formation.

Genus *Osmundopsis* Harris,1931

1931　Harris,p. 136.

Type species:*Osmundopsis sturii* (Raciborski) Harris,1931

Taxonomic status: Osmundaceae, Filicopsida

Osmundopsis sturii (Raciborski) Harris, 1931
1890　*Osmuda sturii* Raciborski, p. 2, pl. 1, figs. 1 — 5; fertile pinnae (compared with *Osmunda*); Cracow, Poland; Jurassic.
1931　Harris, p. 136; fertile pinna; Cracow, Poland; Jurassic.

For the first and earliest record of this generic name in Chinese Mesozoic Megafossil plants as:
Osmundopsis plectrophora Harris, 1931
1931　Harris, p. 49, pl. 12, figs. 2, 4 — 10; text-figs. 15, 16; sterile and fertile fronds; Scoresby Sound, East Greenland; Early Jurassic *Thaumatopteris* Zone.
1977　Feng Shaonan and others, p. 205, pl. 75, fig. 8; foliage leaf; Gouyadong of Lechang, Guangdong; Late Triassic Xiaoping Formation

Genus *Otozamites* Braun, 1843
1843(1839 — 1843)　Braun, in Muenster, p. 36.
Type species: *Otozamites obtusus* (Lingley et Hutton) Brongniart, 1849 [Notes: this species designated as the type by Brongniart (1849, p. 104)]
Taxonomic status: Bennettiales, Cycadopsida

Otozamites obtusus (Lingley et Hutton) Brongniart, 1849
1834 (1831 — 1837)　*Otozapteriss obtusus* Lingley et Hutton, p. 129, pl. 128; cycadophyte foliage; England; Jurassic.
1849　Brongniart, p. 104; England; Jurassic.

For the first and earliest record of this generic name in Chinese Mesozoic Megafossil plants as:
Otozamites sp.
1931　*Otozamites* sp., Sze H C, p. 40, pl. 3, fig. 4; cycadophyte leaf; Qixiashan near Nanjing, Jiangsu; Early Jurassic (Lias).

Genus *Ourostrobus* Harris, 1935
1935　Harris, p. 116.
Type species: *Ourostrobus nathorsti* Harris, 1935
Taxonomic status: Gymnospermae

Ourostrobus nathorsti Harris, 1935
1935　Harris, p. 116, pl. 23, figs. 3, 6, 7, 11; pl. 27, fig. 11; seed-bearing cones; Scoresby Sound, East Greenland; Early Jurassic *Thaumatopteris* Zone.

For the first and earliest record of this generic name in Chinese Mesozoic Megafossil plants as:

Cf. *Ourostrobus nathorsti* Harris

1986   Ye Meina and others, p. 87, pl. 53, figs. 1, 1a; cones; Leiyinpu of Daxian, Sichuan; Late Triassic member 7 of Hsuchiaho Formation.

Genus *Oxalis*

Type species: (living genus)

Taxonomic status: Oxalidaceae, Dicotyledoneae

For the first and earliest record of this generic name in Chinese Mesozoic Megafossil plants as:

△*Oxalis jiayinensis* **Feng, Liu, Song et Ma, 1999** (in English)

1999   Feng Guangping, Liu Changjiang, Song Shuyin, Ma Qingwen, p. 265, pl. 1, figs. 1 — 11; seeds; Holotype: CBP9400 (pl. 1, fig. 1); Repsitory: The National Museum of Plant History of China, Institute of Botany, the Chinese Academy of Sciences, Beijing; Yongancun of Jianyin, Heilongjiang; Late Cretaceous Yongancun Formation.

Genus *Pachypteris* Brongniart, 1829

1828   Brongniart, pp. 50, 198. (nom. nud.)

1829(1828 — 1838)   Brongniart, p. 167.

Type species: *Pachypteris lanceolata* Brongniart, 1829

Taxonomic status: Corystospermaceae, Pteridospermopsida

Pachypteris lanceolata Brongniart, 1829

1828   Brongniart, pp. 50, 198. (nom. nud.)

1829(1828 — 1838)   Brongniart, p. 167, pl. 45, fig. 1; fern-like frond; Yorkshire, England; Middle Jurassic.

For the first and earliest record of this generic name in Chinese Mesozoic Megafossil plants as:

△*Pachypteris chinensis* **Hsu et Hu, 1974**

1974   Hsu J, Hu Yufan, in Hsu J and others, p. 272, pl. 4, figs. 1, 2; fern-like leaves; No. ; No. 2500d; Repository: Institute of Botany, Chinese Academy of Sciences; Nalajing of Yongren, Yunnan; Late Triassic middle-upper part of Daqiaodi Formation. [Notes: This specimen lately was referred as *Ctenopteris chinensis* (Hsu et Hu) Hsu (Hsu J and others, 1975) and *Ctenozamites chinensis* (Hsu et Hu) Hsu (Hsu J and others, 1979)]

Genus *Pagiophyllum* Heer, 1881

1881   Heer, p. 11.

Type species: *Pagiophyllum circincum* (Saporta) Heer, 1881

Taxonomic status:Coniferous

Pagiophyllum circincum (Saporta) Heer, 1881
1881   Heer, p. 11, pl. 10, fig. 6; twig and foliage; Sierra de Sa Luiz, Portugal; Jurassic.

For the first and earliest record of this generic name in Chinese Mesozoic Megafossil plants as:
Pagiophyllum sp.
1923   *Pagiophyllum* sp., Chow T H, pp. 82, 139, pl. 1, fig. 7; leafy twig; Laiyang, Shandong (Shantung); Early Cretaceous Laiyang Formation. [Notes: The specimen was later referred as *Cupressinocladus elegans* (Chow) Chow (Sze H C, Lee H H and others, 1963)]

Genus *Palaeocyparis* Saporta, 1872
1872   Saporta, p. 1056.
Type species: *Palaeocyparis expansus* (Sternberg) Saporta, 1872
Taxonomic status: Coniferopsida

Palaeocyparis expansus (Sternberg) Saporta, 1872
1823(1820 — 1838)   *Thuites expansus* Sternberg, p. 39, pl. 38; Stonesfield, England; Jurassic.
1872   Saporta, p. 1056.

Palaeocyparis flexuosa Saporta, 1894
1894   Saporta, p. 109, pl. 19, figs. 19, 20; pl. 20, figs. 1 — 5; leafy twigs; South Sebastiao; Mesozoic.

For the first and earliest record of this generic name in Chinese Mesozoic Megafossil plants as:
Palaeocyparis cf. *flexuosa* Saporta
1923   Chow T H, pp. 82, 140, pl. 2, fig. 4; leafy twig; Laiyang, Shandong (Shantung); Early Cretaceous Laiyang Formation. [Notes: The specimen was later referred as *Cupressinocladus elegans* (Chow) Chow (Sze H C, Lee H H and others, 1963)]

Genus *Palaeovittaria* Feistmantel, 1876
1876   Feistmantel, p. 368.
Type species: *Palaeovittaria kurzii* Feistmantel, 1876
Taxonomic status: Pteridospermopsida?

Palaeovittaria kurzii Feistmantel, 1876
1876   Feistmantel, p. 368, pl. 19, figs. 3, 4; fern-like leaves; Raniganj, India; Permian (Damuda Series, Gondwana System).

For the first and earliest record of this generic name in Chinese Mesozoic Megafossil plants as:
△*Palaeovittaria shanxiensis* Wang Z et Wang L, 1990
1990a   Wang Ziqiang, Wang Lixin, p. 131, pl. 21, figs. 6 — 8; fern-like leaves; No. : Z16-411, Z16-

418, Z16-568; Holotype: Z16-568 (pl. 21, fig. 8); Repository: Nanjing Institute of Geology and Palaeontology, Chinese Academy of Sciences; Tuncun of Yushe, Shanxi; Early Triassic base part of Heshanggou Formation.

Genus *Palibiniopteris* Prynada, 1956

1956   Prynada, p. 222.

Type species: *Palibiniopteris inaequipinnata* Prynada, 1956

Taxonomic status: Pteridaceae, Filicopsida

For the first and earliest record of this generic name in Chinese Mesozoic Megafossil plants as:
Palibiniopteris inaequipinnata Prynada, 1956

1956   Prynada, p. 222, pl. 39, figs. 1 — 4; sterile pinnae; South Primorye; Early Cretaceous.

1980   Zhang Wu and others, p. 249, pl. 162, fig. 2; pl. 163, fig. 3; sterile fornds; Shansong of Jiaohe, Jilin; Early Cretaceous Moshilazi Formation.

Genus *Palissya* Endlicher, 1847

1847   Endlicher, p. 306.

Type species: *Palissya brunii* Endlicher, 1847

Taxonomic status: Coniferopsida

Palissya brunii Endlicher, 1847

1843(1839 — 1843)   *Cunninghamites sphenolepis* Braun, p. 24, pl. 13, figs. 19, 20; Western Europe; Late Triassic — Early Jurassic.

1847   Endlicher, p. 306; Western Europe; Late Triassic — Early Jurassic.

For the first and earliest record of this generic name in Chinese Mesozoic Megafossil plants as:
Palissya sp.

1874   *Palissya* sp., Brongiart, p. 408; Dingjiagou (Tingkiako), Shaanxi; Jurassic. [Notes 1: This specific name was only given in the original paper; Notes 2: The specimen was later referred as *Elatocladus* sp. (Sze H C, Lee H H and others, 1963)]

Genus *Paliurus* Tourn. et Mill.

Type species: (living genus)

Taxonomic status: Rhamnaceae, Dicotyledoneae

For the first and earliest record of this generic name in Chinese Mesozoic Megafossil plants as:
△*Paliurus jurassinicus* Pan, 1990

1990a   Pan Guang, p. 2, pl. 1, figs. 1, 1a, 1b; text-figs. 1a, 1b; fruits; No.: LSJ0743 (A, B); Holotype: LSJ0743 (pl. 1, figs. 1, 1a); Yanliao region, North China (45°58′N, 120°21′E);

Middle Jurassic. (in Chinese)

1990b Pan Guang, p. 63, pl. 1, figs. 1, 1a, 1b; text-figs. 1a, 1b; fruits; No. : LSJ0743(A,B); Holotype:LSJ0743 (A,B)(pl. 1,figs. 1,1a,1b); Yanliao region, North China (45°58′N, 120°21′E); Middle Jurassic. (in English)

Genus *Palyssia* ex Yokoyama, 1906

[Notes: This generic name *Palyssia* was applied by Yokoyama (1906, p. 32) and by Yabe (1908, p. 7) for Jurassic specimens of China, it might be mis-spelling of *Palissya*]
1906   Yokoyama, p. 32.

For the first and earliest record of this generic name in Chinese Mesozoic Megafossil plants as:
△*Palyssia manchurica* Yokoyama, 1906

1906   Yokoyama, p. 32, pl. 8, figs. 2, 2a; leafy shoots; Nianzigou (Nientzukou) of Saimaji (Saimachi), Liaoning. [Notes: The specimen was later referred as *Elatocladus manchurica* (Yokoyama) Yabe (Yokoyama, 1922)]

△Genus *Pankuangia* Kimura, Ohana, Zhao et Geng, 1994

1994   Kimura T, Ohana T, Zhao Liming, Geng Baoyin, p. 257.
Type species: *Pankuangia haifanggouensis* Kimura, Ohana, Zhao et Geng, 1994
Taxonomic status: Cycadales, Cycadopsida

△*Pankuangia haifanggouensis* Kimura, Ohana, Zhao et Geng, 1994

1994   Kimura T, Ohana T, Zhao Liming, Geng Baoyin, p. 257, figs. 2 — 4, 8; cycadophyte leaves; No. : LJS-8690, LJS-8555, LJS-8554, LJS-8807, L0407A [regarded by Pan Kuang as *Juradicotes crecta* Pan (MS)]; Holotype: LJS-8690 (fig. 2A); Repository: Institute of Botany, Chinese Academy of Sciences; Sanjiaochengcum (roughly 40°58′N and 120° 21′E), Jinxi, western Liaoning; Middle Jurassic Haifanggou Formation. [Notes: This specimen lately was referred as *Anomozamites haifanggouensis* (Kimura, Ohana, Zhao et Geng) Zheng et Zhang (Zheng Shaoling and others, 2003)]

△Genus *Papilionifolium* Cao, 1999 (in Chinese and English)

1999   Cao Zhengyao, pp. 102, 160.
Type species: *Papilionifolium hsui* Cao, 1999
Taxonomic status: plantae incertae sedis

△*Papilionifolium hsui* Cao, 1999 (in Chinese and English)

1999   Cao Zhengyao, pp. 102, 160, pl. 21, figs. 12 — 15; text-fig. 35; leaf-bearing stems; Col. No. : Zh301; Reg. No. : PB14467 — PB14470; Holotype: PB14469 (pl. 21, fig. 14); Repository: Nanjing Institute of Geology and Palaeontology, Chinese Academy of

Sciences; Konglong of Wencheng, Zhejiang; Early Cretaceous Guantou Formation.

△ **Genus *Paraconites* Hu,1984** (nom. nud.)

1984　Hu Yufan, p. 571.

Type species: *Paraconites longifolius* Hu,1984

Taxonomic status: Taxodiaceae, Coniferopsida

△ ***Paraconites longifolius* Hu,1984** (nom. nud.)

1984　Hu Yufan, p. 571; Meiyukou of Datong, Shanxi; Early Jurassic.

Genus *Paracycas* Harris,1964

1964　Harris, p. 65.

Type species: *Paracycas cteis* Harris,1964

Taxonomic status: Cycadales, Cycadopsida

***Paracycas cteis* (Harris) Harris,1964**

1952　*Cycadite cteis* Harris, p. 614; text-figs. 1,2; cycadophyte leaves with cuticles; Yorkshire, England; Middle Jurassic.

1964　Harris, p. 67; text-fig. 29; cycadophyte leaf with cuticle; Yorkshire, England; Middle Jurassic.

For the first and earliest record of this generic name in Chinese Mesozoic Megafossil plants as:

△ ***Paracycas*? *rigida* Zhou,1984**

1984　Zhou Zhiyan, p. 21, pl. 9, figs. 2,3; cycadophyte leaves; Reg. No.: PB8863, PB8864; Holotype: PB8863 (pl. 9, fig. 2); Repository: Nanjing Institute of Geology and Paleontology, Chinese Academy of Sciences; Heputang of Qiyang and Zhoushi of Hengnan, Hunan; Early Jurassic Paijiachong Member of Guanyintan Formation.

△ **Genus *Paradoxopteris* Mi et Liu,1977** (non Hirmer,1927)

[Notes: This generic name *Paradoxopteris* Mi et Liu,1977 is a late homomum (homonymum junius) of *Paradoxopteris* Hirmer,1927 (Wu Xiangwu,1993a,1993b); and lately was referred as *Mirabopteris* (Mi et Liu) Mi et Liu (Mi Jiarong and others,1993)]

1977　Mi Jiarong, Liu Maoqiang, in Department of Geological Exploration of Changchun College of Geology and others, p. 8.

Type species: *Paradoxopteris hunjiangensis* Mi et Liu,1977

Taxonomic status: Pteridospermopsida

△ ***Paradoxopteris hunjiangensis* Mi et Liu,1977**

1977　Mi Jiarong, Liu Maoqiang, in Department of Geological Exploration of Changchun

College of Geology and others, p. 8, pl. 3, fig. 1; text-fig. 1; fern-like leaves; No. : X-08; Repository: Department of Geological Exploration, Changchun Institute of Geology; Shirenzheng of Hunjiang, Jilin; Late Triassic Xiaohekou Formation. [Notes: This species lately was referred as *Mirabopteris hunjiangensis* (Mi et Liu) Mi et Liu (Mi Jiarong and others, 1993)]

Genus *Paradoxopteris* Hirmer, 1927 (non Mi et Liu, 1977)

1927   Hirmer, p. 609.

Type species: *Paradoxopteris strommeri* Hirmer, 1927

Taxonomic status: Filicopsida

Paradoxopteris strommeri Hirmer, 1927

1927   Hirmer, p. 609, figs. 733 — 736; fronds; Baharije Oasis, Egypt; Late Cretaceous (Cenomanian).

△Genus *Paradrepanozamites* Chen, 1977

1977   Chen Gongxin, in Feng Shaonan and others, p. 236.

Type species: *Paradrepanozamites dadaochangensis* Chen, 1977

Taxonomic status: Cycadopsida

△*Paradrepanozamites dadaochangensis* Chen, 1977

1977   Chen Gongxin, in Feng Shaonan and others, p. 236, pl. 99, figs. 1 — 2; text-fig. 81; cycadophyte leaves; Reg. No. : P5107, P25269; Syntypes: P5107 (pl. 99, fig. 1), P25269 (pl. 99, fig. 2); Repository: Hubei Institute of Geological Sciences; Donggong of Nanzhang, Hubei; Late Triassic Lower Coal Formation of Hsiangchi Group. [Notes: According to *International Code of Botanical Nomenclature (Vienna Code)* article 37. 2, from the year 1958, the holotype type specimen should be unique]

△Genus *Parastorgaardis* Zeng, Shen et Fan, 1995

1995   Zeng Yong, Shen Shuzhong, Fan Bingheng, p. 67.

Type species: *Parastorgaardis mentoukouensis* Zeng, Shen et Fan, 1995

Taxonomic status: Taxodiaceae, Coniferopsida

△*Parastorgaardis mentoukouensis* (Stockmans et Mathieu) Zeng, Shen et Fan, 1995

1941   *Podocarpites mentoukouensis* Stockmans et Mathieu, Stockmans, Mathieu, p. 53, pl. 7, figs. 5, 6; leafy shoots; Mentougou (Mentoukou), Beijing; Jurassic.

1995   Zeng Yong, Shen Shuzhong, Fan Bingheng, p. 67, pl. 20, fig. 3; pl. 23, fig. 3; pl. 19, figs. 6 — 8; leafy shoots and cuticles; Yima, Henan; Middle Jurassic Yima Formation.

Genus *Parataxodium* Arnold et Lowther, 1955

1955 Arnold, Lowther, p. 522.

Type species: *Parataxodium wigginsii* Arnold et Lowther, 1955

Taxonomic status: Taxodiaceae, Coniferopsida

Parataxodium wigginsii Arnold et Lowther, 1955

1955 Arnold, Lowther, p. 522, figs. 1 — 12; leafy shoots and cones; northern Alaska, USA; Cretaceous.

For the first and earliest record of this generic name in Chinese Mesozoic Megafossil plants as:

Parataxodium jacutensis Vachrameev, 1958

1958 Vachrameev, p. 121, pl. 30, figs. 4,5; Verkhoyansk; Early Cretaceous.

1982a Yang Xuelin, Sun Liwen, p. 594, pl. 3, figs. 4,5; leafy shoots; Shahezi of southeastern Songhuajiang-Liaohe Basin; Late Jurassic Shahezi Formation.

Genus *Paulownia* Sieb. Et Zucc., 1835

Type species: (living genus)

Taxonomic status: Scrophulariaceae, Dicotyledoneae

For the first and earliest record of this generic name in Chinese Mesozoic Megafossil plants as:

△*Paulownia? shangzhiensis* Zhang, 1980

1980 Zhang Zhicheng, p. 338, pl. 210, fig. 5; leaf; Reg. No.: D630; Repository: Shenyang Institute of Geology and Mineral Resources; Shangzhi, Heilongjiang; Late Cretaceous Sunwu Formation.

△Genus *Pavoniopteris* Li et He, 1986

1986 Li Peijuan, He Yuanliang, p. 279.

Type species: *Pavoniopteris matonioides* Li et He, 1986

Taxonomic status: Filicopsida

△*Pavoniopteris matonioides* Li et He, 1986

1986 Li Peijuan, He Yuanliang, p. 279, pl. 2, fig. 1; pl. 3, figs. 3,4; pl. 4, figs. 1 — 1d; text-figs. 1,2; sterile and fertile fornds; Col. No.: 79PIVF22-3; Reg. No.: PB10866, PB10869 — PB10871; Holotype: PB10871 (pl. 4, figs. 1 — 1d); Repository: Nanjing Institute of Geology and Palaeontology, Chinese Academy of Sciences; Babaoshan of Dulan, Qinghai; Late Triassic Lower Rock Formation of Babaoshan Group.

Genus *Pecopteris* Sternberg, 1825

1825(1820－1838)　　Sternberg, p. XVII.

Type species: *Pecopteris pennaeformis* (Brongniart) Sternberg, 1825

Taxonomic status: Filicopsida

Pecopteris pennaeformis (Brongniart) Sternberg, 1825

1822　　*Filicites pennaeformis* Brongniart, p. 233, pl. 2, fig. 3; frond; Carboniferous.

1825(1820－1838)　　Sternberg, p. XVII.

Pecopteris whitbiensis Brongniart, 1828

[Notes: This species lately was referred as *Todites williamsoni* (Brongniart) Seward (Seward, 1900)]

1828a　Brongniart, p. 57.

1828b　Brongniart, p. 324, pl. 110, figs. 1, 2; fronds; England; Jurassic.

For the first and earliest record of this generic name in Chinese Mesozoic Megafossil plants as:

Pecopteris whitbiensis? Brongniart

1867(1865)　　Newberry, p. 122, pl. 9, fig. 6; frond; West Hill, Beijing; Jurassic. [Notes: This specimen lately was referred as ? *Todites williamsoni* (Brongniart) Seward (Sze H C, Lee H H and others, 1963)]

Genus *Peltaspermum* Harris, 1937

1937　　Harris, p. 39.

Type species: *Peltaspermum rotula* Harris, 1937

Taxonomic status: Peltaspermaceae, Pteridospermopsida

Peltaspermum rotula Harris, 1937

1932　　*Lepidopteris ottoni* (Goeppert) Schimper, Harris, p. 58, pl. 6, figs. 3－6 and others; peltate seed-bearing organ, Pteridospermae; Scoresby Sound, East Greenland; Late Triassic (*Lepidopteris* Zone).

1937　　Harris, p. 39; peltate seed-bearing organ, Pteridospermae; Scoresby Sound, East Greenland; Late Triassic (*Lepidopteris* Zone).

For the first and earliest record of this generic name in Chinese Mesozoic Megafossil plants as:

? *Peltaspermum* sp.

1984　　? *Peltaspermum* sp., Wang Ziqiang, p. 255, pl. 121, figs. 3－5; fern-like leaves; Shilou, Shanxi; Middle Triassic Ermaying Formation.

△**Genus *Perisemoxylon* He et Zhang, 1993**

1993   He Dechang, Zhan Xiuyi, pp. 262, 264.

Type species: *Perisemoxylon bispirale* He et Zhang, 1993

Taxonomic status: Cycadales, Cycadopsida

△*Perisemoxylon bispirale* **He et Zhang, 1993**

1993   He Dechang, Zhan Xiuyi, pp. 262, 264, pl. 1, figs. 1, 2; pl. 2, fig. 5; pl. 4, fig. 3; fusain woods; Col. No. : No. 9001, No. 9002; Reg. No. : S006, S007; Holotype: S006 (pl. 1, fig. 1); Paratype: S007 (pl. 1, fig. 2); Repository: Xi'an Branch, China Coal Research Institute; Yima, Henan; Middle Jurassic.

Perisemoxylon **sp.**

1993   *Perisemoxylon* sp., He Dechang, Zhan Xiuyi, p. 263, pl. 2, figs. 1 — 4; fusain woods; Yima, Henan; Middle Jurassic.

Genus *Phlebopteris* Brongniart, 1836

1836 (1828a — 1838)   Brongniart, p. 372.

Type species: *Phlebopteris polypodioides* Brongniart, 1836

Taxonomic status: Matoniaceae, Filicopsida

For the first and earliest record of this generic name in Chinese Mesozoic Megafossil plants as:

Phlebopteris polypodioides **Brongniart, 1836**

1836 (1828a — 1838)   Brongniart, p. 372, pl. 83, fig. 1; fern leaf, Matoniaceae; Scarborough, England; Jurassic.

1950   Ôishi, p. 48; Huoshiling (Huoshaling), Jilin; Late Jurassic. (Notes: This specific name was only given in the original paper)

Phlebopteris **cf. *polypodioides* Brongniart**

1949   *Laccopteris* cf. *polypodioides* Brongniart, Sze H C, p. 5, pl. 13, figs. 1, 2; fertile pinnae; Jiajiadian of Zigui, Hubei; Early Jurassic Hsiangchi Coal Series.

1954   Hsu J, p. 50, pl. 41, fig. 7; fertile pinna; Jiajiadian of Zigui, Hubei; Early Jurassic Hsiangchi Coal Series.

Genus *Phoenicopsis* Heer, 1876

1876   Heer, p. 51.

Type species: *Phoenicopsis angustifolia* Heer, 1876

Taxonomic status: Czekanowskiales

Phoenicopsis angustifolia **Heer,1876**

1876   Heer,p. 51,pl. 1,fig. 1d;pl. 2,fig. 3b;p. 113,pl. 31,figs. 7,8;leaves;Irkutsk of upper reaches of Amur R (Heilongjiang);Jurassic.

For the first and earliest record of this generic name in Chinese Mesozoic Megafossil plants as:

Phoenicopsis **sp.**

1885   *Phoenicopsis* sp. , Schenk, p. 176 (14), pl. 14 (2), fig. 5a; leaf; Hoa-ni-pu, Sichuan; Jurassic.

Subgenus *Phoenicopsis* (*Culgoweria*) (Florin) Samylina,1972

1936   *Gulgoweria* Florin,p. 133.
1972   Samylina,p. 48.

Type species:*Phoenicopsis* (*Culgoweria*) *mirabilis* (Florin) Samylina,1972

Taxonomic status:Czekanowskiales

Phoenicopsis (*Culgoweria*) *mirabilis* **(Florin) Samylina,1972**

1936   *Culgoweria mirabilis* Florin,p. 133,pl. 33,figs. 3 — 12;pl. 34;pl. 35,figs. 1,2;leaves and cuticles;Franz Joseph Land;Jurassic.
1972   Samylina,p. 48.

For the first and earliest record of this generic name in Chinese Mesozoic Megafossil plants as:

△*Phoenicopsis* (*Culgoweria*) *huolinheiana* **Sun,1987**

1987   Sun Ge,pp. 678,687,pl. 3,figs. 1 — 9;pl. 4,figs. 4,5;text-fig. 6;leaves and cuticles;Col. No. :H16a-50,H1-101;Reg. No. :PB14012,PB14013;Holotype:PB14012 (pl. 3,fig. 1); Paratype:PB14013 (pl. 3, fig. 2); Repository:Nanjing Institute of Geology and Palaeontology,Chinese Academy of Sciences;Jus'hua (Huolinhe) of Jarud Banner,Inner Mongolia;Late Jurassic — Early Cretaceous Huolinhe Formation.

△*Phoenicopsis* (*Culgoweria*) *jus'huaensis* **Sun,1987**

1987   Sun Ge,pp. 677,686,pl. 2,figs. 1 — 7;text-fig. 5;leaves and cuticles;Col. No. :H11-13; Reg. No. :PB14011;Holotype:PB14011 (pl. 2,fig. 1);Repository:Nanjing Institute of Geology and Palaeontology, Chinese Academy of Sciences;Jus'hua Huolinhe of Jarud Banner,Inner Mongolia;Late Jurassic — Early Cretaceous Huolinhe Formation.

Subgenus *Phoenicopsis* (*Phoenicosis*) Samylina,1972

1876   *Phoenicopsis* Heer,p. 51.
1972   Samylina,p. 28.

Type species:*Phoenicopsis angustifolia* Heer,1876

Taxonomic status:Czekanowskiales

Phoenicopsis (*Phoenicosis*) *angustifolia* **(Heer) Samylina,1972**

1876   *Phoenicopsis angustifolia* Heer,p. 51,pl. 1,fig. 1d;pl. 2,fig. 3b;p. 113,pl. 31,figs. 7,8; leaves;Irkutsk,Russia;Jurassic.

1972　*Symylina*, p. 28, pl. 42, figs. 1 — 5; pl. 42, figs. 1 — 6; pl. 43, figs. 1 — 5; pl. 44, figs. 1 — 7; pl. 45, figs. 1, 2; pl. 46, figs. 1 — 3; leaves and cuticles; Irkutsk, Russia; Jurassic.

For the first and earliest record of this generic name in Chinese Mesozoic Megafossil plants as:
Phoenicopsis (*Phoenicosis*?) sp.
1992　*Phoenicopsis* (*Phoenicosis*?) sp., Cao Zhengyao, p. 241, pl. 6, figs. 6 — 9; leaves and cuticles; Shuangyashan, eastern Heilongjiang; Early Cretaceous.

△Subgenus *Phoenicopsis* (*Stephenophyllum*) (Florin) ex Li et al., 1988
[Notes: This subgeneric name was proposed by Li Peijuan and others (1988), but not mentioned clearly as a nomen novum]

1936　*Stephanophyllum* Florin, p. 82.
1988　Li Peijuan and others, p. 106.

Type species: *Phoenicopsis* (*Stephenophyllum*) *solmis* (Seward) [Notes: *Stephenophyllum solmis* (Seward) Florin is the type species of *Stephenophyllum* (Florin, 1936)]
Taxonomic status: Czekanowskiales

Phoenicopsis (*Stephenophyllum*) *solmis* (Seward)
1919　*Desmiophyllum solmsi* Seward, p. 71, fig. 662; leaf; Franz Joseph Land; Jurassic.
1936　*Stephenophyllum solmis* (Seward) Florin, Florin, p. 82, pl. 11, figs. 7 — 10; pls. 12 — 16; text-figs. 3, 4; leaves and cuticles; Franz Joseph Land; Jurassic.

△*Phoenicopsis* (*Stephenophyllum*) *decorata* Li, 1988
1988　Li Peijuan and others, p. 106, pl. 68, fig. 5B; pl. 79, figs. 4, 4a; pl. 120, figs. 1 — 6; leaves and cuticles; Col. No.: 80LFu; Reg. No.: PB13630, PB13631; Holotype: PB13631 (pl. 79, figs. 4, 4a); Repository: Nanjing Institute of Geology and Palaeontology, Chinese Academy of Sciences; Lvcaogou of Lvcaoshan; Middle Jurassic *Nilssonia* Bed of Shimengou Formation.

△*Phoenicopsis* (*Stephenophyllum*) *enissejensis* (Samylina) ex Li, 1988
[Notes: This species mane was proposed by Li Peijuan and others (1988), but not mentioned clearly as a nomen novum]

1972　*Phoenicopsis* (*Phoenicopsis*) *enissejensis* Samylina, p. 63, pl. 2, figs. 1, 2; pl. 3, figs. 1 — 4; pl. 4, figs. 1 — 5; leaves and cuticles; West Siberia; Middle Jurassic.
1988　Li Peijuan and others, p. 106, pl. 85, figs. 2, 2a; pl. 86, fig. 1; pl. 87, fig. 1; pl. 121, figs. 1 — 6; leaves and cuticles; Lvcaogou of Lvcaoshan, Qinghai; Middle Jurassic *Nilssonia* Bed of Shimengou Formation.

△*Phoenicopsis* (*Stephenophyllum*) *mira* Li, 1988
1988　Li Peijuan and others, p. 107, pl. 80, figs. 2 — 4a; pl. 81, fig. 2; pl. 122, figs. 5, 6; pl. 123, figs. 1 — 4; pl. 136, fig. 5; pl. 138, fig. 4; leaves and cuticles; Col. No.: 80DP$_1$F$_{89}$, 80DJ$_{2d}$Fu; Reg. No.: PB13635 — PB13637; Holotype: PB13635 (pl. 81, fig. 2); Repository: Nanjing Institute of Geology and Palaeontology, Chinese Academy of Sciences; Dameigou of Da Qaidam, Qinghai; Middle Jurassic *Coniopteri murrayana* Bed

of Yinmagou Formation and *Tyrmia-Sphenobaiera* Bed of Dameigou Formation.

△*Phoenicopsis* (*Stephenophyllum*) *taschkessiensis* (Krasser) ex Li et al., 1988
[Notes: The species name was proposed by Li Peijuan and others (1988), but not mentioned clearly as a nomen novum]
1901　*Phoenicopsis taschkessiensis* Krasser, p. 147, pl. 4, fig. 2; pl. 3, fig. 4t; leaves; Sandaoling (Santoling) between Hami and Turfan, Xinjiang; Jurassic.
1988　Li Peijuan and others, p. 3.

Phoenicopsis (*Stephenophyllum*) cf. *taschkessiensis* (Krasser) Li et al.
1979　*Stephenophyllum* cf. *solmsi* (Seward) Florin, He Yuanliang and others, p. 153, pl. 75, figs. 5 — 7; text-fig. 10; leaves and cuticles; Dameigou of Da Qaidam, Qinghai; Middle Jurassic Dameigou Formation.
1988　Li Peijuan and others, p. 3.

Subgenus *Phoenicopsis* (*Windwardia*) (Florin) Samylina, 1972
1936　Windwardia Florin, p. 91.
1972　Samylina, p. 48.
Type species: *Phoenicopsis* (*Windwardia*) *crookalii* (Florin) Samylina, 1972
Taxonomic status: Czekanowskiales

Phoenicopsis (*Windwardia*) *crookalii* (Florin) Samylina, 1972
1936　*Windwardia crookalii* Florin, p. 91, pls. 17 — 20; pl. 21, figs. 1 — 10; leaves and cuticles; Franz Joseph Land; Jurassic.
1972　Samylina, p. 48.

For the first and earliest record of this generic name in Chinese Mesozoic Megafossil plants as:
△*Phoenicopsis* (*Windwardia*) *jilinensis* Sun, 1987
1987　Sun Ge, pp. 647, 685, pl. 1, figs. 1 — 7; pl. 4, figs. 1 — 3; text-fig. 4; leaves and cuticles; Col. No.: 2199-1, 2199-2; Reg. No.: PB14010; Holotype: PB14010 (pl. 1, fig. 2); Repository: Nanjing Institute of Geology and Palaeontology, Chinese Academy of Sciences; Zhangjiatun of Huinan, Jilin; Late Jurassic Sumigou Formation.

△Genus *Phoroxylon* Sze, 1951
1951b　Sze H C, pp. 443, 451.
Type species: *Phoroxylon scalariforme* Sze, 1951
Taxonomic status: Bennetittales

△*Phoroxylon scalariforme* Sze, 1951
1951b　Sze H C, pp. 443, 451, pl. 5, figs. 2, 3; pl. 6, figs. 1 — 4; pl. 7, figs. 1 — 4; text-figs. 3A — 3E; petrified woods; Chengzihe of Jixi, Heilongjiang; Late Cretaceous.

Genus *Phrynium* Loefl., 1788

Type species: (living genus)

Taxonomic status: Marantaceae, Monocotyledoneae

For the first and earliest record of this generic name in Chinese Mesozoic Megafossil plants as:
△*Phrynium tibeticum* Geng, 1982

1982   Geng Guocang, Tao Junrong, p. 121, pl. 9, fig. 5; pl. 10, fig. 1; leaves; No. : 51874, 51881a, 51881b, 51904; Donggar of Xigaze, Xizang (Tibet); Late Cretaceous — Eocene Qiuwu Formation; Menshi (Moinser) of Gar, Xizang (Tibet); Late Cretaceous — Eocene Menshi (Moinser) Formation. (Notes: The type specimen was not designated in the original paper)

Genus *Phyllites* Brongniart, 1822

1822   Brongniart, p. 237.

Type species: *Phyllites populina* Brongniart, 1820

Taxonomic status: Dicotyledoneae

Phyllites populina Brongniart, 1822

1822   Brongniart, p. 237, pl. 14, fig. 4; leaf; Oeningen, Switzerland; Miocene.

For the first and earliest record of this generic name in Chinese Mesozoic Megafossil plants as:
Phyllites spp.

1978   *Phyllites* sp., Yang Xuelin and others, pl. 2, fig. 8; leaf; Shansong of Jiaohe Basin, Jilin; Early Cretaceous Moshilazi Formation. (Notes: This specific figure was only given in the original paper)

1980   *Phyllites* sp., Li Xingxue, Ye Meina, pl. 5, fig. 6; leaf; Shansong of Jiaohe Basin, Jilin; Early Cretaceous Moshilazi Formation. (Notes: This specific figure was only given in the original paper)

1986   *Phyllites* sp., Li Xingxue and others, p. 43, pl. 44, fig. 2; leaf; Shansong of Jiaohe Basin, Jilin; Early Cretaceous Moshilazi Formation.

Genus *Phyllocladopsis* Fontaine, 1889

1889   Fontaine, p. 204.

Type species: *Phyllocladopsis heterophylla* Fontaine, 1889

Taxonomic status: Podocarpaceae, Coniferopsida

Phyllocladopsis heterophylla Fontaine, 1889

1889   Fontaine, p. 204, pl. 84, fig. 5; pl. 167, fig. 4; foliage, compared with *Phyllocladus*

(Podocarpaceae); Virginia, USA; Early Cretaceous Potomac Group.

For the first and earliest record of this generic name in Chinese Mesozoic Megafossil plants as:
Phyllocladopsis cf. *heterophylla* Fontaine
1955   *Phyllocladopsis* cf. *heterophylla* Fontaine (? sp. nov.), Sze H C, pp. 125, 128, pl. 1, figs. 1, 1a; leafy shoots; Yongdingzhuang of Datong, Shanxi; Early Jurassic.

Genus *Phyllocladoxylon* Gothan, 1905
1905   Gothan, p. 272.
Type species: *Phyllocladoxylon muelleri* (Schenk) Gothan, 1905
Taxonomic status: Coniferopsida (wood)

Phyllocladoxylon muelleri (Schenk) Gothan, 1905
1879 — 1890   *Phyllocladus muelleri* Schenk, Schenk, in Zittel, p. 873, fig. 424.
1905   Gothan, p. 55.

Phyllocladoxylon eboracense (Holden) Kräusel, 1949
1913   *Paraphyllocladoxylon eboracense* Hoden, p. 536, pl. 39, figs. 7 — 9; fossil woods; Yorkshire, England; Middle Jurassic.
1949   Kräusel, p. 155.

For the first and earliest record of this generic name in Chinese Mesozoic Megafossil plants as:
Phyllocladoxylon cf. *eboracense* (Holden) Kräusel
1935 — 1936   Shimakura, p. 285 (19), pl. 16 (5), fig. 7; pl. 18 (7), figs. 1 — 3; text-fig. 6; fossil woods; Huoshiling (Houshihling), Jilin; Middle Jurassic.

Phyllocladoxylon? sp.
1935 — 1936   *Phyllocladoxylon*? sp., Shimakura, p. 287 (21), pl. 18 (7), figs. 7, 8; text-fig. 6; fossil woods; Huoshiling (Houshihling), Jilin; Middle Jurassic.

Genus *Phyllotheca* Brongniart, 1828
1828   Brongniart, p. 150.
Type species: *Phyllotheca australis* Brongniart, 1828
Taxonomic status: Phyllothecaceae, Sphenopsida

Phyllotheca australis Brongniart, 1828
1828   Brongniart, p. 150; articulate stem and foliage; Hawkesbury River, near Port Jackson, Australia; Permian — Carboniferous.
1878   Feistmantel, p. 83, pl. 6, fig. 3; pl. 7, figs. 1, 2; pl. 15, figs. 1, 2.

For the first and earliest record of this generic name in Chinese Mesozoic Megafossil plants as:
***Phyllotheca*? sp.**

1885   *Phyllotheca*? sp. ,Schenk,p. 171 (9),pl. 13 (1),figs. 7 — 9;pl. 14 (2),figs. 3A,6b,8a; pl. 15 (3), figs. 4A, 5; calamitean stem; Guangyuan, Sichuan; Late Triassic — Early Jurassic.

Genus *Picea* Dietr. ,1842
Type species:(living genus)
Taxonomic status:Taxodiaceae,Coniferopsida

For the first and earliest record of this generic name in Chinese Mesozoic Megafossil plants as:
? *Picea smithiana* (Wall.) Boiss

1982   Tan Lin, Zhu Jianan, p. 149, pl. 36, fig. 5; foliage twig; Guyang, Inner Mongolia; Early Cretaceous Guyang Formation.

***Picea* sp.**

1982   *Picea* sp. ,Tan Lin,Zhu Jianan,p. 149,pl. 36,fig. 6;cone;Guyang,Inner Mongolia;Early Cretaceous Guyang Formation.

Genus *Piceoxylon* Gothan,1906
1906   Gothan,in Henry Potonié,p. 1.
Type species:*Piceoxylon pseudotsugae* Gothan,1906
Taxonomic status:Taxodiaceae,Coniferopsida

***Piceoxylon pseudotsugae* Gothan,1906**

1906   Gothan,in Henry Potonié,p. 1,fig. 1;coniferous wood;California,USA;Tertiary.

For the first and earliest record of this generic name in Chinese Mesozoic Megafossil plants as:
△*Piceoxylon manchuricum* Sze,1951

1951b   Sze H C,pp. 443,447,pl. 2,fig. 1;pl. 3,figs. 1 — 4;pl. 4,figs. 1 — 4;p. 5,fig. 1;text-figs. 2A — 2E;coniferous woods;Chengzihe of Jixi,Heilongjiang;Late Cretaceous.

Genus *Pinites* Lindley et Hutton,1831
1831(1831 — 1837)   Lindley,Hutton,p. 1.
Type species:*Pinites brandlingi* Lindley et Hutton,1831
Taxonomic status:Pinaceae,Coniferopsida

***Pinites brandlingi* Lindley et Hutton,1831**

1831(1831 — 1837)   Lindley, Hutton, p. 1, pl. 1; Wideopennear Gosforth, 5 mile north of

Newcastle-upon-Tyne, England; Carboniferous.

For the first and earliest record of this generic name in Chinese Mesozoic Megafossil plants as:
△*Pinites kubukensis* Seward, 1911
[Notes: The species was later referred as *Pityocladus kukbukensis* Seward (Seward, 1919)]
1911   Seward, pp. 26, 54, pl. 4, figs. 47 − 51, 51A; pl. 5, fig. 65; long shoots, short shoots and leaves; Kubuk River, south of Ssemistai in Junggar (Dzungaria) Basin, Xinjiang; Early − Middle Jurassic.

Genus *Pinoxylon* Knowlton, 1900
1900   Knowlton, in Ward, p. 420.
Type species: *Pinoxylon dacotense* Knowlton, 1900
Taxonomic status: Pinaceae, Coniferopsida

Pinoxylon dacotense Knowlton, 1900
[Notes 1: The species name was spelled as *Pinoxylon dakotense* by Shimakura (1937 − 1938); Notes 2: The species was later refrred as *Protopiceoxylon dacotense* (Knowlton) Sze (Sze H C, Lee H H and others, 1963)]
1900   Knowlton, in Ward, p. 420, pl. 179; wood; South Dakota, USA; Jurassic.

For the first and earliest record of this generic name in Chinese Mesozoic Megafossil plants as:
△*Pinoxylon yabei* Shimakura, 1936
1935 − 1936   Shimakura, p. 289 (23), pl. 19 (8), figs. 1 − 8; text-figs. 8, 9; fossil woods; Huoshiling (Houshihling), Jilin; Middle Jurassic. [Notes: The species was later referred as *Protopiceoxylon yabei* (Shimakura) Sze (Sze H C, Lee H H and others, 1963)]

Genus *Pinus* Linné, 1753
Type species: (living genus)
Taxonomic status: Pinaceae, Coniferopsida

For the first and earliest record of this generic name in Chinese Mesozoic Megafossil plants as:
Pinus nordenskioeldi Heer, 1876
1876   Heer, p. 76, pl. 4, fig. 4c; leaf; Ust-Balei of Irkutsk Basin, Russia; Jurassic.
1908   Yabe, p. 7, pl. 2, fig. 2; leaf; Taojiatun (Taochiatun), Jilin; Jurassic. [Notes: The specimen was later referred as *Pityophullum nordenskioeldi* Heer (Sze H C, Lee H H and others, 1963)]

Genus *Pityites* Seward, 1919
1919   Seward, p. 373.

Type species: *Pityites solmsi* Seward, 1919

Taxonomic status: Pinaceae, Coniferopsida

Pityites solmsi Seward, 1919

1919   Seward, p. 373, figs. 772, 773; coniferous shoots and cones; Sussex, England; Early Cretaceous (Wealden).

For the first and earliest record of this generic name in Chinese Mesozoic Megafossil plants as:
△*Pityites iwaiana* Ôishi, 1941

1941   Ôishi, p. 173, pl. 38 (3), figs. 3, 3a; coniferous vegetative shoot; Luozigou (Lotzukou) in Wangqing, Jilin; Early Cretaceous lower division of Lotzukou Series. [Notes: The species was later referred as *Pityocladus iwaianus* (Ôishi) Chow (Sze H C, Lee H H and others, 1963) and as *Elatocladus iwaianus* (Ôishi) Li, Ye et Zhou (Li Xingxue and others, 1986)]

Genus *Pityocladus* Seward, 1919

1919   Seward, p. 378.

Type species: *Pityocladus longifolius* (Nathorst) Seward, 1919

Taxonomic status: Pinaceae, Coniferopsida

Pityocladus longifolius (Nathorst) Seward, 1919

1897   *Taxites longifolius* Nathorst, p. 50; foliage shoots; Scania, Sweden; Late Triassc (Rheatic).

1919   Seward, p. 378, figs. 775, 776; foliage shoots; Scania, Sweden; Late Triassc (Rheatic).

For the first and earliest record of this generic name in Chinese Mesozoic Megafossil plants as:
△*Pityocladus kobukensis* Seward, 1919

1911   *Pinites kobukensis* Seward, Seward, pp. 26, 54, pl. 4, figs. 47 — 51, 51A; pl. 5, fig. 65; long shoots, short shoots and leaves; Kubuk River, south of Ssemistai in Junggar (Dzungaria) Basin, Xinjiang; Early — Middle Jurassic.

1919   Seward, p. 379, fig. 777; long shoots, short shoots and leaves; Kubuk River, south of Ssemistai in Junggar (Dzungaria) Basin, Xinjiang; Early — Middle Jurassic.

Genus *Pityolepis* Nathorst, 1897

1897   Nathorst, p. 64.

Type species: *Pityolepis tsugaeformis* Nathorst, 1897

Taxonomic status: Pinaceae, Coniferopsida

Pityolepis tsugaeformis Nathorst, 1897

1897   Nathorst, p. 64, pl. 5, figs. 42 — 45; cone-scales; Shpitsbergen; Early Cretaceous.

For the first and earliest record of this generic name in Chinese Mesozoic Megafossil plants as:
△*Pityolepis ovatus* Toyama et Ôishi, 1935
1935   Toyama, Ôishi, p. 73, pl. 4, figs. 9, 10; cone-scales(?); Jalai Nur of Hulun Buir League, Inner Mongolia; Jurassic.

Genus *Pityophyllum* Nathorst, 1899
1899   Nathorst, p. 19.
Type species: *Pityophyllum staratschini* Nathorst, 1899
Taxonomic status: Pinaceae, Coniferopsida

Pityophyllum staratschini Nathorst, 1899
1899   Nathorst, p. 19, pl. 2, figs. 24, 25; coniferous leaves; Franz Josef Land; Jurassic.

For the first and earliest record of this generic name in Chinese Mesozoic Megafossil plants as:
Pityophyllum sp.
1911   *Pityophyllum* sp. cf. *P. staratschini* (Heer), Seward, pp. 25, 53, pl. 4, figs. 52, 52A; leaf; Diam River (left bank) and Ak-djar of Junggar (Dzungaria) Basin, Xinjiang; Early — Middle Jurassic. [Notes: The specimen was later referred as *Pityophyllum longifolium* (Nathorst) Moeller (Sze H C, Lee H H and others, 1963)]

Genus *Pityospermum* Nathorst, 1899
1899   Nathorst, p. 17.
Type species: *Pityospermum maakanum* Nathorst, 1899
Taxonomic status: Pinaceae, Coniferopsida

Pityospermum maakanum (Heer) Nathorst, 1899
1876   *Pinus maakana* Heer, Heer, p. 76, pl. 14, fig. 1; seed; Irkutsk, Russia; Jurassic.
1899   Nathorst, p. 17, pl. 2, fig. 15; winged seed; Franz Josef Land; Late Jurassic.

For the first and earliest record of this generic name in Chinese Mesozoic Megafossil plants as:
Pityospermum sp.
1933c   *Pityospermum* sp., Sze H C, p. 72, pl. 10, figs. 7, 8; winged seeds; Beidaban of Wuwei, Gansu; Early — Middle Jurassic.

Genus *Pityostrobus* (Nathorst) Dutt, 1916
1916   Dutt, p. 529.
Type species: *Pityostrobus macrocephalus* (Lindley and Hutton) Dutt, 1916 (Notes: Original generic citation is *Pityostrobus* sp. Nathorst, 1899, p. 17, pl. 2, figs. 9, 10)
Taxonomic status: Pinaceae, Coniferopsida

Pityostrobus macrocephalus (Lindley and Hutton) Dutt, 1916

1835(1831—1837) *Zamia macrocephalus* Lindley and Hutton, p. 127, pl. 125; cone; Dover, England; Lower Eocene.

1916 Dutt, p. 529, pl. 15; cone; Dover, England; Lower Eocene.

For the first and earliest record of this generic name in Chinese Mesozoic Megafossil plants as:
△*Pityostrobus endo-riujii* Toyama et Ôishi, 1935

1935 Toyama, Ôishi, p. 72, pl. 4, figs. 6, 7; cones; Jalai Nur of Hulun Buir League, Inner Mongolia; Jurassic.

Genus *Pityoxylon* Kraus, 1870

1870(1869—1874) Kraus, in Schimper, p. 378.

1963 Sze H C, Lee H H and others, p. 331.

Type species: *Pityoxylon sandbergerii* Kraus, 1870

Taxonomic status: Pinaceae, Coniferopsida

Pityoxylon sandbergerii Kraus, 1870

1870(1869—1874) Kraus, in Schimper, p. 378, pl. 79, fig. 8; wood; Kitziingen of Bavaria, Germany; Late Triassic (Keuper).

1993a Wu Xiangwu, p. 119.

Genus *Planera* J F Gmel.

Type species: (living genus)

Taxonomic status: Ulmaceae, Dicotyledoneae

For the first and earliest record of this generic name in Chinese Mesozoic Megafossil plants as:
Planera cf. *microphylla* Newberry

1986a, b Tao Junrong, Xiong Xianzheng, p. 125, pl. 5, fig. 5; leaf; Jiayin region, Heilongjiang; Late Cretaceous Wuyun Formation.

Genus *Platanophyllum* Fontaine, 1889

1889 Fontaine, p. 316.

Type species: *Platanophyllum crossinerve* Fontaine, 1889

Taxonomic status: Platanaceae, Dicotyledoneae

Platanophyllum crossinerve Fontaine, 1889

1889 Fontaine, p. 316, pl. 158, fig. 5; leaf; Potomac Run, Virginia, USA; Early Cretaceous Potomac Group.

For the first and earliest record of this generic name in Chinese Mesozoic Megafossil plants as:
Platanophyllum sp.
1980   *Platanophyllum* sp., Tao Junrong, Sun Xiangjun, p. 76, pl. 2, fig. 1; leaf; Lindian, Heilongjiang; Early Cretaceous Quantou Formation.

Genus *Platanus* Linné, 1753
Type species: (living genus)
Taxonomic status: Platanaceae, Dicotyledoneae

For the first and earliest record of this generic name in Chinese Mesozoic Megafossil plants as:
Platanus cuneifolia Bronn
1952   Vachrameev, p. 205, pl. 16, fig. 6; pl. 17, figs. 1 — 5; pl. 18, fig. 1; pl. 19, figs. 1 — 3; pl. 20, fig. 4; text-figs. 44 — 46.
1976   *Platanus cuneifolia* (Bronn) Vachrameev, Chang Chichen, p. 202, pl. 104, fig. 11; leaf; Sunid Left Banner, Inner Mongolia; Late Cretaceous Erliandabusu Formation.

Genus *Pleuromeia* Corda, 1852
1852   Corda, in Germar, p. 148.
Type species: *Pleuromeia sternbergi* (Muenster) Corda, 1852
Taxonomic status: Pleuromeiaceae, Lycopsida

Pleuromeia sternbergi (Muenster) Corda, 1852
1839   *Sigillaria sternbergi* Muenster, p. 47, pl. 3, fig. 10; Magdeburg, Prussian Saxony, Germany; Triassic (Bunter Sandstein).
1852   Corda, in Germar, p. 148; Magdeburg, Prussian Saxony, Germany; Triassic (Bunter Sandstein). (Notes: Original spelling given by Corda is *Pleuromeya*)

For the first and earliest record of this generic name in Chinese Mesozoic Megafossil plants as:
△*Pleuromeia wuziwanensis* Chow et Huang, 1976 (non Huang et Chow, 1980)
1976   Chow Huiqin, Huang Zhigao, in Chow Huiqin and others, p. 205, pl. 106, figs. 5, 6; calamitean stems; Wuziwan of Jungar Banner, Inner Mongolia; Middle Triassic Ermaying Formation. (Notes: The type specimen was not designated in the original paper)

△*Pleuromeia wuziwanensis* Huang et Chow, 1980 (non Chow et Huang, 1976)
(Notes: This secific name *Pleuromeia wuziwanensis* Huang et Chow, 1980 is a later isonym of *Pleuromeia wuziwanensis* Chow et Huang, 1976)
1980   Huang Zhigao, Zhou Huiqin, p. 65, pl. 1, figs. 1 — 4; text-figs. 1, 2; calamitean stem; Reg. No.: OP3004 — OP3007; Hejiafang of Tongchuan, Shaanxi; Middle Triassic upper part

of Ermaying Formation. (Notes: The type specimen was not designated in the original paper)

Genus *Podocarpites* Andrae, 1855

1855   Andrae, p. 45.

Type species: *Podocarpites acicularis* Andrae, 1855

Taxonomic status: Podocarpidaceae, Coniferopsida

Podocarpites acicularis Andrae, 1855

1855   Andrae, p. 45, pl. 10, fig. 5; coniferous leaf(?); Hungary; Jurassic.

For the first and earliest record of this generic name in Chinese Mesozoic Megafossil plants as:
△*Podocarpites mentoukouensis* Stockmans et Mathieu, 1941

1941   Stockmans, Mathieu, p. 53, pl. 7, figs. 5, 6; leafy shoots; Mentougou (Mentoukou), Beijing; Jurassic. [Notes: The specimen was later referred as "*Podocarpites*" *mentoukouensis* Stockmans et Mathieu (Sze H C, Lee H H and others, 1963)]

Genus *Podocarpoxylon* Gothan, 1904

1904   Gothan, in Gagel, p. 272.

Type species: *Podocarpoxylon juniperoides* Gothan, 1904

Taxonomic status: Coniferopsida (wood)

Podocarpoxylon juniperoides Gothan, 1904

1904   Gothan, in Gagel, p. 272; coniferous wood; Elmshorn, Prussia; Pleistocene.

For the first and earliest record of this generic name in Chinese Mesozoic Megafossil plants as:
△*Podocarpoxylon dacrydioides* Cui, 1995

1995   Li Chensen, Cui Jinzhong, p. 108 (including figus); fossil wood; Inner Mongolia; Early Cretaceouas.

1995   Cui Jinzhong, p. 637, pl. 1, figs. 1 — 5; woods; Huolinhe Coal Field, Inner Mongolia; Early Cretaceous Huolinhe Formation. (Notes: The repository of the type specimens was not mentioned in the original paper)

Podocarpoxylon spp.

1995   *Podocarpoxylon* sp., He Dechang, pp. 16 (in Chinese), 20 (in English), pl. 13, fig. 2; pl. 16, figs. 1 — 1c; fusainized woods; Yimin Coal Mine of Ewenki Banner, Inner Mongolia; Early Cretaceous 16th seam of Yimin Formation.

1995   *Podocarpoxylon* sp., Cui Jinzhong, p. 638; pl. 1, figs. 6 — 8; pl. 2, fig. 1; woods; Huolinhe Coal Field, Inner Mongolia; Early Cretaceous Huolinhe Formation.

Genus *Podocarpus* L'Heriter, 1807
Type species: (living genus)
Taxonomic status: Pinaceae, Coniferopsida

Podocarpus tsagajanicus Krassilov, 1976
1976   Krassilov, p. 43, pl. 3, figs. 1 — 8; leafy shoots; Bureya Basin; Cretaceous.

For the first and earliest record of this generic name in Chinese Mesozoic Megafossil plants as:
Cf. *Podocarpus tsagajanicus* Krassilov
1984   Zhang Zhicheng, p. 120, pl. 1, fig. 12; leaf; Taipinglinchang of Jiayin, Heilongjiang; Late Cretaceous Taipinglinchang Formation.

Genus *Podozamites* (Brongniart) Braun, 1843
1843(1839 — 1843)   Braun, in Münster, p. 28.
Type species: *Podozamites distans* (Presl) Braun, 1843
Taxonomic status: Podozamitales, Coniferopsida

Podozamites distans (Presl) Braun, 1843
1838(1820 — 1838)   *Zamites distans* Presl, in Sternber, p. 196, pl. 26, fig. 3; leafy shoot; Bayreuth of Bavaria, Germany; Late Triassic — Early Jurassic.
1843(1839 — 1843)   Braun, in Münster, p. 28.

For the first and earliest record of this generic name in Chinese Mesozoic Megafossil plants as:
△*Podozamites emmonsii* Newberry, 1867
1867(1865)   Newberry, p. 121, pl. 9, fig. 2; leaf; Zigui, Hubei (Hupeh); Triassic or Jurassic.
    [Notes: The specimen was later referred as *Podozamites lanceolatus* (L et H) Braun (Sze H C, Lee H H and others, 1963)]

Podozamites lanceolatus (L et H) Braun, 1843
1836   *Zamites lanceolatus* Lindley et Hutton, pl. 194; Yorkshire, England; Middle Jurassic.
1843(1839 — 1843)   Braun, in Münster, p. 33.
1867(1865)   Newberry, p. 121, pl. 9, fig. 7; leaf; Zigui, Hubei (Hupeh); Triassic or Jurassic.

△Genus *Polygatites* Pan, 1983 (nom. nud.)
1983   Pan Guang, p. 1520. (in Chinese)
1984   Pan Guang, p. 959. (in English)
Type species: (without specific name)
Taxonomic status: "primitive angiosperms"

Polygatites sp. indet.
[Notes: Generic name was given only, but without specific name (or type species) in the original paper]
1983 *Polygatites* sp. indet., Pan Guang, p. 1520; western Liaoning (about 45°58′N, 120°21′E); Middle Jurassic Haifanggou Formation. (in Chinese)
1984 *Polygatites* sp. indet., Pan Guang, p. 959; western Liaoning (about 45°58′N, 120°21′E); Middle Jurassic Haifanggou Formation. (in English)

Genus *Polygonites* Saporta, 1865 (non Wu S Q, 1999)
1865 Saporta, p. 92.
Type species: *Polygonites ulmaceus* Saporta, 1865
Taxonomic status: Polygonaceae, Monocotyledoneae

Polygonites ulmaceus Saporta, 1865
1865 Saporta, p. 92, pl. 3, fig. 14; winged fruit; France; Tertiary.

△Genus *Polygonites* Wu S Q, 1999 (non Saporta, 1865) (in Chinese)
(Notes: This generic names *Polygonites* Wu S Q, 1999 is a homonym junius of *Polygonites* Saporta, 1865)
1999 Wu Shunqing, p. 23.
Type species: *Polygonites polyclonus* Wu S Q, 1999 (Notes: The type species was not designated in the original paper)
Taxonomic status: Polygonaceae, Monocotyledoneae

△*Polygonites polyclonus* Wu S Q, 1999 (in Chinese)
1999 Wu Shunqing, p. 23, pl. 16, figs. 4, 4a; pl. 19, figs. 1, 1a, 3A — 4a; stems and shoots; Col. No.: AEO-169, AEO-170, AEO-171, AEO-211; Reg. No: PB18319, PB18335 — PB18337; Holotype: PB18337 (pl. 19, fig. 4); Repository: Nanjing Institute of Geology and Palaeontology, Chinese Academy of Sciences; Huangbanjigou near Shangyuan of Beipiao, western Liaoning; Late Jurassic Jianshangou Bed in lower part of Yixian Formation.

△*Polygonites planus* Wu S Q, 1999 (in Chinese)
1999 Wu Shunqing, p. 24, pl. 19, fig. 2; shoot; Col. No.: AEO-122; Reg. No.: PB18338; Holotype: PB18338; Repository: Nanjing Institute of Geology and Palaeontology, Chinese Academy of Sciences; Huangbanjigou near Shangyuan of Beipiao, western Liaoning; Late Jurassic Jianshangou Bed in lower part of Yixian Formation.

Genus *Polypodites* Goeppert, 1836

1836   Goeppert, p. 341.

Type species: *Polypodites mantelli* (Brongniart) Goeppert, 1836

Taxonomic status: Polypodiaceae, Filicopsida

Polypodites mantelli (Brongniart) Goeppert, 1836

1835(1831 — 1837)   *Lonchopteris mantelli* Brongniart, in Lindley and Hutton, p. 59, pl. 171; fern foliage(?); near Wansford, North-amptoshire, England; Early Cretaceous.

1836   Goeppert, p. 341.

For the first and earliest record of this generic name in Chinese Mesozoic Megafossil plants as:

Polypodites polysorus Prynada, 1967

1967   Prynada, in Krassilov, p. 129, pl. 24, figs. 1 — 8; pl. 25, figs. 1 — 3; fronds; South Primorski Krai; Early Cretaceous.

1980   Zhang Wu and others, p. 248, pl. 161, figs. 6, 7; pl. 162, figs. 1, 1a; sterile and fertile pinnae; Jiaohe, Jilin; Early Cretaceous Moshilazi Formation; Jixi, Heilongjiang; Early Cretaceous Chengzihe Formation.

Genus *Populites* Goeppert, 1852 (non Viviani, 1833)

(Notes: This generic name *Populites* Goeppert, 1852 is a homonym junius of *Populites* Viviani, 1833)

1852   Goeppert, p. 276.

Type species: *Populites platyphyllus* Goeppert, 1852

Taxonomic status: Salicaceae, Dicotyledoneae

Populites platyphyllus Goeppert, 1852

1852   Goeppert, p. 276, pl. 35, fig. 5; leaf; Stroppen, Silesia; Tertiary.

For the first and earliest record of this generic name in Chinese Mesozoic Megafossil plants as:

Populites litigiosus (Heer) Lesquereux, 1892

1892   Lesquereux, p. 47, pl. 7, fig. 7; leaf; America; Late Cretaceous Dakota Formation.

Populites cf. *litigiosus* (Heer) Lesquereux

1979   Guo Shuangxing, Li Haomin, p. 553, pl. 1, fig. 5; leaf; Hunchun, Jilin; Late Cretaceous Hunchun Formation. [Notes: This specimen lately was referred as *Populites litigiosus* (Heer) Lesquereux (Guo Shuangxing, 2000)]

Genus *Populites* Viviani, 1833 (non Goeppert, 1852)

1833   Viviani, p. 133.

Type species: *Populites phaetonis* Viviani, 1833

Taxonomic status: Salicaceae, Dicotyledoneae

Populites phaetonis Viviani, 1833

1833   Viviani, p. 133, pl. 10, fig. 2(?); leaf; Pavia, Italy; Tertiary.

Genus *Populus* Linné, 1753

Type species: (living genus)

Taxonomic status: Salicaceae, Dicotyledoneae

For the first and earliest record of this generic name in Chinese Mesozoic Megafossil plants as:

Populus latior Al. Braun, 1837

1837   Al. Braun, p. 512.

1975   Guo Shuangxing, p. 413, pl. 1, figs. 2, 3, 3a; leaves; Xigaze, Xizang (Tibet); Late Cretaceous Xigaze Group.

Populus sp.

1975   *Populus* sp., Guo Shuangxing, p. 414, pl. 1, figs. 4, 5; leaves; Xigaze, Xizang (Tibet); Late Cretaceous Xigaze Group.

Genus *Potamogeton* Linné, 1753

Type species: (living genus)

Taxonomic status: Potamogetonaceae, Monocotyledoneae

For the first and earliest record of this generic name in Chinese Mesozoic Megafossil plants as:

Potamogeton jeholensis Yabe et Endo, 1935

1935   Yabe, Endo, p. 274, figs. 1, 2, 5; leafy shoots; Lingyuan, Hebei (Jeho); Early Cretaceous (?) *Lycoptera* Bed. [Notes: This specimen lately was referred as *Potamogeton*? *jeholensis* Yabe et Endo (Sze H C, Lee H H and others, 1963) and as *Ranunculus jeholensis* (Yabe et Endo) Miki (Miki, 1964)]

Potamogeton sp.

1935   *Potamogeton* sp., Yabe, Endo, p. 276, figs. 3, 4; leafy shoot; Lingyuan, Hebei (Jeho); Early Cretaceous (?) *Lycoptera* Bed. [Notes: This specimen lately was referred as *Potamogeton*? sp. (Sze H C, Lee H H and others, 1963)]

Genus *Problematospermum* Turutanova-Ketova, 1930

1930   Turutanova-Ketova, p. 160.

Type species: *Problematospermum ovale* Turutanova-Ketova, 1930

Taxonomic status: incertae sedis or Coniferous

For the first and earliest record of this generic name in Chinese Mesozoic Megafossil plants as:
Problematospermum ovale Turutanova-Ketova, 1930
1930　Turutanova-Ketova, p. 160, pl. 4, figs. 1, 1a; seeds; Karatau, Kazakhsta; Late Jurassic.
2001　Sun Ge and others, pp. 110, 209, pl. 25, figs. 3, 4; pl. 66, figs. 3 — 11; seeds and cuticles; Jianshangou of Beipiao, western Liaoning; Late Jurassic Jianshangou Formation.

△*Problematospermum beipiaoense* Sun et Zheng, 2001 (in Chinese and English)
2001　Sun Ge, Zheng Shaolin, in Sun Ge and others, pp. 109, 208, pl. 25, figs. 1, 2; pl. 66, figs. 1, 2; pl. 75, figs. 1 — 6; seeds and cuticles; Reg. No.: PB19188; Holotype: PB19188 (pl. 25, fig. 1); Repository: Nanjing Institute of Geology and Paleontology, Chinese Academy of Sciences; Jianshangou of Beipiao, western Liaoning; Late Jurassic Jianshangou Formation.

Genus *Protoblechnum* Lesquereux, 1880
1880　Lesquereux, p. 188.
Type species: *Protoblechnum holdeni* (Andrews) Lesquereux, 1880
Taxonomic status: Corystospermaceae, Pteridospermopsida

Protoblechnum holdeni (Andrews) Lesquereux, 1880
1875　*Alethopteris holdeni* Andrews, p. 420, pl. 51, figs. 1, 2; fern-like foliage; Rushville, Ohio, USA; Carbonifrous.
1880　Lesquereux, p. 188; fern-like foliage; Rushville, Ohio, USA; Carbonifrous.

Protoblechnum hughesi (Feistmental) Halle, 1927
1882　*Danaeopsis hughesi* Feistmantel, Feistmantel, p. 25, pl. 4, fig. 1; pl. 5, figs. 1, 2; pl. 6, figs. 1, 2; pl. 7, figs. 1, 2; pl. 8, figs. 1 — 5; pl. 9, fig. 4; pl. 10, fig. 1; pl. 17, fig. 1; fern-like leaves; India (Parsora, Shahdol District, Madhya Pradesh); Late Triassic (Parsora Stage).
1927b　Halle, p. 134.

For the first and earliest record of this generic name in Chinese Mesozoic Megafossil plants as:
? *Protoblechnum hughesi* (Feistmental) Halle
1956a　Sze H C, pp. 41, 148, pl. 46, figs. 1 — 6; pl. 9, figs. 2 — 5; pl. 10, figs. 1, 2; pl. 12, fig. 7; fern-like leaves; Anting, Tanhegou near Silangmiao (T'anhokou near Shilangmiao) of Yijun, Yejiaping, Sanshilipu and Gaojoia'an of Suide, Shannxi; Late Triassic Yenchang Formation.
1956b　Sze H C, pp. 462, 470, pl. 2, fig. 4; fern-like leaf; Karamay of Junggar (Dzungaria) Basin, Xinjiang; late Late Triassic upper part of Yenchang Formation.

Genus *Protocedroxylon* Gothan, 1910
1910　Gothan, p. 27.

Type species: *Protocedroxylon araucarioides* Gothan, 1910

Taxonomic status: Coniferopsida (fossil wood)

For the first and earliest record of this generic name in Chinese Mesozoic Megafossil plants as:
Protocedroxylon araucarioides Gothan, 1910
1910   Gothan, p. 27, pl. 5, figs. 3 — 5, 7; pl. 6, fig. 1; fossil woods; Green Harbour, Spitsbergen; Late Jurassic.

1937 — 1938   Shimakura, p. 15, pl. 3, figs. 7 — 10; text-fig. 4; fossil woods; Tiao-wo-kou, Chao-yang-ssu-hui, Kwanto-syu, Liao-tung Peninsula; Early Cretaceous(?).

Genus *Protocupressinoxylon* Eckhold, 1922
1922   Eckhold, p. 491.

Type species: *Protocupressinoxylon cupressoides* (Holden) Eckhold, 1922

Taxonomic status: Coniferopsida

Protocupressinoxylon cupressoides (Holden) Eckhold, 1922
1913   *Paracupressinoxylon cupressoides* Holden, p. 538, pl. 39, figs. 15, 16; coniferous woods; Yorkshire, England; Jurassic.

1922   Eckhold, p. 491; coniferous wood; Yorkshire, England; Jurassic.

For the first and earliest record of this generic name in Chinese Mesozoic Megafossil plants as:
△*Protocupressinoxylon mishaniense* Zheng et Zhang, 1982
1982   Zheng Shaolin, Zhang Wu, p. 330, pl. 28, figs. 1 — 11; fossil woods; No. : PH2-2; Repository: Shenyang Institute of Geology and Mineral Resources; Mishan of Baoqing, eastern Heilongjiang; Late Jurassic Yunshan Formation and Early Cretaceous Chenzihe Formation — Mulin Formation.

△Genus *Protoglyptostroboxylon* He, 1995
1995   He Dechang, pp. 8 (in Chinese), 10 (in English).

Type species: *Protoglyptostroboxylon giganteum* He, 1995

Taxonomic status: Coniferopsida (fusainized wood)

△*Protoglyptostroboxylon giganteum* He, 1995
1995   He Dechang, pp. 8 (in Chinese), 10 (in English), pl. 5, figs. 2 — 2c; pl. 6, figs. 1 — 1e, 2; pl. 8, figs. 1 — 1d; fusainized woods; No. : No. 91363, No. 91370; Holotype: No. 91363; Repository: Xi'an Branch, China Coal Research Institute; Yimin Coal Mine of Ewenki Banner, Inner Mongolia; Early Cretaceous 16th seam of Yimin Formation.

Genus *Protophyllocladoxylon* Kräusel, 1939
1939   Kräusel, p. 16.

Type species: *Protophyllocladoxylon leuchsi* Kräusel, 1939

Taxonomic status: Coniferales, Coniferopsida

Protophyllocladoxylon leuchsi Kräusel, 1939

1939　Kräusel, p. 16, pl. 4, figs. 1 — 5; pl. 3, fig. 3; gymnosperm woods; Egypt; Late Cretaceous.

For the first and earliest record of this generic name in Chinese Mesozoic Megafossil plants as:

△*Protophyllocladoxylon szei* Wang, 1991

1991b　Wang Shijun, pp. 66, 69, pl. 1, figs. 1 — 8; fossil woods; Guanchun of Lechang and Hongweikeng of Qujiang, Guangdong; Late Triassic Gengkou Group.

Genus *Protophyllum* Lesquereux, 1874

1874　Lesquereux, p. 101.

Type species: *Protophyllum sternbergii* Lesquereux, 1874

Taxonomic status: Dicotyledoneae

Protophyllum sternbergii Lesquereux, 1874

1874　Lesquereux, p. 101, pl. 16; pl. 17, fig. 2; leaves; south of Fort Harker, Nebraska, USA; Cretaceous.

For the first and earliest record of this generic name in Chinese Mesozoic Megafossil plants as:

△*Protophyllum cordifolium* Guo et Li, 1979

1979　Guo Shuangxing, Li Haomin, p. 555, pl. 3, figs. 6, 7; pl. 4, figs. 3, 4, 6, 7; leaves; Col. No.: II-40, II-37, II-53a, II-24, II-16; Reg. No.: PB7455 — PB7460; Holotype: PB7455 (pl. 4, fig. 4); Paratypes: PB7456 — PB7460 (pl. 3, figs. 6, 7; pl. 4, figs. 3, 6, 7); Repository: Nanjing Institute of Geology and Paleontology, Chinese Academy of Sciences; Hunchun, Jilin; Late Cretaceous Hunchun Formation. [Notes: This specimens lately were referred as *Protophyllum multinerve* Lesquereux (Guo Shuangxing, 2000)]

Protophyllum haydenii Lesquereux, 1874

1874　Lesquereux, p. 106, pl. 17, fig. 3; leaf; south of Fort Harker, Nebraska, USA; Cretaceous.

1979　Guo Shuangxing, Li Haomin, p. 555, pl. 2, fig. 3; leaf; Hunchun, Jilin; Late Cretaceous Hunchun Formation.

△*Protophyllum microphyllum* Guo et Li, 1979

1979　Guo Shuangxing, Li Haomin, p. 555, pl. 2, figs. 7, 8; pl. 3, fig. 5; pl. 4, fig. 8; leaves; Col. No.: I-54b, II-39, II-58, II-61; Reg. No.: PB7464 — PB7467; Holotype: PB7464 (pl. 3, fig. 5); Paratypes: PB7465 — PB7467 (pl. 2, figs. 7, 8; pl. 4, fig. 8); Repository: Nanjing Institute of Geology and Paleontology, Chinese Academy of Sciences; Hunchun, Jilin; Late Cretaceous Hunchun Formation. [Notes: This specimens lately were referred as *Protophyllum multinerve* Lesquereux (Guo Shuangxing, 2000)]

Protophyllum multinerve Lesquereux,1874
1874　　Lesquereux, p. 105, pl. 18, fig. 1; leaf; south of Fort Harker, Nebraska, USA; Cretaceous.
1979　　Guo Shuangxing, Li Haomin, p. 554, pl. 2, figs. 1, 2; leaves; Hunchun, Jilin; Late Cretaceous Hunchun Formation.

△*Protophyllum ovatifolium* Guo et Li,1979 (non Tao,1986)
1979　　Guo Shuangxing, Li Haomin, p. 556, pl. 4, figs. 9, 10; leaves; Col. No.: II-30, II-78; Reg. No.: PB7468, PB7469; Holotype: PB7468 (pl. 4, fig. 9); Paratype: PB7469 (pl. 4, fig. 10); Repository: Nanjing Institute of Geology and Paleontology, Chinese Academy of Sciences; Hunchun, Jilin; Late Cretaceous Hunchun Formation. [Notes: This specimens lately were referred as *Protophyllum multinerve* Lesquereux (Guo Shuangxing, 2000)]

△*Protophyllum ovatifolium* Tao,1986 (non Guo et Li,1979)
(Notes: This specific name *Protophyllum ovatifolium* Tao, 1986 is a homonym junius of *Protophyllum ovatifolium* Guo et Li,1979)
1986a,b　　Tao Junrong, in Tao Junrong, Xiong Xianzheng, p. 125, pl. 13, figs. 2, 3; leaves; No.: 52163a, 52566; Jiayin region, Heilongjiang; Late Cretaceous Wuyun Formation. (Notes: The type specimen was not designated in the original paper)

△*Protophyllum renifolium* Guo et Li,1979
1979　　Guo Shuangxing, Li Haomin, p. 556, pl. 4, figs. 1, 2; leaves; ; Col. No.: II-76, II-12; Reg. No.: PB7470, PB7471; Holotype: PB7470 (pl. 4, fig. 1); Paratype: PB7471 (pl. 4, fig. 2); Repository: Nanjing Institute of Geology and Paleontology, Chinese Academy of Sciences; Hunchun, Jilin; Late Cretaceous Hunchun Formation. [Notes: This specimens lately were referred as *Protophyllum multinerve* Lesquereux (Guo Shuangxing, 2000)]

△*Protophyllum rotundum* Guo et Li,1979
1979　　Guo Shuangxing, Li Haomin, p. 556, pl. 2, figs. 4 — 6; pl. 4, figs. 3, 4, 6, 7; leaves; Col. No.: II-47, II-44, II-46; Reg. No.: PB7472 — PB7474; Holotype: PB7472 (pl. 2, fig. 4); Paratypes: PB7473, PB7474 (pl. 2, figs. 3, 4); Repository: Nanjing Institute of Geology and Paleontology, Chinese Academy of Sciences; Hunchun, Jilin; Late Cretaceous Hunchun Formation. [Notes: This specimens lately were referred as *Protophyllum multinerve* Lesquereux (Guo Shuangxing, 2000)]

Genus *Protopiceoxylon* Gothan,1907
1907　　Gothan, p. 32.
Type species: *Protopiceoxylon extinctum* Gothan, 1907
Taxonomic status: Coniferales, Coniferopsida

For the first and earliest record of this generic name in Chinese Mesozoic Megafossil plants as:
Protopiceoxylon extinctum Gothan,1907
1907　　Gothan, p. 32, pl. 1, figs. 2 — 5; text-figs. 16, 17; coniferous woods; King Karl's Land;

Tertiary.

1945a   Mathews, Ho, p. 27; text-figs. 1 — 8; fossil woods; Xiajiagou (Hsia-chia-kou) of Zhuolu (Cho-lu hsien), Hebei; Late Jurassic.

Genus *Protopodocarpoxylon* Eckhold, 1922

1922   Eckhold, p. 491.

Type species: *Protopodocarpoxylon blevillense* (Lignier) Eckhold, 1922

Taxonomic status: Coniferales, Coniferopsida

Protopodocarpoxylon blevillense (Lignier) Eckhold, 1922

1907   *Cedroxylon blevillense* Lignier, p. 267, pl. 18, figs. 15 — 17; pl. 21, fig. 66; pl. 22, fig. 72; coniferous woods; France; Lower Cretaceous (Gault).

1922   Eckhold, p. 491.

For the first and earliest record of this generic name in Chinese Mesozoic Megafossil plants as:

△*Protopodocarpoxylon arnatum* Zheng et Zhang, 1982

1982   Zheng Shaolin, Zhang Wu, p. 331, pl. 29, figs. 1 — 10; fossil woods; No. : 192; Repository: Shenyang Institute of Geology and Mineral Resources; Jinsha of Mishan, eastern Heilongjiang; Early Cretaceous Huashan Group.

△*Protopodocarpoxylon jinshaense* Zheng et Zhang, 1982

[Notes: The species was later referred as *Cedroxylon jinshaense* (Zheng et Zhang) He (He Dechang, 1995)]

1982   Zheng Shaolin, Zhang Wu, p. 331, pl. 30, figs. 1 — 12; fossil woods; No. : Jin-2; Repository: Shenyang Institute of Geology and Mineral Resources; Mishan, eastern Heilongjiang; Late Jurassic Yunshan Formation.

△Genus *Protosciadopityoxylon* Zhang, Zheng et Ding, 1999 (in English)

1999   Zhang Wu, Zheng Shaolin, Ding Qiuhong, p. 1314.

Type species: *Protosciadopityoxylon liaoningensis* Zhang, Zheng et Ding, 1999

Taxonomic status: Taxodiaceae, Coniferopsida (fossil wood)

△*Protosciadopityoxylon liaoningense* Zhang, Zheng et Ding, 1999 (in English)

1999   Zhang Wu, Zheng Shaolin, Ding Qiuhong, p. 1314, pls. 1 — 3; text-fig. 2; fossil woods; No. : Sha. 30; Holotype: Sha. 30 (pls. 1 — 3); Repository: Shenyang Institute of Geology and Mineral Resources; Bijiagou of Yixian, Liaoning; Early Cretaceous Shahai Formation.

Genus *Prototaxodioxylon* Vogellehner, 1968

1968   Vogellehner, pp. 132, 133.

Type species: *Prototaxodioxylon choubertii* Vogellehner, 1968

Taxonomic status: Protopinaceae, Coniferopsida

Prototaxodioxylon choubertii Vogellehner, 1968

1968   Vogellehner, pp. 132, 133; fossil wood; Morocco, northern Africa; Jurassic and Cretaceous(?).

For the first and earliest record of this generic name in Chinese Mesozoic Megafossil plants as:
Prototaxodioxylon romanense Philippe, 1994

1994   Philippe, p. 70, figs. 3A — 3F; France; Jurassic.

2004   Wang Wuli and others, p. 59, pl. 19, figs. 1 — 4; fossil woods; Batuyingzi of Beipiao, western Liaoning; Late Jurassic Tuchengzi Formation.

Genus *Pseudoctenis* Seward, 1911

1911   Seward, p. 692.

Type species: *Pseudoctenis eathiensis* (Richards) Seward, 1911

Taxonomic status: Cycadales, Cycadopsida

Pseudoctenis eathiensis (Richards) Seward, 1911

1911   Seward, p. 692, pl. 4, figs. 62, 67; pl. 7, figs. 11, 12; pl. 8, fig. 32; cycadophyte frond fragment; Scotland; Late Jurassic.

Pseudoctenis crassinervis Seward, 1911

1911   Seward, p. 691, pl. 4, fig. 69; cycadophyte leaf; Southland; Jurassic.

For the first and earliest record of this generic name in Chinese Mesozoic Megafossil plants as:
Pseudoctenis cf. *crassinervis* Seward

1931   Sze H C, p. 59, pl. 5, figs. 5, 6; cycadophyte leaves; Sunjiagou of Fuxin, Liaoning; Early Jurassic (Lias).

Genus *Pseudocycas* Nathorst, 1907

1907   Nathorst, p. 4.

Type species: *Pseudocycas insignis* Nathorst, 1907

Taxonomic status: Bennettiales, Cycadopsida

Pseudocycas insignis Nathorst, 1907

1907   Nathorst, p. 4, pl. 1, figs. 1 — 5; pl. 2, figs. 1 — 9; pl. 3, fig. 1; cycadophyte leaves; Hoer, Sweden; Early Jurassic (Lias).

For the first and earliest record of this generic name in Chinese Mesozoic Megafossil plants as:
△*Pseudocycas manchurensis* (Ôishi) Hsu, 1954

1935   *Cycadites manchurensis* Ôishi, p. 85, pl. 6, figs. 4, 4a, 4b, 5, 6; text-fig. 3; cycadophyte

          leaves and cuticles;Dongning Coal Mine,Jilin;Late Jurassic or Early Cretaceous.
1954   Hsu J,p. 60,pl. 48,figs. 4,5;cycadophyte leaves;Dongning, Heilongjiang;Late Jurassic.

Genus *Pseudodanaeopsis* Fontaine,1883

1883   Fontaine,p. 59.
Type species:*Pseudodanaeopsis seticulata* Fontaine,1883
Taxonomic status:Filicopsida? or Pteridospermopsida?

Pseudodanaeopsis seticulata Fontaine,1883

1883   Fontaine,p. 59,pl. 30,figs. 1 − 4;fern-like leaves;Clover Hill,Virginia,USA;Triassic.

For the first and earliest record of this generic name in Chinese Mesozoic Megafossil plants as:
△*Pseudodanaeopsis sinensis* Li et He,1979

1979   Li Peijuan,He Yuanliang,in He Yuanliang and others,p. 147,pl. 69,figs. 2 − 3a;fern-like leaves;Col. No. :XIF038;Reg. No. :PB6371,PB6372;Repository:Nanjing Institute of Geology and Palaeontology, Chinese Academy of Sciences; upper reaches of Chaomochaohe of Dulan, Qinghai; Late Triassic Babaosnan Group. (Notes: The type specimen was not designated in the original paper)

Genus *Pseudofrenelopsis* Nthorst,1893

1893   Nathorst,in Felix and Nathorst,p. 52.
Type species:*Pseudofrenelopsis felixi* Nthorst,1893
Taxonomic status:Cheirolepidiaceae,Coniferopsida

Pseudofrenelopsis felixi Nthorst,1893

1893   Nathorst, in Felix and Nathorst,p. 52,figs. 6 − 9; Tlaxiaco, Mexico; Early Cretaceous (Neocomian).

For the first and earliest record of this generic name in Chinese Mesozoic Megafossil plants as:
Pseudofrenelopsis parceramosa (Fontaine) Watson,1977

1889   *Frenilopsis parceramosa* Fontaine,p. 218,pl. 111,figs. 1 − 5;leafy shoots;Dutch Cap Canal,Virginia,USA;Early Cretaceous Potomac Group.
1977   Watson,p. 720,pl. 85,figs. 1 − 7;pl. 86,figs. 1 − 12;pl. 87,figs. 1 − 10;text-figs. 2,3; leafy shoots and cuticles; Dutch Cap Canal, Virginia, USA; Early Cretaceous Potomac Group.
1981   Meng Fansong,p. 100,pl. 2,figs. 1 − 9;shoots and cuticles;Lingxiang of Daye,Hubei; Early Cretaceous Lingxiang Group.

Genus *Pseudolarix* Gordon,1858

Type species:(living genus)

Taxonomic status：Pinaceae,Coniferopsida

For the first and earliest record of this generic name in Chinese Mesozoic Megafossil plants as：
△*"Pseudolarix" sinensis* **Shang,1985**

1985　Shang Ping,p. 113,pl. 10,figs. 1 — 3,5 — 7;leafy shoots and cuticles;Reg. No. ：84-27，84-46,84-47;Holotype：(pl. 10,fig. 3);Repository：Fuxin Ming College,Fuxin 123000, China; Haizhou of Fuxin, Liaoning; Early Cretaceous Taiping Member of Haizhou Formation.

"Pseudolarix" **sp.**

1985　"*Pseudolarix*" sp. , Shang Ping, pl. 10, fig. 4; leafy shoot; Fuxin, Liaoning; Early Cretaceous Taiping Member of Haizhou Formation.

△**Genus *Pseudopolystichum* Deng et Chen,2001** (in Chinese and English)

2001　Deng Shenghui,Chen Fen,pp. 153,229.

Type species：*Pseudopolystichum cretaceum* Deng et Chen,2001

Taxonomic status：Filicopsida

△***Pseudopolystichum cretaceum* Deng et Chen,2001** (in Chinese and English)

2001　Deng Shenghui,Chen Fen,pp. 153,229,pl. 115,figs. 1 — 4;pl. 116,figs. 1 — 6;pl. 117, figs. 1 — 9; pl. 118, figs. 1 — 7; fertile pinnae; No. ：TXQ-2520; Repository：Research Institute of Petroleum Exploration and Development, Beijing; Tiefa Basin, Liaoning; Early Cretaceous Xiaoming'anbei Formation.

Genus *Pseudoprotophyllum* Hollick,1930

1930　Hollick,in Hollick and Martin,p. 91.

Type species：*Pseudoprotophyllum marginatum* Hollick,1930

Taxonomic status：Platanaceae,Dicotyledoneae

***Pseudoprotophyllum emarginatum* Hollick,1930**

1930　Hollick,in Hollick and Martin,p. 92,pl. 52,fig. 2a;pl. 65,fig. 3;leaves;Yukon River, 6 miles above Nhochatilton,Alaska,USA;Late Cretaceous.

***Pseudoprotophyllum dentatum* Hollick,1930**

1930　Hollick,in Hollick and Martin,p. 93,pl. 65,figs. 1,2;pl. 66,figs. 2,3;pl. 67;pl. 73,fig. 3;leaves;Yukon River,6 miles above Nhochatilton,Alaska,USA;Late Cretaceous.

For the first and earliest record of this generic name in Chinese Mesozoic Megafossil plants as：
***Pseudoprotophyllum* cf. *dentatum* Hollick**

1986a,b　Tao Junrong,Xiong Xianzheng,p. 125,pl. 11,fig. 2;leaf;Jiayin region,Heilongjiang; Late Cretaceous Wuyun Formation.

△Genus *Pseudotaeniopteris* Sze, 1951

1951a Sze H C, p. 83.

Type species: *Pseudotaeniopteris piscatorius* Sze, 1951

Taxonomic status: Problemticum

△*Pseudotaeniopteris piscatorius* Sze, 1951

1951a Sze H C, p. 83, pl. 1, figs. 1, 2; Problemticum; Benxi, Liaoning; Early Cretaceous.

Genus *Pseudotorellia* Florin, 1936

1936 Florin, p. 142.

Type species: *Pseudotorellia nordenskiöldi* (Nathorst) Florin, 1936

Taxonomic status: Ginkgoales

Pseudotorellia nordenskiöldi (Nathorst) Florin, 1936

1897 *Feildenia nordenskiöldi* Nathorst, p. 56, pl. 3, figs. 16 − 27; pl. 6, figs. 33, 34; leaves; Advent Bay of Spitsbergen, Norway; Late Jurassic.

1936 Florin, p. 142; leaf; Advent Bay of Spitsbergen, Norway; Late Jurassic.

For the first and earliest record of this generic name in Chinese Mesozoic Megafossil plants as:

Pseudotorellia sp.

1963 *Pseudotorellia* sp., Sze H C, Lee H H and others, p. 247, pl. 88, fig. 9 (= *Torellia* sp., Sze H C, 1931, p. 60, pl. 5, fig. 7); leaf; Beipiao, Liaoning; Early and Middle Jurassic.

Genus *Psygmophyllum* Schimper, 1870

1870 Schimper, p. 193.

Type species: *Psygmophyllum flabellatum* (Lindley et Hutton) Schimper, 1870

Taxonomic status: Ginkgophytes?

Psygmophyllum flabellatum (Lindley et Hutton) Schimper, 1870

1832 *Noeggerathia flabellatum* Lindley et Hutton, p. 89, pls. 28, 29; leaves; England; Late Carboniferous.

1870 Schimper, p. 193.

△*Psygmophyllum multipartitum* Halle, 1927

1927 Halle, p. 215, pls. 57, 58; leaves; Taiyuan, Shanxi; early Late Permian Upper Shihhotse Series.

For the first and earliest record of this generic name in Chinese Mesozoic Megafossil plants as:

Psygmophyllum cf. *multipartitum* Halle

1983 Zhang Wu and others, p. 81, pl. 2, fig. 11; leaf; Linjiawaizi of Benxi, Liaoning; Middle

Triassic Linjia Formation.

△Genus *Pteridiopsis* Zheng et Zhang, 1983
1983b   Zheng Shaolin, Zhang Wu, p. 381.
Type species: *Pteridiopsis didaoensis* Zheng et Zhang, 1983
Taxonomic status: Pteridiaceae, Filicopsida

△*Pteridiopsis didaoensis* Zheng et Zhang, 1983
1983b   Zheng Shaolin, Zhang Wu, p. 381, pl. 1, figs. 1 — 3; text-figs. 1a — 1c; sterile and fertile pinnae; No. : HDN021 — HDN023; Holotype: HDN021 (pl. 1, fig. 1 — 1d); Didao of Jixi Coal-bearing Basin, Heilongjiang; Late Jurassic Didao Formation.

△*Pteridiopsis tenera* Zheng et Zhang, 1983
1983b   Zheng Shaolin, Zhang Wu, p. 382, pl. 2, figs. 1 — 3; text-figs. 2c — 2f; sterile and fertile pinnae; No. : HDN036 — HDN038; Holotype: HDN036 (pl. 2, figs. 3 — 3c); Didao of Jixi Coal-bearing Basin, Heilongjiang; Late Jurassic Didao Formation.

Genus *Pteridium* Scopol, 1760
Type species: (living genus)
Taxonomic status: Pteridiaceae, Filicopsida

For the first and earliest record of this generic name in Chinese Mesozoic Megafossil plants as:
△*Pteridium dachingshanense* Wang, 1983
1983a   Wang Ziqiang, p. 46, pl. 1, figs. 1 — 9; pl. 2, figs. 14 — 22; text-figs. 2, 3; fronds; Syntypes: D6-4663 (pl. 1, fig. 2), D6-4829 (pl. 1, fig. 1), D6-4895 (pl. 1, fig. 9), D6-4888b (pl. 2, fig. 13), D6-4898 (pl. 2, fig. 14), D6-4891 (pl. 2, fig. 22); Repository: Nanjing Institute of Geology and Palaeontology, Chinese Academy of Sciences; Dachingshan region, Inner Mongolia; Early Cretaceous. [Notes: According to *International Code of Botanical Nomenclature* (*Vienna Code*) article 37. 2, from the year 1958, the holotype type specimen should be unique]

Genus *Pterocarya* Kunth, 1842
Type species: (living genus)
Taxonomic status: Juglandaceae, Dicotyledoneae

For the first and earliest record of this generic name in Chinese Mesozoic Megafossil plants as:
△*Pterocarya siniptera* Pan, 1996 (in English), 1997 (in Chinese)
1996   Pan Guang, p. 142, figs. 1 — 3; fruits; No. : LSJ00845 (A, B); Holotype: LSJ00845B (fig. 1B); Repository: Bureau of Ceol Geology of Northeast China; Yanliao region, North

China (45°58′N,120°21′E);Middle Jurassic.
1997 Pan Guang,p. 82,figs. 1. 1 — 1. 8;fruits;No. :LSJ00845 (A,B);Holotype:LSJ00845B (fig. 1B);Repository:Bureau of Ceol Geology of Northeast China;Yanliao region, North China (45°58′N,120°21′E);Middle Jurassic.

Genus *Pterophyllum* Brongniart,1828
1828　Brongniart,p. 95.
Type species:*Pterophyllum longifolium* Brongniart,1828
Taxonomic status:Bennettiales,Cycadopsida

Pterophyllum longifolium Brongniart,1828
1822(1822 — 1823)　*Aigacites filicoides* Schlotheim,pl. 4,fig. 2;pinna leaf;Switzerland;Late Triassic.
1828　Brongniart,p. 95.

For the first and earliest record of this generic name in Chinese Mesozoic Megafossil plants as:
Pterophyllum aequale (Brongniart) Nathorst,1878
1825　*Nilssonia aequalis* Brongniart, p. 219, pl. 12, fig. 6; pinna leaf; Switzerland; Early Jurassic.
1878　Nathorst,p. 18,pl. 2,fig. 13;pinna leaf;Switzerland;Early Jurassic.
1883　Schenk, p. 247, pl. 48, fig. 7; cycadophyte leaf; Tumulu, Inner Mongolia; Jurassic. [Notes:This specimen lately was referred as *Pterophyllum richthofeni* Schenk (Sze H C,Lee H H and others,1963)]

△*Pterophyllum contiguum* Schenk,1883
1883　Schenk, p. 262, pl. 53, fig. 6; cycadophyte leaf; Zigui, Hubei; Jurassic. [Notes: This specimen lately was referred as *Pterophyllum aequale* (Brongniart) Nathorst (Sze H C,Lee H H and others,1963) or *Tyrmia nathorsti* (Schenk) Ye (Wu Shunqing and others,1980)]

△*Pterophyllum nathorsti* Schenk,1883
1883　Schenk,p. 261,pl. 53,figs. 5,7;cycadophyte leaves;Zigui,Hubei;Jurassic. [Notes:This specimen lately was referred as *Tyrmia nathorsti* (Schenk) Ye (Wu Shunqing and others,1980)]

△*Pterophyllum richthofeni* Schenk,1883
1883　Schenk, p. 247, pl. 47, fig. 7; pl. 48, figs. 5, 6, 8; cycadophyte leaves; Tumulu, Inner Mongolia;Jurassic.

Genus *Pterospermites* Heer,1859
1859　Heer,p. 36.

Type species: *Pterospermites vagans* Heer, 1859

Taxonomic status: Dicotyledoneae

Pterospermites vagans Heer, 1859

1859   Heer, p. 36, pl. 209, figs. 1 — 5; winged seeds; Oeningen, Switzerland; Tertiary.

For the first and earliest record of this generic name in Chinese Mesozoic Megafossil plants as:
△*Pterospermites heilongjiangensis* Zhang, 1984

1984   Zhang Zhicheng, p. 125, pl. 2, fig. 15; winged seed; No. : MH1086; Holotype: MH1086 (pl. 2, fig. 15); Repository: Shenyang Institute of Geology and Mineral Resources; Jiayin region, Heilongjiang; Late Cretaceous Taipinglinchang Formation.

△*Pterospermites orientalis* Zhang, 1984

1984   Zhang Zhicheng, p. 125, pl. 2, fig. 1; pl. 6, fig. 7; text-fig. 2; winged seeds; No. : MH1084, MH1085; Holotype: MH1085 (pl. 6, fig. 7); Repository: Shenyang Institute of Geology and Mineral Resources; Jiayin region, Heilongjiang; Late Cretaceous Taipinglinchang Formation.

Pterospermites sp.

1984   *Pterospermites* sp. , Zhang Zhicheng, p. 126, pl. 6, fig. 1; winged seed; Jiayin region, Heilongjiang; Late Cretaceous Yongantun Formation.

Genus *Pterozamites* Braun, 1843

1843(1839 — 1843)   Braun, in Muenster, p. 29.

Type species: *Pterozamites scitamineus* (Sternberg) Braun, 1843

Taxonomic status: Cycadopsida

Pterozamites scitamineus (Sternberg) Braun, 1843

1820 — 1838   *Phyllites scitamineaeformis* Sternberg, Sternberg, pl. 37, fig. 2.

1838(1820 — 1838)   *Taeniopteris scitaminea* Presl, in Sternberg, p. 139.

1843(1839 — 1843)   Braun, in Muenster, p. 29.

For the first and earliest record of this generic name in Chinese Mesozoic Megafossil plants as:
△*Pterozamites sinensis* Newberry, 1867

1867(1865)   Newberry, p. 120, pl. 9, fig. 3; cycadophyte leaf; Sangyu of West Hill, Beijing; Jurassic. [Notes: This specimen lately was referred as *Nillsonia* sp. (Sze H C, Lee H H and others, 1963)]

Genus *Ptilophyllum* Morris, 1840

1840   Morris, in Grant, p. 327.

Type species: *Ptilophyllum acutifolium* Morris, 1840

Taxonomic status: Bennettiales, Cycadopsida

For the first and earliest record of this generic name in Chinese Mesozoic Megafossil plants as:
Ptilophyllum acutifolium Morris, 1840
1840   Morris, in Grant, p. 327, pl. 21, figs. 1a — 3; cycadophyte leaves; south of Charivar Range, East India; Jurassic.
1902 — 1903   Zeiller, p. 300, pl. 56, figs. 7, 7a, 8; cycadophyte leaves; Taipingchang (Tai-Pin-Tchang), Yunnan; Late Triassic. [Notes: This specimen lately was referred as ?*Ptilophyllum pecten* (Phillips) Morris (Sze H C, Lee H H and others, 1963)]

Genus *Ptilozamites* Nathorst, 1878
1878   Nathorst, p. 23.
Type species: *Ptilozamite snilssoni* Nathorst, 1878
Taxonomic status: Pteridospermopsida

Ptilozamites nilssoni Nathorst, 1878
1878   Nathorst, p. 23, pl. 3, figs. 1 — 5, 8; cycadophyte foliage; Hoganas, Sweden; Late Triassic (Rhaetic).

For the first and earliest record of this generic name in Chinese Mesozoic Megafossil plants as:
△*Ptilozamites chinensis* Hsu, 1954
1954   Hsu J, p. 54, pl. 48, fig. 6; pl. 53, fig. 1; cycadophyte leaves; Liling, Hunan; Late Triassic.

Genus *Ptychocarpus* Weiss C E, 1869
1869(1869 — 1872)   Weiss C E, p. 95.
Type species: *Ptychocarpus hexastichus* Weiss C E, 1869
Taxonomic status: Filicopsida

Ptychocarpus hexastichus Weiss C E, 1869
1869(1869 — 1872)   Weiss C E, p. 95, pl. 11, fig. 2; fertile fern compression; Breitnbach, Rhenish Prussia; Late Carboniferous.

For the first and earliest record of this generic name in Chinese Mesozoic Megafossil plants as:
Ptychocarpus sp.
1991   *Ptychocarpus* sp., Bureau of Geology and Mineral Resources of Beijing Municipality, pl. 11, fig. 4; frond; Dabeisi of West Hill, Beijing; Late Permian — Middle Triassic Dabeisi Member of Shuangquan Formartion. (Notes: This specific figure was only given in the original paper)

Genus *Pursongia* Zalessky, 1937

1937   Zalessky, p. 13.

Type species: *Pursongia amalitzkii* Zalessky, 1937

Taxonomic status: Pteridospermopsida?

Pursongia amalitzkii Zalessky, 1937

1937   Zalessky, p. 13; text-fig. 1; Glossopteris-like leaf; near village of Kiltchoumkina, Urals, USSR; Permian.

For the first and earliest record of this generic name in Chinese Mesozoic Megafossil plants as:

Pursongia? sp.

1990   *Pursongia*? sp., Wu Shunqing, Zhou Hanzhong, p. 454, pl. 4, figs. 6, 6a; fern-like leaves; Kuqa, Xinjiang; Early Triassic Ehuobulake Formation.

△Genus *Qionghaia* Zhou et Li, 1979

1979   Zhou Zhiyan, Li Baoxian, p. 454.

Type species: *Qionghaia carnosa* Zhou et Li, 1979

Taxonomic status: incertae sedis or Bennettitales?

△*Qionghaia carnosa* Zhou et Li, 1979

1979   Zhou Zhiyan, Li Baoxian, p. 454, pl. 2, figs. 21, 21a; sporophyll; Reg. No.: PB7618; Repository: Nanjing Institute of Geology and Paleontology, Chinese Academy of Sciences; Xinhuacun near Jiuqujiang of Qionghai, Hainan; Early Triassic Lingwen Group (Jiuqujiang Formation).

Genus *Quercus* Linné, 1753

Type species: (living genus)

Taxonomic status: Fagaceae, Dicotyledoneae

For the first and earliest record of this generic name in Chinese Mesozoic Megafossil plants as:

△*Quercus orbicularis* Geng, 1982

1982   Geng Guocang, in Geng Guocang, Tao Junrong, p. 117, pl. 1, figs. 8 — 10; leaves; No.: 51836, 51839, 51911; Gyisum, Ngamring, Xizang (Tibet); Late Cretaceous — Eocene Qiuwu Formation. (Notes: The type specimen was not designated in the original paper)

Genus *Quereuxia* Kryshtofovich, 1953

1953   Kryshtofovich, p. 23.

Type species: *Quereuxia angulata* Kryshtofovich, 1953

Taxonomic status: Hydrocaryaceae, Dicotyledoneae

For the first and earliest record of this generic name in Chinese Mesozoic Megafossil plants as:
Quereuxia angulata **Kryshtofovich, 1953**
1953 Kryshtofovich, p. 23, pl. 3, figs. 1, 11; leaves; USSR; Cretaceous.
1984 Zhang Zhicheng, p. 127, pl. 4, fig. 7; pl. 7, figs. 2 — 6; pl. 8, fig. 5; leaves; Jiayin region, Heilongjiang; Late Cretaceous Yongantun Formation and Yingantun Formation. [Notes: This specimen lately was referred as *Trapa angulata* (Newberry) Brown (Zheng Shaolin, Zhang Ying, 1994)]

△Genus *Radiatifolium* **Meng, 1992**
1992 Meng Fangsong, pp. 705, 707.

Type species: *Radiatifolium magnusum* Meng, 1992

Taxonomic status: Ginkgophytes?

△*Radiatifolium magnusum* **Meng, 1992**
1992 Meng Fansong, pp. 705, 707, pl. 1, figs. 1, 2; pl. 2, figs. 1, 2; leaves; Reg. No. : P86020 — P86024; Holotype: P86020 (pl. 1, fig. 1); Repository: Yichang Institute of Geology and Mineral Resources; Donggong of Nanzhang, Hubei; Late Triassic Jiuligang Formation.

Genus *Radicites* **Potonie, 1893**
1893 Potonie, p. 261.

Type species: *Radicites capillacea* (Lindley et Hutton) Potonie, 1893

Taxonomic status: Sphenopsida?

Radicites capillacea **(Lindley et Hutton) Potonie, 1893**
1834(1831 — 1837) *Pinnulalia capillacea* Lindley et Hutton, p. 81, pl. 111; probable calamitean roots; England; Carboniferous.
1893 Potonie, p. 261, pl. 34, fig. 2; probable calamitean roots; England; Carboniferous.

For the first and earliest record of this generic name in Chinese Mesozoic Megafossil plants as:
Radicites **sp.**
1956a *Radicites* sp., Sze H C, pp. 62, 167, pl. 56, figs. 6, 7; root; Tanhegou near Silangmiao (T'anhokou near Shilangmiao) of Yijun, Shaanxi; Late Triassic upper part of Yenchang Formation.

Genus *Ranunculaecarpus* **Samylina, 1960**
1960 Samylina, p. 336.

Type species: *Ranunculaecarpus quiquecarpellatus* Samylina, 1960

Taxonomic status: Ranunculaceae, Dicotyledoneae

Ranunculaecarpus quiquecarpellatus Samylina, 1960

1960　Samylina, p. 336, pl. 1, figs. 3 — 5; text-fig. 1; fruit; Kolyma Basin, northeast Sibria, USSR; Early Cretaceous.

For the first and earliest record of this generic name in Chinese Mesozoic Megafossil plants as:
Ranunculaecarpus sp.

1997　*Ranunculaecarpus* sp., Liu Yusheng, p. 73, pl. 5, fig. 9; fruit; Ping Chau Islant, Mirs Bay, Hong Kong; Late Cretaceous Ping Chau Formation. (Notes: The generic name was spelled as *Ranunculicarpus* in the original paper)

△Genus *Ranunculophyllum* ex Tao et Zhang, 1990, emend Wu, 1993

[Notes: The generic name was originally not mentioned clearly as a new generic name (Wu Xiangwu, 1993a)]

1990　Tao Junrong, Zhang Chuanbo, pp. 221, 226.

1993a　Wu Xiangwu, pp. 31, 232.

1993b　Wu Xiangwu, pp. 508, 517.

Type species: *Ranunculophyllum pinnatisctum* Tao et Zhang, 1990

Taxonomic status: Ranunculaceae, Dicotyledoneae

△*Ranunculophyllum pinnatisctum* Tao et Zhang, 1990

1990　Tao Junrong, Zhang Chuanbo, pp. 221, 226, pl. 2, fig. 4; text-fig. 3; leaves; No. : $K_1 d_{41-9}$; Repository: Institute of Botany, Chinese Academy of Sciences; Yanji, Jilin; Early Cretaceous Dalazi Formation.

1993a　Wu Xiangwu, pp. 31, 232.

1993b　Wu Xiangwu, pp. 508, 517.

Genus *Ranunculus* Linné

Type species: (living genus)

Taxonomic status: Ranunculaceae, Dicotyledoneae

For the first and earliest record of this generic name in Chinese Mesozoic Megafossil plants as:
△*Ranunculus jeholensis* (Yabe et Endo) Miki, 1964

1935　*Potamogeton jeholensis* Yabe et Endo, p. 274, figs. 1, 2, 5; leafy shoots; Lingyuan, Hebei (Jeho); Early Cretaceous(?) *Lycoptera* Bed.

1964　Miki, p. 19; text-figs; leafy shoot; Lingyuan, Hebei (Jeho); Late Jurassic *Lycoptera* Bed.

Genus *Raphaelia* Debey et Ettingshausen, 1859

1859   Debey, Ettingshausen, p. 220.

Type species: *Raphaelia nueropteroides* Debey et Ettingshausen, 1859

Taxonomic status: Filicopsida

Raphaelia nueropteroides Debey et Ettingshausen, 1859

1859   Debey, Ettingshausen, p. 220, pl. 4, figs. 23 — 28; pl. 5, figs. 18 — 20; frond fragments; Aachen, Rhenish Prussia; Late Cretaceous.

For the first and earliest record of this generic name in Chinese Mesozoic Megafossil plants as:

△*Raphaelia diamensis* Seward, 1911

1911   Seward, pp. 15, 44, pl. 2, figs. 28, 28A, 29, 29A; fronds; Diam River of Junggar Basin, Xinjiang; Early — Middle Jurassic.

△Genus *Rehezamites* Wu S, 1999 (in Chinese)

1999a   Wu Shunqing, p. 15.

Type species: *Rehezamites anisolobus* Wu S, 1999

Taxonomic status: Bennettitales?, Cycadopsida

△*Rehezamites anisolobus* Wu S, 1999 (in Chinese)

1999a   Wu Shunqing, p. 15, pl. 8, figs. 1, 1a; cycadophyte leaves; Col. No.: AEO-187; Reg. No.: PB18265; Repository: Nanjing Institute of Geology and Palaeontology, Chinese Academy of Sciences; Huangbanjigou near Shangyuan of Beipiao, western Liaoning; Late Jurassic Jianshangou Bed in lower part of Yixian Formation.

Rehezamites sp.

1999a   *Rehezamites* sp., Wu Shunqing, p. 15, pl. 7, figs. 1, 1a; cycadophyte leaves; Huangbanjigou near Shangyuan of Beipiao, western Liaoning; Late Jurassic Jianshangou Bed in lower part of Yixian Formation.

△Genus *Reteophlebis* Lee et Tsao, 1976

1976   Lee P C, Tsao Zhengyao, in Lee P C and others, p. 102.

Type species: *Reteophlebis simplex* Lee et Tsao, 1976

Taxonomic status: Osmundaceae, Filicopsida

△*Reteophlebis simplex* Lee et Tsao, 1976

1976   Lee P C, Tsao Zhengyao, in Lee P C and others, p. 102, pl. 10, figs. 3 — 8; pl. 11; pl. 12, figs. 4, 5; text-fig. 3-2; sterile pinna and fertile pinna; Reg. No.: PB5203 — PB5214, PB5218, PB5219; Holotype: PB5214 (pl. 11, fig. 8); Repository: Nanjing Institute of

Geology and Palaeontology, Chinese Academy of Sciences; Yipinglang of Lufeng, Yunnan; Late Triassic Ganhaizi Member of Yipinglang Formation.

Genus *Rhabdotocaulon* Fliche, 1910

1910   Fliche, p. 257.

Type species: *Rhabdotocaulon zeilleri* Fliche, 1910

Taxonomic status: incertae sedis

Rhabdotocaulon zeilleri Fliche, 1910

1910   Fliche, p. 257, pl. 25, fig. 5; stem compression; Suriauville, Vosges, France; Late Triassic (Keuper).

For the first and earliest record of this generic name in Chinese Mesozoic Megafossil plants as:
Rhabdotocaulon sp.

1990   *Rhabdotocaulon* sp., Wu Shunqing, Zhou Hanzhong, p. 455, pl. 2, fig. 6; stem; Kuqa, Xinjiang; Early Triassic Ehuobulake Formation.

Genus *Rhacopteris* Schimper, 1869

1869(1869—1874)   Schimper, p. 482.

Type species: *Rhacopteris elegans* (Ettingshausen) Schimper, 1869

Taxonomic status: Pteridospermopsida

Rhacopteris elegans (Ettingshausen) Schimper, 1869

1852   *Asplenites elegans* Ettingshausen, fern-like leaf; Europe; Early Carboniferous.

1869(1869—1874)   Schimper, p. 482; fern-like leaf; Europe; Early Carboniferous.

For the first and earliest record of this generic name in Chinese Mesozoic Megafossil plants as:
△*Rhacopteris*? *gothani* Sze, 1933

1933   Sze H C, p. 42, pl. 11, figs. 1—3; fern-like leaves; Pingxiang, Jiangxi; late Late Triassic. [Notes: This specimen lately was referred as *Drepanozamites nilssoni* Harris (Harris, 1937)]

Genus *Rhamnites* Forbes, 1851

1851   Forbes, 103.

Type species: *Rhamnites multinervatus* Forbes, 1851

Taxonomic status: Rhamnaceae, Dicotyledoneae

Rhamnites multinervatus Forbes, 1851

1851   Forbes, p. 103, pl. 3, fig. 2; leaf; Isel of Mull, Scotland; Miocene.

For the first and earliest record of this generic name in Chinese Mesozoic Megafossil plants as:
Rhamnites eminens (Dawson) Bell,1957
1894   *Diospyros eminens* Dawson,p. 62,pl. 10,fig. 40.
1957   Bell,p. 62,pl. 44,fig. 1;pl. 46,figs. 1 — 3,5;pl. 48,figs. 1 — 5;pl. 49,figs. 1 — 4;pl. 50, fig. 5;pl. 56,fig. 5;leaves;British Columbia;Late Cretaceous.
1975   Guo Shuangxing,p. 419,pl. 3,figs. 4,7;leaves;Xigaze,Xizang (Tibet);Late Cretaceous Xigaze Group.

Genus *Rhamnus* Linné,1753
Type species:(living genus)
Taxonomic status:Rhamnaceae,Dicotyledoneae

For the first and earliest record of this generic name in Chinese Mesozoic Megafossil plants as:
△*Rhamnus shangzhiensis* Tao et Zhang,1980
1980   Zhang Zhicheng,p. 335,pl. 196,figs. 2,6;pl. 197,fig. 4;leaves;Reg. No. :D628,D629; Repository:Shenyang Institute of Geology and Mineral Resources;Shangzhi, Heilongjiang;Late Cretaceous Sunwu Formation. (Notes:The type specimen was not designated in the original paper)

Genus *Rhaphidopteris* Barale,1972
1972   Barale,p. 1011.
Type species:*Rhaphidopteris astartensis* (Harris) Barale,1972
Taxonomic status:Pteridospermopsida

Rhaphidopteris astartensis (Harris) Barale,1972
1932   *Stenopteris astartensis* Harris, p. 77; text-fig. 32; leaf simply pinnae and cuticles; Scoresby Sound,East Greenland;Late Triassic (*Lepidopteris* Zone).
1972   Barale,p. 1011;Scoresby Sound,East Greenland;Late Triassic (*Lepidopteris* Zone).

For the first and earliest record of this generic name in Chinese Mesozoic Megafossil plants as:
△*Rhaphidopteris rugata* Wang,1984
1984   Wang Ziqiang, p. 254, pl. 131, figs. 5 — 9; fern-like leaves; Reg. No. : P0144 — P0147; Syntypes:P0144 (pl. 131,fig. 5),P0147 (pl. 131,fig. 9);Repository:Nanjing Institute of Geology and Paleontology, Chinese Academy of Sciences; Pingquan, Hebei; Early Jurassic Jiashan Formation. [Notes: According to *International Code of Botanical Nomenclature* (*Vienna Code*) article 37. 2, from the year 1958, the holotype type specimen should be unique]

Genus *Rhinipteris* Harris, 1931

1931   Harris, p. 58.

Type species: *Rhinipteris concinna* Harris, 1931

Taxonomic status: Marattiaceae, Filicopsida

Rhinipteris concinna Harris, 1931

1931   Harris, p. 58, pls. 12, 13; fertile frond; Scoresby Sound, East Greenland; Late Triassic (*Lepidopteris* Zone).

For the first and earliest record of this generic name in Chinese Mesozoic Megafossil plants as:

Rhinipteris cf. *concinna* Harris

1966   Wu Shunching, p. 234, pl. 1, figs. 4, 4a, 4b; fertile pinnae; Longtoushan of Anlong, Guizhou; Late Triassic.

Genus *Rhipidiocladus* Prynada, 1956

1956   Prynada, in Kipariaova and others, p. 249.

Type species: *Rhipidiocladus flabellata* Prynada, 1956

Taxonomic status: Coniferopsida

For the first and earliest record of this generic name in Chinese Mesozoic Megafossil plants as:

Rhipidiocladus flabellata Prynada, 1956

1956   Prynada, in Kipariaova and others, p. 249, pl. 42, figs. 3 — 9; foliage, coniferales; Bureya R, Amur R Valley; Early Cretaceous.

1978   Yang Xuelin and others, pl. 3, fig. 6; shoots with leaves; Shansong of Jiaohe, Jilin; Early Cretaceous Moshilazi Formation. (Notes: This specific name was only given in the original paper)

1980   Li Xingxue, Ye Meina, p. 9, pl. 5, figs. 3, 4(?), 5(?); dwarf and long shoots; Shansong of Jiaohe, Jilin; Early Cretaceous Moshilazi Formation.

1980   Zhang Wu and others, p. 305, pl. 189, figs. 4, 5; dwarf and long shoots; Jiaohe, Jilin; Early Cretaceous Moshilazi Formation.

△*Rhipidiocladus acuminatus* Li et Ye, 1980

1980   Li Xingxue, Ye Meina, p. 10, pl. 1, fig. 6; pl. 3, fig. 5; dwarf and long shoots, cuticles; Reg. No.: PB8965; Holotype: PB8965 (pl. 1, fig. 6); Repository: Nanjing Institute of Geology and Paleontology, Chinese Academy of Sciences; Shansong of Jiaohe, Jilin; Early Cretaceous Moshilazi Formation.

1980   Zhang Wu and others, p. 305, pl. 191, fig. 9; dwarf and long shoot; Jiaohe, Jilin; Early Cretaceous Moshilazi Formation.

Genus *Rhiptozamites* Schmalhausen, 1879

1879   Schmalhausen, p. 32.

Type species: *Rhiptozamites goeppertii* Schmalhausen, 1879

Taxonomic status: Cordaitopsida

For the first and earliest record of this generic name in Chinese Mesozoic Megafossil plants as:

Rhiptozamites goeppertii Schmalhausen, 1879

1879   Schmalhausen, p. 32, pl. 4, figs. 2—4; cordaitean leaves(?); Russia; Permian.
1906   Krasser, p. 616, pl. 4, figs. 9, 10; cordaitean leaves (?); Huoshiling (Ho-shi-ling-tza), Jilin; Jurassic.

△Genus *Rhizoma* Wu S Q, 1999 (in Chinese)

1999   Wu Shunqing, p. 24.

Type species: *Rhizoma elliptica* Wu S Q, 1999

Taxonomic status: Nymphaceae, Dicotyledoneae

△*Rhizoma elliptica* Wu S Q, 1999 (in Chinese)

1999   Wu Shunqing, p. 24, pl. 16, figs. 9, 10; rhizomes; Col. No. : AEO-110, AEO-197; Reg. No. : PB18322, PB18323; Repository: Nanjing Institute of Geology and Palaeontology, Chinese Academy of Sciences; Huangbanjigou near Shangyuan of Beipiao, western Liaoning; Late Jurassic Jianshangou Bed in lower part of Yixian Formation. (Notes: The type specimen was not designated in the original paper)

Genus *Rhizomopteris* Schimper, 1869

1869   Schimper, p. 699.

Type species: *Rhizomopteris lycopodioides* Schimper, 1869

Taxonomic status: Filicopsida

Rhizomopteris lycopodioides Schimper, 1869

1869   Schimper, p. 699, pl. 2; fern rhizome(?); near Dresden, Germany; Carboniferous.

For the first and earliest record of this generic name in Chinese Mesozoic Megafossil plants as:

Rhizomopteris sp.

1911   *Rhizomopteris* sp., Seward, pp. 12, 40, pl. 1, fig. 14 (right); pl. 2, fig. 16; rhizomes; Kubuk River of Junggar (Dzungaria) Basin, Xinjiang; Early—Middle Jurassic.

△**Genus *Riccardiopsis* Wu et Li, 1992**

1992   Wu Xiangwu, Li Baoxian, pp. 268, 276.

Type species: *Riccardiopsis hsüi* Wu et Li, 1992

Taxonomic status: Hepaticae

△***Riccardiopsis hsüi* Wu et Li, 1992**

1992   Wu Xiangwu, Li Baoxian, pp. 265, 275, pl. 4, figs. 5, 6; pl. 5, figs. 1 — 4A, 4a; pl. 6, figs. 4 — 6a; text-fig. 5; thalli; Col. No. : ADN41-03, ADN41-06, ADN41-07; Reg. No. : PB15472 — PB15479; Holotype: PB15475 (pl. 5, fig. 2); Repository: Nanjing Institute of Geology and Palaeontology, Chinese Academy of Sciences; Yuxian, Hebei; Middle Jurassic Qiaoerjian Formation.

△**Genus *Rireticopteris* Hsu et Chu, 1974**

1974   Hsu J, Chu Chinan, in Hsu J and others, p. 269.

Type species: *Rireticopteris microphylla* Hsu et Chu, 1974

Taxonomic status: Filicopsida?

△***Rireticopteris microphylla* Hsu et C N Chu, 1974**

1974   Hsu J, Chu Chinan, in Hsu J and others, p. 269, pl. 1, figs. 7 — 9; pl. 2, figs. 1 — 4; pl. 3, fig. 1; text-fig. 1; fronds; No. : N. 2785, N. 2839, N. 825, N. 830; Syntypes: N. 2785 (pl. 1, fig. 7), N. 2839 (pl. 1, fig. 8); Repository: Institute of Botany, Chinese Academy of Sciences; Nalajing of Yongren, Yunnan; Late Triassic Daqiaodi Formation; Taipingchang of Dukou, Sichuan; Late Triassic bottom part of Daqiaodi Formation. [Notes: According to *International Code of Botanical Nomenclature* (*Vienna Code*) article 37. 2, from the year 1958, the holotype type specimen should be unique]

Genus *Rogersia* Fontaine, 1889

1889   Fontaine, p. 287.

Type species: *Rogersia longifolia* Fontaine, 1889

Taxonomic status: Protiaceae, Dicotyledoneae

***Rogersia longifolia* Fontaine, 1889**

1889   Fontaine, p. 287, pl. 139, fig. 6; pl. 144, fig. 2; pl. 150, fig. 1; pl. 159, figs. 1, 2; near Potomac Run, Virginia, USA; Early Cretaceous Potomac Group.

For the first and earliest record of this generic name in Chinese Mesozoic Megafossil plants as:

***Rogersia angustifolia* Fontaine, 1889**

1889   Fontaine, p. 288, pl. 143, fig. 2; pl. 149, figs. 4, 8; pl. 150, figs. 2 — 7; leaves; near Potomac

        Run, Virginia, USA; Early Cretaceous Potomac Group.
1980   Zhang Zhicheng, p. 338, pl. 190, fig. 9; leaf; Dalazi of Yanji, Jilin; Early Cretaceous Dalazi Formation.

Genus *Ruehleostachys* Roselt, 1955
1955   Roselt, p. 87.
Type species: *Ruehleostachys pseudarticulatus* Roselt, 1955
Taxonomic status: Coniferopsida

Ruehleostachys pseudarticulatus Roselt, 1955
1955   Roselt, p. 87, pls. 1, 2; microsporangiate fructification, Coniferales (?); Thuringgia, Germany; Triassic (Lower Keuper).

For the first and earliest record of this generic name in Chinese Mesozoic Megafossil plants as:
△*Ruehleostachys*? *hongyantouensis* (Wang Z Q) Wang Z Q et Wang L X, 1990
1984   *Willsiostrobus hongyantouensis* Wang, Wang Ziqiang, p. 291, pl. 108, figs. 8 — 10; male cones; Reg. No. : P0017; Holotype: P0017 (pl. 108, fig. 8); Repository: Nanjing Institute of Geology and Paleontology, Chinese Academy of Sciences; Tuncun of Yushe, Shanxi; Early Triassic Liujiagou Formation; Hongyatou of Yushe, Shanxi; Early Triassic Heshanggou Formation.
1990a Wang Ziqiang, Wang Lixin, p. 132, pl. 7, figs. 5, 6; pl. 14, fig. 7; male cones; Hongyatou of Yushe and Mafang of Heshun, Shanxi; Early Triassic lower member of Heshanggou Formation.

Genus *Ruffordia* Seward, 1849
1849   Seward, p. 76.
Type species: *Ruffordia goepperti* (Dunker) Seward, 1849
Taxonomic status: Schizaceae, Filicopsida

Ruffordia goepperti (Dunker) Seward, 1849
1846   *Sphenopteris goepperti* Dunker, p. 4, pl. 1, fig. 6; pl. 9, figs. 1 — 3; fronds; West Europe; Early Cretaceous.
1849   Seward, p. 76, pl. 3, figs. 5, 6; pl. 4; pl. 5; pl. 6, fig. 1; sterile and fertile fronds; England; Early Cretaceous (Wealden).

For the first and earliest record of this generic name in Chinese Mesozoic Megafossil plants as:
Ruffordia (*Sphenopteris*) *goepperti* (Dunker) Seward
1950   Ôishi, p. 42; frond; Fuxin of Liaoning and Mishan of Heilongjiang; Late Jurassic — Early Cretaceous.

Cf. *Ruffordia* (*Sphenopteris*) *goepperti* (Dunker) Seward
1954   Hsu J, p. 48, pl. 42, fig. 5; frond; Yong'an, Fujian; Early Cretaceous Pantou Series.

[Notes: This specimen lately was referred as Cf. *Rufordia goepperti* (Dunker) Seward (Sze H C, Lee H H and others, 1963)]

△Genus *Sabinites* Tan et Zhu, 1982
1982　Tan Lin, Zhu Jianan, p. 153.
Type species: *Sabinites neimonglica* Tan et Zhu, 1982
Taxonomic status: Cupressaceae, Coniferopsida

△*Sabinites neimonglica* Tan et Zhu, 1982
1982　Tan Lin, Zhu Jianan, p. 153, pl. 39, figs. 2 — 6; leafy shoots and cones; Reg. No.: GR40, GR65, GR87, GR67, GR103; Holotype: GR87 (pl. 39, figs. 4, 4a); Paratype: GR65 (pl. 39, figs. 3, 3a); Guyang, Inner Mongolia; Early Cretaceous Guyang Formation.

△*Sabinites gracilis* Tan et Zhu, 1982
1982　Tan Lin, Zhu Jianan, p. 153, pl. 40, figs. 1, 2; leafy shoots and cones; Reg. No.: GR09, GR66; Holotype: GR09 (pl. 40, fig. 1); Paratype: GR66 (pl. 40, figs. 2); Guyang, Inner Mongolia; Early Cretaceous Guyang Formation.

Genus *Sagenopteris* Presl, 1838
1838(1820 — 1838)　Presl, in Sternberg, p. 165.
Type species: *Sagenopteris nilssoniana* (Brongniart) Ward, 1900 [Notes: This species designated as the type by Harris (1932, p. 5), first type species is Sagenopteris *rhoiifolia* Presl, in Sternberg, 1838 (1820 — 1838), p. 165, pl. 35, fig. 1]
Taxonomic status: Pteridospermopsida

Sagenopteris nilssoniana (Brongniart) Ward, 1900
1825　*Filicite nilssoniana* Brongniart, p. 218, pl. 12, fig. 1; England; Jurassic.
1900　Ward, p. 352; England; Jurassic.

For the first and earliest record of this generic name in Chinese Mesozoic Megafossil plants as:
△*Sagenopteris*? *dictyozamioides* Sze, 1945
1945　Sze H C, p. 49; text-fig. 19; fern-like leaf; Yong'an, Fujian; Early Cretaceous Pantou Series. [Notes: This specimen lately was referred as *Dictyozamites dictyozamioides* (Sze) Cao (Cao Zhengyao, 1994)]

△*Sagenopteris yunganensis* Sze, 1945
1945　Sze H C, p. 47; text-fig. 20; fern-like leaf; Yong'an, Fujian; Early Cretaceous Pantou Series.

Genus *Sahnioxylon* Bose et Sahni, 1954, emend Zheng et Zhang, 2005 (in English)
1954　Bose, Sahni, p. 1.

2005 Zheng Shaolin, Zhang Wu, in Zheng Shaolin and others, p. 211.

Type species: *Sahnioxylon rajmahalense* (Sahni) Bose et Sahni, 1954

Taxonomic status: Cycadophytes? or angiospermous?

For the first and earliest record of this generic name in Chinese Mesozoic Megafossil plants as:
Sahnioxylon rajmahalense (Sahni) Bose et Sahni, 1954
1932 *Homoxylon rajmahalense* Sahni, p. 1, pls. 1, 2; wood, compared with moddern homoxylous Magnoliacea; Rajmahal Hills, Behar, India; Jurassic.
1954 Bose, Sahni, p. 1, pl. 1; wood; Rajmahal Hills, Behar, India; Jurassic.
2005 Zheng Shaolin and others, p. 212, pl. 1, figs. A — E; pl. 2, figs. A — D; wood; Changao and Batuying of Beipiao, Liaoning; Middle Jurassic Tiaojishan Formation.

Genus *Saliciphyllum* Conwentz, 1886 (non Fontaine, 1889)
1886 Conwentz, p. 44.

Type species: *Saliciphyllum succineum* Conwentz, 1886

Taxonomic status: Salicaceae, Dicotyledoneae

Saliciphyllum succineum Conwentz, 1886
1886 Conwentz, p. 44, pl. 4, figs. 17 — 19; leaves; West Prussia; Tertiary.

Genus *Saliciphyllum* Fontaine, 1889 (non Conwentz, 1886)
(Notes: This generic names *Saliciphyllum* Fontaine, 1889 is a homonym junius of *Saliciphyllum* Conwentz, 1886)

1889 Fontaine, p. 302.

Type species: *Saliciphyllum longifolium* Fontaine, 1889

Taxonomic status: Salicaceae, Dicotyledoneae

Saliciphyllum longifolium Fontaine, 1889
1889 Fontaine, p. 302, pl. 150, fig. 12; leaf; near Potomac Run, Virginia, USA; Early Cretaceous Potomac Group.

For the first and earliest record of this generic name in Chinese Mesozoic Megafossil plants as:
Saliciphyllum sp.
1984 *Saliciphyllum* sp., Guo Shuangxing, p. 86, pl. 1, figs. 3, 7; leaves; Anda, Heilongjiang; Late Cretaceous Qingshankou Formation; Durbbud, Heilongjiang; Late Cretaceous upper part of Qingshankou Formation.

Genus *Salix* Linné, 1753
Type species: (living genus)

Taxonomic status: Salicaceae, Dicotyledoneae

Salix meeki Newberry, 1868

1868   Newberry, p. 19; North America (Banks of Yallowstone River, Montana); Early Cretaceous (Sadstone).

1898   Newberry, p. 58, pl. 2, fig. 3; leaf; North America (Blackbird Hill, Nebraska); Cretaceous (Dakota Group).

For the first and earliest record of this generic name in Chinese Mesozoic Megafossil plants as:
Salix cf. *meeki* Newberry

1975   Guo Shuangxing, p. 415, pl. 1, figs. 1, 1a; leaves; Xigaze, Xizang (Tibet); Late Cretaceous Xigaze Group.

Genus *Salvinia* Adanson, 1763

Type species: (living genus)

Taxonomic status: Salviniaceae, Salviniales, Filicopsida

For the first and earliest record of this generic name in Chinese Mesozoic Megafossil plants as:
Salvinia sp.

1927   *Salvinia* sp., Yabe, Endo, p. 115; text-figs. 3a — 3d; fronds; Benxi, Liaoning (Honkeiko Coal Field); Late Cretaceous Honkeiko Group.

Genus *Samaropsis* Goeppert, 1864

1864 — 1865   Goeppert, p. 177.

Type species: *Samaropsis ulmiformis* Goeppert, 1864

Taxonomic status: Gymnospermae

Samaropsis ulmiformis Goeppert, 1864

1864 — 1865   Goeppert, p. 177, pl. 10, fig. 11; winged seed; Braunau, Bohemia; Permian.

For the first and earliest record of this generic name in Chinese Mesozoic Megafossil plants as:
Samaropsis sp.

1927b   *Samaropsis* sp., Halle, p. 16, pl. 5, fig. 11; winged seed; Liushutang of Huili, Sichuan; Mesozoic.

Genus *Sapindopsis* Fontaine, 1889

1889   Fontaine, p. 296.

Type species: *Sapindopsis cordata* Fontaine, 1889

Taxonomic status: Sapindaceae, Dicotyledoneae

Sapindopsis cordata **Fontaine, 1889**
1889   Fontaine, p. 296, pl. 147, fig. 1; leaf; Fredericksburg, Virginia, USA; Early Cretaceous Potomac Group.

For the first and earliest record of this generic name in Chinese Mesozoic Megafossil plants as:
Sapindopsis cf. *variabilis* **Fontaine**
1980   Zhang Zhicheng, p. 333, pl. 193, fig. 1; leaf; Dalazi of Yanji, Jilin; Early Cretaceous Dalazi Formation.

Genus *Sassafras* Boemer, 1760
Type species: (living genus)
Taxonomic status: Lauraceae, Dicotyledoneae

For the first and earliest record of this generic name in Chinese Mesozoic Megafossil plants as:
Sassafras sp.
1990   *Sassafras* sp., Tao Junrong, Zhang Chuanbo, p. 227, pl. 2, fig. 5; tex-fig. 5; leaves; Yanji, Jilin; Early Cretaceous Dalazi Formation.

Genus *Scarburgia* Harris, 1979
1979   Harris, p. 89.
Type species: *Scarburgia hilli* Harris, 1979
Taxonomic status: Coniferopsida

Scarburgia hilli **Harris, 1979**
1979   Harris, p. 89, pl. 5, figs. 10 − 17; pl. 6; text-figs. 41, 42; coniferous reproductive organ; Yorkshire, England; Middle Jurassic.

For the first and earliest record of this generic name in Chinese Mesozoic Megafossil plants as:
△*Scarburgia triangularis* **Meng, 1988**
1988   Meng Xiangying, in Chen Fen and others, pp. 85, 162, pl. 58, figs. 10, 11; pl. 59, figs. 1, 1a, 2; pl. 69, fig. 6; text-fig. 20; seed-bearing cone; No.: Fx271 − Fx274, Tf91; Repository: China University of Geology, Beijing; Haizhou and Xinqiu of Fuxin Basin and Tiefa Basin, Liaoning; Early Cretaceous Fuxin Formation and Xiaoming'anbei Formation. (Notes: The type specimen was not designated in the original paper)

Genus *Schisandra* Michaux, 1803
Type species: (living genus)
Taxonomic status: Schisandronideae, Magnoliaceae, Dicotyledoneae

For the first and earliest record of this generic name in Chinese Mesozoic Megafossil plants as:
△*Schisandra durbudensis* Guo,1984

1984   Guo Shuangxing,p. 87,pl. 1,figs. 2,2a;leaves;Reg. No. :PB10362;Repository:Nanjing Institute of Geology and Paleontology, Chinese Academy of Sciences; Durbud, Heilongjiang;Late Cretaceous upper part of Qingshankou Formation.

Genus *Schizolepis* Braum F,1847
1847   Braum F,p. 86.

Type species:*Schizolepis liaso-keuperinus* Braum F,1847

Taxonomic status:Coniferopsida

Schizolepis liaso-keuperinus Braum F,1847
1847   Braum F, p. 86; cone-scales; Germany; Late Triassic (Rhaetian). [Notes: The species was later described as *Schizolepis braunii* Schenk (Schenk, 1867 (1865 — 1867), p. 179,pl. 44,figs. 1 — 8)]

For the first and earliest record of this generic name in Chinese Mesozoic Megafossil plants as:
Schizolepis moelleri Seward,1907

1907   Seward,p. 39,pl. 7,figs. 64 — 66;seed scales;Fergana;Jurssic.

1933c   Sze H C,p. 72,pl. 10,figs. 9,10;cone-scales;Beidaban of Wuwei,Gansu;Early — Middle Jurassic.

Genus *Schizoneura* Schimper et Mougeot,1844
1844   Schimper,Mougeot,p. 50.

Type species:*Schizoneura paradoxa* Schimper et Mougeot,1844

Taxonomic status:Equisetales,Sphenopsida

Schizoneura paradoxa Schimper et Mougeot,1844
1844   Schimper, Mougeot, p. 50, pls. 24 — 26; articulate stems and foliage; Mulhouse, Germany;Early Triassic.

For the first and earliest record of this generic name in Chinese Mesozoic Megafossil plants as:
Schizoneura sp.

1885   *Schizoneura* sp. ,Schenk,p. 174 (12),pl. 14 (2),fig. 10;pl. 15 (3),fig. 7;articulate stems; Huangnibao (Hoa-ni-pu), Sichuan; Jurassic(?). [Notes: This specimen lately was referred as *Neocalamites* sp. (Sze H C,Lee H H and others,1963)]

Genus *Schizoneura-Echinostachys* Grauvosel-Stamm,1978
1978   Grauvosel-Stamm,pp. 24,51.

Type species: *Schizoneura-Echinostachys paradoxa* (Schimper et Mougeot) Grauvosel-Stamm, 1978

Taxonomic status: Schizoneuraceae, Equisetales, Sphenopsida

For the first and earliest record of this generic name in Chinese Mesozoic Megafossil plants as:

***Schizoneura-Echinostachys paradoxa* (Schimper et Mougeot) Grauvosel-Stamm, 1978**

1844   *Schizoneura paradoxa* Schimper et Mougeot, p. 50, pls. 24 — 26; articulate stems and foliage; Mulhouse, Germany; Early Triassic.

1978   Grauvosel-Stamm, pp. 24, 51, pls. 6 — 13; text-figs. 5 — 8; articulate stems and foliage; Meurthe-Moselle, Vosgs, France; Triassic.

1986b   Zheng Shaolin, Zhang Wu, p. 177, pl. 2, figs. 1 — 10; pl. 3, figs. 16, 17; articulate stems and strobili; Yangshugou of Kazuo, western Liaoning; Early Triassic Hongla Formation.

Genus *Sciadopityoxylon* Schmalhausen, 1879

1879   Schmalhausen, p. 40.

Type species: *Sciadopityoxylon vestuta* Schmalhausen, 1879 (Notes: First illustrated species is *Sciadopityoxylon wettsteini* Jurasky, 1828)

Taxonomic status: Taxodiaceae, Coniferopsida (fossil wood)

***Sciadopityoxylon vestuta* Schmalhausen, 1879**

1879   Schmalhausen, p. 40; fossil wood; affinities with *Sciadopiyes* (Taxodiaceae); Halbinsel, Mangyschlak, Russia; Jurassic.

For the first and earliest record of this generic name in Chinese Mesozoic Megafossil plants as:

△***Sciadopityoxylon heizyoense* (Shimahura) Zhang et Zheng, 2000** (in Chinese and English)

1935 — 1936   *Phyllocladoxylon heizyoense* Shimahura, p. 281 (15), pl. 16 (5), figs. 4 — 6; pl. 17 (6), figs. 1 — 5; text-fig. 5; fossil woods; Korea; Early — Middle Jurassic (Daido Formation).

2000b   Zhang Wu and others, pp. 93, 96, pl. 3, figs. 5 — 7; fossil woods; Longfenggou near Nanyingzi of Lingyuan, Liaoning; Early Jurassic Beipiao Formation.

△***Sciadopityoxylon liaoningensis* Ding, 2000** (in Chinese and English)

2000a   Ding Qiuhong and others, pp. 284, 287, pl. 1, figs. 1 — 5; pl. 2, figs. 1 — 4; fossil woods; Holotype: Fu-1 (pl. 1, figs. 1 — 5; pl. 2, figs. 1 — 4); Repository: Shenyang Institute of Geology and Mineral Resources; Fuxin Coal Mine, Liaoning; Early Cretaceous Fuxin Formation.

Genus *Scleropteris* Saport, 1872 (non Andrews H N, 1942)

1872(1827a — 1872)   Saporta, p. 370.

Type species: *Scleropteris pomelii* Saport, 1872

Taxonomic status: Filicopsida

Scleropteris pomelii Saport, 1872

1872(1827a — 1872)　　Saporta, p. 370, pl. 46, fig. 1; pl. 47, figs. 1, 2; fern foliage; near Verdun, France; Jurassic.

For the first and earliest record of this generic name in Chinese Mesozoic Megafossil plants as:
△*Scleropteris tibetica* Tuan et Chen, 1977

1977　　Tuan Shuying and others, p. 116, pl. 2, figs. 1 — 4a; fronds; No.: 6590, 6593, 6760 — 6775; Syntypes: 6591 (pl. 2, fig. 4), 6766 (pl. 2, fig. 1), 6771 (pl. 2, fig. 2); Repository: Institute of Botany, Chinese Academy of Sciences; Lhasa, Tibet; Early Cretaceous. [Notes: According to *International Code of Botanical Nomenclature* (*Vienna Code*) article 37. 2, from the year 1958, the holotype type specimen should be unique]

Genus *Scleropteris* Andrews, 1942 (non Saport, 1872)

[Notes: This generic names *Scleropteris* Andrews, 1942 is a homonym junius of *Scleropteris* Saport, 1872 (Wu Xiangwu, 1993a)]

1942　　Andrews, p. 3.

Type species: *Scleropteris illinoienses* Andrews, 1942

Taxonomic status: Filicopsida

Scleropteris illinoienses Andrews, 1942

1942　　Andrews, p. 3, pls. 1 — 3; rhizomes; Pyramid Coal Mine Pinckneyville, Illinois, USA; Carboniferous.

Genus *Scoresbya* Harris, 1932

1932　　Harris, p. 38.

Type species: *Scorebya dentata* Harris, 1932

Taxonomic status: Gymnospermae incertae sedis

For the first and earliest record of this generic name in Chinese Mesozoic Megafossil plants as:
Scoresbya dentata Harris, 1932

1932　　Harris, p. 38, pls. 2, 3; leaves; Scoresby Sound, East Greenland; Early Jurassic (*Thaumatopteris* Zone).

1952　　Sze H C, Lee H H, pp. 15, 34, pl. 7, figs. 1, 1a; text-figs. 3 — 5; fern-like leaves; Yipinchang of Baxian, Sichuan (Szechuan); Early Jurassic.

Genus *Scotoxylon* Vogellehner, 1968

1968　　Vogellehner, p. 150.

Type species: *Scotoxylon horneri* (Seward et Bancroft) Vogellehner, 1968
Taxonomic status: Protopinaceae, Coniferopsida

Scotoxylon horneri (Seward et Bancroft) Vogellehner, 1968
1913 *Cedroxylon horneri* Seward et Bancroft, p. 883, pl. 2, figs. 22 — 25; fossil woods; Cromarty and Sutherland, Scotland; Jurassic.
1968 Vogellehner, p. 150; fossil wood; Cromarty and Sutherland, Scotland; Jurassic.

For the first and earliest record of this generic name in Chinese Mesozoic Megafossil plants as:
△*Scotoxylon yanqingense* Zhang et Zheng, 2000 (in English and Chinese)
2000a Zheng Shaolin, Zhang Wu, in Zhang Wu and others, pp. 202, 203, pls. 1, 2; fossil woods; Repository: Shenyang Institute of Geology and Mineral Resources; Yanqing, Beijing; Late Jurassic Houcheng Formation.

Genus *Scytophyllum* Bornemann, 1856
1856 Bornemann, p. 75.
Type species: *Scytophyllum bergeri* Bornemann, 1856
Taxonomic status: Pteridospermopsida

Scytophyllum bergeri Bornemann, 1856
1856 Bornemann, p. 75, pl. 7, figs. 5, 6; fern-like leaf fragment; Muelhausen, Germany; Late Triassic (Keuper?).

For the first and earliest record of this generic name in Chinese Mesozoic Megafossil plants as:
△*Scytophyllum Caoyangensis* Zhang et Zheng, 1984
1984 Zhang Wu, Zheng Shaolin, p. 388, pl. 3, figs. 1 — 3; text-fig. 4; fern-like leaves; Reg. No.: Ch5-13 — Ch5-15; Repository: Shenyang Institute of Geology and Mineral Resources; Beipiao, western Liaoning; Late Triassic Laohugou Formation. (Notes: The type specimen was not designated in the original paper)

Genus *Selaginella* Spring, 1858
Type species: (living genus)
Taxonomic status: Selaginellaceae, Lycopsida

For the first and earliest record of this generic name in Chinese Mesozoic Megafossil plants as:
△*Selaginella yunnanensis* (Hsu) Hsu, 1979
1954 *Selaginellites yunnanensis* Hsu, Hsu J, p. 42, pl. 37, figs. 2 — 7; sterile and fertile lycopod shoots; Yipinglang of Guangtong, Yunnan; Late Triassic Yipinglang Formation.
1979 Hsu J and others, p. 79.

Genus *Selaginellites* Zeiller, 1906

1906   Zeiller, p. 141.

Type species: *Selaginellites suissei* Zeiller, 1906

Taxonomic status: Selaginellaceae, Lycopsida

Selaginellites suissei Zeiller, 1906

1906   Zeiller, p. 141, pl. 39, figs. 1 — 5; pl. 40, figs. 1 — 10; pl. 41, figs. 4 — 6; fertile lycopod shoots; Blanzy, France; Late Carboniferous.

For the first and earliest record of this generic name in Chinese Mesozoic Megafossil plants as:
△*Selaginellites angustus* Lee, 1951

1951   Lee H H, p. 193, pl. 1, figs. 1 — 3; text-fig. 1; sterile and fertile lycopod shoots; Xinggaoshan of Datong, Shanxi; Jurassic upper part of Datung Coal Series. [Notes: This specimen lately was referred as ? *Selaginellites angustus* Lee (Hsu J, 1954) or *Selaginellites*? *angustus* Lee (Sze H C, Lee H H and others, 1963)]

Genus *Sequoia* Endliccher, 1847

Type species: (living genus)

Taxonomic status: Pinaceae, Coniferopsida

For the first and earliest record of this generic name in Chinese Mesozoic Megafossil plants as:
△*Sequoia jeholensis* Endo, 1951

[Notes: The species was later referred as *Sequoia*? *jeholensis* Endo (Sze H C, Lee H H and others, 1963)]

1951a   Endo, p. 17, pl. 2, figs. 1, 2; branchlet; Lingyuan, Liaoning; Middle — Late Jurassic *Lycoptera* Bed.

1951b   Endo, p. 228; text-figs. 1, 2; branchlet; Lingyuan, Liaoning; Middle — Late Jurassic *Lycoptera* Bed.

△Genus *Setarites* Pan, 1983 (nom. nud.)

1983   Pan Guang, p. 1520. (in Chinese)

1984   Pan Guang, p. 959. (in English)

Type species: (without specific name)

Taxonomic status: "primitive angiosperms"

△*Setarites* sp. indet.

[Notes: Generic name was given only, but without specific name (or type species) in the original paper]

1983   *Setarites* sp. indet. ,Pan Guang,p. 1520; western Liaoning (about 45°58′N,120°21′E); Middle Jurassic Haifanggou Formation. (in Chinese)

1984   *Setarites* sp. indet. ,Pan Guang,p. 959; western Liaoning (about 45°58′N,120°21′E); Middle Jurassic Haifanggou Formation. (in English)

Genus *Sewardiodendron* Florin,1958

1958   Florin,p. 304.

Type species:*Sewardiodendron laxum* (Phillips) Florin,1958

Taxonomic status:Taxodiaceae,Coniferopsida

For the first and earliest record of this generic name in Chinese Mesozoic Megafossil plants as:

Sewardiodendron laxum (Phillips) Florin,1958

1875   *Taxites laxus* Phillips, Phillips, p. 231, pl. 7, fig. 24; leafy shoot; Yorkshire, England; Middle Jurassic.

1958   Florin, p. 304, pl. 25, figs. 1 – 8; pl. 26, figs. 1 – 15; pl. 27, figs. 1 – 8; leafy shoots; Yorkshire, England; Middle Jurassic.

1989a Yao Xuanli and others, p. 603, fig. 1; leafy shoot; Yima, Henan; Middle Jurassic Yima Formation. (in Chinese)

1989b Yao Xuanli and others, p. 1980, fig. 1; leafy shoot; Yima, Henan; Middle Jurassic Yima Formation. (in English)

△Genus *Shanxicladus* Wang Z et Wang L,1990

1990b Wang Ziqiang,Wang Lixin,p. 308.

Type species:*Shanxicladus pastulosus* Wang Z et Wang L,1990

Taxonomic status:Filicopsida or Pteridospermae

△*Shanxicladus pastulosus* Wang Z et Wang L,1990

1990b Wang Ziqiang, Wang Lixin, p. 308, pl. 5, figs. 1, 2; rachises; No. : N. 8407-4; Holotype: N. 8407-4 (pl. 5, figs. 1,2); Repository: Nanjing Institute of Geology and Palaeontology, Chinese Academy of Sciences; Sizhuang of Wuxiang, Shanxi; Middle Triassic base part of Ermaying Formation.

△Genus *Shenea* Mathews,1947 — 1948

1947 — 1948   Mathews,p. 240.

Type species:*Shenea hirschmeierii* Mathews,1947 — 1948

Taxonomic status:plantae incertae sedis (Filicopsida? or Pteridospermae?)

△*Shenea hirschmeierii* Mathews,1947 — 1948

1947 — 1948   Mathews,p. 240,fig. 3; fertile frond; West Hill, Beijing; Permian(?) or Triassic

(?) Shuantsuang Series.

△ **Genus *Shenkuoia* Sun et Guo,1992**

1992　Sun Ge,Guo Shuangxing,in Sun Ge and others,p. 546. (in Chinese)

1993　Sun Ge,Guo Shuangxing,in Sun Ge and others,p. 254. (in English)

Type species:*Shenkuoia caloneura* Sun et Guo,1992

Taxonomic status:Dicotyledoneae

△*Shenkuoia caloneura* **Sun et Guo,1992**

1992　Sun Ge,Guo Shuangxing,in Sun Ge and others,p. 547,pl. 1,figs. 13,14;pl. 2,figs. 1 — 6;leaves and cuticles;Reg. No. :PB16775,PB16777;Holotype:PB16775(pl. 1,fig. 13);Repository:Nanjing Institute of Geology and Paleontology, Chinese Academy of Sciences;Chengzihe of Jixi, Heilongjiang;Early Cretaceous upper part of Chengzihe Formation. (in Chinese)

1993　Sun Ge,Guo Shuangxing,in Sun Ge and others,p. 546,pl. 1,figs. 13,14;pl. 2,figs. 1 — 6;leaves and cuticles;Reg. No. :PB16775,PB16777;Holotype:PB16775(pl. 1,fig. 13);Repository:Nanjing Institute of Geology and Paleontology, Chinese Academy of Sciences;Chengzihe of Jixi, Heilongjiang;Early Cretaceous upper part of Chengzihe Formation. (in English)

△ **Genus *Sinocarpus* Leng et Friis,2003** (in English)

2003　Leng Qin,Friis E M,p. 79.

Type species:*Sinocarpus decussatus* Leng et Friis,2003

Taxonomic status:incertae sedis

△*Sinocarpus decussatus* **Leng et Friis,2003** (in English)

2003　Leng Qin,Friis E M,p. 79,figs. 2 — 22;fruits;Holotype:B0162 [fig. 2 left (B0162A front), fig. 2 right (B0162B counterpart) and figs. 11 — 22 SEM micrographs];Repository:Institute of Vertebrate Paleontology and Paleoanthropology (IVPP), Chinese Academy of Sciences;Dawangzhangzi Village, Songzhangzi of Lingyuan, Chaoyang,Liaoning (41°15′N, 119°15′E);Early Cretaceous (Barremian or Aptian) Dawangzhangzi Bed of Yixian Formation.

△ **Genus *Sinoctenis* Sze,1931**

1931　Sze H C,p. 14.

Type species:*Sinoctenis grabauiana* Sze,1931

Taxonomic status:Cycadopsida

△*Sinoctenis grabauiana* Sze,1931
1931   Sze H C, p. 14, pl. 2, fig. 1; pl. 4, fig. 2; cycadophyte leaf; Pingxiang, Jiangxi; Early Jurassic (Lias).

△Genus *Sinodicotis* Pan,1983 (nom. nud.)
1983   Pan Guang, p. 1520. (in Chinese)
1984   Pan Guang, p. 958. (in English)
Type species: (without specific name)
Taxonomic status: "hemiangiosperms"

△*Sinodicotis* sp. indet.
[Notes: Generic name was given only, but without specific name (or type species) in the original paper]
1983   *Sinodicotis* sp. indet., Pan Guang, p. 1520; western Liaoning (about 45°58′N, 120°21′E); Middle Jurassic Haifanggou Formation. (in Chinese)
1984   *Sinodicotis* sp. indet., Pan Guang, p. 958; western Liaoning (about 45°58′N, 120°21′E); Middle Jurassic Haifanggou Formation. (in English)

△Genus *Sinophyllum* Sze et Lee,1952
1952   Sze H C, Lee H H and others, pp. 12, 32.
Type species: *Sinophyllum suni* Sze et Lee,1952
Taxonomic status: Ginkgophytes?

△*Sinophyllum suni* Sze et Lee,1952
1952   Sze H C, Lee H H, pp. 12, 32, pl. 5, fig. 1; pl. 6, fig. 1; text-fig. 2; leaf; 1 specimen; Repository: Nanjing Institute of Geology and Palaeontology, Chinese Academy of Sciences; Yipinchang of Baxian, Sichuan; Early Jurassic Hsiangchi Group.

△Genus *Sinozamites* Sze,1956
1956a   Sze H C, pp. 46, 150.
Type species: *Sinozamites leeiana* Sze,1956
Taxonomic status: Cycadopsida

△*Sinozamites leeiana* Sze,1956
1956a   Sze H C, pp. 47, 151, pl. 39, figs. 1—3; pl. 50, fig. 4; pl. 53, fig. 5; cycadophyte leaves; Reg. No.: PB2447—PB2450; Repository: Nanjing Institute of Geology and Palaeontology, Chinese Academy of Sciences; Huangcaowan near Xingshuping of Yijun, Shaanxi; Late Triassic upper part of Yenchang Formation.

Genus *Solenites* Lindley et Hutton, 1834

1834(1831 — 1837)   Lindley, Hutton, p. 105.

Type species: *Solenites murrayana* Lindley et Hutton, 1834

Taxonomic status: Czekanowskiales

Solenites murrayana Lindley *et* Hutton, 1834

1834(1831 — 1837)   Lindley, Hutton, p. 105, pl. 121; leaves; England; Jurassic.

For the first and earliest record of this generic name in Chinese Mesozoic Megafossil plants as:
Solenites cf. *murrayana* Lindley et Hutton

1963   Sze H C, Lee H H and others, p. 260, pl. 87, fig. 9; pl. 88, fig. 1; leaves and short shoots; Datong of Shanxi, Nianzigou near Saimaji in Fengcheng of Liaoning, Huoshiling and Jiaohe of Jilin, Xinjiang, Yulin of Shaanxi(?); Middle Jurassic or Early Jurassic(?) — Late Jurassic.

Genus *Sorbaria* (Ser.) A. Br.

Type species: (living genus)

Taxonomic status: Rosaceae, Spiraeoideae, Dicotyledoneae

For the first and earliest record of this generic name in Chinese Mesozoic Megafossil plants as:
△*Sorbaria wuyunensis* Tao, 1986

(Notes: The specific name was spelled as "*wuyungense*" in the original paper)

1986a, b   Tao Junrong, in Tao Junrong and Xiong Xianzheng, p. 127, pl. 6, figs. 5, 6; leaves; No.: 52262, 52240; Jiayin region, Heilongjiang; Late Cretaceous Wuyun Formation. (Notes: The type specimen was not designated in the original paper)

Genus *Sorosaccus* Harris, 1935

1935   Harris, p. 145.

Type species: *Sorosaccus gracilis* Harris, 1935

Taxonomic status: Ginkgophytes?

For the first and earliest record of this generic name in Chinese Mesozoic Megafossil plants as:
Sorosaccus gracilis Harris, 1935

1935   Harris, p. 145, pls. 24, 28; male cones; Scoresby Sound, East Greenland; Early Jurassic (*Thaumatopteris* Zone).

1988   Li Peijuan and others, p. 138, pl. 97, figs. 7 — 9; pl. 100, fig. 6; male cones; Dameigou of Da Qaidam, Qinghai; Early Jurassic *Ephedrites* Bed of Tianshuigou Formation.

Genus *Sparganium* Linné, 1753

Type species: (living genus)

Taxonomic status: Sparganiaceae, Dicotyledoneae

For the first and earliest record of this generic name in Chinese Mesozoic Megafossil plants as:

△*Sparganium? fengningense* Wang, 1984

(Notes: The specific name was spelled as "*fenglingense*" in the original paper)

1984   Wang Ziqiang, p. 295, pl. 157, figs. 10, 13; leaves; Reg. No. : P0366, P0367; Repository: Nanjing Institute of Geology and Palaeontology, Chinese Academy of Sciences; Weichang and Fengning, Hebei; Early Cretaceous Jiufotong Formation. (Notes: The type specimen was not designated in the original paper)

△Genus *Speirocarpites* Yang, 1978

1978   Yang Xianhe, p. 479.

Type species: *Speirocarpites virginiensis* (Fontaine) Yang, 1978

Taxonomic status: Osmundaceae, Filicopsida

△*Speirocarpites virginiensis* (Fontaine) Yang, 1978

[Notes: This species lately was referred as *Cynepteris lasiophora* Ash (Ye Meina and others, 1986)]

1883   *Lonchopteris virginiensis* Fontaine, p. 53, pl. 28, figs. 1, 2; pl. 29, figs. 1 − 4; Virginia, USA; Late Triassic.

1978   Yang Xianhe, p. 479; text-fig. 101; Virginia, USA; Late Triassic.

△*Speirocarpites dukouensis* Yang, 1978

[Notes: This species lately was referred as *Cynepteris lasiophora* Ash (Ye Meina and others, 1986)]

1978   Yang Xianhe, p. 480, pl. 164, figs. 1, 2; sterile fronds and fertile pinnae; Reg. No. : Sp0044, Sp0045; Holotype: Sp0044 (pl. 164, fig. 1); Repository: Chengdu Institute of Geology and Mineral Resources; Moshahe of Dukou, Sichuan; Late Triassic Daqiaodi Formation; Xiangyun, Yunnan; Late Triassic Ganhaizi Formation.

△*Speirocarpites rireticopteroides* Yang, 1978

[Notes: This species lately was referred as *Cynepteris lasiophora* Ash (Ye Meina and others, 1986)]

1978   Yang Xianhe, p. 480, pl. 164, fig. 3; sterile frond; Reg. No. : Sp0046; Holotype: Sp0046 (pl. 164, fig. 3); Repository: Chengdu Institute of Geology and Mineral Resources; Huijiasuo of Dukou, Sichuan; Late Triassic Daqiaodi Formation.

△*Speirocarpites zhonguoensis* Yang, 1978

[Notes: This species lately was referred as *Cynepteris lasiophora* Ash (Ye Meina and others,

1986)]

1978 Yang Xianhe,p. 481,pl. 164,figs. 4,5; sterile fronds and fertile pinnae; Reg. No. : Sp0047,Sp0048; Holotype: Sp0048 (pl. 164,fig. 5); Repository: Chengdu Institute of Geology and Mineral Resources; Moshahe of Dukou, Sichuan; Late Triassic Daqiaodi Formation.

Genus *Sphenarion* Harris et Miller,1974

1974 Harris,Miller,p. 110.

Type species: *Sphenarion paucipartita* (Nathorst) Harris et Miller,1974

Taxonomic status: Czekanowskiales

Sphenarion paucipartita (Nathorst) Harris et Miller,1974

1886 *Baiera paucipartita* Nathorst,p. 94,pl. 20,figs. 7 — 13;pl. 21;pl. 22,figs. 1,2;leaves; Sweden;Late Triassic.

1959 *Sphenobaiera paucipartita* (Nathorst) Florin,Lundblad,p. 31,pl. 5,figs. 1 — 9;pl. 6, figs. 1 — 5;text-fig. 9;leaves and cuticles;Sweden;Late Triassic.

1974 Harris,Miller,p. 110;leaf;Sweden;Late Triassic.

For the first and earliest record of this generic name in Chinese Mesozoic Megafossil plants as:

Sphenarion latifolia (Turutanova-Ketova) Harris et Miller,1974

1931 *Czekanowskia latifolia* Turutanova-Ketova,p. 335,pl. 5,fig. 6;leaf;Issyk Kul,Russia; Early Jurassic.

1974 Harris,Miller,p. 110.

1984 Chen Fen and others,p. 63,pl. 30,fig. 4;pl. 31,figs. 3 — 5;leaves;Datai, Qianjuntai, Daanshan and Changgouyu, Beijing; Early Jurassic Lower Yaopo Formation; Fangshan, Beijing;Middle Jurassic Upper Yaopo Formation.

△*Sphenarion lineare* Wang,1984

1984 Wang Ziqiang,p. 278,pl. 147,figs. 10 — 13;pl. 171,figs. 1 — 9;leaves and cuticles;Reg. No. :P0381,P0382,P0388, P0389; Syntypes: P0381 (pl. 147,fig. 10), P0389 (pl. 147, fig. 13);Repository: Nanjijng Institute, Geology and Palaetology, Chinese Academy of Sciences; Weichang and Qinglong, Hebei; Late Jurassic Zhangjiakou Formation and Houcheng Formation. [Notes: According to *International Code of Botanical Nomenclature (Vienna Code)* article 37. 2, from the year 1958, the holotype type specimen should be unique]

Genus *Sphenobaiera* Florin,1936

1936 Florin,p. 109.

Type species: *Sphenobaiera spectabilis* (Nathorst) Florin,1936

Taxonomic status: Ginkgoales

Sphenobaiera spectabilis (Nathorst) Florin, 1936

1906 *Baiera spectabilis* Nathorst, p. 4, pl. 1, figs. 1 — 8; pl. 2, fig. 1; text-figs. 1 — 8; leaves; Franz Joseph Land; Late Triassic.

1936 Florin, p. 108.

For the first and earliest record of this generic name in Chinese Mesozoic Megafossil plants as:

△*Sphenobaiera huangii* (Sze) Hsu, 1954

1949 *Baiera huangi* Sze, p. 32, pl. 7, figs. 1 — 4; leaves; Zigui, Hubei; Early Jurassic Hsiangchi Coal Series.

1954 Hsu J, p. 62, pl. 56, fig. 2; leaf; Zigui of Hubei; Early Jurassic Hsiangchi Coal Series.

△Genus *Sphenobaieroanthus* Yang, 1986

1986 Yang Xianhe, p. 54.

Type species: *Sphenobaieroanthus sinensis* Yang, 1986

Taxonomic status: Sphenobaieraceae, Sphenobaierales, Ginkgopsida

△*Sphenobaieroanthus sinensis* Yang, 1986

1986 Yang Xianhe, p. 54, pl. 1, figs. 1 — 2a; text-fig. 2; Long shoots with leaves, short shoots and male flowers; Col. No.: H2-5; Reg. No.: SP301; Repository: Chengdu Institute of Geology and Mineral Resources; Ranjiawan in Xinglong of Dazu, Sichuan; Late Triassic Hsuchiaho Formation.

△Genus *Sphenobaierocladus* Yang, 1986

1986 Yang Xianhe, p. 53.

Type species: *Sphenobaierocladus sinensis* Yang, 1986

Taxonomic status: Sphenobaieracea, Sphenobaierales, Ginkgopsida

△*Sphenobaierocladus sinensis* Yang, 1986

1986 Yang Xianhe, p. 53, pl. 1, figs. 1 — 2a; text-fig. 2; long shoots with leaves, short shoots and male flowers; Col. No.: H2-5; Reg. No.: SP301; Repository: Chengdu Institute of Geology and Mineral Resources; Ranjiawan in Xinglong of Dazu, Sichuan; Late Triassic Hsuchiaho Formation.

Genus *Sphenolepidium* Heer, 1881

1881 Heer, p. 19.

Type species: *Sphenolepidium sternbergianum* Heer, 1881

Taxonomic status: Coniferopsida

Sphenolepidium sternbergianum Heer, 1881

1881 Heer, p. 19, pl. 13, figs. 1a, 2 — 8, pl. 14; twigs, foliage, Conferales; Valle de Lobos,

Portugal; Cretaceous.

For the first and earliest record of this generic name in Chinese Mesozoic Megafossil plants as:
Sphenolepidium sp.
1911 *Sphenolepidium* sp., Seward, pp. 28, 56, pl. 4, fig. 53; leafy shoot; Diam River (left bank) and Ak-djar of Junggar (Dzungaria) Basin, Xinjiang; Early — Middle Jurassic. [Notes: The specimen was later referred as *Sphenolepis*? (*Pagiophyllum*?) sp. (Sze H C, Lee H H and others, 1963)]

Genus *Sphenolepis* Schenk, 1871
1871 Schenk, p. 243.

Type species: *Sphenolepis sternbergiana* (Dunker) Schenk, 1871

Taxonomic status: Coniferales, Coniferopsida

Sphenolepis sternbergiana (Dunker) Schenk, 1871
1846 *Muscites sternbergiana* Dunker, p. 20, pl. 7, fig. 10; Norddeutshch; Early Cretaceous (Wealden).
1871 Schenk, p. 243, pl. 37, figs. 3, 4; pl. 38, figs. 3 — 13; foliage and cones; Norddeutshch; Early Cretaceous (Wealden).

For the first and earliest record of this generic name in Chinese Mesozoic Megafossil plants as:
△*Sphenolepis arborscens* Chow, 1923
1923 Chow T H, pp. 82, 139, pl. 2, fig. 3; leafy twigs; Laiyang, Shandong (Shantung); Early Cretaceous Laiyang Formation. [Notes: The specimens was later referred as *Cupressinocladus elegans* (Chow) Chow (Sze H C, Lee H H and others, 1963)]

△*Sphenolepis elegans* Chow, 1923
[Notes: The species was later referred as *Cupressinocladus elegans* (Chow) Chow (Sze H C, Lee H H and others, 1963)]
1923 Chow T H, pp. 81, 139, pl. 1, fig. 8; leafy twig; Laiyang, Shandong (Shantung); Early Cretaceous Laiyang Formation.

Genus *Sphenophyllum* Koenig, 1825
1825 Koenig, pl. 12, fig. 149.

Type species: *Sphenophyllum emarginatum* (Brongniart) Koenig, 1825

Taxonomic status: Sphenopsida

Sphenophyllum emarginatum (Brongniart) Koenig, 1825
1822 *Sphenophyllites emarginatum* Brongniart, p. 234, pl. 13, fig. 8; phenophyllaceous foliage; Europe; Carboniferous.
1825 Koenig, pl. 12, fig. 149; phenophyllaceous foliage; Europe; Carboniferous.

For the first and earliest record of this generic name in Chinese Mesozoic Megafossil plants as:
Sphenophyllum? sp.
1990a *Sphenophyllum*? sp. ，Wang Ziqiang，Wang Lixin，p. 114，pl. 18，fig. 1；branche foliage；Jiyuan，Henan；Early Triassic lower member of Heshanggou Formation.

Genus *Sphenopteris* (Brongniart) Sternberg, 1825
[Notes: When raised to rank by Sternberg (1825), the name was spelled as *Sphaenopteris* although Brongniart's usage as a subgenus was *Sphenopteris* and this has been used by later writers]
1825(1820 — 1838) Sternberg, p. 15.
Type species: *Sphenopteris elegans* (Brongniart) Sternberg, 1825
Taxonomic status: Filicopsida or Pteridospermae

Sphenopteris elegans (Brongniart) Sternberg, 1825
1822 *Filicites elegans* Brongniart, pl. 2, fig. 2; fern-like foliage; Silesia; Carboniferous.
1825(1820 — 1838) Sternberg, p. 15.

For the first and earliest record of this generic name in Chinese Mesozoic Megafossil plants as:
△*Sphenopteris orientalis* Newberry, 1867
1867(1865) Newberry, p. 122, pl. 9, figs. 1, 1a; fronds; Zhaitang of West Hill, Beijing; Jurassic. [Notes: This specimen lately was referred as *Coniopteris hymenophylloides* Brongniart (Sze H C, Lee H H and others, 1963)]

Genus *Sphenozamites* (Brongniart) Miquel, 1851
1851 Miquel, p. 210.
Type species: *Sphenozamites beani* (Lindley et Hutton) Miquel, 1851
Taxonomic status: Cycadopsida

Sphenozamites beani (Lindley et Hutton) Miquel, 1851
1832(1831 — 1837) *Cyclopteris beani* Lindley et Hutton, p. 127, pl. 44; cycadophyte leaf; Gristhorpe Bay, Yorkshire, England; Jurassic.
1851 Miquel, p. 210; cycadophyte leaf; Gristhorpe Bay, Yorkshire, England; Jurassic.

For the first and earliest record of this generic name in Chinese Mesozoic Megafossil plants as:
△*Sphenozamites changi* Sze, 1956
1956a Sze H C, pp. 43, 149, pl. 36, figs. 1, 2; pl. 37, figs. 1 — 5; pl. 38, figs. 1 — 3; cycadophyte leaves; Reg. No. : PB2435 — PB2444; Repository: Nanjing Institute of Geology and Palaeontology, Chinese Academy of Sciences; Xingshuping of Yijun, Shaanxi; Late Triassic upper part of Yenchang Formation.

Sphenozamites sp.

1949 *Sphenozamites* sp. , Sze H C, p. 25; cycadophyte leaf; Chenjiawan near Donggon of Nanzhang, Hubei; Early Jurassic Hsiangchi Coal Series. (Notes: This specific name was only given in the original paper)

Genus *Spirangium* Schimper, 1870

1870(1869 — 1874)   Schimper, p. 516.

Type species: *Spirangium carbonicum* Schimper, 1870

Taxonomic status: Problematicum

Spirangium carbonicum Schimper, 1870

1870(1869 — 1874)   Schimper, p. 516; problematic organism; Germaan (Wettin); Late Carboniferous.

For the first and earliest record of this generic name in Chinese Mesozoic Megafossil plants as:
△*Spirangium sino-coreanum* Sze, 1954

1925 *Spirangium* sp. , Kawasaki, p. 57, pl. 47, fig. 127; problematic organism; Dai Coal Mine, S. Heiando Korea; Early Jurassic.

1954 Sze H C, p. 318, pl. 1, fig. 1; problematic organism; Lingwu, Gansu; Early Jurassic; pl. 1, fig. 2 (=Kawasaki, p. 57, pl. 47, fig. 127).

Genus *Spiropteris* Schimper, 1869

1869(1869 — 1874)   Schimper, p. 688.

Type species: *Spiropteris miltoni* (Brongniart) Schimper, 1869

Taxonomic status: Schizaeaceae, Filicopsida

Spiropteris miltoni (Brongniart) Schimper, 1869

1869(1869 — 1874)   Schimper, p. 688, pl. 49, fig. 4; young frond.

For the first and earliest record of this generic name in Chinese Mesozoic Megafossil plants as:
Spiropteris sp.

1933d *Spiropteris* sp. , Sze H C, p. 16, pl. 2, fig. 1 (right); young frond; Datong, Shanxi; Early Jurassic.

△Genus *Squamocarpus* Mo, 1980

1980 Mo Zhuangguan, in Zhao Xiuhu and others, p. 87.

Type species: *Squamocarpus papilioformis* Mo, 1980

Taxonomic status: Gymnospermae?

△*Squamocarpus papilioformis* **Mo,1980**
1980   Mo Zhuangguan,in Zhao Xiuhu and others,p. 87,pl. 19,figs. 13,14 (counterpart);cone-scale;Col. No. : FQ-36; Reg. No. : PB7085, PB7086; Repository: Nanjing Institute of Geology and Paleontology,Chinese Academy of Sciences;Qingyun of Fuyuan, Yunnan; Early Triassic "Kayitou Bed".

△**Genus *Stachybryolites* Wu X W, Wu X Y et Wang, 2000** (in English)
2000   Wu Xiangwu,Wu Xiuyuang,Wang Yongdong,p. 168.
Type species:*Stachybryolites zhoui* Wu X W,Wu X Y et Wang,2000
Taxonomic status:Bryiidae

△*Stachybryolites zhoui* **Wu X W, Wu X Y et Wang, 2000** (in English)
2000   Wu Xiangwu,Wu Xiuyuang,Wang Yongdong,p. 168,pl. 1,figs. 1 — 5;pl. 2,figs. 1 — 4; caulidium;Col. No. ;92-T-22;Reg. No. ;PB17786 — PB17796;Syntypes:PB17786 (pl. 1, figs. 1,1a,1b,1c),PB17791 (pl. 2,fig. 1),PB17796 (pl. 2,fig. 4);Repository:Nanjing Institute of Geology and Palaeontology,Chinese Academy of Sciences;Tuzi'Arkneigou of Karamay, Xinjiang; Early Jurassic Badaowan Formation. [Notes: According to *International Code of Botanical Nomenclature (Vienna Code)* article 37. 2,from the year 1958,the holotype type specimen should be unique]

Genus *Stachyopitys* Schenk,1867
1867(1865 — 1867)   Schenk,p. 185.
Type species:*Stachyopitys preslii* Schenk,1867
Taxonomic status:Ginkgoaleans?

***Stachyopitys preslii* Schenk,1867**
1867(1865 — 1867)   Schenk,p. 185,pl. 44,figs. 9 — 12;male cones;Strullendorf near Bamberg of Bavaria,Germany;Late Triassic.

For the first and earliest record of this generic name in Chinese Mesozoic Megafossil plants as:
***Stachyopitys* sp.**
1986   *Stachyopitys* sp. ,Ye Meina and others, p. 76,pl. 49,figs. 9,9a;male cones;Qilixia of Kaijiang,Sichuan;Late Triassic member 3 of Hsuchiaho Formation.

Genus *Stachyotaxus* Nathorst,1886
1886   Nathorst,p. 98.
Type species:*Stachyotaxus septentionalis* (Agardh) Nathorst,1886
Taxonomic status:Coniferopsida

Stachyotaxus septentionalis (Agardh) Nathorst, 1886

1823 *Caulerpa septentionalis* Agardh, p. 110, pl. 11, fig. 7; Sweden; Late Triassic (Rhaetic).
1823 *Sargassum septentionale* Agardh, p. 108, pl. 2, fig. 5; Sweden; Late Triassic (Rhaetic).
1886 Nathorst, p. 98, pl. 22, figs. 20 — 23, 33, 34; pl. 23, fig. 6; pl. 25, fig. 9; twigs, foliage; Bjuf, Sweden; Late Triassic (Rhaetic).

For the first and earliest record of this generic name in Chinese Mesozoic Megafossil plants as:
Stachyotaxus elegana Nathorst, 1886

1908 Nathorst, p. 11, pls. 2, 3; folaege-shoots; Scania, Sweden; Late Triassic (Rhaetic).
1968 *Fossil atlas of Mesozoic Coal-bearing strata in Kiangsi and Hunan provinces*, p. 77, pl. 32, figs. 3, 4, 4a; leafy shoots; Jiangxi and Hunan; Late Triassic.

Genus *Stachypteris* Pomel, 1849

1849 Pomel, p. 336.

Type species: *Stachypteris spicans* Pomel, 1849

Taxonomic status: Schizaeaceae, Filicopsida

Stachypteris spicans Pomel, 1849

1849 Pomel, p. 336; frond; St-Mihiel, France; Jurassic.

For the first and earliest record of this generic name in Chinese Mesozoic Megafossil plants as:
△*Stachypteris alata* Zhou, 1984

1984 Zhou Zhiyan, p. 11, pl. 3, figs. 7 — 12; fertile pinnae and strobili; Reg. No.: PB8823 — PB8829; Holotype: PB8823 (pl. 3, figs. 9, 9a); Repository: Nanjing Institute of Geology and Paleontology, Chinese Academy of Sciences; Heputang of Qiyang, Hunan; Early Jurassic Paijiachong and Dabakou Member of Guanyintan Formation.

△Genus *Stalagma* Zhou, 1983

1983b Zhou Zhiyan, p. 63.

Type species: *Stalagma samara* Zhou, 1983

Taxonomic status: Podocarpaceae, Coniferopsida

△*Stalagma samara* Zhou, 1983

1983b Zhou Zhiyan, p. 63, pl. 3, fig. 7; pls. 4 — 11; text-figs. 3 — 6, 7C, 7I, 7J; foliage leaves, fertile shoots, female cones, seeds, pollen grains and cuticles; Reg. No.: PB9586, PB9588, PB9592 — PB9605; Holotype: PB9605 (pl. 4, fig. 4; text-fig. 3B); Repository: Nanjing Institute of Geology and Paleontology, Chinese Academy of Sciences; Shanqiao Coal Mine of Hengyang, Hunan; Late Triassic Yangbaichong Formation.

Genus *Staphidiophora* Harris, 1935

1935   Harris, p. 114.

Type species: *Staphidiophora secunda* Harris, 1935

Taxonomic status: Ginkgophytes?

Staphidiophora secunda Harris, 1935

1935   Harris, p. 114, pl. 8, figs. 3, 4, 9 — 11; Reproductive organs fructification with seeds; East Greenland; Late Triassic (*Lepidopteris* Zone).

Staphidiophora? *exilis* Harris, 1935

1935   Harris, p. 116, pl. 19, fig. 9; Reproductive organ; East Greenland; Late Triassic (*Lepidopteris* Zone).

For the first and earliest record of this generic name in Chinese Mesozoic Megafossil plants as:
Cf. *Staphidiophora*? *exilis* Harris

1986   Ye Meina and others, p. 86, pl. 53, figs. 3, 3a; cones; Leiyinpu of Daxian, Sichuan; Middle Jurassic member 3 of Xintiangou Formation.

Genus *Stenopteris* Saporta, 1872

1872(1872a — 1873b)   Saporta, p. 292.

Type species: *Stenopteris desmomera* Saporta, 1872

Taxonomic status: Corystospermates, Pteridospermopsida

Stenopteris desmomera Saporta, 1872

1872(1872a — 1873b)   Saporta, p. 292, pl. 32, figs. 1, 2; pl. 33, fig. 1; foliage, Pteridospermae; Morrestel, near Lyon, France; Jurassic (Kimmeridgian).

For the first and earliest record of this generic name in Chinese Mesozoic Megafossil plants as:
Stenopteris sp.

1976   *Stenopteris* sp., Lee P C and others, p. 118, pl. 31, figs. 9, 10; fern-like leaves; Nuguishan of Simao, Yunnan; Early Cretaceous Mangang Formation.

Genus *Stenorhachis* Saporta, 1879

(Notes: There are many spelling for this genus, such as *Stenorachis* and *Stenorrachis*, Chinese palaeobotanist usually use *Stenorachis*)

1879   Saporta, p. 193.

Type species: *Stenorhachis ponseleti* (Nathorst) Saporta, 1879

Taxonomic status: Ginkgophytes?

Stenorhachis ponseleti (Nathorst) Saporta, 1879
1879   Saporta, p. 193, fig. 22; Gymnosperm reproductive organs; Switzerland; Early Jurassic.

For the first and earliest record of this generic name in Chinese Mesozoic Megafossil plants as:
Stenorachis sibirica Heer, 1876
1876b   Heer, p. 61, pl. 11, figs. 1, 9 — 12; cones; Eastern Siberia; Jurassic.
1941   Stockmans, Mathieu, p. 54, pl. 6, figs. 13, 14; cones; Datong, Shanxi; Jurassic. [Notes: The specimens were later referred as *Stenorachis lepida* (Heer) Seward (Sze H C, Lee H H and others, 1963, p. 262)]

△Genus Stephanofolium Guo, 2000 (in English)
2000   Guo Shuangxing, p. 233.
Type species: *Stephanofolium ovatiphyllum* Guo, 2000
Taxonomic status: Menisspermaceae, Dicotyledoneae

△Stephanofolium ovatiphyllum Guo, 2000 (in English)
2000   Guo Shuangxing, p. 233, pl. 2, fig. 8; pl. 6, figs. 1 — 6; leaves; Reg. No.: PB18630 — PB18633; Holotype: PB18632 (pl. 6, fig. 1); Repository: Nanjing Institute of Geology and Paleontology, Chinese Academy of Sciences; Hunchun, Jilin; Late Cretaceous Hunchun Formation.

Genus Stephenophyllum Florin, 1936
1936   Florin, p. 82.
Type species: *Stephenophyllum solmis* (Seward) Florin, 1936
Taxonomic status: Czekanowskiales

Stephenophyllum solmis (Seward) Florin, 1936
1919   *Desmiophyllum solmsi* Seward, p. 71, fig. 662; leaf; Franz Joseph Land; Jurassic.
1936   Florin, p. 82, pl. 11, figs. 7 — 10; pls. 12 — 16; text-figs. 3, 4; leaves and cuticles; Franz Joseph Land; Jurassic.

For the first and earliest record of this generic name in Chinese Mesozoic Megafossil plants as:
Stephenophyllum cf. solmis (Seward) Florin
1979   He Yuanliang and others, p. 153, pl. 75, figs. 5 — 7; text-fig. 10; leaves and cuticles; Dameigou of Da Qaidam, Qinghai; Middle Jurassic Dameigou Formation. [Notes: The specimens were later referred as *Phoenicopsis* (*Stephenophyllum*) cf. *taschkessiensis* (Krasser) (Li Peijuan and others, 1988)]

Genus Sterculiphyllum Nathorst, 1886
1886   Nathorst, p. 52.

Type species: *Sterculiphyllum limbatum* (Velenovsky) Nathorst, 1886

Taxonomic status: Sterculiaceae, Dicotyledoneae

Sterculiphyllum limbatum (Velenovsky) Nathorst, 1886

1883   *Sterculia limbatum* Velenovsky, p. 21, pl. 5, figs. 2 − 5; pl. 6, fig. 6.

1886   Nathorst, p. 52.

For the first and earliest record of this generic name in Chinese Mesozoic Megafossil plants as:

Sterculiphyllum eleganum (Fontaine) ex Tao et Zhang, 1990

1883   *Sterculia eleganum* Fontaine, p. 314, pl. 157, fig. 2; pl. 158, figs. 2, 3; leaves; Deep Bottom, Virginia, USA; Early Cretaceous Potomac Group.

1990   Tao Junrong, Zhang Chuanbo, p. 226, pl. 1, figs. 4 − 7; leaves; Yanji, Jilin; Early Cretaceous Dalazi Formation.

Genus *Storgaardia* Harris, 1935

1935   Harris, p. 58.

Type species: *Storgaardia spectablis* Harris, 1935

Taxonomic status: Coniferopsida

Storgaardia spectablis Harris, 1935

1935   Harris, p. 58, pls. 11, 12, 16; coniferous foliage; Scoresby Sound, East Greenland; Late Triassic (Rhaetic).

For the first and earliest record of this generic name in Chinese Mesozoic Megafossil plants as:

Cf. *Storgaardia spectablis* Harris

1980   He Dechang, Shen Xiangpen, p. 28, pl. 19, fig. 1; leafy shoot; Huaqiao of Huaihua, Hunan; Early Jurassic Zaoshang Formation.

△*Storgaardia? baijenhuaense* Zhang, 1980

1980   Zhang Wu and others, p. 302, pl. 150, figs. 3 − 7; leafy shoots; Reg. No. : D551 − D555; Repository: Shenyang Institute of Geology and Mineral Resources; Baiyinhua in Ar Horqin Banner of Ju Ud League, Inner Mongolia; Middle Jurassic Xinmin Formation. (Notes: The type specimen was not appointed in the original paper)

Genus *Strobilites* Lindley et Hutton, 1833

1833(1831 − 1837)   Lingley, Hutton, p. 23.

Type species: *Strobilites elongata* Lindley et Hutton, 1833

Taxonomic status: incertae sedis or coniferales?

Strobilites elongata Lindley et Hutton, 1833

1833(1831 − 1837)   Lingley, Hutton, p. 23, pl. 89; cone; Lyme, Dorsetshire, England; Early

Jurassic (Blue Lias).

For the first and earliest record of this generic name in Chinese Mesozoic Megafossil plants as:
△*Strobilites yabei* Toyama et Ôishi,1935
1935   Toyama, Ôishi, p. 75, pl. 5, figs. 1, 1a; text-fig. 3; strobili; Jalai Nur of Hulun Buir League, Inner Mongolia; Jurassic. [Notes: The species was later referred as *Pityocladus yabei* (Toyama et Ôishi) Chang (Chang Chichen, 1976)]

△Genus *Suturovagina* Chow et Tsao,1977
1977   Chow Tseyen, Tsao Chenyao, p. 167.

Type species: *Suturovagina intermedia* Chow et Tsao, 1977

Taxonomic status: Cheirolepidiaceae, Coniferopsida

△*Suturovagina intermedia* Chow et Tsao,1977
1977   Chow Tseyen, Tsao Chenyao, p. 167, pl. 2, figs. 1 — 14; text-fig. 1; leafy shoots and cuticles; Reg. No. : PB6256 — PB6260; Holotype: PB6256 (pl. 2, figs. 1); Repository: Nanjing Institute of Geology and Paleontology, Chinese Academy of Sciences; Yanziji of Nanjing, Jiangsu; Early Cretaceous Gecun Formation.

Genus *Swedenborgia* Nathorst,1876
1876   Nathorst, p. 66.

Type species: *Swedenborgia cryptomerioides* Nathorst, 1876

Taxonomic status: Coniferales?

For the first and earliest record of this generic name in Chinese Mesozoic Megafossil plants as:
Swedenborgia cryptomerioides Nathorst,1876
1876   Nathorst, p. 66, pl. 16, figs. 6 — 12; cones; Paljo, Sweden; Early Jurassic (Hörssandstein, Lias).
1949   Sze H C, p. 37, pl. 15, fig. 28; cone-scale; Baishigang of Dangyang, Hubei; Early Jurassic Hsiangchi Coal Series.

△Genus *Symopteris* Hsu,1979
1876   *Bernoullia* Heer, p. 88
1979   Hsu J and others, p. 18.

Type species: *Symopteris helvetica* (Heer) Hsu, 1979

Taxonomic status: Marattiaceae, Filicopsida

△*Symopteris helvetica* (Heer) Hsu,1979
1876   *Bernoullia helvetica* Heer, p. 88, pl. 38, figs. 1 — 6; fertile fern; Switzerland; Triassic.

1979   Hsu J and others, p. 18.

△*Symopteris densinervis* **Hsu et Tuan, 1979**
1979   Hsu J, Duan Shuying, in Hsu J and others, p. 18, pls. 6, 7, fig. 4; pl. 10, figs. 4 — 6; pl. 58; pl. 59, fig. 6; frond; No. : N. 2885, N. 814, N. 829, N. 831, N. 839, N. 846; Repository: Institute of Botany, Chinese Academy of Sciences; Taipingchang of Baoding, Sichuan; Late Triassic Daqing Formation. (Notes: The type specimen was not designated in the original paper)

△*Symopteris zeilleri* **(Pan) Hsu, 1979**
1936   *Bernoullia zeilleri* P'an, P'an C H, p. 26, pl. 9, figs. 6, 7; pl. 11, figs. 3, 3a, 4, 4a; pl. 14, figs. 5, 6, 6a; sterile and fertile pinnae; Qingjianzhen of Yanchuan, Shaanxi; Late Triassic middle part of Yenchang Formation.
1979   Hsu J and others, p. 17.

△Genus *Tachingia* **Hu, 1975**
1975   Hu Yufan, in Hsu J and others, p. 75.
Type species: *Tachingia pinniformis* Hu, 1975
Taxonomic status: Gymnospermae incertae sedis or Cycadopsida?

△*Tachingia pinniformis* **Hu, 1975**
1975   Hu Yufan, in Hsu J and others, p. 75, pl. 5, figs. 1 — 4; fern-like leaves; No. : N. 801; Repository: Institute of Botany, Chinese Academy of Sciences; Taipingchang of Dukou, Sichuan; Late Triassic bottom part of Daqiaodi Formation.

△Genus *Taeniocladopsis* **Sze, 1956**
1956a   Sze H C, pp. 63, 168.
Type species: *Taeniocladopsis rhizomoides* Sze, 1956
Taxonomic status: Equisetales, Sphenopsida

△*Taeniocladopsis rhizomoides* **Sze, 1956**
1956a   Sze H C, pp. 63, 168, pl. 54, figs. 1, 1a; pl. 55, figs. 1 — 4; root-remains(?); Reg. No. : PB2494 — PB2499; Repository: Nanjing Institute of Geology and Palaeontology, Chinese Academy of Sciences; Zhoujiawan of Yanchang, Shaanxi; Late Triassic Yangcaogou Formation.

Genus *Taeniopteris* **Brongniart, 1832**
1828   Brongniart, p. 62
1832? (1828 — 1838)   Brongniart, p. 263.

Type species: *Taeniopteris vittata* Brongniart, 1832

Taxonomic status: Gymnospermae incertae sedis

Taeniopteris vittata Brongniart, 1832

1832? (1828 — 1838)   Brongniart, p. 263, pl. 82, figs. 1 — 4; leaves; Whitby, England; Jurassic.

Taeniopteris immersa Nathorst, 1878

1878   *Taeniopteris* (*Danaeopsis?*) *immersa* Nathorst, p. 45, pl. 1, fig. 16; leaf; Sweden; Late Triassic.

For the first and earliest record of this generic name in Chinese Mesozoic Megafossil plants as:
Taeniopteris cf. *immersa* Nathorst

1902 — 1903   Zeiller, p. 292, pl. 54, fig. 5; leaf; Taipingchang (Tai-Pin-Tchang), Yunnan; Late Triassic.

△*Taeniopteris leclerei* Zeiller, 1903

1902 — 1903   Zeiller, p. 294, pl. 55, figs. 1 — 4; fern-like leaves; Taipingchang of Dukou, Sichuan; Late Triassic.

Taeniopteris sp.

1902 — 1903   *Taeniopteris* sp., Zeiller, p. 296; fern-like leaf; Taipingchang (Tai-Pin-Tchang), Yunnan; Late Triassic.

Genus *Taeniozamites* Harris, 1932

1932   Harris, pp. 33, 101.

Type species: *Taeniozamites vittata* (Brongniart) Harris, 1932

Taxonomic status: Bennettiales, Cycadopsida

Taeniozamites vittata (Brongniart) Harris, 1932

1932   Harris, pp. 33, 101; text-fig. 39; foliage, probably of *Williamsoniella coronata*. [Notes: The genus *Taeniozamites* Harris was a synonym of *Nilssoniopteris* (Harris, 1937, p. 49)]

For the first and earliest record of this generic name in Chinese Mesozoic Megafossil plants as:
△*Taeniozamites uwatokoi* (Ôishi) Takahashi, 1953

1935   *Taeniopteris uwatokoi* Ôishi, Ôishi, p. 90, pl. 8, figs. 5 — 7; text-fig. 7; leaves and cuticles; Dongning Coal Mine, Heilongjiang; Late Jurassic or Early Cretaceous.

1953a Takahashi, p. 172; Dongning Coal Mine, Heilongjiang; Late Jurassic or Early Cretaceous. [Notes: *Taeniozamites uwatokoi* (Ôishi) Takahashi, 1953 was a synonym for *Nilssoniopteris? uwatokoi* (Ôishi) Li (Wu Xiangwu, 1993b)]

△Genus *Taipingchangella* Yang, 1978

1978   Yang Xianhe, p. 489.

Type species: *Taipingchangella zhongguoensis* Yang, 1978

Taxonomic status: Taipingchangellaceae, Filicopsida [Notes: The Taipingchangellaceae, Filicopsida was applied by Yang Xianhe (1978)]

△*Taipingchangella zhongguoensis* Yang, 1978

1978 Yang Xianhe, p. 489, pl. 172, figs. 4 — 6; pl. 170, figs. 1b — 2; pl. 171, fig. 1; fronds; No. : Sp0071 — Sp0073, Sp0078; Syntypes: Sp0071 — Sp0073, Sp0078; Repository: Chengdu Institute of Geology and Mineral Resources; Taipingchang of Dukou, Sichuan; Late Triassic Daqiaodi Formation. [Notes: According to *International Code of Botanical Nomenclature (Vienna Code)* article 37. 2, from the year 1958, the holotype type specimen should be unique]

Genus *Taxites* Brongniart, 1828

1828 Brongniart, p. 47.

Type species: *Taxites tournalii* Brongniart, 1828

Taxonomic status: Coniferopsida

Taxites tournalii Brongniart, 1828

1828 Brongniart, p. 47, pl. 3, fig. 4; leafy shoot; Armissan, France; Oligocene.

For the first and earliest record of this generic name in Chinese Mesozoic Megafossil plants as:

△*Taxites spatulatus* Newberry, 1867

1867(1865) Newberry, p. 123, pl. 9, fig. 5; leaf; Futau mine at Chaitang, west of Peking; Jurassic. [Notes: The specimen (in part) was later referred as ? *Pityophyllum staratshini* (Heer), and as ?"*Podocarpites*" *mentoukouensis* Stockmans et Mathieu (Sze H C, Lee H H and others, 1963)]

Genus *Taxodioxylon* Hartig, 1848

1848 Hartig, p. 169.

Type species: *Taxodioxylon goepperti* Hartig, 1848

Taxonomic status: Coniferales

Taxodioxylon goepperti Hartig, 1848

1848 Hartig, p. 169; fossil wood; North Germany; Tertiary (Braunkohlen).

For the first and earliest record of this generic name in Chinese Mesozoic Megafossil plants as:

Taxodioxylon sequoianum (Mercklin) Gothan, 1906

1855 ? *Cupressinoxylon sequoianum* Mercklin, p. 65, pl. 17; fossil wood; Germany; Tertiary.

1883 *Cupressinoxylon sequoianum* Mercklin, Schmalhausen, p. 325 (43), pl. 12; fossil wood; Russia; Tertiary.

1906 Gothan, p. 164.

1919　*Cupressinoxylon* (*Taxodioxylon*) *sequoianum* Mercklin, Seward, p. 201; text-fig. 720C; fossil wood; Germany; Tertiary.

1931　Kubart, p. 361 (50), pl. 1, figs. 1 — 7; fossil woods; Liuhejie, Yunnan (Lühogia, Yünnan) (101°E, 25°N); Late Cretaceous or Tertiary.

Genus *Taxodium* Richard, 1810

Type species: (living genus)

Taxonomic status: Taxodiaceae, Coniferopsida

For the first and earliest record of this generic name in Chinese Mesozoic Megafossil plants as:
Taxodium olrokii (Heer) Brown, 1962

1868　*Taxites olrikii* Heer, p. 95, pl. 1, figs. 21 — 24c; pl. 45, figs. 1a, b; leafy shoots; Tsagayanica in Bureja Basin, USSR; Late Cretaceous.

1962　Brown, p. 50, pl. 10, figs. 7, 11, 15; pl. 11, figs. 4 — 6; leafy shoots; Tsagayanica in Bureja Basin, USSR; Late Cretaceous.

1984　Zhang Zhicheng, p. 119, pl. 1, figs. 6 — 10, 15; leafy shoots; Yongantun and Taipinglinchang of Jiayin, Heilongjiang; Late Cretaceous Yongantun Formation and Taipinglinchang Formation.

Genus *Taxoxylon* Houlbert, 1910

1910　Houlbert, p. 72.

Type species: *Taxoxylon falunense* Houlbert, 1910

Taxonomic status: Coniferopsida (fossil wood)

Taxoxylon falunense Houlbert, 1910

1910　Houlbert, p. 72, pl. 3; petrified coniferous wood; Manthelan-Bossee-Paulmy, France; Tertiary.

For the first and earliest record of this generic name in Chinese Mesozoic Megafossil plants as:
△*Taxoxylon pulchrum* He, 1995

1995　He Dechang, pp. 10 (in Chinese), 13 (in English), pl. 8, figs. 3 — 3a; pl. 9, figs. 1 — 1f; fusainized woods; No. ; 91368; Repository: Xi'an Branch, China Coal Research Institute; Yimin Coal Mine of Ewenki Banner, Inner Mongolia; Early Cretaceous 16th seam of Yimin Formation.

Genus *Taxus* Linné, 1754

Type species: (living genus)

Taxonomic status: Taxaceae, Coniferopsida

For the first and earliest record of this generic name in Chinese Mesozoic Megafossil plants as:
△**Taxus intermedium** (Hollick) **Meng et Chen, 1988**
1930   *Cephalotaxopsis intermedium* Hollick, p. 54, pl. 17, figs. 1 — 3; Alaska, USA; Late Cretaceous.
1988   Meng Xiangying, Chen Fen, in Chen Fen and others, p. 80, pl. 52, figs. 4, 4a, 5 — 10; pl. 67, figs. 1a, 1b; twig with leaves; Haizhou of Fuxin and Tiefa Basin, Liaoning; Early Cretaceous Fuxin Formation and Xiaoming'anbei Formation.

△**Genus *Tchiaohoella* Lee et Yeh ex Wang, 1984** (nom. nud.)
[Notes: This generic name *Tchiaohoella* is probably error in spelling for *Chiaohoella*; the Taxonomic status is also referred as Adiantaceae, Filicopsida (Li Xingxue and others, 1986, p. 13)]
1984   *Tchiaohoella* Lee et Yeh, Wang Ziqiang, p. 269.
Type species: *Tchiaohoella mirabilis* Lee et Yeh ex Wang, 1984 (nom. nud.)
Taxonomic status: Cycadopsida

△***Tchiaohoella mirabilis*** **Lee et Yeh ex Wang, 1984** (nom. nud.)
1984   *Tchiaohoella mirabilis* Lee et Yeh, Wang Ziqiang, p. 269.

***Tchiaohoella* sp.**
1984   *Tchiaohoella* sp., Wang Ziqiang, p. 270, pl. 149, fig. 7; cycadophyte leaf; Pingquan, Hebei; Early Cretaceous Jiufutang Formation.

Genus *Tersiella* Radczenko, 1960
1960   Radczenko, Srebrodolskae, p. 120.
Type species: *Tersiella beloussovae* Radczenko, 1960
Taxonomic status: Pteridospermopsida

***Tersiella beloussovae* Radczenko, 1960**
1960   Radczenko, Srebrodolskaia, p. 120, pl. 23, figs. 3 — 7; fern-like leaves; Kuzbass, Pechorcki Basin, USSR; Early Triassic.

For the first and earliest record of this generic name in Chinese Mesozoic Megafossil plants as:
***Tersiella radczenkoi* Sixtel, 1962**
1962   Sixtel, p. 342, pl. 19, figs. 7 — 13; pl. 20, figs. 1 — 5; text-fig. 25; fern-like leaves; South Fergana; Triassic.
1996   Wu Shunqing, Zhou Hanzhong, p. 7, pl. 4, figs. 3 — 5; pl. 5, figs. 1 — 6; pl. 6, figs. 1 — 5, 7; pl. 11, fig. 4B; pl. 13, figs. 1 — 4; fern-like leaves; Kuqa River Section of Kuqa, Xinjiang; Middle Triassic lower member of Karamay Formation.

Genus *Tetracentron* Olv.

Type species: (living genus)

Taxonomic status: Tetrcentroideae, Magnoliaceae, Dicotyledoneae

For the first and earliest record of this generic name in Chinese Mesozoic Megafossil plants as:
△*Tetracentron wuyunense* Tao, 1986
(Notes: The specific name was spelled as "*wuyungense*" in the original paper)

1986a,b   Tao Junrong, Xiong Xianzheng, p. 124, pl. 2, fig. 9; pl. 5, fig. 4; leaves; No.: 52392, 52132b; Jiayin region, Heilongjiang; Late Cretaceous Wuyun Formation. (Notes: The type specimen was not designated in the original paper)

Genus *Thallites* Walton, 1925

1925   Walton, p. 564

Type species: *Thallites erectus* (Leckenby) Walton, 1925

Taxonomic status: Bryophyta?

Thallites erectus (Leckenby) Walton, 1925

1864   *Marchantites (Fucoides) erectus* Leckbythe, p. 74, pl. 11, figs. 3a, 3b; thalli; Oolites of Scarboreugh, England; Jurassic.

1925   Walton, p. 564; thallus; Oolites of Scarboreugh, England; Jurassic.

For the first and earliest record of this generic name in Chinese Mesozoic Megafossil plants as:
△*Thallites pinghsiangensis* Hsu, 1954

1954   *Thallites pingshiangensis* Hsu, Hsu J, p. 41, pl. 37, fig. 1; prothallus; Anyuan of Pingxiang, Jiangxi; Late Triassic. [Notes: It is probable misprint for *T. pinghsiangensis* in the original article (Lee H H, 1963, p. 9)]

△Genus *Tharrisia* Zhou, Wu et Zhang, 2001 (in English)

2001   Zhou Zhiyan, Wu Xiangwu, Zhang Bole, p. 99.

Type species: *Tharrisia dinosaurensis* (Harris) Zhou, Wu et Zhang, 2001

Taxonomic status: Gymnospermae incertae sedis

△*Tharrisia dinosaurensis* (Harris) Zhou, Wu et Zhang, 2001 (in English)

1932   *Stenopteris dinosaurensis* Harris, p. 75, pl. 8, fig. 4; text-fig. 31; fern-like leaves and cuticles; Scoresby Sound, East Greenland; Early Jurassic (*Thaumatopteris* Zone).

1988   *Stenopteris dinosaurensis* Harris, Li Peijuan and others, p. 77, pl. 53, figs. 1 — 2a; pl. 102, figs. 3 — 5; pl. 105, figs. 1, 2; fern-like leaves and cuticles; Early Jurassic *Ephedrites* Bed of Tianshuigou Formation.

2001　Zhou Zhiyan,Wu Xiangwu,Zhang Bole,p. 99,pl. 1,figs. 7 — 10;pl. 3,fig. 2;pl. 4,figs. 1 — 2;pl. 5,figs. 1 — 5;pl. 7,figs. 1,2;text-fig. 3;leaves and cuticles;East Greenland;Early Jurassic (*Thaumatopteris* Zone);Sweden(?);Early Jurassic;Dameigou (37°30′N,96°E) of Da Qaidam, Qinghai; Early Jurassic *Ephedrites* Bed of Tianshuigou Formation; Dianerwam of Fugu,Shaanxi;Earlu Jurassic Fuxian Formation.

△*Tharrisia lata* Zhou et Zhang,2001 (in English)

2001　Zhou Zhiyan,Zhang Bole,in Zhou Zhiyan and others,p. 103,pl. 1,figs. 1 — 6;pl. 3,figs. 1,3 — 8;pl. 5,figs. 5 — 8;pl. 6,figs. 1 — 8;text-fig. 5;leaves and cuticles;Reg. No.: PB18124 — PB1828;Holotype:PH18124 (pl. 1,fig. 1);Paratypes:PB18125 — PB18128; Repository: Nanjing Institute of Geology and Palaeontology, Chinese Academy of Sciences;Yima (34°40′N,111°55′E), Henan; lower Middle Jurassic bed 4 in lower part of Yima Formation.

△*Tharrisia spectabilis* (Mi,Sun C,Sun Y,Cui,Ai et al.) Zhou,Wu et Zhang,2001 (in English)

1996　*Stenopteris spectabilis* Mi,Sun C,Sun Y,Cui,Ai et al.,Mi Jiarong and others,p. 101, pl. 12,figs. 1,7 — 9;text-fig. 5;fern-like leaves and cuticles;Taiji of Beipiao, Liaoning; Early Jurassic lower member of Beipiao Formation.

2001　Zhou Zhiyan,Wu Xiangwu,Zhang Bole,p. 101,pl. 2,fig. 14;pl. 4,figs. 3 — 7;pl. 7,figs. 3 — 8;text-fig. 4;leaves and cuticles;Taiji of Beipiao, Liaoning;Early Jurassic lower member of Beipiao Formation.

△Genus *Thaumatophyllum* Yang,1978

1978　Yang Xianhe,p. 515.

Type species:*Thaumatophyllum ptilum* (Harris) Yang,1978

Taxonomic status:Bennettiales,Cycadopsida

△*Thaumatophyllum ptilum* (Harris) Yang,1978

1932　*Pterophyllum ptilum* Harris,p. 61,pl. 5,figs. 1 — 5,11;text-figs. 30,31;cycadophyte leaves;Scoresby Sound,East Greenland;Late Triassic.

1954　*Pterophyllum ptilum* Harris,Hsu J,p. 58,pl. 51,figs. 2 — 4;cycadophyte leaves; Yipinglang of Lufeng,Yunnan;Anyuan,Jiangxi,Shimenkou,Hunan and Sichuan;Late Triassic.

1978　Yang Xianhe,p. 515,pl. 163,fig. 14;cycadophyte leaf;Taiping of Dayi,Sichuan;Late Triassic Hsuchiaho Formation.

Genus *Thaumatopteris* Goeppert,1841,emend Nathorst,1876

1841(1841c — 1846)　Goeppert,p. 33.

1876　Nathorst,p. 29.

Type species: *Thaumatopteris brauniana* Popp, 1863 [Notes: Original type species *Thaumatopteris muensteri* Goeppert was referred by Nathorst (1876, 1878) to *Dictyophyllum*, and the *Thaumatopteris brauniana* Popp was appointed as type species (Sze H C, Lee H H and others, 1963)]

Taxonomic status: Dipteridaceae, Filicopsida

For the first and earliest record of this generic name in Chinese Mesozoic Megafossil plants as:

Thaumatopteris brauniana Popp, 1863

1863 Popp, p. 409; Germany; Late Triassic.

1954 Hsu J, p. 51, pl. 44, figs. 5, 6; sterile and fertile fronds; Yipinglang of Guangtong, Yunnan; Late Triassic.

△Genus *Thelypterites* ex Tao et Xiong 1986, emend Wu, 1993

[Notes: This name was originally not mentioned clearly as a new genus. The representative species is designated by Wu Xiangwu (1993a)]

1986 Tao Junrong, Xiong Xianzheng, p. 122.

1993a Wu Xiangwu, pp. 41, 240.

Type species: *Thelypterites* sp. A, Tao et Xiong, 1986

Taxonomic status: Thelypteridaceae, Filicopsida

Thelypterites sp. A, Tao et Xiong, 1986

1986 *Thelypterites* sp. A, Tao et Xiong, Tao Junrong, Xiong Xianzheng, p. 122, pl. 5, fig. 2b; fertile pinnae; No.: 52701; Repository: Institute of Botany, Chinese Academy of Sciences; Jiayin region, Heilongjiang; Late Cretaceous Wuyun Formation.

1993a *Thelypterites* sp. A, Wu Xiangwu, pp. 41, 240.

Thelypterites sp. B

1986 *Thelypterites* sp. B, Tao et Xiong, Tao Junrong, Xiong Xianzheng, p. 122, pl. 6, fig. 1; fertile pinnae; No.: 52706; Repository: Institute of Botany, Chinese Academy of Sciences; Jiayin region, Heilongjiang; Late Cretaceous Wuyun Formation.

1993a *Thelypterites* sp., Wu Xiangwu, pp. 41, 240.

Genus *Thinnfeldia* Ettingshausen, 1852

1852 Ettingshausen, p. 2.

Type species: *Thinnfeldia rhomboidalis* Ettingshausen, 1852

Taxonomic status: Pteridospermopsida

Thinnfeldia rhomboidalis Ettingshausen, 1852

[Notes: This species lately was referred by Yao Xuanli as *Pachypteris rhomboidalis* (Ettingshausen) (Yao Xuanli, 1987, p. 547)]

1852 Ettingshausen, p. 2, pl. 1, figs. 4—7; fern-like leaves; Steierdorf, Hungary; Early Jurassic

(Lias).

For the first and earliest record of this generic name in Chinese Mesozoic Megafossil plants as:
Thinnfeldia sp.
1923　*Thinnfeldia* sp., Chow T H, pp. 83, 141, pl. 2, fig. 6; fern-like leaf; Nanwucun of Laiyang, Shandong; Early Cretaceous. [Notes: This specimen lately was referred as Problematicum (Sze H C, Lee H H and others, 1963)]

Genus *Thomasiocladus* Florin, 1958
1958　Florin, p. 311.
Type species: *Thomasiocladus zamioides* (Leckenby) Florin, 1958
Taxonomic status: Cephalotaxaceae, Coniferopsida

Thomasiocladus zamioides (Leckenby) Florin, 1958
1864　*Cycadites zamioides* Leckenby, p. 77, pl. 8, fig. 8; leafy shoot; Yorkshire, England; Middle Jurassic (Middle Deltaic).
1958　Florin, p. 311, pl. 29, figs. 2 — 14; pl. 30, figs. 1 — 7; leafy shoots and cuticles; Yorkshire, England; Middle Jurassic (Middle Deltaic).

For the first and earliest record of this generic name in Chinese Mesozoic Megafossil plants as:
Cf. *Thomasiocladus zamioides* (Leckenby) Florin
1982　Wang Guoping and others, p. 292, pl. 128, fig. 2; leafy shoot; Yushanjian of Lanxi, Zhejiang; Middle Jurassic Yushanjian Formation.

Genus *Thuites* Sternberg, 1825
1825(1820 — 1838)　Sternberg, p. 38.
Type species: *Thuites aleinus* Sternberg, 1825
Taxonomic status: Coniferopsida

Thuites aleinus Sternberg, 1825
1825(1820 — 1838)　Sternberg, p. 38, pl. 45, fig. 1; coniferous foliage twigs; Bohemia; Cretaceous.

For the first and earliest record of this generic name in Chinese Mesozoic Megafossil plants as:
Thuites? sp.
1945　*Thuites*? sp., Sze H C, p. 53; leafy shoots; Yong'an, Fujian; Early Cretaceous Bantou Formation. [Notes 1: This specific name was only given in the original paper; Notes 2: The specimen was later referred as *Cupressinocladus*? sp. (Sze H C, Lee H H and others, 1963)]

Genus *Thuja* Linné

Type species: (living genus)

Taxonomic status: Pinaceae, Coniferopsida

For the first and earliest record of this generic name in Chinese Mesozoic Megafossil plants as:
Thuja cretacea (Heer) Newberry, 1895
1882   *Libocedrus cretacea* Heer, p. 49, pl. 29, figs. 1 — 3; pl. 43, fig. 1d; Gronland, Dermark.
1895   Newberry, p. 53, pl. 4, figs. 1, 2.
1986   Tao Junrong, Xiong Xianzheng, p. 122, pl. 4, figs. 1, 2; leafy shoots; Jiayin region, Heilongjiang; Late Cretaceous Wuyun Formation.

Genus *Thyrsopteris* Kunze, 1834

Type species: (living genus)

Taxonomic status: Filicopsida

For the first and earliest record of this generic name in Chinese Mesozoic Megafossil plants as:
△*Thyrsopteris orientalis* Schenk, 1883
1883   Schenk, p. 254, pl. 52, figs. 4, 7; fronds; West Hill, Beijing; Jurassic. [Notes: This specimen lately was referred as *Coniopteris hymenophylloides* (Brongniart) Seward (Sze H C, Lee H H and others, 1963)]

△Genus *Tianshia* Zhou et Zhang, 1998 (in English)
1998   Zhou Zhiyan, Zhang Bole, p. 173.

Type species: *Tianshia patens* Zhou et Zhang, 1998

Taxonomic status: Czekanowskiales

△*Tianshia patens* Zhou et Zhang, 1998 (in English)
1998   Zhou Zhiyan, Zhang Bole, p. 173, pl. 2, figs. 1 — 6; pl. 4, figs. 3, 4, 11; text-fig. 3; shoots, leaves and cuticles; Reg. No.: PB17912 — PB17914; Holotype: PB17912 (pl. 2, figs. 1, 4, 5); Repository: Nanjing Institute of Geology and Palaeontology, Chinese Academy of Sciences; Yima, Henan; Middle Jurassic middle part of Yima Formation.

Genus *Tiliaephyllum* Newberry, 1895
1895   Newberry, p. 109.

Type species: *Tiliaephyllum dubium* Newberry, 1895

Taxonomic status: Tiliaceae, Dicotyledoneae

Tiliaephyllum dubium Newberry, 1895

1895　Newberry, p. 109, pl. 15, fig. 5; leaf; New Jersey, USA; Cretaceous.

Tiliaephyllum tsagajannicum (Krysht. et Baikov.) Krassilov, 1976

1976　Krassilov, p. 70, pl. 35, figs. 1, 2; pl. 36, figs. 2, 3; pl. 37, fig. 1.

For the first and earliest record of this generic name in Chinese Mesozoic Megafossil plants as:
Cf. *Tiliaephyllum tsagajannicum* (Krysht. et Baikov.) Krassilov

1984　Zhang Zhicheng, p. 124, pl. 4, fig. 5; leaf; Jiayin region, Heilongjiang; Late Cretaceous Taipinglinchang Formation.

Genus *Todites* Seward, 1900

1900　Seweard, p. 87.

Type species: *Todites williamsoni* (Brongniart) Seward, 1900

Taxonomic status: Osmundaceae, Filicopsida

For the first and earliest record of this generic name in Chinese Mesozoic Megafossil plants as:
Todites williamsoni (Brongniart) Seward, 1900

1828　*Pecopteris williamsoni* Brongniart, p. 57.

1900　Seward, p. 87, pl. 14, figs. 2, 5, 7; pl. 15, figs. 1 — 3; pl. 21, fig. 6; text-fig. 12; sterile leaves and fertile pinnules; Yorkshire, England; Middle Jurassic.

1906　Yokoyama, pp. 18, 20, pl. 3; frond; Qingganglin of Pengxian, Sichuan; Dashigu, Chongqing (Baxian); Jurassic. [Notes: This specimen lately was referred as ? *Cladophlebis raciborskii* Zeiller (Sze H C, Lee H H and others, 1963)]

1906　Yokoyama, p. 25, pl. 6, fig. 4; frond; Fangzi of Weixian, Shandong; Jurassic. [Notes: This specimen lately was referred as *Todites denticulatus* (Brongniart) Krasser (Sze H C, Lee H H and others, 1963)]

1906　Yokoyama, p. 25, pl. 8, fig. 1; frond; Nianzigou near Saimaji of Fengcheng, Liaoning; Jurassic.

△Genus *Toksunopteris* Wu S Q et Zhou, ap Wu X W, 1993

1986　*Xinjiangopteris* Wu S Q et Zhou (non Wu S Z, 1983), Wu Shunqing, Zhou Hanzhong, pp. 642, 645.

1993b　Wu Shunqing, Zhou Hanzhong, in Wu Xiangwu, pp. 507, 521.

Type species: *Toksunopteris opposita* (Wu S Q et Zhou) Wu S Q et Zhou, ap Wu X W, 1993

Taxonomic status: Filicopsida? or Pteridospermopsida?

△*Toksunopteris opposita* (Wu et Zhou) Wu S Q et Zhou, ap Wu X W, 1993

1986　*Xinjiangopteris opposita* Wu et Zhou, Wu Shunqing, Zhou Hanzhong, pp. 642, 645, pl. 5, figs. 1 — 8, 10, 10a; fronds; Col. No.: K215 — KK217, K219 — K223, K228, K229;

Reg. No.: PB11780 — PB11786, PB11793, PB11794; Holotype: PB11785 (pl. 5, fig. 10); Repository: Nanjing Institute of Geology and Palaeontology, Chinese Academy of Sciences; Toksun district in Northwestern Turpan Depression, Xinjiang; Early Jurassic Badaowan Formation.

1993b Wu Shunqing, Zhou Hanzhong, in Wu Xiangwu, pp. 507, 521; Toksun district in Northwestern Turpan Depression, Xinjiang; Early Jurassic Badaowan Formation.

△Genus *Tongchuanophyllum* Huang et Zhou, 1980

1980 Huang Zhigao, Zhou Huiqin, p. 91.

Type species: *Tongchuanophyllum trigonus* Huang et Zhou, 1980

Taxonomic status: Pteridospermopsida

△*Tongchuanophyllum trigonus* Huang et Zhou, 1980

1980 Huang Zhigao, Zhou Huiqin, p. 91, pl. 17, fig. 2; pl. 21, figs. 2, 2a; fern-like leaves; Reg. No.: OP3035, OP151; Jinsuoguan of Tongchuan and Zaojing of Shenmu, Shaanxi; Middle Triassic upper member of Tongchuan Formation. (Notes: The type specimen was not designated in the original paper)

△*Tongchuanophyllum concinnum* Huang et Zhou, 1980

1980 Huang Zhigao, Zhou Huiqin, p. 91, pl. 16, fig. 4; pl. 18, figs. 1, 2; fern-like leaves; Reg. No.: OP149, OP131; Jinsuoguan of Tongchuan and Shenmu, Shaanxi; Middle Triassic upper member of Tongchuan Formation. (Notes: The type specimen was not designated in the original paper)

△*Tongchuanophyllum shensiense* Huang et Zhou, 1980

1980 Huang Zhigao, Zhou Huiqin, p. 91, pl. 13, fig. 5; pl. 14, fig. 3; pl. 18, fig. 3; pl. 21, fig. 1; pl. 22, fig. 1; fern-like leaves; Reg. No.: OP39, OP49, OP59, OP60; Jinsuoguan of Tongchuan and Zaojing of Shenmu, Shaanxi; Middle Triassic lower member of Tongchuan Formation. (Notes: The type specimen was not designated in the original paper)

Genus *Torellia* Heer, 1870

[Notes: The genus include only one species *Torellia rigida* Heer, occurs in the Tertiary (Sze H C, Lee H H and others, 1963)]

1870 Heer, p. 44.

Type species: *Torellia rigida* Heer, 1870

Taxonomic status: Ginkgophytes

Torellia rigida Heer, 1870

1870 Heer, p. 44, pl. 6, figs. 3 — 12; pl. 16, fig. 1b; leaves; Cape Staratschin, Spitsbergen; Miocene.

For the first and earliest record of this generic name in Chinese Mesozoic Megafossil plants as:
***Torellia* sp.**
1931   *Torellia* sp. ,Sze H C,p. 60,pl. 5,fig. 7;Beipiao of Liaoning;Early and Middle Jurassic. [Notes: The specimen was later referred as *Pseudotorellia* sp. (Sze H C, Lee H H, 1963,p. 247)]

Genus *Toretzia* Stanislavsky,1971
1971   Stanislavsky,p. 88.
Type species: *Toretzia angustifolia* Stanislavsky,1971
Taxonomic status: Toretziaceae,Ginkgoales

Toretzia angustifolia Stanislavsky,1971
1971   Stanislavsky, p. 88, pl. 24; pl. 26, fig. 1; text-figs. 44, 44A, 44Б; Branch bearing shoots with megastrobili; Donets, Ukraine; Late Triassic.

For the first and earliest record of this generic name in Chinese Mesozoic Megafossil plants as:
△*Toretzia shunfaensis* Cao,1992
1992   Cao Zhengyao, pp. 240, 247, pl. 6, fig. 12; female reproductive organ; 1 specimen; Reg. No. : PB16135; Holotype: PB16135 (pl. 6, fig. 12); Repository: Nanjing Institute of Geology and Palaeontology, Chinese Academy of Sciences; Shunfa, eastern Heilongjiang; Early Cretaceous member 4 of Chengzihe Formation.

Genus *Torreya* Annott,1838
Type species: (living genus)
Taxonomic status: Taxaceae,Coniferopsida

For the first and earliest record of this generic name in Chinese Mesozoic Megafossil plants as:
△*Torreya*? *chowii* Li et Ye,1980
1980   Li Xingxue, Ye Meina, p. 10, pl. 3, fig. 4; pl. 4, fig. 4a; leafy shoots; Reg. No. : PB4609, PB8977a; Holotype: PB8977a (pl. 4, fig. 4a); Repository: Nanjing Institute of Geology and Palaeontology, Chinese Academy of Sciences; Shansong of Jiaohe, Jilin; Early Cretaceous Moshilazi Formation.
1980   Zhang Wu and others, p. 304, pl. 190, figs. 2, 10; leafy shoots; Jiaohe, Jilin; Early Cretaceous Moshilazi Formation.

Torreya? sp.
1978   *Torreya*? sp. (sp. nov.), Yang Xuelin and others, pl. 3, fig. 5; shoot with leaves; Shansong of Jiaohe, Jilin; Early Cretaceous Moshilazi Formation. (Notes: This specific figure was only given in the original paper)

△**Genus *Torreyocladus* Li et Ye,1980**

1980 Li Xingxue,Ye Meina,p. 10.

Type species:*Torreyocladus spectabilis* Li et Ye,1980

Taxonomic status:Coniferopsida

△***Torreyocladus spectabilis* Li et Ye,1980**

1980 Li Xingxue, Ye Meina, p. 10, pl. 4, fig. 5; leafy shoot; Reg. No. : PB8973; Genotype: PB8973 (pl. 4, fig. 5); Repository: Nanjing Institute of Geology and Paleontology, Chinese Academy of Sciences; Shansong of Jiaohe, Jilin; Early Cretaceous Moshilazi Formation. [Notes: The specimen was later referred as *Rhipidiocladus flabellata* Prynada (Li Xingxue and others,1986)]

Genus *Trapa* Linné,1753

Type species:(living genus)

Taxonomic status:Hydrocaryaceae,Dicotyledoneae

For the first and earliest record of this generic name in Chinese Mesozoic Megafossil plants as:

***Trapa*? *microphylla* Lesquereux,1878**

1878 Lesquereux,p. 259,pl. 61,figs. 16,17a;leaves;America;Late Cretaceous.

1959 Lee H H,pp. 33,37,pl. 1,figs. 2,3,5 — 8;leaves;Harbin,Heilongjiang;Late Cretaceous (Sungari Series).

Genus *Trichopitys* Saporta,1875

1875 Saporta,p. 1020.

Type species:*Trichopitys heteromorpha* Saporta,1875

Taxonomic status:Ginkgophytes?

***Trichopitys heteromorpha* Saporta,1875**

1875 Saporta,p. 1020;leaf;Lodève,France;Permian.

1885 Renault,p. 64,pl. 3,fig. 2;leaf;Lodève,France;Permian.

For the first and earliest record of this generic name in Chinese Mesozoic Megafossil plants as:

***Trichopitys setacea* Heer,1876**

1876 Heer,p. 64,pl. 1,fig. 9;leaf;Irkutsk,Russia;Jurassic.

1901 Krasser, p. 148, pl. 2, fig. 6; leaf; southern slope of Kyrkytag Mountian, Tianshan, Xinjiang;Jurassic. [Notes: The specimen was later referred as *Czekanowskia setacea* Heer (Sze H C,Lee H H and others,1963,p. 249)]

△Genus *Tricrananthus* Wang Z Q et Wang L X,1990

1990a Wang Ziqiang,Wang Lixin,p. 137.

Type species:*Tricrananthus sagittatus* Wang Z Q et Wang L X,1990

Taxonomic status:Coniferopsida

△*Tricrananthus sagittatus* Wang Z Q et Wang L X,1990

1990a Wang Ziqiang,Wang Lixin,p. 137,pl. 21,figs. 13 — 17;pl. 26,fig. 6;male cone scale; No. :Z16-418,Z16-422,Z16-17,Z16-426,Z16-422a,Iso19-29;Holotype:Z16-422 (pl. 21,fig. 15);Repository:Nanjing Institute of Geology and Paleontology,Chinese Academy of Sciences;Tuncun of Yushe and Mafang of Heshun,Shanxi;Early Triassic lower member of Heshanggou Formation.

△*Tricrananthus lobatus* Wang Z Q et Wang L X,1990

1990a Wang Ziqiang,Wang Lixin,p. 137,pl. 26,figs. 5,10;male cone scale;No. :Iso15-11, Iso8304-3;Syntypes:Iso15-11,Iso8304-3 (pl. 26,figs. 5,10);Repository:Nanjing Institute of Geology and Paleontology,Chinese Academy of Sciences;Puxian,Shanxi; Early Triassic lower member of Heshanggou Formation. [Notes:According to *International Code of Botanical Nomenclature (Vienna Code)* article 37. 2,from the year 1958,the holotype type specimen should be unique]

Genus *Tricranolepis* Roselt,1958

1958 Roselt,p. 390.

Type species:*Tricranolepis monosperma* Roselt,1958

Taxonomic status:Coniferopsida

Tricranolepis monosperma Roselt,1958

1958 Roselt, p. 390, pls. 1 — 4; seed-scale, Coniferales; Bedheim and Irmelshausen, south Thuringia,Germany;Lower Keuper.

For the first and earliest record of this generic name in Chinese Mesozoic Megafossil plants as:

△*Tricranolepis obtusiloba* Wang Z Q et Wang L X,1990

1990a Wang Ziqiang,Wang Lixin,p. 136,pl. 25,figs. 8,9;seed-scale;No. :Iso19-27,Iso19-28; Holotype:Iso19-28 (pl. 25, fig. 9);Repository:Nanjing Institute of Geology and Paleontology, Chinese Academy of Sciences; Puxian, Shanxi; Early Triassic lower member of Heshanggou Formation.

Genus *Trochodendroides* Berry,1922

1922 Berry,p. 166.

Type species: *Trochodendroides rhomboideus* (Lesquereux) Berry,1922

Taxonomic status: Trochodendraceae, Dicotyledoneae

Trochodendroides rhomboideus (Lesquereux) Berry, 1922

1868   *Ficus? rhomboideus* Lesquereux, p. 96.

1874   *Phyllites rhomboideus* Lesquereux. p. 112, pl. 6, fig. 7; leaf; Arthus Bluff, Texas, USA; Late Cretaceous Woodbine Formation.

1922   Berry, p. 166, pl. 36, fig. 6; leaf; Arthus Bluff, Texas, USA; Late Cretaceous Woodbine Formation.

For the first and earliest record of this generic name in Chinese Mesozoic Megafossil plants as:

Trochodendroides vassilenkoi Iljinska et Romanova, 1974

1974   Iljinska, Romanova, p. 118, pl. 50, figs. 1—4; text-fig. 75.

1979   Guo Shuangxing, Li Haomin, p. 554, pl. 1, fig. 7; leaf; Hunchun, Jilin; Late Cretaceous Hunchun Formation.

Genus *Trochodendron* Sieb. et Fucc.

Type species: (living genus)

Taxonomic status: Trochodendraceae, Dicotyledoneae

For the first and earliest record of this generic name in Chinese Mesozoic Megafossil plants as:

Trochodendron sp.

1986a,b   *Trochodendron* sp., Tao Junrong, Xiong Xianzheng, p. 124, pl. 7, fig. 6; pl. 11, fig. 10; leaves; Jiayin region, Heilongjiang; Late Cretaceous Wuyun Formation.

△Genus *Tsiaohoella* Lee et Yeh ex Zhang et al., 1980 (nom. nud.)

[Notes: This generic name *Tchiaohoella* is probably error in spelling for *Chiaohoella*; the Taxonomic status is also referred as Adiantaceae, Filicopsida (Li Xingxue and others, 1986, p. 13)]

1980   *Tsiaohoella* Lee et Yeh ex Zhang Wu and others, p. 279.

Type species: *Tsiaohoella mirabilis* Lee et Yeh ex Zhang et al., 1980

Taxonomic status: Cycadopsida

△*Tsiaohoella mirabilis* Lee et Yeh ex Zhang et al., 1980 (nom. nud.)

1980   *Tsiaohoella mirabilis* Lee et Yeh, Zhang Wu and others, p. 279, pl. 177, figs. 4—5; pl. 179, figs. 2, 4; cycadophyte leaves; Shansong of Jiaohe, Jilin; Early Cretaceous Moshilazi Formation.

△*Tsiaohoella neozamioides* Lee et Yeh ex Zhang et al., 1980 (nom. nud.)

1980   *Tsiaohoella neozamioides* Lee et Yeh, Zhang Wu and others, p. 79, pl. 179, figs. 1, 4; cycadophyte leaves; Shansong of Jiaohe, Jilin; Early Cretaceous Moshilazi Formation.

Genus *Tsuga* Carriere, 1855

Type species: (living genus)

Taxonomic status: Pinaceae, Coniferopsida

For the first and earliest record of this generic name in Chinese Mesozoic Megafossil plants as:

△*Tsuga taxoides* Tan et Zhu, 1982

1982 Tan Lin, Zhu Jianan, p. 149, pl. 36, figs. 2 — 4; foliage twigs; Reg. No. : GR15, GR18, GR206; Holotype: GR15 (pl. 36, fig. 3); Paratype: GR18 (pl. 36, fig. 4); Guyang, Inner Mongolia; Early Cretaceous Guyang Formation.

Genus *Tuarella* Burakova, 1961

1961 Burakova, p. 139.

Type species: *Tuarella lobifolia* Burakova, 1961

Taxonomic status: Osmundaceae, Filicopsida

For the first and earliest record of this generic name in Chinese Mesozoic Megafossil plants as:

Tuarella lobifolia Burakova, 1961

1961 Burakova, p. 139, pl. 12, figs. 1 — 6; text-fig. 29; sterile and fertile fronds; Tuarkyr, Central Asia; Middle Jurassic.

1988 Li Peijuan and others, p. 50, pl. 19, fig. 1; pl. 22, fig. 1; pl. 23, fig. 2; text-fig. 15; sterile and fertile pinnae; Datouyanggou of Da Qaidam, Qinghai; Middle Jurassic *Tyrmia-Sphenobaiera* Bed of Dameigou Formation.

Genus *Typha* Linné

Type species: (living genus)

Taxonomic status: Typhaceae, Monocotyledoneae

For the first and earliest record of this generic name in Chinese Mesozoic Megafossil plants as:

Typha sp.

1986a, b *Typha* sp., Tao Junrong, Xiong Xianzheng, pl. 6, fig. 11; leaf; Jiayin region, Heilongjiang; Late Cretaceous Wuyun Formation. (Notes: This specific figure was only given in the original paper)

Genus *Typhaera* Krassilov, 1982

1982 Krassilov, p. 36.

Type species: *Typhaera fusiformis* Krassilov, 1982

Taxonomic status: Typhaceae, Dicotyledoneae

For the first and earliest record of this generic name in Chinese Mesozoic Megafossil plants as:
Typhaera fusiformis **Krassilov, 1982**
1982　Krassilov, p. 36, pl. 19, figs. 247 — 251; Mongolia; Early Cretaceous.

1999　Wu Shunqing, p. 22, pl. 15, figs. 3, 3a; pl. 17, figs. 3, 3a, 6, 6a; leaves; Huangbanjigou near Shangyuan of Beipiao, western Liaoning; Late Jurassic Jianshangou Bed in lower part of Yixian Formation.

Genus *Tyrmia* **Prynada, 1956**
1956　Prynada, in Kiparianova and others, p. 241.

Type species: *Tyrmia tyrmensis* Prynada, 1955

Taxonomic status: Bennettiales, Cycadopsida

Tyrmia tyrmensis **Prynada, 1956**
1956　Prynada, in Kiparianova and others, p. 241, pl. 42, fig. 2; foliage, Bennettitales; Tyrma River, Bureya Basin; Early Cretaceous.

For the first and earliest record of this generic name in Chinese Mesozoic Megafossil plants as:
△*Tyrmia chaoyangensis* **Zhang, 1980**
1980　Zhang Wu and others, p. 272, pl. 140, fig. 13; cycadophyte leaf; Reg. No. : D382; Repository: Shenyang Institute of Geology and Mineral Resources; Chaoyang, Liaoning; Middle Jurassic.

△*Tyrmia latior* **Ye, 1980**
1980　Ye Meina, in Wu Shunqing and others, p. 105, pl. 23, figs. 1 — 6; pl. 24, figs. 5, 6, 7b; cycadophyte leaves; Col. No. : ACG-128, 168; Reg. No. : PB6829 — PB6834, PB6841 — PB6843; Syntypes: PB6830 — PB6833 (pl. 23, figs. 1 — 4); Repository: Nanjing Institute of Geology and Paleontology, Chinese Academy of Sciences; Xiangxi of Zigui and Huilongsi of Xingshan, Hubei; Early — Middle Jurassic Hsiangchi Formation. [Notes: According to *International Code of Botanical Nomenclature (Vienna Code)* article 37. 2, from the year 1958, the holotype type specimen should be unique]

△*Tyrmia nathorsti* (Schenk) **Ye, 1980**
1883　*Pterophyllum nathorsti* Schenk, p. 261, pl. 53, figs. 5, 7; Zigui, Hubei; Jurassic.

1980　Ye Meina, in Wu Shunqing and others, p. 104, pl. 22, figs. 1 — 11; cycadophyte leaves; Xiangxi and Shazhenxi of Zigui, Zhengjiahe and Huilongsi of Xingshan, Hubei; Early — Middle Jurassic Hsiangchi Formation.

△*Tyrmia oblongifolia* **Zhang, 1980**
1980　Zhang Wu and others, p. 272, pl. 170, figs. 1 — 3; pl. 2, fig. 1; cycadophyte leaves; Reg. No. : D383 — D386; Repository: Shenyang Institute of Geology and Mineral Resources; Chaoyang, Liaoning; Middle Jurassic. [Notes 1: The type specimen was not designated in

the original paper; Notes 2: This specimen lately was referred as *Vitimia oblongifolia* (Zhang) Wang (Wang Ziqiang,1984)]

Tyrmia polynovii (Novopokrovsky) **Prynada,1956**
1912　*Dioonites polynovii* Novopokrovsky, p. 9, pl. 3, fig. 6; cycadophyte leaf; Bureya Basin; Early Cretaceous.
1956　Prynada, in Kipariaova and others: p. 242, cycadophyte leaf; Bureya Basin; Early Cretaceous.
1980　Zhang Wu and others, p. 272, pl. 169, fig. 12; pl. 171, figs. 2, 6; cycadophyte leaves; Beipiao, Liaoning; Early Cretaceous Sunjiawan Formation.

Tyrmia sp.
1980　*Tyrmia* sp., Wu Shunqing and others, p. 106, pl. 21, fig. 7; cycadophyte leaf; Xiangxi of Zigui, Hubei; Early — Middle Jurassic Hsiangchi Formation.

Genus *Ullmannia* **Goeppert,1850**
1850　Goeppert, p. 185.
Type species:*Ullmannia bronnii* Goeppert,1850
Taxonomic status:Coniferopsida

Ullmannia bronnii **Goeppert,1850**
1850　Goeppert, p. 185, pl. 20, figs. 1 — 26; cones and foliage; Frankenberg, Saxony, Germany; Permian (Zechstein).

For the first and earliest record of this generic name in Chinese Mesozoic Megafossil plants as:
Ullmannia sp.
1947 — 1948　*Ullmannia* sp., Mathews, p. 239; text-fig. 1; impression of a male cone; West Hill, Beijing; Permian(?) or Triassic(?) Shuangquan Series.

Genus *Ulmiphyllum* **Fontaine,1889**
1889　Fontaine, p. 312.
Type species:*Ulmiphyllum brookense* Fontaine,1889
Taxonomic status:Ulmaceae, Dicotyledoneae

For the first and earliest record of this generic name in Chinese Mesozoic Megafossil plants as:
Ulmiphyllum brookense **Fontaine,1889**
1889　Fontaine, p. 312, pl. 155, fig. 8; pl. 163, fig. 7; leaves; Brooke, Virginia, USA; Early Cretaceous Potomac Group.
2005　Zhang Guangfu, pl. 1, fig. 1; leaf; Jilin; Early Cretaceous Dalazi Formation. (Notes:This specific figure was only given in the original paper)

Genus *Umaltolepis* Krassilov, 1972

1972   Krassilov, p. 63.

Type species: *Umaltolepis vachrameevii* Krassilov, 1972

Taxonomic status: Ginkgophytes

Umaltolepis vachrameevii Krassilov, 1972

1972   Krassilov, p. 63, pl. 21, fig. 5a; pl. 22, figs. 5 — 8; pl. 23, figs. 1, 2, 5 — 7, 10, 13; seeds; right bank of Bureya River, Drainage of Amur River; Late Jurassic.

For the first and earliest record of this generic name in Chinese Mesozoic Megafossil plants as:

△*Umaltolepis hebeiensis* Wang, 1984

1984   Wang Ziqiang, p. 281, pl. 152, fig. 12; pl. 165, figs. 1 — 5; fruit scales and cuticles; 1 specimen; Reg. No. : P0393; Holotype: P0393 (pl. 152, fig. 12); Repository: Nanjing Institute of Geology and Palaeontology, Chinese Academy of Science; Zhangjiakou, Hebei; Early Cretaceous Qingshila Formation.

Genus *Uralophyllum* Kryshtofovich et Prinada, 1933

1933   Kryshtofovich, Prinada, p. 25.

Type species: *Uralophyllum krascheninnikovii* Kryshtofovich et Prinada, 1933

Taxonomic status: Cycadopsida?

Uralophyllum krascheninnikovii Kryshtofovich et Prinada, 1933

1933   Kryshtofovich, Prinada, p. 25, pl. 2, fig. 7b; pl. 3, figs. 1 — 4; leaves; Eastern Urals, USSR; Late Triassic — Early Jurassic.

Uralophyllum radczenkoi (Sixtel) Dobruskina, 1982

1962   *Tersiella radczenkoi* Sixtel, p. 342, pl. 19, figs. 7 — 13; pl. 20, figs. 1 — 5; text-fig. 25; leaves; South Fergana; Late Triassic.

1982   Dobruskina, p. 122.

For the first and earliest record of this generic name in Chinese Mesozoic Megafossil plants as:

Uralophyllum? cf. *radczenkoi* (Sixtel) Dobruskina

1990   Wu Shunqing, Zhou Hanzhong, p. 454, pl. 4, figs. 7, 7a; leaves; Kuqa, Xinjiang; Early Triassic Ehuobulake Formation.

Genus *Ussuriocladus* Kryshtofovich et Prynada, 1932

1932   Kryshtofovich, Prynada, p. 372.

Type species: *Ussuriocladus racemosus* Halle ex Kryshtofovich et Prynada, 1932

Taxonomic status: Coniferopsida

Ussuriocladus racemosus Halle ex Kryshtofovich et Prynada, 1932
1932　Kryshtofovich, Prynada, p. 372; Primorski Krai, USSR; Early Cretaceous.

For the first and earliest record of this generic name in Chinese Mesozoic Megafossil plants as:
△*Ussuriocladus antuensis* Zhang, 1980
1980　Zhang Wu and others, p. 301, pl. 189, figs. 6, 7; leafy shoots; Reg. No. : D549 — D550; Repository: Shenyang Institute of Geology and Mineral Resources; Dashahe of Antu, Jilin; Early Cretaceous Tongfosi Formation. (Notes: The type specimen was not designated in the original paper)

Genus *Vardekloeftia* Harris, 1932
1932　Harris, p. 109.
Type species: *Vardekloeftia sulcata* Harris, 1932
Taxonomic status: Bennettiales, Cycadopsida

For the first and earliest record of this generic name in Chinese Mesozoic Megafossil plants as:
Vardekloeftia sulcata Harris, 1932
1932　Harris, p. 109, pl. 15, figs. 1, 4, 5, 12; pl. 17, figs. 1, 2; pl. 18, figs. 1, 5; text-figs. 49B, 49C; female portion of cone (gynaecium, ruit) and cuticles, Bennettitales; Scoresby Sound, East Greenland; Late Triassic (*Lepidopteris* Zone).
1986　Ye Meina and others, p. 65, pl. 45, figs. 2 — 2b; pl. 56, fig. 6; fruits; Jinwo near Tieshan and Bailaping of Daxian, Sichuan; Late Triassic member 7 of Hsuchiaho Formation.

Genus *Viburniphyllum* Nathorst, 1886
1886　Nathorst, p. 52.
Type species: *Viburniphyllum giganteum* (Saporta) Nathorst, 1886
Taxonomic status: Caprifoliaceae, Dicotyledoneae

Viburniphyllum giganteum (Saporta) Nathorst, 1886
1868　*Viburnum giganteum* Saporta, p. 370, pl. 30, figs. 1, 2; leaves; France; Eocene.
1886　Nathorst, p. 52.

For the first and earliest record of this generic name in Chinese Mesozoic Megafossil plants as:
△*Viburniphyllum serrulutum* Tao, 1980
1980　Tao Junrong, in Tao Junrong and Sun Xiangjun, p. 76, pl, 1, figs. 6, 7; leaves; No. : 52115, 52127; Repository: Institute of Botany, Chinese Academy of Sciences; Lindian, Heilongjiang; Early Cretaceous Quantou Formation. (Notes: The type specimen was not designated in the original paper)

Genus *Viburnum* Linné, 1753

Type species: (living genus)

Taxonomic status: Caprifoliaceae, Dicotyledoneae

For the first and earliest record of this generic name in Chinese Mesozoic Megafossil plants as:
Viburnum asperum Newberry, 1868
1869　Newberry, p. 54; North America (Fort Union, Dacotah); Miocene (Miocene strata).
1885　Ward, p. 557, pl. 64, figs. 4 — 9; leaves; America; Late Cretaceous.
1898　Newberry, p. 128, pl. 33, figs. 1, 2; leaves; North America (Fort Union, Dacotah); Tertiary (Fort Union Group).
1975　Guo Shuangxing, p. 421, pl. 3, fig. 2; leaf; Xigaze, Xizang (Tibet); Late Cretaceous Xigaze Group.

Genus *Vitimia* Vachrameev, 1977
1977　Vachrameev, in Vachrameev and Kotova, p. 105.

Type species: *Vitimia doludenkoi* Vachrameev, 1977

Taxonomic status: Bennettiales, Cycadopsida

For the first and earliest record of this generic name in Chinese Mesozoic Megafossil plants as:
Vitimia doludenkoi Vachrameev, 1977
1977　Vachrameev, in Vachrameev and Kotova, p. 105, pl. 11, figs. 1 — 5; leaves; Trans Baikal L. ; Early Cretaceous.
1979　Wang Ziqiang, Wang Pu, pl. 1, fig. 8; leaf; Tuoli near West Hill, Beijing; Early Cretaceous Tuoli Formation. (Notes: This specific figure was only given in the original paper)

Genus *Vitiphyllum* Nathorst, 1886 (non Fontaine, 1889)
1886　Nathorst, p. 211.

Type species: *Vitiphyllum raumanni* Nathorst, 1886

Taxonomic status: Vitaceae, Dicotyledoneae

Vitiphyllum raumanni Nathorst, 1886
1886　Nathorst, p. 211, pl. 22, fig. 2; leaf; Sakugori, Shimano, Japan; Tertiary.

For the first and earliest record of this generic name in Chinese Mesozoic Megafossil plants as:
△*Vitiphyllum jilinense* Guo, 2000 (in English)
2000　Guo Shuangxing, p. 237, pl. 4, figs. 14, 16; pl. 8, figs. 4, 5, 10; leaves; Reg. No. : PB18667, PB18671; Holotype: PB18668 (pl. 4, fig. 16); Repository: Nanjing Institute of Geology and Paleontology, Chinese Academy of Sciences; Hunchun, Jilin; Late Cretaceous

Hunchun Formation.

Genus *Vitiphyllum* Fontaine,1889 (non **Nathorst,1886**)
[Notes:This generic names *Vitiphyllum* Fontaine,1889 is a homonym junius of *Vitiphyllum* Nathorst,1886 (Wu Xiangwu,1993a)]
1889   Fontaine,p. 308.
Type species:*Vitiphyllum crassiflium* Fontaine,1889
Taxonomic status:Vitaceae,Dicotyledoneae

Vitiphyllum crassiflium Fontaine,1889
1889   Fontaine, p. 308; leaves; near Potomac Run, Virginia, USA; Early Cretaceous Potomac Group.

For the first and earliest record of this generic name in Chinese Mesozoic Megafossil plants as:
Vitiphyllum sp.
1978   *Cissites*? sp. ,Yang Xuelin and others,pl. 2,fig. 7;leaf;Shansong of Jiaohe Basin,Jilin; Early Cretaceous Moshilazi Formation. (Notes:This specific figure was only given in the original paper)
1980   *Cissites* sp. ,Li Xingxue, Ye Meina, pl. 3, fig. 6; leaf; Shansong of Jiaohe Basin, Jilin; Early Cretaceous Moshilazi Formation. (Notes:This specific figure was only given in the original paper)
1986   *Vitiphyllum* sp. ,Li Xingxue and others,p. 43,pl. 43,fig. 6;pl. 44,fig. 3;leaf;Shansong of Jiaohe Basin,Jilin;Early Cretaceous Moshilazi Formation.

Genus *Vittaephyllum* Dobruskina,1975
1975   Dobruskina,p. 127.
Type species:*Vittaephyllum bifurcata* (Sixtel) Dobruskina,1975
Taxonomic status:Pteridospermopsida

Vittaephyllum bifurcata (Sixtel) Dobruskina,1975
1962   *Furcula bifurcata* Sixtel, p. 327, pl. 3; pl. 7, figs. 1 — 8; fern-like leaves; Uzbek; Late Permian — Early Triassic.
1975   Dobruskina, p. 129, pl. 11, figs. 2, 6, 7, 9, 10; fern-like leaves; Uzbek; Late Permian — Early Triassic.

For the first and earliest record of this generic name in Chinese Mesozoic Megafossil plants as:
Vittaephyllum sp.
1990   *Vittaephyllum* sp. , Meng Fansong, pl. 1, figs. 11, 12; single leaves; Xinhuacun near Jiuqujiang of Qionghai, Hainan; Early Triassic Lingwen Formation. (Notes:This specific figure was only given in the original paper)
1992b   *Vittaephyllum* sp. ,Meng Fansong,p. 178,pl. 3,figs. 10 — 12;single leaves;Xinhuacun

near Jiuqujiang of Qionghai, Hainan; Early Triassic Lingwen Formation.

△Genus *Vittifoliolum* Zhou, 1984

1984   Zhou Zhiyan, p. 49.

Type species: *Vittifoliolum segregatum* Zhou, 1984

Taxonomic status: Ginkgopsida? or Czekanowskiales?

[Notes: The author compared this genus with other genera, such as *Desmiophyllum*, *Cordaites*, *Yuccites*, *Bambusium*, *Phoenicopsis*, *Culgouweria*, *Windwardia*, *Pseudotorellia*, and considered that it belongs to Ginkgopsida (Zhou Zhiyan, 1984); Li Peijuan (1988) attributed it to Ginkgoales (?)]

△*Vittifoliolum segregatum* Zhou, 1984

1984   Zhou Zhiyan, p. 49, pl. 29, figs. 4 — 4d; pl. 30, figs. 1 — 2b; pl. 31, figs. 1 — 2a, 4; text-fig. 12; leaves and cuticles; Reg. No. : PB8938 — PB8941, PB8943; Holotype: PB8937 (pl. 30, fig. 1); Repository: Nanjing Institute of Geology and Palaeontology, Chinese Academy of Sciences; Qiyang, Lingling, Lanshan, Hengnan, Jiangyong and Yongxing, Hunan; Early Jurassic middle and lower parts of Guanyintan Formation.

△*Vittifoliolum segregatum* f. *costatum* Zhou, 1984

1984   Zhou Zhiyan, p. 50, pl. 31, figs. 3 — 3b; leaves and cuticles; Reg. No. : PB8942; Repository: Nanjing Institute of Geology and Palaeontology, Chinese Academy of Sciences; Huangyangsi of Lingling, Hunan; Early Jurassic middle part (lower part?) of Guanyintan Formation.

△*Vittifoliolum multinerve* Zhou, 1984

1984   Zhou Zhiyan, p. 50, pl. 32, figs. 1, 2; leaves and cuticle; Reg. No. : PB8944, PB8945; Holotype: PB8944 (pl. 32, fig. 1); Repository: Nanjing Institute of Geology and Palaeontology, Chinese Academy of Sciences; Huangyangsi of Lingling, Hunan; Early Jurassic middle (lower part?) of Guanyintan Formation.

Genus *Voltzia* Brongniart, 1828

1828   Brongniart, p. 449.

Type species: *Voltzia brevifolia* Brongniart, 1828

Taxonomic status: Voltziaceae, Coniferopsida

Voltzia brevifolia Brongniart, 1828

1828   Brongniart, p. 449, pl. 15; pl. 16, figs. 1, 2; reproductive organs and foliage twigs; Vosges Mts., France; Early Triassic.

For the first and earliest record of this generic name in Chinese Mesozoic Megafossil plants as:
Voltzia heterophylla Brongniart, 1828
1828   Brongniart, p. 446; leafy shoot; Vosges Mts., France; Early Triassic.
1979   Zhou Zhiyan, Li Baoxian, p. 451, pl. 2, figs. 1 — 5, 20; text-fig. 1; leafy shoots; Jiuqujiang of Qionghai, Hainan; Early Triassic Lingwen Group (Jiuqujiang Formation).

Voltzia spp.
1978   *Voltzia* sp., Wang Lixin and others, pl. 4, figs. 3, 4; male cones; Hongyatou of Yushe, Shanxi; Early Triassic Heshanggou Formation. (Notes: This specific figure was only given in the original paper)
1979   *Voltzia* spp., Zhou Zhiyan, Li Baoxian, pl. 2, figs. 7 — 9, 10(?) — 14(?); leafy shoots; Jiuqujiang of Qionghai, Hainan; Early Triassic Lingwen Group (Jiuqujiang Formation). (Notes: This specific figure was only given in the original paper)

Voltzia? sp.
1978   *Voltzia*? sp., Wang Lixin and others, pl. 4, fig. 5; male cone; Hongyatou of Yushe, Shanxi; Early Triassic Heshanggou Formation. (Notes: This specific figure was only given in the original paper)

Genus *Weichselia* Stiehler, 1857
1857   Stiehler, p. 73.
Type species: *Weichselia ludovicae* Stiehler, 1857
Taxonomic status: Filicopsida

Weichselia ludovicae Stiehler, 1857
1857   Stiehler, p. 73, pls. 12, 13; fronds; Quedlinburgh, Saxony, Germany; Late Cretaceous.

For the first and earliest record of this generic name in Chinese Mesozoic Megafossil plants as:
Weichselia reticulata (Stockes et Webb) Fontaine, 1899
1824   *Pecoteris reticulata* Stockes et Webb, p. 423, pl. 46, fig. 5; pl. 47, fig. 3; fronds; England; Early Cretaceous.
1899   Fontaine, in Ward, p. 651, pl. 100, figs. 2 — 4; fronds; America; Early Cretaceous.
1977   Tuan Shuying and others, p. 115, pl. 1, figs. 4, 5; pl. 2, figs. 5 — 8; fronds; Lhasa, Tibet; Early Cretaceous.

Genus *Weltrichia* Braun, 1847
1847   Braun, p. 86.
Type species: *Weltrichia mirabilis* Braun, 1847
Taxonomic status: Bennettiales, Cycadopsida

Weltrichia mirabilis Braun,1847

1847　Braun,p. 86.

1849　Braun, p. 710, pl. 2, figs. 1 — 3; Bennettitalean male flower; Western Europe; Late Triassic (Rhaetic).

For the first and earliest record of this generic name in Chinese Mesozoic Megafossil plants as:
Weltrichia sp.

1979　*Weltrichia* sp. , Zhou Zhiyan, Li Baoxian, p. 448, pl. 1, figs. 15, 16, 16a; Bennettitalean male flower; Shangchecun and Xinhuacun near Jiuqujiang of Qionghai, Hainan; Early Triassic Lingwen Group (Jiuqujiang Formation).

Genus *Williamsonia* Carruthers,1870

1870　Carruthers,p. 693.

Type species: *Williamsonia gigas* (Lindley et Hutton) Carruthers,1870

Taxonomic status: Bennettiales, Cycadopsida

Williamsonia gigas (Lindley et Hutton) Carruthers,1870

1835(1831 — 1837)　*Zamites gigas* Lindley et Hutton, p. 45, pl. 165; Yorkshire, England; Middle Jurassic.

1870　Carruthers, p. 693; fructifications; Yorkshire, England; Middle Jurassic.

For the first and earliest record of this generic name in Chinese Mesozoic Megafossil plants as:
Williamsonia sp.

1949　*Williamsonia* sp. , Sze H C, p. 23, pl. 13, fig. 15; Bennettitalean fructifications; Xiangxi of Zigui, Hubei; Early Jurassic Hsiangchi Coal Series. [Notes: This specimen lately was referred as *Cycadolepis*? sp. (Sze H C, Lee H H and others, 1963)]

Genus *Williamsoniella* Thomas,1915

1915　Thomas,p. 115.

Type species: *Williamsoniella coronata* Thomas,1915

Taxonomic status: Bennettiales, Cycadopsida

Williamsoniella coronata Thomas,1915

1915　Thomas, p. 115, pls. 12 — 14; text-figs. 1 — 5; strobili, Bennettitales; Yorkshire, England; Middle Jurassic (Gristhorpe plant bed).

For the first and earliest record of this generic name in Chinese Mesozoic Megafossil plants as:
Williamsoniella sp.

1976　*Williamsoniella* sp. , Chang Chichen, p. 190, pl. 97, fig. 3; strobilus, Bennettitales; Shiguaigou of Baotou, Inner Mongolia; Middle Jurassic Zhaogou Formation.

Genus *Willsiostrobus* Grauvogel-Stamm et Schaarschmidt, 1978

1978   Grauvogel-Stamm, Schaarschmidt, p. 106.

Type species: *Willsiostrobus willsii* (Townrow) Grauvogel-Stamm et Schaarschmidt, 1978

Taxonomic status: Coniferopsida

Willsiostrobus willsii (Townrow) Grauvogel-Stamm et Schaarschmidt, 1978

1962   *Masculostrobus willsii* Townrow, p. 25, pl. 1, figs. e, h; pl. 2, fig. 1; male strobili; England; Early Triassic.

1978   Grauvogel-Stamm, Schaarschmidt, p. 106.

For the first and earliest record of this generic name in Chinese Mesozoic Megafossil plants as:

Willsiostrobus cf. *willsii* (Townrow) Grauvogel-Stamm et Schaarschmidt

1984   Wang Ziqiang, p. 292, pl. 112, fig. 4; male cone; Shilou, Shanxi; Middle — Late Triassic Yenchang Formation.

△*Willsiostrobus Hongyatouensis* Wang, 1984

1984   Wang Ziqiang, p. 291, pl. 108, figs. 8 — 10; male cone; Reg. No.: P0017, P0029, P0030; Holotype: P0017 (pl. 108, fig. 8); Repository: Nanjing Institute of Geology and Paleontology, Chinese Academy of Sciences; Tuncun of Yushe, Shanxi; Early Triassic Liujiagou Formation; Hongyatou of Yushe, Shanxi; Early Triassic Heshanggou Formation. [Notes: The species was later referred as *Ruehleostachys*? *Hongyatouensis* Wang Z Q et Wang L X (Wang Ziqiang, Wang Lixin, 1990)]

Genus *Xenoxylon* Gothan, 1905

1905   Gothan, p. 38.

Type species: *Xenoxylon latiporosus* (Cramer) Gothan, 1905

Taxonomic status: Coniferales, Coniferopsida

Xenoxylon latiporosum (Cramer) Gothan, 1905

1868   *Pinites latiporosus* Cramer, in Heer, p. 176, pl. 40, figs. 1 — 8; Spitzbergen; Early Cretaceous.

1905   Gothan, p. 38.

For the first and earliest record of this generic name in Chinese Mesozoic Megafossil plants as:

△*Xenoxylon hopeiense* Chang, 1929

1929   Chang C Y, p. 250, pl. 1, figs. 1 — 4; woods; Xiajiagou of Zhuolu, Hebei; Late Jurassic.

△Genus *Xiajiajienia* Sun et Zheng, 2001 (in Chinese and English)

2001   Sun Ge, Zheng Shaolin, in Sun Ge and others, pp. 77, 187.

Type species: *Xiajiajienia mirabila* Sun et Zheng, 2001

Taxonomic status: Filicopsida

△*Xiajiajienia mirabila* **Sun et Zheng, 2001** (in Chinese and English)

2001　Sun Ge, Zheng Shaolin, in Sun Ge and others, pp. 77, 187, pl. 10, figs. 3 — 6; pl. 39, figs. 1 — 10; pl. 56, fig. 7; fronds; No.: PB19025, PB190226, PB19028 — PB19032, ZY3015; Holotype: PB19025 (pl. 10, fig. 3); Repository: Nanjing Institute of Geology and Palaeontology, Chinese Academy of Sciences; Xiajiajie of Liaoyuan, Jilin; Middle Jurassic Xiajiajie Formation; Huangbanjigou near Shangyuan of Beipiao, western Liaoning; Late Jurassic Jianshangou Formation.

△Genus *Xinganphyllum* **Huang, 1977**

1977　Huang Benhong, p. 60.

Type species: *Xinganphyllum aequale* Huang, 1977

Taxonomic status: plantae incertae sedis

△*Xinganphyllum aequale* **Huang, 1977**

1977　Huang Benhong, p. 60, pl. 6, figs. 1 — 2; pl. 7, figs. 1 — 3; text-fig. 20; leaves; Reg. No.: PFH0234, PFH0236, PFH0238, PFH0240, PFH0241; Repository: Shenyang Institute of Geology and Mineral Resources, Chinese Academy of Geological Sciences; Sanjiaoshan of Shenshu, Heilongjiang; Late Perman Sanjiaoshan Formation. (Notes: The type specimen was not designated in the original paper)

For the first and earliest record of this generic name in Chinese Mesozoic Megafossil plants as:

△*Xinganphyllum*? *grandifolium* **Meng, 1986**

1986　Meng Fansong, pp. 216, 217, pl. 1, figs. 3, 4; pl. 2, figs. 3, 4; fern-like leaves; Reg. No.: P82252 — P82255; Holotype: P82255 (pl. 2, fig. 4); Repository: Yichang Institute of Geology and Mineral Resources; Jiuligang of Yuan'an and Fenshuiling of Jingmen, Hubei; Late Triassic Jiuligang Formation.

△Genus *Xingxueina* **Sun et Dilcher, 1997 (1995 nom. nud.)** (in Chinese and English)

1995a　Sun Ge, Dilcher D L, in Li Xingxue, p. 324. (in Chinese) (nom. nud.)

1995b　Sun Ge, Dilcher D L, in Li Xingxue, p. 429. (in English) (nom. nud.)

1996　Sun Ge, Dilcher D L, p. 396. (nom. nud.)

1997　Sun Ge, Dilcher D L, pp. 137, 141. (in Chinese and English)

Type species: *Xingxueina heilongjiangensis* Sun et Dilcher, 1997 (1995 nom. nud.)

Taxonomic status: Dicotyledoneae

△*Xingxueina heilongjiangensis* **Sun et Dilcher, 1997 (1995 nom. nud.)** (in Chinese and English)

1995a　Sun Ge, Dilcher D L, in Li Xingxue, p. 324; text-fig. 9-2. 8; inflorescence and leaf; Jixi,

Heilongjiang;Early Cretaceous Chengzihe Formation. (in Chinese) (nom. nud.)
1995b Sun Ge,Dilcher D L,in Li Xingxue,p. 429;text-fig. 9-2. 8;inflorescence and leaf;Jixi, Heilongjiang;Early Cretaceous Chengzihe Formation. (in English) (nom. nud.)
1996　Sun Ge, Dilcher D L, pl. 2, figs. 1 — 6; text-fig. 1E; inflorescence and leaf; Jixi, Heilongjiang;Early Cretaceous Chengzihe Formation. (nom. nud.)
1997　Sun Ge, Dilcher D L, pp. 137, 141, pl. 1, figs. 1 — 7; pl. 2, figs. 1 — 6; text-fig. 2; inflorescence and leaf; Col. No.：WR47-100; Reg. No.：SC10025, SC10026; Holotype：SC10026 (pl. 5, figs. 1B, 2; fig. 4G); Repository：Nanjing Institute of Geology and Palaeontology, Chinese Academy of Sciences; Jixi, Heilongjiang; Early Cretaceous Chengzihe Formation.

△Genus *Xingxuephyllum* Sun et Dilcher,2002 (in English)
2002　Sun Ge,Dilcher D L,p. 103.
Type species:*Xingxuephyllum jixiense* Sun et Dilcher,2002
Taxonomic status:Dicotyledoneae

△*Xingxuephyllum jixiense* Sun et Dilcher,2002 (in English)
2002　Sun Ge, Dilcher D L, p. 103, pl. 5, figs. 1B, 2; text-fig. 4G; leaves; No.：SC10026; Holotype:SC10026 (pl. 5,figs. 1B,2;text-fig. 4G);Jixi, Heilongjiang;Early Cretaceous Chengzihe Formation. (Notes:The repository of the type specimens was not mentioned in the original paper)

△Genus *Xinjiangopteris* Wu S Z,1983 (non Wu S Q et Zhou,1986)
1983　Wu Shaozu,in Dou Yawei and others,p. 607.
Type species:*Xinjiangopteris toksunensis* Wu S Z,1983
Taxonomic status:Pteridospermopsida

△*Xinjiangopteris toksunensis* Wu S Z,1983
1983　Wu Shaozu, in Dou Yawei and others, p. 607, pl. 223, figs. 1 — 6; leaves; Col. No.：73KH1-6a;Reg. No.：XPB-032 — XPB-037;Syntypes：XPB-032 — XPB-037 (pl. 223, figs. 1 — 6); Hejing,Xinjiang;Late Permian. [Notes：According to *International Code of Botanical Nomenclature (Vienna Code)* article 37. 2,from the year 1958,the holotype type specimen should be unique]

△Genus *Xinjiangopteris* Wu et Zhou,1986 (non Wu S Z,1983)
[Notes:This generic name *Xinjiangopteris* Wu et Zhou,1986 is a late synonym (synonymun junius) of *Xinjiangopteris* Wu S Z,1983 (Wu Xiangwu,1993a,1993b)]
1986　Wu Shunqing,Zhou Hanzhong,pp. 642,645.

Type species: *Xinjiangopteris opposita* Wu et Zhou, 1986

Taxonomic status: Filicopsida or Pteridospermopsida incertae sedis

△*Xinjiangopteris opposita* Wu et Zhou, 1986

[Notes: This species lately was referred as *Toksunopteris opposita* Wu S Q et Zhou (Wu Xiangwu, 1993b)]

1986 Wu Shunqing, Zhou Hanzhong, pp. 642, 645, pl. 5, figs. 1 — 8, 10, 10a; fronds; Col. No.: K215 — K217, K219 — K223, K228, K229; Reg. No.: PB11780 — PB11786, PB11793, PB11794; Holotype: PB11785 (pl. 5, fig. 10); Repository: Nanjing Institute of Geology and Palaeontology, Chinese Academy of Sciences; Toksun district in Northwestern Turpan Depression, Xinjiang; Early Jurassic Badaowan Formation.

△Genus *Xinlongia* Yang, 1978

1978 Yang Xianhe, p. 516.

Type species: *Xinlongia pterophylloides* Yang, 1978

Taxonomic status: Bennettiales, Cycadopsida

△*Xinlongia pterophylloides* Yang, 1978

1978 Yang Xianhe, p. 516, pl. 182, fig. 1; text-fig. 118; cycadophyte leaf; Reg. No.: Sp0116; Holotype: Sp0116 (pl. 182, fig. 1); Repository: Chengdu Institute of Geology and Mineral Resources; Xionglong of Xinlong, Sichuan; Late Triassic Lamayia Formation.

△*Xinlongia hoheneggeri* (Schenk) Yang, 1978

1869 *Podozamites hoheneggeri* Schenk, Schenk, p. 9, pl. 2, figs. 3 — 6.

1906 *Glossozamites hoheneggeri* (Schenk) Yokoyama, Yokoyama, pp. 36, 37, pl. 12, figs. 1, 1a, 5a, 6(?); cycadophyte leaves; Shiguanzi of Zhaohua, Sichuan; Shaximiao of Hechuan, Sichuan; Jurassic.

1978 Yang Xianhe, p. 516, pl. 178, fig. 7; cycadophyte leaf; Xujiahe (Hsuchiaho) of Guangyuan, Sichuan; Late Triassic Hsuchiaho Formation.

△Genus *Xinlongophyllum* Yang, 1978

1978 Yang Xianhe, p. 505.

Type species: *Xinlongophyllum ctenopteroides* Yang, 1978

Taxonomic status: Pteridospermopsida

△*Xinlongophyllum ctenopteroides* Yang, 1978

1978 Yang Xianhe, p. 505, pl. 182, fig. 2; cycadophyte leaf; Reg. No.: Sp0117; Holotype: Sp0117 (pl. 182, fig. 2); Repository: Chengdu Institute of Geology and Mineral Resources; Xionglong of Xinlong, Sichuan; Late Triassic Lamayia Formation.

△*Xinlongophyllum multilineatum* Yang,1978
1978   Yang Xianhe,p. 506,pl. 182,figs. 3,4;cycadophyte leaves;Reg. No. :Sp0118,Sp0119; Syntypes:Sp0118 (pl. 182, fig. 3), Sp0119 (pl. 182, fig. 4); Repository: Chengdu Institute of Geology and Mineral Resources; Xionglong of Xinlong, Sichuan; Late Triassic Lamayia Formation. [Notes: According to *International Code of Botanical Nomenclature (Vienna Code)* article 37. 2, from the year 1958, the holotype type specimen should be unique]

Genus *Yabeiella* Ôishi,1931
1931   Ôishi,p. 263.
Type species:*Yabeiella brachebuschiana* (Kurtz) Ôishi,1931
Taxonomic status:plantae incertae sedis

Yabeiella brachebuschiana (Kurtz) Ôishi,1931
1912 — 1922   *Oleandridium brachebuschiana* Kurtz,p. 129,pl. 17,fig. 307;pl. 21,figs. 147 — 150,302,304 — 306,308;taeniopterid foliage;Argentina;Late Triassic (Rhaetic).
1931   Ôishi,p. 263,pl. 26,figs. 4 — 6;taeniopterid foliage;Argentina;Late Triassic (Rhaetic).

Yabeiella mareyesiaca (Geinitz) Ôishi,1931
1876   *Taeniopteris mareyesiaca* Geinitz,p. 9,pl. 2,fig. 3;taeniopterid foliage;Larioja,San Juan and Mendoza,Argentina;Late Triassic (Rhaetic).
1931   Ôishi1,p. 262.

For the first and earliest record of this generic name in Chinese Mesozoic Megafossil plants as:
Yabeiella cf. *mareyesiaca* (Geinitz) Ôishi
1983   Zhang Wu and others, p. 83, pl. 5, fig. 9; taeniopterid leaves; Linjiawaizi of Benxi, Liaoning;Middle Triassic Linjia Formation.

△*Yabeiella multinervis* Zhang et Zheng,1983
1983   Zhang Wu and others, p. 83, pl. 5, figs. 1 — 8; taeniopterid leaves; No. : LMP2079 — LMP2085; Repository: Shenyang Institute of Geology and Mineral Resources; Linjiawaizi of Benxi, Liaoning; Middle Triassic Linjia Formation. (Notes: The type specimen was not designated in the original paper)

△Genus *Yanjiphyllum* Zhang,1980
1980   Zhang Zhicheng,p. 338.
Type species:*Yanjiphyllum ellipticum* Zhang,1980
Taxonomic status:Dicotyledoneae

△*Yanjiphyllum ellipticum* Zhang,1980
1980   Zhang Zhicheng,p. 338,pl. 192,figs. 7,7a;leaves;Reg. No. :D631;Repository:Shenyang

Institute of Geology and Mineral Resources; Dalazi of Yanji, Jilin; Early Cretaceous Dalazi Formation.

△Genus *Yanliaoa* Pan, 1977

1977　P'an K, p. 70.

Type species: *Yanliaoa sinensis* Pan, 1977

Taxonomic status: Taxodiaceae, Coniferopsida

△*Yanliaoa sinensis* Pan, 1977

1977　P'an K, p. 70, pl. 5; twigs with cones; Reg. No.: L0027, L0034, L0040A, L0064; Repository: The Company of Geological Exploitation of Coal Field, Liaoning; Jinxi, Liaoning; Middle — Late Jurassic. (Notes: The type specimen was not designated in the original paper)

△Genus *Yimaia* Zhou et Zhang, 1988

1988a　Zhou Zhiyan, Zhang Bole, p. 217. (in Chinese)

1988b　Zhou Zhiyan, Zhang Bole, p. 1202. (in English)

Type species: *Yimaia recurva* Zhou et Zhang, 1988

Taxonomic status: Ginkgoales

△*Yimaia recurva* Zhou et Zhang, 1988

1988a　Zhou Zhiyan, Zhang Bole, p. 217, fig. 3; fertile twig; Reg. No.: PB14193; Holotype: PB14193 (fig. 3); Repository: Nanjing Institute of Geology and Palaeontology, Chinese Academy of Sciences; Yima, Henan; Middle Jurassic Yima Formation. (in Chinese)

1988b　Zhou Zhiyan, Zhang Bole, p. 1202, fig. 3; fertile twig; Reg. No.: PB14193; Holotype: PB14193 (fig. 3); Repository: Nanjing Institute of Geology and Palaeontology, Chinese Academy of Sciences; Yima, Henan; Middle Jurassic Yima Formation. (in English)

△Genus *Yixianophyllum* Zheng, Li N, Li Y, Zhang et Bian, 2005 (in English)

2005　Zheng Shaolin, Li Nan, Li Yong, Zhang Wu and Bian Xiongfei, p. 582.

Type species: *Yixianophyllum jinjiagouensie* Zheng, Li N, Li Y, Zhang and Bian, 2005

Taxonomic status: Cycadales

△*Yixianophyllum jinjiagouensie* Zheng, Li N, Li Y, Zhang et Bian, 2005 (in English)

2004　*Taeniopteris* sp. (gen. et sp. nov.), Wang Wuli and others, p. 232, pl. 30, figs. 2 — 5; single leaves; Jinjiagou of Yixian, Liaoning; Late Jurassic Zhuanchengzi Bed of Yixian Formation.

2005　Zheng Shaolin, Li Nan, Li Yong, Zhang Wu and Bian Xiongfei, p. 585, pls. 1, 2, figs. 2, 3A, 3B, 4A, 5J; single leaves and cuticles; Col. No.: JJG-7 — JJG-11; Holotype: JJG-7 (pl. 1, fig. 1); Paratypes: JJG-8 — JJG-10 (pl. 1, figs. 3,5,6); Repository: Shenyang Institute of Geology and Mineral Resources; Jinjiagou of Yixian, Liaoning; Late Jurassic lower part of Yixian Formation.

Genus *Yuccites* Martius, 1822 (non Schimper et Mougeot, 1844)
1822   Martius, p. 136.
Type species: *Yuccites microlepis* Martius, 1822
Taxonomic status: Coniferopsida or incertae sedis

Yuccites microlepis Martius, 1822
1822   Martius, p. 136.

Genus *Yuccites* Schimper et Mougeot, 1844 (non Martius, 1822)
[Notes: This generic name *Yuccites* Schimper et Mougeot, 1844 is a homonym junius of *Yuccites* Martius, 1822 (Wu Xiangwu, 1993a)]
1844   Schimper, Mougeot, p. 42.
Type species: *Yuccites vogesiacus* Schimper et Mougeot, 1844
Taxonomic status: Coniferopsida or incertae sedis

Yuccites vogesiacus Schimper et Mougeot, 1844
1844   Schimper, Mougeot, p. 42, pl. 21; leaf; Soulz-les-Bains, Alsace-Lorraine; Triassic.

For the first and earliest record of this generic name in Chinese Mesozoic Megafossil plants as:
Yuccites spathulata Prynada, 1952
1952   Prynada, pl. 15, figs. 1 — 12; leaves; Kazaksta; Late Triassic.
1984   Gu Daoyuan, p. 154, pl. 77, figs. 1, 2; leaves; Kuqa, Xinjiang; Late Triassic Tarikqik Formation.

Yuccites sp.
1984   *Yuccites* sp., Wang Ziqiang, p. 291, pl. 110, figs. 13, 14; leaves; Yushe, Shanxi; Early Triassic Liujiagou Formation; Wuxiang, Shanxi; Middle Triassic Ermaying Formation.

Yuccites? sp.
1978   *Yuccites*? sp., Wang Lixin and others, pl. 4, figs. 6 — 8; leaves; Hongyatou of Yushe and Shengzhuang of Pingyao, Shanxi; Early Triassic Heshanggou Formation. (Notes: This specific figure was only given in the original paper)

△Genus *Yungjenophyllum* Hsu et Chen, 1974
1974   Hsu J, Chen Yeh, in Hsu J and others, p. 275.
Type species: *Yungjenophyllum grandifolium* Hsu et Chen, 1974

Taxonomic status: plantae incertae sedis

△*Yungjenophyllum grandifolium* Hsu et Chen, 1974

1974   Hsu J, Chen Yeh, in Hsu J and others, p. 275, pl. 8, figs. 1—3; leaves; No. ; No. 2883; Repository: Institute of Botany, Chinese Academy of Sciences; Yongren of Yunnan and Baoding of Sichuan; Late Triassic middle part of Daqiaodi Formation.

Genus *Zamia* Linné

Type species: (living genus)

Taxonomic status: Cycadaceae, Cycadopsida

For the first and earliest record of this generic name in Chinese Mesozoic Megafossil plants as:

Zamia sp.

1925   *Zamia* sp., Teilhard de Chardin, Fritel, p. 537; Youfangtou (You-fang-teou) of Yulin, Shaanxi; Jurassic. (Notes: This specific name was only given in the original paper)

Genus *Zamiophyllum* Nthorst, 1890

1890   Nathorst, p. 46.

Type species: *Zamiophyllum buchianum* (Ettingshausen) Nthorst, 1890

Taxonomic status: Bennettiales, Cycadopsida

For the first and earliest record of this generic name in Chinese Mesozoic Megafossil plants as:

Zamiophyllum buchianum (Ettingshausen) Nathorst, 1890

1852   *Pterophyllum buchianum* Ettingshausen, p. 21, pl. 1, fig. 1; cycadophyte leaf; Germany; Early Cretaceous.

1890   Nathorst, p. 46, pl. 2, fig. 1; pl. 3; pl. 5, fig. 2; cycadophyte leaves; Togodani, Tosa, Japan; Early Cretaceous.

1954   Lee H H, p. 439, pl. 1, figs. 1, 2; cycadophyte leaves; Wucunpu of Huating, Gansu; Early Cretaceous Wutsunpu Formation (Liupanshan Series).

Genus *Zamiopsis* Fontaine, 1889

1889   Fontaine, p. 161.

Type species: *Zamiopsis pinnafida* Fontaine, 1889

Taxonomic status: Filicopsida?

Zamiopsis pinnafida Fontaine, 1889

1889   Fontaine, p. 161, pl. 61, fig. 7; pl. 62, fig. 5; pl. 64, fig. 2; fern(?) foliage; Fredericksburg, Virginia, USA; Early Cretaceous Potomac Group.

For the first and earliest record of this generic name in Chinese Mesozoic Megafossil plants as:
△*Zamiopsis fuxinensis* Zhang,1980
1980   Zhang Wu and others, p. 262, pl. 155, figs. 4 — 6; fronds; Fuxin, Liaoning; Early Cretaceous Fuxin Formation. (Notes: The type specimen was not designated in the original paper)

Genus *Zamiopteris* Schmalhausen,1879
1879   Schmalhausen, p. 80.
Type species: *Zamiopteris glossopteroides* Schmalhausen,1879
Taxonomic status: Pteridospermopsida

Zamiopteris glossopteroides Schmalhausen,1879
1879   Schmalhausen, p. 80, pl. 14, figs. 1 — 3; Glosopteris-like leaves; Ssuka, Russia; Permian.

For the first and earliest record of this generic name in Chinese Mesozoic Megafossil plants as:
△*Zamiopteris minor* Wang Z et Wang L,1990
1990a   Wang Ziqiang, Wang Lixin, p. 129, pl. 22, fig. 11; fern-like leaf; No.: Z05a-189; Holotype: Z05a-189 (pl. 22, fig. 11); Repository: Nanjing Institute of Geology and Palaeontology, Chinese Academy of Sciences; Tuncun of Yushe, Shanxi; Early Triassic base part of Heshanggou Formation.

Genus *Zamiostrobus* Endlicher,1836
1836(1836 — 1840)   Endlicher, p. 72.
Type species: *Zamiostrobus macrocephala* (Lindley et Hutton) Endlicher,1836
Taxonomic status: Bennettiales, Cycadopsida

Zamiostrobus macrocephala (Lindley et Hutton) Endlicher,1836
1834(1831 — 1837)   *Zamites macrophylla* Lindley et Hutton, p. 117, pl. 125; cycadophyte cone; England; Cretaceous.
1836(1836 — 1840)   Endlicher, p. 72; cycadophyte cone; England; Cretaceous.

For the first and earliest record of this generic name in Chinese Mesozoic Megafossil plants as:
Zamiostrobus? sp.
1982   *Zamiostrobus*? sp., Li Peijuan, p. 93, pl. 14, fig. 6; cycadophyte cone; Lhorong, eastern Xizang (Tibet); Early Cretaceous Duoni Formation.

Genus *Zamites* Brongniart,1828
1828   Brongniart, p. 94.
Type species: *Zamites gigas* (Lindley et Hutton) Morris,1843 [Notes: Owing to innumerable

name changes in the cycadophyte leaf genera, it is extremely difficult to cite type species, especially for *Zamites*. *Zamites gigas* (Lindley et Hutton) Morris is rather arbitrarily suggested]

Taxonomic status: Bennettiales, Cycadopsida

Zamites gigas (Lindley et Hutton) Morris, 1843

1835(1831 — 1837)　　*Zamia gigas* Lindley et Hutton, p. 45, pl. 165; cycadophyte leaf; Scarborough, England; Jurassic.

1843　　Morris, p. 24.

For the first and earliest record of this generic name in Chinese Mesozoic Megafossil plants as:

Zamites distans Presll, 1838

1838(1820 — 1838)　　*Zamites distans* Presl, in Sternber, p. 196, pl. 26, fig. 3; leafy shoot; Bavaria, Germany; Jurassic (Early Jurassic). [Notes: This species lately was referred as *Podozamites distans* (Presl) Braun (1843 (1839 — 1843) Braun, in Münster, p. 28)]

1874　　Brongniart, p. 408, leafy shoot; Dingjiagou (Tinkiako), Shaanxi; Jurassic. [Notes 1: This specific name was only given in the original paper; Notes 2: This specimen lately was referred as *Podozamites lanceolatus* (Lindley et Hutton) Braun (Sze H C, Lee H H and others, 1963)]

Zamites sp.

1923　　*Zamites* sp., Chow T H, pp. 81, 141, pl. 1, fig. 9; pl. 2, fig. 5; cycadophyte leaves; Nanwucun of Laiyang, Shandong; Early Cretaceous.

△Genus *Zhengia* Sun et Dilcher, 2002 (1996 nom. nud.) (in English)

1996　　Sun Ge, Dilcher D L, pl. 1, fig. 15; pl. 2, figs. 7 — 9. (nom. nud.)

2002　　Sun Ge, Dilcher D L, p. 103.

Type species: *Zhengia chinensis* Sun et Dilcher, 2002

Taxonomic status: Dicotyledonae

△*Zhengia chinensis* Sun et Dilcher, 2002 (1996 nom. nud.) (in English)

1992　　*Shenkuoia caloneura* Sun et Guo, Sun Ge, Guo Shuangxing, in Sun Ge and others, p. 547, pl. 1, fig. 14; pl. 2, figs. 2 — 6. (in Chinese)

1993　　*Shenkuoia caloneura* Sun et Guo, Sun Ge, Guo Shuangxing, in Sun Ge and others, p. 254, pl. 1, fig. 14; pl. 2, figs. 2 — 6. (in English)

1996　　Sun Ge, Dilcher D L, pl. 1, fig. 15; pl. 2, figs. 7 — 9; leaves and cuticles; Chengzihe of Jixi, Heilongjiang; Early Cretaceous upper part of Chengzihe Formation. (nom. nud.)

2002　　Sun Ge, Dilcher D L, p. 103, pl. 4, figs. 1 — 7; leaves and cuticles; Reg. No.: JS10004, SC10023, SD01996; Holotype: SC10023 (pl. 4, figs. 1, 3 — 6); Repository: Nanjing Institute of Geology and Palaeontology, Chinese Academy of Sciences; Chengzihe of Jixi, Heilongjiang; Early Cretaceous Chengzihe Formation.

Genus *Zizyphus* Mill.

Type species: (living genus)

Taxonomic status: Rhamnaceae, Dicotyledoneae

For the first and earliest record of this generic name in Chinese Mesozoic Megafossil plants as:

△*Zizyphus pseudocretacea* **Tao, 1986**

1986a, b   Tao Junrong, in Tao Junrong and Xiong Xianzheng, p. 128, pl. 10, fig. 6; leaf; No. :
    No. 52161; Jiayin region, Heilongjiang; Late Cretaceous Wuyun Formation.

APPENDIXES

Appendix 1　Index of Generic and Specific Names

[Arranged alphbetically, Generic or specific names and the page numbers (in English part / in Chinese part), "△" indicates the generic name or specific name established based on Chinese material]

A

△*Abropteris* 华脉蕨属 ·· 281/1
　　△*Abropteris virginiensis* 弗吉尼亚华脉蕨 ·· 281/1
　　△*Abropteris yongrenensis* 永仁华脉蕨 ·· 281/1
△*Acanthopteris* 刺蕨属 ··· 281/1
　　△*Acanthopteris gothani* 高腾刺蕨 ·· 281/1
△*Acerites* 似槭树属 ·· 281/1
　　Acerites sp. indet. 似槭树 (sp. indet.) ··· 282/1
Acitheca 尖囊蕨属 ··· 282/2
　　Acitheca polymorpha 多型尖囊蕨 ·· 282/2
　　△*Acitheca qinghaiensis* 青海尖囊蕨 ·· 282/2
△*Aconititis* 似乌头属 ··· 282/2
　　Aconititis sp. indet. 似乌头 (sp. indet.) ·· 282/2
Acrostichopteris 卤叶蕨属 ·· 283/2
　　Acrostichopteris longipennis 长羽片卤叶蕨 ·· 283/2
　　△*Acrostichopteris? baierioides* 拜拉型? 卤叶蕨 ··· 283/3
△*Acthephyllum* 奇叶属 ·· 283/3
　　△*Acthephyllum kaixianense* 开县奇叶 ·· 283/3
Adiantopteris 似铁线蕨属 ·· 283/3
　　Adiantopteris sewardii 秀厄德似铁线蕨 ·· 283/3
　　△*Adiantopteris schmidtianus* 希米德特似铁线蕨 ··· 283/3
　　Adiantopteris sp. 似铁线蕨 (未定种) ·· 284/3
Adiantum 铁线蕨属 ·· 284/3
　　△*Adiantum szechenyi* 斯氏铁线蕨 ·· 284/4
△*Aetheopteris* 奇羊齿属 ·· 284/4
　　△*Aetheopteris rigida* 坚直奇羊齿 ·· 284/4
Aethophyllum 奇叶杉属 ·· 284/4
　　Aethophyllum stipulare 有柄奇叶杉 ··· 284/4
　　Aethophyllum? sp. 奇叶杉? (未定种) ··· 284/4
△*Aipteridium* 准爱河羊齿属 ··· 285/4
　　△*Aipteridium pinnatum* 羽状准爱河羊齿 ··· 285/4

△*Aipteridium zhiluoense* 直罗准爱河羊齿 ……………………………………………………… 285/5
　　Aipteridium spp. 准爱河羊齿(未定多种) ………………………………………………… 285/5
Aipteris 爱河羊齿属 ……………………………………………………………………………… 285/5
　　灿烂爱河羊齿 *Aipteris speciosa* ………………………………………………………… 285/5
　　△*Aipteris wuziwanensis* Chow et Huang,1976 (non Huang et Chow,1980)
　　　五字湾爱河羊齿 …………………………………………………………………………… 285/5
　　△*Aipteris wuziwanensis* Huang et Chow,1980 (non Chow et Huang,1976)
　　　五字湾爱河羊齿 …………………………………………………………………………… 285/5
Alangium 八角枫属 ……………………………………………………………………………… 286/5
　　△*Alangium feijiajieense* 费家街八角枫 ………………………………………………… 286/5
Albertia 阿尔贝杉属 …………………………………………………………………………… 286/6
　　Albertia latifolia 偏叶阿尔贝杉 …………………………………………………………… 286/6
　　Albertia elliptica 椭圆阿尔贝杉 …………………………………………………………… 286/6
Allicospermum 裸籽属 …………………………………………………………………………… 286/6
　　Allicospermum xystum 光滑裸籽 ………………………………………………………… 287/6
　　? *Allicospermum xystum* ? 光滑裸籽 …………………………………………………… 287/6
△*Alloephedra* 异麻黄属 ……………………………………………………………………… 287/6
　　△*Alloephedra xingxuei* 星学异麻黄 …………………………………………………… 287/6
△*Allophyton* 奇异木属 ………………………………………………………………………… 287/7
　　△*Allophyton dengqenensis* 丁青奇异木 ……………………………………………… 287/7
Alnites Hisinger,1837 (non Deane,1902) 似桤属 ………………………………………… 287/7
　　Alnites friesii 弗利斯似桤 ………………………………………………………………… 288/7
　　Alnites jelisejevii 杰氏似桤 ……………………………………………………………… 288/7
Alnites Deane,1902 (non Hisinger,1837) 似桤属 ………………………………………… 288/7
　　Alnites latifolia 宽叶似桤 ………………………………………………………………… 288/7
Alnus 桤属 ………………………………………………………………………………………… 288/7
　　△*Alnus protobarbata* 原始髯毛桤 ………………………………………………………… 288/7
Amdrupia 安杜鲁普蕨属 ……………………………………………………………………… 288/8
　　Amdrupia stenodonta 狭形安杜鲁普蕨 ………………………………………………… 288/8
△*Amdrupiopsis* 拟安杜鲁普蕨属 …………………………………………………………… 289/8
　　△*Amdrupiopsis sphenopteroides* 楔羊齿型拟安杜鲁普蕨 ……………………… 289/8
△*Amentostrobus* 花穗杉果属 ……………………………………………………………… 289/8
　　Amentostrobus sp. indet. 花穗杉果(sp. indet.) ……………………………………… 289/8
Amesoneuron 棕榈叶属 ……………………………………………………………………… 289/9
　　Amesoneuron noeggerathiae 瓢叶棕榈叶 …………………………………………… 289/9
　　Amesoneuron sp. 棕榈叶(未定种) ……………………………………………………… 289/9
Ammatopsis 拟安马特杉属 …………………………………………………………………… 290/9
　　Ammatopsis mira 奇异拟安马特杉 ……………………………………………………… 290/9
　　Cf. *Ammatopsis mira* 奇异拟安马特杉(比较属种) …………………………………… 290/9
Ampelopsis 蛇葡萄属 ………………………………………………………………………… 290/9
　　Ampelopsis acerifolia 槭叶蛇葡萄 ……………………………………………………… 290/9
△*Amphiephedra* 疑麻黄属 …………………………………………………………………… 290/10
　　△*Amphiephedra rhamnoides* 鼠李型疑麻黄 ………………………………………… 290/10

Androstrobus 雄球果属	291/10
Androstrobus zamioides 查米亚型雄球果	291/10
△Androstrobus pagiodiformis 塔状雄球果	291/10
Angiopteridium 准莲座蕨属	291/10
Angiopteridium muensteri 敏斯特准莲座蕨	291/10
Angiopteridium infarctum 坚实准莲座蕨	291/10
Angiopteridium cf. infarctum 坚实准莲座蕨(比较种)	291/10
Angiopteris 莲座蕨属	291/11
△Angiopteris richthofeni 李希霍芬莲座蕨	292/11
△Angustiphyllum 窄叶属	292/11
△Angustiphyllum yaobuense 腰埠窄叶	292/11
Annalepis 脊囊属	292/11
Annalepis zeilleri 蔡耶脊囊	292/11
Annalepis sp. 脊囊(未定种)	292/11
Annularia 轮叶属	292/11
Annularia spinulosa 细刺轮叶	293/12
Annularia shirakii 短镰轮叶	293/12
Annulariopsis 拟轮叶属	293/12
Annulariopsis inopinata 东京拟轮叶	293/12
△Annulariopsis? sinensis 中国?拟轮叶	293/12
Annulariopsis? sp. 拟轮叶?(未定种)	293/12
Anomopteris 异形羊齿属	293/12
Anomopteris mougeotii 穆氏异形羊齿	293/12
Cf. Anomopteris mougeotii 穆氏异形羊齿(比较属种)	294/12
Anomopteris? sp. 异形羊齿?(未定种)	294/13
Anomozamites 异羽叶属	294/13
Anomozamites inconstans 变异异羽叶	294/13
Anomozamites spp. 异羽叶(未定多种)	294/13
Antholites 石花属	294/13
△Antholites chinensis 中国石花	294/13
Antholithes 石花属	295/13
Antholithes liliacea 百合石花	295/14
Antholithus 石花属	295/14
Antholithus wettsteinii 魏氏石花	295/14
△Antholithus fulongshanensis 富隆山石花	295/14
△Antholithus yangshugouensis 杨树沟石花	295/14
Anthrophyopsis 大网羽叶属	295/14
Anthrophyopsis nilssoni 尼尔桑大网羽叶	295/14
△Anthrophyopsis leeana 李氏大网羽叶	296/14
Aphlebia 变态叶属	296/14
Aphlebia acuta 急尖变态叶	296/15
△Aphlebia dissimilis 异形变态叶	296/15
Aphlebia sp. 变态叶(未定种)	296/15

Aralia 楤木属 ··· 296/15
　　△*Aralia firma* 坚强楤木 ·· 296/15
Araliaephyllum 楤木叶属 ··· 296/15
　　Araliaephyllum obtusilobum 钝裂片楤木叶 ··· 297/15
Araucaria 南洋杉属 ·· 297/15
　　△*Araucaria prodromus* 早熟南洋杉 ·· 297/16
Araucarioxylon 南洋杉型木属 ··· 297/16
　　Araucarioxylon carbonceum 石炭南洋杉型木 ··· 297/16
　　△*Araucarioxylon jeholense* 热河南洋杉型木 ·· 297/16
Araucarites 似南洋杉属 ··· 297/16
　　Araucarites goepperti 葛伯特似南洋杉 ·· 351/16
　　Araucarites spp. 似南洋杉(未定多种) ·· 351/16
△*Archaefructus* 古果属 ·· 298/16
　　△*Archaefructus liaoningensis* 辽宁古果 ·· 298/17
△*Archimagnolia* 始木兰属 ··· 298/17
　　△*Archimagnolia rostrato-stylosa* 喙柱始木兰 ·· 298/17
Arctobaiera 北极拜拉属 ··· 298/17
　　Arctobaiera flettii 弗里特北极拜拉 ··· 299/17
　　△*Arctobaiera renbaoi* 仁保北极拜拉 ·· 299/17
Arctopteris 北极蕨属 ··· 299/17
　　Arctopteris kolymensis 库累马北极蕨 ·· 299/18
　　Arctopteris obtuspinnata 钝羽北极蕨 ·· 299/18
　　Arctopteris rarinervis 稀脉北极蕨 ··· 299/18
△*Areolatophyllum* 华网蕨属 ·· 300/18
　　△*Areolatophyllum qinghaiense* 青海华网蕨 ··· 300/18
Arthollia 阿措勒叶属 ··· 300/18
　　Arthollia pacifica 太平洋阿措勒叶 ·· 300/18
　　△*Arthollia sinenis* 中国阿措勒叶 ·· 300/18
△*Asiatifolium* 亚洲叶属 ··· 300/19
　　△*Asiatifolium elegans* 雅致亚洲叶 ··· 300/19
Aspidiophyllum 盾形叶属 ··· 301/19
　　Aspidiophyllum trilobatum 三裂盾形叶 ·· 301/19
　　Aspidiophyllum sp. 盾形叶(未定种) ··· 301/19
Asplenium 铁角蕨属 ··· 301/19
　　Asplenium argutula 微尖铁角蕨 ·· 301/19
　　Asplenium petruschinense 彼德鲁欣铁角蕨 ·· 301/20
　　Asplenium whitbiense 怀特铁角蕨 ··· 301/20
Asterotheca 星囊蕨属 ··· 302/20
　　Asterotheca sternbergii 司腾伯星囊蕨 ··· 302/20
　　△*Asterotheca? szeiana* 斯氏?星囊蕨 ·· 302/20
　　Asterotheca? (Cladophlebis) szeiana 斯氏?星囊蕨(枝脉蕨) ·· 302/20
Athrotaxites 似密叶杉属 ·· 302/20
　　Athrotaxites lycopodioides 石松型似密叶杉 ·· 302/21

Appendixes　533

Athrotaxites berryi 贝氏似密叶杉	303/21
Athrotaxopsis 拟密叶杉属	303/21
Athrotaxopsis grandis 大拟密叶杉	303/21
Athrotaxopsis? sp. 拟密叶杉?(未定种)	303/21
Athyrium 蹄盖蕨属	303/21
△*Athyrium cretaceum* 白垩蹄盖蕨	303/21
△*Athyrium fuxinense* 阜新蹄盖蕨	303/21

B

Baiera 拜拉属	304/22
Baiera dichotoma 两裂拜拉	304/22
Baiera angustiloba 狭叶拜拉	304/22
△*Baiguophyllum* 白果叶属	304/22
△*Baiguophyllum lijianum* 利剑白果叶	304/22
Baisia 贝西亚果属	304/22
Baisia hirsuta 硬毛贝西亚果	305/22
Baisia sp. 贝西亚果(未定种)	305/23
Bauhinia 羊蹄甲属	305/23
△*Bauhinia gracilis* 雅致羊蹄甲	305/23
Bayera 拜拉属	305/23
Bayera dichotoma 两裂拜拉	305/23
Beania 宾尼亚球果属	305/23
Beania gracilis 纤细宾尼亚球果	305/23
△*Beania mishanensis* 密山宾尼亚球果	306/23
△*Beipiaoa* 北票果属	306/23
△*Beipiaoa spinosa* 强刺北票果	306/24
△*Beipiaoa parva* 小北票果	306/24
△*Beipiaoa rotunda* 圆形北票果	306/24
△*Bennetdicotis* 本内缘蕨属	306/24
Bennetdicotis sp. indet. 本内缘蕨(sp. indet.)	307/24
Bennetticarpus 本内苏铁果属	307/24
Bennetticarpus oxylepidus 尖鳞本内苏铁果	307/24
△*Bennetticarpus longmicropylus* 长珠孔本内苏铁果	307/25
△*Bennetticarpus ovoides* 卵圆本内苏铁果	307/25
△*Benxipteris* 本溪羊齿属	307/25
△*Benxipteris acuta* 尖叶本溪羊齿	307/25
△*Benxipteris densinervis* 密脉本溪羊齿	308/25
△*Benxipteris partita* 裂缺本溪羊齿	308/25
△*Benxipteris polymorpha* 多态本溪羊齿	308/25
Bernettia 伯恩第属	308/25
Bernettia inopinata 意外伯恩第	308/26
Bernettia phialophora 蜂窝状伯恩第	308/26

Bernouillia 贝尔瑙蕨属	308/26
Bernouillia helvetica 瑞士贝尔瑙蕨	309/26
△*Bernouillia zeilleri* 蔡耶贝尔瑙蕨	309/26
Bernoullia 贝尔瑙蕨属	309/26
Bernoullia helvetica 瑞士贝尔瑙蕨	309/26
△*Bernoullia zeilleri* 蔡耶贝尔瑙蕨	309/27
Betula 桦木属	309/27
Betula prisca 古老桦木	310/27
Betula sachalinensis 萨哈林桦木	310/27
Betuliphyllum 桦木叶属	310/27
Betuliphyllum patagonicum 巴塔哥尼亚桦木叶	310/27
△*Betuliphyllum hunchunensis* 珲春桦木叶	310/27
Borysthenia 第聂伯果属	310/27
Borysthenia fasciculata 束状第聂伯果	310/27
△*Borysthenia opulenta* 丰富第聂伯果	310/28
△*Boseoxylon* 鲍斯木属	311/28
△*Boseoxylon andrewii* 安德鲁斯鲍斯木	311/28
△*Botrychites* 似阴地蕨属	311/28
△*Botrychites reheensis* 热河似阴地蕨	311/28
Brachyoxylon 短木属	311/28
Brachyoxylon notabile 斑点短木	311/28
△*Brachyoxylon sahnii* 萨尼短木	311/29
Brachyphyllum 短叶杉属	312/29
Brachyphyllum mamillare 马咪勒短叶杉	312/29
△*Brachyphyllum magnum* 大短叶杉	312/29
△*Brachyphyllum multiramosum* 密枝短叶杉	312/29
Bucklandia 巴克兰茎属	312/29
Bucklandia anomala 异型巴克兰茎	312/29
△*Bucklandia minima* 极小巴克兰茎	312/29
Bucklandia sp. 巴克兰茎(未定种)	312/29

C

Calamites Schlotheim,1820 (non Brongniart,1828,nec Suckow,1784) 芦木属	313/30
Calamites cannaeformis 管状芦木	313/30
Calamites Brongniart,1828 (non Schlotheim,1820,nec Suckow,1784) 芦木属	313/30
Calamites radiatus 辐射芦木	314/30
Calamites Suckow,1784 (non Schlotheim,1820,nec Brongniart,1828) 芦木属	313/30
△*Calamites shanxiensis* 山西芦木	313/30
Cardiocarpus 心籽属	314/30
Cardiocarpus drupaceus 核果状心籽	314/31
Cardiocarpus sp. 心籽(未定种)	314/31
Carpites 石果属	314/31

　　　　Carpites pruniformis 核果状石果 …………………………………………………… 314/31
　　　　Carpites sp. 石果(未定种) ……………………………………………………………… 314/31
Carpolithes 石籽属 ……………………………………………………………………………… 314/31
　　　　Carpolithes spp. 石籽(未定多种) ……………………………………………………… 315/31
Carpolithus 石籽属 ……………………………………………………………………………… 315/32
　　　　Carpolithus sp. 石籽(未定种) ………………………………………………………… 315/32
Cassia 决明属 …………………………………………………………………………………… 315/32
　　　　Cassia fayettensis 弗耶特决明 ………………………………………………………… 315/32
　　　　Cassia cf. *fayettensis* 弗耶特决明(比较种) ………………………………………… 315/32
　　　　Cassia marshalensis 小叶决明 ………………………………………………………… 315/32
Castannea 板栗属 ……………………………………………………………………………… 316/32
　　　　△汤原板栗 *Castannea tangyuaensis* ………………………………………………… 316/32
△*Casuarinites* 似木麻黄属 …………………………………………………………………… 316/33
　　　　Casuarinites sp. indet. 似木麻黄(sp. indet.) ………………………………………… 316/33
Caulopteris 茎干蕨属 ………………………………………………………………………… 316/33
　　　　Caulopteris primaeva 初生茎干蕨 …………………………………………………… 316/33
　　　　△*Caulopteris nalajingensis* 纳拉箐茎干蕨 …………………………………………… 316/33
Cedroxylon 雪松型木属 ……………………………………………………………………… 317/33
　　　　Cedroxylon withami 怀氏雪松型木 …………………………………………………… 317/33
　　　　△*Cedroxylon jinshaense* 金沙雪松型木 ……………………………………………… 317/34
Celastrophyllum 南蛇藤叶属 ………………………………………………………………… 317/34
　　　　Celastrophyllum attenuatum 狭叶南蛇藤叶 ………………………………………… 317/34
　　　　Celastrophyllum? sp. 南蛇藤叶?(未定种) …………………………………………… 317/34
Celastrus 南蛇藤属 …………………………………………………………………………… 317/34
　　　　Celastrus minor 小叶南蛇藤 …………………………………………………………… 318/34
Cephalotaxopsis 拟粗榧属 …………………………………………………………………… 318/34
　　　　Cephalotaxopsis magnifolia 大叶拟粗榧 ……………………………………………… 318/34
　　　　△*Cephalotaxopsis asiatica* 亚洲拟粗榧 ……………………………………………… 318/35
　　　　Cephalotaxopsis sp. 拟粗榧(未定种) ………………………………………………… 318/35
Ceratophyllum 金鱼藻属 …………………………………………………………………… 318/35
　　　　△*Ceratophyllum jilinense* 吉林金鱼藻 ……………………………………………… 318/35
Cercidiphyllum 连香树属 …………………………………………………………………… 319/35
　　　　Cercidiphyllum ellipticum 椭圆连香树 ……………………………………………… 319/35
△*Chaoyangia* 朝阳序属 ……………………………………………………………………… 319/35
　　　　△*Chaoyangia liangii* 梁氏朝阳序 ……………………………………………………… 319/36
△*Chengzihella* 城子河叶属 ………………………………………………………………… 319/36
　　　　△*Chengzihella obovata* 倒卵城子河叶 ……………………………………………… 320/36
△*Chiaohoella* 小蛟河蕨属 …………………………………………………………………… 320/36
　　　　△*Chiaohoella mirabilis* 奇异小蛟河蕨 ………………………………………………… 320/36
　　　　△*Chiaohoella neozamioide* 新查米叶型小蛟河蕨 …………………………………… 320/36
△*Chilinia* 吉林羽叶属 ………………………………………………………………………… 320/37
　　　　△*Chilinia ctenioides* 篦羽叶型吉林羽叶 ……………………………………………… 320/37
　　　　△*Chilinia elegans* 雅致吉林羽叶 ……………………………………………………… 321/37

△*Chilinia robusta* 健壮吉林羽叶	321/37
Chiropteris 掌状蕨属	321/37
Chiropteris digitata 指状掌状蕨	321/37
?*Chiropteris* sp. ?掌状蕨(未定种)	321/37
△*Ciliatopteris* 细毛蕨属	321/37
△*Ciliatopteris pecotinata* 栉齿细毛蕨	321/37
Cinnamomum 樟树属	322/38
Cinnamomum hesperium 西方樟树	322/38
Cinnamomum newberryi 纽伯利樟树	322/38
Cissites 似白粉藤属	322/38
Cissites aceroides 槭树型似白粉藤	322/38
Cissites sp. 似白粉藤(未定种)	322/38
Cissites? sp. 似白粉藤?(未定种)	322/38
Cissus 白粉藤属	322/38
Cissus marginata 边缘白粉藤	323/38
△*Cladophlebidium* 准枝脉蕨属	323/39
△*Cladophlebidium wongi* 翁氏准枝脉蕨	323/39
Cladophlebis 枝脉蕨属	323/39
Cladophlebis albertsii 阿尔培茨枝脉蕨	323/39
Cladophlebis (*Todea*) *roessertii* 罗氏枝脉蕨(托第蕨)	323/39
Classostrobus 克拉松穗属	323/39
Classostrobus rishra 小克拉松穗	324/39
△*Classostrobus cathayanus* 华夏克拉松穗	324/40
Clathropteris 格子蕨属	324/40
Clathropteris menisciodes 新月蕨型格子蕨	324/40
Clathropteris sp. 格子蕨(未定种)	324/40
△*Clematites* 似铁线莲叶属	324/40
△*Clematites lanceolatus* 披针似铁线莲叶	324/40
Compsopteris 蕉羊齿属	325/40
Compsopteris adzvensis 阿兹蕉羊齿	325/41
△*Compsopteris crassinervis* 粗脉蕉羊齿	325/41
△*Compsopteris platyphylla* 阔叶蕉羊齿	325/41
△*Compsopteris tenuinervis* 细脉蕉羊齿	325/41
△*Compsopteris zhonghuaensis* 中华蕉羊齿	325/41
Coniferites 似松柏属	325/41
Coniferites lignitum 木质似松柏	326/41
Coniferites marchaensis 马尔卡似松柏	326/41
Coniferocaulon 松柏茎属	326/41
Coniferocaulon colymbeaeforme 鸟形松柏茎	326/42
Coniferocaulon rajmahalense 拉杰马哈尔松柏茎	326/42
Coniferocaulon? sp. 松柏茎?(未定种)	326/42
Coniopteris 锥叶蕨属	326/42
Coniopteris murrayana 默氏锥叶蕨	326/42

Coniopteris hymenophylloides 膜蕨型锥叶蕨 ……………………………………………… 327/42
　　△*Coniopteris nitidula* 稍亮锥叶蕨 ……………………………………………………… 327/42
Conites 似球果属 …………………………………………………………………………… 327/42
　　Conites bucklandi 布氏似球果 ………………………………………………………… 327/43
　　△*Conites shihjenkouensis* 石人沟似球果 ……………………………………………… 327/43
　　Conites sp. 似球果(未定种) …………………………………………………………… 327/43
Corylites 似榛属 …………………………………………………………………………… 327/43
　　Corylites macquarrii 麦氏似榛 ………………………………………………………… 327/43
　　Corylites fosteri 福氏似榛 ……………………………………………………………… 327/43
Corylopsiphyllum 榛叶属 ………………………………………………………………… 328/43
　　Corylopsiphyllum groenlandicum 格陵兰榛叶 ………………………………………… 328/43
　　△*Corylopsiphyllum jilinense* 吉林榛叶 ………………………………………………… 328/43
Corylus 榛属 ……………………………………………………………………………… 328/43
　　Corylus kenaiana 肯奈榛 ……………………………………………………………… 328/44
Credneria 克里木属 ……………………………………………………………………… 328/44
　　Credneria integerrima 完整克里木 …………………………………………………… 328/44
　　Credneria inordinata 不规则克里木 …………………………………………………… 329/44
Crematopteris 悬羽羊齿属 ……………………………………………………………… 329/44
　　Crematopteris typica 标准悬羽羊齿 …………………………………………………… 329/44
　　△*Crematopteris brevipinnata* 短羽片悬羽羊齿 ……………………………………… 329/44
　　△*Crematopteris ciricinalis* 旋卷悬羽羊齿 …………………………………………… 329/44
Cryptomeria 柳杉属 ……………………………………………………………………… 329/45
　　Cryptomeria fortunei 长叶柳杉 ………………………………………………………… 329/45
Ctenis 篦羽叶属 …………………………………………………………………………… 330/45
　　Ctenis falcata 镰形篦羽叶 ……………………………………………………………… 330/45
　　△*Ctenis kaneharai* 金原篦羽叶 ………………………………………………………… 330/45
　　Ctenis sp. 篦羽叶(未定种) …………………………………………………………… 330/45
Ctenophyllum 梳羽叶属 ………………………………………………………………… 330/45
　　Ctenophyllum braunianum 布劳恩梳羽叶 …………………………………………… 330/45
　　△*Ctenophyllum decurrens* 下延梳羽叶 ……………………………………………… 330/45
Ctenopteris 篦羽羊齿属 ………………………………………………………………… 331/46
　　Ctenopteris cycadea 苏铁篦羽羊齿 …………………………………………………… 331/46
　　Ctenopteris sarranii 沙兰篦羽羊齿 …………………………………………………… 331/46
Ctenozamites 枝羽叶属 ………………………………………………………………… 331/46
　　Ctenozamites cycadea 苏铁枝羽叶 …………………………………………………… 331/46
　　Ctenozamites sarrani 沙兰枝羽叶 …………………………………………………… 331/46
　　Ctenozamites? spp. 枝羽叶?(未定多种) …………………………………………… 332/46
Culgoweria 苦戈维里叶属 ……………………………………………………………… 332/47
　　Culgoweria mirobilis 奇异苦戈维里叶 ………………………………………………… 332/47
　　△*Culgoweria xiwanensis* 西湾苦戈维里叶 …………………………………………… 332/47
Cunninhamia 杉木属 …………………………………………………………………… 332/47
　　△*Cunninhamia asiatica* 亚洲杉木 ……………………………………………………… 332/47
Cupressinocladus 柏型枝属 …………………………………………………………… 332/47

Cupressinocladus salicornoides 柳型柏型枝	333/47
△*Cupressinocladus elegans* 雅致柏型枝	333/48
△*Cupressinocladus gracilis* 细小柏型枝	333/48
Cupressinoxylon 柏型木属	333/48
Cupressinoxylon subaequale 亚等形柏型木	333/48
Cupressinoxylon sp. 柏型木(未定种)	333/48
Cupressus 柏木属	333/48
?*Cupressus* sp. ?柏木(未定种)	334/48
Cyathea 桫椤属	334/49
△*Cyathea ordosica* 鄂尔多斯桫椤	334/49
△*Cycadicotis* 苏铁缘蕨属	334/49
Cycadicotis sp. indet. 苏铁缘蕨(sp. indet.)	334/49
△*Cycadicotis nissonervis* 蕉羽叶脉苏铁缘蕨	334/49
Cycadites Buckland,1836 (non Sternberg,1825) 似苏铁属	335/50
Cycadites megalophyllas 大叶似苏铁	335/50
Cycadites Sternberg,1825 (non Buckland,1836) 似苏铁属	335/49
Cycadites nilssoni 尼尔桑似苏铁	335/49
△*Cycadites manchurensis* 东北似苏铁	335/50
Cycadocarpidium 准苏铁杉果属	335/50
Cycadocarpidium erdmanni 爱德曼准苏铁杉果	335/50
Cycadolepis 苏铁鳞片属	336/50
Cycadolepis villosa 长毛苏铁鳞片	336/50
Cycadolepis corrugata 褶皱苏铁鳞片	336/50
△*Cycadolepophyllum* 苏铁鳞叶属	336/51
△*Cycadolepophyllum minor* 较小苏铁鳞叶	336/51
△*Cycadolepophyllum aequale* 等形苏铁鳞叶	336/51
Cycadospadix 苏铁掌苞属	336/51
Cycadospadix hennocquei 何氏苏铁掌苞	336/51
△*Cycadospadix scopulina* 帚苏铁掌苞	337/51
Cyclopitys 轮松属	337/51
Cyclopitys nordenskioeldi 诺氏轮松	337/51
Cyclopteris 圆异叶属	337/52
Cyclopteris reniformis 肾形圆异叶	337/52
Cyclopteris sp. 圆异叶(未定种)	337/52
Cycrocarya 青钱柳属	338/52
△*Cycrocarya macroptera* 大翅青钱柳	338/52
Cynepteris 连蕨属	338/52
Cynepteris lasiophora 具毛连蕨	338/52
Cyparissidium 准柏属	338/53
Cyparissidium gracile 细小准柏	338/53
?*Cyparissidium* sp. ?准柏(未定种)	338/53
Cyperacites 似莎草属	339/53
Cyperacites dubius 可疑似莎草	339/53

Cyperacites sp. 似莎草(未定种) 339/53
Czekanowskia (*Vachrameevia*) 茨康叶(瓦氏叶亚属) 339/54
    Czekanowskia (*Vachrameevia*) *australis* 澳大利亚茨康叶(瓦氏叶) 339/54
    Czekanowskia (*Vachrameevia*) sp. 茨康叶(瓦氏叶)(未定种) 340/54
Czekanowskia 茨康叶属 339/53
    Czekanowskia setacea 刚毛茨康叶 339/53
    Czekanowskia rigida 坚直茨康叶 339/53

D

Dadoxylon 台座木属 340/54
    Dadoxylon withami 怀氏台座木 340/54
    Dadoxylon (*Araucarioxylon*) *japonicus* 日本台座木(南洋杉型木) 340/54
    Dadoxylon (*Araucarioxylon*) cf. *japonicus* 日本台座木(南洋杉型木)(比较种) 340/54
Danaeopsis 拟丹尼蕨属 340/54
    Danaeopsis marantacea 枯萎拟丹尼蕨 340/55
    Danaeopsis hughesi 休兹拟丹尼蕨 340/55
△*Datongophyllum* 大同叶属 341/55
    △*Datongophyllum longipetiolatum* 长柄大同叶 341/55
    Datongophyllum sp. 大同叶(未定种) 341/55
Davallia 骨碎补属 341/55
    △*Davallia niehhutzuensis* 泥河子骨碎补 341/55
Debeya 德贝木属 341/56
    Debeya serrata 锯齿德贝木 342/56
    Debeya tikhonovichii 第氏德贝木 342/56
Deltolepis 三角鳞属 342/56
    Deltolepis credipota 圆洞三角鳞 342/56
    △*Deltolepis*? *longior* 较长?三角鳞 342/56
△*Dentopteris* 牙羊齿属 342/56
    △*Dentopteris stenophylla* 窄叶牙羊齿 342/56
    △*Dentopteris platyphylla* 宽叶牙羊齿 342/56
Desmiophyllum 带状叶属 343/57
    Desmiophyllum gracile 纤细带状叶 343/57
    Desmiophyllum spp. 带状叶(未定多种) 343/57
Dianella 山菅兰属 343/57
    △*Dianella longifolia* 长叶山菅兰 343/57
Dicksonia 蚌壳蕨属 343/57
    △*Dicksonia coriacea* 革质蚌壳蕨 343/57
    Dicksonia sp. 蚌壳蕨(未定种) 343/57
Dicotylophyllum Bandulska,1923 (non Saporta,1894) 双子叶属 344/58
    Dicotylophyllum stopesii 斯氏双子叶 344/58
Dicotylophyllum Saporta,1894 (non Bandulska,1923) 双子叶属 344/58
    Dicotylophyllum cerciforme 尾状双子叶 344/58

Dicotylophyllum sp. 双子叶（未定种）	344/58
Dicrodium 二叉羊齿属	344/58
Dicrodium odonpteroides 齿羊齿型二叉羊齿	344/58
△*Dicrodium allophyllum* 变形二叉羊齿	344/58
Dictyophyllum 网叶蕨属	345/58
Dictyophyllum rugosum 皱纹网叶蕨	345/59
Dictyophyllum nathorsti 那托斯特网叶蕨	345/59
Dictyozamites 网羽叶属	345/59
Dictyozamites falcata 镰形网羽叶	345/59
△*Dictyozamites hunanensis* 湖南网羽叶	345/59
Dioonites 似狄翁叶属	345/59
Dioonites feneonis 窗状似狄翁叶	346/59
Dioonites brongniarti 布朗尼阿似狄翁叶	346/59
Diospyros 柿属	346/60
Diospyros rotundifolia 圆叶柿	346/60
Disorus 双囊蕨属	346/60
Disorus nimakanensis 尼马康双囊蕨	346/60
△*Disorus minimus* 最小双囊蕨	346/60
Doratophyllum 带叶属	346/60
Doratophyllum astartensis 阿斯塔脱带叶	347/60
△*Doratophyllum decoratum* 美丽带叶	347/60
△*Doratophyllum hsuchiahoense* 须家河带叶	347/61
△*Dracopteris* 龙蕨属	347/61
△*Dracopteris liaoningensis* 辽宁龙蕨	347/61
Drepanolepis 镰鳞果属	347/61
Drepanolepis angustior 狭形镰鳞果	347/61
△*Drepanolepis formosa* 美丽镰鳞果	347 61
Drepanozamites 镰刀羽叶属	348/61
Drepanozamites nilssoni 尼尔桑镰刀羽叶	348/61
Drepanozamites cf. *nilssoni* 尼尔桑镰刀羽叶（比较种）	348/62
△*Drepanozamites? p'anii* 潘氏？镰刀羽叶	348/62
Dryophyllum 槲叶属	348/62
Dryophyllum subcretaceum 亚镰槲叶	348/62
Dryopteris 鳞毛蕨属	349/62
△*Dryopteris sinensis* 中国鳞毛蕨	349/62
Dryopterites 似鳞毛蕨属	349/62
Dryopterites macrocarpa 细囊似鳞毛蕨	349/62
△*Dryopterites elegans* 雅致似鳞毛蕨	349/63
△*Dryopterites sinensis* 中国似鳞毛蕨	349/63
△*Dukouphyllum* 渡口叶属	350/63
△*Dukouphyllum noeggerathioides* 诺格拉齐蕨型渡口叶	350/63
△*Dukouphyton* 渡口痕木属	350/63
△*Dukouphyton minor* 较小渡口痕木	350/63

E

- *Eboracia* 爱博拉契蕨属 · 350/64
  - *Eboracia lobifolia* 裂叶爱博拉契蕨 · 350/64
- △*Eboraciopsis* 拟爱博拉契蕨属 · 351/64
  - △*Eboraciopsis trilobifolia* 三裂叶拟爱博拉契蕨 · 351/64
- *Elatides* 似枞属 · 351/64
  - *Elatides ovalis* 卵形似枞 · 351/64
  - △*Elatides chinensis* 中国似枞 · 351/64
  - △*Elatides cylindrica* 圆柱似枞 · 351/64
  - *Elatides* sp. 似枞（未定种） · 351/65
- *Elatocladus* 枞型枝属 · 351/65
  - *Elatocladus heterophylla* 异叶枞型枝 · 352/65
  - △*Elatocladus manchurica* 满洲枞型枝 · 352/65
- △*Eoglyptostrobus* 始水松属 · 352/65
  - △*Eoglyptostrobus sabioides* 清风藤型始水松 · 352/65
- △*Eogonocormus* Deng, 1995 (non Deng, 1997) 始团扇蕨属 · 352/65
  - △*Eogonocormus cretaceum* Deng, 1995 (non Deng, 1997) 白垩始团扇蕨 · 352/65
  - △*Eogonocormus linearifolium* 线形始团扇蕨 · 352/65
- △*Eogonocormus* Deng, 1997 (non Deng, 1995) 始团扇蕨属 · 353/66
  - △*Eogonocormus cretaceum* Deng, 1997 (non Deng, 1995) 白垩始团扇蕨 · 353/66
- △*Eogymnocarpium* 始羽蕨属 · 353/66
  - △*Eogymnocarpium sinense* 中国始羽蕨 · 353/66
- *Ephedrites* 似麻黄属 · 353/66
  - *Ephedrites johnianus* 约氏似麻黄 · 354/66
  - *Ephedrites antiquus* 古似麻黄 · 354/67
  - △*Ephedrites exhibens* 明显似麻黄 · 354/67
  - △*Ephedrites sinensis* 中国似麻黄 · 354/67
  - *Ephedrites* sp. 似麻黄（未定种） · 354/67
- *Equisetites* 似木贼属 · 354/67
  - *Equisetites münsteri* 敏斯特似木贼 · 354/67
  - *Equisetites ferganensis* 费尔干似木贼 · 355/67
- *Equisetostachys* 似木贼穗属 · 355/67
  - *Equisetostachys* sp. 似木贼穗（未定种） · 355/68
  - *Equisetostachys*? sp. 似木贼穗?（未定种） · 355/68
- *Equisetum* 木贼属 · 355/68
  - *Equisetum* sp. 木贼（未定种） · 355/68
- △*Eragrosites* 似画眉草属 · 355/68
  - △*Eragrosites changii* 常氏似画眉草 · 356/68
- *Erenia* 伊仑尼亚属 · 356/68
  - *Erenia stenoptera* 狭叶伊仑尼亚 · 356/69
- *Eretmophyllum* 桨叶属 · 356/69

Eretmophyllum pubescens 毛点桨叶 ······ 356/69
Eretmophyllum? sp. 桨叶？(未定种) ······ 356/69
Estherella 爱斯特拉属 ······ 356/69
 Estherella gracilis 细小爱斯特拉 ······ 357/69
 △*Estherella delicatula* 纤细爱斯特拉 ······ 357/69
Eucalyptus 桉属 ······ 357/70
 Eucalyptus sp. 桉(未定种) ······ 357/70
△*Eucommioites* 似杜仲属 ······ 357/70
 △*Eucommioites orientalis* 东方似杜仲 ······ 357/70
Euryphyllum 宽叶属 ······ 357/70
 Euryphyllum whittianum 怀特宽叶 ······ 358/70
 Euryphyllum? sp. 宽叶？(未定种) ······ 358/70

F

Ferganiella 费尔干杉属 ······ 358/70
 Ferganiella urjachaica 乌梁海费尔干杉 ······ 358/71
 △*Ferganiella podozamioides* 苏铁杉型费尔干杉 ······ 358/71
Ferganodendron 费尔干木属 ······ 358/71
 Ferganodendron sauktangensis 塞克坦费尔干木 ······ 358/71
 ?*Ferganodendron* sp. ?费尔干木(未定种) ······ 358/71
Ficophyllum 榕叶属 ······ 359/71
 Ficophyllum crassinerve 粗脉榕叶 ······ 359/71
 Ficophyllum sp. 榕叶(未定种) ······ 359/71
Ficus 榕属 ······ 359/72
 Ficus daphnogenoides 瑞香榕 ······ 359/72
△*Filicidicotis* 羊齿缘蕨属 ······ 359/72
 Filicidicotis sp. indet. 羊齿缘蕨(sp. indet.) ······ 359/72
△*Foliosites* 似茎状地衣属 ······ 360/72
 △*Foliosites formosus* 美丽似茎状地衣 ······ 360/72
Frenelopsis 拟节柏属 ······ 360/72
 Frenelopsis hohenggeri 霍氏拟节柏 ······ 360/73
 △*Frenelopsis elegans* 雅致拟节柏 ······ 360/73
 Frenelopsis parceramosa 少枝拟节柏 ······ 360/73
 Frenelopsis ramosissima 多枝拟节柏 ······ 361/73

G

Gangamopteris 恒河羊齿属 ······ 361/73
 Gangamopteris angostifolia 狭叶恒河羊齿 ······ 361/73
 △*Gangamopteris qinshuiensis* 沁水恒河羊齿 ······ 361/73
 △*Gangamopteris*? *tuncunensis* 屯村?恒河羊齿 ······ 361/73
△*Gansuphyllites* 甘肃芦木属 ······ 361/74

△*Gansuphyllites multivervis* 多脉甘肃芦木 ································· 361/74
Geinitzia 盖涅茨杉属 ··· 362/74
 Geinitzia cretacea 白垩盖涅茨杉 ··· 362/74
 Geinitzia spp. 盖涅茨杉(未定多种) ······································· 362/74
△*Geminofoliolum* 双生叶属 ·· 362/74
 △*Geminofoliolum gracilis* 纤细双生叶 ···································· 362/74
△*Gigantopteris* 大羽羊齿属 ·· 362/75
 △*Gigantopteris nicotianaefolia* 烟叶大羽羊齿 ························· 363/75
 Gigantopteris dentata 齿状大羽羊齿 ····································· 363/75
 Gigantopteris sp. 大羽羊齿(未定种) ······································ 363/75
Ginkgo 银杏属 ··· 363/75
 Ginkgo huttoni 胡顿银杏 ·· 363/75
 Ginkgo schmidtiana 施密特银杏 ··· 363/75
 Ginkgo sp. 银杏(未定种) ··· 363/75
Ginkgodium 准银杏属 ··· 363/75
 Ginkgodium nathorsti 那氏准银杏 ·· 364/76
Ginkgoidium 准银杏属 ·· 364/76
 △*Ginkgoidium eretmophylloidium* 桨叶型准银杏 ····················· 364/76
 △*Ginkgoidium longifolium* 长叶准银杏 ·································· 364/76
 △*Ginkgoidium truncatum* 截形准银杏 ··································· 364/76
Ginkgoites 似银杏属 ··· 364/76
 Ginkgoites obovatus 椭圆似银杏 ·· 364/76
 △*Ginkgoites obrutschewi* 奥勃鲁契夫似银杏 ··························· 365/76
Ginkgoitocladus 似银杏枝属 ··· 365/77
 Ginkgoitocladus burejensis 布列英似银杏枝 ··························· 365/77
 Ginkgoitocladus cf. *burejensis* 布列英似银杏枝(比较种) ·········· 365/77
Ginkgoxylon 银杏型木属 ··· 365/77
 Ginkgoxylon asiaemediae 中亚银杏型木 ································ 365/77
 △*Ginkgoxylon chinense* 中国银杏型木 ·································· 365/77
Gleichenites 似里白属 ··· 366/77
 Gleichenites porsildi 濮氏似里白 ··· 366/77
 Gleichenites nipponensis 日本似里白 ···································· 366/78
Glenrosa 格伦罗斯杉属 ··· 366/78
 Glenrosa texensis 得克萨斯格伦罗斯杉 ································· 366/78
 △*Glenrosa nanjingensis* 南京格伦罗斯杉 ······························· 366/78
Glossophyllum 舌叶属 ·· 366/78
 Glossophyllum florini 傅兰林舌叶 ·· 367/78
 △*Glossophyllum? shensiense* 陕西?舌叶 ································ 367/78
Glossopteris 舌羊齿属 ·· 367/79
 Glossopteris browniana 布朗舌羊齿 ····································· 367/79
 Glossopteris angustifolia 狭叶舌羊齿 ···································· 367/79
 Glossopteris indica 印度舌羊齿 ·· 367/79
Glossotheca 舌鳞叶属 ··· 368/79

Glossotheca utakalensis 乌太卡尔舌鳞叶	368/79
△*Glossotheca cochlearis* 匙舌鳞叶	368/79
△*Glossotheca cuneiformis* 楔舌鳞叶	368/79
△*Glossotheca petiolata* 具柄舌鳞叶	368/80
Glossozamites 舌似查米亚属	368/80
Glossozamites oblongifolius 长叶舌似查米亚	368/80
△*Glossozamites acuminatus* 尖头似查米亚	368/80
△*Glossozamites hohenggeri* 霍氏舌似查米亚	369/80
Glyptolepis 雕鳞杉属	369/80
Glyptolepis keuperiana 考依普雕鳞杉	369/80
Glyptolepis sp. 雕鳞杉（未定种）	369/80
Glyptostroboxylon 水松型木属	369/80
Glyptostroboxylon goepperti 葛伯特水松型木	369/81
△*Glyptostroboxylon xidapoense* 西大坡水松型木	369/81
Glyptostrobus 水松属	369/81
Glyptostrobus europaeus 欧洲水松	370/81
Goeppertella 葛伯特蕨属	370/81
Goeppertella microloba 小裂片葛伯特蕨	370/81
Goeppertella sp. 葛伯特蕨（未定种）	370/81
Gomphostrobus 棍穗属	370/81
Gomphostrobus heterophylla 异叶棍穗	370/82
Gomphostrobus bifidus 分裂棍穗	370/82
Gonatosorus 屈囊蕨属	371/82
Gonatosorus nathorsti 那氏屈囊蕨	371/82
Gonatosorus ketova 凯托娃屈囊蕨	371/82
Cf. *Gonatosorus ketova* 凯托娃屈囊蕨（比较属种）	371/82
Graminophyllum 禾草叶属	371/82
Graminophyllum succineum 琥珀禾草叶	371/82
Graminophyllum sp. 禾草叶（未定种）	371/82
Grammaephloios 棋盘木属	371/83
Grammaephloios icthya 鱼鳞状棋盘木	371/83
△*Guangxiophyllum* 广西叶属	372/83
△*Guangxiophyllum shangsiense* 上思广西叶	372/83
Gurvanella 古尔万果属	372/83
Gurvanella dictyoptera 网翅古尔万果	372/83
△*Gurvanella exquisites* 优美古尔万果	372/83
△*Gymnogrammitites* 似雨蕨属	372/84
△*Gymnogrammitites ruffordioides* 鲁福德似雨蕨	373/84

H

△*Hallea* 哈勒角籽属	373/84
△*Hallea pekinensis* 北京哈勒角籽	373/84

Harrisiothecium 哈瑞士羊齿属	373/84
Harrisiothecium marsilioides 苹型哈瑞士羊齿	373/84
Harrisiothecium? sp. 哈瑞士羊齿?(未定种)	373/84
Hartzia Harris,1935 (non Nikitin,1965) 哈兹叶属	373/84
Hartzia tenuis 细弱哈兹叶	373/85
Cf. *Hartzia tenuis* 细弱哈兹叶(比较属种)	374/85
Hartzia Nikitin,1965 (non Harris,1935) 哈兹籽属	374/85
Hartzia rosenkjari 洛氏哈兹籽	374/85
Hausmannia 荷叶蕨属	374/85
Hausmannia dichotoma 二歧荷叶蕨	374/85
△*Hausmannia leeiana* 李氏荷叶蕨	374/85
Hausmannia ussuriensis 乌苏里荷叶蕨	374/85
Hausmannia cf. *ussuriensis* 乌苏里荷叶蕨(比较种)	374/85
Hausmannia (*Protorhipis*) 荷叶蕨属(原始扇状蕨亚属)	375/85
Hausmannia (*Protorhipis*) *buchii* 布氏荷叶蕨(原始扇状蕨)	375/86
△*Hausmannia* (*Protorhipis*) *leeiana* 李氏荷叶蕨(原始扇状蕨)	375/86
Hausmannia (*Protorhipis*) *ussuriensis* 乌苏里荷叶蕨(原始扇状蕨)	375/86
Haydenia 哈定蕨属	375/86
Haydenia thyrsopteroides 伞序蕨型哈定蕨	375/86
?*Haydenia thyrsopteroides* ?伞序蕨型哈定蕨	375/86
Heilungia 黑龙江羽叶属	376/86
Heilungia amurensis 阿穆尔黑龙江羽叶	376/87
Hepaticites 似苔属	376/87
Hepaticites kidstoni 启兹顿似苔	376/87
△*Hepaticites minutus* 极小似苔	376/87
△*Hexaphyllum* 六叶属	376/87
△*Hexaphyllum sinense* 中国六叶	376/87
△*Hicropteris* 里白属	377/87
△*Hicropteris triassica* 三叠里白	377/87
Hirmerella 希默尔杉属	377/88
Hirmerella rhatoliassica 瑞替里阿斯希默尔杉	377/88
Hirmerella muensteri 敏斯特希默尔杉	377/88
Cf. *Hirmerella muensteri* 敏斯特希默尔杉(比较属种)	377/88
△*Hirmerella xiangtanensis* 湘潭希默尔杉	378/88
△*Hsiangchiphyllum* 香溪叶属	378/88
△*Hsiangchiphyllum trinerve* 三脉香溪叶	378/88
△*Hubeiophyllum* 湖北叶属	378/89
△*Hubeiophyllum cuneifolium* 楔形湖北叶	378/89
△*Hubeiophyllum angustum* 狭细湖北叶	378/89
△*Hunanoequisetum* 湖南木贼属	378/89
△*Hunanoequisetum liuyangense* 浏阳湖南木贼	379/89
Hymenophyllites 似膜蕨属	379/89
Hymenophyllites quercifolius 槲叶似膜蕨	379/89

△*Hymenophyllites tenellus* 娇嫩似膜蕨 ···················· 379/89
Hyrcanopteris 奇脉羊齿属 ···················· 379/90
    Hyrcanopteris sevanensis 谢万奇脉羊齿 ···················· 379/90
    Hyrcanopteris sp. 奇脉羊齿(未定种) ···················· 379/90

I

△*Illicites* 似八角属 ···················· 379/90
    Illicites sp. indet. 似八角(sp. indet.) ···················· 380/90
Isoetes 水韭属 ···················· 380/90
    △ *Isoetes ermayingensis* 二马营水韭 ···················· 380/90
Isoetites 似水韭属 ···················· 380/91
    Isoetites crociformis 交叉似水韭 ···················· 380/91
    △*Isoetites sagittatus* 箭头似水韭 ···················· 380/91
Ixostrobus 榍寄生穗属 ···················· 381/91
    Ixostrobus siemiradzkii 斯密拉兹基榍寄生穗 ···················· 381/91
    △*Ixostrobus magnificus* 美丽榍寄生穗 ···················· 381/91

J

Jacutiella 雅库蒂羽叶属 ···················· 381/91
    Jacutiella amurensis 阿穆尔雅库蒂羽叶 ···················· 381/92
    △*Jacutiella denticulata* 细齿雅库蒂羽叶 ···················· 381/92
Jacutopteris 雅库蒂蕨属 ···················· 382/92
    Jacutopteris lenaensis 勒拿雅库蒂蕨 ···················· 382/92
    △*Jacutopteris houlaomiaoensis* 后老庙雅库蒂蕨 ···················· 382/92
    △*Jacutopteris tianshuiensis* 天水雅库蒂蕨 ···················· 382/92
△*Jaenschea* 耶氏蕨属 ···················· 382/92
    △*Jaenschea sinensis* 中国耶氏蕨 ···················· 382/92
△*Jiangxifolium* 江西叶属 ···················· 382/92
    △*Jiangxifolium mucronatum* 短尖头江西叶 ···················· 382/93
    △*Jiangxifolium denticulatum* 细齿江西叶 ···················· 383/93
△*Jingmenophyllum* 荆门叶属 ···················· 383/93
    △*Jingmenophyllum xiheense* 西河荆门叶 ···················· 383/93
△*Jixia* 鸡西叶属 ···················· 383/93
    △*Jixia pinnatipartita* 羽裂鸡西叶 ···················· 383/93
Juglandites 似胡桃属 ···················· 383/93
    Juglandites nuxtaurinensis 纽克斯塔林似胡桃 ···················· 384/94
    Juglandites sinuatus 深波似胡桃 ···················· 384/94
△*Juradicotis* 侏罗缘蕨属 ···················· 384/94
    Juradicotis sp. indet. 侏罗缘蕨(sp. indet.) ···················· 384/94
△*Juramagnolia* 侏罗木兰属 ···················· 384/94
    Juramagnolia sp. indet. 侏罗木兰(sp. indet.) ···················· 384/94

K

△*Kadsurrites* 似南五味子属 ……………………………………………………………… 385/94
　　Kadsurrites sp. indet. 似南五味子（sp. indet.） ……………………………………… 385/95
Karkenia 卡肯果属 ………………………………………………………………………… 385/95
　　Karkenia incurva 内弯卡肯果 ……………………………………………………… 385/95
　　△*Karkenia henanensis* 河南卡肯果 ………………………………………………… 385/95
Klukia 克鲁克蕨属 ………………………………………………………………………… 385/95
　　Klukia exilis 瘦直克鲁克蕨 ………………………………………………………… 385/95
　　Klukia browniana 布朗克鲁克蕨 …………………………………………………… 386/95
　　Cf. *Klukia browniana* 布朗克鲁克蕨（比较属种） ………………………………… 386/96
△*Klukiopsis* 似克鲁克蕨属 ……………………………………………………………… 386/96
　　△*Klukiopsis jurassica* 侏罗似克鲁克蕨 …………………………………………… 386/96
△*Kuandiania* 宽甸叶属 …………………………………………………………………… 386/96
　　△*Kuandiania crassicaulis* 粗茎宽甸叶 ……………………………………………… 386/96
Kylikipteris 杯囊蕨属 ……………………………………………………………………… 387/96
　　Kylikipteris argula 微尖杯囊蕨 ……………………………………………………… 387/96
　　△*Kylikipteris simplex* 简单杯囊蕨 ………………………………………………… 387/97

L

Laccopteris 拉谷蕨属 ……………………………………………………………………… 387/97
　　Laccopteris elegans 雅致拉谷蕨 …………………………………………………… 387/97
　　Laccopteris polypodioides 水龙骨型拉谷蕨 ……………………………………… 387/97
Laricopsis 拟落叶松属 …………………………………………………………………… 388/97
　　Laricopsis logifolia 长叶拟落叶松 ………………………………………………… 388/97
Laurophyllum 桂叶属 …………………………………………………………………… 388/98
　　Laurophyllum beilschiedioides 琼楠型桂叶 ……………………………………… 388/98
　　Laurophyllum sp. 桂叶（未定种） ………………………………………………… 388/98
Leguminosites 似豆属 …………………………………………………………………… 388/98
　　Leguminosites subovatus 亚旦形似豆 ……………………………………………… 388/98
　　Leguminosites sp. 似豆（未定种） ………………………………………………… 388/98
Lepidopteris 鳞羊齿属 …………………………………………………………………… 389/98
　　Lepidopteris stuttgartiensis 司图加鳞羊齿 ………………………………………… 389/98
　　Lepidopteris ottonis 奥托鳞羊齿 …………………………………………………… 389/98
Leptostrobus 薄果穗属 …………………………………………………………………… 389/99
　　Leptostrobus laxiflora 疏花薄果穗 ………………………………………………… 389/99
　　Cf. *Leptostrobus laxiflora* 疏花薄果穗（比较属种） ……………………………… 389/99
Lesangeana 勒桑茎属 …………………………………………………………………… 389/99
　　Lesangeana voltzii 伏氏勒桑茎 ……………………………………………………… 389/99
　　△*Lesangeana qinxianensis* 沁县勒桑茎 …………………………………………… 390/99
　　Lesangeana vogesiaca 孚日勒桑茎 ………………………………………………… 390/99

Lesleya 列斯里叶属	390/99
Lesleya grandis 谷粒列斯里叶	390/100
△*Lesleya triassica* 三叠列斯里叶	390/100
Leuthardtia 劳达尔特属	390/100
Leuthardtia ovalis 卵形劳达尔特	390/100
△*Lhassoxylon* 拉萨木属	391/100
△*Lhassoxylon aptianum* 阿普特拉萨木	391/100
△*Lianshanus* 连山草属	391/100
Lianshanus sp. indet. 连山草(sp. indet.)	391/101
△*Liaoningdicotis* 辽宁缘蕨属	391/101
Liaoningdicotis sp. indet. 辽宁缘蕨(sp. indet.)	391/101
△*Liaoningocladus* 辽宁枝属	392/101
△*Liaoningocladus boii* 薄氏辽宁枝	392/101
△*Liaoxia* 辽西草属	392/101
△*Liaoxia chenii* 陈氏辽西草	392/102
△*Lilites* 似百合属	393/102
△*Lilites reheensis* 热河似百合	393/102
Lindleycladus 林德勒枝属	393/102
Lindleycladus lanceolatus 披针林德勒枝	393/102
Cf. *Lindleycladus lanceolatus* 披针林德勒枝(比较属种)	393/103
△*Lingxiangphyllum* 灵乡叶属	394/103
△*Lingxiangphyllum princeps* 首要灵乡叶	394/103
Lobatannularia 瓣轮叶属	394/103
Lobatannularia inequifolia 不等叶瓣轮叶	394/103
Lobatannularia cf. *heianensis* 平安瓣轮叶(比较种)	394/103
Lobatannularia sp. 瓣轮叶(未定种)	394/103
△*Lobatannulariopsis* 拟瓣轮叶属	394/103
△*Lobatannulariopsis yunnanensis* 云南拟瓣轮叶	394/103
Lobifolia 裂叶蕨属	395/104
Lobifolia novopokovskii 新包氏裂叶蕨	395/104
Lomatopteris 厚边羊齿属	395/104
Lomatopteris jurensis 侏罗厚边羊齿	395/104
△*Lomatopteris zixingensis* 资兴厚边羊齿	395/104
△*Longjingia* 龙井叶属	375/104
△*Longjingia gracilifolia* 细叶龙井叶	375/104
△*Luereticopteris* 吕蕨属	396/104
△*Luereticopteris megaphylla* 大叶吕蕨	396/105
Lycopodites 似石松属	396/105
Lycopodites taxiformis 紫杉形似石松	396/105
Lycopodites williamsoni 威氏似石松	396/105
Lycopodites falcatus 镰形似石松	396/105
Lycostrobus 石松穗属	396/105
Lycostrobus scottii 斯苛脱石松穗	397/105

△*Lycostrobus petiolatus* 具柄石松穗 ……………………………………………… 397/105

M

Macclintockia 马克林托叶属 …………………………………………………………… 397/106
    Macclintockia dentata 齿状马克林托叶 …………………………………………… 397/106
    Macclintockia cf. *trinervis* 三脉马克林托叶(比较种) ……………………………… 397/106
△*Macroglossopteris* 大舌羊齿属 ………………………………………………………… 397/106
    △*Macroglossopteris leeiana* 李氏大舌羊齿 ………………………………………… 397/106
Macrostachya 大芦孢穗属 ……………………………………………………………… 397/106
    Macrostachya infundibuliformis 漏斗状大芦孢穗 ………………………………… 398/106
    △*Macrostachya gracilis* Wang Z et Wang L,1989 (non Wang Z et Wang L,1990)
        纤细大芦孢穗 …………………………………………………………………… 398/106
    △*Macrostachya gracilis* Wang Z et Wang L,1990 (non Wang Z et Wang L,1989)
        纤细大芦孢穗 …………………………………………………………………… 398/107
Macrotaeniopteris 大叶带羊齿属 ……………………………………………………… 398/107
    Macrotaeniopteris major 大大叶带羊齿 …………………………………………… 398/107
    △*Macrotaeniopteris richthofeni* 李希霍芬大叶带羊齿 ……………………………… 398/107
Manica 袖套杉属 …………………………………………………………………………… 398/107
    Manica parceramosa 希枝袖套杉 …………………………………………………… 399/107
  △*Manica* (*Chanlingia*) 袖套杉(长岭杉亚属) …………………………………………… 399/107
    △*Manica* (*Chanlingia*) *tholistoma* 穹孔袖套杉(长岭杉) ………………………… 399/108
  △*Manica* (*Manica*) 袖套杉(袖套杉亚属) ……………………………………………… 399/108
    △*Manica* (*Manica*) *parceramosa* 希枝袖套杉(袖套杉) …………………………… 399/108
    △*Manica* (*Manica*) *dalatzensis* 大拉子袖套杉(袖套杉) ………………………… 399/108
    △*Manica* (*Manica*) *foveolata* 窝穴袖套杉(袖套杉) ……………………………… 399/108
    △*Manica* (*Manica*) *papillosa* 乳突袖套杉(袖套杉) ……………………………… 400/108
Marattia 合囊蕨属 ………………………………………………………………………… 400/108
    Marattia asiatica 亚洲合囊蕨 ………………………………………………………… 400/109
    Marattia hoerensis 霍尔合囊蕨 ……………………………………………………… 400/109
    Marattia muensteri 敏斯特合囊蕨 …………………………………………………… 400/109
Marattiopsis 拟合囊蕨属 ………………………………………………………………… 401/109
    Marattiopsis muensteri 敏斯特拟合囊蕨 …………………………………………… 401/109
Marchantiolites 古地钱属 ……………………………………………………………… 401/109
    Marchantiolites porosus 多孔古地钱 ……………………………………………… 401/109
    Marchantiolites blairmorensis 布莱尔莫古地钱 …………………………………… 401/110
Marchantites 似地钱属 ………………………………………………………………… 401/110
    Marchantites sesannensis 塞桑似地钱 …………………………………………… 401/110
    △*Marchantites taoshanensis* 桃山似地钱 ………………………………………… 402/110
Marskea 马斯克松属 ……………………………………………………………………… 402/110
    Marskea thomasiana 托马斯马斯克松 ……………………………………………… 402/110
    Marskea spp. 马斯克松(未定多种) …………………………………………………… 402/110
Masculostrobus 雄球穗属 ……………………………………………………………… 402/110

Masculostrobus zeilleri 蔡氏雄球穗	402/111
△*Masculostrobus? prolatus* 伸长？雄球穗	402/111
Matonidium 准马通蕨属	403/111
Matonidium goeppertii 葛伯特准马通蕨	403/111
△*Mediocycas* 中间苏铁属	403/111
△*Mediocycas kazuoensis* 喀左中间苏铁	403/111
△*Membranifolia* 膜质叶属	403/111
△*Membranifolia admirabilis* 奇异膜质叶	403/112
Menispermites 似蝙蝠葛属	404/112
Menispermites obtsiloba 钝叶似蝙蝠葛	404/112
Menispermites kujiensis 久慈似蝙蝠葛	404/112
△*Metalepidodendron* 变态鳞木属	404/112
△*Metalepidodendron sinensis* 中国变态鳞木	404/112
△*Metalepidodendron xiabanchengensis* 下板城变态鳞木	404/112
Metasequoia 水杉属	404/112
△ *Metasequoia glyptostroboides* 水松型水杉	405/113
Metasequoia disticha 二列水杉	405/113
Metasequoia cuneata 楔形水杉	405/113
△*Metzgerites* 似叉苔属	405/113
△*Metzgerites yuxinanensis* 蔚县似叉苔	405/113
△*Metzgerites exhibens* 明显似叉苔	405/113
Millerocaulis 米勒尔茎属	405/113
Millerocaulis dunlopii 顿氏米勒尔茎	406/113
△*Millerocaulis liaoningensis* 辽宁米勒尔茎	406/114
△*Mirabopteris* 奇异羊齿属	406/114
△*Mirabopteris hunjiangensis* 浑江奇异羊齿	406/114
△*Mironeura* 奇脉叶属	406/114
△*Mironeura dakengensis* 大坑奇脉叶	406/114
△*Mixophylum* 间羽叶属	407/114
△*Mixophylum simplex* 简单间羽叶	407/114
△*Mixopteris* 间羽蕨属	407/115
△*Mixopteris intercalaris* 插入间羽蕨	407/115
△*Mnioites* 似提灯藓属	407/115
△*Mnioites brachyphylloides* 短叶杉型似提灯藓	407/115
Monocotylophyllum 单子叶属	407/115
Monocotylophyllum sp. 单子叶（未定种）	408/115
Muscites 似藓属	408/115
Muscites tournalii 图氏似藓	408/116
△*Muscites nantimenensis* 南天门似藓	408/116
Musophyllum 芭蕉叶属	408/116
Musophyllum truncatum 截形芭蕉叶	408/116
Musophyllum sp. 芭蕉叶（未定种）	408/116
Myrtophyllum 桃金娘叶属	409/116

Myrtophyllum geinitzi 盖尼茨桃金娘叶	…	409/116
Myrtophyllum penzhinense 平子桃金娘叶	…	409/116

N

Nagatostrobus 长门果穗属 …… 409/116
    Nagatostrobus naitoi 内藤长门果穗 …… 409/117
    Nagatostrobus linearis 线形长门果穗 …… 409/117
Nageiopsis 拟竹柏属 …… 409/117
    Nageiopsis longifolia 长叶拟竹柏 …… 409/117
    Nageiopsis angustifolia 狭叶拟竹柏 …… 410/117
△*Nanpiaophyllum* 南票叶属 …… 410/117
    △*Nanpiaophyllum cordatum* 心形南票叶 …… 410/117
△*Nanzhangophyllum* 南漳叶属 …… 410/118
    △*Nanzhangophyllum donggongense* 东巩南漳叶 …… 410/118
Nathorstia 那氏蕨属 …… 410/118
    Nathorstia angustifolia 狭叶那氏蕨 …… 410/118
    Nathorstia pectinnata 栉形那氏蕨 …… 411/118
Nectandra 香南属 …… 411/118
    △*Nectandra guangxiensis* 广西香南 …… 411/118
    Nectandra prolifica 细脉香南 …… 411/119
△*Neoannularia* 新轮叶属 …… 411/119
    △*Neoannularia shanxiensis* 陕西新轮叶 …… 411/119
    △*Neoannularia chuandianensis* 川滇新轮叶 …… 411/119
Neocalamites 新芦木属 …… 412/119
    Neocalamites hoerensis 霍尔新芦木 …… 412/119
    Neocalamites carrerei 卡勒莱新芦木 …… 412/119
Neocalamostachys 新芦木穗属 …… 412/119
    Neocalamostachys pedunculatus 总花梗新芦木穗 …… 412/120
    Neocalamostachys? sp. 新芦木穗?（未定种） …… 412/120
△*Neostachya* 新孢穗属 …… 412/120
    △*Neostachya shanxiensis* 陕西新孢穗 …… 413/120
Neozamites 新查米亚属 …… 413/120
    Neozamites verchojanensis 维尔霍扬新查米亚 …… 413/120
    Neozamites lebedevii 列氏新查米亚 …… 413/120
Neuropteridium 准脉羊齿属 …… 413/120
    Neuropteridium grandifolium 大准脉羊齿 …… 413/121
    △*Neuropteridium margninatum* 缘边准脉羊齿 …… 413/121
Nilssonia 蕉羽叶属 …… 414/121
    Nilssonia brevis 短叶蕉羽叶 …… 414/121
    Nilssonia compta 装饰蕉羽叶 …… 414/121
Nilssoniopteris 蕉带羽叶属 …… 414/121
    Nilssoniopteris tenuinervis 弱脉蕉带羽叶 …… 414/121

Nilssoniopteris vittata 狭叶蕉带羽叶	414/121
Noeggerathiopsis 匙叶属	415/122
Noeggerathiopsis hislopi 希氏匙叶	415/122
Nordenskioldia 落登斯基果属	415/122
Nordenskioldia borealis 北方落登斯基果	415/122
Nordenskioldia cf. *borealis* 北方落登斯基果(比较种)	415/122
△*Norinia* 那琳壳斗属	415/122
△*Norinia cucullata* 僧帽状那琳壳斗	415/122
Norinia sp. 那琳壳斗(未定种)	415/122
Nymphaeites 似睡莲属	416/123
Nymphaeites arethusae 泉女兰似睡莲	416/123
Nymphaeites browni 布朗似睡莲	416/123

O

△*Odontosorites* 似齿囊蕨属	416/123
△*Odontosorites heerianus* 诲尔似齿囊蕨	416/123
Oleandridium 准条蕨属	416/123
Oleandridium vittatum 狭叶准条蕨	416/123
△*Oleandridium eurychoron* 宽膜准条蕨	417/124
Onychiopsis 拟金粉蕨属	417/124
Onychiopsis elongata 伸长拟金粉蕨	417/124
Onychiopsis psilotoides 松叶兰型拟金粉蕨	417/124
△*Orchidites* 似兰属	417/124
△*Orchidites linearifolius* 线叶似兰	417/124
△*Orchidites lancifolius* 披针叶似兰	418/124
Osmunda 紫萁属	418/125
△*Osmunda diamensis* 佳木紫萁	418/125
Osmundacaulis 紫萁座莲属	418/125
Osmundacaulis skidegatensis 斯开特紫萁座莲	418/125
△*Osmundacaulis hebeiensis* 河北紫萁座莲	418/125
Osmundopsis 拟紫萁属	418/125
Osmundopsis sturii 司都尔拟紫萁	419/125
Osmundopsis plectrophora 距羽拟紫萁	419/125
Otozamites 耳羽叶属	419/126
Otozamites obtusus 钝耳羽叶	419/126
Otozamites sp. 耳羽叶(未定种)	419/126
Ourostrobus 尾果穗属	419/126
Ourostrobus nathorsti 那氏尾果穗	419/126
Cf. *Ourostrobus nathorsti* 那氏尾果穗(比较属种)	420/126
Oxalis 酢浆草属	420/126
△嘉荫酢浆草 *Oxalis jiayinensis*	420/126

P

Pachypteris 厚羊齿属 ······ 420/127
  Pachypteris lanceolata 披针厚羊齿 ······ 420/127
  △*Pachypteris chinensis* 中国厚羊齿 ······ 420/127
Pagiophyllum 坚叶杉属 ······ 420/127
  Pagiophyllum circincum 圆形坚叶杉 ······ 421/127
  Pagiophyllum sp. 坚叶杉(未定种) ······ 421/127
Palaeocyparis 古柏属 ······ 421/127
  Palaeocyparis expansus 扩张古柏 ······ 421/127
  Palaeocyparis flexuosa 弯曲古柏 ······ 421/128
  Palaeocyparis cf. *flexuosa* 弯曲古柏(比较种) ······ 421/128
Palaeovittaria 古维他叶属 ······ 421/128
  Palaeovittaria kurzii 库兹古维他叶 ······ 421/128
  △*Palaeovittaria shanxiensis* 山西古维他叶 ······ 421/128
Palibiniopteris 帕利宾蕨属 ······ 422/128
  Palibiniopteris inaequipinnata 不等叶帕利宾蕨 ······ 422/128
Palissya 帕里西亚杉属 ······ 422/128
  Palissya brunii 布劳恩帕里西亚杉 ······ 422/129
  Palissya sp. 帕里西亚杉(未定种) ······ 422/129
Paliurus 马甲子属 ······ 422/129
  △*Paliurus jurassinicus* 中华马甲子 ······ 422/129
Palyssia 帕里西亚杉属 ······ 423/129
  △*Palyssia manchurica* 满洲帕里西亚杉 ······ 423/129
△*Pankuangia* 潘广叶属 ······ 423/129
  △*Pankuangia haifanggouensis* 海房沟潘广叶 ······ 423/129
△*Papilionifolium* 蝶叶属 ······ 423/130
  △*Papilionifolium hsui* 徐氏蝶叶 ······ 423/130
△*Paraconites* 副球果属 ······ 424/130
  △*Paraconites longifolius* 伸长副球果 ······ 424/130
Paracycas 副苏铁属 ······ 424/130
  Paracycas cteis 梳子副苏铁 ······ 424/130
  △*Paracycas*? *rigida* 劲直?梳子副苏铁 ······ 424/130
Paradoxopteris Hirmer,1927 (non Mi et Liu,1977) 奇异蕨属 ······ 425/131
  Paradoxopteris strommeri 司氏奇异蕨 ······ 425/131
△*Paradoxopteris* Mi et Liu,1977 (non Hirmer,1927) 奇异羊齿属 ······ 424/131
  △*Paradoxopteris hunjiangensis* 浑江奇异羊齿 ······ 424/131
△*Paradrepanozamites* 副镰羽叶属 ······ 425/131
  △*Paradrepanozamites dadaochangensis* 大道场副镰羽叶 ······ 425/131
△*Parastorgaardis* 拟斯托加枝属 ······ 425/131
  △*Parastorgaardis mentoukouensis* 门头沟拟斯托加枝 ······ 425/132
Parataxodium 副落羽杉属 ······ 426/132

Parataxodium wigginsii 魏更斯副落羽杉	426/132
Parataxodium jacutensis 雅库特副落羽杉	426/132
Paulownia 泡桐属	426/132
△*Paulownia? shangzhiensis* 尚志? 泡桐	426/132
△*Pavoniopteris* 雅蕨属	426/132
△*Pavoniopteris matonioides* 马通蕨型雅蕨	426/132
Pecopteris 枊羊齿属	427/133
Pecopteris pennaeformis 羽状枊羊齿	427/133
Pecopteris whitbiensis 怀特枊羊齿	427/133
Pecopteris whitbiensis? 怀特枊羊齿?	427/133
Peltaspermum 盾籽属	427/133
Peltaspermum rotula 圆形盾籽	427/133
?*Peltaspermum* sp. ?盾籽(未定种)	427/133
△*Perisemoxylon* 雅观木属	428/133
△*Perisemoxylon bispirale* 双螺纹雅观木	428/134
Perisemoxylon sp. 雅观木(未定种)	428/134
Phlebopteris 异脉蕨属	428/134
Phlebopteris polypodioides 水龙骨异脉蕨	428/134
Phlebopteris cf. *polypodioides* 水龙骨异脉蕨(比较种)	428/134
Phoenicopsis 拟刺葵属	428/134
Phoenicopsis angustifolia 狭叶拟刺葵	429/134
Phoenicopsis sp. 拟刺葵(未定种)	429/134
Phoenicopsis (*Culgoweria*) 拟刺葵(苦戈维尔叶亚属)	429/134
Phoenicopsis (*Culgoweria*) *mirabilis* 奇异拟刺葵(苦戈维尔叶)	429/135
△*Phoenicopsis* (*Culgoweria*) *huolinheiana* 霍林河拟刺葵(苦戈维尔叶)	429/135
△*Phoenicopsis* (*Culgoweria*) *jus'huaensis* 珠斯花拟刺葵(苦戈维尔叶)	429/135
Phoenicopsis (*Phoenicosis*) 拟刺葵(拟刺葵亚属)	429/135
Phoenicopsis (*Phoenicosis*) *angustifolia* 狭叶拟刺葵(拟刺葵)	429/135
Phoenicopsis (*Phoenicosis?*) sp. 拟刺葵(拟刺葵?)(未定种)	430/135
△*Phoenicopsis* (*Stephenophyllum*) 拟刺葵(斯蒂芬叶亚属)	430/135
Phoenicopsis (*Stephenophyllum*) *solmis* 索氏拟刺葵(斯蒂芬叶)	430/136
△*Phoenicopsis* (*Stephenophyllum*) *decorata* 美形拟刺葵(斯蒂芬叶)	430/136
△*Phoenicopsis* (*Stephenophyllum*) *enissejensis* 厄尼塞捷拟刺葵(斯蒂芬叶)	430/136
△*Phoenicopsis* (*Stephenophyllum*) *mira* 特别拟刺葵(斯蒂芬叶)	430/136
△*Phoenicopsis* (*Stephenophyllum*) *taschkessiensis* 塔什克斯拟刺葵(斯蒂芬叶)	431/136
Phoenicopsis (*Stephenophyllum*) cf. *taschkessiensis* 塔什克斯拟刺葵(斯蒂芬叶)(比较种)	431/136
Phoenicopsis (*Windwardia*) 拟刺葵(温德瓦狄叶亚属)	431/136
Phoenicopsis (*Windwardia*) *crookalii* 克罗卡利拟刺葵(温德瓦狄叶)	431/137
△*Phoenicopsis* (*Windwardia*) *jilinensis* 吉林拟刺葵(温德瓦狄叶)	431/137
△*Phoroxylon* 贼木属	431/137
△*Phoroxylon scalariforme* 梯纹状贼木	431/137
Phrynium 柊叶属	432/137

△*Phrynium tibeticum* 西藏柊叶	432/137
Phyllites 石叶属	432/137
Phyllites populina 白杨石叶	432/138
Phyllites spp. 石叶（未定多种）	432/138
Phyllocladopsis 拟叶枝杉属	432/138
Phyllocladopsis heterophylla 异叶拟叶枝杉	432/138
Phyllocladopsis cf. *heterophylla* 异叶拟叶枝杉（比较种）	433/138
Phyllocladoxylon 叶枝杉型木属	433/138
Phyllocladoxylon muelleri 霍尔叶枝杉型木	433/138
Phyllocladoxylon eboracense 象牙叶枝杉型木	433/138
Phyllocladoxylon cf. *eboracense* 象牙叶枝杉型木（比较种）	433/138
Phyllocladoxylon? sp. 叶枝杉型木？（未定种）	433/139
Phyllotheca 杯叶属	433/139
Phyllotheca australis 澳洲杯叶	433/139
Phyllotheca? sp. 杯叶？（未定种）	434/139
Picea 云杉属	434/139
?*Picea smithiana* ？长叶云杉	434/139
Picea sp. 云杉（未定种）	434/139
Piceoxylon 云杉型木属	434/139
Piceoxylon pseudotsugae 假铁杉云杉型木	434/139
△*Piceoxylon manchuricum* 满州云杉型木	434/140
Pinites 似松属	434/140
Pinites brandlingi 勃氏似松	434/140
△*Pinites kubukensis* 库布克似松	435/140
Pinoxylon 松木属	435/140
Pinoxylon dacotense 达科他松木	435/140
△*Pinoxylon yabei* 矢部松木	435/140
Pinus 松属	435/140
Pinus nordenskioeldi 诺氏松	435/141
Pityites 拟松属	435/141
Pityites solmsi 索氏拟松	436/141
△*Pityites iwaiana* 岩井拟松	436/141
Pityocladus 松型枝属	436/141
Pityocladus longifolius 长叶松型枝	436/141
△*Pityocladus kobukensis* 库布克松型枝	436/141
Pityolepis 松型果鳞属	436/141
Pityolepis tsugaeformis 铁杉形松型果鳞	436/142
△*Pityolepis ovatus* 卵圆松型果鳞	437/142
Pityophyllum 松型叶属	437/142
Pityophyllum staratschini 史氏松型叶	437/142
Pityophyllum sp. 松型叶（未定种）	437/142
Pityospermum 松型子属	437/142
Pityospermum maakanum 马肯松型子	437/142

Pityospermum sp. 松型子(未定种)	437/142
Pityostrobus 松型果属	437/142
Pityostrobus macrocephalus 粗榧型松型果	438/143
△*Pityostrobus endo-riujii* 远藤隆次松型果	438/143
Pityoxylon 松型木属	438/143
Pityoxylon sandbergerii 桑德伯格松型木	438/143
Planera 普拉榆属	438/143
Planera cf. *microphylla* 小叶普拉榆(比较种)	438/143
Platanophyllum 悬铃木叶属	438/143
Platanophyllum crossinerve 叉脉悬铃木叶	438/143
Platanophyllum sp. 悬铃木叶(未定种)	439/144
Platanus 悬铃木属	439/144
Platanus cuneifolia 楔形悬铃木	439/144
Pleuromeia 肋木属	439/144
Pleuromeia sternbergi 斯氏肋木	439/144
△*Pleuromeia wuziwanensis* Chow et Huang,1976 (non Huang et Chow,1980) 五字湾肋木	439/144
△*Pleuromeia wuziwanensis* Huang et Chow,1980 (non Chow et Huang,1976) 五字湾肋木	439/144
Podocarpites 似罗汉松属	440/144
Podocarpite aciculariss 尖头似罗汉松	440/145
△*Podocarpites mentoukouensis* 门头沟似罗汉松	440/145
Podocarpoxylon 罗汉松型木属	440/145
Podocarpoxylon juniperoides 桧型罗汉松型木	440/145
△*Podocarpoxylon dacrydioides* 陆均松型罗汉松型木	440/145
Podocarpoxylon spp. 罗汉松型木(未定多种)	440/145
Podocarpus 罗汉松属	441/145
Podocarpus tsagajanicus 查加扬罗汉松	441/145
Cf. *Podocarpus tsagajanicus* 查加扬罗汉松(比较属种)	441/146
Podozamites 苏铁杉属	441/146
Podozamites distans 间离苏铁杉	441/146
△*Podozamites emmonsii* 恩蒙斯苏铁杉	441/146
Podozamites lanceolatus 披针苏铁杉	441/146
△*Polygatites* 似远志属	441/146
Polygatites sp. indet. 似远志(sp. indet.)	442/146
Polygonites Saporta,1865 (non Wu S Q,1999) 似蓼属	442/147
Polygonites ulmaceus 榆科似蓼	442/147
△*Polygonites* Wu S Q,1999 (non Saporta,1865) 似蓼属	442/147
△*Polygonites polyclonus* 多小枝似蓼	442/147
△*Polygonites planus* 扁平似蓼	442/147
Polypodites 似水龙骨属	443/147
Polypodites mantelli 曼脱尔似水龙骨	443/147
Polypodites polysorus 多囊群似水龙骨	443/147

Populites Goeppert, 1852 (non Viviani, 1833) 似杨属 ········· 443/148
  Populites platyphyllus 宽叶似杨 ········· 443/148
  Populites litigiosus 争论似杨 ········· 443/148
  Populites cf. *litigiosus* 争论似杨(比较种) ········· 443/148
Populites Viviani, 1833 (non Goeppert, 1852) 似杨属 ········· 443/148
  Populites phaetonis 蝴蝶状似杨 ········· 444/148
Populus 杨属 ········· 444/148
  Populus latior 宽叶杨 ········· 444/148
  Populus sp. 杨(未定种) ········· 444/148
Potamogeton 眼子菜属 ········· 444/149
  △*Potamogeton jeholensis* 热河眼子菜 ········· 444/149
  Potamogeton sp. 眼子菜(未定种) ········· 444/149
Problematospermum 毛籽属 ········· 444/149
  Problematospermum ovale 卵形毛籽 ········· 445/149
  △*Problematospermum beipiaoense* 北票毛籽 ········· 445/149
Protoblechnum 原始鸟毛蕨属 ········· 445/149
  Protoblechnum holdeni 霍定原始鸟毛蕨 ········· 445/149
  Protoblechnum hughesi 休兹原始鸟毛蕨 ········· 445/150
  ?*Protoblechnum hughesi* ?休兹原始鸟毛蕨 ········· 445/150
Protocedroxylon 原始雪松型木属 ········· 445/150
  Protocedroxylon araucarioides 南洋杉型原始雪松型木 ········· 446/150
Protocupressinoxylon 原始柏型木属 ········· 446/150
  Protocupressinoxylon cupressoides 柏木型原始柏型木 ········· 446/150
  △*Protocupressinoxylon mishaniense* 密山原始柏型木 ········· 446/150
△*Protoglyptostroboxylon* 原始水松型木属 ········· 446/151
  △*Protoglyptostroboxylon giganteum* 巨大原始水松型木 ········· 446/151
Protophyllocladoxylon 原始叶枝杉型木属 ········· 446/151
  Protophyllocladoxylon leuchsi 洛伊希斯原始叶枝杉型木 ········· 447/151
  △*Protophyllocladoxylon szei* 斯氏原始叶枝杉型木 ········· 447/151
Protophyllum 元叶属 ········· 447/151
  Protophyllum sternbergii 司腾伯元叶 ········· 447/151
  △*Protophyllum cordifolium* 心形元叶 ········· 447/151
  Protophyllum haydenii 海旦元叶 ········· 447/152
  △*Protophyllum microphyllum* 小元叶 ········· 447/152
  Protophyllum multinerve 多脉元叶 ········· 448/152
  △*Protophyllum ovatifolium* Guo et Li, 1979 (non Tao, 1986) 卵形元叶 ········· 448/152
  △*Protophyllum ovatifolium* Tao, 1986 (non Guo et Li, 1979) 卵形元叶 ········· 448/152
  △*Protophyllum renifolium* 肾形元叶 ········· 448/152
  △*Protophyllum rotundum* 圆形元叶 ········· 448/152
Protopiceoxylon 原始云杉型木属 ········· 448/152
  Protopiceoxylon extinctum 绝灭原始云杉型木 ········· 448/153
Protopodocarpoxylon 原始罗汉松型木属 ········· 449/153
  Protopodocarpoxylon blevillense 勃雷维尔原始罗汉松型木 ········· 449/153

△*Protopodocarpoxylon arnatum* 装饰原始罗汉松型木	449/153
△*Protopodocarpoxylon jinshaense* 金沙原始罗汉松型木	449/153
△*Protosciadopityoxylon* 原始金松型木属	449/153
△*Protosciadopityoxylon liaoningense* 辽宁原始金松型木	449/153
Prototaxodioxylon 原始落羽杉型木属	449/153
Prototaxodioxylon choubertii 孔氏原始落羽杉型木	450/154
Prototaxodioxylon romanense 罗曼原始落羽杉型木	450/154
Pseudoctenis 假篦羽叶属	450/154
Pseudoctenis eathiensis 伊兹假篦羽叶	450/154
Pseudoctenis crassinervis 粗脉假篦蕉羽叶	450/154
Pseudoctenis cf. *crassinervis* 粗脉假篦蕉羽叶(比较种)	450/154
Pseudocycas 假苏铁属	450/154
Pseudocycas insignis 特殊假苏铁	450/154
△*Pseudocycas manchurensis* 满洲假苏铁	450/154
Pseudodanaeopsis 假丹尼蕨属	451/155
Pseudodanaeopsis seticulata 刚毛状假丹尼蕨	451/155
△*Pseudodanaeopsis sinensis* 中国假丹尼蕨	451/155
Pseudofrenelopsis 假拟节柏属	451/155
Pseudofrenelopsis felixi 费尔克斯假拟节柏	451/155
Pseudofrenelopsis parceramosa 少枝假拟节柏	451/155
Pseudolarix 金钱松属	451/155
△"*Pseudolarix*" *sinensis* 中国"金钱松"	452/155
"*Pseudolarix*" sp. "金钱松"(未定种)	452/156
△*Pseudopolystichum* 假耳蕨属	452/156
△*Pseudopolystichum cretaceum* 白垩假耳蕨	452/156
Pseudoprotophyllum 假元叶属	452/156
Pseudoprotophyllum emarginatum 无边假元叶	452/156
Pseudoprotophyllum dentatum 具齿假元叶	452/156
Pseudoprotophyllum cf. *dentatum* 具齿假元叶(比较种)	452/156
△*Pseudotaeniopteris* 假带羊齿属	453/156
△*Pseudotaeniopteris piscatorius* 鱼形假带羊齿	453/156
Pseudotorellia 假托勒利叶属	453/157
Pseudotorellia nordenskiöldi 诺氏假托勒利叶	453/157
Pseudotorellia sp. 假托勒利叶(未定种)	453/157
Psygmophyllum 掌叶属	453/157
Psygmophyllum flabellatum 扇形掌叶	453/157
△*Psygmophyllum multipartitum* 多裂掌叶	453/157
Psygmophyllum cf. *multipartitum* 多裂掌叶(比较种)	453/157
△*Pteridiopsis* 拟蕨属	454/157
△*Pteridiopsis didaoensis* 滴道拟蕨	454/157
△*Pteridiopsis tenera* 柔弱拟蕨	454/158
Pteridium 蕨属	454/158
△*Pteridium dachingshanense* 大青山蕨	454/158

Pterocarya 枫杨属	454/158
△*Pterocarya siniptera* 中华枫杨	454/158
Pterophyllum 侧羽叶属	455/158
Pterophyllum longifolium 长叶侧羽叶	455/158
Pterophyllum aequale 等形侧羽叶	455/159
△*Pterophyllum contiguum* 紧挤侧羽叶	455/159
△*Pterophyllum nathorsti* 那氏侧羽叶	455/159
△*Pterophyllum richthofeni* 李氏侧羽叶	455/159
Pterospermites 似翅籽树属	455/159
Pterospermites vagans 漫游似翅籽树	456/159
△*Pterospermites heilongjiangensis* 黑龙江似翅籽树	456/159
△*Pterospermites orientalis* 东方似翅籽树	456/159
Pterospermites sp. 似翅籽树(未定种)	456/159
Pterozamites 翅似查米亚属	456/160
Pterozamites scitamineus 翅似查米亚	456/160
△*Pterozamites sinensis* 中国翅似查米亚	456/160
Ptilophyllum 毛羽叶属	456/160
Ptilophyllum acutifolium 尖叶毛羽叶	457/160
Ptilozamites 叉羽叶属	457/160
Ptilozamites nilssoni 尼尔桑叉羽叶	457/160
△*Ptilozamites chinensis* 中国叉羽叶	457/160
Ptychocarpus 皱囊蕨属	457/161
Ptychocarpus hexastichus 哈克萨斯蒂库皱囊蕨	457/161
Ptychocarpus sp. 皱囊蕨(未定种)	457/161
Pursongia 蒲逊叶属	458/161
Pursongia amalitzkii 阿姆利茨蒲逊叶	458/161
Pursongia? sp. 蒲逊叶?(未定种)	458/161

Q

△*Qionghaia* 琼海叶属	458/161
△*Qionghaia carnosa* 肉质琼海叶	458/161
Quercus 栎属	458/161
△*Quercus orbicularis* 圆叶栎	458/162
Quereuxia 奎氏叶属	458/162
Quereuxia angulata 具棱奎氏叶	459/162

R

△*Radiatifolium* 辐叶属	459/162
△*Radiatifolium magnusum* 大辐叶	459/162
Radicites 似根属	459/162
Radicites capillacea 毛发似根	459/162

Radicites sp. 似根(未定种)	459/163
Ranunculaecarpus 毛茛果属	459/163
Ranunculaecarpus quiquecarpellatus 五角形毛茛果	460/163
Ranunculaecarpus sp. 毛茛果(未定种)	460/163
△*Ranunculophyllum* 毛茛叶属	460/163
△*Ranunculophyllum pinnatisctum* 羽状全裂毛茛叶	460/163
Ranunculus 毛茛属	460/163
△*Ranunculus jeholensis* 热河毛茛	460/163
Raphaelia 拉发尔蕨属	461/164
Raphaelia nueropteroides 脉羊齿型拉发尔蕨	461/164
△*Raphaelia diamensis* 狄阿姆拉发尔蕨	461/164
△*Rehezamites* 热河似查米亚属	461/164
△*Rehezamites anisolobus* 不等裂热河似查米亚	461/164
Rehezamites sp. 热河似查米亚(未定种)	461/164
△*Reteophlebis* 网格蕨属	461/164
△*Reteophlebis simplex* 单式网格蕨	461/164
Rhabdotocaulon 棒状茎属	462/165
Rhabdotocaulon zeilleri 蔡氏棒状茎	462/165
Rhabdotocaulon sp. 棒状茎(未定种)	462/165
Rhacopteris 扇羊齿属	462/165
Rhacopteris elegans 华丽扇羊齿	462/165
△*Rhacopteris? gothani* 高腾?扇羊齿	462/165
Rhamnites 似鼠李属	462/165
Rhamnites multinervatus 多脉似鼠李	462/165
Rhamnites eminens 显脉似鼠李	463/165
Rhamnus 鼠李属	463/166
△*Rhamnus shangzhiensis* 尚志鼠李	463/166
Rhaphidopteris 针叶羊齿属	463/166
Rhaphidopteris astartensis 阿斯塔脱针叶羊齿	463/166
△*Rhaphidopteris rugata* 皱纹针叶羊齿	463/166
Rhinipteris 纵裂蕨属	464/166
Rhinipteris concinna 美丽纵裂蕨	464/166
Rhinipteris cf. *concinna* 美丽纵裂蕨(比较种)	464/167
Rhipidiocladus 扇状枝属	464/167
Rhipidiocladus flabellata 小扇状枝	464/167
△*Rhipidiocladus acuminatus* 渐尖扇状枝	464/167
Rhiptozamites 科达似查米亚属	465/167
Rhiptozamites goeppertii 葛伯特科达似查米亚	465/167
△*Rhizoma* 根状茎属	465/167
△*Rhizoma elliptica* 椭圆形根状茎	465/168
Rhizomopteris 根茎蕨属	465/168
Rhizomopteris lycopodioides 石松型根茎蕨	465/168
Rhizomopteris sp. 根茎蕨(未定种)	465/168

△*Riccardiopsis* 拟片叶苔属 ··· 466/168
  △*Riccardiopsis hsüi* 徐氏拟片叶苔 ·· 466/168
△*Rireticopteris* 日蕨属 ··· 466/168
  △*Rireticopteris microphylla* 小叶日蕨 ··· 466/168
Rogersia 鬼灯檠属 ··· 466/169
  Rogersia longifolia 长叶鬼灯檠 ·· 466/169
  Rogersia angustifolia 窄叶鬼灯檠 ·· 466/169
Ruehleostachys 隐脉穗属 ··· 467/169
  Ruehleostachys pseudarticulatus 假有节隐脉穗 ·· 467/169
  △*Ruehleostachys? hongyantouensis* 红崖头?隐脉穗 ··· 467/169
Ruffordia 鲁福德蕨属 ·· 467/169
  Ruffordia goepperti 葛伯特鲁福德蕨 ·· 467/170
  Ruffordia (*Sphenopteris*) *goepperti* 葛伯特鲁福德蕨(楔羊齿) ··· 467/170
  Cf. *Ruffordia* (*Sphenopteris*) *goepperti* 葛伯特鲁福德蕨(楔羊齿)(比较属种) ·· 467/170

S

△*Sabinites* 似圆柏属 ··· 468/170
  △*Sabinites neimonglica* 内蒙古似圆柏 ··· 468/170
  △*Sabinites gracilis* 纤细似圆柏 ··· 468/170
Sagenopteris 鱼网叶属 ··· 468/170
  Sagenopteris nilssoniana 尼尔桑鱼网叶 ··· 468/170
  △*Sagenopteris? dictyozamioides* 网状?鱼网叶 ··· 468/171
  △*Sagenopteris yunganensis* 永安鱼网叶 ·· 468/171
Sahnioxylon 萨尼木属 ·· 468/171
  Sahnioxylon rajmahalense 拉杰马哈尔萨尼木 ·· 469/171
Saliciphyllum Fontaine,1889 (non Conwentz,1886) 柳叶属 ·· 469/171
  Saliciphyllum longifolium 长叶柳叶 ·· 469/171
  Saliciphyllum sp. 柳叶(未定种) ··· 469/172
Saliciphyllum Conwentz,1886 (non Fontaine,1889) 柳叶属 ·· 469/171
  Saliciphyllum succineum 琥珀柳叶 ·· 469/171
Salix 柳属 ·· 469/172
  Salix meeki 米克柳 ·· 470/172
  Salix cf. *meeki* 米克柳(比较种) ·· 470/172
Salvinia 槐叶萍属 ··· 470/172
  Salvinia sp. 槐叶萍(未定种) ··· 470/172
Samaropsis 拟翅籽属 ··· 470/172
  Samaropsis ulmiformis 榆树形拟翅籽 ·· 470/172
  Samaropsis sp. 拟翅籽(未定种) ··· 470/172
Sapindopsis 拟无患子属 ·· 470/173
  Sapindopsis cordata 心形拟无患子 ·· 471/173
  Sapindopsis cf. *variabilis* 变异拟无患子(比较种) ·· 471/173
Sassafras 檫木属 ··· 471/173

Sassafras sp. 檫木(未定种)	471/173
Scarburgia 斯卡伯格穗属	471/173
Scarburgia hilli 希尔斯卡伯格穗	471/173
△*Scarburgia triangularis* 三角斯卡伯格穗	471/173
Schisandra 五味子属	471/174
△*Schisandra durbudensis* 杜尔伯达五味子	472/174
Schizolepis 裂鳞果属	472/174
Schizolepis liaso-keuperinus 侏罗-三叠裂鳞果	472/174
Schizolepis moelleri 缪勒裂鳞果	472/174
Schizoneura 裂脉叶属	472/174
Schizoneura paradoxa 奇异裂脉叶	472/174
Schizoneura sp. 裂脉叶(未定种)	472/174
Schizoneura-Echinostachys 裂脉叶-具刺孢穗属	472/175
Schizoneura-Echinostachys paradoxa 奇异裂脉叶-具刺孢穗	473/175
Sciadopityoxylon 金松型木属	473/175
Sciadopityoxylon vestuta 具罩金松型木	473/175
△*Sciadopityoxylon heizyoense* 平壤金松型木	473/175
△*Sciadopityoxylon liaoningensis* 辽宁金松型木	473/175
Scleropteris Andrews,1942 (non Saport,1872) 硬蕨属	474/176
Scleropteris illinoienses 伊利诺斯硬蕨	474/176
Scleropteris Saport,1872 (non Andrews H N,1942) 硬蕨属	473/176
Scleropteris pomelii 帕氏硬蕨	474/176
△*Scleropteris tibetica* 西藏硬蕨	474/176
Scoresbya 斯科勒斯叶属	474/176
Scoresbya dentata 齿状斯科勒斯叶	474/176
Scotoxylon 苏格兰木属	474/177
Scotoxylon horneri 霍氏苏格兰木	475/177
△*Scotoxylon yanqingense* 延庆苏格兰木	475/177
Scytophyllum 革叶属	475/177
Scytophyllum bergeri 培根革叶	475/177
△*Scytophyllum chaoyangensis* 朝阳革叶	475/177
Selaginella 卷柏属	475/177
△*Selaginella yunnanensis* 云南卷柏	475/177
Selaginellites 似卷柏属	476/178
Selaginellites suissei 索氏似卷柏	476/178
△*Selaginellites angustus* 狭细似卷柏	476/178
Sequoia 红杉属	476/178
△*Sequoia jeholensis* 热河红杉	476/178
△*Setarites* 似狗尾草属	476/178
Setarites sp. indet. 似狗尾草(sp. indet.)	476/178
Sewardiodendron 西沃德杉属	477/179
Sewardiodendron laxum 疏松西沃德杉	477/179
△*Shanxicladus* 山西枝属	477/179

△*Shanxicladus pastulosus* 疹形山西枝 ……………………………………………… 477/179
△*Shenea* 沈氏蕨属 ……………………………………………………………………… 477/179
　　△*Shenea hirschmeierii* 希氏沈氏蕨 …………………………………………… 478/179
△*Shenkuoia* 沈括叶属 ………………………………………………………………… 478/179
　　△*Shenkuoia caloneura* 美脉沈括叶 …………………………………………… 478/180
△*Sinocarpus* 中华古果属 ……………………………………………………………… 478/180
　　△*Sinocarpus decussatus* 下延中华古果 ……………………………………… 478/180
△*Sinoctenis* 中国篦羽叶属 …………………………………………………………… 478/180
　　△*Sinoctenis grabauiana* 葛利普中国篦羽叶 ………………………………… 479/180
△*Sinodicotis* 中华缘蕨属 ……………………………………………………………… 479/180
　　Sinodicotis sp. indet. 中华缘蕨 (sp. indet.) ………………………………… 479/181
△*Sinophyllum* 中国叶属 ……………………………………………………………… 479/181
　　△*Sinophyllum suni* 孙氏中国叶 ……………………………………………… 479/181
△*Sinozamites* 中国似查米亚属 ……………………………………………………… 479/181
　　△*Sinozamites leeiana* 李氏中国似查米亚 …………………………………… 479/181
Solenites 似管状叶属 …………………………………………………………………… 480/181
　　Solenites murrayana 穆雷似管状叶 …………………………………………… 480/181
　　Solenites cf. *murrayana* 穆雷似管状叶 (比较种) …………………………… 480/181
Sorbaria 珍珠梅属 ……………………………………………………………………… 480/182
　　△*Sorbaria wuyunensis* 乌云珍珠梅 …………………………………………… 480/182
Sorosaccus 堆囊穗属 …………………………………………………………………… 480/182
　　Sorosaccus gracilis 细纤堆囊穗 ………………………………………………… 480/182
Sparganium 黑三棱属 …………………………………………………………………… 481/182
　　△*Sparganium? fengningense* 丰宁？黑三棱 ………………………………… 481/182
△*Speirocarpites* 似卷囊蕨属 ………………………………………………………… 481/182
　　△*Speirocarpites virginiensis* 弗吉尼亚似卷囊蕨 …………………………… 481/183
　　△*Speirocarpites dukouensis* 渡口似卷囊蕨 ………………………………… 481/183
　　△*Speirocarpites rireticopteroides* 日蕨型似卷囊蕨 ………………………… 481/183
　　△*Speirocarpites zhonguoensis* 中国似卷囊蕨 ……………………………… 481/183
Sphenarion 小楔叶属 …………………………………………………………………… 482/183
　　Sphenarion paucipartita 疏裂小楔叶 ………………………………………… 482/183
　　Sphenarion latifolia 宽叶小楔叶 ……………………………………………… 482/183
　　△*Sphenarion lineare* 线形小楔叶 ……………………………………………… 482/184
Sphenobaiera 楔拜拉属 ………………………………………………………………… 482/184
　　Sphenobaiera spectabilis 奇丽楔拜拉 ………………………………………… 483/184
　　△*Sphenobaiera huangii* 黄氏楔拜拉 ………………………………………… 483/184
△*Sphenobaieroanthus* 楔叶拜拉花属 ………………………………………………… 483/184
　　△*Sphenobaieroanthus sinensis* 中国楔叶拜拉花 …………………………… 483/184
△*Sphenobaierocladus* 楔叶拜拉枝属 ………………………………………………… 483/184
　　△*Sphenobaierocladus sinensis* 中国楔叶拜拉枝 …………………………… 483/185
Sphenolepidium 准楔鳞杉属 …………………………………………………………… 483/185
　　Sphenolepidium sternbergianum 司腾伯准楔鳞杉 …………………………… 483/185
　　Sphenolepidium sp. 准楔鳞杉 (未定种) ……………………………………… 484/185

Sphenolepis 楔鳞杉属	484/185
Sphenolepis sternbergiana 司腾伯楔鳞杉	484/185
△*Sphenolepis arborscens* 树形楔鳞杉	484/185
△*Sphenolepis elegans* 雅致楔鳞杉	484/185
Sphenophyllum 楔叶属	484/185
Sphenophyllum emarginatum 微缺楔叶	484/186
Sphenophyllum? sp. 楔叶?(未定种)	485/186
Sphenopteris 楔羊齿属	485/186
Sphenopteris elegans 雅致楔羊齿	485/186
△*Sphenopteris orientalis* 东方楔羊齿	485/186
Sphenozamites 楔羽叶属	485/186
Sphenozamites beani 毕氏楔羽叶	485/186
△*Sphenozamites changi* 章氏楔蕉羽叶	485/186
Sphenozamites sp. 楔羽叶(未定种)	486/187
Spirangium 螺旋器属	486/187
Spirangium carbonicum 石炭螺旋器	486/187
△*Spirangium sino-coreanum* 中朝螺旋器	486/187
Spiropteris 螺旋蕨属	486/187
Spiropteris miltoni 米氏螺旋蕨	486/187
Spiropteris sp. 螺旋蕨(未定种)	486/187
△*Squamocarpus* 鳞籽属	486/187
△*Squamocarpus papilioformis* 蝶形鳞籽	487/187
△*Stachybryolites* 穗藓属	487/188
△*Stachybryolites zhoui* 周氏穗藓	487/188
Stachyopitys 小果穗属	487/188
Stachyopitys preslii 普雷斯利小果穗	487/188
Stachyopitys sp. 小果穗(未定种)	487/188
Stachyotaxus 穗杉属	487/188
Stachyotaxus septentrionalis 北方穗杉	488/188
Stachyotaxus elegana 雅致穗杉	488/189
Stachypteris 穗蕨属	488/189
Stachypteris spicans 穗状穗蕨	488/189
△*Stachypteris alata* 膜翼穗蕨	488/189
△*Stalagma* 垂饰杉属	488/189
△*Stalagma samara* 翅籽垂饰杉	488/189
Staphidiophora 似葡萄果穗属	489/189
Staphidiophora secunda 一侧生似葡萄果穗	489/189
Staphidiophora? exilis 弱小?似葡萄果穗	489/190
Cf. *Staphidiophora? exilis* 弱小?似葡萄果穗(比较属种)	489/190
Stenopteris 狭羊齿属	489/190
Stenopteris desmomera 束状狭羊齿	489/190
Stenopteris sp. 狭羊齿(未定种)	489/190
Stenorhachis 狭轴穗属	489/190

Stenorhachis ponseleti 庞氏狭轴穗 ……………………………………………………… 490/190
Stenorachis sibirica 西伯利亚狭轴穗 ……………………………………………… 490/190
△*Stephanofolium* 金藤叶属 ………………………………………………………………… 490/190
　△*Stephanofolium ovatiphyllum* 卵形金藤叶 ………………………………………… 490/191
Stephenophyllum 斯蒂芬叶属 ……………………………………………………………… 490/191
　Stephenophyllum solmis 索氏带斯蒂芬叶 …………………………………………… 490/191
　Stephenophyllum cf. *solmis* 索氏斯蒂芬叶(比较种) ……………………………… 490/191
Sterculiphyllum 苹婆叶属 ………………………………………………………………… 490/191
　Sterculiphyllum limbatum 具边苹婆叶 ……………………………………………… 491/191
　Sterculiphyllum eleganum 优美苹婆叶 ……………………………………………… 491/191
Storgaardia 斯托加叶属 …………………………………………………………………… 491/192
　Storgaardia spectablis 奇观斯托加叶 ………………………………………………… 491/192
　Cf. *Storgaardia spectablis* 奇观斯托加叶(比较属种) ……………………………… 491/192
　△*Storgaardia? baijenhuaense* 白音花?斯托加叶 …………………………………… 491/192
Strobilites 似果穗属 ………………………………………………………………………… 491/192
　Strobilites elongata 伸长似果穗 ……………………………………………………… 491/192
　△*Strobilites yabei* 矢部似果穗 ………………………………………………………… 492/192
△*Suturovagina* 缝鞘杉属 …………………………………………………………………… 492/192
　△*Suturovagina intermedia* 过渡缝鞘杉 …………………………………………… 492/192
Swedenborgia 史威登堡果属 ……………………………………………………………… 492/193
　Swedenborgia cryptomerioides 柳杉型史威登堡果 ………………………………… 492/193
△*Symopteris* 束脉蕨属 ……………………………………………………………………… 492/193
　△*Symopteris helvetica* 瑞士束脉蕨 ………………………………………………… 492/193
　△*Symopteris densinervis* 密脉束脉蕨 ……………………………………………… 493/193
　△*Symopteris zeilleri* 蔡耶束脉蕨 …………………………………………………… 493/193

T

△*Tachingia* 大箐羽叶属 …………………………………………………………………… 493/193
　△*Tachingia pinniformis* 大箐羽叶 …………………………………………………… 493/193
△*Taeniocladopsis* 拟带枝属 ………………………………………………………………… 493/194
　△*Taeniocladopsis rhizomoides* 假根茎型拟带枝 …………………………………… 493/194
Taeniopteris 带羊齿属 ……………………………………………………………………… 493/194
　Taeniopteris vittata 条纹带羊齿 ……………………………………………………… 494/194
　Taeniopteris immersa 下凹带羊齿 …………………………………………………… 494/194
　Taeniopteris cf. *immersa* 下凹带羊齿(比较种) …………………………………… 494/194
　△*Taeniopteris leclerei* 列克勒带羊齿 ……………………………………………… 494/194
　Taeniopteris sp. 带羊齿(未定种) …………………………………………………… 494/194
Taeniozamites 带似查米亚属 ……………………………………………………………… 494/194
　Taeniozamites vittata 狭叶带似查米亚 ……………………………………………… 494/194
　△*Taeniozamites uwatokoi* 上床带似查米亚 ………………………………………… 494/195
△*Taipingchangella* 太平场蕨属 …………………………………………………………… 494/195
　△*Taipingchangella zhongguoensis* 中国太平场蕨 ………………………………… 495/195

Taxites 似红豆杉属 ·· 495/195
  Taxites tournalii 杜氏似红豆杉 ··· 495/195
  △*Taxites spatulatus* 匙形似红豆杉 ··· 495/195
Taxodioxylon 落羽杉型木属 ··· 495/195
  Taxodioxylon goepperti 葛伯特落羽杉型木 ····························· 495/196
  Taxodioxylon sequoianum 红杉式落羽杉型木 ························· 495/196
Taxodium 落羽杉属 ··· 496/196
  Taxodium olrokii 奥尔瑞克落羽杉 ·· 496/196
Taxoxylon 紫杉型木属 ··· 496/196
  Taxoxylon falunense 法伦紫杉型木 ·· 496/196
  △*Taxoxylon pulchrum* 秀丽紫杉型木 ······································ 496/196
Taxus 红豆杉属 ·· 496/197
  △*Taxus intermedium* 中间红豆杉 ·· 497/197
△*Tchiaohoella* 蛟河羽叶属 ··· 497/197
  △*Tchiaohoella mirabilis* 奇异蛟河羽叶 ···································· 497/197
  Tchiaohoella sp. 蛟河羽叶(未定种) ·· 497/197
Tersiella 特西蕨属 ·· 497/197
  Tersiella beloussovae 贝氏特西蕨 ··· 497/197
  Tersiella radczenkoi 拉氏特西蕨 ··· 497/197
Tetracentron 水青树属 ··· 498/198
  △*Tetracentron wuyunense* 乌云水青树 ···································· 498/198
Thallites 似叶状体属 ·· 498/198
  Thallites erectus 直立似叶状体 ·· 498/198
  △*Thallites pinghsiangensis* 萍乡似叶状体 ······························· 498/198
△*Tharrisia* 哈瑞士叶属 ··· 498/198
  △*Tharrisia dinosaurensis* 迪纳塞尔哈瑞士叶 ·························· 498/198
  △*Tharrisia lata* 侧生瑞士叶 ··· 499/199
  △*Tharrisia spectabilis* 优美哈瑞士叶 ····································· 499/199
△*Thaumatophyllum* 奇异羽叶属 ··· 499/199
  △*Thaumatophyllum ptilum* 羽毛奇异羽叶 ····························· 499/199
Thaumatopteris 异叶蕨属 ·· 499/199
  Thaumatopteris brauniana 布劳异叶蕨 ································· 500/199
△*Thelypterites* 似金星蕨属 ··· 500/200
  Thelypterites sp. A 似金星蕨(未定种 A) ···························· 500/200
  Thelypterites sp. B 似金星蕨(未定种 B) ···························· 500/200
Thinnfeldia 丁菲羊齿属 ··· 500/200
  Thinnfeldia rhomboidalis 菱形丁菲羊齿 ································ 500/200
  Thinnfeldia sp. 丁菲羊齿(未定种) ·· 501/200
Thomasiocladus 托马斯枝属 ··· 501/200
  Thomasiocladus zamioides 查米亚托马斯枝 ··························· 501/201
  Cf. *Thomasiocladus zamioides* 查米亚托马斯枝(比较属种) ········· 501/201
Thuites 似侧柏属 ··· 501/201
  Thuites aleinus 奇异似侧柏 ·· 501/201

Thuites? sp. 似侧柏？（未定种） ········· 501/201
Thuja 崖柏属 ········· 502/201
    Thuja cretacea 白垩崖柏 ········· 502/201
Thyrsopteris 密锥蕨属 ········· 502/201
    △*Thyrsopteris orientalis* 东方密锥蕨 ········· 502/201
△*Tianshia* 天石枝属 ········· 502/202
    △*Tianshia patens* 伸展天石枝 ········· 502/202
Tiliaephyllum 椴叶属 ········· 502/202
    Tiliaephyllum dubium 可疑椴叶 ········· 503/202
    Tiliaephyllum tsagajannicum 查加杨椴叶 ········· 503/202
    Cf. *Tiliaephyllum tsagajannicum* 查加杨椴叶（比较属种） ········· 503/202
Todites 似托第蕨属 ········· 503/202
    Todites williamsoni 威廉姆逊似托第蕨 ········· 503/202
△*Toksunopteris* 托克逊蕨属 ········· 203/503
    △*Toksunopteris opposita* 对生托克逊蕨 ········· 503/203
△*Tongchuanophyllum* 铜川叶属 ········· 504/203
    △*Tongchuanophyllum trigonus* 三角形铜川叶 ········· 504/203
    △*Tongchuanophyllum concinnum* 优美铜川叶 ········· 504/203
    △*Tongchuanophyllum shensiense* 陕西铜川叶 ········· 504/203
Torellia 托勒利叶属 ········· 504/203
    Torellia rigida 坚直托勒利叶 ········· 504/204
    Torellia sp. 托勒利叶（未定种） ········· 505/204
Toretzia 托列茨果属 ········· 505/204
    Toretzia angustifolia 狭叶托列茨果 ········· 505/204
    △*Toretzia shunfaensis* 顺发托列茨果 ········· 505/204
Torreya 榧属 ········· 505/204
    △*Torreya? chowii* 周氏？榧 ········· 505/204
    Torreya? sp. 榧？（未定种） ········· 505/204
△*Torreyocladus* 榧型枝属 ········· 506/205
    △*Torreyocladus spectabilis* 明显榧型枝 ········· 506/205
Trapa 菱属 ········· 506/205
    Trapa? microphylla 小叶？菱 ········· 506/205
Trichopitys 毛状叶属 ········· 506/205
    Trichopitys heteromorpha 不等形毛状叶 ········· 506/205
    Trichopitys setacea 刚毛毛状叶 ········· 506/205
△*Tricrananthus* 三裂穗属 ········· 507/205
    △*Tricrananthus sagittatus* 箭头状三裂穗 ········· 507/206
    △*Tricrananthus lobatus* 瓣状三裂穗 ········· 507/206
Tricranolepis 三盔种鳞属 ········· 507/206
    Tricranolepis monosperma 单籽三盔种鳞 ········· 507/206
    △*Tricranolepis obtusiloba* 钝三盔种鳞 ········· 507/206
Trochodendroides 似昆栏树属 ········· 507/206
    Trochodendroides rhomboideus 菱形似昆栏树 ········· 508/206

Trochodendroides vassilenkoi 瓦西连柯似昆栏树	508/206
Trochodendron 昆栏树属	508/207
Trochodendron sp. 昆栏树(未定种)	508/207
△*Tsiaohoella* 蛟河蕉羽叶属	508/207
△*Tsiaohoella mirabilis* 奇异蛟河蕉羽叶	508/207
△*Tsiaohoella neozamioides* 新似查米亚型蛟河蕉羽叶	508/207
Tsuga 铁杉属	509/207
△*Tsuga taxoides* 紫铁杉	509/207
Tuarella 图阿尔蕨属	509/208
Tuarella lobifolia 裂瓣图阿尔蕨	509/208
Typha 香蒲属	509/208
Typha sp. 香蒲(未定种)	509/208
Typhaera 类香蒲属	509/208
Typhaera fusiformis 纺锤形类香蒲	510/208
Tyrmia 基尔米亚叶属	510/208
Tyrmia tyrmensis 基尔米亚基尔米亚叶	510/209
△*Tyrmia chaoyangensis* 朝阳基尔米亚叶	510/209
△*Tyrmia latior* 较宽基尔米亚叶	510/209
△*Tyrmia nathorsti* 那氏基尔米亚叶	510/209
△*Tyrmia oblongifolia* 长椭圆基尔米亚叶	510/209
Tyrmia polynovii 波利诺夫基尔米亚叶	511/209
Tyrmia sp. 基尔米亚叶(未定种)	511/209

U

Ullmannia 鳞杉属	511/209
Ullmannia bronnii 布隆鳞杉	511/209
Ullmannia sp. 鳞杉(未定种)	511/210
Ulmiphyllum 榆叶属	511/210
Ulmiphyllum brookense 勃洛克榆叶	511/210
Umaltolepis 乌马果鳞属	512/210
Umaltolepis vachrameevii 瓦赫拉梅耶夫乌马果鳞	512/210
△*Umaltolepis hebeiensis* 河北乌马果鳞	512/210
Uralophyllum 乌拉尔叶属	512/210
Uralophyllum krascheninnikovii 克氏乌拉尔叶	512/210
Uralophyllum radczenkoi 拉氏乌拉尔叶	512/211
Uralophyllum? cf. *radczenkoi* 拉氏? 乌拉尔叶(比较种)	512/211
Ussuriocladus 乌苏里枝属	512/211
Ussuriocladus racemosus 多枝乌苏里枝	513/211
△*Ussuriocladus antuensis* 安图乌苏里枝	513/211

V

Vardekloeftia 瓦德克勒果属	513/211
Vardekloeftia sulcata 具槽瓦德克勒果	513/211
Viburniphyllum 荚蒾叶属	513/211
Viburniphyllum giganteum 大型荚蒾叶	513/212
△*Viburniphyllum serrulutum* 细齿荚蒾叶	513/212
Viburnum 荚蒾属	514/212
Viburnum asperum 粗糙荚蒾	514/212
Vitimia 维特米亚叶属	514/212
Vitimia doludenkoi 多氏维特米亚叶	514/212
Vitiphyllum Nathorst,1886 (non Fontaine,1889) 葡萄叶属	514/212
Vitiphyllum raumanni 劳孟葡萄叶	514/213
△*Vitiphyllum jilinense* 吉林葡萄叶	514/213
Vitiphyllum Fontaine,1889 (non Nathorst,1886) 葡萄叶属	515/213
Vitiphyllum crassiflium 厚叶葡萄叶	515/213
Vitiphyllum sp. 葡萄叶(未定种)	515/213
Vittaephyllum 书带蕨叶属	515/213
Vittaephyllum bifurcata 二叉书带蕨叶	515/213
Vittaephyllum sp. 书带蕨叶(未定种)	515/213
△*Vittifoliolum* 条叶属	516/214
△*Vittifoliolum segregatum* 游离条叶	516/214
△*Vittifoliolum segregatum* f. *costatum* 游离条叶脊条型	516/214
△*Vittifoliolum multinerve* 脉条叶	516/214
Voltzia 伏脂杉属	516/214
Voltzia brevifolia 宽叶伏脂杉	516/214
Voltzia heterophylla 异叶伏脂杉	517/214
Voltzia spp. 伏脂杉(未定多种)	517/214
Voltzia? sp. 伏脂杉?(未定种)	517/215

W

Weichselia 蝶蕨属	517/215
Weichselia ludovicae 连生蝶蕨	517/215
Weichselia reticulata 具网蝶蕨	517/215
Weltrichia 韦尔奇花属	517/215
Weltrichia mirabilis 奇异韦尔奇花	518/215
Weltrichia sp. 韦尔奇花(未定种)	518/215
Williamsonia 威廉姆逊尼花属	518/215
Williamsonia gigas 大威廉姆逊尼花	518/216
Williamsonia sp. 威廉姆逊尼花(未定种)	518/216
Williamsoniella 小威廉姆逊尼花属	518/216

Williamsoniella coronata 科罗纳小威廉姆逊尼花	518/216
Williamsoniella sp. 小威廉姆逊尼花(未定种)	518/216
Willsiostrobus 威尔斯穗属	519/216
Willsiostrobus willsii 威氏威尔斯穗	519/216
Willsiostrobus cf. *willsii* 威氏威尔斯穗(比较种)	519/216
△*Willsiostrobus hongyantouensis* 红崖头威尔斯穗	519/217

X

Xenoxylon 异木属	519/217
Xenoxylon latiporosum 宽孔异木	519/217
△*Xenoxylon hopeiense* 河北异木	519/217
△*Xiajiajienia* 夏家街蕨属	519/217
△*Xiajiajienia mirabila* 奇异夏家街蕨	520/217
△*Xinganphyllum* 兴安叶属	520/217
△*Xinganphyllum aequale* 等形兴安叶	520/217
△*Xinganphyllum? grandifolium* 大叶?兴安叶	520/218
△*Xingxueina* 星学花序属	520/218
△*Xingxueina heilongjiangensis* 黑龙江星学花序	520/218
△*Xingxuephyllum* 星学叶属	521/218
△*Xingxuephyllum jixiense* 鸡西星学叶	521/218
△*Xinjiangopteris* Wu S Z,1983 (non Wu S Q et Zhou,1986) 新疆蕨属	521/219
△*Xinjiangopteris toksunensis* 托克逊新疆蕨	521/219
△*Xinjiangopteris* Wu et Zhou,1986 (non Wu S Z,1983) 新疆蕨属	521/219
△*Xinjiangopteris opposita* 对生新疆蕨	522/219
△*Xinlongia* 新龙叶属	522/219
△*Xinlongia pterophylloides* 侧羽叶型新龙叶	522/219
△*Xinlongia hoheneggeri* 和恩格尔新龙叶	522/219
△*Xinlongophyllum* 新龙羽叶属	522/220
△*Xinlongophyllum ctenopteroides* 篦羽羊齿型新龙羽叶	522/220
△*Xinlongophyllum multilineatum* 多条纹新龙羽叶	523/220

Y

Yabeiella 矢部叶属	523/220
Yabeiella brachebuschiana 短小矢部叶	523/220
Yabeiella mareyesiaca 马雷耶斯矢部叶	523/220
Yabeiella cf. *mareyesiaca* 马雷耶斯矢部叶(比较种)	523/220
△*Yabeiella multinervis* 多脉矢部叶	523/220
△*Yanjiphyllum* 延吉叶属	523/221
△*Yanjiphyllum ellipticum* 椭圆延吉叶	523/221
△*Yanliaoa* 燕辽杉属	524/221
△*Yanliaoa sinensis* 中国燕辽杉	524/221

△*Yimaia* 义马果属 ·· 524/221
    △*Yimaia recurva* 外弯义马果 ··· 524/221
△*Yixianophyllum* 义县叶属 ··· 524/221
    △*Yixianophyllum jinjiagouensie* 金家沟义县叶 ·· 524/222
Yuccites Schimper et Mougeot,1844 (non Martius,1822) 似丝兰属 ·················· 525/222
    Yuccites vogesiacus 大叶似丝兰 ··· 525/222
    Yuccites spathulata 匙形似丝兰 ··· 525/222
    Yuccites sp. 似丝兰(未定种) ·· 525/222
    Yuccites? sp. 似丝兰?(未定种) ·· 526/222
Yuccites Martius,1822 (non Schimper et Mougeot,1844) 似丝兰属 ·················· 525/222
    Yuccites microlepis 小叶似丝兰 ··· 525/222
△*Yungjenophyllum* 永仁叶属 ··· 525/222
    △*Yungjenophyllum grandifolium* 大叶永仁叶 ··· 526/223

Z

Zamia 查米亚属 ·· 526/223
    Zamia sp. 查米亚(未定种) ·· 526/223
Zamiophyllum 查米羽叶属 ·· 526/223
    Zamiophyllum buchianum 布契查米羽叶 ··· 526/223
Zamiopsis 拟查米蕨属 ·· 526/223
    Zamiopsis pinnafida 羽状拟查米蕨 ··· 526/223
    △*Zamiopsis fuxinensis* 阜新拟查米蕨 ·· 527/224
Zamiopteris 匙羊齿属 ·· 527/224
    Zamiopteris glossopteroides 舌羊齿型匙羊齿 ·· 527/224
    △*Zamiopteris minor* 微细匙羊齿 ·· 527/224
Zamiostrobus 查米果属 ··· 527/224
    Zamiostrobus macrocephala 大蕊查米果 ·· 527/224
    Zamiostrobus? sp. 查米果?(未定种) ··· 527/224
Zamites 似查米亚属 ·· 527/224
    Zamites gigas 大叶似查米亚 ·· 528/225
    Zamites distans 分离似查米亚 ··· 528/225
    Zamites sp. 似查米亚(未定种) ··· 528/225
△*Zhengia* 郑氏叶属 ··· 528/225
    △*Zhengia chinensis* 中国郑氏叶 ··· 528/225
Zizyphus 枣属 ·· 529/225
    △*Zizyphus pseudocretacea* 假白垩枣 ··· 529/226

Appendix 2 Table of Institutions that House the Type Specimens

English Name	中文名称
Beijing Graduate School, Wuhan College of Geology [China University of Geosciences (Beijing)]	武汉地质学院北京研究生部 [中国地质大学（北京）]
Changchun College of Geology (College of Earth Sciences, Jilin University)	长春地质学院 （吉林大学地球科学学院）
Chengdu Institute of Geology and Mineral Resources (Chengdu Institute of Geology and Mineral Resources, China Geological Survey)	成都地质矿产研究所 （中国地质调查局成都地质调查中心）
China University of Geosciences (Beijing)	中国地质大学（北京）
Department of Geological Exploration, Changchun College of Geology (College of Earth Sciences, Jilin University)	长春地质学院勘探系 （吉林大学地球科学学院）
Department of Geology, China University of Mining and Technology	中国矿业大学地质系
Department of Palaeobotany, Swedish Museum of Natural History	瑞典自然历史博物馆古植物室
Department of Palaeobotany, Institute of Botany, Chinese Academy of Sciences	中国科学院植物研究所古植物研究室
Department of Palaeontology, China University of Geosciences (Wuhan)	中国地质大学（武汉）古生物教研室
Department of Palaeontology, Wuhan College of Geology [Department of Palaeontology, China University of Geosciences (Wuhan)]	武汉地质学院古生物教研室 [中国地质大学（武汉）古生物教研室]
Fuxin Mining Institute (Liaoning Technical University)	阜新矿业学院 （辽宁工程技术大学）
Geological Bureau of Hubei Province	湖北省地质局
Geological Museum of Hunan Provinc	湖南省地质博物馆

续表

English Name	中文名称
Hubei Institute of Geological Sciences (Hubei Institute of Geosciences)	湖北地质科学研究所（湖北省地质科学研究院）
Institute of Botany, Chinese Academy of Sciences	中国科学院植物研究所
Nanjing Institute of Geology and Palaeontology, Chinese Academy of Sciences	中国科学院南京地质古生物研究所
Regional Geological Surveying Team, Bureau of Geology and Mineral Resources of Liaoning Province (Regional Geological Surveying Team of Liaoning Province)	辽宁省地质矿产局区域地质调查队（辽宁省区域地质调查大队）
Research Institute of Petroleum Exploration and Development (Research Institute of Petroleum Exploration and Development, PetroChina)	石油勘探开发科学研究院（中国石油化工股份有限公司石油勘探开发研究院）
Shenyang Institute of Geology and Mineral Resources (Shenyang Institute of Geology and Mineral Resources, China Geological Survey)	沈阳地质矿产研究所（中国地质调查局沈阳地质调查中心）
The 137th Team of Sichuan Coal Field Geological Company (Sichuan Coal Field Geology Bureau 137 Geological Team)	四川省煤田地质公司一三七队（四川省煤田地质局一三七队）
Xi'an Branch, China Coal Research Institute	煤炭科学研究总院西安分院
The Company of Geological Exploitation of Coal Field, Liaoning	辽宁煤田地质勘探公司
Yichang Institute of Geology and Mineral Resources (Wuhan Institute of Geology and Mineral Resources, China Geological Survey)	宜昌地质矿产研究所（中国地质调查局武汉地质调查中心）

REFERENCES

Ablajiv A G, 1974. Late Cretaceous flora of eastern Sikhote-Alin and its stratigraphic implication. Acad. Sci. USSR, Far-East Geol. Insst., Novosibirsk: 1-179. (in Russian)

Alvin K L, Spicer C J, Watson J, 1978. A *Classopollis*-containing male cone associated with *Pseudofrenelopsis*. Palaeontalogy, 21 (4): 847-856, pls. 96-98.

Andrae C J, 1855. Tertiär-Flora von Szakadat und Thalheim in Siebenbürgen. Kgl. -k. Geol. Reichsanst. Abh., V. 2, Abt. 3: 1-48, pls. 1-12.

Andrews H N, 1942a. Contributions to our knowledge of American Carboniferous floras: Part 1 *Scleropteris* gen. nov., Mesoxylon and Amyelon. Missouri Bot. Garden Annals, 29: 1-11, pls. 1-4.

Andrews H N Jr, 1955. Index of generic names of fossil plants (1820-1950). U S Geological Survey Bulletin, (1013): 1-262.

Andrews H N Jr, 1970. Index of generic names of fossil plants (1820-1965). U S Geological Survey Bulletin, (1300): 1-354.

Archangelsky S, 1965. Fossil Ginkgoales from the Tico Flora, Santa Cruz Province, Argentina. British Mus. (Nat. History) Bull., Geol., 10 (5): 121-137, pls. 1-5.

Arnold C A, Lowther J S, 1955. A new Cretaceous conifer from northern Alaska. Am. Jour. Botany, 42: 522-528.

Ash S R, 1969. Ferns from the Chinle Formation (Upper Triassic) in the Fort Wingate area, New Mexico. U S Geol. Surv. Prof. Paper 613-D: D1-D52, pls. 1-5, figs. 1-19.

Bandulska H, 1923. A preliminary paper on the cuticular structure of certain dicotyledonous and coniferous leaves from the Middle Eocene flora of Bournemouth. J. of the Linnean Soc. of London: Botany, 46: 241-270, pls. 20, 21.

Barale G, 1972a. Rhaphidopteris nouveau nom de genre de feuillage filicoïde mesozoique. C R Acad. Sci., Sér. D, 274: 1011-1014.

Barale G, 1972b. Sur la presence de genre Rhaphidopteris Barale dans le jurassique supérieur de France. C R Acad. Sci., Sér. D, 275: 2467-2470.

Bell W A, 1949. Uppermost Cretaceous and Paleocene Floras of Western Alberta. Geological Survey Bulletin, No. 13: 1-231, pls. 1-67.

Bell W A, 1957. Flora of the Upper Cretaceous Nanaimo Group of Vancouver Island, British Columbia. U S Geol. Surv., 293: 1-84, pl. 67.

Berendt G C, 1845. Die in Bernstein befindlichen organischen Reste der Vorwelt. Berlin, p. 1-

125, pls. 1-7.

Berry E W, 1905. The flora of the Cliffwood clays. New Jersey Geol. Surv. Ann. Rept. ; 135-156, pls. 19-26.

Berry E W, 1911a. Systematic palaeontology of the Lower Cretaceous deposits of Maryland. Maryland Geol. Surv. Lower Cretaceous: 173-597.

Berry E W, 1911b. Contributions to the Mesozoic flora of the Atlantic Coastal Plain: Part 7. Torrey Bot. Club Buil., 38: 399-424, pls. 18, 19.

Berry E W, 1911c. A Lower Cretaceous species of Schizaeaceae from eastern North America. Annals of Botany, 25: 193-198, pl. 12.

Berry E W, 1916. The Lower Eocene floras of Southeastern North America. U S Geological Survey, Professional, Poper 91: 1-481, pls. 1-17.

Berry E W, 1922. The Floras of the Woodbine Sand at Arthurs Bluff, Texas. U S Geological Survey, Professional, Poper 129G: 153-181, pls. 36-40.

Blazer A M, 1975. Index of generic names of fossil plants, 1966-1973. U S Geological Survey Bulletin, (1396): 1-54.

Boersma M, Visscher H, 1969. On two Late Permian plants from southern France. Rijks Geol. Dienst. Med., New Ser., (20): 57-59, pls. 1, 2, figs. 1-3.

Bornemann J B, 1856. Ueber organische reste der Lettenkohlengruppe Thüringens. Leipzig: 1-85, pls. 1-12.

Bose M N, Sah S G D, 1954. On *Sahnioxylon rajmahalense*, a new name for *Homoxylon rajmahalense* Sahni, and *S. andrewsii*, a new species of *Sahnioxylon* from Amrapara in the Rajmahal Hills, Behar. Palaeobotanist, 3: 1-8, pls. 1, 2.

Bowerbank J S, 1840. A history of the fossil fruits and seeds of the London clay. London: John Van Voorst: 1-144, pls. 17.

Braun C F W, 1847. Die fossilen Gewaechse aus den Granzschichten zwischen dem Lias und Keuper des neu aufgefundenen Pflanzenlagers in dem Steinbruche von Veitlahm bei Culmback. Flora, 30: 81-87.

Braun C F W, 1849. *Weltrichia* eine neue Gattung fossiler Rhizantheen. Flora, 7: 705-712.

Brongniart A, 1822. Sur la classification et la distribution des végétaux fossiles en général, et sur ceux des terrains de sédiment supérieur en particulier. Mus. Natl. Hist. Nat. (Paris), 8: 203-348.

Brongniart A, 1825. Observations sur les végétaux fossiles renfermés dans les Grès de Hoer en Scanie. Annales Sci. Nat., Ser. 1, V. 4: 200-219.

Brongniart A, 1828a-1838. Histoire des végétaux fossiles ou Recherches botaniques et géologiques sur lesvégétaux renfermés dans les diverses couches du globe. Paris, G. Dufour and Ed. D'Ocagne: V. 1: 1-136 (1828a), 137-208 (1829), 209-248 (1830), 249-264 (1834), 337-368 (1835?), 369-488 (1836); V. 2: 1-24 (1837), 25-72 (1838). Plates appeared irregularly, V. 1, pls. 1-166; V. 2, pls. 1-29.

Brongniart A, 1828b. Prodrome d'une histoire des végétaux fossils. Dictionnaire Sci. Nat., 57: 16-212.

Brongniart A, 1828c. Notice sur les plantes d'Armissan près Narbonne. Annales Sci. Nat. Ser. 1,15:43-51,pl. 3.

Brongniart A, 1828d. Essai d'une Flore du grès bigarré. Annales Sci. Nat. Ser. 1,15:435-460.

Brongniart A, 1849. Tableau des genres de végétaux fossiles consideerees sous le point de vue de leur classification botanique et de leur distribution geeologique. Dictionnaire Univ. Histoire Nat.,13:1-127 (52-176).

Brongniart A, 1874. Notes sur les plantes fossiles de Tinkiako (Shensi merdionale), envoyees en 1873 par M. l'abbé A. David. Bulletin de la Societe Geologique de France, Series 3, (2):408.

Brongniart A, 1881. Recherches sur les graines fossiles silicifiées. Paris, G. Masson:1-93, pls. 1-21.

Bronn H G, 1848. Index palaeontologicus oderübersicht der bis jetzt bekannten fossilen organismen. Stuttgart:1-1384.

Brown R W, 1939. Fossil leaves, fruits and seeds of Cercidiphyllum. J. Paleontol.,13:485-499.

Brown R W, 1962. Paleocene flora of the Rocky Mountains and the Great Plains. U S Geological Survey, Professional, Poper 375:1-119, pls. 1-69.

Buckland W, 1836. Geology and mineralogy considered with reference to natural theology. William Pichering, V. 1:1-599; V. 2:1-128, pls. 1-69.

Burakova A T, 1961. Middle Jurassic Filicales from western Turkmenia. Paleont. Zhur.,4:138-143.

Bureau of Geology and Mineral Resources of Beijing Municipality (北京市地质矿产局), 1991. Regional geology of Beijing Municipality. People's Republic of China, Ministry of Geology and Mineral Resources, Geological Memoirs, Series 1,27:1-598, pls. 1-30. (in Chinese with English summary)

Cao Zhengyao (曹正尧), Wu Shunqing (吴舜卿), Zhang Pingan (张平安), Li Jieru (李杰儒), 1997. Discovery of fossil monocotyledons from Yixian Formation, western Liaoning. Chinese Science Bulletin, 43 (3):230-233, pls. 1,2, figs. 1,2. (Chinese Edition)

Cao Zhengyao (曹正尧), Wu Shunqing (吴舜卿), Zhang Pingan (张平安), Li Jieru (李杰儒), 1998. Discovery of fossil monocotyledons from Yixian Formation, western Liaoning. Chinese Science Bulletin, 42 (16):1764-1766, pls. 1,2, figs. 1,2. (English Edition)

Cao Zhengyao (曹正尧), 1984a. Fossil plants from the Longzhaogou Group in eastern Heilengjiang Province(Ⅲ)// Research Team on the Mesozoic Coal-bearing Formation in Eastern Heilongjiang (ed). Fossils from the Middle-Upper Jurassic and Lower Cretaceous in eastern Heilongjiang Province, China, Part Ⅱ. Harbin: Heilongjiang Science and Technology Publishing House:1-34, pls. 1-9, text-figs. 1-6. (in Chinese with English summary)

Cao Zhengyao (曹正尧), 1992. Fossil ginkgophytes from Chengzihe Formation Shuangyashan-Suibin region of eastern Heilongjiang. Acta Palaeontologica Sinica, 31 (2):232-248, pls. 1-6, text-figs. 1-5. (in Chinese with English summary)

Cao Zhengyao (曹正尧), 1999. Early Cretaceous flora of Zhejiang. Palaeontologia Sinica, Whole

Number 187, New Series A, 13:1-174, pls. 1-40, text-figs. 1-35. (in Chinese and English)

Capellini G, Heer O, 1866. Les Phyllites crétacées du Nebraska. Soc. Helvétique Sci. Nat., Nouv. Mém., 22 (1):1-22, pls. 1-4.

Carruthers W, 1869. On Beania, a new genus of cycadean fruit, from the Yorkshire Oolites. Geol., Mag., Decade 1, 6:97-99, pl. 4.

Carruthers W, 1870. On fossil Cycadean stems from the secondary rocks of Britain. Linnean Soc. London Trans., 26:675-708, pls. 54-63.

Chaney R W, 1951. A Revision of Fossil *Sequoia* and *Taxodium* in Western North America based on the recent discovery of *Metasequoia*. Trans. Amer. Phil. Soc. Vol. 40, Pt. 3: 171-262.

Chang C Y（张景钺）, 1929. A new *Xenoxylon* from North China. Bulletin of Geological Society of China, 8 (3):243-255, pl. 1, text-figs. 1-7.

Chang Chichen（张志诚）, 1976. Plant kingdom // Bureau of Geology of Inner Mongolia Autonomous Region, Northeast Institute of Geological Sciences (eds). Palaeotologica atlas of North China, Inner Mongolia volume, II. Mesozoic and Cenozoic. Beijing: Geological Publishing House:179-204. (in Chinese)

Chang Chichen（张志诚）, 1980. Subphyllum Angiospermae // Shenyang Institute of Geology and Mineral Resources (ed). Paleontological atlas of Northeast China, II. Mesozoic and Cenozoic. Beijing: Geological Publishing House:308-342, pls. 192-210, text-figs. 208-211. (in Chinese with English title)

Chang Chichen（张志诚）, 1981. Several Cretaceous angiospermous from Mudanjiang Basin, Heilongjiang. Bulletin of the Chinese Academy of Geological Sciences, Series V, 2 (1): 154-160, pls. 1, 2. (in Chinese with English summary)

Chen Fen（陈芬）, Deng Shenghui（邓胜徽）, 1990. Three species of *Athrotaxites* — Early Cretaceous conifer. Geoscience, 4 (3):27-37, pls. 1-3, figs. 1, 2. (in Chinese with English summary)

Chen Fen（陈芬）, Dou Yawei（窦亚伟）, Huang Qisheng（黄其胜）, 1984. The Jurassic flora of West Hills, Beijing (Peking). Beijing: Geological Publishing House:1-136, pls. 1-38, text-figs. 1-18. (in Chinese with English summary)

Chen Fen（陈芬）, Meng Xiangying（孟祥营）, Ren Shouqin（任守勤）, Wu Chonglong（吴冲龙）, 1988. The Early Cretaceous flora of Fuxin Basin and Tiefa Basin, Liaoning Province. Beijing: Geological Publishing House:1-180, pls. 1-60, text-figs. 1, 24. (in Chinese with English summary)

Chen Gongxin（陈公信）, 1984. Pteridophyta, Spermatophyta // Regional Geological Surveying Team of Hubei Province (ed). The palaeontological atlas of Hubei Province. Wuhan: Hubei Science and Technology Press:556-615, 797-812, pls. 216-270, figs. 117-133. (in Chinese with English title)

Chen Qishi（陈其奭）, 1986a. Late Triassic plants from Chayuanli Formation in Quxian, Zhejiang. Acta Palaeontologica Sinica, 25 (4):445-453, pls. 1-3. (in Chinese with English summary)

Chen Ye（陈晔），Duan Shuying（段淑英），Zhang Yucheng（张玉成），1979a. New species of the Late Triassic plants from Yanbian, Sichuan Ⅰ. Acta Botanica Sinica, 21 (1): 57-63, pls. 1-3, text-figs. 1, 2. (in Chinese with English summary)

Chen Ye（陈晔），Duan Shuying（段淑英），Zhang Yucheng（张玉成），1979b. New species of the Late Triassic plants from Yanbian, Sichuan Ⅱ. Acta Botanica Sinica, 21 (2): 186-190, pls. 1-3, text-fig. 1. (in Chinese with English summary)

Chen Ye（陈晔），Duan Shuying（段淑英），Zhang Yucheng（张玉成），1979c. New species of the Late Triassic plants from Yanbian, Sichuan Ⅲ. Acta Botanica Sinica, 21 (3): 269-273, pls. 1-3, text-fig. 1. (in Chinese with English summary)

Chow Huiqin（周惠琴），Huang Zhigao（黄枝高），Chang Chichen（张志诚），1976. Plants // Bureau of Geology of Inner Mongolia Autonomous Region, Northeast Institute of Geological Sciences (eds). Fossils atlas of North China Inner Mongolia volume, Ⅱ. Beijing: Geological Publishing House: 179-211, pls. 86-120. (in Chinese)

Chow T H（周赞衡），1923. A preliminary note on some younger Mesozoic plants from Shantung. Bulletin of Geological Survey of China, 5 (2): 81-141, pls. 1, 2. (in Chinese with English)

Chow Tseyen（周志炎），Tsao Chenyao（曹正尧），1977. On eight species of conifers from the Cretaceous of East China with reference to their taxonomic position and phylogenetic relationship. Acta Palaeontologica Sinica, 16 (2): 165-181, pls. 1-5, text-figs. 1-6. (in Chinese with English summary)

Chu C N（朱家柟），1963. *Cyathea ordosica* C. N. Chu, a new cyatheoid fern from the Jurassic of Dongsheng, the Inner Mongolia Autonomous Region. Acta Botanica Sinica, 11(3): 272-278, pls. 1-3, text-figs. 1, 2. (in Chinese with English summary)

Conwentz H, 1885. Sobre algunos árboles fósiles del Rio Negro. Acad. Nac. Cienc. Coerdoba Bol., 7: 435-456.

Conwentz H, 1886. Die flora des Bernsteins: Band 2. Danzig: Wilhelm Engelmann: 1-140, pls. 13.

Corda A J, 1845. Flora Protogaea: Beitraege zur Flora der Vorwelt. Berlin, S. Calvary and Co. : 1-128, pls. 1-60.

Cui Jinzhong（崔金钟），1995. Studies on the fusainized-wood fossils of Podocarpaceae from Huolinhe Coalfield, Inner Mongolia, China. Acta Botanica Sinica, 37 (8): 636-640, pls. 1, 2. (in Chinese with English summary)

Deane H, 1902a. Notes on fossil leaves from the Tertiary deposits of Wingello and Bungonia. NSW Geol. Surv. Rec., 7 (2): 59-65, pls. 15-17.

Deane H, 1902b. Notes on the fossil flora of Berwick. Victoria Geol. Surv. Rec., 1: 21-32, pls. 3-7.

Deane H, 1902c. Notes on the fossil flora of Pitfield and Mornington. Victoria Geol. Surv. Rec., 1: 15-20, pls. 1, 2.

Debey M H, Ettingshausen C, 1859a. Die urwdltlichen Thallophyten des Kreidegebirges von Aachen und Maestricht. Akad. Wiss. Wien Denkschr., Math. -naturw. Kl., 16: 131-214, pls. 1-3.

Debey M H, Ettingshausen C, 1859b. Die urweltlichen Acrobryen des Kreidegebirges von Aachen und Maestricht. Akad. Wiss. Wien. Denkschr., Math.-naturw. Kl., 17: 183-248, pls. 1-7.

Deng Longhua (邓龙华), 1976. A review of the "bamboo shoot" fossils at Yenzhou recorded in "Dream pool essays" with notes on Shen Kuo's contribution to the development of palaeontology. Acta Palaeontologica Sinica, 15 (1): 1-6, text-figs. 1-4. (in Chinese with English summary)

Deng Shenghui (邓胜徽), Wang Shijun (王士俊), 2000. Klukiopsis jurassica: a new Jurassic schizaeaceous fern from China. Science in China, Series D, 43 (4): 356-363, fig. 1.

Deng Shenghui (邓胜徽), 1993. Four new species of Early Cretaceous ferns. Geoscience, 7 (3): 255-260, pl. 1, text-fig. 1. (in Chinese with English summary)

Deng Shenghui (邓胜徽), 1994. *Dracopteris liaoningensis* gen. et sp. nov.: a new Early Cretaceous fern from NE China. Geophytology, 24 (1): 13-22, pls. 1-4, text-figs. 1, 2.

Deng Shenghui (邓胜徽), 1995a. New materials of the Early Cretaceous monolete spore ferns and their taxonomic study. Acta Botanica Sinica, 37 (6): 483-491, pls. 1, 2. (in Chinese with English summary)

Deng Shenghui (邓胜徽), 1995b. Early Cretaceous flora of Huolinhe Basin, Inner Mongolia, Northeast China. Beijing: Geological Publishing House: 1-125, pls. 1-48, text-figs. 1-23. (in Chinese with English summary)

Deng Shenghui (邓胜徽), Chen Fen (陈芬), 2001. The Early Cretaceous Filicopsida from Northeast China. Geological Publishing House: 1-249, pls. 1-123, text-figs. 1-41. (in Chinese with English summary)

Dilcher D L, Sun Ge (孙革), 2005. Early evolution of angiosperms. J. Geosci. Res. NE Asia, 8 (1/2): 146.

Ding Qiuhong (丁秋红), Zhang Wu (张武), Zheng Shaolin (郑少林), 2000. Research on fossil woods from the Fuxin Formation in West Liaoning. Liaoning Geology, 17 (4): 284-291, pls. 1-3. (in Chinese with English summary)

Ding Qiuhong (丁秋红), 2000. Research on fossil wood from the Yixian Formation in western Liaoning Province, China. Acta Palaeontologica Sinica, 39 (Supplement): 209-219, pls. 1-5. (in English with Chinese summary)

Dobruskina I A, 1974. Triassic lepidophytes. Paleont. Zhur., 8 (3): 384-397. (in Russian)

Dobruskina I A, 1975. Rol'pet'taspermovykh pterydospermov v Poxdnepermskikh i Triasovykh florakh. Paleont. Zhur., (4): 120-132.

Dobruskina I A, 1982. Triassic floras of Eurasia. Akad. Sci. USSR. Geol. Inst. Transactions, 365: 1-196. (in Russian)

Dorf E, 1942. Upper Cretaceous floras of the Rocky Mountains region: II. Washington: Carnegie Inst. Wash. Publ., 508: 79-168, pls. 1-17.

Dou Yawei (窦亚伟), Sun Zhehua (孙喆华), Wu Shaozu (吴绍祖), Gu Daoyuan (顾道源), 1983. Vegetable kingdom // Regional Geological Surveying Team, Institute of Geosciences of Xinjiang Bureau of Geology, Geological Surveying Department, Xinjiang Bureau of Petroleum (eds). Palaeontological atlas of Northwest China, Uygur Autonomous Region of Xinjiang,2. Beijing:Geological Publishing House:561-614,pls. 189-226. (in Chinese)

Duan Shuying (段淑英),Chen Ye (陈晔),1982. Mesozoic fossil plants and coal formation of eastern Sichuan Basin//Compilatory Group of Continental Mesozoic Stratigraphy and Paleontology in Sichuan Basin (ed). Continental Mesozoic stratigraphy and paleontology in Sichuan Basin of China, Part Ⅱ (Paleontological professional papers). Chengdu:People's Publishing House of Sichuan:491-519,pls. 1-16. (in Chinese with English summary)

Duan Shuying (段淑英),1987. The Jurassic flora of Zhai Tang, Western Hill of Beijing. Department of Geology, University of Stockholm, Department of Palaeonbotang, Swedish Museum of Natural History,Stockholm:1-95,pls. 1-22,text-figs. 1-17.

Duan Shuying (段淑英),1997. The oldest angiosperm:a tricarpous female reproductive fossil from western Liaoning Province,NE China. Science in China,Series D,27 (6):519-524, figs. 1-4. (in Chinese Edition)

Duan Shuying (段淑英),1998a. The oldest angiosperm:a tricarpous female reproductive fossil from western Liaoning Province, NE China. Science in China,Series D,41 (1):14-20,figs. 1-4. (in English Edition)

Dunker W,1846. Monographie der Norddeutschen Wealdenbildung:1-83,pls. 1-21.

Dusén P C H, 1899. Ueber die tertiäre Flora der Magellansländern//Nordenskjöld O. Wissenschaftliche Ergebnisse der Schwedischen Expedition nach den Magellansländern 1895-1897. Stockholm:P. A. Norstedt & Söner:87-107,pls. 8-12.

Dutt C P, 1916. *Pitystrobus macrocephalus*, L. and H. : A Tertiary cone showing ovular structures. Annais Botany,30:529-549,pl. 15.

Eckhold Walter,1922. Die Hoftüpfel bei rezenten und fossilen Koniferen. Preussische geol. Landesanst. Jahrb. ,42:472-505,pl. 8.

Endlicher S,1836-1840. Genera Plantarum. Vienna:1-1483.

Endlicher S,1847. Synopsis Coniferarum. Scheifilin and Zollikofer,Sangalli:368.

Endo S, 1928. A new Paleogene species of *Sequoia*. Japanese Journal of Geology and Geography,6 (1-2):27-29,pl. 7,text-figs. 1-5.

Endo S, 1951a. *Sequoia* from South Manchuria, oldest in the world. Transactions and Proceedings of Palaeontological Society of Japan,New Series,(1):17,18,pl. 1.

Endo S,1951b. A record of *Sequoia* from the Jurassic of Manchuria. Botanical Gazette, 113 (2):228-230,text-figs. 1,2.

Ettingshausen C, 1852a. Die Steinkohlenflora von Stradonitz in Boehmen. Kgl.-K. Geol. Reichsanst. Abh. ,V. 1,Pt. 3,No. 4:1-18,pls. 1-6.

Ettingshausen C,1852b. Ueber Palaeobromelia, ein neues fossiles Pflanzengeschlect. Kgl.-K. Geol. Reichsanst. Abh. ,V. 1,No. 1:1-8,pls. 1,2.

Ettingshausen C, 1852c. Bergruendung einiger neuen oder nicht genau bekannten arten Lias und der Oolith flora. Kgl.-K. Geol. Reichasnst. Abh. ,V. 1,No. 3:1-10,pls. 1-3.

Feistmantel O,1876a. Contributions toward the knowledge of the fossil flora in India. Asiatic

Soc. Bengal Jour. ,45:329-382,pls. 15-21.

Feistmantel O, 1876b. Palaeontologische Beitraege: Part 1 Ueber die Indischen Cycadeengattungen Ptilophyllum Morr. Und Dictyozamites Aldh. Palaeontographica, V. 23,Supp. 3,No. 3:1-24,pls. 1-6.

Feistmantel O, 1876c. Versteinerung der boehmischen Kohlen-ablagerungen: 3. Palaeontographica,23:223-316,pls. 50-67.

Feistmantel O, 1876d. Notes on the age of some fossil floras in India. India Geol. Survey Recs. ,V. 9,Pt. 3:63-79.

Feistmantel O, 1878. Palaeontologische Beitraege: Part 3 Palaeozoische und mesozoische Flora des oestlichen Australiens. Palaeontographica,Pt. 3,Lief. 3:55-84,pls. 1-10.

Feistmantel O, 1879. The flora of the Talchir-Karharbari beds. Mem Geol. Surv. India, Palaeont Indica,Ser. 12,V. 3:1-48,pls. 1-27.

Feistmantel O,1880-1881. The fossil flora of the Lower Gondwanas: Part 2 The flora of the Damuda and Planchet Divisions. India-Geol. Survey Mem. ,Palaeontologia Indica,3:1-77 (1880),78-149 (1881).

Feistmantel O,1882. The fossil flora of the South Rewah Gondwana Basin. Palaeont. Indica, Ser. 12,V. 4,Pt. 1.

Felix J,Nathorst A G,1893. Versteinerungen aus dem mexicanischen Staat Oaxaca,in Felix, Johannes,and Lenk,Hans,Beiträge Geologie und Palacontologie der Republick. Mexico, Teil 2;Leipzig:39-54,pls. 1-3.

Feng Guangping(冯广平),Liu Changjiang(刘长江),Song Shuyin(宋书银),Ma Qingwen(马清温),1999. *Oxalis jiayinensis*,a new species of the Late Cretaceous from Heilongjiang, NE China. Acta Phytotaxonomica Sinica,37(3):264-268,pl. 1. (in English with Chinese summary)

Feng Shaonan(冯少南),Meng Fansong(孟繁嵩),Chen Gongxing(陈公信),Xi Yunhong(席运宏),Zhang Caifan(张采繁),Liu Yongan(刘永安),1977. Plants // Hubei Institute Geological Sciences et al. (eds). Fossil atlas of Middle-South China, Ⅲ. Beijing: Geological Publishing House:195-262,pls. 70-107. (in Chinese)

Fliche P,1900. Contribution à la flore fossile de la Haute-Marne. Soc. Sci. Nancy Bull. ,Ser. 2, 16:11-31,pls. 1,2.

Fliche P,1906. Flore fossil du trias en Lorraine et en Franche-Comtee. Soc. Sci. Nancy Bull, Ser. 3,7:67-166,pls. 6-15.

Fliche P,1910. Flore fossil du trias en Lorraine et en Franche-Comte. Soc. Sci. Nancy Bull. , Ser. 3,11:222-286,pls. 23-27.

Florin R,1933. Studien ueber die Cycadales des Mesozoikums. K. Sv. Vet. Akad. Handl. , Bd. 12:1-134,pls. 1-16.

Florin R,1936. Die fossilen Ginkgophyten von Franz-Joseph-Land nebst Erörterungen ueber vermeintliche Cordaaitales mesozoischen Alters, Ⅰ. Spezieller Teil. Palaeontographica Abt. B,Band 81:71-173.

Florin R,1958. On Jurassic Taxads and Conifers from North-Western Europe and Eastern

Greenland. Acta Horti Bbergiani,Band 17 (10):257-402,pls. 1-56.

Fontaine W M,1883. Contributions to the knowledge of the older Mesozoic flora of Virginia. U S Geol. Survey Mon. 6:1-144,pls. 1-54.

Fontaine W M,1889. The Potomac or Younger Mesozoic Flora. Mon. U S Geol. Surv. ,15:1-377,pls. 1-180.

Forbes E,1851. Note on the fossil leaves represented in Plates Ⅱ,Ⅲ,Ⅳ. Quarterly Journal of the Geological Society of London,7:1-103,pls. 2-4.

Friis E M,Doyle J A,Endress P K,Leng Qin(冷琴),2003. *Archaefructus* — angiosperm precursor or speciazed early angiosperm?. Trends in Plant Science,8 (8):369-373,figs. 1-4. (in English)

Gagel C,1904. Ueber einige Bohreregebnisse und ein neues pflanzenfuhrendes Interglazial aus der Gegend von Elmshorn. Preussische Geol. Landesanst. Jahrb. ,25:246-281,pls. 8-11.

Gardner J S,1887. On the leaf-beds and gravels of Ardtun,Carsaig,etc. Mull. Quart J. Geol. Soci. London,43:270-300,pls. 13-16.

Geinitz H B,1876. Rhaetische Pflanzen u. Thierreste in den argennitischen. Prov. Palaeont. supl. Ⅲ,abth. 2.

Geng Guocang(耿国仓),Tao Junrong(陶君容),1982. Tertiary plants from Xizang // The Comprehensive Scientific Expedition to the Qinghai-Xizang Plateau (ed). Palaeontology of Xizang, V. Beijing:Science Press:110-125,pls. 1-10,text-figs. 1-6. (in Chinese with English summary)

Germar E F,1852. *Sigillaria sternbergi* Muenst. Aus dem bunten Sandstein. Deutschen Geol. Gesell. Zeitschr. ,4:183-189,pl. 8.

Germar E F,Kaulfuss F,1831. Ueber einige merkwuerdige Pflanzenabdruecke aus der Steinkohlenformation. Nova Acta Leopoldina,15 (2):219-230,pls. 65-66.

Geyler H F,1877. Ueber Fossile Pflanzen aus der Juraformation Japans. Palaeont,XXIV:224.

Goeppert H R,1836. Die fossilen Farrenkraeuter (Systema filicum fossilium). Nova Acta Leopoldina,17:1-486,pls. 1-44.

Goeppert H R,1841-1846. Les genres des plantes fossiles:1-70,pls. 1-18 (1841);71-118,pls. 1-18 (1842);119-154,pls. 1-20 (1846).

Goeppert H R,1850. Monographie der fossilen Coniferen. Hollandsche Maatschappye Wetensch. Ntuurk. Verh,6:1-286,pls. 1-58.

Goeppert H R,1852a. Beiträge zur tertiär flora Schlesiens. Paleontographica,2:257-285,pls. 33-38.

Goeppert H R,1852b. Fossile flora des übergangsgebirges. Nova Acta Leopoldina,22:1-199, pls. 1-44.

Goeppert H R,1853a. Ueber die tertiär flora Java's:Neues Jahrb. Mineralogie,Geologie u. Paläontologie:433-436.

Goeppert H R,1853b. Ueber die Bernstein flora:Monatsh. K. Akad. ;450-477;Schlesischen Gesell. vaterl. Kultur Jahresber. ,31,1834:46-62.

Goeppert H R,1853c. Ueber die gegenwärtgen Verhaltnisse der Paläontologie in Schlesien,so wie über fossile Cycadeen:Schlesischen Gesell. Jubiläums Denkschr. ,251-265,pls. 7-10.

Goeppert H R,1854. Die tertiär flora auf der Insel Java // Elberfeld A (ed). Martini and Grüttefien:1-162,pls. 14.

Goeppert H R,1864-1865a. Die fossile Flora der permischen Formation. Palaeontographica, 12:1-224,pls. 1-40 (1864);225-316,pls. 41-64 (1865a).

Gothan W,1905. Zur anatomie lebender und fossile Gymnospermum Hoeelzer. Preussische Geol. Landesanst. Abh. ,New Ser. ,(44):1-108.

Gothan W,1906. Die fossilen Coniferenboelzer von Senftenberg. Preussische, Geol. Landesanst. Abh. ,46:155-171.

Gothan W,1907. Die fossilen Hoelzer von Koenin Karis Land. Kgl. Svenska Vetenskapsakad. Handlingar,42:1-44,pl. 1.

Gothan W, 1910. Die fossilen Hoelzreste von Sptzbergen. Kgl. Svenska Vetenskapszkad. Handlingar,45:1-56,pls. 1-7.

Gothan W,1912. Ueber die Gattung *Thinnfeldia* Ettingshausen. Naturh. Gesell. Nuernberg Abh. ,19:67-80,pls. 13-16.

Gothan W,1914. Die unter-liassische (rhatische) flora der Umgegend von Nuernberg Naturh. Gesell. Nuernberg Abh. ,19:1-98,pls. 17-39.

Grant C W,1840,Memoir to illustrate a geological map of Cutch. Geol. Soc. London Trans. , Ser. 2,V. 5,Pt. 2:289-330,pls. 21-26.

Grauvogel-Stamm L,Schaarschmidt F,1978. Zur Nomenklatur von *Masculostrobus* Seward: Sci. Géol. ,Bull. ,31 (2):105-107.

Gu Daoyuan (顾道源),1984. Pteridiophyta and Gymnospermae // Geological Survey of Xinjiang Administrative Bureau of Petroleum, Regional Surveying Team of Xinjiang Geological Bureau (eds). Fossil atlas of Northwest China, Xinjiang Uygur Autonomous Region, Volume Ⅲ Mesozoic and Cenozoic. Beijing:Geological Publishing House:134-158,pls. 64-81. (in Chinese)

Guo Shuangxing (郭双兴),Li Haomin (李浩敏),1979. Late Cretaceous flora from Hunchun of Jilin. Acta Palaeontologica Sinica,18 (6):547-560,pls. 1-4. (in Chinese with English summary)

Guo Shuangxing(郭双兴),Wu Xiangwu(吴向午),2000. *Ephedrites* from latest Jurassic Yixian Formation in western Liaoning,Northeast China. Acta Palaeontologica Sinica,39 (1):81-91,pls. 1,2. (in Chinese and English)

Guo Shuangxing (郭双兴),1975. The plant fossil of the Xigaze Group from Mount Jomolangma region // Xizang (Tibet) Sciences Expedition Team,Chinese Academy of Sciences (ed). Reports of Science Expedition to Mount Qomolangma region (1966-1968) Palaeontology Ⅰ. Beijing:Science Press:411-423,pls. 1-3. (in Chinese)

Guo Shuangxing (郭双兴),1979. Late Cretaceous and Early Tertiary floras from the southern Guangdong and Guangxi with their stratigraphic significance // Institute of Vertebrate Paleontology and Paleoanthropology,Nanjing Institute of Geology and Palaeontology, Chinese Academy of Sciences (eds). Mesozoic and Cenozoic red beds of South China.

Beijing: Science Press:223-231,pls. 1-3. (in Chinese)

Guo Shuangxing (郭双兴),1984. Late Cretaceous plants from the Sunghuajiang-Liaohe Basin, Northeast China. Acta Palaeontologica Sinica, 23 (1):85-90, pl. 1. (in Chinese with English summary)

Guo Shuangxing (郭双兴),2000. New material of the Late Cretaceous flora from Hunchun of Jilin, Northeast China. Acta Palaeontologica Sinica,39 (Supplement):226-250, pls. 1-8. (in English with Chinese summary)

Gupta K M, 1954. Notes on some Jurassic Plants from the Rajmahal Hills, Bihar, India. Palaeonbotanist,3 (1):18-25.

Halle T G,1908. Zur Kenntnis der mesozoischen Equisetales Schwedens. K. Sv. Vet. Akad. Handl. ,43 (1).

Halle T G,1913. The Mesozoic flora of Graham Land. Schwedischen Süedpolar-Exped. 1901-1903, Nordenskjold Wiss, Ergebnisse,3 (14):1-123.

Halle T G,1927a. Fossil plants from southwestern China. Palaeontologia Sinica, Series A, 1 (2):1-26, pls. 1-5.

Halle T G,1927b. Palaeozoic plants from central Shansi. Palaeontologia Sinica, Series A, 2 (1):1-316, pls. 1-64.

Harris T M, Miller J, 1974. The Yorkshire Jurassic Flora: IV 2 Czekanowskiales. British Museum (Natural History), London:79-150.

Harris T M, Millington W, 1974. The Yorkshire Jurassic Flora: IV 1 Ginkgoales. British Museum (Natural History), London:1-78.

Harris T M, 1926. The Rhaetic flora of Scoresby Sound, East Greenland. Medd. om Grønland, Bd. 68, Nr. 2:1-147.

Harris T M,1932. The fossil flora of Scoresby Sound, East Greenland:2. Medd. Greenland, 85 (3):1-112.

Harris T M,1935. The fossil flora of Scoresby Sound, East Greenland:4. Medd. Greenland, 112 (1):1-176.

Harris T M,1937. The fossil flora of Scoresby Sound, East Greenland:5. Medd. Greenland, 112 (2):1-114.

Harris T M,1942a. Notes on the Jurassic flora of Yorkshire. Annals and Mag. Nat. History, Ser. 11,9:568-587.

Harris T M,1942b. *Wonnacottia*, a new Bennettitalean microsporophyll. Annals of Botany, New Ser. ,6:577-592.

Harris T M,1952. Notes on the Jurassic flora of Yorkshire (52-54). Annals and Mag. Nat. History, Ser. 12,5:362-382.

Harris T M,1953. Notes on the Jurassic flora of Yorkshie (58-60):58. Bennettitalean scale-leaves;59. *Williamsonia himas* sp. n. ; 60. *Williamsonia setosa* Nathorst. Ann. Mag. Nat. Hist. ,London,6 (12):33-52,figs. 1-6.

Harris T M,1961. The Yorkshire Jurassic Flora: I . British Museum (Natural History), London:1-212.

Harris T M,1964. The Yorkshire Jurassic Flora: II. British Museum (Natural History),London:1-191.

Harris T M,1969. The Yorkshire Jurassic Flora: III. British Museum (Natural History),London:1-186.

Harris T M,1979. The Yorkshire Jurassic Flora: V. British Museum (Natural History),London:1-166.

Hartig T,1848a. Beiträge zur Geschichte der Pflanzen und zur Kenntniss der norddeutschen Braunkohlen-Flora. Bot. Zeitung,6:166-172.

Hartig T,1848b. Beiträge zur Geschichte der Pflanzen und zur Kenntniss der norddeutschen Braunkohlen-Flora. Bot. Zeitung,6:137-146.

Hartig T,1848c. Beiträge zur Geschichte der Pflanzen und zur Kenntniss der norddeutschen Braunkohlen-Flora. Bot. Zeitung,6:185-190.

He Dechang (何德长),Shen Xiangpen (沈襄鹏),1980. Plant fossils//Institute of Geology and Prospect,Chinese Academy of Coal Sciences (ed). Fossils of the Mesozoic coal-bearing series from Hunan and Jiangxi provinces, IV. Beijing: China Coal Industry Publishing House:1-49,pls. 1-26. (in Chinese)

He Dechang (何德长),Zhang Xiuyi (张秀仪),1993. Some species of coal-forming plants in the seams of the Middle Jurassic in Yima, Henan Province and Ordos Basin. Geoscience,7 (3):261-265,pls. 1-4. (in Chinese with English summary)

He Dechang (何德长),1987. Fossil plants of some Mesozoic coal-bearing strata from Zhejing, Hubei and Fujiang//Qian Lijun,Bai Qingzhao,Xiong Cunwei,Wu Jingjun,Xu Maoyu,He Dechang,Wang Saiyu (eds). Mesozoic coal-bearing strata from South China. Beijing: China Coal Industry Press:1-322,pls. 1-69. (in Chinese)

He Dechang (何德长),1995. The coal-forming plants of Late Mesozoic in Da Hinggan Mountains. Beijing:China Coal Industry Publishing House:1-35,pls. 1-16. (in Chinese and English)

He Yuanliang (何元良),Wu Xiuyuan (吴秀元),Wu Xiangwu (吴向午),Li Pejuan (李佩娟),Li Haomin (李浩敏),Guo Shuangxing (郭双兴),1979. Plants // Nanjing Institute of Geology and Palaeontology,Chinese Academy of Sciences,Qinghai Institute of Geological Sciences (eds). Fossil atlas of Northwest China Qinghai volume, II. Beijing: Geological Publishing House:129-167,pls. 50-82. (in Chinese)

Heer Oswald,1855. Flora tertiaria helvetiae. Winterthur,1:1-117,pls. 1-50.

Heer Oswald,1859. Flora tertiaria helvetiae. Winterthur:Verlag von J. Wurster & comp. ,3:1-377,pls. 101-157.

Heer Oswald,1864-1865. Die Urwelt der Schweiz. Zurich,Pt. 1:1-496,pls. 1-10;Pt. 2:497-622,pl. 11.

Heer Oswald, 1866. Ueber den versteinerten Wald von Atanekerdluk in Nordgrönland. Naturf. Gesell. ,11:259-280.

Heer Oswald. 1868. Die fossile Flora der Polarlaender,in Flora fossilis arctica,Band 1. Zurich:1-192,pls. 1-50.

Heer Oswald,1870. Die miocene Flora und Fauna Spitzbergens,in Flora fossilis arctica,Band 2, Heft 3. Kgl. Svenska Vetenskapsakad. Handlingar,8 (7):1-98,pls. 1-16.

Heer Oswald,1874a. Die Kreide-Folra der arctischen Zone, in Flora fossilis arctica, Band 3, Heft 2. Kgl. Svenska Vetenskapsakad. Handlingar,12 (6):1-140,pls. 1-38.

Heer Oswald,1874b. Uebersicht der miocemen Flora der arctischen Zone. Zurich:1-24.

Heer Oswald, 1874c. Beiträge zur Steinkohlen-Flora der arctischen Zone, in Flora fossilis arctica,Band 3,Heft 1. Kgl. Svenska Vetenskapssakad. Handlingar,12:1-11,pls. 1-6.

Heer Oswald,1874d. Nachtraege zur miocene Flora Gruenlands,in Flora fossilis arctica,Band 3,Heft 3. Kgl. Svenska Vetenskapsakad. Handlingar,13:1-29,pls. 1-5.

Heer Oswald, 1874e. Uebersicht der miocemen Flora der arctischen Zone, in Flora fossilis arctica,Band 3,Heft 4. Zurich:1-24.

Heer Oswald, 1876a. Flora fossile halvetiae: Teil I, Die Pflanzen der steinkohlen Periode. Zurich:1-60,pls. 1-22.

Heer Oswald,1876b. Beitraege zur fossilen Flora Spitzbergens,in Flora fossilis arctica,Band 4, Heft 1. Kgl. Svenska Vetenskapsakad. Handlingar,14:1-141,pls. 1-32.

Heer Oswald, 1876c. Beitraege zur Jura-Flora Ostsibitiens und des Amurlandes, in Flora fossilis arctica, Band 4, Heft 2: Acad. Imp. Sci. St. Peetersbourg Meem. ,22:1-122, pls. 1-31.

Heer Oswald,1880a. Nachtraege zur Jura-Flora Sibiriens,in Flora fossilis arctica,Band 6,Teil 1, Heft 1. Acad. Imp. Sci. St. Peetersbourg Meem. ,27:1-34,pls. 1-9.

Heer Oswald,1880b. Nachtraege fossilen Flora Groenlands,in Flora fossilis arctica, Band 6, Teil 1,Heft 2. Kgl. Svenska Vetenskapsakad. Handlingar,18:1-17,pls. 1-7.

Heer Oswald,1880c. Beitraege zur miocenen Flora von Nord-Canada,in Flora fossilis arctica, Band 6,Teil 1,Heft 3. Zurich:1-17,pls. 1-3.

Heer Oswald,1881. Contributions ae la flore fossile du Portugal. Zurich:51,pls. 28.

Herman A B,Golovneva I B,1988. New genus from Late Creataceous platanoid in Northeast Russia. Bot. Jour. ,73 (10):1456-1467. (in Russian)

Herman A B,1987. New angiosperms from Turon a Northwest Kamttchatka. Tam zhe. 4:96-105. (in Russian)

Hirmer M,1927. Handbuch der paläobotanik. Berlin,R. Oldenbourg V. 1:1-708.

Hirmer M,Hoerhammer L,1936. Morphologie,Systematik und geographische Verbreitung der Fossilen und rezenten Matoniaceae. Palaeontographica,81,Abt. B:1-70,pls. 1-10.

Hisinger W,1837. Lethaea svecica seu Petrificata sveciae,iconibus et characteribus illustrata. Stockholm:Rare Books Club:1-124,pls. 1-39.

Holden R,1913. Contributions to the anatomy of Mesozoic conifers,No. 1,Jurassic coniferous woods from Yorkshire. Annals of Botany,27:534-545,pls. 39,40.

Hollick A,Martin G C,1930. The Upper Cretaceous Floras of Alaska. U S Geological Survey, Professional,Poper 159:1-116,pls. 1-86.

Hollick A,Jeffrey E C,1909. Studies of Cretaceous coniferous remains from Kreischervile,N. Y. New York Bot. Garden Mem. ,3:1-76,pls. 1-29.

Hollick A,1936. The Tertairy Floras of Alaska. U S Geological Survey, Professional, Poper 182:1-173,pls. 1-122.

Hörhammer L,1933. Ueber die Coniferen-Gattungen Cheirolepis Schimper und *Hirmeriella* nov. gen. aus dem Räth-Lias von Franken. Bibliotheca Botanica,27 (107):1-33,pls. 1-7.

Houlbert C,1910. Les bois des Faluns de Touraine. Feuille Jeunes Naturalistes,40:70-76,pls. 3-8.

Hsu J（徐仁）,1948. On some fragments of bennettitalean "flowers" from the Liling Coal Series of East Hunan. 15th Anniversary Paper of the Peking University,Geological Series: 57-68,pls. 1,2,text-figs. 1-5.

Hsu J（徐仁）,1950a. Rhaetic plants from the I-Ping-Lang Coalifield,central Yunnan. Journal of Indian Botanical Society,29 (1):19,20.

Hsu J（徐仁）,1950b. *Xenoxylon phyllocladoides* Gothan from Sinking. Journal of Indian Botanical Society,29 (1):23.

Hsu J（徐仁）,1953. On the occurrence of a fossil wood in association with fungous hyphae from Chimo of East Shantung. Acta Palaeontologica Sinica,1 (2):80-86,pl. 1,text-figs. 1-4. (in Chinese and English)

Hsu J（徐仁）,1954. Mesozoic plants // Sze H C,Hsu J. Index fossils of Chinese plants. Beijing:Geological Publishing House:41-67,pls. 37-57. (in Chinese)

Hsu J（徐仁）,Chu C N（朱家楠）,Chen Yeh（陈晔）,Tuan Shuyin（段淑英）,Hu Yufan（胡雨帆）,Chu W C（朱为庆）,1974. New genera and species of Late Traissic plants from Yungjen,Yunnan：Ⅰ. Acta Botanica Sinica,16 (3):266-278,pls. 1-8,text-figs. 1-5. (in Chinese with English summary)

Hsu J（徐仁）,Chu C N（朱家楠）,Chen Yeh（陈晔）,Tuan Shuyin（段淑英）,Hu Yufan（胡雨帆）,Chu W C（朱为庆）,1979. Late Triassic Baoding flora,SW Sichuan,China. Beijing:Science Press:1-130,pls. 1-75,text-figs. 1-18. (in Chinese)

Hu Hsenhsu（胡先骕）,Cheng Wanchun（郑万钧）,1948. On the new family Metasequoiaceae and *Metasequoia glyptostroboides*,a living species of the genus *Metasequoia* found in Szechuan and Hupeh. Bull Fan Mem Inst Boil:153-161.

Hu Yufan（胡雨帆）,1984. Fossil plants from the original "Huairen Group" in Meiyukou,Datong,Shanxi,and correction of their age. Geological Review,30 (6):569-574,fig. 1. (in Chinese with English summary)

Huang Benhong（黄本宏）,1977. Permian flora from the southeastern part of the Xiao Hinggan Ling (Lesser Khingan Mt.),NE China. Beijing:Geological Publishing House:1-79,pls. 1-43. (in Chinese)

Huang Qisheng（黄其胜）,1983. The Early Jurassic Xiangshan flora from the Yangzi River Valley in Anhui Province of eastern China. Earth Science-Journal of Wuhan College of Geology,(2):25-36,pls. 2-4. (in Chinese with English summary)

Huang Qisheng（黄其胜）,1992. Plants // Yin Hongfu et al. (eds). The Triassic of Qinling Mountains and nieghboring areas. Wuhan:Press of China University of Geosciences:77-85,174-180,pls. 16-20. (in Chinese with English title)

Huang Zhigao(黄枝高),Zhou Huiqin(周惠琴),1980. Fossil plants// Mesozoic stratigraphy and palaeontology from the basin of Shaanxi,Gansu and Ningxia(Ⅰ). Beijing:Geological Publishing House:43-104,pls. 1-60. (in Chinese)

Jaeger G F,1827. Ueber die Pflanzenversteinerungen welche in dem Bausandstein von Stuttgart vorkommen. Stuttgart:1-46,pls. 1-8.

Johansson N,1922. *Pterygopteris*,eine neue Farngattung aus dem Raet Schonens. Arkiv Botanik,17 (16):1-6,pl. 1.

Jongmans W J,1927a. Beschrijving der boring Gulpen. Geol. Bur. Nederlandsche Mijngehied Heerlen Jaarv. :54-69.

Jongmans W J,1927b. Een eigenaarige plantenband boven Laag Bder Mijn Emma. Geol. Bur. Nederlandsche Mijngebied Heerlen Jaarv. :47-49.

Jung W,1968. *Hirmerella munsteri* (Sehenk) Jung nov. comb. Eine bedeutsame Konifere des Mesozoikums. Palaeontgr. B. ,Bd. 122,Nr. 1-3:55-73.

Jurasky K A, 1828. Ein neuer fund von Sciadopitys in der Braunkohle (Sciadopityoxylon wettsteini n. sp.). Senckenbergiana,10 (6):255-264.

Kawasaki S,1926. Addition to the older Mesozoic plants in Korea. Bull. Geol. Surv. Chosen (Korea),Vol. 4,Pt. 2.

Kawasaki S,1927-1934,The flora of the Heian System. Korea Geol. Survey Bull. ,V. 6,Pt. 1: 1-78,pls. 1-15 (1927);Pt. 2:45-311,pls. 105-110 (1934);Pt. 2 (atlas),pls. 16-99 (1931); Pt. 3 (with Konno,Enzo):30-44,pls. 100-104 (1932).

Kawasaki S,1939. Second addition to the older Mesozoic plants in Korea. Bull. Geol. Surv. Korea,4,Pt. 3.

Khudaiberdyev R. 1962. Wood of *Ginkgo* from the Upper Cretaceous of Southwest Kyzylkum. Akad. Nauk SSSR Doklady,145:422-424.

Khudayberdyev R,Gomolitakii N P,Lonhanova A V,1971. Materialy k yurskoy flore Yuzhnoy Fergany,in Paleobotanika Uzbekistana:V. Ⅱ Records of Jurassie flora of southern Fergana,in Paleobotany of Usbekistan (?). Tashkent,Akad. Nauk Uzbekskoy SSSR,Inst. Bot. :3-61,pls. 1-28,74.

Kiangsi and Hunan Coal Explorating Command Post,Ministry of Coal (煤炭部湘赣煤田地质会战指挥部),Nanjing Institute of Geology and Palaeontology,Chinese Academy of Sciences (中国科学院南京地质古生物研究所),1968. Fossil atlas of Mesozoic coal-bearing strata in Kiangsi and Hunan provinces:1-115,pls. 1-47,text-figs. 1-24. (in Chinese)

Kidston R,Gwynne-Vaughn D T,1907. On the fossil Osmundaceae:Part Ⅰ. Royal Soc. Edinburgh Trans. ,45:759-780,pls. 1-6.

Kimura T,Ohana T,Zhao Liming(赵立明),Geng Baoyin(耿宝印),1994. *Pankuangia haifanggouensis* gen. et sp. nov. ,a fossil plant with unknown affinity from the Middle Jurassic Haifanggou Formation, Western Liaoning, Northeast China. Bulletin of Kitakyushu Museum of Natural History,13:255-261,figs. 1-8.

Kipariaova L S,Markovski B P,Radchenko G P,1956. Novye semeistva i rody,Materialy po paleontologii (new families and genera, records of paleontology):Ministerstvo Geologii i

Okhrany Nedr,SSSR. Vses. NauchnoIssled. Geol. Inst. (VSEGEI), Paleontologiia, New Ser. ,No. 12:1-266,pls. 1-43.

Knowlton F H,1917. Fossil Floras of the Vermejo and Raton formation of Colorado and New Mexico. U S Geological Survey,Professional,Poper 101:223-450,pls. 1-62.

Kobayashi T, Yosida T, 1944. *Odontosorites* from North Manchuria. Japanese Journal of Geology and Geography,19 (1-4):255-273,pl. 28,text-figs. 1,2.

Koch B S,1963. Fossil plants from the Lower Paleocene. Medd. Greenland,172 (5):1-120, pls. 55.

Koenig C,1825. Icones fossilium sectiles. London:1-4,pls. 1-19.

Kon'no Enzu,1962. Some specise of *Neocalamites* and *Equisetites* in Japan and Korea. Tohoku Univ. Sci. Repts. ,Ser. 2,Geol. ,Spec. ,5:21-47,pls. 9-18.

Krasser F, 1901. Die von W. A. Obrutschew in China und Centralasien 1893-1894: geasmmelten fossilien Pflanzen. Denkschriften der Könglische Akadedmie der Wissenschaften,Wien. Mathematik-Naturkunde Classe,70:139-154,pls. 1-4.

Krasser F, 1906. Fossile Pflanzen aus Transbaikalien, der Mongolei und Mandschurei. Denkschriften der Könglische Akadedmie der Wissenschaften, Wien. Mathematik-Naturkunde Classe,78:589-633,pls. 1-4.

Krassilov V A,1967. Rannemelovaya flora Yuzhnogo Primor'ya i ee znachenie dlya stratigrafii: Early Cretaceous flora of the southern Maritime Territory and its significance for stratigraphy. Moscow,Akad. Nauk SSSR,Sibirskoe Otdel. Dal'nevostoehnyy Geol. Inst. : 1-262,pls. 1-93,figs. 1-38.

Krassilov V A, 1972. Mesozoic flora from the Bureja River region (Ginkgoales and Czecanowskiales). Moscow:Nauka:1-150. (in Russian)

Krassilov V A,1973. Cuticular structures of Cretaceous angiosperms from the Far East of the USSR. Palaeontographica Abt. B,142 (4/5/6):105-116,pls. 18-26.

Krassilov V A,1976. Tsagaianskaia flora Amnuskoi oblasti. Moscow:Izd. Nauka:1-92.

Krassilov V A, 1978. Mesozoic Lycopods and Ferns from Bureja Basin. Palaeontographica Abt. B,166 (1-3):16-19.

Krassilov V A,1982. Early Cretaceous flora of Mongolia. Palaeontographica Abt. B,181:1-43, pls. 1-20.

Krassilov V A, Bugdaeva E V,1982. Achene-like fossils from the Lower Cretaceous of the Lake Baikal area. Review of Palaeobotany and Palynology,36:279-295,pls. 1-8.

Kräusel R, 1939. Ergebnisse der Forschungsreisen Prof. E. Stromers in den Wuesten Aegyptens:Part 4 Die fossilen Floren Aegyptens. Bayerischen Akad. Wiss. Abh. , Math-Naturw. Abt. ,New Ser. ,(47):1-140,pls. 1-23.

Kräusel R,1943. Die Ginkgophyten der Trias von Lunz in Nieder-Osterreich und von neue Welt bei Basel. Palaeontographica Abt. B,87:59-93.

Kräusel R,1949. Die fossilen Koniferen-Hoelzer. Palaeontographica Abt. B,89:83-203.

Kräusel R,Schaarschmidt F,1966. Die Keuperflora von Neuewelt bei Basel. -Ⅳ. Pterophylen und Taeniopteriden:Schweizerische Paläont. Gesell,Abhs. (Müm. suisse Palüontologie),

48:5-79,pls. 1-15,figs. 1-15.

Kryshtofovich A N,1923. Equivalents of the Jurassic Beds of Tonkin near Vladivostok. Rec. Geol. Comm. Russ. Far East,No. 22.

Kryshtofovich A N, 1953a. Some puzzling Cretaceous plants and their phylogenetic significance. Paleont. i Strat. Vses. Nauchno-Issled,Geol. :17-30,pls. 4.

Kryshtofovich A N,Prinada V,1932. Contribution to the Mesozoic Flora of the Ussuriland. Bull. Geol. Prosp. Serv. USSR,Moscow,51:363-373,pls. 1,2.

Kryshtofovich A N, Prinada V, 1933. Contribution To the Rhaeto-Liassic flora of the Cheliabinsk brown coal basin,eastern Urals. United Geol. Prosp. Service USSR Trans. , Pt. 346:1-40,pls. 1-5.

Kubart B,1931. Zwei fossile Holzer aus China. Denkschriften der Könglische Akadedmie der Wissenschaften,Wien. Mathematik-Naturkunde Classe,102:361-366,pls. 1,2.

Lebedev E L,1965. Late Jurassic flora of the Zeia River and the Jurassic-Cretaceous boundary. Tr. Geol. Inst. Akad. Nauk. USSR,Moscow,125:1-142,pls. 1-36. (in Russian)

Lebedev E L, Rasskazova E S, 1968. Novyy rod Mezozoiskikh paporotnikov: Lovifolia, in Rasteniya Mezozoya: New genera of the Mesozoie ferns Lobifolia, in Mesozoic plants. Akad. Nauk SSSR,Geol. Inst. Trudy,191:56-69,pls. 1-3,figs. 1-7.

Leckenby John, 1864. On the sandstone and shales of the Oolites of Scarborough, with descriptions of some new species of fossil plants. Quartnary Journal of Geological Society of London,20:74-82,pls. 8-11.

Lee H H (李星学),Wang S (王水),Li P C (李佩娟),Chang S J (张善桢),Ye Meina (叶美娜),Guo S H (郭双兴),Tsao Chengyao (曹正尧),1963. Plants // Chao K K. Handbook of index fossils in Northwest China. Beijing:Science Press:73,74,85-87,97,98,107-110,121-123,125-131,133-136,143,144,150-155. (in Chinese)

Lee H H (李星学),1951. On some *Selaginellites* remains from the Tatung Coal Series. Science Record,4 (2):193-196,pl. 1,text-fig. 1.

Lee H H (李星学),1954a. On the occurrence of *Zamiophyllum* from the Wutsunpu Formation in eastern Kansu,China. Acta Palaeontologica Sinica,2 (4):439-446,pl. 1. (in Chinese and English)

Lee H H (李星学), 1959. *Trapa? microphylla* Lesq. The first occurrence from the upper Cretaceous formation of China. Acta Palaeontologica Sinica,7 (1):1-31,pls. 1-8,text-figs. 1-3. (in Chinese and English)

Lee P C (李佩娟),Tsao Chenyao (曹正尧),Wu Shunching (吴舜卿),1976. Mesozoic plants from Yunnan // Nanjing Institute of Geology and Palaeontology, Chinese Academy of Sciences (ed). Mesozoic plants from Yunnan,Ⅰ. Beijing:Science Press:87-150,pls. 1-47,text-figs. 1-3. (in Chinese)

Lee P C (李佩娟),Wu Shunching (吴舜卿),Li Baoxian (厉宝贤),1974a. Triassic plants // Nanjing Institute of Geology and Palaeontology, Chinese Academy of Sciences (ed). Handbook of stratigraphy and palaeontology in Southwest China. Beijing:Science Press:354-362,pls. 185-194. (in Chinese)

Lee P C (李佩娟), Wu Shunching (吴舜卿), Li Baoxian (厉宝贤), 1974b. Early Jurassic plants// Nanjing Institute of Geology and Palaeontology, Chinese Academy of Sciences (ed). Handbook of stratigraphy and palaeontology in Southwest China. Beijing: Science Press:376,377,pls. 200-202. (in Chinese)

Lee P C (李佩娟),1964. Fossil plants from the Hsuchiaho Series of Kwangyuan, northern Szechuan. Memoirs of Institute Geology and Palaeontology, Chinese Academy of Sciences, 3:101-178, pls. 1-20, text-figs. 1-10. (in Chinese with English summary)

Leng Qin (冷琴), Friis E M, 2003. *Sinocarpus decussatus* gen. et sp. nov., a new angiosperm with basally syncarpous fruits from the Yixian Formation of Northeast China. Plant Systematics and Evolution, 241 (1-2):77-88, figs. 1-3.

Lesquereux L,1868. On some Cretaceous fossil plants from Nebraska. Am. Jour. Sci., Ser. 2, 46:91-105.

Lesquereux L,1874. Contributions to the fossil flora of the Western Territories: Part 1. U S Geol. and Geog. Surv. Terr. Ann. Rept.,6:1-136,pls. 1-31.

Lesquereux L,1876a. Paleontology. U S Geol. and Geog. Surv. Terr. 8th Ann. Rept.:271-366,pls. 1-8.

Lesquereux L,1876b. New species of fossil plants from the Cretaceous formation of the Dakota Group. U S Geol. and Geog. Surv. Terr. Bull.,1 (5):391-400.

Lesquereux L,1876c. Species of fossil marine plants from the Carboniferous measures. Indiana Geol. Surv. Terr. 7th Ann. Rept.:134-145,pls. 1,2.

Lesquereux L,1878a. Contributions to the fossil flora of the western Territories: Part 2. U S Geol. Surv. Terr. Rept.,7:1-366,pls. 1-65.

Lesquereux L,1878b. On the Cordites and their related generic divisions in the Carboniferous formation of the United States. Proc. Amer. Phil. Soc.,17:315-355.

Lesquereux L,1879. Atls to coal flora. *See* Lesquereux L,1880.

Lesquereux L, 1880. Description of the coal flora of the Carboniferous formation in Pennsylvania and throughout the United States: Pennsylvania 2d Geol. Survey Rept. Progress P,V. 1:1-354;V. 2:355-694,pl. 86 opposite p. 544,pl. 87 opposite p. 560;Atlas, 1879,pls. 1-85.

Lesquereux L,1892. The flora of the Dakota Group. U S Geol. Surv. Mon.,17:1-256, pls. 1-66.

Li Baoxian (厉宝贤), Hu Bin (胡斌),1984. Fossil plants from the Yongdingzhuang Formation of the Datong Coalfield, northern Shanxi. Acta Palaeontologica Sinica, 23 (2):135-147, pls. 1-4. (in Chinese with English summary)

Li Chengsen (李承森),Cui Jinzhong (崔金钟),1995. Atlas of fossil plant anatomy in China. Beijing:Science Press:1-132,pls. 1-117.

Li Jieru (李杰儒),1983. Middle Jurassic flora from Houfulongshan region of Jingxi, Liaoning. Bulletin of Geological Society of Liaoning Province,China,(1):15-29,pls. 1-4. (in Chinese with English summary)

Li Nan (李楠),Fu Xiaoping (傅晓平),Zhang Wu (张武),Zheng Shaolin (郑少林),Cao Yu (曹雨),2005. A new genus of Cycadalean plants from the Early Triassic of western

Liaoning, China — *Mediocycas* Gen. Nov. and its evolutional Significance. Acta Palaeontologica Sinica,44（3）:423-434.（in Chinese with English summary）

Li Peijuan（李佩娟）,He Yuanliang（何元良）,Wu Xiangwu（吴向午）,Mei Shengwu（梅盛吴）,Li Bingyou（李炳有）,1988. Early and Middle Jurassic strata and their floras from northeastern border of Qaidam Basin,Qinghai. Nanjing:Nanjing University Press:1-231, pls. 1-140,text-figs. 1-24.（in Chinese with English summary）

Li Peijuan（李佩娟）,He Yuanliang（何元良）,1986. Late Triassic plants from Mt. Burhan Budai,Qinghai//Qinghai Institute of Geological Sciences,Nanjing Institute of Geology and Palaeontology,Chinese Academy of Sciences（eds）. Carboniferous and Triassic strata and fossils from the southern slope of Mt. Burhan Budai,Qinghai,China. Hefei:Anhui Science and Technology Publishing House:275-293,pls. 1-10.（in Chinese with English summary）

Li Peijuan（李佩娟）,1982. Early Cretaceous plants from the Tuoni Formation of eastern Xizang. In: Regional Geological Surveying Team, Bureau of Geology and Mineral Resources of Sichuan Province,Nanjing Institute of Geology and Palaeontology,Chinese Academy of Sciences eds. Stratigraphy and palaeontology in W. Sichuan and E. Xizang, China,Part 2. Chengdu:People's Publishing House of Sichuan:71-105,pls. 1-14,figs. 1-5. （in Chinese with English summary）

Li Xingxue（李星学）,1995a. Fossil floras of China through the geological ages. Guangzhou: Guangdong Science and Technology Press:1-542,pls. 1-144. （Chinese Edition）

Li Xingxue（李星学）,1995b. Fossil floras of China through the geological ages. Guangzhou: Guangdong Science and Technology Press:1-695,pls. 1-144. （English Edition）

Li Xingxue（李星学）,Yao Zhaoqi（姚兆奇）,1983. Current studies of gigantopterids. Palaeotologia Cathayana,1:319-326,text-fig. 1.

Li Xingxue（李星学）,Ye Meina（叶美娜）,Zhou Zhiyan（周志炎）,1986a. On *Rhipidiocladus* — a unique Mesozoic coniferous genus from northeastern Asia. Acta Palaeobotanica and Palynologica Sinica,1:1-12,pls. 1-3,figs. 1-7.（in Chinese with English summary）

Li Xingxue（李星学）,Ye Meina（叶美娜）,Zhou Zhiyan（周志炎）,1986b. Late Early Cretaceous flora from Shansong, Jiaohe, Jilin Province, Northeast China. Palaeontologia Cathayana,3:1-53,pls. 1-45,text-figs. 1-12.

Li Xingxue（李星学）,Ye Meina（叶美娜）,1980. Middle-Late Early Cretaceous Flora from Jilin, NE China. Paper for the First Conf IOP London & Reading. Nanjing Inst. Palaeont. Acad. Nanjing:1-13.

Lindley J,Hutton W,1831-1837. The fossil flora of Great Britain,or figures and descriptions of the vegetable remains found in a fossil state in this country. V. 1:1-48,pls. 1-14（1831）; 49-166,pls. 15-49（1832）;167-218,pls. 50-79（1833a）;V. 2:1-54,pls. 80-99（1833b）;57-156,pls. 100-137（1834）;157-206,pls. 138-156（1835）; V. 3:1-72,pls. 157-176（1835）; 73-122,pls. 177-194（1936）;123-205,pls. 195-230（1837）.

Liu Mingwei（刘明谓）,1990. Plants of Laiyang Formation//Regional Geological Surveying Team,Shandong Bureau of Geology and Mineral Resources（ed）. The stratigraphy and palaeontology of Laiyang Basin,Shandong Province. Beijing:Geological Publishing House:

196-210, pls. 31-34. (in Chinese with English summary)

Liu Yusheng（刘裕生）, Guo Shuangxing（郭双兴）, Ferguson D K, 1996. A catalogue of Cenozoic megafossil plants in China. Palaeontographica B, 238:141-179. (in English)

Liu Yusheng（刘裕生）, 1997. Fruits, seeds and angiospermous leaves from the Ping Chau Formation, Hong Kong // Lee C M, Chen Jinhua, He Guoxiong eds. Stratigraphy and palaeontology of Hong Kong, II. Beijing:Science Press:66-81, pls. 1-5. (in Chinese)

Liu Zijin（刘子进）, 1982. Vegetable kingdom // Xi'an Institute of Geology and Mineral Resources (ed). Palaeontological atlas of Northwest China, Shaanxi, Gansu, Ningxia volume:Part III Mesozoic and Cenozoic. Beijing:Geological Publishing House:116-139, pls. 56,75. (in Chinese with English title)

Lundblad B, 1954. Contributions to the geological history of the Hepaticae. Svensk Botanisk Tidskrift, 48:381-417.

Lundblad B, 1959. Studies in the Rhaeto-Liassic floras of Sweden, II, I. Ginkgophyta from the mining district of N. W. Scania. K. Svenska Vetensk Akad. Handl., Stockholm(4) 6,2:1-38.

Lundblad B, 1961. Harrisiothecium nomen novum. Taxon, 10:23-24.

Marion A F, 1890. Sur le Gomphostrobus heterophylla, conifere prototypque du permien de Lodeve:Acad. Sci. (Paris) Comptes Rendus, 110:892-894.

Martius D C, 1822. De plantis nonnullis antediluvianis ope specierum inter tropicos viventium illustrandis. Kgl. Bayer. Bot. Gesell. Denkschr., 2:121-147, pls. 2,3.

Mathews G B, Ho G A（何佐治）, 1945a. On the occurrence of *Protopiceoxylon* in China. Geobiologia, 2 (1):27-35, pl. 1, text-figs. 1-8.

Mathews G B, Ho G A（何佐治）, 1945b. A new fossil wood from China. Geobiologia, 2 (1): 36-41, pl. 1, text-figs. 1-4.

Mathews G B, 1947-1948. On some fructifications from the Shuantsuang Series in the Western Hill of Peking. Bulletin of National History Peking, 16 (3-4):239-241.

McCoy F, 1874-1876. Prodromus of the paleontology of Victoria, or figures and descriptions of Victorian organic remains. Victoria Geol. Survey, Decade 1:1-43, pls. 1-10 (1874); Decade 2:137, pls. 9-20 (1875); Decade 4:1-32, pls. 31-40 (1876).

Medlicott H B, Blanford W T, 1879. A manual of the geology of India chiefly compiled from the observations of the Geological Survey;Calcutta, V. 1:1-444; V. 2:445-817.

Meng Fansong（孟繁松）, Zhang Zhenlai（张振来）, Niu Zhijun（牛志军）, Chen Dayou（陈大友）, 2000. Primitive lycopsid flora in the Yangtze Valley of China and systematics and evolution of Isoetales. Changsha:Hunan Science and Technology Press:1-107, pls. 1-20, figs. 1-23. (in Chinese with English summary)

Meng Fansong（孟繁松）, 1981. Fossil plants of the Lingxiang Group of southeastern Hubei and their implications. Bulletin of the Yichang Institute of Geology and Mineral Resources, Chinese Academy of Geological Sciences (special issue of stratigraphy and paleontology):98-105, pls. 1,2, fig. 1. (in Chinese with English summary)

Meng Fansong（孟繁松）, 1983. New materials of fossil plants from the Jiuligang Formation of

Jingmen-Dangyang Basin, W. Hubei. Professional Papers of Stratigraphy and Palaeontology, 10:223-238. (in Chinese with English summary)

Meng Fansong(孟繁松),1990. New observation on the age of the Lingwen Group in Hainan Island. Guangdong Geology,5(1):62-68,pl. 1. (in Chinese with English summary)

Meng Fansong(孟繁松),1991. Sequence of Triassic plant assemblages in western Hubei with notes on some new species. Bulletin of the Yichang Institute of Geology and Minaral Resources,Chinese Academy of Geological Sciences,17:69-77,pls. 1,2. (in Chinese with English summary)

Meng Fansong(孟繁松),1992a. Plants of Triassic System//Wang Xiaofeng,Ma Daquan,Jiang Dahai (eds). Geology of Hainan Island, Ⅰ Stratigraphy and palaeontology. Beijing: Geological Publishing House:175-182,pls. 1-8,text-figs. Ⅷ-1,Ⅷ-2. (in Chinese)

Meng Fansong(孟繁松),1992b. New genus and species of fossil plants from Jiuligang Formation in W. Hubei. Acta Palaeontologica Sinica, 31 (6):703-707, pls. 1-3. (in Chinese with English summary)

Meng Xiangying(孟祥营),Chen Fen(陈芬),Deng Shenghui(邓胜徽),1988. Fossil plant *Cunninghamia asiatica* (Krassilov) comb. nov. Acta Botanica Sinica,30 (6):649-654, pls. 1-3. (in Chinese with English summary)

Mi Jiarong(米家榕),Sun Chunlin(孙春林),Sun Yuewu(孙跃武),Cui Shangsen(崔尚森), Ai Yongliang(艾永亮),et al.,1996. Early — Middle Jurassic phytoecology and coal-accumulating environments in northern Hebei and western Liaoning. Beijing:Geological Publishing House:1-169,pls. 1-39,text-figs. 1-20. (in Chinese with English summary)

Mi Jiarong(米家榕),Zhang Chuanbo(张川波),Sun Chunlin(孙春林),Luo Guichang(罗桂昌),Sun Yuewu(孙跃武),et al.,1993. Late Triassic stratigraphy, palaeontology and paleogeography of the northern part of the Circum Pacific Belt, China. Beijing:Science Press:1-219,pls. 1-66,text-figs. 1-47. (in Chinese with English title)

Miki S,1941. On the change of flora in Eastern Asia since Tertary Period:Part 1 The clay or lignite beds in Japan with special reference to the *Pinus trifolia* beds in Central Hondo. Japanese Jour. of Botany,11:237-303,pls. 4-7.

Miki S,1964. Mesozoic flora of *Lycoptera* Bed in South Manchuria. Bulletin of the Mukogawa Women's University,(12):13-22. (in Japanese with English summary)

Miller C N Jr,1967. Evolution of the fern genus *Osmunda*. Michigan Univ. Mus. Paelontology Contr.,21(8):139-203.

Miquel F A W, 1851a. Over de rangschikking der fossiele Cycadeae. Wiss. Natuurk. Wetensch.,Amsterdam,Tijdschr.,4:205-227.

Miquel F A W, 1851b. De quibusdam plantis fossilibus. Wiss. Natuurk. Wetensch., Amsterdam,Tijdschr.,4:265-269.

Miquel F A W, 1853. De fossiele Planten van het Krijt in het Hertogdom. Geol. Kaart Nederlandsche Verh.:35-56 (1-24),pls. 1-7.

Morris J,1841. Remarks upon the recent and fossil cycadeae. Annals and Mag. Nat. History, Ser. 1,7:110-120.

Morris J,1843. A catalogue of British fossils, comprising all the genera and species hitherto described, with references to their geological distribution and to the localities in which they have been found. London: 1-222.

Muenster G G,1839-1843. Beitraege zur Petrefacten Kunde. Pt. 1: 1-125, pls. 1-18 (139); Pt. 5: 1-131, pls. 1-15 (1842); Pt. 6: 1-100, pls. 1-13 (1843).

Murchisn R I, Verneuil E, Keyserling A, 1845. Géologie de la d'Europe et des montagnes d'Oural: London and Paris, V. 2, Pt. 3, Paléontologie: 1-504, pls. 1-43.

Nathorst A G, 1875. Fossila vaexter fran den stenkolsfoerande formationen vid Palsjoe i Skane. Geol. Foeren. Stockholm Foerh. ,2: 373-392.

Nathorst A G, 1876. Bidrag till Sveriges fossila flora. Kgl. Svenska Vetenskapsakad. Handlingar, 14: 1-82, pls. 1-16.

Nathorst A G, 1878a. Om floran Skaenes Kolfoerande Bildningar: Part 1 Floran vid Bjuf. Sveriges Geol. Undersoekning, (27): 1-52, pls. 1-9.

Nathorst A G, 1878b. Bidrag till Sveriges, fossila flora: Part 2 Floran, vid Hogans och Helsingborg. Kgl. Svenska Vetenskapsakad. Handlingar, 16: 1-53, pls. 1-8.

Nathorst A G, 1878c. Beitraege zur fossilen Flora schwedens — Ueber einige rhaetische Pflanzen von Palsjoe in Schonen. Stuttgart: 1-34, pls. 1-16.

Nathorst A G, 1886a. Ueber die Benennung fossiler Dikotylenblätter. Botanisches Centralblatt, 25: 52-55.

Nathorst A G, 1886b. Nouvelles observations sur des traces d'animaux et autres phénomènes d'origine purement mécanique décrits comme "algues fossils". Kongl Svenska Vetenskaps-Akademiens Handlingar, 21 (14): 1-58, pls. 1-5.

Nathorst A G, 1886c. Om floran Skaees Kolfaerande Bildningar. Sveriges Genol. Undersoekning, Ser. C, (85): 85-131, pls. 19-26.

Nathorst A G, 1890, Beitraege zur Mesozoischen Flora Japan's: Kgl. Akad. Wiss. Wien Denkschr. ,57: 43-60, pls. 1-6.

Nathorst A G, 1897. Zur mesozoischen Flora Spitzbergens. Kgl. Svenska Vetenskapsakad. Handlingar, 30 (1): 1-77, pls. 1-6.

Nathorst A G, 1899. Fossil plants from Franz Josef Land // The Norwegian North Polar Expedition 1893-1896. Scientific Results Christiania: 1-26, pls. 1, 2.

Nathorst A G, 1907. Palaeobotanische Mitteilungen: 1, 2. Kgl. Svenska Vetenskapsakad. Handlingar, 42 (5): 1-16, pls. 1-3.

Nathorst A G, 1908a. Palaeobotanische Mitteilungen: 3. Kgl. Svenska Vetenskapsakad. Handlingar, 43 (3): 1-12, pl. 1.

Nathorst A G, 1908b. Palaeobotanische Mitteilungen: 7. Kgl. Svenska Vetenskapsakad. Handlingar, 43 (8): 1-20, pls. 1-3.

Nathorst A G, 1909a. Palaeobotanische Mitteilungen: 8. Kgl. Svenska Vetenskapsakad. Handlingar, 45 (4): 1-37, pls. 1-8.

Nathorst A G, 1909b. Ueber die Gattung *Nilssonia* Brongn. Mit besonderer beruecksichtigung schwedischer Arten. Kgl. Svenska Vetenskapsakad. Handlingar, 43 (12): 1-40, pls. 1-8.

Neuburg M F, 1936. On stratigraphy of the coalbearing deposits in Kuznesk Basin. Bull. Acad. Sci. USSR Ser. Geol. ,4:469-510. (in Russian)

Newberry J S,1867 (1865). Description of fossil plants from the Chinese coal-bearing rocks// Pumpelly R (ed). Geological researches in China, Mongolia and Japan during the years 1862-1865. Smithsonian Contributions to Knowledge (Washington), 15 (202):119-123, pl. 9.

Newberry J S,1868. Notes on the Later Extinct Floras of North America, with Descriptions of Some New Species of Fossil Plants from Cretaceous and Tertiary Strata. N Y Lyceum Nat Hist. Annals,9:1-76.

Newberry J S,1895. Flora of the Amboy Clays. U S Geological Survey Monographs,26:1-260,pls. 1-58.

Newberry J S,1898. The Later Extinct Floras of North America (edited by Arthur Hollick). U S Geological Survey Monographs,35:1-151,pls. 1-68.

Ngo C K (敖振宽),1956. Preliminary notes on the Rhaetic flora from Siaoping Coal Series of Kwangtung. Journal of Central-South Institute of Mining and Metallurgy,(1):18-32,pls. 1-7,text-figs. 1-4. (in Chinese)

Nikitin P A,1965. Aquitanian seed flora of Lagernyi Sad (Tomsk):Tomsk Univ. Publishing House:119,pl. 23.

Ogura Y, 1944. Notes on fossil woods from Japan and Manchoukuo. Japanese Journal of Botany,13:345-365,pls. 3-5.

Ôishi S, 1931a. On *Fraxinopsis* Weiland and *Yabeiella* Ôishi, gen. nov. Japanese Jour. of Geology and Geography,8:259-267,pl. 26.

Ôishi S,1931b. A new type of fossil cupular organ from the Jido series of Korea. Japanese Jour. of Geology and Geography,8:353-356.

Ôishi S,1935. Notes on some fossil plants from Tung-Ning,Province Pinchiang,Manchoukuo. Journal of Faculty of Sciences of Hokkaido Imperial University,Series 4,3 (1):79-95,pls. 6-8,text-figs. 1-8.

Ôishi S, 1940. The Mesozoic Floras of Japan. J Fac Sci Hokkaido Imp Univ, 4, 5 (2-4): 123-480.

Ôishi S, 1941. Notes on some Mesozoic plants from Lo-Tzu-Kou, Province Chientao, Manchoukuo. Journal of Faculty of Sciences of Hokkaido Imperial University,Series 4,6 (2):167-176,pls. 36-38.

Ôishi S,1950. Illustrated catalogue of East-Asiatic fossil plants. Kyoto:Chigaku-Shiseisha:1-235. (two volumes:text and plates) (in Japanese)

Ôishi S,Yamasita K,1936. On the fossil Dipteridaceae:Hokkaido Univ. Fac. Sci. Jour. ,Ser. 4, 3:135-184.

Oldham T,Morris J,1863. The fossil flora of the Rajmahal Series,Rajmahal Hilis,Bengal. Palaeont. indica. Calcutta (2) 1,2:1-52,pls. 1-36.

Palaeozoic plants from China Writing Group of Nanjing Institute of Geology and Palaeontology,Institute of Botany,Chinese Academy of Sciences (Gu et Zhi),1974.

Palaeozoic plants from China. Beijing: Science Press, 1-226, pls. 1-130, text-figs. 1-142. (in Chinese)

Pan C H (潘钟祥), 1933. On some Cretaceous plants from Fangshan Hsien, Southwest of Peiping. Bulletin of Geological Society of China, 12 (2): 533-538, pl. 1.

Pan C H (潘钟祥), 1936. Older Mesozoic plants from North Shensi. Palaeontologia Sinica, Series A, 4 (2): 1-49, pls. 1-15.

Pan K (潘广), 1977. A Jurassic conifer *Yanliaoa sinensis* gen. et sp. nov. from Yanliao region. Acta Phytotaxonomica Sinica, 15 (1): 69-71, pl. 1. (in Chinese with English summary)

Pan Guang (潘广), 1983. Notes on the Jurassic precursors of angiosperms from Yan-Liao region of North China and the origin of angiosperms. A Monthly Journal of Science (Kexue Tongbao), 28 (24): 1520. (in Chinese)

Pan Guang (潘广), 1984. Notes on the Jurassic precursors of angiosperms from Yan-Liao region of North China and the origin of angiosperms. A Monthly Journal of Science (Kexue Tongbao), 29 (7): 958-959. (in English)

Pan Guang (潘广), 1990a. Rhamnaceous plants from Middle Jurassic of Yanliao region, North China. Bulletin of the Geological Society Liaoning Province, China, (2): 1-9, pl. 1, fig. 1. (in Chinese with English summary)

Pan Guang (潘广), 1990b. Rhamnaceous plants from Middle Jurassic of Yanliao region, North China. Acta Scientiarum Naturalium Universitatis Sunyatseni, 29 (4): 61-72, pl. 1, fig. 1. (in Chinese with English summary)

Pan Guang (潘广), 1996. A new species of *Pterocarya* (Juglandaceae) from Middle Jurassic of Yanliao region, North China. Rheedea, 6 (1): 141-151, figs. 1-3.

Pan Guang (潘广), 1997. Juglandaceous plant (*Pterocarya*) from Middle Jurassic of Yanliao region, North China. Acta Scientiarum Naturalium Universitatis Sunyatseni, 36 (3): 82-86, fig. 1. (in Chinese with English summary)

Phillips J, 1829. Illustration of the Geology of Yorkshire, or a Description of the Strata and Organic Remains of the Yorkshire Coast. York: Thomas Wilson and Sons: 1-192.

Phillips J, 1875. Illustrations of the geology of Yorkshire: Part 1 The Yorkshire Coast. 3rd ed. London: 1-354.

Phillips M, 1994. Radiation precoce des conifers Toxodiaceae et bois aftines Jurassique de France. Lethaia, 27: 67-75.

Pomel A, 1849. Materiaux pour servir, ae la flore fossile des terrains jurassiques de la France: Deutsch. Naturf. Aertzte Amtliche Ver., 25: 332-354.

Potonie H, 1893a. Ueber einige Carbonfarne. Preussische Geol. Landesanst: 1-36, pls. 1-4.

Potonie H, 1893b. Die Flora des Rothliegenden von Thueringen. Preussische Geol. Landesanst. Abh., V. 9, Pt. 2: 1-298, pls. 1-34.

Potonie H, 1900. in Engler Adolf and Prantl K, Die naturlichen Pflanzenfamilien, Teil I, Abt. 4, Fossile Marattiales, p. 444-449; Ueber die fossilen Filicales in Allgemeinen und Reste derselben zweifelhafter Verwandtschaft, p. 473-515; Sphenophyllaceae, etc., p. 515-562;

Fossile Lycopodiaceae, etc. , p. 715-756; Fossile Psilotaceae, p. 620-621.

Potonie H, 1903. Pflanzenreste aus der Juraformation. Aus "Durch Asien", herausgegeb. von Fuherer K, Band 3, Lieferung 1, figs. 1-3.

Potonie H, 1906. Abbilduungen und Beschreibungen fossiler Pflanzen-Reste. Preussische Geol. Landesanst. Lief. Ⅳ, no. 61-80.

Raciborski M, 1890. Ueber die Osmundaceen und Schizaeaceen der Jura formation. Bot. Jahrb. , 12: 1-8, pl. 1.

Raciborski M, 1891a. Beitraege zur Kenntnis der rhaetischen Flora Polens. Internat. Acad. Sci. Bull. , 10: 375-379.

Raciborski M, 1891b. Florn retycka Polnocnego stoku goer sewietokrzyskich (Ueber die rhaetische Flora am Nordabhange des polnischen Mittelgebirges). Polskiej Akad. Rozprawy Wydzialu Matemstyczno-przyrodniczego Umiejetnoseci, Ser. 2, V. 3: 292-326.

Raciborski M, 1894. Flora kopalna ogniotrwalych glinek Krakowshich. Akad. Umbiejet. Whdzialu Matematyczno-przyrodniczego, Pam. , 18: 141-243, pls. 6-27.

Radchenko G P, 1960a. Novye rannekamennougol'nye plaunovidnye Iuzhnoi Sibiri: VSEGEI Novye vidy drevnikh rastenii I bespozvonochnykh SSSR, Pt. 1: 15-28, pls. 3-6.

Radchenko G P, 1960b. Novyi rastenii I bespozvonochykh SSSR, Pt. 1: 45-49.

Reid E M, Chandler M E J, 1926. The Bembridge Flora // British Museum (Natural History). Dept. of Geology. Catalogue of Cainozoic plants in the Department of Geology British Museum Natural History. London: British Museum: 1-206, pls. 11.

Ren Shouqin (任守勤), Chen Fen (陈芬), 1989. Fossil plants from Early Cretaceous Damoguaihe Formation in Wujiu Coal Basin, Hailar, Inner Mongolia. Acta Palaeontologica Sinica, 28 (5): 634-641, pls. 1-3, text-figs. 1, 2. (in Chinese with English summary)

Roselt G, 1955-1956. Eine neue männliche Gymnospermenfruktifikation aus dem Unteren Keuper von Thüringen and ihre Beziehungen zu anderen Gymnospermen. Friedrich-Schiller-Univ. Wiss. Zeitschr. , Jahrg. 5 : 75-118, pls. 1-12.

Roselt G, 1958. Neue Koniferen aus dem unteren Keuper und ihre Beziehungen zu verwandten fossilen und rezenten. Friedrich-Schiller-Univ. Wiss. Zeitschr. , Jahrg. 7, Math-Naturw. Reihe, (4-5): 387-409, pls. 1-6.

Sahni B, 1932. *Homoxylon rajmahalense*, gen. et sp. nov. , a fossil angiospermous wood, devoid of vessels, from the Rajmahal Hills, Behar. India Geol. Survey Mem. 2, Paleontologia Indica, New Ser. , 20: 1-19, pls. 1, 2.

Samylina V A, Kiritchkova A I, 1991. The genus *Czekanowskia*: systematies, history, distribution and stratigraphic signficance. Nauka, Leningrad Otdelenie: 1-135, pls. 4-48. (in Russian with English summary)

Samylina V A, 1956. New Cycadophytes from the Mesozoic. Akad. Nauk SSSR, Bot. Jour. , 41: 1334-1339, pls. 1, 2.

Samylina V A, 1960. The angiosperms from the Lower Cretaceous of the Kolyma Basin. Bot. Zhur. SSSR, 45: 335-352, pl. 4.

Samylina V A, 1964. The Mesozoic flora of the area to the west of the Kolyma River (the

Zyrianka coal basin: 1 Equisetales, Filicales, Cycadales, Bennettitales. Paleobotanica (Akad. Nauk SSSR, Bot. Inst. Trudy, Ser. 8), No. 5:39-79.

Samylina V A,1972. Systematics of the genus *Phoenicopsis*// Mesozoic plants (Ginkgoales and Czekanowskiales) of East Siberia. Acad. Sci. USSR, Trans. :1-230. (in Russian)

Saporta G,1865. Etudes sur la vegetation du sud-est de la France a l'epoque tertiaire. Annales Sci. Nat. ,Botanique, Ser. 5,4:5-264, pls. 1-13.

Saporta G,1868. Prodrome d'une flore fossile des travertines anciens de Sézanne: Soc. géol. France Mém. ,Ser. 2,8:289-436, pls. 1-15(22-36).

Saporta G,1873e-1875a. Paleontologie francaise ou description des fossiles de la France, plantes jurassiques. Paris, V. 2, Cycadees:1873e:1-222, pls. 1-26 (71-96);1874:223-288, pls. 27-48 (97-118);1875a:289-352, pls. 49-58 (119-128).

Saporta G, 1875b. Sur la decouverte de deux types nouveaux de coniferes dans les schistes permiens de Lodeve (Herault). Acad. Sci. (Paris) Comptes Rendus,80:1017-1022.

Saporta G,1879. Le monde des plantes avant l'apparition de l'homme. Paris, G. Masson:416, fig. 118.

Saporta G,1894. Flore fossile du Portugal. Lisbon, Acad. Royale des Sci. :1-288, pl. 39.

Schenk A,1865b-1867. Die fossile Flora der grenzschichten des Keupers und Lias Frankens, Wiesbaden: Pts. 1-9. Pt. 1 (1865):1-32, pls. 1-5; Pts. 2,3 (1866):33-96, pls. 6-15; Pt. 4 (1867):97-128, pls. 16-20; Pts. 5,6 (1867):129-192, pls. 21-30; Pts. 7-9 (1867):193-231, pls. 31-45.

Schenk A,1869. Beiträge zue Flora vorwelt. Palaeontographica,19:1-34, pls. 1-7.

Schenk A, 1871. Beiträge zue Flora vorwelt: Die Flora der nordwestdeutschen Weal-denformation. Palaeontographica,19:203-266, pls. 22-43.

Schenk A, 1883a. Pflanzliche Versteinerungen. Pflanzen der Steinkohlenformation// Richthofen F (Von). China, IV. Berlin:211-244, Taf. 30-45,49, fig. 1.

Schenk A, 1883b. Pflanzliche Versteinerungen. Pflanzen der Juraformation // Richthofen F (Von). China, IV. Berlin:245-267, Taf. 46-54.

Schenk A, 1885. Die während der Reise des Grafen Bela Szechenyi in China gesammelten fossilen Pflanzen. Palaeontology,31 (3):163-182, pls. 13-15.

Schimper W P,1837. Observations in Voltz' "Notice sur le grès bigarre de la Carrière de Soultzles Bains". Soc. Mus. Histoire Nat. Strasbourg Meem. ,2:9-14.

Schimper W P,1869-1874. Traité de palontologie végétale, ou, La flore du monde primitive. Paris: J. B. Baillieere et fils,1:1-74, pls. 1-56 (1869);2:1-522, pls. 57-84 (1870);523-698, pls. 85-94 (1872);3:1-896, pls. 95-110 (1874).

Schimper W P, Schenk A, 1879-1890. Zittel's Handbuch der Palaeontologie: Teil II, Palaeophytologie. Leipzig, Lief. 1:1-152 (1879); Lief. 2:153-232 (1880); Lief. 3:232-332 (1884); Lief. 4:333-396 (1885); Lief. 5:397-492 (1887); Lief. 6:493-572 (1888); Lief. 7:573-668 (1889); Lief. 8:669-764 (1889); Lief. 9:765-958 (1890).

Schimper W P, Mougeot A,1844. Monographie des plantesfossiles du grès bigarrè de la Chaine des Vosges. Leipzig:1-83, pls. 1-40.

Schlotheim E F, 1820. Die Petrefactenkunde auf ihrem jetzig Standpunkte durch die Beschreibung seiner Sammlung versteinerter und fossiler Ueberreste des Their und Pflanzenreichs der Vorwelt erlaeuter. Gotha:1-437.

Schmalhausen J,1879. Beiträge zue Jura-Flora Russlands. Acad. Imp. Sci. St. -Pétersbourg Mém. ,27:1-96,pls. 1-16.

Seward A C,1894a. Catalogue of the Mesozoic plants in the Department of Geology,British Museum Natural History:The Wealden Flora:Part 1 Thallophyta-Pteridophyta. British Mus. (Nat. Hist.):1-179,pls. 1-10.

Seward A C,1895. Catalogue of the Mesozoic plants in the Department of Geology,British Museum:The Wealden Flora:Part 2 Gymnospermate. British Mus. (Nat. Hist.):1-259,pls. 1-20.

Seward A C,1899. Notes on the Binney Collection of Coal Measure plants. Cambridge Philos. Soc. Proc. ,10:137-174,pls. 3-7.

Seward A C,1900. Catalogue of the Mesozoic plants in the British Museum:The Jurassic Flora:Part 1 The Yorkshire Coast. British Mus. (Nat. Hist.):1-341,pls. 1-21.

Seward A C,1907. Jurassic Plants from Caucasin and Turkestan. Mem. Com. Geol. St-Peetersbourg,Livr. 38.

Seward A C,1910. Fossil plants. Cambridge:Cambridge University Press,2:1-624.

Seward A C,1911a. New genus of fossil plants from the Stormberg series of Cape Colony: Geol. Mag. ,5th decade,8:298-299,pl. 14.

Seward A C,1911b. The Jurassic flora of Sutherland. Royal Soc. Edinburgh Trans. ,47:643-709,pls. 1-10.

Seward A C,1911c. Jurassic plants from Chinese Dzungaria collected by Prof. Obrutschew. Mémoires du Comité Géologique,Nouvelle Série,75:1-61,pls. 1-7. (in Russian and English)

Seward A C,1912. Mesozoic plants from Afghanistan and Afghan-Turkistan. India Geol. Surv. Mem. ,Palaeontologia Indica,New Ser. ,V. 4,Mem. 4:1-57,pls. 1-7.

Seward A C, 1919. Fossil Plants, vol. Ⅳ, Ginkgoales, Coniferales, Gnetales. Cambridge: Cambridge University Press.

Seward A C, 1926. The Cretaceous plant-bearing rocks of western Greenland:Royal Soc. London Philos. Trans. ,215B:57-174,pls. 4-12.

Shang Ping (商平),1985. Coal-bearing strata and Early Cretaceous flora in Fuxin Basin, Liaoning Province. Journal of Mining Institute,(4):99-121. (in Chinese with English summary)

Shimakura M,1935-1936. Studies on fossil woods from Japan and adjacent lands Ⅰ. Science Reports of Tohoku Imperial University,Series 2 (Geology),18 (3):267-301,pls. 1-11, text-figs. 1-11.

Shimakura M,1937-1938. Studies on fossil words from Japan and adjacent lands Ⅱ. Science Reports of Tohoku Imperial University,Series 2 (Geology),19 (1):1-73,pls. 1-15,text-figs. 1-20.

Sixtel T A,1960. Stratigraphy of the continental deposits of the Upper Permian and Triassic of

Central Asia. Tashkent:101,pls. 19. (in Russian)

Sixtel T A,1961. Representatives of gigantopterids and associated plants in the Madygen series of Ferghana. Akad. Nauk SSSR Paleont. Zhur. ,1:151-158.

Sixtel T A, 1962. Flora of the Late Permian and Early Triassic in Southern Fergana // Stratigrafiya i paleontologiya Uzbekistana i sopredelnyh raionov. vol. 1, Tashkent: Akademiya Nauk Uzbek SSR:284-414. (in Russian)

Stakislavsky F A,1971. Fossil flora and stratigraphy of Triassic deposits of the Donbass: Rhaetian flora of the Raiskoye area. Kiev, Akad. Nauk SSSR, Inst. Geol. Nauk:132, pl. 36. (in Russian)

Stanislavskii F A,1976. Sredne-Keyperskaya flora Donetskogo basseyna (Middle Keuper flora of ghe Donets Basin). Kiev, Izd, Nauka Dumka:1-168.

Sternberg G K, Grafen Kaspar, 1820-1838. Versuch einer geognostischen botanischen Darstellung der Flora der Vorwelt:Leipsic and Prague, V. 1, Pt. 1:1-24 (1820); Pt. 2:1-33 (1822); Pt. 3:1-39 (1823); Pt. 4:1-24 (1825); V. 2, Pt. 5,6:1-80 (1833), Pt. 7,8:81-220 (1838).

Stiehler A W,1857. Beitraege zur Kenntniss der vorweltlichen Flora des Kreidegebirges im Harze. Palaeontographica, V. 5, Pt. 1:47-70, pls. 9-11; Pt. 2:71-80, pls. 12-15.

Stockmans F, Mathieu F F,1941. Contribution a l'etude de la flore jurassique de la Chine septentrionale. Bulletin du Musee Royal d'Histoire Naturelle de Belgique:33-67, pls. 1-7.

Stokes Charles, Webb Phillip Barker, 1824. Description of some fossil vegetables of the Tilgaate forest in Sussex:Geol. Soc, London Trans. ,1:423-426.

Sun G (孙革),1987. Cuticles of *Phoenicopsis* from NE China with discussion on its taxonomy. Acta Palaeontologica Sinica, 26 (6): 662-688, pls. 1-4, text-figs. 1-6. (in Chinese with English summary)

Sun Ge (孙革), Guo Shuangxing (郭双兴), Zheng Shaolin (郑少林), Piao Taiyuan (朴泰元), Sun Xuekun (孙学坤),1992. First discovery of the earliest angiospermous megafossils in the world. Science in China, Series B,35 (5):543-548, pls. 1,2. (in Chinese)

Sun Ge (孙革), Guo Shuangxing (郭双兴), Zheng Shaolin (郑少林), Piao Taiyuan (朴泰元), Sun Xuekun (孙学坤),1993. First discovery of the earliest angiospermous megafossils in the world. Science in China, Series B,36 (2):249-256, pls. 1,2. (in English)

Sun Ge (孙革), Shang Ping (商平),1988. A brief report on preliminary research of Huolinhe coal-bearing Jurassic-Cretaceous plant and strata from eastern Nei Mongol, China. Journal of Fuxin Mining Institute, 7 (4): 69-75, pls. 1-4, figs. 1, 2. (in Chinese with English summary)

Sun Ge (孙革), Dilcher D L,1997. Discovery of the oldest known angiosperm inflorescences in the world from Lower Cretaceous of Jixi, China. Acta Palaeontologica Sinica,36 (2):135-142, pls. 1,2, text-figs. 1,2. (in Chinese with English summary)

Sun Ge (孙革), Zheng Shaolin (郑少林), Wang Xinfu (王鑫甫), Mei Shengwu (梅盛吴), Liu Yusheng (刘裕生),2000. Subdivision of developmental stages of early angiosperms from NE China. Acta Palaeontologica Sinica,39 (Supplement):186-199, pls. 1-4, text-figs. 1,2.

(in English with Chinese summary)

Sun Ge (孙革), Dilcher D L, Zheng Shaolin (郑少林), Zhou Zhekun (周浙昆), 1998. In Search of the first flower: a Jurassic angiosperm, *Archaefructus*, from North east China. Science, 282 (5394): 1692-1695, figs. 1, 2.

Sun Ge (孙革), Dilcher D L, 1996. Early angiosperms from Lower Cretaceous of Jixi, China and their significance for study of the earliest occurrence of angiosperms in the world. Palaeobotanist, 45: 393-399, pls. 1, 2, text-figs. 1, 2.

Sun Ge (孙革), Dilcher D L, 2002. Early angiosperms from the Lower Cretacous of Jixi, eastern Heilongjiang, China. Review of Palaeobotany and Palynology, 121 (2): 91-112, pls. 1-6, figs. 1-4. (in English)

Sun Ge (孙革), Zheng Shaolin (郑少林), Dilcher D L, Wang Yongdong (王永栋), Mei Shengwu (梅盛吴), 2001. Early Angiosperms and their Associated Plants from Western Liaoning, China. Shanghai: Shanghai Scientific and Technological Education Publishing House: 227, pl. 75. (in Chinese and English)

Surange K R, Maheshwari H K, 1970. Some male and female fructifieations of Glossopteridales from India. Palaeontographica Abt. B, V. 129, Pt. 4-6: 178-192, pls. 40-43, figs. 1-11.

Surveying Group of Department of Geological Exploration of Changchun College of Geology (长春地质学院地勘系), Regional Geological Surveying Team (吉林省地质局区测大队), the 102 Surveying Team of Coal Geology Exploration Company of Kirin Province (吉林省煤田地质勘探公司102队调查队), 1977. Late Triassic stratigraphy and plants of Hunkiang, Kirin. Journal of Changchun College of Geology, (3): 2-12, pls. 1-4, text-fig. 1. (in Chinese)

Sze H C (斯行健), Hsu J (徐仁), 1954. Index fossils of China plants. Beijing: Geological Publishing House: 1-83, pls. 1-68. (in Chinese)

Sze H C (斯行健), Lee H H (李星学), et al., 1963. Fossil plants of China, 2 Mesozoic plants from China. Beijing: Science Press: 1-429, pls. 1-118, text-figs. 1-71. (in Chinese)

Sze H C (斯行健), Lee H H (李星学), 1952. Jurassic plants from Szechuan. Palaeontologia Sinica, Whole Number 135, New Series A, (3): 1-38, pls. 1-9, text-figs. 1-5. (in Chinese and English)

Sze H C (斯行健), 1931. Beiträge zur liasischen Flora von China. Memoirs of National Research Institute of Geology, Chinese Academy of Sciences, 12: 1-85, pls. 1-10.

Sze H C (斯行健), 1933a. Fossils Pflanzen aus Shensi, Szechuan und Kueichow. Palaeontologia Sinica, Series A, 1 (3): 1-32, pls. 1-6.

Sze H C (斯行健), 1933b. Mesozoic plants from Kansu. Memoirs of National Research Institute of Geology, Chinese Academy of Sciences, 13: 65-75, pls. 8-10.

Sze H C (斯行健), 1933c. Beiträge zur mesozoischen Flora von China. Palaeontologia Sinica, Series A, 4 (1): 1-69, pls. 1-12.

Sze H C (斯行健), 1945. The Cretaceous flora from the Pantou Series in Yunan, Fukien. Journal of Palaeontology, 19 (1): 45-59, text-figs. 1-21.

Sze H C (斯行健), 1949. Die mesozoische Flora aus der Hsiangchi Kohlen Serie in

Westhupeh. Palaeontologia Sinica, Whole Number 133, New Series A, 2:1-71, pls. 1-15.

Sze H C (斯行健), 1951a. Über einen problematischen Fossilrest aus der Wealdenformation der suedlichen Mandschurei. Science Record, 4 (1):81-83, pl. 1.

Sze H C (斯行健), 1951b. Petrified wood from northern Manchuria. Science Record, 4 (4): 443-457, pls. 1-7, text-figs. 1-3. (in English with Chinese summary)

Sze H C (斯行健), 1954. Description and discussion of a problematic organism from Lingwu, Kansu, northwestern China. Acta Palaeontologica Sinica, 2 (3):315-322, pl. 1. (in Chinese with English summary)

Sze H C (斯行健), 1955. On a *Phyllocladopsis*-like remain of the Tatung Coal Series, northern Shansi. Acta Palaeontologica Sinica, 3 (2):125-130, pl. 1. (in Chinese and English)

Sze H C (斯行健), 1956a. Older Mesozoic plants from the Yenchang Formation, northern Shensi. Palaeontologia Sinica, Whole Number 139, New Series A, 5:1-217, pls. 1-56, text-fig. 1. (in Chinese and English)

Sze H C (斯行健), 1956b. On the occurrence of the Yenchang Formation in Kuyuan district, Kansu Province. Acta Palaeeontologica Sinica, 4 (3):285-292. (in Chinese and English)

Sze H C (斯行健), 1956c. The fossil flora of the Mesozoic oil-bearing deposits of the Dzungaria-Basin, northwestern Sinkiang. Acta Palaeontologica Sinica, 4 (4):461-476, pls. 1-3, text-fig. 1. (in Chinese and English)

Takahashi E, 1953. Note on *Taeniopteris uwatokoi* from Tungning, Manchuria. Journal of Geological Society of Japan, 59 (692):172. (in Japanese)

Tan Lin (谭琳), Zhu Jianan (朱家楠), 1982. Palaeobotany // Bureau of Geology and Mineral Resources of Nei Monggol Autonomous Region (ed). The Mesozoic stratigraphy and paleontology of Guyang Coal-bearing Basin, Nei Monggol Autonomous Region, China. Beijing:Geological Publishing House:137-160, pls. 33-41. (in Chinese with English title)

Tanai T, 1979. Late Cretaceous floras from the Kuji district, Northeastern Honshu, Japan. Journal of the Faculty of Science Hokkaido University Series IV, 19 (1-2):75-136, pls. 1-14.

Tao Junrong (陶君容), Xiong Xianzheng (熊宪政), 1986. The latest Cretaceous flora of Heilongjiang Province and the floristic relationship between East Asia and North America. Acta Phytotaxonomica Sinica, 24 (1):1-15, pls. 1-16, fig. 1; 24 (2):121-135. (in Chinese with English summary)

Tao Junrong (陶君容), Zhang Chuanbo (张川波), 1990. Early Cretaceous angiosperms of the Yanji Basin, Jilin Province. Acta Botanica Sinica, 32 (3):220-229, pls. 1, 2, fig. 1. (in Chinese with English summary)

Tao Junrong (陶君容), Zhang Chuanbo (张川波), 1992. Two angiosperm reproductive organs from the Early Cretaceous of China. Acta Phytotaxonomica Sinica, 30 (5):423-426, pl. 1. (in Chinese with English summary)

Tao Junrong (陶君容), Yang Yong (杨永), 2003. *Alloephedra xingxuei* gen. et sp. nov., an Early Cretacous member of Epherdaceae from Dalazi Formation in Yanji Basin, Jilin Province of China. Acta Palaeontologica Sinica, 42 (2):208-213, pls. 1, 2. (in Chinese with English summary)

Tao Junrong(陶君容),Sun Xiangjun(孙湘君),1980. The Cretaceous floras of Lindian Xian, Heilongjiang Province. Acta Botanica Sinica,22(1):75-79,pls. 1, 2. (in Chinese with English summary)

Teihard de Chardin P,Fritel P H,1925. Note sur queques grés mesozoiques a plantes de la Chine septentrionale. Bulletin de la Société Geologique France,Series 4,25(6):523-540, pls. 20-24,text-figs. 1-7.

The 5th Department of North China Institute of Geological Sciences(华北地质科学研究所五室),1976. The fossil plants *Cephalotaxopsis* from Inner Mongolia. Acta Palaeontologica Sinica,15(2):165-174,pls. 1,2,text-figs. 1-4. (in Chinese with English summary)

Thomas H H,1911. On the spores of some Jurassic ferns. Cambridge Philos. Soc. Proc. ,V. 16,Pt. 4:384-388.

Thomas H H,1914. On some new and rare Jurassic plants from Yorkshire-*Eretmaphyllum*,a new type of ginkgoalian leaf:Cambridge Philos. Soc. Proc. ,17:256-262,pls. 6-7.

Thomas H H, 1915. On *Williamsoniella*, a new type of bennettitalean flower: Royal Soc. London Philos. Trans. ,207B:113-148,pls. 12-14.

Tidwell W D,1986. *Millerocaulis*,a new genus with species formerly in *Osmundacaulis* Miller (fossils;Osmundaceae). Sida,11(4):401-405.

Townrow J A,1962. On Some disaccate pollen grains of Permian to Middle Jurassic age. Carna Palynologica,New Ser. ,3(2):14-44.

Toyama B, Ôishi S, 1935. Notes on some Jurassic plants from Chalainor, Province North Hsingan,Manchoukuo. Journal of Faculty of Science of Hokkaido Imperial University, Series 4,3(1):61-77,pls. 3-5,text-figs. 1-4.

Tuan Shuying(段淑英),Chen Yeh(陈晔),Keng Kuochang(耿国仓),1977. Some Early Cretaceous plant from Lhasa,Tibetan Autonomous Region,China. Acta Botanica Sinica, 19(2):114-119,pls. 1-3. (in Chinese with English summary)

Turutanova-Ketova A I,1930. Jurassic Flora of the Chain Kara-Tau (Tian Shan). Mus. Geol. Acad. Sci. URSS,Travaux,6:131-172,pls. 1-6.

Tutida T, 1940-1941. A new species of *Davallia* from the Lower Cretaceous(?) *Lycoptera* beds of Jehol,Manchoukuo. Jubilee Publication in Commemoration of Professor Yabe H's 60th birthday,2:751-754,text-figs. 1-4. (in Japanese)

Unger F,1839a. Reisenotizen vom Jahre 1838:Steiermarkishe Zeitschr. ,New Ser. ,5:75-128.

Unger F,1839b. Geognostische Bemerkungen über die Badelhöhle bei Peggau:Steiermarkische Zeitschr. ,New Ser. ,5:5-16.

Unger F, 1849. Einige interessante pflanzenabdrücke aus der königl Petrefaktensammlung in Muenchen. Bot. Zeitung,7:345-353,pl. 5.

Vachrameev V A,Doludenko M P,1961. Upper Jurassic and Lower Cretaceous flora from the Bureja Basin and their stratigraphic significances. Trud. Geol. Inst. AN SSSR,54:1-136. (in Russian)

Vachrameev V A,Kotova I A,1977. Ancient angiosperms and accompanying plants from the lower Cretaceous of Transbaikalia. Paleont. Zhur. ,(4):101-109. (in Russian; English translation in Paleont. Jour.,11 (4):487-495)

Vachrameev V A, Samylina V A,1958. The first discovery of a representative of the genus *Pachypteris* in the USSR. Bot. Zhur. SSSR,43 (11).

Vachrameev V A,1952. Cretaceous stratigraphy and flora from western Khazakstan//Regional Stratigraphy. USSR:Academic Press:1-340.

Vachrameev V A, 1962. Cycadophytes nouveaux du Creetacee preecoce de la Yakoutie: Paleont. Zhur.,(3):123-129.

Vachrameev V A,1980a. The Mesozoic higher spolophytes of USSR. Moscow:Science Press: 1-230. (in Russian)

Vachrameev V A,1980b. The Mesozoic Gymnosperms of USSR. Moscow:Science Press:1-124. (in Russian)

Vasilevskaia N D, 1960. Novyi rod paporotniks: *Jacutopteris* gen. nov. iz nizhnemelovkh otlozhenii severa Yakutii. Sbornik stateie po paleontologii i biostratigrafii,22:63-67.

Vassilevskaya V A, Pavlov V V, 1963. Stratigraphy and flora of the Cretaceous deposits in Lena-Olenek of the Lena Coal Basin. Trud Nauch-Issed Inst Geol Arctica,128:1-97.

Viviani V, 1833. Sur les testes de plantes fossiles trouvés dans les gypses tertiaires de la Stradella. Paris:Soc. Geol. France Mem.,1:129-134,pls. 9,10.

Vogellehner D,1968. Zur Anatomie und Phylogenie Mesozoischer Gymnospermenhoelzer,7: Prodromus zu einer Monographie der Protopinaceae II. Die Protopinoiden Hoelzer des Jura. Palaeontographica Abt. B,124 (4-6):125-162.

Vozenin-Serra C, Pons D, 1990. Interets phylogenetique et paleoelogigue des structures ligneuses homoxyles decouvertes dams le Cretace inferieur du Tibetmeridional. Palaeontographica B,216 (1-4):107-127,pls. 1-6,tex-figs. 1-3.

Walton J,1925. Carboniferous Bryophyta:Part 2 Hepaticae. Annals of Botany,39:563-572. (in English)

Wang Guoping(王国平),Chen Qishi(陈其奭),Li Yunting(李云亭),Lan Shanxian(蓝善先),Ju Kuixiang(鞠魁祥),1982. Kingdom plant (Mesozoic) // Nanjing Institute of Geology and Mineral Resources (ed). Paleontological atlas of East China:3 Volume of Mesozoic and Cenozoic. Beijing:Geological Publishing House:236-294,392-401,pls. 108-134. (in Chinese with English title)

Wang Lixin(王立新),Xie Zhimin(解志民),Wang Ziqiang(王自强),1978. On the occurrence of *Pleuromeia* from the Qinshui Basin in Shaanxi Province. Acta Palaeontologica Sinica,17 (2):195-212,pls. 1-4,text-figs. 1-3. (in Chinese with English summary)

Wang Shijun(王士俊),1991a. The occurrence of *Xenoxylon ellipticum* in the Late Triassic from North Guangdong,China. Acta Botanica Sinica,33 (10):810-812,pl. 1. (in Chinese with English summary)

Wang Shijun(王士俊),1991b. A new permineralized wood of Late Triassic from northern Guangdong Province. Acta Scientiarum Naturalium Universitatis Sunyatseni,30 (3):66-69,pl. 1. (in Chinese with English summary)

Wang Wuli(王五力),Zhang Hong(张宏),Zhang Lijun(张立君),Zheng Shaolin(郑少林),

Yang Fanglin (杨芳林), Li Zhitong (李之彤), Zheng Yuejuan (郑月娟), Ding Qiuhong (丁秋红), 2004. Standard Sectins of Tuchengzi Stage and Yixian Stage and their Stratigraphy, Palaeontology and Tectoni-Volcanic Actions. Beijing: Geological Publishing House: 1-514, pls. 1-37. (in Chinese with English summary)

Wang Xifu (王喜富), 1977. On the new genera of *Annularia*-like plants from the Upper Triassic in Sichuan-Shaanxi area. Acta Palaeontologica Sinica, 16 (2): 185-190, pls. 1, 2, text-fig. 1. (in Chinese with English summary)

Wang Xifu (王喜富), 1984. A supplement of Mesozoic plants from Hebei // Tianjin Institute of Geology and Mineral Resources (ed). Palaeontological atlas of North China, II. Mesozoic. Beijing: Geological Publishing House: 297-302, pls. 174-178. (in Chinese)

Wang Ziqiang (王自强), Wang Lixin (王立新), 1989a. Earlier Early Triassic fossil plants in the Shiqianfeng Group in North China. Shanxi Geology, 4 (1): 23-40, pls. 1-5, figs. 1, 2. (in Chinese with English summary)

Wang Ziqiang (王自强), Wang Lixin (王立新), 1989b. Headway made in the studies of fossil plants from the Shiqianfeng Group in North China. Shanxi Geology, 4 (3): 283-298, pls. 1-4. (in Chinese with English summary)

Wang Ziqiang (王自强), Wang Lixin (王立新), 1990a. Late Early Triassic fossil plants from upper part of the Shiqianfeng Group in North China. Shanxi Geology, 5 (2): 97-154, pls. 1-26, figs. 1-7. (in Chinese with English summary)

Wang Ziqiang (王自强), Wang Lixin (王立新), 1990b. A new plant assemblage from the bottom of the mid-Triassic Ermaying Formation. Shanxi Geology, 5 (4): 303-315, pls. 1-10, figs. 1-5. (in Chinese with English summary)

Wang Ziqiang (王自强), Wang Pu (王璞), 1979. Notes on the Late Mesozoic formations and fossils from Tuoli-Dahuichang area in western Beijing. Acta Stratigraphica Sinica, 3 (1): 40-50, pl. 1. (in Chinese)

Wang Ziqiang (王自强), 1983a. A new species of Pteridiaceae: *Pteridium dachingshanense*. Palaeobotanist, 31(1): 45-51, pls. 50, 51, text-figs. 1-3.

Wang Ziqiang (王自强), 1983b. New material of fossil plants from the Shiqianfeng Group in North China. Journal of Tianjin Geological Society, 1 (2): 72-80, pl. 1. (in Chinese)

Wang Ziqiang (王自强). 1983c. *Osmundacaulis hebeiensis*, a new species of fossil rhizomes from the Middle Jurassic of China. Review of Palaeobtany and Palynology, 39: 87-107, pls. 1-4, figs. 1-5.

Wang Ziqiang (王自强), 1984. Plant kingdom // Tianjin Institute of Geology and Mineral Resources (ed). Palaeontological atlas of North China, II. Mesozoic. Beijing: Geological Publishing House: 223-296, 367-384, pls. 108-174. (in Chinese with English title)

Wang Ziqiang (王自强), 1991. Advances on the Permo-Triassic lycopods in North China: An Isoetes from the Middle Triassic in northern Shaanxi Province. Paleontographica, B, 222 (1-3): 1-30, pls. 1-10; text-figs. 1-11.

Ward L F, 1900a. Status of the Mesozoic floras of the United States: The older Mesozoic. U S Geol. Survey, 20th Ann. Rept., Pt. 2: 213-430, pls. 21-179.

Ward L F, 1900b. Description of a new genus and twenty new species of fossil cycadean trunks from the Jurassic of Wyoming. Washington Acad. Sci. Proc., 1:253-300, pls. 14-21.

Ward L F, 1905. Status of the Mesozoic floras of the United States: paper 2. U S Geol. Survey Mon. 48, Pt. 1:1-616; Pt. 2, pls. 1-119.

Watelet A, 1866. Description des plantes fossiles du bassin de Paris. Paris:1-264. (in Franch)

Watson J, Fisher H L, 1984. A new conifer genus from the Lower Cretaceous Glen Rose formation, Texas. Palaeontalogy, 27 (4):719-727, pls. 64, 65.

Watson J, 1974. Manica: a new fossil conifer genus. Taxon, 23:428.

Watson J, 1977. Some Lower Cretaceous Conifers of the Cheirolepidiaceae from the USA and England. Palaeontalogy, 20 (4):715-749, pls. 85-97.

Watt A D, 1982. Index of generic names of fossil plants, 1974-1978. U S Geological Survey Bulletin, (1517):1-63.

Weiss C E, 1869-1872. Fossile der jungsten Steinkohlenformation und des Rothliegenden im Saar-Rhein-Gebiete. Pt. 1: 1-100, pls. 1-12 (1869); Pt. 2: No. 1, 2:101-212, pls. 13-20 (1871); Pt. 2: No. 3:213-250 (1872).

Witham, Henry T M, 1833. The internal structure of fossil vegetables found in the Carboniferous and oolitic deposits of Great Britain: Edinburgh, Adam and Charles Black:1-84, pls. 1-16.

Wu Shuibo (吴水波), Sun Ge (孙革), Liu Weizhou (刘渭州), Xie Xueguang (谢学光), Li Chuntian (李春田), 1980. The Upper Triassic of Topangou, Wangqing of eastern Jilin. Journal of Stratigraphy, 4 (3):191-200, pls. 1, 2, text-figs. 1-5. (in Chinese with English title)

Wu Shunqing (吴舜卿), Ye Meina (叶美娜), Li Baoxian (厉宝贤), 1980. Upper Triassic and Lower and Middle Jurassic plants from Hsiangchi Group, western Hubei. Memoirs of Nanjing Institute of Geology and Palaeontology, Chinese Academy of Sciences, 14:63-131, pls. 1-39, text-fig. 1. (in Chinese with English summary)

Wu Shunqing (吴舜卿), Zhou Hanzhong (周汉忠), 1986. Early Liassic plants from East Tianshan Mountains. Acta Palaeontologica Sinica, 25 (6):636-647, pls. 1-6. (in Chinese with English summary)

Wu Shunqing (吴舜卿), Zhou Hanzhong (周汉忠), 1990. A preliminary study of Early Triassic plants from South Tianshan Mountains. Acta Palaeontologica Sinica, 29 (4):447-459, pls. 1-4. (in Chinese with English summary)

Wu Shunching (吴舜卿), 1966. Notes on some Upper Triassic plants from Anlung, Kweichow. Acta Palaeontologica Sinica, 14 (2):233-241, pls. 1, 2. (in Chinese with English summary)

Wu Shunqing (吴舜卿), 1999a. A preliminary study of the Jehol flora from western Liaoning. Palaeoworld, 11:7-57, pls. 1-20. (in Chinese with English summary)

Wu Shunqing (吴舜卿), 1999b. A preliminary study of the Jehol flora from western Liaoning. Palaeoworld, 11:7-57, pls. 1-20. (in Chinese with English)

Wu Xiangwu (吴向午), Deng Shenghui (邓胜徽), Zhang Yaling (张亚玲), 2002. Fossil plants from the Jurassic of Chaoshui Basin, Northwest China. Palaeoworld, 14:136-201, pls. 1-17. (in Chinese with English summary)

Wu Xiangwu (吴向午), He Yuanliang (何元良), 1990. Fossil plants from the Late Triassic Jiezha Group in Yushu region, Qinghai // Qinghai Institute of Geological Sciences, Nanjing Institute of Geology and Palaeontology, Chinese Academy of Sciences (eds). Devonian-Triassic stratigraphy and palaeontology from Yushu region of Qinghai, China, Part Ⅰ. Nanjing: Nanjing University Prees: 289-324, pls. 1-8, figs. 1-6. (in Chinese with English summary)

Wu Xiangwu (吴向午), Li Baoxian (厉宝贤), 1992. A study of some Bryophytes from Middle Jurassic Qiaoerjian Formation in Yuxian district of Huber, China. Acta Palaeontologica Sinica, 31 (3): 257-279, pls. 1-6, text-figs. 1-8. (in Chinese with English summary)

Wu Xiangwu (吴向午), Wu Xiuyuan (吴秀元), Wang Yongdong (王永栋), 2000. Two new forms of Bryiidae (Musci) from the Jurrasic of Junggar Basin In Xinjiang, China. Acta Palaeontologica Sinica, 39 (Supplement): 167-175, pls. 1-3. (in English with Chinese summary)

Wu Xiangwu (吴向午), 1982a. Fossil plants from the Upper Triassic Tumaingela Formation in Amdo-Baqen area, northern Xizang // The Comprehensive Scientific Expedition Team to the Qinghai-Xizang Plateau, Chinese Academy of Sciences (ed). Palaeontology of Xizang, V. Beijing: Science Press: 45-62, pls. 1-9. (in Chinese with English summary)

Wu Xiangwu (吴向午), 1982b. Late Triassic plants from eastern Xizang // The Comprehensive Scientific Expedition Team to the Qinghai-Xizang Plateau, Chinese Academy of Sciences (ed). Palaeontology of Xizang, V. Beijing: Science Press: 63-109, pls. 1, 20, text-figs. 1-4. (in Chinese with English summary)

Wu Xiangwu (吴向午), 1993a. Record of generic names of Mesozoic megafossil plants from China (1865-1990). Nanjing: Nanjing University Press: 1-250. (in Chinese with English summary)

Wu Xiangwu (吴向午), 1993b. Index of generic names founded on Mesozoic-Cenozoic specimens from China in 1865-1990. Acta Palaeontologica Sinica, 32 (4): 495-524. (in Chinese with English summary)

Wu Xiangwu (吴向午), 2006. Record of Mesozoic-Cenozoic Megafossil plant Generic names founded on Chinese specimens (1991-2000). Acta Palaeontologica Sinica, 45 (1): 114-140. (in Chinese and English)

Xu Fuxiang (徐福祥), 1975. Fossil plants from the coal field in Tianshui, Gansu. Journal of Lanzhou University (Natural Sciences), (2): 98-109, pls. 1-5. (in Chinese)

Yabe H, Endo S, 1927. *Salvinia* from the Honkeiko Group of the Honkeiko Coalfield, South Manchuria. Japanese Journal of Geology and Geography, 5 (3): 113-115, text-figs. 1-3.

Yabe H, Endo S, 1935. *Potamogeton remains* from the Lower Cretaceous? *Lycoptera* beds of Jehol. Proceedings of Imperial Academy, Tokyo, 11 (7): 274-276, pl. 1.

Yabe H, Hayasaka I, 1920. Palaeontology of southern China // Tokyo Geographical Society. Tokyo: Reports of geographical research of China (1911-1916), 3: 1-222, pls. 1-28.

Yabe H, Ôishi S, 1933. Mesozoic plants from Manchuria. Science Reports of Tohoku Imperial University, Sendai, Series 2 (Geology), 12 (2): 195-238, pls. 1-6, text-fig. 1.

Yabe H, 1905. Mesozoic Plants from Korea. Journal of College of Sciences, Imperial University, Tokyo, V. 23, Art. 8.

Yabe H, 1908. Jurassic plants from Tao-Chia-Tun, China. Japanese Journal of Geology and Geography, 21 (1):1-10, pls. 1, 2.

Yabe H, 1922. Notes on some Mesozoic plants from Japan, Korea and China. Science Reports of Tohoku Imperial University Sendai, Series 2 (Geology), 7 (1):1-28, pls. 1-4, text-figs. 1-26.

Yang Xianhe（杨贤河）, 1978. The vegetable kingdom (Mesozoic) // Chengdu Institute of Geology and Mineral Resources (The Southwest China Institute of Geological Science) (ed). Atlas of fossils of Southwest China Sichuan volume, Part Ⅱ: Carboniferous to Mesozoic. Beijing: Geological Publishing House: 469-536, pls. 156-190. (in Chinese with English title)

Yang Xianhe（杨贤河）, 1986. *Sphenobaierocladus*: a new ginhgophytes genus (Sphenobaieraceae n. fam.) and its affinites. Bulletin of the Chengdu Institute of Geology and Mineral Resources, Chinese Academy of Geological Sciences, 7:49-60, pl. 1, figs. 1, 2. (in Chinese with English summary)

Yang Xiaoju（杨小菊）, 2003. New material of fossil plants from the Early Cretaceous Muling Formation of Jixi Basin, eastern Heilongjiang Province, China. Acta Palaeontologica Sinica, 42 (4):561-584, pls. 1-7. (in English with Chinese summary)

Yang Xiaoju（杨小菊）, 2004. *Ginkgoites myrioneurus* sp. nov. And associated shoots from the Lower Cretaceous of the Jixi Basin, Heilongjiang China. Cretaceous Research, 25:739-748. (in English)

Yang Xuelin（杨学林）, Lih Baoxian（厉宝贤）, Li Wenben（黎文本）, Chow Tseyen（周志炎）, Wen Shixuan（文世宣）, Chen Peichi（陈丕基）, Yeh Meina（叶美娜）, 1978. Younger Mesozoic continental strata of the Jiaohe Basin, Jilin. Acta Stratigraphica Sinica, 2 (2): 131-145, pls. 1-3, text-figs. 1-3. (in Chinese)

Yang Xuelin（杨学林）, Sun Liwen（孙礼文）, 1982a. Fossil plants from the Shahezi and Yingchen formations in southern part of the Songhuajiang-Liaohe Basin, NE China. Acta Palaeontologica Sinica, 21 (5):588-596, pls. 1-3, text-figs. 1-3. (in Chinese with English summary)

Yang Xuelin（杨学林）, Sun Liwen（孙礼文）, 1982b. Early-Middle Jurassic coal-bearing deposits and flora from the south-eastern part of Da Hingganling, China. Coal Geology of Jilin, (1):1-67. (in Chinese with English summary)

Yao Huazhou（姚华舟）, Sheng Xiancai（盛贤才）, Wang Dahe（王大河）, Feng Shaonan（冯少南）, 2000. New material of Late Triassic plant fossils in the Yidun Island-arc Belt, western Sichuan. Regional Geology of China, 19 (4):440-444, pls. 1-3. (in Chinese with English title)

Yao Xuanli（姚宣丽）, Zhou Zhiyan（周志炎）, Zhang Bole（章伯乐）, 1989. On the occurrence of *Sewardiodendron laxum* Florin (Taxodiaceae) in the Middle Jurassic from Yima, Henan. Chinese Science Bulletin (Kexue Tongbao), 34 (23):1980-1982, fig. 1.

Ye Meina (叶美娜), Liu Xingyi (刘兴义), Huang Guoqing (黄国清), Chen Lixian (陈立贤), Peng Shijiang (彭时江), Xu Aifu (许爱福), Zhang Bixing (张必兴), 1986. Late Triassic and Early-Middle Jurassic fossil plants from northeastern Sichuan. Hefei: Anhui Science and Technology Publishing House: 1-141, pls. 1-56. (in Chinese with English summary)

Ye Meina (叶美娜), 1979. On some Middle Triassic plants from Hupeh and Szechuan. Acta Palaeontologica Sinica, 18 (1): 73-81, pls. 1, 2, text-fig. 1. (in Chinese with English summary)

Yokoyama M, 1889. Jurassic plants from Kaga and Echizen. Tokyo Univ. Coll. Sci. Jour., 3 (1): 1-66, pls. 1-14.

Yokoyama M, 1906. Mesozoic plants from China. Journal of College of Sciences, Imperial University of Tokyo, 21 (9): 1-39, pls. 1-12, text-figs. 1, 2.

Yokoyama M, 1908. Palaeozoic plants from China. Journal of College of Science, Imperial University of Tokyo, 23 (8): 1-18, pls. 1-7.

Zalessky M D, 1934a. Sur un nouveau Végétal dévonien *Blasaria sibirica* n. g. et n. sp. Acad. Sci. URSS Bull., (2-3): 235-239.

Zalessky M D, 1934b. Observations sur les vegetaux permiens du bassin dela Petchora: Part 1. Acad. Sci. URSS Bull., (2-3): 241-290.

Zalessky M D, 1934c. Observations sur les végétaux nouveaux du terrain permien du bassin de Kousnetzk: Part 2. Acad. Sci. URSS Bull., (5): 743-776.

Zalessky M D, 1934d. Sur quelques végétaux fossiles nouveaux du terrain houiller du Donetz. Acad. Sci. URSS Bull., (7): 1105-1117.

Zalessky M D, 1937a. Flores permiennes de la plaine russe: Problems Palaeontology, Moscow Univ. Palaeontology Lab. Pub., 2-3: 9-32.

Zalessky M D, 1937b. Sur la distinction de l'eetage bardien dans le permien de l'Oural et sur sa flore fossile: Problems Palaeontology, Moscow Univ. Palaeontology Lab. Pub., 2-3: 37-101.

Zalessky M D, 1937c. Contribution ae la flore permienne du bassin de Kousnetzk: Problems Palaeontology, Moscow Univ. Palaeontology Lab. Pub., 2-3: 125-142.

Zalessky M D, 1937d. Sur quelques végétaux fossiles nouveaux des terrains carbonifeere et permien du bassin du Donetz: Problems Palaeontology, Moscow Univ. Palaeontology Lab. Pub., 2-3: 155-193.

Zalessky M D, 1937e. Sur deux végétaux nouveaux du deevonien supeerieur. Soc. Geol. France Bull., Ser. 5, 7: 587-592.

Zalessky M D, 1937f. Sur les végétaux deevoniens du versant oriental de l'Oural et du bassin de Kousnetzk. Akad. Nauk SSSR, Palaeophytographica: 5-42, pls. 1-9, text-figs. 1-20.

Zalessky M D, 1939. Végétaux permiens du bardien de l'Oural: Problems Palaeontology, Moscow Univ. Palaeontology Lab. Pub., 5: 329-374, figs. 1-57.

Zeiller R, 1902-1903. Flore fossile des gîtes de charbon du Tonkin. Etudes des gîtes mineraux de la France, 1903: 1-328; 1902, pls. 1-56, text-figs. 1-4.

Zeiller R, 1902a. Observations sur quelques plantes fossiles des Lower Gondwanas: India Geol.

Survey Mem. ,Palaeontologia Indica,2:1-39,pls. 1-7.

Zeiller R,1902b. Sobre las impresiones vegetables del Kimeridgense de Santa Maria de Meya: Real Acad. Cien. Yartes Barcelona Mem. ,4(26):3-14(345-356),pls. 1,2.

Zeiller R,1903. Etudes des gites mineraux dela France,flore fossile des gites de Charbon du Tonkin. Paris:1-320,pls. A-F;Atlas,pls. 1-56(1902).

Zeiller R,1906. Etudes sur la Flore fossile du Bassin Houiller et Permien de Blanzy et du Creusot. Paris:1-265,Atlas,pls. 51.

Zeiller R,1914. Sur quelques plantes Wealdiennes recueilles au Peru. Rev. Gen. Bot. ,25.

Zeng Yong(曾勇),Shen Shuzhong(沈树忠),Fan Bingheng(范炳恒),1995. Flora from the coal-bearing strata of Yima Formation in western Henan. Nanchang:Jiangxi Science and Technology Publishing House:1-92,pls. 1-30,figs. 1-9. (in Chinese with English summary)

Zenker J C,1833a. Beiträge zur naturgeschichte der urwelt. Jena:Forgotten Books:67,pls. 6.

Zenker J C,1833b. Folliculites kollennordhemensis,eine neue fossile Fruchtrat. Neues Jahrb: 177-179.

Zhang Caifan(张采繁),1982. Mesozoic and Cenozoic plants // Geological Bureau of Hunan (ed). The palaeontological atlas of Human. People's Republic of China,Ministry of Geology and Mineral Resources,Geological Memoirs,Series 2,1:521-543,pls. 334-358. (in Chinese)

Zhang Caifan(张采繁),1986. Early Jurassic flora from eastern Hunan. Professional Papers of Stratigraphy and Palaeontology,14:185-206,pls. 1-6,figs. 1-10. (in Chinese with English summary)

Zhang Guangfu(张光富),2005. Discussion on the Geological Age of the Dalazi Formation in Jilin Province,China. Journal of Stratigraphy,29(4):381-386,pls. 1,2. (in Chinese with English summary)

Zhang Hong(张泓),Li Hengtang(李恒堂),Xiong Cunwei(熊存卫),Zhang Hui(张慧),Wang Yongdong(王永栋),He Zonglian(何宗莲),Lin Guangmao(蔺广茂),Sun Bainian (孙柏年),1998. Jurassic coal-bearing strata and coal accumulation in Northwest China. Beijing:Geological Publishing House:1-317,pls. 1-100. (in Chinese with English summary)

Zhang Miman(张弥曼),2001. The Jehol Biota. Shanghai:Shanghai Scientific and Technological Education Publishing House Press:1-150,figs. 1-168. (in Chinese)

Zhang Wu(张武),Zhang Zhicheng(张志诚),Zheng Shaolin(郑少林),1980. Phyllum Pteridophyta,subphyllum Gymnospermae // Shenyang Institute of Geology and Mineral Resources(ed). Paleontological atlas of Northeast China,Ⅱ. Mesozoic and Cenozoic. Beijing:Geological Publishing House:222-308,pls. 112-191,text-figs. 156-206. (in Chinese with English title)

Zhang Wu(张武),Zhang Chichen(张志诚),Chang Shaoquan(常绍泉),1983. Studies on the Middle Triassic plants from Linjia Formation of Benxi,Liaoning Province. Bulletin of the Shenyang Institute of Geology and Mineral Resources,Chinese Academy of Geological Sciences,8:62-91,pls. 1-5,text-figs. 1-12. (in Chinese with English summary)

Zhang Wu(张武), Zheng Shaolin(郑少林), 1984. New fossil plants from the Laohugou Formation (Upper Triassic) in the Jinlingsi-Yangshan Basin, western Liaoning. Acta Palaeontologica Sinica, 23 (3): 382-393, pls. 1-3. (in Chinese with English summary)

Zhang Wu(张武), Zheng Shaolin(郑少林), 1987. Early Mesozoic fossil plants in western Liaoning, Northeast China // Yu Xihan et al. (eds). Mesozoic stratigraphy and palaeontology of western Liaoning, 3. Beijing: Geological Publishing House: 239-338, pls. 1-30, figs. 1-42. (in Chinese with English summary)

Zhang Wu(张武), Zheng Shaolin(郑少林), 1991. A new species of osmundaceous rhizome from Middle Jurassic of Liaoning, China. Acta Palaeontologica Sinica, 30 (6): 714-727, pls. 1-5, text-figs. 1-5. (in Chinese with English summary)

Zhang Wu(张武), Zheng Shaolin(郑少林), Ding Qiuhong(丁秋红), 1999. A new genus (*Protosciadopityoxylon* gen. nov.) of Early Cretaceous fossil wood from Liaoning, China. Acta Botanica Sinica, 41 (2): 1312-1316, pls. 1, 2. (in Chinese with English summary)

Zhang Wu(张武), Zheng Shaolin(郑少林), Ding Qiuhong(丁秋红), 2000a. First discovery of a genus *Scotoxylon* from China. Chinese Bulletin of Botany, 17 (special issue): 202-205, pls. 1, 2. (in Chinese with English summary)

Zhang Wu(张武), Zheng Shaolin(郑少林), Ding Qiuhong(丁秋红), 2000b. Early Jurassic coniferous woods from Liaoning, China. Liaoning Geology, 17 (2): 88-100, pls. 1-3, figs. 1, 2. (in Chinese with English summary)

Zhang Wu(张武), 1982. Late Triassic fossil plants from Lingyuan County, Liaoning Province. Bulletin of the Shenyang Institute of Geology and Mineral Resources, Chinese Academy of Geological Sciences, 3: 187-196, pls. 1, 2, text-figs. 1-6. (in Chinese with English summary)

Zhang Ying(张莹), Zhai Peimin(翟培民), Zheng Shaolin(郑少林), Zhang Wu(张武), 1990. Late Cretaceous-Paleogene plants from Tangyuan, Heilongjiang. Acta Palaeontologica Sinica, 29 (2): 237-245, pls. 1-3, text-figs. 1-4. (in Chinese with English summary)

Zhang Zhicheng(张志诚), Xiong Xianzheng(熊宪政), 1983. Fossil plants from the Dongning Formation of the Dongning Basin, Heilongjiang Province and their significance. Bulletin of the Shenyang Institute of Geology and Mineral Resources, Chinese Academy of Geological Sciences, 7: 49-66, pls. 1-7. (in Chinese with English summary)

Zhang Zhicheng(张志诚), 1984. The Upper Cretaceous fossil plant from Jiaying region, northern Heilongjiang. Professional Papers of Stratigraphy and Palaeontology, 11: 111-132, pls. 1-8, figs. 1, 2. (in Chinese with English summary)

Zhang Zhicheng(张志诚), 1987. Fossil plants from the Fuxin Formation in Fuxin district, Liaoning Province. // Yu Xihan et al. (eds). Mesozoic stratigraphy and palaeontology of western Liaoning, 3. Beijing: Geological Publishing House: 369-386, pls. 1-7. (in Chinese with English summary)

Zhao Xiuhu(赵修祜), Mo Zhuangguan(莫壮观), Zhang Shanzhen(张善桢), Yao Zhaoqi(姚兆奇), 1980. Late Permian flora from W. Guizhou and E. Yunnan // Nanjing Institute Geology and Palaeontology, Chinese Academy of Sciences (ed). Stratigraphy and palaeontology of Upper Permian coal measures W. Guizhou and E. Yunnan. Beijing: Science Press:70-99,pls. 1-23. (in Chinese)

Zheng Shaolin(郑少林),Li Nan(李楠),Li Yong(李勇),Zhang Wu(张武),Bian Xiongfei(边雄飞),2005. A new genus of fossil Cycads *Yixianophyllum* gen. nov. from the Late Jurassic Yixian Formation, western Liaoning, China. Acta Geologica Sinica (English Edition),79 (5):582-592,pls. 1,2.

Zheng Shaolin(郑少林),Li Yong(李勇),Wang Yongdong(王永栋),Zhang Wu(张武),Yang Xiaoju(杨小菊),Li Nan(李楠),2005. Jurassic fossl wood of Sahnioxylon from western Liaoning,China and special references to its systematic affinity. Global Geology,24 (3): 209-216,pls. 1,2.

Zheng Shaolin(郑少林),Zhang Wu(张武),1982a. New material of the Middle Jurassic fossil plants from western Liaoning and their stratigraphic significance. Bulletin of the Shenyang Institute of Geology and Mineral Resources,Chinese Academy of Geological Sciences,4: 160-168,pls. 1,2,text-fig. 1. (in Chinese with English summary)

Zheng Shaolin(郑少林),Zhang Wu(张武),1982b. Fossil plants from Longzhaogou and Jixi groups in eastern Heilongjiang Province. Bulletin of the Shenyang Institute of Geology and Mineral Resources,Chinese Academy of Geological Sciences,5:227-349, pls. 1-32, text-figs. 1-17. (in Chinese with English summary)

Zheng Shaolin(郑少林),Zhang Wu(张武),1983a. Middle-late Early Cretaceous flora from the Boli Basin, eastern Heilongjiang Province. Bulletin of the Shenyang Institute of Geology and Mineral Resources, Chinese Academy of Geological Sciences, 7:68-98, pls. 1-8, text-figs. 1-16. (in Chinese with English summary)

Zheng Shaolin(郑少林),Zhang Wu(张武),1983b. A new genus of Pteridiaceae from Late Jurassic East Heilongjiang Province. Acta Botanica Sinica,25 (4):380-384, pls. 1, 2. (in Chinese with English summary)

Zheng Shaolin(郑少林),Zhang Wu(张武),1986. New discovery of Early Triassic fossil plants from western Liaoning Province. Bulletin of the Shenyang Institute of Geology and Mineral Resources,Chinese Academy of Geological Sciences,14:173-184, pls. 1-4, figs. 1-3. (in Chinese with English summary)

Zheng Shaolin(郑少林),Zhang Ying(张莹),1994. Cretaceous plants from Songliao Basin, Northeast China. Acta Palaeontologica Sinica,33 (6):756-764, pls. 1-4. (in Chinese with English summary)

Zhou Tongshun(周统顺),1978. On the Mesozoic coal-bearing strata and fossil plants from Fujian Province. Professional Papers of Stratigraphy and Palaeontology,4:88-134,pls. 15-30,text-figs. 1-5. (in Chinese)

Zhou Xianding(周贤定),1988. *Jiangxifolium*, a new genus of fossil plants from Anyuan Formation in Jiangxi. Acta Palaeontologica Sinica,27 (1):125-128, pl. 1, text-fig. 1. (in Chinese with English summary)

Zhou Zhiyan(周志炎),Li Baoxian(厉宝贤),1979. A preliminary study of the Early Triassic plants from the Qionghai district, Hainan Island. Acta Palaeontologica Sinica,18 (5):444-

462, pls. 1, 2, text-figs. 1, 2. (in Chinese with English summary)

Zhou Zhiyan (周志炎), Li Haomin (李浩敏), Cao Zhengyao (曹正尧), Nau P S (纽伯燊), 1990. Some Cretaceous plants from Pingzhou (Ping Chau) Island, Hong Kong. Acta Palaeontologica Sinica, 29 (4): 415-426, pls. 1-4, text-fig. 1. (in Chinese with English summary)

Zhou Zhiyan (周志炎), Wu Yimin (吴一民), 1993. Upper Gondwana plants from the Puna Formation, southern Xizang (Tibet). Palaeobotanist, 42 (2): 120-125, pl. 1, text-figs. 1-4.

Zhou Zhiyan (周志炎), Wu Xiangwu (吴向午), 2002. Chinese Bibliography of Palaeobotany (Megafossils) (1865-2000). Hefei: University of Science and Technology China Press: 1-231 (in Chinese), 1-307 (in English).

Zhou Zhiyan (周志炎), Wu Xiangwu (吴向午), Zhang Bole (章伯乐), 2001. *Tharrisia*, a new fossil leaf organ genus, with description of three Jurassic species from China. Review of Palaeobotany and Palynology, 120: 92-105. (in English)

Zhou Zhiyan (周志炎), Thévénard F, Barale G, Guignard G, 2000. A new xeromorphic conifer from the Cretaceous of East China. Palaeontology, 43 (3): 561-572, pls. 1-3, text-figs. 1, 2.

Zhou Zhiyan (周志炎), Zhang Bole (章伯乐), Wang Yongdong (王永栋), Guignard G, 2002. A new *Karkenia* (Ginkgoales) from the Jurassic Yima formation, Henan, China and its megaspore membrane ultructure. Review of Palaeobotany and Palynology, 120: 92-105. (in English)

Zhou Zhiyan (周志炎), Zhang Bole (章伯乐), 1988. Two new ginkgolaean female reproductive organs from the Middle Jurassic of Henan Province. Science Bulletin (Kexue Tongbao), 33 (4): 1201-1203, text-fig. 1.

Zhou Zhiyan (周志炎), Zhang Bole (章伯乐), 1996. A Jurassic species of *Arctobaiera* (Czekanowskiales) with leafy long and dwarf shoots from the Middle Jurassic Yima Formation of Henan, China. Palaeobotanist, 45: 361-368, pls. 1, 2, text-figs. 1, 2.

Zhou Zhiyan (周志炎), Zhang Bole (章伯乐), 1998. *Tianshia patens* gen. et sp. nov., a new type of leafy shoots associated with *Phoenicopsis* from the Middle Jurassic Yima Formation, Henan, China. Review of Palaeobotany and Palynology, 102 (3-4): 165-178, pls. 1-4, figs. 1-3.

Zhou Zhiyan (周志炎), 1983a. A heterophyllous cheirolepidiaceous conifer from the Cretaceous of East China. Palaeontology, 26: 789-811, pls. 75-80, text-figs. 1-4.

Zhou Zhiyan (周志炎), 1983b. *Stalagma samara*, a new podocarpaceous conifer with monocolpate pollen from the Upper Triassic of Hunan, China. Palaeontographica B, 185: 56-78, pls. 1-12, text-figs. 1-7.

Zhou Zhiyan (周志炎), 1984. Early Liassic Plants from southeastern Hunan, China. Palaeontologia Sinica, Whole Number 165, New Series A, 7: 1-91, pls. 1-34, text-figs. 1-14. (in Chinese with English summary)

Zhou Zhiyan (周志炎), 2002. Mesozoic Ginkgoales: Phylogeny, Classification and evolutionary trens. Acta Botanica Yunnanica, 25 (4): 377-396. (in Chinese with English summary)